AF343962

TRAITÉ GÉNÉRAL

D'OOLOGIE ORNITHOLOGIQUE.

NOGENT-LE-ROTROU. — IMPRIMERIE DE A. GOUVERNEUR.

CYLINDRIQUE
OVALAIRE
SPHÉRIQUE
OVÉE
OVOÏCONIQUE
ELLIPTIQUE
CARACTÈRES
TRAITÉ
D'OOLOGIE
ORNITHOLOGIQUE
PAR
O. DES MURS
LITH. G. CHARIOL, BORD.

TRAITÉ GÉNÉRAL

D'OOLOGIE ORNITHOLOGIQUE

AU POINT DE VUE DE LA CLASSIFICATION

PAR

O. DES MURS,

Membre Correspondant de la Société Zoologique de Londres, et de plusieurs autres
Sociétés Savantes; Auteur de l'Iconographie Ornithologique
ou Planches peintes d'Oiseaux faisant suite à celles de Buffon et de Temminck;
Auteur des Parties Ornithologiques, du Voyage en Abyssinie du Capitaine
Th. Lefebvre et des Docteurs Petit et Quartin-Dillon; de l'Histoire
Naturelle générale du Chili, publiée par M. Cl. Gay, membre de l'Institut;
du Voyage de Circumnavigation de la Vénus; de l'Encyclopédie
d'Histoire Naturelle, et du Voyage dans l'Amérique
du Sud, de M. de Castelnau.

> Le seul et le vrai moyen d'avancer la Science
> est de travailler à la Description et à l'Histoire
> des différentes choses qui en font l'objet.
>
> (Buffon, *De la manière d'étudier et de traiter
> l'Histoire Naturelle.*)
>
> Plut à Dieu que tous les Ornithologistes pussent
> s'éclairer du flambeau de l'Oologie!
>
> (Prince Ch. Bonaparte. *Revue et Magasin de
> Zoologie. 1857.*)

PARIS,

CHEZ FRIEDRICH KLINCKSIECK, LIBRAIRE, RUE DE LILLE, N° 11.

1860

PRÉFACE

La Nature, qui se plaît à répandre dans ses ouvrages une variété que la faible imagination de l'homme peut à peine concevoir, semble, par cette diversité originale, cachet de toutes ses œuvres, avoir voulu manifester sa puissance sans bornes. Il n'est rien sorti de ses mains créatrices qui ne soit digne d'attirer nos regards et d'exciter notre admiration. Ce sentiment, inspiré par la beauté toujours nouvelle des productions de cette mère féconde, a dicté aux Aristote et aux Pline, chez les Anciens, aux Linnée, aux Buffon, aux Lacépède, aux Cuvier et aux Geoffroy Saint-Hilaire, parmi nous, et à tant d'autres Savants, ces écrits où sont consignées les observations qui ont fait la gloire de leurs Auteurs, comme celle des pays qui les virent naître.

Plus on observe, plus on étudie, et plus l'esprit d'investigation voit s'agrandir la carrière incommensurable qu'il brûle de parcourir. Il en résulte alors que tel objet que l'on ne regardait qu'à travers le voile de l'indifférence, devient bientôt la matière d'une méditation approfondie, lorsque l'on croit être parvenu à connaître et la cause qui l'a produit, et la fin que s'est proposée, en le créant, la Nature qui n'enfante rien d'inutile. Aussi voit-on chaque jour enrichir la Science de connaissances nouvelles. C'est une remarque qui devient triviale à présent que les observations sont plus multipliées que jamais.

Toutefois, ce désir d'apprendre, qui est le sceau de notre époque, n'a guère commencé à se manifester que depuis un demi-siècle.

Mais il a pris tant d'accroissement, qu'à cette heure, la Création a payé aux Savants le tribut de tout ce qu'elle a produit dans tel Règne et de tel Genre que ce soit.

Il reste sans doute encore à faire de nombreuses découvertes. Et, pour ne parler que de l'Ornithologie, aucun des secrets concernant le produit animé des Oiseaux, connu sous le nom générique d'*Œuf*, ne nous a, jusqu'à présent, été révélé. Aussi toute l'histoire, ou pour mieux dire la physiologie de l'enveloppe de ce corps qui, sans cesse sous les yeux de l'homme, n'a pu attirer de sa part une attention bien soutenue, est-elle demeurée dans les plus profondes ténèbres.

C'est ce produit, de peu d'intérêt en apparence, que nous nous sommes attaché à examiner et que nous avons étudié toute notre vie avec les soins les plus assidus, dans l'idée de faire entrer les caractères que l'on peut tirer de son inspection comme moyen de classification méthodique dans la nombreuse et admirable Classe des Oiseaux: et le résultat obtenu de nos observations, ainsi que de nos travaux, nous venons l'offrir avec confiance au public, que nous avons déjà initié à la plupart de nos idées dans de nombreux Mémoires publiés dans le Magasin et dans la Revue zoologique de la Société Cuviérienne depuis 1842. L'accueil fait à ces diverses notes nous a encouragé, en y joignant toutes celles enfouies dans nos cartons depuis près de trente ans, à les réunir en un corps d'ouvrage plus complet, que nous diviserons en trois parties :

La première contiendra le tableau raisonné de la Bibliographie Oologique ;

La seconde, la détermination des Caractères Oologiques;

La troisième, l'application de ces Caractères à la Méthode Ornithologique.

INTRODUCTION

Après la Classe des Mammifères, celle des Oiseaux est évidemment, de toutes les autres Classes, la plus parfaitement organisée, par conséquent la plus digne des méditations des Savants, comme de l'attention du vulgaire. C'est une vérité qui n'a été méconnue de personne, et qui s'est manifestée de mille manières à différentes époques dans l'histoire du monde. Cette intéressante portion du Règne Animal étant devenue tantôt le sujet de contes absurdes, tantôt celui d'une science prétendue divine, mais réprouvée par la saine raison, et, dans tous les temps, l'objet de doctes écrits tendant à une connaissance exacte des œuvres de la Nature.

On conçoit facilement en effet que les premiers humains, aux yeux de qui tout ce qui était extraordinaire, ou dont la cause était inconnue, paraissait participer au privilége de la Divinité, telle qu'ils se la figuraient, en voyant ces êtres doués des mêmes facultés dévolues aux autres animaux, comme eux respirant, comme eux se nourrissant, comme eux enfin pouvant mesurer la surface de la terre ou fendre le miroir des eaux; mais jouissant de plus de l'inappréciable faculté de parcourir librement, spontanément et sans efforts, les espaces sans bornes, domaine des nuages et séjour de la foudre, on conçoit, disons-nous, qu'ils aient été frappés d'admiration, et qu'un enthousiasme religieux ait pu suivre ce premier sentiment à l'aspect de l'existence tout aérienne des Oiseaux, et de la prédilection dont ils semblent avoir été l'objet de la part du Créateur. Aussi, dans des temps encore barbares, et chez l'un des peuples les plus civilisés du globe, à une époque reculée, certains Oiseaux avaient leurs autels, leurs pontifes et leurs adorateurs; ailleurs, d'autres étaient nourris sur les fonds publics, et l'on n'entreprenait aucune affaire qui intéressât la sûreté de l'État, sans avoir pris conseil de ces animaux considérés en quelque sorte comme les interprètes symboliques de la volonté du Ciel; il était naturel que les hommes, suivant les contrées qu'ils peuplaient, ayant observé la coïncidence parfaite de l'apparution et de la disparution des habitants ailés de l'air avec le retour périodique des saisons, leur attribuassent par induction la connaissance de l'avenir.

Qui ne sait (souvenirs bien classiques!) les poétiques apothéoses et les canonisations mythologiques de l'Ibis sacré, de l'Aigle de Jupiter, du Paon de Junon, des Colombes de Cypris, de la Chouette de Minerve et du Cygne de Léda? Il n'est pas jusqu'au corps renfermant le germe nécessaire à la reproduction de cette Classe de Vertébrés, qui n'ait été divinisé par l'imagination vive et féconde des Grecs. Les Egyptiens eux-mêmes, cette nation sage et réfléchie par excellence, pénétrés d'un sentiment pieux en contemplant autant les merveilles contenues dans l'*OEuf* des Oiseaux, que la figure particulière de ce corps, en firent le Symbole de l'Univers. A défaut d'autres preuves de cette assertion, le fait d'un OEuf (d'Ibis sacré), que possède notre Collection, trouvé dans un de ces vases en terre cuite où l'on renfermait le corps momifié de ces Oiseaux, suffirait amplement à en démontrer la réalité.

A mesure que les lumières de la Science pénétrèrent le voile de l'erreur, on observa mieux, les connaissances se répandirent et acquirent des bases, sinon invariables, au moins assez sûres pour guider les expériences et les études des observateurs; bientôt les matériaux, devenus plus abondants, formèrent une espèce de flambeau dont les rayons éclairant le plus profond des mystères de la Nature, aidèrent à en découvrir toute la richesse et les admirables ressorts. L'imagination, dès lors dirigée par le génie, ne connut plus de limites, et une carrière immense fut ouverte aux Zoologistes. Elle a en grande partie été parcourue, et les Oiseaux ne sont pas ceux des Vertébrés qui y ont attiré le moins de concurrents. Depuis les Anciens jusqu'au Prince Ch. Bonaparte, le nombre des Auteurs qui ont traité des Oiseaux est fort considérable. Aussi tout ce qui a rapport à ces animaux a-t-il été exploré. On a fait de longs commentaires sur leurs habitudes et le rang qu'ils doivent occuper dans la chaîne des Êtres, et de minutieuses descriptions de leur forme, de leur structure et de leur organisation; il semble que rien n'ait été oublié de ce qui peut jeter quelque intérêt sur eux.

Une chose importante manque cependant encore pour compléter l'Histoire Naturelle des Oiseaux : ce sont des remarques d'ensemble et des observations de détails suivies et raisonnées sur ce résultat ou produit du concours du mâle et de la femelle, pour la conservation de l'Espèce, que l'on est convenu d'appeler *Œuf*. Ses parties organiques et constitutives, en tant que *contenu*, ont été parfaitement analysées et élucidées; il n'en a pas été de même de son enveloppe en tant que *contenant*, restée à l'état de pure curiosité.

Frappé des avantages que pourrait procurer l'étude spéciale de la Coquille de l'Œuf des Oiseaux, nous avons recherché les causes de l'espèce d'oubli auquel paraît l'avoir condamnée le plus grand nombre des Ornithologistes; nous ne les avons trouvées que dans un défaut d'observations suffisantes sur cette enveloppe mystérieuse : de là l'indifférence qui a privé les Savants de l'intérêt qu'est susceptible d'inspirer cette partie encore neuve de l'Histoire Naturelle.

La Nature, nous le répétons, a des lois fixes et invariables dont elle s'écarte rarement; tout ce qu'elle crée a sa destination. Si quelquefois elle affecte dans ses productions des formes bizarres et qui semblent, au premier coup-d'œil, le fruit d'une imagination capricieuse et déréglée, un examen plus attentif fait découvrir bientôt l'usage et les fonctions que ces corps sont destinés à remplir dans l'ordre des choses. Enhardi par ces réflexions, nous avons donc recueilli et rédigé ces Notes que nous soumettons au sérieux examen des Ornithologistes, les priant, dans l'intérêt de la Science, de ne point dédaigner un travail sans doute informe, mais dont le perfectionnement peut devenir l'honorable prix de leurs scrupuleuses recherches. La difficulté de rassembler les nombreux matériaux de cette curieuse partie, nous a forcé à publier dès à présent ce qu'il nous a été possible d'observer à ce sujet, bien résolu, à mesure que les objets de comparaison s'offriront à nos yeux, de pousser jusqu'à ses dernières conséquences le système auquel les différents caractères de l'enveloppe de l'Œuf des Oiseaux pourraient servir de fondement, comme élément de distribution naturelle; de montrer l'utilité réelle que la Science en obtiendrait, sans déguiser les inconvénients qu'une application trop spéciale et trop exclusive ne manquerait pas d'entraîner.

Notre idée enfin a été d'utiliser autant que possible, dans l'intérêt de la Science Ornithologique, cette portion, selon nous si attrayante de l'histoire des Oiseaux. Nous n'avons pas voulu qu'une Collection d'Œufs fût dédaigneusement considérée comme chose de pure curiosité, et uniquement abandonnée au passe-temps des jeunes Étudiants ou des Collégiens. Nous avons visé à rehausser ce genre de Collection, en recherchant la valeur intrinsèque qui pouvait lui être assignée, dans le grand nombre d'objets catalogués par les Savants, et nous ne croyons pas nous être fait illusion.

Depuis quelques années surtout la Science Ornithologique, dont les richesses se sont démesurément accrues, a vu s'augmenter par suite ses obscurités et ses difficultés de Classification. Aussi n'est-il sorte de Caractères que chaque Naturaliste, répondant à son appel, n'ait évoqué et fait venir à son aide, pour faciliter en cette partie un classement méthodique, autant rapproché de la nature que la chose est praticable.

On n'avait jusqu'à ces derniers temps, pour arriver à ce but, auquel non-seulement doivent tendre, mais que doivent atteindre toutes les branches des connaissances humaines, pris pour base unique en Ornithologie que les Caractères Zoologiques les plus extérieurs : ceux-ci la forme du bec ; ceux-là celle du pied. D'autres, moins soucieux de ces caractères variables à l'infini pour l'un, remplis d'harmonie pour l'autre, s'il en faut croire notre spirituel et paradoxal Toussenel, entrant malgré eux dans le système des analogies, se sont appuyés sur le mode de nourriture. De Blainville et Lherminier, ainsi que M. Isidore Geoffroy St-Hilaire, entrant aussi dans cette voie, mais sans y persister, essayèrent de baser une Classification sur les modifications des organes du vol, considérés soit sous le rapport de leur agencement ostéologique, soit sous celui des dispositions de leur ptilose. Rien n'est plus curieux dans ce genre, ni plus original que le Système du Savant Allemand Nitzsch, consistant à classer les Oiseaux selon le mode d'insertion des plumes sur toutes les parties du corps, mode d'insertion qui varie beaucoup plus qu'on ne le saurait croire, d'après les belles et nombreuses Planches qu'il en a données (1).

Bientôt surgit l'idée Allemande de s'attacher aux organes producteurs de la voix ou du chant; puis sont apparues les curieuses observations du docteur Cornay, sur l'*os palatin* des Oiseaux, qu'il présente comme la véritable boussole de l'Ornithologiste sur cette mer changeante et sans horizon des Systèmes et des Méthodes, étude précieuse qui n'en est qu'à ses ébauches et n'a pas encore dit son dernier mot. Le Prince Charles Bonaparte, dont la Science Ornithologique regrettera longtemps la perte, en France surtout, dont il est devenu une

(1) *System der Pterylographie.* Halle, 1840.

imposante illustration, venait tout récemment, à l'exemple de plusieurs Auteurs Allemands et Anglais, de tenter un système de classification basé sur la précocité plus ou moins grande des Oiseaux et leur aptitude relative à courir et à pourvoir à leur nourriture aussitôt leur éclosion. N'oublions pas, dans cette énumération le travail encore assez nouveau du docteur Guiton, qui préconise, comme base d'une Classification Ornithologique, le caractère tiré des appareils et des fonctions de la reproduction (1) ; non plus que le système de *parallélisme* introduit par M. Isodore Geoffroy St-Hilaire et dont le Prince Ch. Bonaparte a fait d'assez heureuses applications.

Malgré ce renfort de considérations physiologiques et anatomiques, les Systèmes de Classifications en Ornithologie ont autant varié que les éléments des observations qui en font la base. La faute, il faut l'avouer cependant, en est moins à l'insuffisance des caractères indiqués et à l'imperfection des Méthodes proposées, qu'à l'esprit de partialité ou d'exceptionnalité qui jusqu'à présent a présidé à l'application de chacune d'elles : chaque Auteur voulant faire exclusivement prédominer et appliquer la sienne de préférence à celle des autres ; car là gît uniquement la cause du reproche mal fondé que l'on adresse sans cesse aux Méthodistes. Avec un peu moins d'amour-propre et en combinant ce que chacun des systèmes imaginés offre de réellement bon et utile, on ne pourrait manquer d'arriver à une Classification rationelle sinon parfaite, au moins aussi rapprochée de la perfection que possible.

(1) Rev. et Magas. de Zool., n° 1, 1855.

Depuis longtemps on s'est occupé de l'*Œuf*, chez les Oiseaux, uniquement comme objet de curiosité; depuis fort peu de temps, seulement, on s'en occupe sous le rapport Scientifique. Chaque jour voit éclore tant en Angleterre qu'en Allemagne, voire même en Amérique, un nouvel Ouvrage sur cette matière; mais ces Ouvrages sont plutôt l'occasion d'une description des Oiseaux de notre Europe que de considérations Oologiques; on en est même venu à exhiber des exemplaires du produit ovarien d'Oiseaux dans les Cours publics; et c'est à M. Isidore Geoffroy Saint-Hilaire que l'on est particulièrement redevable de cette innovation scientifique; mais cette exhibition n'a encore été suivie d'aucune déduction d'ensemble véritablement utile à la Science, n'ayant pour objet que de compléter les détails de mœurs relatives à chaque espèce.

Comme Science, ou comme complément de la Science Ornithologique, l'Oologie est presque entièrement à créer. Comme objet de curiosité, il en est autrement : depuis longtemps ses annales ont pris date; toutefois les traces en sont-elles difficiles à saisir. De même que toutes les Sciences, elle a dû son succès en effet, ou plutôt son progrès et son origine à la simple curiosité. Car c'est toujours ainsi, selon la remarque d'un de nos littérateurs actuels, qu'ont procédé la faiblesse et l'organisation de l'homme. Après avoir admiré chacune des productions de la Nature comme objet de pur embellissement, il a voulu les comprendre comme œuvre et comme partie de ce *grand tout* que l'on appelle le Monde.

C'est pour tirer cette branche encore neuve de l'espèce de nullité à laquelle on semble la condamner, que, depuis plus de vingt-cinq ans, nous avons entrepris nos études et notre travail, et c'est pour provoquer ceux qui, à l'instar de notre savant collègue M. le Baron de La Fresnaye, ne dédaignent pas d'en faire application à l'Ornithologie proprement dite, dans la publication de leurs observations à ce sujet, que nous mettons au jour ces notes prises en quelque sorte au hasard dans nos cartons.

Aux éléments de classification, si nombreux, ainsi qu'on vient de le voir, qui existent déjà, nous venons en ajouter de nouveaux, et les considérations que nous proposons sont d'une toute autre nature et d'un tout autre ordre : nous voulons parler de celles que nous prétendons pouvoir être tirées de l'inspection de l'*Œuf* des Oiseaux, envisagé sous le triple rapport de sa *Forme*, de sa *Coquille* et de sa *Coloration* (1).

Nous sommes assurément trop juste et trop impartial pour réclamer l'honneur de la conception première de cette idée. Nous avons découvert, il y a longtemps, qu'il appartient, avant nous, tout entier à un modeste observateur oublié, ou plutôt tout-à-fait ignoré des Oologistes. C'est Lapierre, dont on ne connaît les études spéciales sur cette matière que par la publication qu'a bien voulu faire Sonnini, dans son édition de Buffon, d'un Mémoire renfermant l'exposé de son système à ce sujet, sur lequel nous comptons revenir (2).

Cette circonstance pourrait faire présumer que, dans le cours des temps, les Œufs des Oiseaux ont dû devenir l'objet d'études

---

(1) Magas. de Zool., 1842.

(2) *Notes et Observations sur la Ponte des Oiseaux qui se trouvent à l'Ouest de la France.* Buffon, Ed. de Sonnini, Vol. 60.

particulières, et que leur description plus ou moins détaillée a dû suivre complémentairement celle des animaux qui les produisent. Car tout invitait à ce travail, qui pouvait être traité de deux manières, tout-à-fait opposées pour le but, mais dont le résultat ne pouvait, en définitive, que tourner au profit de la Science. En effet, la nature des Œufs, si variée par la Forme, les divers degrés de finesse et de dureté et la composition de leur Coquille, enfin par les innombrables combinaisons de nuances qui les décorent, était un motif suffisant pour engager les personnes qui ne recherchent que la fleur des Sciences dont ils s'occupent par amusement ou désœuvrement, à examiner de près et à détailler les particularités remarquables de ce produit animal; tandis que d'autres, guidés par leur goût prononcé pour l'Histoire Naturelle, et brûlés du désir de frayer de nouvelles routes à ses Sectateurs, eussent pu chercher à tirer de l'inspection de ce même produit des caractères propres à la classification des Espèces, des Genres et des Familles. Il n'en a pourtant rien été pendant longtemps; et toutes les espérances que l'on concevrait à cet égard, seraient presque totalement frustrées.

Il est peu d'Auteurs qui se soient occupés d'une manière spéciale des Œufs des Oiseaux : La plupart même y ont apporté tant d'indifférence et si peu d'études que ce qu'ils en ont dit, outre le défaut, difficile à éviter, d'être incomplet, a celui de l'inexactitude ; sans parler du tort grave de ces Auteurs, de n'avoir pas cherché à tirer de leurs observations des inductions favorables aux progrès de la Science, et susceptibles de répandre assez d'intérêt sur cette branche, pour la populariser.

En si petit nombre et si défectueux que puissent être ces différents Ouvrages, ils renferment pourtant, éparses çà et là, des vues quelquefois neuves et des notions parfois utiles : aussi nous ferons-nous un devoir de les analyser brièvement, afin de faire voir d'un seul coup-d'œil les faibles progrès qu'a faits dans le Monde Savant, l'étude de l'Oologie Ornithologique, et l'accroissement qu'il lui reste à acquérir pour prendre rang à la suite de la Science dont elle doit être désormais l'appendice inséparable, c'est-à-dire de l'Ornithologie.

C'est ce qui va faire l'objet de la première partie de notre travail.

PREMIÈRE PARTIE

TABLEAU BIBLIOGRAPHIQUE RAISONNÉ ET HISTOIRE
DES PROGRÈS DE L'OOLOGIE.

Une autre cause, que nous avons oubliée, de l'indifférence
dans laquelle on est resté au sujet des OEufs d'Oiseaux, tient à
l'ignorance, en cette matière, de ceux qui en ont parlé les
premiers, à commencer par Aristote et Pline. Il est bien évident
que, du moment que les OEufs d'Oiseaux étaient réputés tous
blancs, et d'un ton uniforme, à quelque Espèce qu'ils appartins-
sent, cette uniformité n'était pas faite pour tenter les Collecteurs
de Curiosités : et c'est ce qui est arrivé.

Il a fallu, pour attirer l'attention sur ces corps organiques, que
le hasard, si fécond en toutes choses et source de tant de découvertes dans les Sciences, fît rencontrer de temps à autre des nids
renfermant des OEufs d'une teinte différente de celle généralement admise, et fît naître d'abord le sentiment de la curiosité.

On ne commence à voir parler un peu des OEufs d'Oiseaux,
quant à leur Forme et à leur Couleur, dès le XVI⁰ siècle jusqu'au
commencement du XVIII⁰, qu'avec notre Gaulois Belon (1555),
Gesner de Zurich, Aldrovande de Bologne, et les Anglais
Jonston, Willughby et Ray.

Les Collections Oologiques, elles, ne se font jour que vers la
première moitié du XVIII⁰ siècle. Ainsi le comte de Marsigli,

2

dans son Voyage aux bords du Danube (1), récoltait les Nids et les Œufs d'Oiseaux qu'il rencontrait dans ses excursions, en tirait des inductions plus ou moins judicieuses, que nous aurons occasion d'examiner et de discuter, et en publiait la Figure sous ce Titre mis en tête de son cinquième volume : *De Avibus circa aquas Danubii vagentibus et de ipsarum Nidis.*

Il est vrai que ses descriptions se sont bornées à une douzaine d'Espèces, la plupart excessivement réduites de grandeur et fort peu satisfaisantes de dessin comme de couleur. Mais au moins, cette publication, chez lui, si incomplète qu'elle fût, procédait-elle d'un sentiment réfléchi et d'un point de vue essentiellement Scientifique : car ses remarques sur la nature de l'Œuf, selon les différents Genres d'Oiseaux, dont il accompagne son Ouvrage, témoignent d'une observation profonde de ce corps inanimé, et s'il n'en a pas publié plus d'Espèces, c'est que dans le cours de sa pérégrination Danubienne il n'en a pas rencontré davantage. Voici, en attendant, pour donner une idée de sa manière de traiter cette partie de son bel Ouvrage, comment il s'en exprime lui-même :

« Puisque chaque Oiseau veille avec des soins très-marqués à
» la multiplication de son Espèce, et sçait choisir les endroits
» propres que la nature semble lui avoir destinés pour pondre
» et couver ses Œufs; nous avons cru, qu'après avoir décrit ces
» Volatiles, tels qu'ils sont, après être parvenus à leur gran-
» deur ordinaire, il convenait de dire aussi un mot de leurs
» petits, et de les considérer, pour ainsi dire, dès le berceau.
» Dans cette idée, nous avons cru devoir faire mention de l'in-
» dustrie avec laquelle les Oiseaux des diverses Espèces, que
» nous avons eu soin de distinguer, bâtissent leurs nids, de la

---

(1) *Aloysi Ferdinandi Comitis Marsigli. 1726. Amsterdam, in-folio.* Danubius Panonico-mysicus

» forme qu'ils leur donnent, laquelle mérite bien qu'on en
» parle ; de la manière dont ils les construisent, du *Germe, de*
» *la Couleur et de la Grosseur de leurs Œufs,* ainsi que du
» nombre qu'ils ont coutume d'en couver.

» Nous ne nous proposons d'abord que de nous arrêter princi-
» palement aux Œufs qui ont fait l'objet de nos observations,
» par rapport auxquels il faut particulièrement remarquer :

» 1º Que toute proportion gardée, les Œufs des Oiseaux
» Aquatiques du Danube ont la coque beaucoup plus dure que
» ceux des Oiseaux Terrestres ; que les couleurs en sont di-
» verses, y en ayant de blancs, de bleus, de jaunes, de rou-
» geâtres et de rouges, et beaucoup même où toutes ces
» couleurs se voient à la fois ; mais que le goût en est fort dé-
» sagréable, parce qu'ils sentent trop la sauvagerie.

» 2º Que ces Œufs ont quatre membranes ; sçavoir : deux ex-
» térieures qui environnent ce qu'on nomme communément le
» Blanc, une intérieure, qui sert d'enveloppe au Jaune, et une
» quatrième au centre, qui renferme le *Blanc intérieur.*

» 3º Qu'ils ont deux Glaires, séparés chacun par sa mem-
» brane, mais dont l'une est plus déliée et plus liquide que
» l'autre. Nous avons aussi remarqué que les Œufs des Oiseaux
» Aquatiques ont plus de Blanc que ceux des Oiseaux Terrestres ;
» et voici, à notre avis, la meilleure raison qu'on en puisse
» donner : comme le petit se forme uniquement du Blanc de
» l'Œuf, et que pour parvenir à sa perfection et pour éclore il
» a besoin d'être couvé plus longtemps, à cause de l'humidité
» et du froid auxquels les nids de ces Oiseaux sont sujets,
» comme étant toujours bâtis sur l'eau même, ou du moins
» proche de l'eau, la Nature a d'autant plus sagement pourvu à
» sa formation et à sa subsistance, qu'elle a mis dans ces Œufs
» plus de glaires que dans les autres, afin de donner à la chaleur
» du corps qui se forme, le temps et le moyen de prendre des

» forces, et de le mieux pénétrer, jusqu'à ce que par-là le petit
» soit mis en état de rompre sa prison et de respirer le grand
» air. Cependant la fragilité de ces Œufs, et tant de dangers
» auxquels ils sont continuellement exposés, demandaient en-
» core que la Nature y remédiât par un nouveau secours ; elle
» a donc appris à tous les Oiseaux en général l'admirable in-
» dustrie de se construire des nids, où ils puissent non seule-
» ment trouver eux-mêmes une retraite sûre et commode, mais
» encore y couver à l'abri de tout accident, et conserver d'au-
» tant mieux aux Œufs la chaleur que la femelle leur commu-
» nique. C'est principalement dans ce temps-là que le mâle se
» tient tout auprès du nid, et qu'il montre beaucoup d'activité
» et de vigilance pour le défendre contre les Oiseaux de proie,
» leurs ennemis. »

On ne peut pas prendre son sujet plus au sérieux; aussi ses
idées profitèrent-elles à un de ses compatriotes, le Comte
Zinanni, de Ravennes, avec lequel il échangeait même les éléments de sa Collection. Celui-ci en fit donc l'objet d'une publication soignée, qui, par le fait de son peu de développement,
parût avant celle de Marsigli. C'est aussi le premier Auteur spécial que l'on puisse citer.

Il a conçu son travail « à la vue de l'étonnante diversité des
» Œufs de sa Collection, si dissemblables *de Grosseur et de*
» *Forme* (1), ainsi qu'à l'aspect *de leur Coloration* d'une si admi-
» rable variété... *et qui donne comme le caractère de chaque*
» *Espèce.* » (2)

A ces titres on doit lui savoir gré de son œuvre, si peu importante soit-elle, comme de celle d'un admirateur consciencieux et
zélé de la belle Nature.

---

(1) *Tanto diverse nella loro mole, e nella loro figura.*
(2) *Si vede in tutte come un carattere delle diverse spezia.* (Delle Uova e
dei Nidi degli Uccelli. in Venezia, 1737.)

Quant à l'exécution de son Ouvrage, c'est l'accomplissement fidèle de la promesse renfermée dans le Titre; c'est-à-dire qu'il contient la description assez détaillée de la Forme et de la Couleur des OEufs des Oiseaux dont il s'est occupé, ainsi que celle des Nids de ces Oiseaux, mais sans chercher à en tirer aucune autre induction utile à la Science que celle d'une stérile curiosité satisfaite.

De Méthode? il n'en a suivi qu'une de sa fantaisie.

Il en forme trois Classes principales : celle des Oiseaux Terrestres non Rapaces (Gallinacées et Passereaux); celle des Oiseaux Terrestres Rapaces (Oiseaux de proie, Pies-grièches et Perroquets!); et celle des Oiseaux Aquátiques (Oics, Canards, Plongeon, Cincle! Poules-d'eau, Spatule, Hérons, Goëlands et Martin-pêcheur!). Chacune de ces Classes est subdivisée selon la délicatesse des OEufs au goût et pour la table; selon le degré de pureté de chant des Oiseaux ou leur facilité à apprendre à parler; et selon leur aptitude pour le vol ou pour la chasse.

Le nombre au surplus en est fort restreint, puisque ses descriptions ne portent que sur les OEufs de 106 Espèces (toutes d'Europe, à l'exception du Perroquet gris) qu'il a fait figurer en 22 planches par la gravure, d'une manière correcte et de grandeur naturelle, mais dont aucune n'est enluminée.

Il en résulte que son Ouvrage pèche par la base et manque de son complément le plus utile, la Couleur, dont on reconnaît chaque jour l'immense avantage pour tout Livre qui traite d'Histoire Naturelle, comme le seul contrôle possible et la seule justification de toute description écrite.

Schwenkfeld a de même assez bien décrit, au même temps (1740), les OEufs de certaines Espèces d'Oiseaux d'Europe qu'il avait eu occasion d'observer.

Le docteur Helving, dès la même année, publiait en Prusse, dans une Série de Planches de Minéraux et de Botanique (1), la description et la figure de plusieurs Nids et Œufs d'Oiseaux, et était aidé dans cette œuvre par Klein, ainsi que celui-ci nous l'apprend lui-même.

A un peu plus de dix années de distance, Steller faisait connaître, dans les Mémoires de l'Académie des Sciences de Saint-Pétersbourg, le résultat de ses observations remplies de faits nouveaux sur les Œufs des Oiseaux des Mers Polaires, dont il donnait en même temps la figure et la description, au nombre d'une trentaine, avec la dimension de leurs grand et petit axes (2). Mais il est loin de se montrer encourageant pour le but scientifique que doit se proposer, selon nous, l'Oologie Ornithologique. On en va juger :

« L'avantage, dit notre Auteur, que quelques personnes ont
» pensé pouvoir tirer de l'inspection attentive *(observatione*
» *sedulâ)* des Nids et des Œufs des Oiseaux pour en distinguer
» les Genres et les Espèces, me paraît incertain et presque tout-
» à-fait nul ; car le mode de génération et les Œufs eux-mêmes,
» soit dans les Oiseaux, soit dans les Poissons, sont loin d'ap-
» porter autant de lumière que les Fruits continuellement attachés
» aux Plantes et inséparables de la connaissance de celles-ci. »

Puis, après avoir parlé des Nids, si différents les uns des autres, et surtout de celui de la Salangane :

« Quant aux Œufs, continue-t-il, *leur Forme, leur Couleur,*
» *leur Dimension* et leurs substances intérieures *paraissent pro-*
» *mettre davantage à celui qui observe les Œufs des Oiseaux à*
» *un point de vue Scientifique ;* quoique j'aie eu souvent occa-
» sion de remarquer que les Œufs envisagés de cette manière
» sont loin d'être identiques et varient au contraire excessivement
» dans une même Espèce, ainsi que le prouvent les Œufs du

(1) Hortus Saturgianus.
(2) Nov. Comment. Acad. Petrop. T. VI. ann. 1752-1753.

» Guillemot *(Lommiæ)* et ceux du Cormoran *(Graculi palmi-*
» *pedis).*

» En outre, la Forme des OEufs se trouve être la même pour
» plusieurs Genres et plusieurs Espèces, et la Couleur est dans
» une même Espèce ou plus claire ou plus foncée; toutes
» remarques frappantes chez les Guillemots et les Cormorans. Il
» en est de même de la dimension des OEufs.

» Il en résulte donc que l'étude attentive des Nids et des OEufs
» est appelée à rendre plus de services à l'Histoire des individus
» qu'à la Science proprement dite, aux Règles et aux Méthodes.

» Pour ce qui est de la taille relative des OEufs, voici ce que
» j'ai eu occasion d'observer :

» 1o Les OEufs des Oiseaux Terrestres sont toujours propor-
» tionnés à la grandeur de l'Oiseau.

» 2o Ils sont plus petits que ceux des Oiseaux Aqua-
» tiques.

» 3o Les OEufs des Oiseaux de mer qui habitent les îles
» désertes sont les plus gros relativement à la taille de l'Oiseau.
» On appelle Arctiques les Oiseaux qui se rencontrent au 48e
» degré de latitude, où je les ai vus en troupes innombrables et
» où les côtes sont abruptes et désertes, lieux que Dieu leur a
» assignés à cause de leur trop grande stupidité *(ob ingentem*
» *stupiditatem).* Car s'il les eût placés dans des lieux cultivés,
» l'Espèce s'en fût bien vite éteinte, grâce à cette stupidité et au
» petit nombre d'OEufs qu'il leur est accordé de produire par
» an. *Et ils n'ont dû faire aussi peu d'OEufs que pour que le*
» *volume en fût plus fort, afin que la chaleur ne s'en échappât*
» *pas aussi facilement ; ces OEufs n'étant pas couvés par eux*
» *d'une manière continue.*

» Quant au nombre des OEufs :

» 4o Les Oiseaux Terrestres domestiques en font le plus grand
» nombre, parce que leurs OEufs servent non-seulement à la

» nourriture des poussins, mais encore à celle de l'homme, et
» ils les pondent en tout temps.

» 5º Les Oiseaux d'eau douce en font relativement moins,
» parce que ces Œufs ne servent qu'à la nourriture de l'homme.

» 6º Les Oiseaux de mer stupides (*Aves marinæ stolidæ*) en
» font le plus petit nombre, parce qu'ils existent en grande
» quantité, qu'ils habitent des lieux déserts et inaccessibles, et
» qu'ils vivent longtemps.

» Quant à la Couleur :

» 7º I. La couleur Blanche est propre aux Oiseaux domes-
» tiques ainsi qu'aux Rapaces leurs ennemis, de même qu'aux
» plus petits Oiseaux, tels que le Roitelet (*Regulo, Asilo, Guai-
» numbi*), etc.

» 8º II. La couleur varie pour le surplus, mais reste cons-
» tante, quel que soit l'âge de l'Oiseau et en quelque lieu qu'on
» le trouve.

» 9º III. La couleur varie également, mais est excessivement
» inconstante, dans les Œufs des Oiseaux de mer.

» Quant à la Forme :

» Ceux des Oiseaux de mer sont ordinairement plus allongés
» et plus pointus. »

Presque immédiatement Klein, avec le même enthousiasme
que Zizanni, entreprit en 1758, dans l'intention de la rendre
plus complète, la description des Œufs d'Oiseaux d'Europe qu'il
possédait, et dont il cherchait chaque jour à augmenter le
nombre. Mais il mourut avant, et ne put même jouir de la publication de son travail, qui ne parut qu'en 1766 par les soins de
Reyger, de Gand, à Leipsick, sous le format in-4º (1).

Mieux avisé cependant que Zizanni, auquel il rend hommage,
il eut soin de faire colorier les dessins qu'il obtenait des Œufs

____

(1) Ova Avium plurimarum.

qu'il voulait décrire; et son livre renferme, en 24 planches, les
OEufs de 120 Espèces environ : en tout une quinzaine de plus
que son prédécesseur.

Son point de vue plus élevé et ses idées plus méthodiques et
sentant plus la Science que chez celui-ci, lui firent entrevoir
l'intérêt que pouvait avoir pour l'Histoire Naturelle des Oiseaux
l'étude de leurs OEufs, quant aux différences qu'ils offrent sous
le rapport de leur Forme, de leur Couleur et de leur Coquille.
C'est ce qui ressort de la Préface dont son Livre est précédé.
Cette Préface renferme en effet, sur les OEufs des Oiseaux en
général, des idées et des observations aussi exactes que judicieuses qui font regretter l'oubli dans lequel on a trop longtemps laissé cet Opuscule, qui contenait en quelque sorte le
germe de l'Oologie Ornithologique, telle que nous la comprenons : ce qui est, on le voit, une large compensation du peu de
valeur que Temminck a reprochée au Texte.

Telles sont les seules nuances qui existent entre son Ouvrage
et celui de Zizanni, auquel il ajoute fort peu de chose, mais
sur lequel il a le double avantage d'une plus large conception
et d'une exécution, sinon plus parfaite, au moins plus complète.

Nous avons parlé de l'enthousiasme de Klein au sujet des
OEufs d'Oiseaux. Il est curieux de voir avec quelle vivacité il s'en
exprime; une Collection d'OEufs lui paraît aussi intéressante
qu'une Collection Conchyliologique. « Variété de couleurs,
» variété de forme et de figure, tout en eux réjouit l'œil et l'es-
» prit tout autant que les Coquilles... Merveilleusement peints,
» tachetés, marbrés, rayés, ponctués ou striés, leurs cou-
» leurs ou reposent à la surface de l'enveloppe calcaire,
» ou en pénètrent la substance : celle-ci est solide, plus
» ou moins épaisse, et souvent tellement fine et diaphane que
» sa transparence permet aux yeux de distinguer le *Blanc* du

» *Jaune* (1). » Puis il ajoute : « Rien même ne s'opposerait,
» à mon avis, à ce qu'après des observations répétées et sui-
» vies, on ne pût arriver, par la seule inspection de la confi-
» guration et des diverses teintes de la Coquille, à reconnaître
» à l'avance si elle renferme un mâle ou une femelle. » Au sujet
de la Forme des OEufs : « Ceux-ci sont d'une forme parfaite-
» ment Ovée (*ovata*), ceux-là sont obtus ou tronqués à l'une
» de leurs extrémités (2); les uns sont presque Sphériques (*globu-*
» *losa*) ou également allongés ou amincis des deux bouts (3). »
Et terminant enfin : « Qui pourra dire toutefois pourquoi le
» Créateur a recouvert des plus agréables couleurs l'enveloppe
» de l'OEuf d'Oiseaux ignobles tels que ceux de la Famille des
» Corbeaux par exemple, et de presque tous les Rapaces ; tan-
» dis qu'il a préférablement revêtu du blanc le plus pur, comme
» un signe d'innocence, l'OEuf de tous les Oiseaux de nuit (4) ?
» Ce n'est sans doute point par hasard que cela a lieu, quoique
» la cause en échappe à notre intelligence. »

A cette époque, le célèbre Réaumur formait une importante
Collection d'OEufs d'Oiseaux ; mais comme tous les génies, il
sortait des données ordinaires. Il avait conçu le projet, à ce que
nous apprend Klein lui-même, de réunir dans une même Collection les OEufs des Oiseaux Exotiques avec ceux des Oiseaux
d'Europe, afin de les comparer les uns aux autres, de voir ceux
qui l'emportaient par la richesse du coloris, et si cette richesse
était relative à celle du plumage, selon les divers climats. On le
sent : il y avait dans ce vaste projet le germe d'une pensée
féconde pour l'avenir. Rien malheureusement n'a été publié de

---

(1) *Albumen à Vitello distingui queat.*
(2) *Ad angulorum alterum obtusa, truncata.*
(3) *Ex angulis utrinquè producta.*
(4) *Omnibus autem Ululis, quasi melioris præ illis notæ, testam albis-*
simam, innocentiæ signum, largitus sit.

cette intéressante Collection qui a dû être riche pour son temps, et que Buffon aurait pu sans doute consulter avec fruit, pour s'éviter les erreurs assez grossières qu'il a commises en Oologie. Son silence même, à l'égard du Cabinet de Réaumur, ferait présumer qu'il ne l'a pas connu, si la publicité que lui a donnée Guettard, Membre de l'Académie, en s'en servant pour émettre sur les Œufs d'Oiseaux des idées aussi neuves que hasardées, ne rendait tout doute impossible et l'insouciance de Buffon plus coupable.

C'est pour le moment l'Allemagne qui va exploiter cette mine féconde de l'Oologie.

Nozemann, en 1770, publie à Amsterdam l'*Histoire naturelle des Oiseaux des Pays-Bas* (1). Mais les Nids et les Œufs, tout en y étant figurés, n'y sont dessinés, pour ainsi dire, qu'en passant, comme l'exprime fort bien un autre Oologiste Allemand plus sérieux, Naumann, dont nous aurons occasion de parler à son tour.

En 1772, Gunther fait paraître à Nuremberg, un véritable traité des Œufs d'Oiseaux sous le Titre de *Collection de Nids et d'Œufs de divers Oiseaux, tirés du Cabinet de M. le Conseiller Schindel et de celui de l'Auteur* (2). Son Ouvrage fait avec talent et méthode, quoique très-borné quant au nombre d'Espèces dont il s'occupe, puisque, tout en en figurant 110 Espèces, il n'en décrit que 62, est une véritable œuvre de conscience. Aussi laisse-t-il souvent apercevoir la satisfaction que son amour-propre d'Auteur éprouve parfois à faire connaître la description d'un Œuf resté inconnu à ses prédécesseurs, tels que Zinanni et Klein, ainsi qu'à quelques amateurs ses contemporains, Hallen et Zorn.

(1) *Nederlandsche Voyelen*, dont la publication a duré jusqu'à 1809, avec la Collaboration de Sepp.

(2) *Sammlung von Nestern und Eyern Verschiedener Wogel* (dont nous avons fait toute la Traduction)

Il faut pourtant avouer que les Planches in-f° qui accompagnent le Texte, de même format, sont loin d'avoir l'exactitude de dessin et de coloration que leur prête si complaisamment l'Auteur, qui a joint à ce défaut celui de vouloir représenter les OEufs dans les Nids dont ils proviennent. On ne saurait trop, à cet égard, regretter le peu d'accord qui existe entre le Texte et les Figures. Car il est impossible d'entrer dans des détails plus minutieusement exacts pour la description des Nids et des OEufs des Espèces dont il s'occupe.

Quant à sa Méthode, si elle n'est pas savante, elle est fort simple et fort claire, quoique peu utile à la Science. Elle consiste à diviser les OEufs selon leur grandeur relative, ce qui lui donne quatre classes distinctes; puis établissant la liste des diverses couleurs qui s'y rencontrent, il répartit sous chacune d'elles le nom des OEufs qui s'y rapportent, dans chacune des quatre Classes. Voici au surplus comment il s'en explique :

« ..... Nous nous proposons uniquement de considérer les » OEufs dans leur configuration extérieure, comme nous avons » fait à l'égard des Nids. Nos Observations se réduiront ainsi : » 1° à leur Forme, 2° à leur Grandeur, 3° à leur Couleur, et » 4° au Nombre auquel ils se trouvent dans le Nid.

» Quant à la Forme extérieure, on sait qu'elle est d'une rondeur oblongue, et que la figure de Mathématiques connue » sous le nom d'Ovale (*figura ovalis*) lui doit sa dénomination. » La plupart des OEufs, en effet, partent d'une base ronde plus » large et se terminent en une pointe ronde plus étroite, ou, en » d'autres termes, ils sont plus aplatis au bas et plus pointus au » haut. Mais cette définition n'est pas généralement applicable; » car les Hiboux, plusieurs sortes de Milans et le Martin-pêcheur » pondent toujours des OEufs presque ronds comme une boule, » et l'on remarque en général que tel Genre d'Oiseaux pond des » OEufs plus pointus, tel autre des OEufs plus aplatis. Il y a

» même parfois dans un même Nid des OEufs pointus et des
» OEufs aplatis. Aristote en a voulu nous expliquer la raison et
» nous faire croire que les mâles provenaient des OEufs aplatis,
» et les femelles des OEufs pointus. Mais nous pouvons démon-
» trer le peu de fondement de cette assertion par nos expériences
» avec des Canaris : car nous avons vu des mâles et des femelles
» naître indifféremment des OEufs pointus et des OEufs aplatis.
» Ces expériences, pour le dire en passant, combattent victo-
» rieusement les préjugés d'un grand nombre d'Amateurs de
» Canaris, qui, à l'exemple d'Aristote, veulent déjà connaître à
» la forme de l'OEuf s'ils en obtiendront un mâle ou une femelle,
» et ne réfléchissent pas qu'ils ne sont point assez bons obser-
» vateurs ni assez patients pour faire des expériences. A notre
» avis, la forme plus ronde ou plus pointue de l'OEuf est un
» effet mécanique et dépend de la pression de l'Ovaire sur l'OEuf
» quand la Coquille est encore molle, et cette pression peut varier
» d'intensité en raison de l'irritation plus ou moins vive causée à
» l'Oviducte ou à l'Ovaire par le contact des intestins ou par
» d'autres causes. Cette Théorie nous expliquera pourquoi les
» OEufs des Hiboux et du Martin-pêcheur sont toujours ronds
» comme une boule. Il n'y a qu'à admettre que l'Ovaire de ces
» Oiseaux est naturellement plus large que dans d'autres et
» conséquemment moins sujet à de violentes contractions. La
» race femelle des Hiboux serait bientôt éteinte, si, selon
» Aristote, elle ne devait provenir que des OEufs pointus et
» que les OEufs ronds ne dussent produire que des mâles !
» La Seconde observation à faire, à l'égard de la distinction
» des OEufs, a trait à leur différente grandeur.
» On comprend qu'un grand Oiseau doit produire un grand
» OEuf, et un petit Oiseau un petit OEuf ; et ce fait se retrouve en
» effet chez la plupart des Oiseaux. Il y a cependant des excep-
» tions ; et l'on ne peut pas toujours inférer la grandeur de

» l'Oiseau de la grandeur de l'Œuf. L'Œuf du Coucou n'est
» guère plus grand que celui du Moineau, et cependant le Cou-
» cou a quatre fois la taille du Moineau (1). D'un autre côté les
» Œufs du Roi des Cailles ne le cèdent que fort peu ou même
» en rien, pour la grandeur, aux Œufs du Pigeon ou à ceux
» de la Perdrix; et cependant cet Oiseau n'est pas de moitié
» aussi grand que la Perdrix. Nous pourrions citer encore
» d'autres exceptions.

» Nous avons essayé de réduire toutes les diverses espèces
» d'Œufs à quatre degrés de grandeur différente. Nous devons à
» nos Lecteurs, pour plus de clarté, quelques renseignements
» sur cette division arbitraire.

» Nous classons au degré de première grandeur tous les Œufs
» depuis l'Autruche jusqu'à l'Œuf de Poule, et ceux qui leur
» ressemblent.....

» Tout ce qui s'étend depuis l'Œuf de Poule jusqu'à la gran-
» deur de l'Œuf de Pigeon, nous le distinguerons sous le nom
» de deuxième grandeur.

» La troisième grandeur comprendra les Œufs depuis la
» grandeur de l'Œuf de Pigeon jusqu'à celle de la plus grosse
» Noisette : cette classe finit ainsi à l'Œuf du Coucou.

» La quatrième classe enfin renfermera tous les Œufs que
» l'on connaît, depuis la grandeur de la Noisette jusqu'à celle
» d'un Pois. Les Œufs du (*Goldhahnchen*) Roitelet, et du
» Colibri d'Amérique sont conséquemment les derniers de cette
» classe.

» Nous conviendrons que nous aurions pu établir un plus
» grand nombre de divisions, et que les Œufs d'une même
» classe diffèrent encore beaucoup entre eux; mais nous
» n'avons pas cru devoir multiplier les classes et les divisions;

---

(1) Exemple que nous verrons plus tard reproduit par Thienemann.

» et, comme nous donnons la mesure de chaque OEuf, on vou-
» dra bien nous passer cette manière de procéder.

» Un troisième point important à considérer dans les OEufs,
» est la variété et la diversité des couleurs dont ils sont ornés.
» La vue d'un grand Cabinet d'OEufs offre un spectacle magni-
» fique, et je ne le crois pas inférieur, quant à moi, à un
» Cabinet de Coquilles.

» Il y a des OEufs entièrement blancs, fauves ou couleur de
» Pois, roussàtres, gris, verts de mer, bleu-verdàtre et noi-
» ràtres. Outre ces couleurs du fond, beaucoup d'OEufs sont
» encore parsemés et pointillés de taches de toutes sortes de
» teintes, et ces taches noires, rouges, grises et brunes contri-
» buent singulièrement à la distinction des espèces. Ceux qui
» ont les taches de la même couleur sont cependant plus mar-
» qués tantôt à la partie plate, tantôt à la pointe, et cette diffé-
» rence suffit au Connaisseur pour les distinguer. »

Nous avons dit que, tout en donnant la figure de 110 Espèces
d'OEufs, le Recueil de Gunther ne contient la description que
de 62. En voici l'explication, c'est que de même que Klein,
quoique un peu plus heureux, Gunther ne put parachever lui-
même son OEuvre. La description et la représentation de
ses 62 Espèces sont de lui et ont été éditées de son vivant, et
forment la première partie du Livre.

Toute la seconde partie a été faite et publiée par M. G. Leste,
Professeur d'Histoire Naturelle à Leipseick, en 1784, jusqu'à la
soixante-deuxième Espèce seulement.

En résumé, si puérils que paraissent les détails minutieux
contenus dans cette Introduction, qui est très-longuement développée et qui fait tout le fond de l'Ouvrage, comme c'est plus en
vue des Amateurs ou des Collectionneurs curieux d'OEufs, qu'en
vue d'un service à rendre à la Science, que le travail de Gunther
a été entrepris, il faut encore lui savoir gré et du soin qu'il y a

mis, et de l'esprit de méthode, si bizarre qu'il soit, qui y a présidé, et de la nouveauté des aperçus auxquels il s'est livré,
aperçus dont ont profité depuis quelques années, sans indiquer
leur source, bon nombre d'Oologistes.

Ajoutons que Gunther nous apprend que deux Amateurs de
son temps, à sa connaissance, possédaient une Collection d'OEufs
d'Oiseaux : un Conseiller Aulique, M. Schmiedel, et un M. Link.

Comment se fait-il qu'à la même époque et la même année
1772, on voie Buffon, dans une de ses premières Éditions,
émettre des propositions aussi hasardées que les suivantes, concernant le rapport qui existerait entre la couleur des OEufs et
celle du plumage de l'Oiseau dont ils proviennent, et concernant
l'influence de la domesticité sur la couleur des OEufs :

« ..... Si l'on veut chercher dans la race commune de la Poule
» quelle est la couleur qu'on peut attribuer à la race primitive,
» il parait que c'est la Poule blanche; car, en supposant ces
» Poules originairement blanches, elles auront varié du blanc
» au noir et pris successivement toutes les couleurs intermé-
» diaires. Un rapport très-éloigné et que personne n'a saisi,
» vient directement à l'appui de cette supposition, et semble
» indiquer que la Poule blanche est en effet la première de son
» Espèce, et que c'est d'elle que toutes les autres races sont
» issues; ce *rapport consiste dans la ressemblance qui se trouve*
» *assez généralement entre la couleur des OEufs et celle du*
» *plumage :* les OEufs du Corbeau sont d'un vert-brun tacheté
» de noir; ceux de la Cresserelle sont rouges; ceux du Casoar
» sont d'un vert-noir; ceux de la Corneille noire sont d'un brun
» plus obscur encore; *ceux du Pic-varié sont de même variés et*
» *tachetés de rouge;* le Crapaud-volant les a marbrés de taches
» bleuâtres et brunes, sur un fond nuageux blanchâtre; l'OEuf
» du Moineau est cendré, tout couvert de taches brunes-marron,
» sur un fond gris; ceux du Merle sont d'un bleu-noirâtre; ceux

» de la Poule de bruyère sont blanchâtres, marquetés de jaune ;
» ceux des Pintades sont marqués comme leurs plumes, de
» taches blanches et rondes, etc. *En sorte qu'il paraît y avoir*
» *un rapport assez constant entre la couleur du plumage des*
» *Oiseaux et la couleur de leurs OEufs;* et que le blanc domine
» dans plusieurs, parce que dans le plumage de plusieurs
» Oiseaux, il y a aussi plus de blanc que de toute autre couleur,
» surtout dans les femelles dont les couleurs sont toujours
» moins fortes que celles du mâle : or, nos Poules blanches,
» noires, grises, fauves et de couleurs mêlées produisent toutes
» des OEufs parfaitement blancs : donc, si toutes ces Poules
» étaient demeurées dans leur état de nature, elles seraient
» blanches ou du moins auraient dans leur plumage beaucoup
» plus de blanc que de toute autre couleur ; les influences de la
» domesticité qui ont changé la couleur de leurs plumes, n'ont
» pas assez pénétré pour altérer celle de leurs OEufs: ce chan-
» gement de la couleur n'est qu'un effet superficiel et acci-
» dentel, qui ne se trouve que dans les Pigeons, les Poules et
» les autres Oiseaux de nos basses-cours; car tous ceux qui sont
» libres et dans l'état de nature, conservent leurs couleurs sans
» altération et sans autres variétés que celles de l'âge, du sexe
» et du climat, qui sont toujours plus brusques, moins nuancées,
» plus aisées à reconnaître, et beaucoup moins nombreuses que
» celles de la domesticité..... »

« ..... Il y a une différence remarquable entre les OEufs de
» la Pintade domestique et ceux de la Pintade sauvage; ceux-
» ci ont de petites taches rondes comme celles du plumage, et
» qui n'avaient point échappé à Aristote, au lieu que ceux de
» la Pintade domestique sont d'abord d'un rouge assez vif, qui
» devient ensuite plus sombre, et enfin couleur de rose sèche,
» en se refroidissant : si ce fait est vrai, comme me l'a assuré
» M. Fournier qui en a beaucoup élevé, il faudrait en conclure

» que *les influences de la domesticité sont assez profondes pour*
» *altérer, non seulement les couleurs du plumage, comme nous*
» *l'avons vu ci-dessus, mais encore celle de la matière dont se*
» *forme la Coquille des OEufs ;* et, comme cela n'arrive pas
» dans les autres espèces, c'est encore une raison de plus pour
» regarder la nature de la Pintade comme moins fixe et plus
» sujette à varier que celle des autres Oiseaux. »

Valmont de Bomare, contemporain de Buffon, s'exprime
ainsi au sujet de la Forme et de la Couleur des OEufs :

« Les OEufs ont en général une forme Elliptique, plus ou
» moins allongée, suivant les Espèces ; et ils diffèrent entre eux
» par le volume, par la consistance de la coque et par la couleur
» de cette enveloppe extérieure. Les OEufs de Serpent sont ronds,
» ceux d'Autruche sont oblongs, également Elliptiques par les
» extrémités ; ceux de la Poule et de la plupart des Oiseaux ont
» un *gros* et un *petit bout*, ou un *bout arrondi,* et un bout qui
» approche davantage d'être *pointu ;* enfin il y en a de longs et
» ronds comme un cylindre.....

» ... Les OEufs de la plupart des Oiseaux ont une couleur
» dominante, et sur laquelle sont répandues des taches plus ou
» moins nombreuses, plus ou moins grandes et plus ou moins
» variées ; dans un assez grand nombre d'autres espèces d'Oi-
» seaux, l'OEuf n'a qu'une couleur uniforme et sans tache ; la
» couleur la plus ordinaire et qui sert le plus communément de
» fond est le blanc, ou pur comme dans l'OEuf de Poule, ou
» altéré d'une teinte grisâtre ou verdâtre : ainsi les OEufs de
» Dindon, ceux de l'Oie, du Canard, du Faisan, ne sont pas
» d'un blanc pur, mais on les distingue à la teinte dont ils sont
» colorés, ainsi qu'à leur grosseur et à leur forme. Quelques
» Espèces d'Oiseaux, comme le gros Tinamou, produisent des
» OEufs d'un bleu assez foncé ; d'autres des OEufs verdâtres, et
» ceux du Faisan blanc de la Chine ont une teinte rougeâtre

» pàle et uniforme ; quant aux Œufs dont la robe est tachetée ,
» ces taches sont cendrées, brunes, noiràtres, rougeâtres ;
» quelquefois larges, plus pressées et en plus grand nombre
» vers le gros bout. Quelques-uns ont cru, mais sans fonde-
» ment, qu'il y avait des rapports entre le fond de couleur et
» les taches des Œufs, et le fond des couleurs et des panaches
» du plumage ; on sçait que la Poule noire pond des Œufs aussi
» blancs que les Poules dont le plumage est de cette dernière
» couleur » (1).

On voit par cette citation que s'il y a eu temps d'arrêt chez
Buffon, il y a progrès dans les idées chez Valmont de Bomare ;
et désormais ce progrès ne va faire qu'augmenter dans la connaissance des Œufs.

A Valmont de Bomare succède bientôt Guettard, qui se révèle
tout-à-coup par un Mémoire des plus substantiels et des plus
intéressants sur les Œufs des Oiseaux (2). Et qui le lui a inspiré,
en le faisant sortir de travaux beaucoup plus abstraits? La belle
Collection de Réaumur qu'il avait vue et pu étudier, ainsi qu'il
le dit lui-même :

» Il paraît que M. Réaumur avait le projet de travailler sur
» cette matière ; il avait du moins recueilli quantité de ces Œufs
» d'Oiseaux ; il avait, autant qu'il lui avait été possible, réuni les
» Œufs aux nids, et n'avait pas manqué d'y joindre les Œufs
» qui avaient de ces singularités, qui font donner à ces Œufs
» le nom d'Œufs monstrueux.

Mais malgré son incrédulité à l'endroit du côté sérieux de
l'étude de l'enveloppe extérieure des Œufs, il n'a pu cependant
s'empêcher, tant le séduisait le spectacle qu'il avait sous les

____

(1) *Dict. d'Hist. Natur.*, 1775-1790, — V° *Œuf.*
(2) *Mémoire sur différentes parties des Sciences et des Arts*, in-4°,
1783.

yeux, de consigner les propositions qui suivent sur la Grosseur, la Forme et la Couleur des OEufs :

» Après la connaissance de leurs parties, que l'Anatomie » nous développe et nous met sous les yeux, *leurs autres pro-* » *priétés extérieures n'ont rien de bien piquant.* Leur Figure » est peu variée, leur Couleur l'est également peu, leur Tissu » est uniforme et lisse. Ce n'est que par une grande habitude à » les voir et à les examiner qu'on peut parvenir à les recon- » naître. Voyons cependant si on ne pourrait pas découvrir » quelques moyens généraux, qu'on pût poser comme des » principes propres à nous conduire dans cette connaissance et » nous servir à les distinguer les uns des autres avec un peu de » facilité.

» Si les propriétés des OEufs étaient en raison des Genres des » Oiseaux, ce serait un principe facile et commode; mais il ne » paraît pas jusqu'à présent que ce soit un principe bien cons- » tant, *si ce n'est qu'ils sont en raison de la grosseur des Oi-* » *seaux auxquels ils sont dus :* les plus gros Oiseaux pondent » les OEufs les plus gros. Les OEufs des Autruches paraissent » énormes, comparés à ceux de l'Oiseau-Mouche : ceux-ci, gros » comme un pois, sont en quelque sorte infiniment petits par » rapport aux OEufs des Autruches qui ont une grosseur d'un » peu moins d'un demi-pied dans leur plus grand diamètre. Que » de variétés de grosseur n'y a-t-il pas entre ces deux sortes » d'OEufs, variétés qui s'observent même entre ceux qui pro- » viennent de différentes Espèces d'Oiseaux du même genre. Ce » n'est donc point par la grosseur que l'on peut ranger systé- » matiquement les OEufs, de façon à nous en faciliter la con- » naissance.

» *Leur Figure n'y est guère plus propre :* leur Figure est si » peu variée, qu'il est aisé de prendre les OEufs d'un Oiseau » pour ceux d'un autre, en s'attachant seulement à la Figure

» qu'ils peuvent avoir. Tous les OEufs sont Globulaires. Quel-
» ques uns ont une Figure presque ronde. Ceux du plus grand
» nombre sont un peu plus allongés par un bout qu'on appelle
» communément le petit bout ou la pointe de l'OEuf; mais les
» différences insensibles qui se trouvent entre des OEufs du
» même Genre d'Oiseau sont si difficiles à saisir , qu'*il est peut-
» être impossible de caractériser ces corps au moyen de leur
» Figure*.

» La Couleur serait peut-être la propriété de ces corps, qu'on
» pourrait employer avec plus d'efficacité pour en faciliter la
» connaissance. Il y a des OEufs dont la Couleur tranche forte-
» ment avec celle d'autres OEufs. S'il en était ainsi pour tous
» les OEufs, et que cette différence fût constamment en raison
» des Genres des Oiseaux, rien ne serait plus commode pour
» nous conduire à les distinguer les uns des autres, dans la con-
» naissance du moins des Genres de ces OEufs. Il ne paraît pas
» qu'il en ait été ainsi décidé par l'Auteur de la Nature : la cou-
» leur du plus grand nombre des OEufs est d'un Blanc plus ou
» moins beau. Il est ainsi très-souvent bien difficile, au moyen
» de cette propriété, de déterminer de quel Oiseau peut être tel
» ou tel OEuf qui a cette couleur. Malgré cet inconvénient ce-
» pendant, c'est aux couleurs que nous nous arrêterons pour
» tâcher de classer ces corps , en ne négligeant néanmoins point
» les autres propriétés qu'ils nous présenteront , et qui seront
» telles qu'elles pourront contribuer à fixer nos idées, comme
» par exemple, les points, les lignes, les taches coloriés dont
» peuvent être marqués les uns ou les autres de ces corps. »

Guettard en arrive ainsi à classer par couleurs chacune des
Espèces d'OEufs d'Oiseaux du Cabinet de Réaumur, et dit en se
résumant :

« Les Couleurs du fond de la Coquille des OEufs d'Oiseaux que
» j'ai observés, se réduisent donc aux suivantes : ils sont :

» 1° tout Blancs ; 2° d'un Blanc sale ; 3° d'un Blanc café au lait ;
» 4° d'un Blanc bleuâtre ; 5° Bleuâtres ; 6° de couleur de Tour-
» quoise ; 7° Olivâtres ; 8° Roussâtres ; 9° Gris ; 10° Bruns. Sans
» doute que si j'eusse trouvé dans le Cabinet de M. de Réaumur
» une plus grande quantité d'OEufs, j'aurais vu des OEufs de
» couleurs différentes de celles que j'y ai remarquées : j'y ai vu
» par exemple, des OEufs qui étaient d'un vert sale, et dont je
» n'ai pas parlé, ces OEufs étant trop généralement désignés, ne
» l'étant que comme ceux d'une Espèce de *Moteux*.

» Quelles que soient, au reste, les Couleurs que l'on a pu ou
» que l'on pourra observer aux OEufs d'Oiseaux, elles ne peu-
» vent être qu'une des sept Couleurs primitives, ou des Cou-
» leurs résultant des combinaisons des unes ou des autres de
» celles-ci. La Couleur que l'on a jusqu'à présent le plus com-
» munément observée, est la couleur blanche. Je ne crois pas
» qu'on en ait trouvé de Noire, de Rouge, de Jaune. Ce n'est
» pas qu'il ne soit possible qu'il y ait des OEufs de cette dernière
» couleur, puisqu'il y a des OEufs gris ou bruns. Des OEufs
» bruns, plus foncés que ceux que j'ai observés, pourraient
» tenir beaucoup du noir, et ce Brun-noirâtre pourrait s'être
» foncé dans d'autres OEufs à un tel point, qu'ils en seraient
» entièrement noirs. La couleur d'un Blanc café au lait tenant
» un peu du Jaune, il pourrait bien exister des OEufs où ce
» Jaune fut plus développé, et que conséquemment il y eût des
» OEufs d'un Jaune déterminé, net et tranchant, etc. »

Il termine enfin par une des idées les plus fécondes en
Oologie :

« Peut-être que l'on pensera qu'il serait plus curieux de con-
» naître la cause des différentes couleurs observées dans la
» Coquille de ces corps, et qu'il serait plus facile de leur enle-
» ver les couleurs qu'ils peuvent avoir et conséquemment les
» parties qui les colorent : ce sont là cependant, à ce qu'il me

» parait, des expériences assez délicates à faire et qui ne sont
» pas indignes de l'attention des Chimistes les plus éclairés.
» Peut-être que ces couleurs ne dépendent que du plus ou du
» moins de particules ferrugineuses dont ces coquilles sont
» imprégnées; l'on sait qu'on en retire beaucoup du sang : c'est
» un préjugé qui porte à penser que le sang peut en charrier
» dans toutes les parties. La Coquille des OEufs peut consé-
» quemment en être plus ou moins imprégnée. L'on fait avec le
» Fer des couleurs bleues, jaunes, noires; mais l'on sait aussi
» actuellement que ces couleurs-là se font avec d'autres sub-
» stances métalliques que le fer. Ce n'est donc que par des opé-
» rations chimiques que l'on pourra déterminer à quel métal les
» Couleurs des OEufs doivent être attribuées. Enfin ce sont là
» des vues que le temps pourra confirmer ou rejeter comme
» hasardées et même fausses. »

Après Guettard est venu Mauduyt, dont les connaissances
profondes en Ornithologie pouvaient faire espérer qu'il traiterait
savamment les questions relatives à l'Oologie Ornithologique.
Mais il s'est borné à reproduire succinctement, en se les appropriant, et sans indiquer son Auteur, tout en avouant ne connaître que Zinanni, toutes les propositions de Guettard (1).

L'époque de transition de la fin du XVIIIe Siècle au XIXe est
remarquable par la production de deux Essais spéciaux, éclos
en France et non publiés par leurs Auteurs, sur l'Oologie Ornithologique d'Europe, l'un de l'Abbé Manesse, l'autre de Lapierre,
à propos duquel Sonnini parle du premier en ces termes (2) :

« On sait que l'Abbé Manesse avait rassemblé une grande
» quantité de matériaux sur la ponte des Oiseaux : les Natura-
» listes ont vu la belle Collection d'OEufs et de Nids que ce

(1) *Encyclopédie Méthodique*, 1784. V° *OEuf*.
(2) *Histoire naturelle* de Buffon. Édit. de Sonnini. Paris. an X (1800).

» Naturaliste avait recueillis de toutes parts avec beaucoup de
» soins et de dépenses; mais la Révolution est venue disperser
» des objets aussi précieux pour la Science que pour leur pos-
» sesseur, qui s'en est éloigné lui-même à regret en quittant sa
» patrie. Il n'a rien publié de ses travaux, et nous ne les con-
» naissons que par les beaux préparatifs dont il les avait fait
» précéder. »

L'Abbé Manesse est un de ceux qui ont élevé à cette partie de
la Science le monument, nous ne dirons pas le plus parfait,
mais le plus complet, à l'époque où il le composa, en ce qui
concerne les OEufs des Oiseaux d'Europe. C'est le premier en
France qui ait osé entreprendre *un Traité spécial d'Oologie* et
qui ait senti avec Gunther et Guettard, que l'Histoire des Oiseaux ne serait jamais parfaite, ni leur Classification satisfaisante, tant que l'on ne s'appliquerait pas à cette étude, qui
forme le complément indispensable de l'Ornithologie.

Ce qui donne le plus de prix à son Ouvrage tel qu'il est, c'est
que les OEufs qu'il décrit faisaient partie de sa Collection et
avaient tous été dénichés par lui; et qu'enfin les 218 Espèces
d'OEufs qu'il représente en 32 Planches peintes à l'huile sur
papier, sont encore les plus exactes qui aient été faites jusqu'ici
sur nature.

Mais il n'a point suffisamment justifié par son travail le titre
dont il a décoré son Ouvrage. On peut lui reprocher avec quelque raison d'avoir, dans ses deux volumes in-4º, donné plutôt
l'histoire et la description générale des Oiseaux dont il parle,
que la description des OEufs dont il devait parler. Ce n'est pas
que rigoureusement, dans une Oologie complète, la description
de l'Oiseau dont on veut dépeindre l'OEuf soit inutile. Toutefois
Manesse aurait pu rendre cette description historique beaucoup
plus brève, parce qu'elle n'était que l'accessoire de la matière
qu'il traitait, ou qu'il annonçait vouloir traiter. La description

des différents OEufs y aurait gagné; c'était là son objet principal
et c'est sur quoi il devait se donner libre carrière. Car il n'est
malheureusement que trop vrai que l'exécution de l'Ouvrage ne
répond point à sa conception. On est même étonné, après avoir
parcouru le Discours préliminaire, dont nous citerons des passages tout-à-l'heure, après avoir remarqué les vues neuves et
vraiment savantes qui y sont clair-semées, ainsi que les graves
questions qu'il soulève, de voir que Manesse ne soit point parvenu à un meilleur résultat, et n'ait pas tiré de l'étude et de
l'observation des OEufs des inductions plus utiles.

Ainsi, il reconnaît lui-même que la description des Nids et
des OEufs de tous les Oiseaux, faite par des observateurs exacts,
pourrait, outre l'intérêt, fournir un moyen plus certain de
connaître et de mieux classer les Espèces. Certes, cette proposition était l'idée mère de son Ouvrage, celle qui devait le guider.
Et cependant, dans tout le cours de son Livre, il n'émet aucune
opinion sur ces éléments de Classification, dont l'inspection
extérieure des OEufs des Oiseaux lui faisait soupçonner l'existence! On voit avec peine qu'en reconnaissant la possibilité de
faire servir à l'utilité de la Science la partie Oologique, en
apparence de pure curiosité, et riche comme il l'était d'observations et de matériaux, l'Auteur n'ait pas essayé de faire l'application du Système auquel les caractères de l'OEuf peuvent servir
de fondement.

En attendant les données qu'il espérait obtenir de l'étude des
OEufs, il a eu son Système à lui, dans l'ordre de description
qu'il a adopté; et il en explique les motifs :

« Si la méthode que j'ai adoptée dans mon travail, dit-il, est
» souvent différente de celles des autres Ornithologistes et de
» Buffon, ce n'est point que l'étude et l'inspection de l'OEuf
» m'ait fait reconnaître, dans la nombreuse Famille des Oiseaux,
» un ordre plus naturel; mais seulement parce que j'en ai cru

» reconnaître un plus conforme à la Nature que celui qu'ils
» avaient adopté. »

C'est pour cette raison qu'il commence par les Casoars et les
Autruches, (ce qu'a également fait Thiennemann dans son dernier Ouvrage), comme appartenant en quelque sorte autant aux
Quadrupèdes, ou plutôt aux Animaux Terrestres qu'aux Oiseaux,
puisqu'ils se trouvent dans l'impossibilité de quitter la terre;
et qu'il termine par les Grèbes et les Plongeons qui, étant
destinés à naître, vivre et mourir au milieu des eaux, n'ont
jamais foulé la terre de leurs pieds, et se trouvent dans l'impuissance absolue de l'habiter.

De tout ce que nous venons de dire, il ne faudrait pas conclure que l'Oologie de Manesse soit un Ouvrage défectueux et
inutile. Loin de là! Nous lui rendons toute justice : à l'époque
où il le rédigeait, la Science, sous les auspices de Linnée et de
Buffon, reprenait son essor; et s'il eût alors été publié, certes
cette première impulsion eût été suivie d'un mouvement général
qui, en corrigeant les vices de ce Traité, et en le rendant plus
complet, eût fini par enfanter un Système Oologique.

On sentira au surplus ce qu'il y aurait de déraisonnable à juger
sévèrement l'œuvre de Manesse, lorsqu'on se rappellera les circonstances de bouleversement social au milieu desquelles elle a
été conçue et exécutée; car son travail n'a été interrompu que
par ces désastres politiques, qui, en menaçant sa personne sous
le caractère de Prêtre dont il était revêtu, a privé le Savant
philosophe de la tranquillité et de la sécurité qui lui sont indispensables pour l'étude de la nature, et les méditations qu'elle
entraîne à sa suite.

Lorsque le calme revint, on réussit à sauver du naufrage une
partie de sa Collection Oologique qui fut recueillie par le
Muséum d'Histoire Naturelle de Paris. Et ce sont les premiers
éléments, à part notre propre Collection, que nous ayons eus

pendant longtemps pour nos Études, de 1823 à 1830. On parvint également à recueillir son Manuscrit relatif à sa Collection, auquel il donna le titre d'*Oologie* (1) : manuscrit dont Sonnini a ignoré l'existence, et que possède la Bibliothèque du même Etablissement. Il est à regretter que l'Administration n'ait pu faire les frais de cette publication qui eût été le signal d'une nouvelle Ère, en France, pour l'Oologie dont les progrès ont été si lents. L'Abbé Manesse avait du reste préludé à ce travail par un autre qui avait eu assez de succès dans le temps où il parut, par un *Traité sur la manière d'empailler et de conserver les Animaux,* Ouvrage dont les principaux procédés ont été cités et reproduits par Daudin.

Nous extrayons de son *Oologie* les citations suivantes :

Après quelques développements sur la sécrétion de la matière calcaire et son développement dans l'Oviducte, il en vient à chercher à expliquer l'origine des diverses teintes qui colorent la Coquille, ce qu'il fait de la sorte :

« Dans les Oiseaux dont les OEufs sont colorés, et chez les-
» quels les couleurs pénètrent la coquille assez profondément
» pour ne pouvoir s'effacer en les passant à l'eau ; il sort des
» papilles dont je viens de parler, quelques molécules sanguines
» qui se mêlent à la liqueur laiteuse, et qui différemment com-
» binées, soit avec l'acide phosphorique qui unit ensemble les
» parties de la Coquille, soit avec l'alcali de la terre calcaire qui
» en fait la base, donnent le Bleu, le Vert, le Jaune, le Rouge,
» le Noir et les autres couleurs mixtes : d'où on peut croire que
» le fer qui fait la base du Sang doit y jouer le plus grand
» rôle et composer peut-être toutes ces nuances.

» Il n'en est pas de même de celles, c'est-à-dire des taches qui
» ne sont que superficielles et uniquement plaquées sur la

(1) *Oologie* (Copie manuscrite), 1790-1800.

» Coquille : celles-ci ne sont qu'un Sang plus ou moins altéré
» ou décomposé, et que l'on peut enlever en passant l'OEuf à
» l'eau, surtout s'il a subi quelques jours d'incubation.

. . . .

» Nous savons en général que cette variété des couleurs dans
» les OEufs tient à différentes modifications du Sang ; mais nous
» ignorons encore pourquoi ces couleurs sont propres à telle
» Espèce plutôt qu'à telle autre : pourquoi, par exemple, l'OEuf
» de la Dinde et celui de la Pintade sont plutôt colorés que celui
» de la Poule ; tandis que ces Oiseaux prennent absolument la
» même nourriture et vivent ensemble dans la même basse-
» cour.

» Le mâle n'influe en rien sur la couleur ni sur la forme de
» l'OEuf, comme Buffon paraît le croire : La Poule domestique,
» fécondée par le Faisan commun ou par celui des Indes, ainsi
» que par le mâle de la Pintade, donnera constamment des
» OEufs blancs, semblables à ceux qu'elle aurait produits avec
» son propre Coq ; et ceux de la Serine appariée avec le Char-
» donneret ou le Tarin seront toujours à l'extérieur ce qu'ils
» auraient été avec un mâle de son espèce. »

Manesse n'a donc fait, en les développant, que reprendre les
idées de Guettard.

Nous avons interrompu la Série des publications Oologiques,
pour parler du travail de Manesse, demeuré à l'état de manuscrit et inédit, et nous en étions resté à Mauduyt. On a vu celui-ci
adopter les propositions de Guettard, sans le nommer. Vient à
son tour l'Abbé Bonnaterre (1), qui, sur le même sujet, adopte
celles de Steller, sans plus le nommer.

Dans le même temps (1795-1800) paraît en Angleterre un Ou-

____

(1) *Nouvelle Encyclopédie Méthodique*, par l'Abbé Bonnaterre, 1790,
continuée par Vieillot, 1823.

vrage considérable, quoique loin de la perfection : celui de Lewin, publié à Londres. Cette Ouvrage intitulé : *Oiseaux de la Grande-Bretagne avec leurs OEufs* (1), renferme, outre la description des Oiseaux de ce pays, avec figures enluminées, celles des OEufs de 188 Espèces d'entre eux, figurées en 59 Planches, mais aussi mal gravés que mal enluminés et méconnaissables. C'était pourtant, ainsi que l'annonce la Préface, le fruit de vingt années de travail et de recherches, le résultat des observations personnelles de l'Auteur et de ses fils, dont un, à près de quarante ans de distance, suivra l'exemple de son père. Le plus grand nombre des OEufs qu'il représente a été dessiné d'après ceux de la Collection possédée autrefois, c'est-à-dire vers le milieu du XVIIIe Siècle, par la Duchesse Douairière de Portland, qui ne dédaignait pas de protéger et honorer ceux qui travaillaient à l'Histoire Naturelle. Nous ne citons donc Lewin que pour mémoire, ses OEufs n'étant figurés que comme complément de ses descriptions Ornithologiques, et ne se rapportant à aucune idée générale sur l'Oologie, en tant que Science.

Nous n'en dirons pas davantage de l'Ouvrage publié à Nuremberg par Muller, dont il n'a paru que cinq livraisons in-4º, de 1795 à 1800, sous le titre de *Description des Oiseaux d'Allemagne, avec leurs Nids et leurs OEufs.* Les Oiseaux y sont assez joliment et exactement figurés : les figures d'OEufs, au nombre de 25 Espèces seulement, sont au moins exactes, et leur description n'est accompagnée d'aucune idée ou proposition Scientifique.

Le commencement du XIXe Siècle, qui n'a pas, à l'heure qu'il est, dit encore son dernier mot, est fécond en Ouvrages sur les OEufs des Oiseaux.

Lorsque le bouleversement politique qui avait détruit la

____

(1) *The Birds of Great Britain. London*. in 4º.

Collection Oologique de Manesse fut apaisé, un homme modeste autant qu'instruit, qui avait amassé des trésors de Science dans le silence et dans la retraite, et que son mérite distingué avait rendu digne d'enseigner l'Histoire Naturelle, dans une Ville de Province, Lapierre, écrivit quelques pages intitulées : *Notes et Observations sur la ponte des Oiseaux qui se trouvent à l'Ouest de la France*, qui seraient perdues ou enfouies, comme l'Ouvrage de Manesse, dans la poussière de quelque Bibliothèque, sans le bienveillant et généreux patronage que lui a donné Sonnini (1), patronage qui fait honneur à son intelligence de Naturaliste et à sa délicatesse d'Auteur.

Ce Mémoire, privé de planches, et dont nous ne parlons ici qu'à cause de ses observations curieuses, mais trop succinctes, fut reçu, comme il le méritait à cette époque, avec une grande faveur. C'est lui qui donna à l'excellent Baillon d'Abbeville l'idée d'une Collection d'Œufs. On n'avait pas oublié les riches matériaux qu'avait amassés le savant Manesse, et l'on trouvait que la perte que la Science en avait faite, ainsi que de son précieux cabinet, était avantageusement réparée par le nouveau travail de Lapierre. Il était le premier Ornithologiste qui essayât sérieusement de diriger et faire servir l'étude des Œufs à la Science et à la Méthode.

« Les Œufs des Oiseaux, dit-il, ne fixent pas moins notre » curiosité que leurs Nids, par leurs Formes variées, leurs » Couleurs, leurs nuances.

» *Ne pourrait-on pas faire entrer comme caractère de première, de deuxième et troisième valeur, les Nids et les Œufs dans la Classification en Ornithologie?* Je suis surpris qu'on » n'y ait pas eu recours. En Botanique, la Méthode Naturelle de » Jussieu repose en partie sur la Semence, l'Embryon, le Péris-

____

(1) *Histoir. Natur. de Buffon.* Edit. de Sonnini, 1800.

» perme, le *Placenta*, puis la Corolle, le Calice. Voilà l'OEuf,
» voilà le Nid.

» Les caractères de l'un et de l'autre varient peu dans les
» Oiseaux; les extérieurs pourraient suffire *pour une Classifica-*
» *tion Méthodique*.

» *Forme* des OEufs, leur *Grosseur*, leur *Couleur*, les taches,
» leurs dispositions.

Suit la description des OEufs et des Nids, selon l'Ordre Méthodique propre à l'Auteur qui termine ainsi :

» D'après mes objets de comparaison, dans le plan qu'on
» pourrait adopter, les Oiseaux de proie Diurnes formeraient
» seuls un Ordre. Les Oiseaux de proie Nocturnes en formeraient
» un autre, auquel on ajouterait l'Engoulevent ou Crapaud-
» Volant.

» Les Pies-Grièches seraient renvoyées à l'Ordre des Grives,
» auxquelles on joindrait les Etourneaux.

» Des Oiseaux Nageurs il faudrait élaguer beaucoup pour
» porter aux Oiseaux de Rivages, qui admettraient encore deux
» Ordres. Les Passereaux surtout exigeraient un travail neuf.

» J'aurais eu le courage de le tracer ce plan; mais comme je
» me défie toujours de mes faibles moyens, j'attends que des
» Savants plus instruits que moi l'exécutent; et peut-être y par-
» viendraient-ils par une route plus facile. D'ailleurs, isolé dans
» une petite Ville, toutes les ressources sur lesquelles on peut
» compter consistent dans les substances qu'on rencontre soi-
» même, sans être stimulé par l'encouragement. Il faut une
» ardeur et un goût plus qu'ordinaires pour se livrer à la Science
» de la Nature : nul objet de comparaison sous les yeux, un
» seul Livre élémentaire, comment faire des progrès en Histoire
» Naturelle?

» Détaillons quelques observations générales.

» La plupart des OEufs sont tachetés de couleurs foncées. J'ai

» remarqué que ces taches augmentaient de grandeur et deve-
» naient plus hautes en couleur selon les progrès de l'incuba-
» tion. Si elles paraissent même plus nombreuses, ce n'est pas
» qu'il s'en forme de nouvelles; mais peu sensibles à l'œil, elles
» accroissent graduellement. Cet accident est visible dans les
» Œufs Verts, Rouges, etc. La chaleur dilaterait-elle la matière
» colorante? Suffirait-elle pour lui donner une teinte plus forte?
» La lumière n'y serait-elle pas pour quelque chose? Je me suis
» aperçu qu'il y avait un terme : lorsque le petit était entièrè-
» ment formé. J'ai dit ailleurs que *les dernières pontes donnent*
» *des couleurs plus claires,* surtout dans les Œufs des petites
» Espèces d'Oiseaux de proie; *leur Coquille est aussi plus com-*
» *pacte et plus graveleuse.*

» Dans un même nid, il est des Œufs plus ou moins allongés,
» ce qui s'observe surtout dans les Corbeaux, les Pies, quelques
» Passereaux. Les uns renferment les mâles et les autres les
» femelles. Comme les mâles sont souvent moins nombreux que
» les femelles, et qu'il est moins d'Œufs longs que d'autres, je
» serais tenté de croire que *des plus longs doit éclore un Oiseau*
» *mâle.* »

Disons en passant que c'est à Lapierre, et toujours sans le
nommer, suivant son habitude, que Vieillot a emprunté ce qu'il
a dit des Œufs d'Oiseaux, dans le *Nouveau Dictionnaire d'His-*
toire Naturelle (1)

On devait sans doute lui savoir gré de ce pénible Essai : c'était
un appel aux Naturalistes d'explorer ce nouveau champ de merveilles; et les richesses qu'il renfermait étaient en partie assez
séduisantes pour qu'elles pussent être employées par d'autres
avec quelque confiance et un sage discernement. Mais Lapierre
a voulu trop généraliser les conséquences qu'il tirait d'observa-

____

(1) 1823-28. V° *Œuf.*

tions superficielles, non assez répétées ou faites sur un nombre trop restreint d'objets différents. De là, les erreurs multipliées qui déparent son travail, et le peu d'importance réelle aujourd'hui de son Ouvrage, en ce qui concerne l'application de sa Méthode à la Classification des Oiseaux. Il a tenu beaucoup moins qu'il n'avait promis, et qu'il lui était possible de faire avec un examen plus approfondi. Une autre faute encore, c'est d'avoir exclusivement tiré de l'inspection des Nids et des OEufs des Oiseaux, des caractères spéciaux, uniques pour la Classification naturelle si difficile à faire de cette Famille nombreuse, pour laquelle au contraire on ne saurait trop multiplier les moyens d'indication normale. L'Auteur y émet en effet, dès le début, une proposition assez hardie et toute neuve alors, et qu'il était à même d'appliquer, avec un peu d'étude et de patience, mieux que personne. Ainsi, il prend l'engagement de prouver que : *la considération de la Coquille de l'OEuf peut rapprocher des Familles naturelles, admettre une Classification Méthodique et former des caractères, soit de Genres, de Sous-Genres, soit d'Espèces.* Et, lorsqu'on a parcouru son Mémoire, on est cruellement désappointé de n'avoir rencontré nulle part la réalisation de cette promesse, et de s'être au contraire heurté contre des erreurs grossières que renferment parfois ses descriptions Oologiques chez certaines Espèces. On ne le voit pas sans peine, par exemple, attribuer à l'OEuf du Pic-Vert *un fond verdâtre moucheté de noir*, ce qui est le caractère distinctif de ceux de la Grive ; à l'OEuf du Rollier, qui est d'un blanc pur lustré, *une couleur verdâtre piquetée de brun*, etc., etc... Tant est puissante et funeste l'influence d'une idée préconçue ou du parti pris, en fait de Science !

Son Ouvrage au total est plutôt le projet, ainsi qu'il l'annonce lui-même, que l'exécution d'un travail sur la partie qu'il traite. Nous ne relèverons pas la bizarrerie et les erreurs de son plan de Classification, erreurs, après tout, qui ne tiennent qu'à la rareté des matériaux dont Lapierre pouvait disposer : notre intention pour le moment, étant de donner une notion des Ouvrages qui ont traité des OEufs des Oiseaux et de constater la permanence et la transmission d'une époque à une autre, de l'idée qui a présidé à leur conception.

Mais nous le répéterons, le Mémoire de ce Naturaliste, si défectueux qu'il soit, était, à l'époque où il a paru, un véritable service rendu à la Science ; ce n'était toutefois comme celui de Manesse, comme celui de Gunther, comme celui de Klein, comme celui de Marsigli, qu'une pierre d'attente, et il eût été à désirer que depuis, quelque Savant eût donné suite aux vues neuves qu'il renferme, aux observations qu'il indique, et aux questions qu'il soulève sans les résoudre.

Cette tâche laborieuse, plusieurs Naturalistes l'ont tentée depuis, et nous en parlerons en leur temps : en attendant, nous allons dire un mot de quelques Ouvrages exclusivement consacrés aux OEufs des Oiseaux, qui ont suivi de près ceux de Manesse et de Lapierre.

Le premier est encore un Français, Daudin, qui n'a donné que le commencement d'un Travail qui devait être considérable, comme Traité complet d'Ornithologie, dans lequel, il est vrai, il n'a fait qu'effleurer la question Oologique (1). Daudin ne s'est pas montré plus encourageant que la plupart de ses prédécesseurs, à l'endroit de l'utilité de cette branche de la Science des Oiseaux :

« Le nombre des OEufs que peuvent pondre les femelles varie
» beaucoup, suivant les Classes et les Genres d'Oiseaux ; et on
» leur observe dans chaque Espèce des Couleurs et des Bigar-
» rures différentes. »

Après un aperçu sur les Couleurs et sur le nombre des OEufs

---

(1) *Traité d'Ornithologie*. in-4°, 1800.

de quelques Oiseaux, sans en nier ni la diversité ni l'intérêt, il conclut *que cette Étude serait peu propre à contribuer aux progrès de l'Ornithologie.*

Wilson, dans son Ornithologie Américaine (1806-1820), a donné accessoirement, comme avant lui l'avaient fait en Allemagne Nozemann et Sepp, la représentation assez exacte des OEufs de quelques Espèces de l'Amérique Septentrionale.

En 1809, une singulière tentative eut lieu en Allemagne. Un nommé Carl Stendal, Marchand de Livres et d'Objets d'Art à Gotha, conçut l'idée originale de publier une Collection d'OEufs en cire, par souscription, c'est-à-dire en autant d'exemplaires qu'il pensait trouver de souscripteurs. C'était une manière assez heureuse de vulgariser cette branche de la Science. Mais il n'en parut que deux livraisons, contenant chacune vingt-cinq Espèces ou exemplaires d'OEufs, et au prix de vingt-cinq Louis d'or la livraison. Naumann explique l'insuccès de cette entreprise par le prix élevé auquel, d'après ce taux, serait revenue la Collection entière d'OEufs des Oiseaux d'Allemagne, évalués alors à environ 400, et aussi par l'excessive fragilité de la matière.

L'exemple donné par Lewin, en Angleterre, pour la représentation et l'étude des OEufs d'Oiseaux produisit ses fruits moins de vingt ans après. En 1816, paraissait une publication spéciale sous le titre d'*Ovarium Britannicum,* par G. Graves, représentant le dessin correct des OEufs des Oiseaux originaires de la Grande-Bretagne (1). Cet Ouvrage, dont les planches enluminées sont satisfaisantes, ne comporte aucun texte de description ou autres que sa Préface. Mais ce n'était en ce genre qu'un ballon d'essai de son Auteur qui, déjà connu par une *Ornithologie Britannique,* se proposait, dans une autre publication devant faire suite à son *Ovarium,* une *Histoire physiologique des*

____

(1) *Ovarium Britannicum by Georges Graves. London. 1816.*

Œufs, avec les phases de l'incubation depuis son commencement jusqu'à la formation du petit Oiseau, projet qui ne s'est pas réalisé, que nous sachions.

Deux ans après, et en 1818, parut le premier Ouvrage, le plus sérieux et le plus complet sur l'Oologie qui eût encore été publié : celui de Naumann et Buhle (1). C'est un Traité complet et en rapport avec leur époque et les progrès des Sciences, sur les Œufs des Oiseaux d'Allemagne, que les Auteurs ont entrepris de réaliser. Nous allons reproduire, en traduisant tout ce que disent ces deux Oologistes, précurseurs de Schinz et du Dr Thienemann, relativement à la Grosseur, à la Forme et à la Couleur des Œufs.

« La grosseur des Œufs est fort différente relativement à la
» grosseur des Oiseaux qui les pondent. Voici, à ce qu'il semble,
» la loi établie pour la grosseur relative de l'Œuf : *la grosseur*
» *de l'Œuf est en rapport avec le degré de développement que*
» *le fœtus acquiert dans l'Œuf.* Ainsi les Œufs les plus petits
» sont ceux d'où sort le fœtus dans l'état le plus imparfait, et
» les Œufs les plus grands sont ceux d'où sort le fœtus dans
» l'état le mieux développé et le mieux formé. Le degré de déve-
» loppement de l'Oiseau est ensuite en rapport avec la manière
» de vivre et le séjour de l'Oiseau..... Les Oiseaux de mer offrent
» les exemples les plus frappants de ce fait. Le Lumme-Grylle
» *(Uria Grylle),* qui n'est que de la grosseur du Pigeon, pond
» des Œufs de la grosseur de ceux de Poule.

» La Forme des Œufs présente aussi plusieurs diversités, et
» l'on ne remarque pas seulement une différence de forme dans
» les Œufs d'Oiseaux de différentes espèces, mais aussi d'indi-
» vidus de la même espèce. Nos Poules privées, par exemple,

---

(1) *Eier der Vogel Deutschlands, etc.,* ou *les Œufs des Oiseaux d'Alle-magne et des Pays voisins.* Jean-Frédéric Naumann et Christian-Adolphe Buhle (en Allemand).

» pondent tantôt des OEufs arrondis, tantôt des OEufs oblongs.
» *Les expériences récentes ont prouvé victorieusement que la*
» *Forme extérieure ne pouvait pas toujours faire préjuger le*
» *sexe.* La Forme extérieure de l'OEuf prise en général est
» arrondie. Les OEufs de Hibous sont presque tout ronds; ceux
» du Grêbe-huppé *(Podiceps cristatus)* présentent une ellipse
» terminée en pointes obtuses. Entre ces deux formes se placent
» les autres configurations. Les OEufs du Milan, du Busard, du
» Martin-Pêcheur, du Guêpier, etc., sont arrondis; ceux des
» Bécasses, des Vanneaux, etc., oblongs, fort pointus à l'une
» des extrémités et tout plats de l'autre : ils ont une forme de
» Poire. Les OEufs de la Pie, du Martinet, de la Mésange pendu-
» line sont oblongs; ceux des Voiliers sont presque de forme
» cylindrique. *Au reste, la Forme des OEufs est en rapport avec*
» *la configuration de l'Oiseau qui se développe dans l'OEuf,*
» *nommément avec la longueur du tronc, avec la grosseur de*
» *la tête, et avec la longueur et la vigueur des jambes :* par
» exemple, la Forme ronde des Hibous, le corps long et étendu
» et le cou allongé du Grêbe huppé, etc.....

» La Coquille est dure, fragile et poreuse ; elle est ordinaire-
» ment plus épaisse et solide au gros bout qu'à l'extrémité op-
» posée. L'épaisseur est en général en rapport avec la grosseur
» de l'OEuf; de sorte que les grands OEufs ont la plupart une
» Coquille plus épaisse que les petits OEufs. Elle diffère cepen-
» dant dans divers Oiseaux. Les Coquilles des OEufs d'Hiron-
» delles, d'Étourneaux, etc., sont fort minces. Les pores se
» remarquent le mieux dans les grands OEufs, comme dans
» ceux de l'Autruche. Les pores servent à l'évaporation des
» parties aqueuses du Blanc d'OEuf, et à la pénétration de l'air
» atmosphérique.....

» Quelques OEufs sont comme polis, par exemple ceux du
» Martin-pêcheur; d'autres ont peu de lustre, ou n'en ont point

» du tout; d'autres encore sont rudes au toucher et à gros grain,
» comme l'OEuf du Casoar; d'autres sont recouverts d'un enduit
» calcaire particulier.

» Quant à la Couleur de l'OEuf, elle diffère beaucoup non
» seulement d'une espèce à une autre, mais dans les individus
» d'une même espèce. L'âge, la nourriture, jusqu'au temps et
» à la durée de l'incubation influent sur les teintes. Les OEufs
» du Coucou d'Europe varient infiniment; mais, ce qu'il y a de
» plus singulier, c'est que la diversité de la Couleur dominante
» s'étend à toute une année : de sorte que dans telle année ils
» sont blanc bleuâtre avec des taches de brun olivâtre, et dans
» telle autre blanc jaunâtre avec des taches grises. Notre
» grande Hirondelle de Mer a des OEufs tantôt brunâtres, tan-
» tôt verdâtres, tantôt jaunâtres. On remarque assez communé-
» ment que les Oiseaux qui ont déjà plusieurs pontes ont des
» OEufs d'une teinte plus sombre que les Oiseaux jeunes qui
» pondent pour la première fois. Ce qui prouve l'influence de la
» nourriture, c'est qu'en mettant de la Garance à la nourriture
» de la Poule, on en obtient des OEufs rouges. L'incubation al-
» tère aussi la couleur : les OEufs blanc verdâtre du (*Saxicola-
» OEnanthe*) deviennent bleu verdâtre pendant l'incubation, les
» OEufs verdâtres de l'Étourneau, vert bleuâtre, et les OEufs
» verdâtres du petit Héron deviennent insensiblement blancs.

» Les OEufs sont en très-grande partie colorés : ceux de nos
» Hibous et des Pigeons, et de quelques autres font exception
» et sont blancs.

» La Couleur tient fort légèrement à la surface extérieure de
» l'OEuf, et on l'enlève souvent avec une grande facilité, surtout
» quand l'OEuf est frais. Quelques-uns ont de jolis dessins, tels
» qu'une couronne de petits points serrés au gros bout, comme
» les OEufs du (*Lanius collurio*), et tels que les petits traits qui
» se croisent sur les OEufs du Bruant. On ne connaît encore

» qu'imparfaitement la cause d'où proviennent les Couleurs de
» l'OEuf. Fabricius ab Aquapendente pense que la Couleur dé-
» pend du tempérament de l'Oiseau. Au reste ce n'est pas dans
» l'extrémité de la matrice qu'ils reçoivent leur teinte; là se
» forme la Coquille, et elle paraît blanche. C'est dans le cloaque
» qu'ils prennent leur couleur, et il est probable que les excré-
» ments colorants et les substances mêlées à l'urine produisent
» cette variété de teintes. »

Malgré la communauté de collaboration de ces deux Auteurs,
il faut distinguer ce qui appartient à l'un de ce qui est à l'autre.
Ainsi, toute la partie Scientifique et Théorique est du Docteur
Buhle; toute la partie descriptive et pratique est de Naumann.
Il n'y a rien de plus à redire à l'un qu'à l'autre, si non que le
chapitre réservé aux considérations générales sur les OEufs des
Oiseaux, dont nous avons extrait ce qui précède, est par trop
court, en raison du but avoué de l'Ouvrage. Quant aux planches,
au nombre de dix, et représentant au total 155 Espèces d'OEufs
d'Oiseaux, elles sont aussi exactes que les descriptions; peut-
être serait-on tenté cependant de leur reprocher un excès de
vivacité dans le coloris, qui atténue, en l'exagérant, l'exactitude
de la ressemblance. Mais, un défaut beaucoup plus grave, et qui
détruit toute l'utilité de l'Ouvrage, c'est l'absence de système
dans l'arrangement des Figures des OEufs, représentés sans aucun ordre de Classification et confusément groupés au nombre
de 16 à 20 Espèces par Planche.

Nous adresserons le même reproche à l'Ouvrage intitulé :
Description des OEufs et des Nids des Oiseaux (1), publié de
1818 à 1830 par le docteur Schinz de Zurich. Car, quoique décrivant avec soin, mais non sans erreur, les Nids et les OEufs

____

(1) *Beschreibund und Abbildung der Eier und Nester der Vogel , etc.* Des
Oiseaux qui pondent dans la Suisse, dans l'Allemagne et dans les Pays
voisins.

dont il donne les Figures, il renferme beaucoup moins d'idées neuves qu'on ne l'a supposé, et ne reproduit guère en partie que celles de Steller et de Buhle, son guide et avec raison sa principale autorité; il est en outre rédigé sans méthode aucune, les recherches y sont pénibles. Les Planches , au nombre de 40 , représentant la Figure lithographiée et enluminée de 304 Espèces d'Œufs d'Oiseaux d'Europe, nombre supérieur à tout ce que l'on en connaissait jusque-là, y sont peu soignées et difficilement reconnaissables. Il en est autrement des descriptions qui sont généralement fort exactes, minutieusement détaillées, et parfois accompagnées d'observations instructives et savantes. Nous ignorons si une nouvelle édition qui en fut annoncée dans le temps, a atteint la perfection que celle-ci laisse à désirer.

A la même époque (1821 et jusqu'à 1830) parut l'Ouvrage du Docteur Thienemann, de Leipsik, sur les Oiseaux d'Europe et sur leurs Œufs, véritable progrès sur tous ceux qui l'ont précédé, et même, en partie sur celui de Naumann et Buhle. On va en juger par les citations que nous en allons faire :

« L'Œuf sort ordinairement du corps de l'Oiseau , la partie » de la pointe la première.

» La Grosseur de l'Œuf n'est pas en raison directe de la gros- » seur de l'Oiseau.

» L'Œuf du Coucou (*Cuculus canorus*) n'est pas plus gros » que celui de l'Allouette; et celui du Pluvier doré est aussi gros » qu'un Œuf de Poule. Le même Oiseau pond aussi tel jour un » Œuf plus gros qu'un autre jour.

» La Forme des Œufs peut se réduire à une seule principale, » la *Ronde;* toutes les autres en dérivent. Cependant la Forme » de Boule pure ne se rencontre jamais, ou du moins fort rare- » ment, et en principe, l'Œuf est de Forme Ovale ou de Forme » Ovée. Nous appelons de forme *Ovale (Ovalis)* l'Œuf dont la » plus grande dimension se trouve au milieu et dont les deux

» extrémités partent de ce centre également arrondies ou poin-
» tues. L'OEuf est de Forme *Ovée* (*Ovatus*), quand, à partir de
» la plus grande dimension qui fort souvent ne se trouve pas
» au milieu, les deux extrémités sont arrondies ou pointues iné-
» galement. Dans ceux de la première Forme il y a naturelle-
» ment moins de déviations frappantes, et elles tiennent la plu-
» part au plus ou moins d'éloignement des extrémités du centre.
» Nous donnons la qualification d'*Oblong* à l'OEuf de l'une et
» de l'autre forme dont la plus grande dimension, prise trans-
» versalement, ne s'élève qu'aux deux tiers ou moins encore
» de la longueur; et nous le nommerons *Arrondi* ou *Court*,
» quand la dimension prise transversalement s'élève à plus des
» deux tiers de la longueur. Les OEufs de la seconde Forme
» présentent plus de variétés, et des variétés plus frappantes.
» Nous considérons d'abord les deux bouts. Nous donnons au
» gros bout ou à celui le plus proche de la plus grande dimen-
» sion transversale, le nom de *Base*, et celui de *Pointe* au bout
» opposé. Dans l'une et l'autre Forme, il faut avoir égard à la
» disposition de la grande dimension transversale. Nous l'appe-
» lons *Ventrue* quand elle décroit brusquement vers les deux
» bouts, et *Transitoire* quand cette décroissance se fait progres-
» sivement. Nous croyons avoir ainsi simplifié les vagues expres-
» sions technologiques employées jusqu'ici dans la description
» de la Forme des OEufs.

» *Leur Forme se trouve souvent en certain rapport avec*
» *celle du corps de l'Oiseau;* de sorte que les Oiseaux au corps
» gros et court pondent des OEufs arrondis, comme les Hibous,
» les Gallinacés, le Martin-Pêcheur; et ceux dont le corps est
» allongé produisent des OEufs Oblongs comme les Espèces de
» *Colymbus*, *Podiceps* et *Mergus*. Mais ce n'est pas une règle
» générale : Il y a des Oiseaux à corps allongé qui ont des OEufs
» arrondis, tels que l'Epervier, le Guêpier, le Torcol; et d'autres

» dont le corps est ramassé, comme le Guillemot, etc., donnent
» des OEufs oblongs.

» La *Coquille* extérieure des OEufs est calcaire, dure, poreuse
» et plus ou moins fragile. La solidité de la Coquille tient ordi-
» nairement à sa grosseur : plusieurs Oiseaux cependant ont
» des OEufs généralement munis de fortes Coquilles et d'autres
» des OEufs à Coquille mince. Nous compterons au nombre des
» premiers tous les Gallinacés, des Oies, des Canards, des
» Grèbes, des Pétrels, des Cormorans et le Martin-pêcheur.
» Nous nommerons parmi les derniers, les Corneilles, les
» Pigeons, les Barges, les Courlis, les Bécasseaux, les Hiron-
» delles de Mer, les Mouettes ; les OEufs des premiers sont géné-
» ralement sans tache; ceux des derniers sont tachetés.

» Dans quelques Espèces la Surface est unie, tels sont les
» OEufs des Pics, des Canards, etc., et dans d'autres elle est
» raboteuse, tels sont ceux des Grèbes, des Pétrels et des Cor-
» morans. Dans quelques Espèces, les pores sont très-marqués ;
» dans d'autres on les voit à peine. Les pores sont les empreintes
» restées à l'OEuf des vaisseaux qui le contenaient.

» La teinte de l'OEuf, de même que la coque calcaire se forme
» dans l'Oviducte, et cela de deux manières : ou bien des ma-
» tières colorantes s'y joignent à toute la masse de la Coquille,
» et celle-ci paraît alors verdâtre ou jaunâtre ou brunâtre; ou
» bien la pression de l'OEuf sur les vaisseaux sanguins de l'intes-
» tin leur enlève mécaniquement ce sang, lequel pénétrant plus
» ou moins dans la masse calcaire plus molle ou même durcie,
» y imprime des points, des traits ou des taches. De là provient
» le défaut d'uniformité dans le dessin ; parce que l'OEuf n'avance
» pas d'une manière régulière, et que l'état des vaisseaux n'étant
» pas toujours le même, il s'en suit aussi de la diversité dans la
» masse de la Coquille.

» Dans les OEufs tachetés on remarque en général trois sortes

» de taches, pâles, un peu plus colorées et parfaitement colorées :
» ce qui permet d'admettre trois périodes de coloration. Les
» taches pâles sont de la première, la masse calcaire plus molle
» alors, leur permet de la pénétrer ; dans la seconde, la masse
» calcaire, déjà plus compacte, leur permet moins de la péné-
» trer ; dans la dernière période enfin, les taches sont souvent
» tellement superficielles qu'on peut les faire partir avec de l'eau.

» Ces taches sont ordinairement brunes, mais cette teinte tire
» parfois au jaune, au vert, au rouge et au violet.

» Les OEufs qui ne paraissent jamais tachetés sont pourvus,
» lors de la formation de leur Coquille calcaire, d'un enduit
» gélatineux ou gluant qui garantit la Coquille des petites
» gouttes de sang, ou donne à l'OEuf plus de facilité d'avancer,
» et par là, lui évite les effets de la pression sur les vaisseaux
» de l'Oviducte. Cette fluidité donne en même temps plus de
» solidité à la matière calcaire ; raison pour laquelle les Co-
» quilles des OEufs sans taches sont beaucoup plus solides que
» celles des OEufs tachetés. La matière calcaire, de même que
» les taches, sont le résultat d'un procédé d'inflammation opéré
» par la pression de l'OEuf, au moment où il s'avance, chose
» dont on peut se convaincre en examinant le conduit après
» l'entrée de l'OEuf.

» La chaux arrive d'abord, et celle-ci effectue ou produit les
» taches, en exprimant le sang qui s'y est mêlé et qui donne
» la couleur. Les OEufs tachetés et non tachetés reçoivent parfois
» encore dans le Cloaque des taches et des raies de sang, mais
» elles sont de sang pur et conservent pour cette raison la cou-
» leur du sang.

» La couleur du plumage n'est en nul rapport avec la teinte
» de l'OEuf. Beaucoup d'Oiseaux noirs, ou noirs et blancs, ou
» bruns et blancs, ont des OEufs tachetés d'un fond vert, et
» d'autres Oiseaux de la même couleur ont des OEufs blancs.

» Beaucoup d'Oiseaux bigarrés pondent des Œufs unicolores,
» tels que les Hibous, les Pigeons, les Rolliers, les Guêpiers, les
» Martins-pêcheurs, les Pics, tous les Hérons, les Canards, les
» Oies, les Grèbes et les Harles.

» La Coquille est plus ou moins transparente, soit par elle-
» même, soit lorsqu'on y fait un petit trou et qu'on l'oppose au
» jour; il arrive souvent alors d'y remarquer une autre teinte
» que celle de la surface, ce qui peut fort bien servir à distinguer
» les Espèces alliées.

» La durée de l'incubation dépend de la dureté de la Coquille
» de l'Œuf, de sorte que les Œufs à Coquille forte et épaisse
» demandent pour éclore plus de temps que les Œufs à Coquille
» mince et délicate. »

Cet Ouvrage est le plus avancé et le plus original que nous
puissions signaler à l'attention des Ornithologistes et surtout des
Oologistes. Observations exactes, idées véritablement nouvelles,
déductions savantes et ingénieuses à la fois, tout s'y trouve
réuni : les figures mêmes sont meilleures que les précédentes,
mais toujours d'une insuffisance marquée. A partir de ce travail
un horizon plus vaste se découvre pour la Science du produit
Ovarien des Oiseaux. Toutefois on ne s'occupe encore que des
Œufs de ceux de notre Europe, tout en entrevoyant l'indispensable nécessité d'y réunir la connaissance et l'étude de ceux des
Espèces des autres Contrées du Globe.

En 1824, au lieu d'un Ouvrage, a paru un simple Mémoire
assez intéressant, à ce titre, de M. Moquin-Tandon, de Montpellier, aujourd'hui membre de l'Institut. Ce Mémoire, qui devait être suivi d'un ou de plusieurs autres, est le commencement
d'un travail intitulé : *Mémoire sur l'Oologie ou sur les Œufs des
Animaux* (1). Il ne traite donc qu'accessoirement des Œufs des

______

(1) *Annales de la Société Linnéenne de Paris*, mars 1824.

Oiseaux; mais, dans le peu qu'en dit l'Auteur, il résume avec
clarté et méthode ce qu'en avaient dit avant lui, et Mauduyt,
l'écho bien affaibli de Guettard, et le docteur Schinz, alors en
voie de publication, les deux seuls qu'il connût. L'Auteur formait alors une Collection d'Œufs d'Oiseaux d'Europe; et nous
nous rappelons toujours avec plaisir les relations et les communications d'observations et d'échanges qu'un peu plus tard nous
avons eues ensemble par l'intermédiaire de l'obligeant Thiébault de Bernaud. Nous aurons occasion du reste de reproduire
la discussion que nous fîmes jadis de quelques-unes des propositions traitées dans ce Mémoire gros de faits; quoiqu'en dise la
modestie de l'Auteur dans une lettre qu'il nous écrivait à l'époque de nos premières publications.

A Thienemann, qui devait plus tard perfectionner et compléter
dignement ce travail, et à l'intéressant Mémoire de M. Moquin-
Tandon, succéda le livre inachevé de Polydore Roux. Son *Ornithologie Provençale*, qui devait comprendre, outre leur description, la figure des Oiseaux (avec celle de leurs Nids et de leurs
Œufs) de la partie méridionale de la France, commencée en
1823, fut d'abord suspendue par un voyage Scientifique en
Egypte et dans l'Inde que P. Roux entreprit en compagnie du
Baron Hugel, de Vienne, et ne put être terminé par suite de la
mort de son Auteur, enlevé à Bombay le 12 avril 1833, à la
veille d'une ascension sur l'Hymalaïa. Ce travail méritait assurément à son début plus d'encouragements qu'il n'en reçut, et qui
presque tous furent officieux et individuels : car il ne faut pas
oublier que tous les dessins des Oiseaux et de leurs Nids sont
sortis du crayon de ce courageux Ornithologiste qui les repro-
duisit et les lithographia de sa main : les Planches d'Œufs sont
les moins satisfaisantes et l'on peut dire plus que médiocres.
Nous possédons encore quelques dessins originaux de ces Planches d'Œufs, qui nous viennent soit de M. Moquin-Tandon, qui

les avait communiquées à Roux, soit de ce pauvre et regrettable Thiébault de Bernaud; du reste ces figures d'Œufs et leur description ne venaient que comme complément de l'histoire de chaque Espèce d'Oiseaux.

En 1832, M. Hewitson, et il ne devait pas être le dernier, reprend en sous-œuvre l'*Ovarium* de Graves. Son *Oologie* (1), très-consciencieusement faite du reste, ne renferme, il est vrai, que la description et la représentation des Œufs des Oiseaux de la Grande-Bretagne. Pourtant quelques-unes de ses observations et de ses réflexions à leur sujet, réflexions répandues dans sa courte Introduction, méritent d'être citées, ne fût-ce que pour leur singularité et parfois leur justesse. Telles sont celles-ci :

« Il y a peu de doute que la couleur des Œufs d'Oiseaux ne
» soit une matière animale, et qu'elle ne dépende de leur santé.
» Dans les Oiseaux que j'ai examinés, l'Œuf est d'un blanc par-
» fait la veille du jour où ils sont pondus : une grande partie de
» leur couleur peut être enlevée pendant quelque temps après.
» Ainsi, nous trouvons dans les Œufs le même besoin de cou-
» leur que celui qu'on remarque dans les plumes des Oiseaux
» blancs. La crainte ou toute autre cause qui puisse agir sur les
» fonctions animales influent également sur la couleur. J'ai re-
» marqué que les Œufs des Oiseaux qui avaient pondu pendant
» que je les retenais prisonniers, étaient presque dénués de leur
» couleur.

» *La Grosseur, ainsi que la Couleur, dépendent de l'âge de*
» *l'Oiseau.* Après la première année ils continuent à augmenter
» en grosseur, et la couleur devient plus éclatante pendant quel-
» ques années, jusqu'à ce que l'Oiseau soit arrivé à son âge de
» maturité. Les différentes et les belles couleurs des Œufs leur
» sont données par le Dieu de la Nature, comme une protection

____

(1) *British Oology, by William Hewitson. Newcastl, 1832.*

» contre leurs ennemis, en ressemblant aux différentes surfaces
» sur lesquelles ils sont déposés (selon M. Cloger, Naturaliste
» Allemand), ce que je suis loin d'admettre comme une règle
» générale. D'un autre côté je crois être en mesure de prouver
» que cette précaution serait en grande partie inutile et super-
» flue. Nous ne trouvons jamais la nature prodiguant ainsi ses
» ressources.

» Il arrive pourtant quelquefois que les OEufs des Oiseaux sont
» admirablement adaptés par leur couleur au terrain sur lequel
» ils sont déposés. Et à mon grand déplaisir j'en ai eu de fré-
» quents exemples, lorsque j'étais à leur recherche. Les cas que
» je cite sont précisément ceux qui rendent cette protection
» nécessaire, et dans lesquels un contraste de couleurs les aurait
» trahis. Parmi eux étaient les Oiseaux qui font peu ou point de
» Nids, déposant leurs OEufs en grande partie sur la terre nue,
» ou parmi les herbes marines sur la plage. Tels sont, entre
» autres, l'Huitrier, le Tourne-pierre, les Pluviers et les Sternes,
» surtout la plus petite. »

Puis après avoir développé cette idée, et s'être étendu sur les
nombreux exemples contraires :

« On demandera peut-être à quoi servent ces couleurs prodi-
» guées avec tant de profusion? Elles servent comme celles qui
» ornent le plumage de l'Oiseau-Mouche, ou l'aile du Papillon,
» à réjouir la vue, à contenter le cœur et à embellir la Création.
» C'est pourquoi les Oiseaux, tels que les Hibous, les Guêpiers,
» les Rolliers, les Pics et les Martin-pêcheurs, qui les cachent
» dans les trous, les ont blancs : parce que dans un endroit
» comme celui-là, une autre couleur ne servirait à rien.....

» ..... Comme je l'ai remarqué ailleurs, *on gagnerait beau-*
» *coup d'instructions utiles et intéressantes tendant à classer les*
» *Oiseaux, si on faisait attention à leurs OEufs.* Il est très-encou-
» rageant de voir qu'en les examinant sous ce point de vue on

» trouvera, à quelques exceptions près, qu'en prenant les OEufs
» seulement des Oiseaux Britanniques pour guides, on en arri-
» verait à classer leurs *Genres* d'une manière satisfaisante. Tous
» ces nouveaux Genres qu'on a adoptés dernièrement sont clai-
» rement indiqués par les différences qui existent entre leurs
» OEufs. »

Un mérite de l'Oologie d'Hewitson, dont les Planches sont
très-proprement et fidèlement exécutées, c'est que tous les dessins en ont été faits par lui. Ajoutons que depuis il n'a cessé de
s'occuper de collectionner les Espèces d'OEufs que l'on ne connaissait pas, et que tout récemment encore il vient d'en publier
et figurer plusieurs Espèces fort intéressantes dans l'*Ibis*, journal d'Ornithologie dirigé par l'un de nos plus savants et des plus
habiles Ornithologistes, M. Sclater (1).

Après Hewitson, Berge ne figure également que les OEufs des
Oiseaux d'Europe (2), dans une proportion de format presque
enfantine, tout en conservant en général aux OEufs leurs proportions naturelles. Le texte est tout aussi concis dans ses réflexions
générales qui n'offrent rien de saillant; nous n'avons guère
remarqué que les suivantes :

» Une règle assez constante à établir, c'est que la Grosseur et
» la Forme de l'OEuf se dirigent d'après la Grosseur de l'Oiseau
» et la nature de ses organes de génération , et notamment
» d'après la largeur et l'embouchure du canal des OEufs; *et les*
» *défauts organiques de ces parties et des obstacles accidentels*
» *peuvent aussi exercer de l'influence;* ce que prouvent les
» OEufs informes, souvent ou tout minces, ou complètement
» ronds, ou voûtés, ou chargés de creux ou d'enfoncements.....
» ..... Les OEufs des grands Oiseaux , et notamment de ceux

____

(1) *The Ibis; a Magazine of general Ornithology. January 1859.*
(2) *Fortpflanzung Europ. Vogel. Stuttgard, 1840.* Format in-24.

» qui pondent sur la terre même, ont la Coquille plus épaisse,
» plus forte et plus dure.

» Les monstruosités ne se bornent pas à la Forme de l'OEuf:
» on en remarque aussi relativement à l'intérieur et à l'enve-
» loppe.....

» ..... On ne connaît pas encore l'origine des teintes de l'OEuf:
» on présume à la vérité qu'elles sont produites chimiquement
» par la décomposition du sang dans l'Oviducte; *mais ce n'est*
» *qu'une hypothèse, et elle est détruite par tant de faits oppo-*
» *sés qu'il faut y renoncer.....*

» ..... A peu d'exceptions près, il est cependant de fait que
» tout dans la nature organique repose sur une loi bien déter-
» minée, comme par exemple le nombre, la grandeur, la
» Forme, etc. Nous devons appliquer la même conséquence aux
» couleurs des OEufs. Nous ne devons pas admettre ce phéno-
» mène comme un jeu arbitraire de la nature créatrice, *mais le*
» *rapporter à une loi immuable, loi inconnue à la vérité et*
» *qui peut-être le sera longtemps encore, mais qui n'en existe*
» *pas moins.*

» L'influence de la chaleur et de l'air, dans un certain rap-
» port, paraît chose assez évidente : on n'a qu'à voir les cou-
» leurs des animaux dans les climats chauds; celles-mêmes du
» Règne Végétal; puis les couleurs pâles des animaux réduits à
» vivre dans l'état de captivité; les robes d'hiver et des divers
» âges des animaux; l'étiolement des plantes et des fleurs privées
» d'air ou de lumière; et, pour en revenir au sujet qui nous
» occupe, le changement de couleur des OEufs d'Oiseaux,
» quand ils ont subi l'effet de l'incubation ou sont vides. Mais
» comment ces causes procèdent-elles? Cette question est encore
» indécise; toujours est-il assez probable que c'est par voie
» chimique. »

Mais dans l'intervalle écoulé entre ces deux Publications, et à la date de 1839, Alc. d'Orbigny, prêtant son utile et savant concours à M. Ramon de la Sagra pour son *Histoire physique, politique et naturelle de l'Ile de Cuba*, en avait rédigé l'*Ornithologie*, qu'il accompagna de figures exactes des Œufs de la plupart des Oiseaux de cette Ile, entre autres de celui du Courlan, *Aramus Guarauna*, qui paraissait alors pour la première fois, dessiné par lui-même sur ceux qu'il avait rapportés de son Voyage au Paraguay, et dont nous devions bientôt nous rendre acquéreur.

Puis est venu l'Ouvrage de Meyer : *Illustrations des Oiseaux de la Grande-Bretagne et de leurs Œufs* (1), qui, commencé en 1841, ne s'est terminé qu'en 1849, Ouvrage parfait d'exécution en tout point, et pour les Oiseaux qui sont d'une netteté et d'une exactitude rares, et pour les Œufs, figurés au nombre de 319 Espèces. Mais, à part les descriptions, l'Auteur n'émet aucune proposition au sujet de la Science Oologique, qui se réduit ainsi pour lui, comme pour tous ceux qui s'en sont occupés jusqu'à ce jour, en un complément Biographique de l'histoire des Oiseaux.

C'est alors que, fort de nos études qui remontaient déjà à une vingtaine d'années, fort de notre magnifique Collection d'Œufs, la plus considérable sans aucun doute qui existât à ce moment, puisqu'elle renfermait près de mille cinquante (1042) Espèces, en plus de 3,000 exemplaires, nous avons hasardé nos Mémoires d'Oologie d'abord dans le *Magasin de Zoologie* de 1842 et 1843, avec quelques Planches, ensuite dans la *Revue Zoologique* de 1843-1844, etc.

Mais, pour en arriver là, en dehors de nos voyages et de nos recherches personnelles dans les bois et les étangs, ainsi que sur les côtes, afin de nous procurer nous-même une grande

(1) *Illustrations of British Birds, and their Eggs, by* H. L. Meyer. in-8°.

partie de nos OEufs d'Europe, nous avions en outre frappé seul alors, à la porte de tous les marchands Naturalistes de Paris : le digne Verreaux père, Delalande, le frère de l'illustre Voyageur, Becœur, Bevallet père, Dupont ainé, Dupont jeune, Buquet, Florent Prévost et Perraut, tous deux attachés au Muséum de Paris, le premier aujourd'hui l'une des lumières de la Société Zoologique d'Acclimatation, le dernier acquéreur d'une partie des Collections de M. Bigot de Préaméneu ; Simon, Susemith, Pardzudaky père, Evans et Deyrolles. C'est ainsi que, parvenus à l'état de Marchandises dans les Magasins d'Histoire Naturelle, les OEufs ont fini par conquérir leur importance Scientifique.

Ce n'est pas tout encore ; à la suite de ces recherches et de ces investigations, vinrent nos échanges et acquisitions avec le Muséum d'Histoire Naturelle de Paris, dont les réserves nous furent ouvertes par G. Cuvier, grâce à l'obligeante intervention de M. Isid. Geoffroy Saint-Hilaire, réserves occupant alors les tiroirs qui forment le sous-bassement des armoires des Galeries Ornithologiques ; avec le Baron Benjamin Delessert, pour quelques OEufs de la Havane, qui ont en grande partie servi aux représentations Oologiques de d'Orbigny dans son *Ornithologie de l'Ile de Cuba;* avec ce même Alc. d'Orbigny, pour les OEufs qu'il rapportait du Paraguay ; avec MM. Schultz, de Dresde et Pareyss, de Vienne, pour des OEufs de la Grèce et du Nord de l'Europe ; avec le Docteur Pelletan, pour les OEufs du Guatemala ; avec J. Goudot, pour ses OEufs si rares de la Nouvelle-Grenade ; avec nos excellents amis Jules et Edouard Verreaux, pour leurs OEufs des Philippines, du Cap de Bonne-Espérance, et surtout pour ceux de la Nouvelle-Hollande, dont le premier a enrichi le Muséum de Paris ; avec l'habile Gould, aussi pour les OEufs de cette dernière partie du monde ; avec M. Klaussen, conservateur du Musée Impérial de Rio-Janeiro, pour les OEufs du Brésil ;

avec le fameux Docteur Smith, de Londres, pour ses OEufs du Cap; avec MM. Crespon, de Nismes, et Degland, de Lille; avec l'obligeant Schleghel, de Leyde, aujourd'hui digne Successeur de Temminck, à la direction du Muséum Néerlandais; avec M. Hardy, de Dieppe, le bon Thienemann, de Leipsick, le Pasteur Bourrit, de Genève, le Baron de la Fresnaye, notre seul Ornithologiste en France, avec le regrettable Lesson, enfin avec le Docteur Lherminier, de la Guadeloupe, pour les OEufs de la Côte-Ferme et des Antilles; et pour ceux de la Pologne, etc., le Comte de Tyzenhauz, Auteur de l'*Ornithologia Powsezchna*, dont nous avons rendu compte dans la *Revue et Magasin de Zoologie*, lors de son apparition.

Mais alors aussi existaient déjà ou se formaient les Collections Oologiques d'Audouin, d'Oscar Leclerc, de M. de Baracé, d'Angers, de Thiebault de Berneaud, et de Dumont Sainte-Croix, de Paris; de Baillon, de J. Delamotte et de G. Perrache, d'Abbeville; de M. Moquin-Tandon, de Montpellier, avec qui nous nous rappelons avec plaisir d'avoir été en correspondance Oologique suivie de 1838 à 1843; etc., etc. Si productive cependant qu'eût été notre Collection et que le soit encore celle que nous formons aujourd'hui, nous n'avons pas espéré qu'elle pût jamais être complète : mais il importait qu'elle fût abondante et qu'elle précédàt, dans tous les cas, le travail de la Classification. Car ainsi que l'a dit un de nos savants Littérateurs, cela se conçoit : il faut des faits, avant de les comparer; il faut des matériaux avant de les coordonner entre eux.

On le voit, si le temps était aux progrès forcés de cette Branche de la Science par l'affluence des matériaux, il ne l'était pas moins par le nombre des Savants et des observateurs qui s'en occupaient, et en entretenaient ainsi la vitalité.

Nous ne parlerons que pour mémoire et en passant, d'un Ouvrage Allemand de Figures d'OEufs d'Oiseaux d'Europe, d'un

Auteur anonyme (1); et de celui de M. Aug. Lefèvre (2); Ouvrage incomplet, puisqu'il ne représente que cent trente-six Espèces seulement, dont plusieurs mêmes, telles que, par exemple le *Corvus Corax*, peuvent paraître comme plus que douteuses: assez soigné, quoique incorrectement peint et dessiné; et qui, malgré l'heureuse idée de son Auteur et faute peut-être d'encouragements suffisants, n'a pas donné tout ce qu'on en pouvait attendre.

De ce moment s'ouvre une ère nouvelle pour l'Oologie. Les Collections d'Œufs rapportés de l'Amérique du Sud et du Paraguay par d'Orbigny; des Possessions Néerlandaises dans l'Inde, par S. Müller; de l'Australie par Gould et par J. Verreaux; celle que nous avions formée à si grands frais nous-même; et celle composée par Thienemann, firent comprendre que tout l'intérêt de cette Science n'était pas dans la seule connaissance et dans la reproduction incessante, depuis près de deux siècles, des mêmes Espèces Européennes, qu'il fallait y rechercher des éléments de comparaison dans l'Œuf des Oiseaux des autres contrées du Globe. Les rares et quelques Œufs d'Espèces étrangères à l'Europe, reproduits dans certains Ouvrages, tels que l'*Ornithologie de l'Amérique Septentrionale* de Wilson, ou l'Histoire naturelle des Oiseaux d'Afrique de Levaillant, témoignaient à la rigueur de ce besoin.

Sous l'influence de cette pensée, sous l'impression de nos Travaux Oologiques, et grâce à des Etudes comparatives des principales Collections Oologiques, notamment de la nôtre, qu'il était venu consulter si souvent et toujours avec fruit, Thienemann, perfectionnant, comme exactitude de Figures, et comme accumulation d'Espèces, son premier Ouvrage de

(1) *Die Nester und Eier der Vogel*, Stuggard, 1813.
(2) *Atlas des Œufs des Oiseaux d'Europe*, Paris, 1844.

1821, entreprend en 1845, la Publication aujourd'hui terminée, moins les textes, de ses belles planches d'Œufs indigènes à l'Europe auxquels il a eu le premier l'idée de joindre tout ce qu'il a pu voir et connaître d'Œufs Exotiques. Cet Ouvrage, par la manière consciencieuse avec laquelle il a été exécuté, et par la constance ainsi que la persévérance de travail qu'il a demandées à son Auteur, mérite les plus grands éloges. Il est peu probable que d'autres Oologistes soient tentés de recommencer une œuvre aussi considérable : car il ne renferme pas moins de 831 Espèces, sur 1,200 connues, représentées par près de 2,000 figures (1,966); que l'on juge à ce chiffre, de la richesse des variétés par Espèces. C'est ainsi que parfois, pour deux Espèces seulement, Thienemann donne 24 figures ou variétés. Ce qui ne mérite pas moins d'éloges, c'est que chose rare en ces sortes d'entreprises, les dernières Planches sont dignes, en tout point, des premières et tout aussi soigneusement traitées. Il est vrai que *toutes* ont été dessinées et peintes par lui-même : c'est dire avec toute la netteté et l'exactitude désirables (1). Nous regrettons que ces éloges ne puissent lui parvenir que tardivement, dans un monde meilleur : car ce Savant Oologiste vient de mourir, avant d'avoir pu mettre la dernière main au complément de son texte, qui n'en paraîtra pas moins prochainement par les soins de ses Amis et de son Éditeur.

Sous la même impression, et la même année, le Baron de la Fresnaye publia son Article intitulé : *Comparaison des Œufs des Oiseaux avec leurs Squelettes, comme seul moyen de reconnaître la cause de leurs différentes Formes* (2); article reposant en grande partie sur l'idée que nous avions émise le premier,

---

(1) *Fortpflanzungsgeschichte der gesammten Vogel nach dem gegenwärtigen Standpunkte der Wissenschaft. Leipsig,* de 1845 à 1856.
(2) *Revue Zoolog.* Mai 1845.

dès 1842 (1), de l'influence de la configuration et de la structure
du squelette des Oiseaux sur la Forme normale de leur OEuf, et
qui n'a été que le développement de cette proposition, la même
que celle de Buhle et de Thienemann, et, par conséquent, sa
confirmation et sa justesse. Bientôt après, et à la suite d'une
Étude de notre Collection, le même Savant publie un autre
Article sur l'ensemble de coloration que présentent les OEufs
d'une même Famille. (2)

De 1845, sauf la continuation de la publication de Thienemann; sauf aussi un Catalogue systématique des OEufs des
Oiseaux de la Grande-Bretagne publié par le Rév. M. Malan (3),
il y a absence complète de publications Oologiques; et comme
une espèce de halte présageant une nouvelle reprise, qui n'a pas
en effet tardé à éclater de toutes parts.

En Allemagne paraît un nouvel Ouvrage sur les OEufs d'Europe, parfait de figure et d'exécution et ne pouvant rivaliser
qu'avec celui de Thienemann (4). Cette publication semble ré-
veiller la fibre Oologique demeurée si longtemps et d'une manière
si regrettable endormie chez le docte M Moquin-Tandon, qui n'a
pas encore terminé la série de ses descriptions si minutieusement exactes des OEufs de l'Europe (5). Nous ne lui dissimulerons
cependant pas que nous eussions mieux aimé, avec l'autorité que
lui donne sa haute position Scientifique, lui voir employer tout
le temps qu'il y a consacré et qu'il y consacrera sans doute en-

<hr>

(1) *Magas. de Zool.* 1842-1843, et *Rev. Zool.* 1844.

(2) *Rev. Zool.* 1847 ou 1848.

(3) *A. Systematic Catalogue ot the Eggs of British Birds.* Arranged with
a view to supersede the use of labels for Eggs. — By the Rev. S. C. Malan
M. A. Vicar ot Broadwindsor, Dorset-London 1848.

(4) *Die Eier der Europeischen Voegel von. F. N. J.* Baedeker, *Leipsig,*
1858-1859.

(5) *Rev. et Mag. de Zool.* 1857 et 1858.

core, à une application de ses connaissances Oologiques plus sérieuse et plus profitable à la Science.

En Angleterre, au moment où nous écrivons, M. Sclater, qui chaque jour rend tant et de si grands services à la partie Monographique de l'Ornithologie, fait paraître le premier numéro d'une Revue destinée à remplir avec avantage le vide laissé par la cessation des *Contributions of Ornithology* de Jardine, dans lequel se trouvent la description et la figure de plusieurs OEufs rares ou curieux tant d'Europe que d'Afrique, dues à M. Hewitson, qui paraît vouloir ainsi continuer laborieusement et compléter son œuvre de 1832, sans parler d'une seconde édition de son premier travail.

En Amérique, nous pouvons annoncer avec joie l'apparition, pour la première fois, d'une Oologie étrangère enfin à l'Europe, et exclusivement consacrée aux Oiseaux de l'Amérique Septentrionale (1).

Mais ce n'est rien encore, ce Livre, supérieurement exécuté, va être suivi d'une autre Publication qui effacera sans aucun doute ses rivales, si parfaites qu'elles puissent être. Nous voulons parler d'une Oologie Australienne complète que prépare depuis longtemps l'étonnant Artiste, l'inépuisable Ornithologiste J. Gould, dont nous nous rappelons avoir vu chez lui plusieurs dessins originaux, dans un voyage que nous fîmes à Londres, et qu'il ne tardera pas à faire paraître, d'après une lettre que nous sommes fier d'avoir reçue de lui dernièrement.

Tel est, en résumé, l'état de la Science de l'Oologie, au commencement de l'année 1859, après un demi-siècle d'existence véritable. Ce sont, il faut l'avouer, si incessants qu'ils aient été, des progrès un peu lents, par le temps qui court. Mais il est

---

(1) *Nort American Oology ; being an Account of Geographical Distribution of the Birds of North America during their Breeding Season, With Figures and Descriptions of their Eggs. By T. M.* Brewer mars, 1859.

évident qu'à l'heure qu'il est, son plein essor est donné à l'Oologie, et qu'elle prend rang, dès aujourd'hui, comme Branche indispensable et complémentaire de l'Ornithologie. Il nous est également démontré qu'à l'avenir aucun Méthodiste ne voudra marcher d'un pas ferme et sûr, dans la voie si obscure et si glissante de la Classification, sans l'aide de ce flambeau.

Nous pensons avoir suffisamment rempli cette première partie de la tâche que nous nous étions imposée, en présentant aux Oologistes ce bref aperçu Bibliographique que nous n'avons rencontré nulle part dans le cours de nos travaux ; et nous aimons à croire qu'à part les erreurs ou les omissions inévitables, il aura son utilité pratique pour tous ceux qui, après nous, voudront, avec plus de talent, plus de science, et partant plus de succès, entreprendre un semblable travail général plus complet, sur une matière qui promet de si féconds résultats.

DEUXIÈME PARTIE.

DÉTERMINATION DES CARACTÈRES OOLOGIQUES.

CHAPITRE Ier.

§ 1er.

DÉFINITION DE L'ŒUF CHEZ LES OISEAUX EN GÉNÉRAL.

Il ne sera peut-être pas hors de propos, avant d'entrer en matière, de chercher à mettre d'accord entre eux les divers Auteurs qui, parlant de l'Œuf, chez les Oiseaux, d'une manière plus ou moins spéciale, en ont donné la définition, chacun à sa manière, et d'harmonier celles qu'ils en ont faites.

Gili (1) le définit : « Un corps organisé, rempli de substances » fluides contenues dans des tuniques membraneuses, et renfer- » mées dans une Coquille. »

L'Abbé Bonnaterre (2), tout en disant, comme Buffon, que la conformation extérieure d'un Œuf d'Oiseau est trop connue pour qu'il soit nécessaire d'en donner la description, le définit cependant ainsi : « Un corps, tantôt Rond, tantôt Ovale, qui se forme » dans le corps de la femelle de ces Animaux et qui, sous une » écaille qu'on nomme Coque, renferme un petit Animal de

(1) *Agri Romani Historia Naturalis, tres in partes divisa. Ornithologia Romæ*, in-12, 1781.

(2) Nouv. Encyclopédie Méthodique. Paris, 1790.

» même espèce, dont les parties se développent et se dilatent
» par l'incubation. »

Parmentier (1) et Virey (2) traitant en général, mais dans un
but d'économie rurale et domestique, des OEufs des Oiseaux de
basse-cour, se conformant en cela à l'opinion première émise
par Aristote (3) : « Comme des matrices renfermant non seule-
» ment un embryon, mais encore la quantité de nourriture dont
» le petit Animal qui doit naître aura besoin, lorsque par l'effet
» de l'incubation, il prendra du développement et de l'accrois-
» sement. »

M. Moquin-Tandon (4) appelle OEuf, dans les Oiseaux : « le
» corps qui se forme chez les femelles de ces Animaux, et qui,
» sous une enveloppe calcaire, plus ou moins épaisse, friable,
» blanche ou colorée, renferme un Animal de même nature,
» dont la chaleur seule peut grossir et développer les parties. »

Ces deux dernières définitions, quoique générales, nous servi-
ront à en établir une, un peu longue, il est vrai, mais par cela
même plus complète que les deux premières, et qui sera mieux
en rapport avec notre manière d'envisager l'OEuf, spécialement
et exclusivement chez les Oiseaux, en sorte que nous le défini-
rons :

Un corps tantôt Rond, tantôt Ovale ou Ellipsoïdal, et plus ou
moins Pyriforme, qui prend naissance dans les femelles de ces
Animaux, et qui, sous une enveloppe composée d'une matière
calcaire plus ou moins épaisse et friable, blanche, bleuàtre ou
verdàtre intérieurement, et colorée extérieurement de diverses
nuances, suivant les Espèces, renferme non seulement la subs-

---

(1) *Nouveau Dictionnaire d'Histoire Naturelle appliquée aux Arts*, etc.
Ed. Deterville ; 1803. V° *Œuf.*
(2) *Nouv. Dict. d'Hist. natur. etc.* 1828, V° *Œuf.*
(3) *De generatione Animalium*, etc.
(4) *Annales de la Société Linnéenne de Paris*, 1824.

tance suffisante à l'embryon , chez ces Vertébrés , mais encore la quantité de nourriture dont le petit Animal qui en doit naître a besoin , lorsque par l'effet de l'incubation , il a atteint son développement et n'a plus qu'à percer sa fragile prison pour en sortir.

Trois choses principales sont à examiner dans l'Œuf, tel que nous le considérons :

1o Sa Forme ;

2o La nature de sa Coquille ;

3o Les Couleurs qui la distinguent.

C'est faire suffisamment comprendre que nous nous bornons à la Physiologie de l'enveloppe calcaire du produit Ovarien des Oiseaux.

Partant de là, et nous appropriant les propres paroles par lesquelles Gunther commence l'exposé de ses considérations sur les Œufs des Oiseaux :

« Nous dirons de suite à nos Lecteurs de ne pas s'attendre à trouver ici un Traité Anatomique et Physiologique des Œufs ; ou des recherches sur leurs diverses pellicules et les liquides qui y sont renfermés ; sur la fécondation , la formation et le progrès journalier du *Couvain,* jusqu'à sa délivrance de la Coquille , etc. Tout cela a déjà été dit maintes et maintes fois ; tout cela a déjà été démontré par de scrupuleuses observations dues à des hommes d'un grand savoir. Nous renvoyons nos Lecteurs, à cet égard, aux Ouvrages spéciaux de Harvey (1), Malpighi (2) , Réaumur (3) , Buffon (4) , et de l'incomparable Bonnet (5). Nous nous proposons de considérer les Œufs dans leur configuration extérieure.»

(1) Wilhelmi Harvei *Angli, de Generatione Animalium Exercitationes. Editio nova , Ludg.-Batav.* 1737. *Ejusd.* Langlii *et* Schraderii *Observ. de Generet. Animal. et Ovo incubato, 12 Amsteladamis,* 1674.

(2) Marcelli Malpighi, *de Formatione pulli in Ovo. 4, Londini,* 1670.

(4) *Histoire générale de la Nature , etc.*

(5) Bonnet. *Contemplation de la nature , etc.*

§ 2.

DE LA FORME DE L'ŒUF ET DES MODIFICATIONS QU'ELLE ÉPROUVE.

La Forme de l'Œuf varie depuis la Sphère la plus parfaite jusqu'à l'Ovale le plus allongé et l'Ellipse la plus aigüe. Cette variation a été remarquée par la plupart des Auteurs qui ont traité de l'Œuf des Oiseaux ; mais tous, en en parlant, ayant eu plutôt un but de curiosité que d'utilité pour la Science Ornithologique, l'ont attribuée à un pur caprice de la Nature. Guettard lui-même, Conservateur du Cabinet du Duc d'Orléans, et Membre de l'Académie des Sciences, qui écrivait sur ce sujet, à une époque où les matériaux, sans être aussi répandus qu'aujourd'hui, ne manquaient pas, pour lui surtout qui avait sous les yeux la riche Collection de Nids et d'Œufs d'Oiseaux du célèbre De Réaumur, n'a pas craint de hasarder cette proposition : « Ce » n'est pas, dit-il, par leur Forme, il faut l'avouer, qu'ils peu- » vent attirer notre attention ; une Forme parfaitement ou pres- » que entièrement ronde, ou un peu plus ou un peu moins » allongée par un bout que par l'autre, n'a rien qui puisse four- » nir un motif bien puissant pour déterminer à former une » Collection d'Œufs. » Steller, suivi en cela par Klein, et après, Lapierre, sont les premiers qui aient soupçonné que la variation de Forme dont nous parlons, loin d'être fortuite ou accidentelle, était au contraire régulière, et que chaque grande Coupe d'Oiseaux avait en quelque sorte sa Forme d'Œufs particulière.

Elle est en effet constante chez les individus d'un même Groupe : toujours Sphérique chez les uns ; Ovalaire chez les autres ; figurant chez ceux-là, et c'est le plus petit nombre, un Cylindre plus ou moins allongé, avec les deux extrémités arrondies ou, pour mieux dire, convexes ; représentant chez ceux-ci la Figure à laquelle on a donné leur nom, Ovoïde ; enfin elle est chez plusieurs très-aigüe d'un bout et obtuse de l'autre ; et chez quelques-uns , renflée vers le milieu de leur longueur, et se terminant en pointes plus ou moins arrondies par leurs deux bouts. Ces six sortes de configurations sont les principales et les seules vraiment caractéristiques pour les Groupes d'Oiseaux chez qui elles se rencontrent ordinairement ; mais on retrouve dans les divers genres qui composent cette Série Zoologique, toutes les nuances de Forme intermédiaires , et tous les degrés de transition de l'une à l'autre, ce qui n'arrive alors qu'accidentellement et par exception au principe général que nous venons de poser. Nous suivrons , pour indiquer les Ordres ou les Genres aux OEufs desquels est particulière chacune de ces Formes, l'ordre dans lequel nous les avons énoncées ; et afin d'éviter des répétitions ou des périphrases inutiles ; nous les désignerons par les dénominations suivantes : 1º *Sphérique ;* 2º *Ovalaire ;* 3º *Cylindrique ;* 4º *Ovée ;* 5º *Ovoïconique ;* et 6º *Elliptique ;* ce qui nous fournira , parmi les OEufs, quant à leur Forme naturelle, six divisions distinctes.

A la première de ces divisions, celle des OEufs de Forme *Sphérique,* se rapportent :

1º Ceux de tous les Rapaces Nocturnes, à l'exception des *Strigidæ*, ou Effrayes, dont l'OEuf rentre dans la Forme *Ovée ;*

2º Ceux des *Spheniscidæ* ou Gorfous, qui inclinent parfois à la Forme *Ovalaire.*

Dans la Seconde division, celle des OEufs de Forme *Ovalaire,* se rangent :

1º Ceux de tous les Rapaces Diurnes, dont les Cathartes et le Messager affectent, pour leur OEuf, la Forme *Ovée* et même celle *Ovoïconique ;*

2º Ceux de tous les *Musophagidæ* ou Touracos ;

3º Ceux de tous les *Psittacidæ* ou Perroquets , dont plusieurs cependant accusent la Forme *Ovée ;*

4o Ceux de tous les *Trogonidæ* ou Couroucous ;

5o Ceux de tous les *Alcedinidæ* ou Martin-pêcheurs ;

6o Ceux de tous les *Meropidæ* ou Guêpiers ;

7o Ceux de tous les *Caprimulgidæ* ou Engoulvents, à l'exception du Guacharo ou *Steatornis*, dont l'Œuf est de Forme *Ovée ;*

8o Ceux de tous les *Trochilidæ* ou Oiseaux-Mouches ;

9o Ceux de tous les *Columbidæ* ou Pigeons ;

10o Ceux de la plupart des *Tetraonidæ* ou Tétras, dont plusieurs atteignent la Forme *Cylindrique ;*

11o Ceux de tous les *Tinamidæ* ou Tinamous ;

12o Ceux de tous les *Otidæ* ou Outardes ;

13o Ceux de tous les *Œdicnemidæ* ou Œdicnèmes ;

14o Ceux de tous les *Cursoriidæ* ou Courre-Vites ;

15o Ceux de tous les *Turnicidæ* ou Turnix ;

16o Ceux de tous les *Struthionidæ* ou Autruches et Casoars ;

17o Ceux de tous les *Rallidæ*, Râles, Poules-d'eau et Porphyrions ; les *Parridæ* ou Jacanas prenant la Forme *Ovoïconique ;*

18o Ceux de tous les *Penelopidæ* ou Pénélopes ;

19o Ceux de tous les *Anatidæ* ou Cygnes, Oies ou Canards ;

20o Ceux des *Procellaridæ* ou Longipennes, Grands-Voiliers.

La troisième division, celle des Œufs à forme *Cylindrique* renferme jusqu'à présent les Œufs de la Famille des *Megapodiidæ* ou Tavons, Mégapodes et Talégalles ; et ceux des *Pteroclidæ* ou Ptéroclès.

La Forme anormale, que nous n'avons pu appeler autrement que *Cylindrique*, n'est ni plus tranchée ni plus remarquable dans aucune autre Famille de la série que dans celles-ci.

La quatrième division, celle des Œufs de Forme *Ovée*, est celle où se trouvent représentés le plus grand nombre de Familles et de Genres différents ; elle comprend :

1o Les Œufs de presque tous les Passereaux, Zygodactiles ou autres que nous n'avons pas encore nommés ;

2o Ceux de tous les Gallipèdes, tels que les *Phasianidæ*, ou Faisans; et les *Gallidæ*, ou Poules;

3o Ceux des *Pavonidæ*, ou Paons et Dindons;

4o Ceux de la plupart des Coureurs, tels que les *Meleagridæ*, ou Pintades; et les *Perdicidæ*, ou Perdrix;

5o Ceux de presque tous les *Laridæ*, ou Goëlands et Sternes, dont plusieurs reproduisent la Forme *Ovalaire*.

La cinquième division, celle des OEufs à la Forme desquels nous avons cru devoir donner le nom d'*Ovoïconique*, se compose :

1o Des *Cariamidæ*, ou Cariamas;

2o Des *Thinocoridæ*, ou Thinocores;

3o Des *Charadridæ*, ou Pluviers;

4o Des *Glareolidæ*, ou Glaréoles;

5o Des *Hœmatopodidæ*, ou Huitriers;

6o Des *Recurvirostridæ*, ou Avocettes;

7o Des *Phalaropidæ*, ou Phalaropes;

8o Des *Scolopacidæ*, comprenant les Bécasses, les Chevaliers, les Barges et les Courlis;

9o Des *Alcidæ*, ou Pingouins et Guillemots.

Enfin à la sixième et dernière division, celle des OEufs de Forme *Elliptique*, appartiennent :

1o Ceux de presque tous les Totipalmes, tels que : les *Pelecanidæ*, ou Pélicans; — les *Tachypetidæ*, ou Frégattes; — les *Sulidæ*, ou Fous; — les *Plotidæ*, ou Anhingas; — et les *Phalacrocoracidæ*, ou Cormorans;

2o Ceux des *Podicepidæ*, ou Grèbes;

3o Et ceux des *Colymbidæ*, ou Plongeons.

Voilà, pour le détail de la nomenclature des Ordres et des Familles auxquels est propre chacune de ces Six Formes.

Si l'on veut, après cela, examiner d'une manière générale et un peu plus méthodique, la répartition de ces Formes dans la

Classe des Oiseaux, on en aura une idée par le Tableau suivant, dressé pour exemple, conformément à l'enseignement de M. Isid. Geoffroy Saint-Hilaire :

SEMI-PENNES (exceptionnellement *Elliptique*). . . . . .

RAPACES . . . .

PASSEREAUX (exceptionnel[t] *Ovalaire*) . . } Ovée.

GALLINACÉS (exceptionnel[t] *Cylindrique*) . }

ECHASSIERS (excep[t] *Ovalaire* et *Ovée*) . : Ovoïconique. } Ovalaire. } Sphérique (1).

PALMIPÈDES (exceptionnel[t] *Ovoïconique* et *Elliptique*). .

IMPENNES. . . . .

Ainsi, comme on le voit d'après ce Tableau, que nous ne donnons pas comme d'une exactitude rigoureuse, encore moins d'une généralité absolue, il y aurait, dès le début, une coïncidence assez remarquable entre la manière dont se répartissent les Formes *Ovalaire* et *Sphérique* parmi les quatre Ordres extrêmes de la Classe des Oiseaux, et la disposition méthodique adoptée pour la division de cette même Classe. Une autre coïncidence est surtout frappante, c'est le rapport d'une de ces Formes, celle *Ovalaire,* avec les habitudes de gloutonnerie des Oiseaux qui composent les deux Ordres extrêmes subséquents des Rapaces et des Palmipèdes, habitudes qui font véritablement de ces derniers les représentants, sur les eaux, des premiers sur la terre.

Il en résulte aussi la démonstration la plus évidente de cette erreur qui a fait passer en quelque sorte de convention que la Forme *Ovée* était celle générale des OEufs, et a, par suite, fait donner leur nom à cette Forme conventionnelle. Idée d'autant plus fausse, que rien n'est moins arrêté, ni plus sujet à varier que la Forme chez les OEufs ; puisque, d'une part, sur sept Ordres, la Forme *Ovée* ne s'applique généralement bien qu'à

____

(1) Voir *Magasin de Zoologie* de 1842, 5e livr., *Oiseaux*, Pl. 25.

deux ; et que, d'une autre part, les OEufs, sous le rapport de la Forme proprement dite, présentent, ainsi qu'on l'a vu, six Types parfaitement distincts et différenciés.

Ces Formes sont celles données à l'OEuf par la Nature, et qu'elle a mises en rapport avec l'emplacement et la position qu'y doit occuper l'embryon. Car en revêtant d'une enveloppe solide les parties fluides et rudimentaires dont il est formé, elle n'avait pas, ainsi que l'a fort bien fait remarquer Lapierre, à s'occuper uniquement de trouver le moyen de préserver ces éléments de germe de tout contact et de toute lésion extérieure ; elle devait encore penser au moment où ce germe, en se développant sous l'influence de l'incubation, aurait besoin de l'espace nécessaire à son accroissement, à ce moment où, prenant dans de petites dimensions, la Forme qu'il conservera durant son existence, et dans l'OEuf, et après sa sortie de ce corps, il devra remplir exactement l'intervalle circonscrit par sa fragile prison, et, par conséquent, la trouver en rapport avec la Forme à laquelle il sera lui-même alors assujetti. D'ailleurs, la grande Famille des Oiseaux devant, dans le système de la Création, être comme toutes les autres Familles Zoologiques, composée d'une quantité innombrable d'individus calqués sur le même type original, mais avec des modifications infiniment variées, qui devaient en faire autant d'Ordres, de Genres ou d'Espèces, la nature ne pouvait établir une figure uniforme ou invariable pour l'enveloppe calcaire de ce produit Ovarien. Car, jamais le fœtus d'un Oiseau de proie, dont le caractère distinctif est d'avoir la tête et tout l'ensemble cervical d'un volume considérable et de forme globulaire, l'appareil sternal dans les mêmes proportions, et le corps trapu et ramassé, n'aurait pu se développer dans l'espace étroit et resserré d'une Coquille *Elliptique*, comme celle de l'OEuf du Grèbe, ou d'une coquille Ovoïconique, comme celle de l'OEuf du Pingouin. De même, le fœtus d'un Grèbe ou d'un

Pingouin, dont un des caractères est d'avoir la tête, le sternum, ainsi que tout l'ensemble du corps on ne peut plus allongés, n'aurait pu atteindre son développement, toute proportion gardée, quant aux dimensions, dans la Coquille *Sphérique* des OEufs des Rapaces nocturnes, ou dans celle des OEufs de Gorfou ou Sphénisque. La structure même du Sternum, nous le répétons, modifiée selon leurs différents modes de vivre, s'opposait à l'uniformité de la configuration de leurs OEufs, laquelle est en quelque sorte subordonnée à celle de la charpente Ostéologique, et en suit toutes les variations, ainsi que l'a surabondamment démontré le Baron de la Fresnaye, dans le développement qu'il a fait de nos idées sur ce point (1), et qui est la démonstration la plus complète de notre Système (2), comme celui-ci est la consécration du système de de Blainville et de Lherminier. Nous ne nous étonnons que d'une chose, c'est que son Mémoire n'ait pas eu en France, dans les sommités de la Science, l'écho qu'il devait avoir et qu'il méritait. Faut-il donc de toute nécessité que les idées nouvelles n'arrivent à la publicité que par la voie officielle de l'Institut ou du haut d'un Fauteuil Académique, pour produire la lumière dans notre pays !

C'est ainsi, pour en revenir à notre sujet, que la Forme *Ovalaire*, dévolue aux OEufs des Rapaces diurnes parmi les Accipitres, et à ceux des Procellaridés parmi les Palmipèdes, déjà en rapport avec la voracité des uns et des autres, se trouve également en rapport avec le caractère Zoologique plus important du développement du Sternum et de la crête sternale; et

---

(1) *Revue Zoolog. de la Soc. Cuvié.* 1845. Comparaison des OEufs des Oiseaux avec leurs Squelettes, comme seul moyen de reconnaître la cause de leurs différentes formes.

(2) *Magasin de Zoolog.* 1842. *Ovographie Ornithologique*, de la Forme de l'OEuf et des modifications qu'elle éprouve.

vient par là donner une sanction de plus au Système de de Blainville et de Lherminier.

Ces rapports ne sont ni moins remarquables, ni moins conformes à ces principes chez les Oiseaux de haut-vol, tels que les Rapaces et les Grands-Voiliers Palmipèdes, d'une part ; et les Trochilidés ou Oiseaux-Mouches de l'autre : les OEufs de ceux-là et de ceux-ci étant de Forme *Ovalaire* (exceptionnellement *Sphérique*), ou de Forme *Elliptique*, chez ces derniers.

Le caractère constant et spécial de la forme de l'OEuf se retrouve même jusques dans deux Ordres bien différents de la Série, les Psittacidés, dont nous avons déjà parlé, et les Colombidés, Ordres si éloignés l'un de l'autre. Et cependant quoi de plus naturel que la Forme *Ovalaire* pour l'OEuf d'Oiseaux qui, comme les Perroquets, ont tout le système encéphalique et toutes les pièces sternales aussi développés qu'on les voit chez les Rapaces! Et quant aux Pigeons, la nécessité même où les découvertes si ingénieuses et les raisons de de Blainville et de Lherminier ont mis les Ornithologistes d'en créer un Ordre à part, adopté depuis eux, ne justifie-t-elle pas la Forme *Ovalaire* départie à leurs OEufs?

D'un autre côté, les rapports de la Forme de l'OEuf entre les Rapaces Nocturnes et les Spéniscidés, n'ont pas moins de valeur relative en ce sens, que l'exception qui existe ici pour des Oiseaux non seulement exclusivement nageurs, mais *sous-marins*, puisque les rames, dont leurs ailes remplissent les fonctions, leur servent plus que les membranes de leurs pieds, existe également dans la construction du Sternum, et semble contredire le principe d'après lequel l'aptitude au vol est en raison directe du développement du Sternum et de l'élévation de sa crête. Mais, comme l'observe fort bien Lherminier : « Il est vrai que les Pingouins » et les Manchots, qui ne volent que peu ou point, ont une

» crête sternale beaucoup plus développée qu'elle ne semblerait
» devoir l'être au premier coup d'œil; mais cette contradiction
» n'est qu'apparente et s'explique, quand on songe que ces
» Oiseaux, qui quittent peu la mer et qui y nagent submergés
» à la façon des Poissons, avec lesquels on les confond quelque-
» fois de loin, se servent de leur aile comme d'une véritable
» nageoire, et se meuvent dans un milieu bien plus résistant
» que l'air. »

On a remarqué que, dans notre Tableau, figurent seulement
quatre des six Formes normales que l'étude des Œufs nous a
fait reconnaître. Quant aux deux autres, les Formes *Cylindrique*
et *Elliptique*, quoique bien caractérisées, elles peuvent, sans
rien perdre de leur valeur réelle, n'être considérées, en comparaison des quatre autres, que comme exceptionnelles, sous le
rapport relatif au petit nombre de Familles auxquelles elles
sont propres.

Leur importance cependant n'est pas moins intéressante par
le résultat auquel elles conduisent, car chacune d'elles vient
confirmer le mode de procéder des Méthodes à peu près una-
nimes. Ainsi les Tavons ou Mégapodes, et les Talégalles sont
placés généralement dans la même Famille : la Forme des Œufs
de chacun de ces Genres devient la consécration de ce classement; car ils sont de la Forme que nous avons appelée *Cylindrique*, c'est-à-dire figurant une Ellipse allongée, comprimée
par conséquent à son centre, et arrondie également à chacune
de ses extrémités.

De même encore : les Pélicans, les Cormorans et les Anhingas
sont placés dans la même Tribu. Or la Forme de leurs Œufs est
d'une concordance parfaite avec ce groupement; car ils sont de
Forme *Elliptique*.

Avant de quitter cet ordre de considérations tirées de la Forme
de l'Œuf, telle que nous venons de l'envisager au point de vue

Scientifique, et ainsi réduite à quatre figures ou Types normaux, nous croyons utile de consigner une observation.

Il y a un fait de Zoologie remarquable, quant à la Forme de l'OEuf, et qui démontre combien elle est normale et se prête au vœu de la Nature dans le rang de la création ou apparition successive, à la surface du Globe, des différents Groupes des Oiseaux. C'est celui-ci :

Si l'on veut, par exemple, abandonnant pour un instant la Classification Méthodique telle qu'elle est adoptée depuis l'origine de la Science, et telle qu'on l'enseigne aujourd'hui, la retourner, conformément à quelques idées philosophiques Allemandes, qui sont aussi celles de Toussenell, en commençant par le plus imparfait, le moins complet, et très-probablement le premier des Oiseaux de la création, le Sphénisque ou Gorfou, voilà ce que l'on observe au sujet de la Forme de l'OEuf, et en redescendant successivement aux Alcidés par les *Podicepidœ* ou Grèbes, et les *Colymbidœ* ou Plongeons.

Les *Spheniscidœ,* qui sont les Impennes de M. Isid. Geoffroy Saint-Hilaire, et les *Ptilopteri* du Prince Ch. Bonaparte, ont leur OEuf de Forme Sphérique, inclinant parfois vers celle Ellipso-Sphérique, pour parler comme le Baron de la Fresnaye.

De cette Forme on arrive à celle Elliptique par les *Podicepidœ* ou Grèbes.

De celle-ci à la Forme Ovalaire allongée ou Ellipso-conique par les *Colymbidœ* ou Plongeons ;

Et enfin à notre Forme Ovoïconique par les *Alcidœ,* c'est-à-dire par les Guillemots et les Pingouins.

Il est impossible de voir une modification de Forme Oologique plus en rapport avec la modification de la Forme Zoologique.

Or, si l'on réfléchit que la Forme primitive et génératrice de toutes les autres Formes produites ou données par la ligne courbe, est la Forme Globulaire ou Sphérique ; que cette Forme est celle du produit Ovarien de la Famille de Vertébrés la plus rapprochée de la Classe des Oiseaux, des Chéloniens, par exemple, ou Tortues; la conclusion à tirer de cette observation, est que l'idée Allemande pourrait bien avoir raison de la Méthode actuelle; et, dans tous les cas, c'est que la Forme de l'OEuf, chez les Oiseaux, a, comme élément de Classification, une importance que l'on ne saurait nier; en définitive, le résultat est le même, que l'on commence ou que l'on finisse la Série Ornithologique par les *Spheniscidæ*, ces Phoques des Oiseaux, comme les appelle si bien le Prince Ch. Bonaparte.

Tout ce que nous voulons prouver, c'est que tous les cas particuliers que nous avons établis et démontrés, relativement à la Forme de l'OEuf, ont été prévus par la Nature; et que, pour arriver à son but, outre les modifications extérieures qu'elle a fait subir à chaque individu de la nombreuse Classe des Oiseaux, pour en différencier les Ordres, les Genres et les Espèces, elle leur en a fait subir d'intérieures, afin de rendre constante chez les individus de chacun de ces groupes la Forme nécessaire à leur germe, pour en faciliter et protéger l'accroissement ou le développement.

Mais, par cela même que ces Formes sont nécessairement fixes dans toutes les Espèces d'un même Genre, ou dans tous les Genres d'une même Famille, chez lesquels elles se rencontrent, il ne s'en suit pas qu'elles ne puissent jamais éprouver aucune déviation : toute règle suppose quelque exception. Or, ces Formes au contraire ne sont pas sans varier et sans éprouver quelquefois, mais dans des cas particuliers et assez rares, des altérations sensibles et même surprenantes, altérations qui ont souvent fixé l'attention des Savants; et dont il est facile, ainsi que le dit Buffon (1), de se rendre raison d'après l'histoire de la formation

____

(1) *Hist. Nat. des Ois. Coq.*

de l'OEuf. En effet, ce corps étant le produit, le résultat d'un moule, il doit supporter les conséquences du mode de sa formation, et être soumis à tous les accidents auxquels est exposé le moule même dont il reçoit la figure.

Parmi ces altérations, celles-ci ont lieu durant le séjour de l'OEuf dans l'Oviducte; celles-là surviennent pendant ou après son expulsion de ce canal, et quand la Coquille encore molle et fraîche est assez souple pour céder soit à l'effort que quelque dérangement dans l'économie animale peut exciter chez l'Oiseau lors de cette opération, soit au contact des corps étrangers sur lesquels il dépose son OEuf, et est néanmoins assez ferme pour en conserver l'empreinte ou l'impression.

Ces altérations ou monstruosités atteignent l'enveloppe comme le contenu de l'OEuf. Elles peuvent se diviser en trois sortes, ainsi que l'a indiqué Guettard lui-même, se servant à cet égard de la classification proposée par Buffon pour les monstruosités chez l'homme : savoir, une pour l'enveloppe, et les deux autres pour le contenu, distinctions reproduites également par M. Moquin-Tandon (1), en d'autres termes, sous la dénomination d'*OEufs monstrueux à l'extérieur* et d'*OEufs monstrueux à l'intérieur*. Seulement, au lieu de parler d'abord, à l'exemple de Guettard, de ces dernières, c'est par elles, comme se rapportant moins à notre sujet, que nous terminerons.

La première est une *Monstruosité de Forme*. Les OEufs auxquels elle s'applique sont ou beaucoup plus, ou beaucoup moins allongés ou arrondis qu'ils ne le sont communément dans le groupe d'Oiseaux dont ils proviennent; ou prennent des figures bizarres et inaccoutumées; ou offrent des empreintes singulières encore plus curieuses.

La seconde est, si l'on peut s'exprimer ainsi, une *Monstruosité*

____

(1) *Annales de la Soc. Linn. de Paris*, 1824.

en plus, ou *par addition*. Les OEufs qui y sont exposés renferment deux Jaunes, ou deux Blancs; ou un ou plusieurs OEufs plus ou moins petits, ou des corps étrangers; ou ils ont une double enveloppe calcaire; ou ils sont d'une dimension beaucoup plus forte que d'habitude.

La troisième est une *Monstruosité en moins*, ou *par défaut;* c'est-à-dire, qu'il y a des OEufs qui sont d'une dimension beaucoup plus petite que celle qui leur est ordinaire; ou bien ils manquent d'une de leurs parties intérieures, ou de leur coquille; ou bien cette enveloppe reste membraneuse et ne prend aucune consistance.

Ces trois sortes de monstruosités, dans les OEufs d'Oiseaux, ont de tout temps excité la surprise et l'étonnement du vulgaire qui, ami du merveilleux, leur attribue une cause surnaturelle; les hommes instruits eux-mêmes n'y sont pas restés indifférents : et, quoique l'étude de ces accidents ne soit point d'un très-grand intérêt pour la Science, c'est cependant la partie de l'Oologie Ornithologique la plus féconde et la plus ressassée, si l'on peut s'exprimer ainsi. Mais les Ouvrages qui en citent de nombreux exemples étant rares et peu répandus, nous ne croyons pas sortir de notre plan, en nous étendant légèrement sur cette matière qui ne peut manquer d'intéresser les Amateurs de Collections Oologiques. Si, malgré nos efforts, nous sommes encore prolixe, nous le devrons à l'abondance du sujet : car on conçoit qu'une fois la possibilité de semblables phénomènes admise et reconnue chez la Nature, elle en doit varier l'effet à l'infini, en telle sorte que cette mine, quelqu'exploitée qu'elle soit, sera toujours inépuisable pour les Savants et les curieux, puisque son génie créateur n'a point de bornes.

Il ne faut pas croire toutefois que ces difformités qui, jusqu'à présent, ne paraissent avoir été observées que dans les OEufs de la Poule, parce qu'en effet ce sont ceux qui, par leur multiplicité et leurs usages dans l'économie domestique, sont le plus à la portée de tout le monde, ne soient propres qu'à ce Gallinacé. Elles se rencontrent également dans les OEufs de presque toutes les autres Espèces d'Oiseaux, et ne sont pas plus particulières à ceux de la Poule qu'à ceux de tout autre de ces Vertébrés. Si ces accidents semblent plus rares chez les Oiseaux en liberté, c'est que ceux-ci ont plus de moyens de se soustraire, eux et leur progéniture, aux observations importunes et destructives de l'homme, qui ne peut se les procurer qu'avec peine, qui éprouve encore plus de difficulté à les soumettre à ses expériences, l'indépendance étant le seul mobile et l'unique condition d'existence de ces habitants de l'air. C'est ce qu'avait soupçonné Guettard, ainsi qu'il l'exprime dans ses Mémoires, mais ce dont, à son grand regret, il n'a pu parler, les exemples lui manquant à cet égard.

MONSTRUOSITÉ DE FORME.

La Monstruosité de Forme provient de quatre causes différentes : La première, la plus naturelle et la plus fréquente, d'une lésion intérieure occasionnée par la pression plus ou moins régulière qu'éprouve l'OEuf recouvert de la matière calcaire, lors de son passage dans les longs et irréguliers replis de l'Oviducte, et à l'orifice de ce canal. — La seconde, de la faiblesse et du peu de résistance des ligaments destinés à retenir les embryons des jaunes à la grappe de l'Ovaire, faiblesse qui, chez quelques individus, est telle que l'OEuf, lorsqu'il vient de se détacher de la grappe pour compléter son développement et sa formation, emporte avec lui, au lieu de s'en séparer, le pédicule par lequel il est jusque-là resté retenu. — La troisième, d'une surabondance de matière calcaire. — Et la quatrième, purement extérieure, déterminée, à la surface de la Coquille encore molle, par le contact des différents objets sur lesquels est déposé l'OEuf à l'instant de la ponte, souvent même par le contact du corps de l'Oiseau qui l'a pondu.

Ainsi on voit des OEufs affecter la forme d'un Croissant, celle d'une Poire plus ou moins étranglée vers le centre en se terminant en Spirale; on en voit représenter à l'un de leurs bouts une Couronne ou un Turban; on en voit enfin d'autres figurer sur leur Coquille, tantôt en creux, tantôt en relief, l'empreinte d'une Comète, d'un Soleil, d'une Etoile, d'un Serpent, etc. Mais ces variétés de Forme se rapportant toutes à une des quatre causes que nous venons d'indiquer, nous classerons les exemples que nous allons citer suivant l'ordre dans lequel nous avons énoncé les causes auxquelles ils doivent leur existence.

Exemples de Monstruosité de Forme due à une lésion intérieure.

Garmannus (Garmann) [1] cite un petit OEuf de Poule représentant exactement une poire.

Gerbesius (Gerbes) [2] nous a transmis la figure d'un OEuf de Poule, de la grosseur d'un OEuf de Tourterelle, mais plus allongé et de Forme demi-circulaire.

Notre Collection renferme un OEuf de Pigeon, offrant une Forme à peu près semblable, mais dans des conditions inverses: il est de la longueur d'un OEuf de Poule ordinaire. et représente un Cylindre recourbé presque en forme de croissant, mais avec un renflement vers le milieu de son développement, qui rend plus sensible le rétrécissement de ses deux extrémités arrondies et à peu près égales; ce renflement du reste a le diamètre habituel des OEufs de Pigeons domestiques. Cet OEuf nous a été donné en 1849 par M. Gerbes; nous en devons un semblable,

(1) *Miscellanea Curiosorum, etc.* 1670, *obs.* 140.
(2) *Id.,* 1697-1698, *obs.* 138.

mais de Poule, à l'obligeance de Mme Boulez, de Laulnay, près de Nogent-le-Rotrou.

Nous avons vu, il y a plus de vingt ans, chez M. Flor. Prévost, qui dirige avec tant de zèle le Laboratoire du Muséum d'Histoire Naturelle de Paris, un Œuf de Faisan argenté provenant du Cabinet de Dufresne, l'ancien Gardien de cet Établissement, qui, dans des dimensions beaucoup plus petites que celles ordinaires aux Œufs de cet Oiseau, représentait aussi une espèce de Cylindre, mais étranglé au tiers de sa longueur.

Il existe au Muséum d'Histoire Naturelle de Paris deux Œufs d'Autruche qui ont les dimensions ordinaires aux Œufs de ce Bipède emplumé, mais dont la Coquille a subi, lors de la ponte, une altération remarquable quant à son aspect. Il semble que cette enveloppe, étant molle encore, ait été régulièrement entourée par les replis sinueux d'une corde contournée sur elle-même de manière à dessiner des lozanges, et se soit séchée dans cette position ; que la corde ôtée, les parties de la Coquille sur lesquelles elle était appliquée en aient retenu l'empreinte, et que celles qui n'étaient pas soumises à cette épreuve aient, relative-ment aux autres parties, conservé une apparence convexe et rebondie : cette bizarrerie, regardée à tort comme artificielle, nous paraît due plutôt à une élaboration pénible des voies ovi-ductrices.

Nous avons possédé (1) trois Œufs de Poule de la même bizar-rerie de conformation, dans des degrés différents, sauf que les portions restées creuses, dans l'Œuf d'Autruche, sont en relief dans ceux-ci ; et un Œuf de Dindon offrant une anomalie de ce genre tout aussi extraordinaire : ses dimensions sont celles habi-tuelles, sa Forme peu régulière dans son ensemble, mais il pré-sente dans son pourtour, depuis un bout jusqu'à l'autre, une

____

(1) Dans notre première Collection, aujourd'hui au Musée de Philadelphie.

série continuelle de sinuosités assez profondes, qui démontrent qu'il n'a pu sortir du cloaque qu'en tournant plusieurs fois et avec peine sur lui-même. Ces conformations diverses ne sauraient guère s'expliquer que par un vice dans la structure de l'Oviducte.

D'autres Œufs, par leur conformation et l'espèce de pli apparent à la partie intermédiaire de leur Coquille, figurent deux moitiés inégales de Coquilles d'Œufs réunies de manière à n'en former qu'une seule. Nous avons eu dans notre Collection deux Œufs de petite Poule Anglaise qui, dans des dimensions très-exiguës, offrent des exemples de cette singulière configuration.

Le Muséum d'Histoire Naturelle de Paris en a également un provenant d'une Tourterelle à collier gardée dans une volière; mais qui, pour la Forme, diffère un peu du précédent.

Cette conformation accidentelle a lieu lorsque l'Œuf sortant de l'Oviducte, après s'être pourvu de carbonate calcaire, se trouve tout à coup arrêté par une contraction de ce canal, due soit à un trop grand échauffement de l'animal, soit à un rétrécissement ou fortuit, ou naturel, de cet organe lors d'une première ponte. Dans cette position, toutes les parties de la Coquille ne peuvent se durcir en même temps, la portion qui se trouve chassée et exposée à l'air extérieur, est la première qui passe à l'état d'indurescence; la dernière portion ne se durcit à son tour que lorsque, cédant à l'effort qu'a fait l'Oiseau pour se débarrasser, elle est sortie du Vagin; et c'est quand le dernier refroidissement s'en est opéré que la Coquille présente, à l'endroit où se sont fait sentir la contraction et le temps d'arrêt, l'empreinte d'une espèce de fissure ou de pli.

Nous rangeons dans la même catégorie, et malgré l'explication qu'en donne le savant observateur, l'exemple cité par M. Hardy, d'un Œuf de Grue cendrée, de sa Collection, portant la trace, maintenue par la soudure, d'une semblable déchirure transversale qui prend le tiers de la petite circonférence de l'OEuf (1).

Quelquefois la même cause agit d'une manière différente, et l'OEuf, en conservant sa Forme et ses dimensions naturelles, présente à sa partie intermédiaire et dans toute sa circonférence l'apparence en relief, d'une zône ou véritable soudure; la coquille est même beaucoup plus épaisse en cet endroit que partout ailleurs : ce qui indique que l'OEuf, au lieu d'avoir, comme dans le cas ci-dessus, cédé à une contraction ou à un gonflement des parois de l'Oviducte, y a au contraire résisté; et que cette résistance a provoqué à l'endroit où elle s'est fait sentir une agglomération, parfois très-perceptible, de la matière calcaire.

Nous avons possédé trois exemples de cette conformation particulière dans deux OEufs de Poule et dans un OEuf de Pintade domestique. Mais ce dernier, ainsi que l'un des deux OEufs de Poule, beaucoup plus gros que ceux ordinaires à ces Espèces, offraient à l'intérieur une autre singularité dont nous parlerons plus bas : ils renfermaient chacun deux Jaunes et deux Blancs, autant que nous en avons pu juger par la nature et la quantité de la matière que nous en avons retirée, en les insufflant de la manière accoutumée, après les avoir percés d'un petit trou à leurs deux extrémités. Nous eussions pu, pour plus de certitude, nous y prendre différemment, afin d'en extraire la matière dans son intégrité; nous n'avons préféré le premier moyen que comme le moins susceptible de détériorer la coquille dont la conformation nous avait paru curieuse.

Deux autres exemples de difformité survenue à un OEuf de Faisan à collier et à deux OEufs de Fauvette à tête noire (*Curruca atricapilla*) se trouvaient encore dans notre Collection. Le premier est tellement altéré dans sa configuration, que vu par

(1) *Rev. et Magas. de Zool.* 1857.

une de ses faces, il n'a point forme d'Œuf. Quant aux deux autres, l'une de leurs faces est régulière et ne présente la trace d'aucune altération; mais la face opposée est sensiblement concave dans l'un et aplatie dans l'autre.

M. Moquin-Tandon (¹) cite un Œuf de Bruant Proyer (*Cynchramus miliarius*) auquel était survenue une déviation de ce genre, dont il a donné le dessin sans couleur. Cet observateur l'avait trouvé dans un nid, en 1822, au milieu de six petits nouvellement éclos; il ne renfermait ni jaune ni germe.

Enfin, parmi les Œufs de Poules, on en voit de Sphériques, d'Ovalaires, de Cylindriques, d'Ovés, d'Ovoïconiques et d'Elliptiques, toutes variations de Forme qui dépendent de la difficulté plus ou moins grande qu'a éprouvée l'Œuf à sa sortie du corps de la Poule, et non comme le voudrait M. Hardy, de la situation plus ou moins verticale ou horizontale de l'Oiseau, au moment du passage de l'*Œuf* dans le conduit oviducteur.

Exemples de Monstruosité de Forme due à la faiblesse de constitution de l'Ovaire et de ses annexes, ou Monstruosité Pédiculaire.

Un des plus extraordinaires est celui cité par Gahreliep (²). C'est un Œuf de Paon, pondu en 1697, de Forme arrondie ou Sphéroïdale d'abord; puis se terminant au petit bout en un appendice assez ressemblant aux trois phalanges à demi recourbées d'un doigt de main d'homme de grandeur naturelle. Il a joint à sa description la figure de ce phénomène. Cet appendice n'était probablement autre chose que le pédicule par lequel cet Œuf était attaché à l'Ovaire, et qui, ainsi que cela s'est vu plusieurs fois, ayant été entraîné par l'Œuf et arraché de la Grappe, avait été surpris et recouvert par la matière calcaire

(1) *Annales de la Soc. Linn. de Paris*, 1824.
(1) *Miscell. Curios.* 1697-1698, *obs.* 164.

comme partie intégrante du corps à l'enveloppe duquel elle concourt.

Garmannus (Garmann) (1) décrit un OEuf de Canard domestique, pondu en 1670, qui se terminait en une espèce de queue, dont la cause ou l'origine était la même.

M. Moquin-Tandon (2) a donné la représentation d'un OEuf semblable, provenu d'un Pinson ordinaire (*Fringilla cælebs*).

M. Jules Delamotte, d'Abbeville, en possède un d'Oie commune (*Anser*), dont le pédicule recouvert de matière calcaire a près de huit centimètres de longueur.

Rommelius Cleyerus (Rommel Cleyer) (3) a donné la figure d'un OEuf de Poule recourbé en forme de crochet à son petit bout.

Guettard (4) dit avoir remarqué dans la Collection d'OEufs de Réaumur, deux OEufs de Poule qui étaient très-allongés par le petit bout, et d'une grosseur peu considérable. L'un n'était guère plus volumineux qu'une très-grosse Cerise; l'autre qui avait souffert un étranglement aux deux tiers de sa longueur, ressemblait par le petit bout à un de ces vaisseaux de Laboratoire de Chimie qu'on appelle Cucurbites ou Cornues.

Nous possédions un OEuf de Poule qui, pour la Forme, se rapporte beaucoup à cette dernière. Il nous avait été procuré par M. Henri Marcilly, d'Anglure-sur-Aube, qui s'occupait alors avec zèle d'Oologie. Cet OEuf qui, après un assez long temps, s'est brisé par accident, nous a démontré qu'il ne renfermait qu'un léger filet d'une substance jaunâtre, noyée dans une quantité d'albumine suffisante pour enduire les parois intérieures de la coquille, sans en remplir la capacité. Ce dernier liquide

---

(1) *Miscell. Nat. curios. an.* 1670, *obs.* 140.
(2) *Ann. de la Soc. Lin. de Paris*, 1824.
(3) *Misc. Nat. cur. an.* 1686, *obs.* 147.
(4) *Mém. sur diff. part. des Sc. et Arts*, T. 5. 1783

est, comme on le sait d'ailleurs, le seul que contiennent ordinairement ces sortes d'OEufs, ainsi que les *OEufs nains* de Poule, autrement dits *OEufs-de-Coq*.

Notre Collection renfermait encore un OEuf dont la conformation se peut rapporter au genre d'anomalie qui nous occupe. C'est un OEuf de Cane domestique (*Anas domestica*) du tiers de la grosseur des OEufs ordinaires à cette Espèce : sa Forme est Ovalaire, et celui de ses bouts que l'on doit considérer comme celui qui est sorti le premier de l'anus, est entouré par une bande ou sorte de ruban de la même matière que celle qui compose sa coquille, et de la même couleur, ayant son point de départ au centre même de ce bout de l'OEuf. Cet appendice ressemble tout-à-fait à une superfétation, n'était qu'il n'y a aucune solution de continuité entre son point de départ et le bout de l'OEuf, dont il n'a l'air que d'être le complément contourné en forme de Ruban. On ne peut cependant l'expliquer que comme provoqué par le pédicule qui, demeuré fixe à la tunique membraneuse de l'OEuf, a entraîné après lui ou repoussé devant lui, un excédant de la matière calcaire, à laquelle sa ténuité, ou le peu de surabondance de cette matière, si ce n'est le hasard, a fait prendre cette singulière disposition.

A cette catégorie appartiennent les exemples cités par M. Hardy, de Dieppe, pour les OEufs d'Eider, dont « certains, » dit-il, ont vers leur tiers supérieur un renflement circulaire » en forme de bourrelet. » Il en possède même un qui en a quatre ou cinq (1).

Exemples de Monstruosité de Forme, due à une surabondance de la matière calcaire.

Valmont de Bomare (2) nous apprend que l'on gardait dans le Cabinet de Chantilly, dont il était le Conservateur, un OEuf de

____

(1) *Rev et Magas. de Zool.* 1857. — (2) Diction. d'Hist. natur., V° *OEuf.*

Poule de Caux, gros comme celui d'une Poule-d'Inde (*Gallopavo*); la coque blanche, mince et peu dure était recouverte d'une espèce de substance crétacée et de l'épaisseur de quatre lignes.

Lapierre (¹) conservait dans son Cabinet un Œuf de Poule, dont la substance calcaire surabondante, et dans l'état de mollesse, s'était répandue à la surface de la Coquille, de telle manière que, dans le prolongement de ses contours, elle imitait parfaitement un Bonnet de Liberté (Bonnet Phrygien) relevé en bosse. L'intérieur des sinuosités était rempli par l'Albumine; le Jaune occupait sa place ordinaire.

Exemples de Monstruosité de Forme due au contact d'objets extérieurs.

Une des Planches de l'*Histoire des Monstres* d'Aldrovande représente un Œuf de Poule, sur la coquille duquel se distingue un trait sinueux, qui peut être assimilé à un Serpent ou à tout autre Reptile dont le nom se présente à l'imagination.

Cleyerus (Cleyer) (²) a donné la figure d'un Œuf de Poule, pondu en 1679, représentant également sur sa coquille l'apparence d'un Serpent.

Reiselius (Reisel) (³) parle d'une Poule qui, dans une petite Ville du Duché de Wurtemberg, pondit en 1683, un Œuf représentant si bien la forme d'un Turban, qu'on l'aurait cru sculpté par la main d'un habile artiste; il prétend même que cette Poule en pondit à la même époque un second presque semblable.

Gockelius (Gockel) (⁴) donne la figure d'un Œuf de Poule,

---

(1) *Notes et Observ. et Hist. nat.* de Buffon. Ed. de Sonnini.
(2) *Miscell. Curios.* 1682, *obs.* 16.
(3) *Id.* 1683, *obs.* 119.
(4) *Id.* 1687, *obs.* 128.

pondu en 1642 à Ulm, représentant sur sa Coquille comme un cercle de rayons assez semblables à ceux dont quelques Peintres ornent la tête du Soleil, quand ils représentent cet astre sous la forme humaine.

Cleyerus (Cleyer) (1) et Manesse (2) en ont figuré, chacun, un à peu près semblable. Un autre OEuf, présentant le même phénomène, existait en 1833 au Musée du Mans.

Il nous paraît bien évident que ces bizarreries, surtout les deux dernières, sont dues à l'Animal même qui, après avoir pondu l'OEuf, a appliqué sur sa coquille fraîche et molle son anus, dont l'empreinte s'y est ainsi fixée.

Un OEuf de Canard de Barbarie (*Carina moschata*), qui se trouvait dans notre Collection, offre le commencement et comme la transition de cette monstruosité.

MONSTRUOSITÉ EN PLUS OU PAR ADDITION.

La Monstruosité *en plus ou par addition* tient à des causes aussi variées que les accidents qui en résultent. Elle se présente de deux principales manières, et avec des phénomènes différents. Au nombre et au premier rang de ces phénomènes, figure celui de deux Jaunes renfermés dans la même coquille; vient ensuite celui d'un OEuf à double coquille ou d'un OEuf renfermé dans un autre.

Exemples du premier genre.

Les phénomènes de ce genre s'observent assez fréquemment, et n'ont encore été remarqués, par les Auteurs, que dans les OEufs de la Poule, et ces OEufs, dans ce cas, sont presque toujours, quoiqu'en ait dit Guettard, monstrueux quant à leurs dimensions.

(1) *Miscell. Curios.*
(2) *Oologie.*

Hagendorn (1) cite une Poule que l'on conservait avec soin, dans une petite ville d'Allemagne, en 1671, qui pondait assez souvent des OEufs renfermant deux jaunes, et d'une grosseur égale à celle des OEufs d'Oie.

Nous avons conservé la Coquille entière d'un de ces OEufs, dont le volume approche de celui d'un OEuf de Dinde.

Le Muséum d'Histoire Naturelle de Paris en a un encore plus gros.

Il n'est point vrai, ainsi que l'a avancé l'Auteur de l'Article *OEuf,* inséré dans la *Grande Encyclopédie,* qu'il n'y ait que les Oiseaux domestiques qui pondent de ces sortes d'OEufs. Cette assertion est le résultat d'une erreur occasionnée par l'habitude, où l'on est généralement, d'étudier l'Histoire Naturelle dans le Cabinet, et non dans la Nature; sur les Animaux que nous avons pliés à nos goûts, soumis à nos usages, et non sur les Animaux livrés à leur propre instinct.

Les mêmes phénomènes se reproduisent et doivent se reproduire chez les autres Oiseaux en état de liberté. Nous en avons possédé un exemple remarquable : c'est un OEuf de Moineau (*Passer domesticus*) monstrueux par sa grosseur, qui est presque celle d'un OEuf de Merle; il renfermait deux jaunes et deux blancs.

Plusieurs Naturalistes, Harvey (2) d'abord, puis *Segerius* (Séger) (3), Parmentier ensuite (4), ont donné l'explication de ce phénomène. Il arrive lorsque deux jaunes également mûrs, après s'être détachés simultanément de l'Ovaire, passent dans le canal de l'Oviducte pour s'y pourvoir chacun de son Albumen ; et que, cette opération terminée, leurs deux globes en contact empê-

(1) *Miscell. Curios. ann.* 1671. *Obs.* 241.
(2) *Exercitationes de Generatione Animalium.*
(3) *Miscell. Curios. ann.* 1672. *Obs.* 188.
(4) *Nour. Dict d'Hist. Natur.* 1803.

chant la matière calcaire de circuler et de s'épancher librement autour de chacun d'eux, ils en reçoivent une enveloppe commune.

Tantôt on ne trouve dans ces OEufs monstrueux qu'un seul Jaune et deux Blancs, tantôt même deux Blancs sans Jaune.

Buffon [1] donne en ces termes succincts l'explication du cas de deux Jaunes : « Cela arrive lorsque deux OEufs également » mûrs se détachent en même temps de l'Ovaire, parcourent » ensemble l'*Oviductus*, et, formant leur Blanc sans se séparer, » se trouvent réunis sous la même enveloppe. »

Berge, de son côté, en donnant l'explication suivante, au moins quant à ceux qu'il avait observés, cite un autre cas :

« Ces sortes d'OEufs sont ordinairement plus grands, et de » Forme allongée. Il se peut faire aussi que chacun des Jaunes » soit enveloppé du Blanc; si alors la coquille s'empare d'abord » du second ou dernier venu, l'autre est repoussé en bas, entre » dans le rectum, et vient au jour sans coquille et sans autre » enveloppe que ses peaux. »

Exemples du second genre.

Si la Poule n'est pas le seul Oiseau chez lequel s'exécutent ces jeux de la Nature, il faut avouer qu'ils se reproduisent plus souvent et avec des formes plus variées, chez cet Oiseau que chez tout autre : ce que l'on doit attribuer au changement qu'apporte à sa manière habituelle de vivre et de se nourrir la captivité à laquelle il a été assujetti, et, pour ainsi dire, accoutumé par l'homme, et peut-être plus encore, comme le dit M. Moquin-Tandon, à l'excessive lubricité du mâle dans cette Espèce; quoique, toutes choses égales d'ailleurs, les mêmes déviations ne s'observent pas chez notre Moineau (*Passer domesticus*).

---

[1] *Hist. Nat. des Oiseaux. — Coq.*

Ainsi, il n'y a jusqu'à présent, à une seule exception près, que la Poule qui ait donné l'exemple d'OEufs à double coquille, et d'OEufs renfermés dans un autre. Ces exemples se sont même répétés plusieurs fois de loin en loin.

Albert-le-Grand (1) est le premier qui les ait observés.

Cardan (2) n'en a parlé que d'après lui.

Le célèbre Harvey (3) rapporte avoir vu un OEuf fort petit que l'on avait retiré d'un OEuf ordinaire de Poule, dans lequel il se trouvait renfermé et avait été formé; il ajoute même qu'il le montra, en présence d'un grand nombre de spectateurs, au Roi d'Angleterre. Du reste, il emploie tout son talent à expliquer la manière dont peut s'exécuter ce phénomène.

Bartholinus (Bartholin) (4) parle d'un OEuf qui lui fut apporté par un paysan en 1669, et qui en renfermait un autre d'une Forme à peu près quadrangulaire.

Jungius (Jung) (5) rapporte que, le 19 juin 1674, sa servante, en brisant des OEufs de Poule, pour les besoins de sa cuisine, en ouvrit un entre autres renfermant, outre son Albumen et son Jaune d'une fort belle couleur, un autre OEuf tout petit, couvert d'une Coquille blanche et dure, qui contenait un Albumen et un Jaune, avec ses deux Chalazes, enfin, en tout, à part ses dimensions exiguës, conforme aux autres OEufs. Il fait suivre sa relation d'une discussion sur les causes d'un pareil phénomène, et en arrive à conclure à peu près de la même manière qu'Harvey.

Un fait semblable nous est arrivé, il y a une quinzaine d'années, et nous avons conservé le petit OEuf dans notre Collection.

(1) *Opera.*
(2) *De rerum Varietate.*
(3) *Exercit. de Gener. Anim.*
(4) *Miscell. Curios. ann.* 1670, *obs.* 36, *et Scholion.*
(5) *Miscell. Curios. an.* 1671, *obs.* 250.

Velschius (Velsch) (1) rappelle qu'un exemplaire du même phénomène existait dans la Collection d'un Médecin Allemand nommé Guetius.

Lachmundius (Lachmund) (2) cite une observation faite sur un OEuf d'Oie extraordinaire. « On trouva, dit-il, au mois d'octobre 1669, dans le corps d'une Oie qu'on venait de tuer, un OEuf qui, suivant lui, aurait dû être pondu quelques mois plus tôt. Il était de la grosseur habituelle des OEufs d'Oie, mais semé de rugosités et muni d'une double membrane ; c'est-à-dire que la Coquille était recouverte extérieurement d'une membrane semblable à celle dont elle était revêtue intérieurement. Ce qui peut donner à supposer avec raison, que si cette Oie eût vécu plus longtemps, elle aurait pondu son OEuf avec une double Coquille. »

On trouve encore un exemple d'un OEuf renfermé dans un autre, cité dans les *Mémoires de Physique et de Médecine*. Behr (3) dit qu'ayant ordonné un lock à un de ses malades, dont il donne le nom, la servante chargée de le préparer fut surprise, en cassant un des OEufs qui devaient entrer dans cette composition, d'y apercevoir, outre le Blanc et le Jaune, un autre OEuf également recouvert de sa Coquille, et qui fut trouvé renfermer les mêmes liquides que les autres OEufs. Ces deux OEufs furent déposés ensuite dans la Collection d'un Docteur Samson.

Esholtius (Esholt) (4), au même Recueil, parle également d'un OEuf qui fut trouvé dans un autre OEuf ; mais cet OEuf, outre qu'il était de la grosseur d'une Aveline, n'avait pas été recouvert de sa Coquille : ce tégument était remplacé par la pellicule qui lui sert ordinairement de soutien.

---

(1) *Miscell. Curios. an. 1672, obs. 32.*
(2) *Miscell. Curios. an. 1673, obs. 187.*
(3) *Acta Physic. Medic. Vol. 6, obs. 82*
(4) *Acta Physic. Medic. Vol. 5, obs. 80*

Petit a fait de ce phénomène l'objet d'un Mémoire, lu à l'Académie des Sciences de Paris, en 1741, et dont Buffon (1) présente le résumé en ces termes : « Si, par un accident facile à supposer,
» un Œuf détaché depuis quelque temps de l'Ovaire, se trouve
» arrêté dans son accroissement, et qu'étant formé autant qu'il
» peut l'être, il se rencontre dans la sphère d'activité d'un autre
» Œuf qui aura toute sa force, celui-ci l'entraînera avec lui, et
» ce sera un Œuf dans un Œuf. »

On a fait voir à la même Académie, en 1745, un Œuf de Poule-d'Inde, dans lequel était un autre Œuf garni de sa Coque.

Guettard (2) rapporte que de Réaumur en avait deux, dans son Cabinet, qui en renfermaient chacun un dans leur intérieur. L'un lui avait été apporté de Besançon par Cassini, l'autre lui avait été envoyé par un de ses amis, et était presque entièrement rond. Un troisième, encore plus curieux que ceux-ci, en renfermait un amas de petits ayant tous leurs coquilles; il n'était pas plus gros qu'un Œuf de Pigeon, quoiqu'il eût été pondu par une Poule de Caux. Cet Œuf, ayant été couvé pendant vingt jours infructueusement, fut ouvert : on observa qu'il n'avait jamais eu de Jaune, et qu'il n'y était resté de Blanc que ce qui était suffisant pour en enduire les parois intérieures.

Enfin nous trouvons un nouvel exemple de ce fait d'un Œuf dans un autre, dans la Lettre suivante de **M.** le Baron de Morogues (3), adressée à **M.** Guérin Meneville, l'habile directeur de la *Revue et Magasin de Zoologie pure et appliquée*, etc.

          « Monsieur,

» Veuillez permettre à un de vos abonnés de vous communiquer un fait Ovographique qui lui a semblé de nature à pouvoir intéresser les Savants.

(1) *Hist. Natur. des Ois. — Coq.*
(2) *Mém. sur différ. part. des Sc. et Arts. T. 5. 1783.*
(3) *Rev. et Magas. de Zool.* Juin 1853.

« Il s'agit d'un OEuf de Poule à coque dure et de la grósseur
et de la longueur d'un OEuf d'Oie ordinaire, à cela près qu'il
est plus renflé sur son centre et plus aigu vers les pointes. Cet
OEuf, remarquable par sa grosseur, en renferme un autre, qui
est gros comme un OEuf de Poule ordinaire, ayant une coque
encore plus dure que celle du premier.

» Ces deux OEufs, renfermés l'un dans l'autre, contiennent,
le plus gros une dissolution d'albumine, au milieu de laquelle
surnageait le plus petit. Ce dernier m'a offert tous les caractères
externes et internes de l'OEuf ordinaire.

» J'ai vidé avec soin ces deux OEufs et les conserve avec précaution au milieu d'une petite Collection Ovographique que je
me suis créée. Je me trouve ainsi à même de produire ce phénomène aux yeux de ceux qui pourraient douter.

« La Poule dont provient cet OEuf vit dans ma basse-cour, et
mit vingt-quatre heures à le pondre. Depuis ce moment, je l'ai
fait observer, et n'ai rien obtenu de semblable. »

La citation de cette Lettre dans la *Revue* est accompagnée de
l'annotation suivante de M. le Baron H. Aucapitaine qui, dans
le temps, était venu admirer et consulter notre riche Collection
Oologique :

« Ayant eu occasion de lire l'intéressante Note de M. le Baron
de Morogues, nous croyons devoir dire qu'il existe au Musée
Zoologique de La Rochelle un OEuf *identique* qui n'est pas un
des échantillons Ovographiques les moins curieux de cette Galerie : et M. O. des Murs nous a dit que ce fait se répétait quelquefois. »

Ce n'en est pas moins, pour la dimension de l'OEuf intérieur,
le plus bel exemple de ce phénomène venu à notre connaissance.

Les OEufs en effet qui en contiennent un autre sont communément semblables aux OEufs ordinaires pour la Forme et la grosseur, mais celui qu'ils renferment est le plus souvent du volume

ou d'un OEuf de Tourterelle, ou d'une petite Olive plus ou moins arrondie, et recouvert d'une Coquille de même nature que celle des autres OEufs. Il n'y a jusqu'à ce jour d'autre exception à cette observation générale que celle rapportée par Bartholin, que nous avons citée tout-à-l'heure, et celle de M. le Baron de Morogues. Il en est autrement des OEufs à double coquille. La première enveloppe de ceux-ci ayant presque toujours des dimensions plus fortes que d'habitude, il en résulte que la seconde enveloppe se trouve naturellement réduite, ou à peu de chose près, aux dimensions ordinaires.

C'est ici le lieu, à propos de *Monstruosité en plus ou par addition*, de dire un mot d'une autre monstruosité, qui n'est pas absolument étrangère à celle-ci, et à qui nous refusons formellement l'origine qu'on prétend lui attribuer. Nous voulons parler de celle que présente quelquefois et très-rarement la coquille de certains OEufs, sur laquelle on remarque des parties d'Insectes plus ou moins complets saillir en relief.

Nous ne connaissons que deux exemples de cette bizarrerie : l'un d'un OEuf de Poule, cité par le père Aubert, de Caen, dans les Mémoires publiés par l'abbé Rozier (1). Un Hanneton (*Melolontha vulgaris*) avait les pattes et la tête tellement enclavées dans la coquille, qu'elles paraissaient, pour ainsi dire, identifiées, incorporées avec elle. L'autre, cité par M. Moquin-Tandon (2), d'un OEuf de Cane, dont la coque était incrustée d'un Insecte assez gros, dont plusieurs parties étaient restées en relief, et qui paraissait être un Coléoptère du Genre des Pymelées.

Ces deux observateurs n'hésitent pas à penser que ces Insectes n'aient été pris ainsi dans l'épaisseur de la coquille qu'après

(1) *Mémoires d'une Société célèbre.* T. III.
(2) *Annales de la Soc. Linn. de Paris.* 1824

avoir subi l'épreuve de la digestion. Le dernier ajoute même que
« les Canards, plus que tous les autres Oiseaux doivent être
» sujets à donner de ces OEufs difformes, parce qu'ayant le bec
» large et aplati, ils peuvent avaler sans distinction des ali-
» ments qu'il leur est ensuite difficile de pouvoir digérer. »

Sans doute, *à la rigueur,* sans méconnaître absolument les
lois de l'Anatomie des Oiseaux, on peut supposer qu'un objet
avalé par ces animaux puisse, à la longue, passer digéré ou
non de l'estomac dans l'Oviducte.

Il nous est, pour nous, beaucoup plus simple et plus naturel
de penser que les Insectes dont il s'agit se seront trouvés au
moment de la ponte à l'endroit même où posait l'anus de l'Oiseau, et auront ainsi été surpris par la matière calcaire encore
molle de l'OEuf, dans laquelle, en se débattant ils se sont plus
ou moins profondément incrustés, et ont été retenus par l'effet
du réfroidissement presque instantané de cette matière.

Cette explication pourra ne point satisfaire les amis du merveilleux ; mais nous la croyons tout aussi vraisemblable et plus
naturelle que l'autre. Ces cas ne peuvent en aucune manière être
assimilés à ceux où il s'agit de corps étrangers renfermés dans
le Blanc ou dans le Jaune de l'OEuf, enfin, dans l'intérieur
même, et non uniquement dans l'épaisseur de la coquille, et
dont l'explication nous paraît plus susceptible de sérieuse con-
troverse.

MONSTRUOSITÉ EN MOINS, OU PAR DÉFAUT.

Les causes de la *Monstruosité en moins ou par défaut* dépendent, non pas tant d'un vice de construction de l'Oviducte,
que d'une mauvaise disposition ou altération de cet organe.

Un des phénomènes les plus curieux, et aussi les plus communs de ce genre, est le petit OEuf que pondent souvent les
Poules, ou l'OEuf *Nain* des Ornithologistes (l'*Ovum centeninum*

d'Aquapendente), le même que celui appelé *OEuf-de-Coq* par le vulgaire : il y en a de toutes les grosseurs, depuis celle de l'OEuf de Pigeon jusqu'à celle d'une petite Olive ou d'une forte Aveline.

Ces OEufs dégénérés peuvent être considérés comme des espèces d'arrière-faix, lorsqu'ils ne sont produits qu'à la fin de la saison de la ponte, ou quand l'Animal trop vieux ou épuisé a perdu son ardeur et sa substance prolifiques. Mais lorsqu'ils sont au contraire les premiers fruits d'une jeune Poule, il faut attribuer cette dégénération, ou dégénérescence, au défaut de maturité et d'élaboration des substances nécessaires à la formation de l'OEuf, ainsi qu'au défaut de développement de l'Oviducte.

C'est ce que confirme Berge en d'autres termes, et pour des cas analogues :

« Il arrive aussi parfois qu'il se dégage de l'Ovaire un germe,
» ou nullement fécondé, ou mal fécondé : ce germe vicieux passe
» dans le canal, s'y rencontre avec un Blanc, et naît à la lumière
» entouré d'une Coquille. On donne à ces OEufs le nom d'OEufs
» clairs, *OEufs-de-Coq ;* ils n'ont pas de Jaune, ou fort peu, et
» sont souvent d'une Forme presque Cylindrique. »

Toutefois cette diminution de volume étant due à des causes aussi naturelles et auxquelles les Oiseaux sont en général exposés, il s'en suit que le même phénomène peut se reproduire dans un grand nombre d'Espèces d'entre eux : c'est en effet ce que démontre l'observation, et les exemples ne manquent pas.

On en remarque chez le Moyen-Duc (*Otus vulgaris*), le Choucas (*Lycos monedula*), la Pie (*Pica caudata*), la Draine (*Turdus viscivorus*), quelques Fauvettes, telles que celle Rousse (*Curruca hortensis*), et celle à tête noire (*Curruca atricapilla*), le Serin (*Serinus meridionalis*), le Moineau commun (*Passer domesticus*), la Tourterelle (*Columba Turtur*), le Dinde (*Gallopavo*), le Pauxi, le Hocco Mituporanga, la Pintade (*Meleagris*), le Faisan, la Caille (*Coturnix*), l'Autruche, le Casoar, la Foulque (*Fulica*). le Râlede-Genets, le Canard (*Anas*), le Pélican, etc. Nous en conservions avec soin des exemplaires de toutes ces Espèces, à l'exception de celles du Pauxi, du Hocco, de l'Autruche, du Casoar et du Pélican, qui se trouvent au Muséum d'Histoire Naturelle de Paris. Les OEufs de Hocco, que cet Établissement possède en grand nombre, y ont été pondus à différentes époques, et sans le concours d'aucun mâle, par une femelle de cet *Alectoride* Exotique conservée depuis plusieurs années dans la Faisanderie (¹). Il y a tels de ces OEufs qui n'ont que le sixième de leur grosseur ordinaire. Le plus petit des OEufs d'Autruche n'est guère que du quart de la grosseur des autres, et d'une Forme Sphéroïdale presque parfaite; il vient d'Afrique. Ceux du Casoar présentent à peu près en volume la même différence, et ceux de Dindon et de Canard sont les plus remarquables, ayant à peine le sixième de leur volume ordinaire.

Relativement à ceux de ces exemples que nous possédions, les plus intéressants peut-être sont celui de la Foulque et celui du Serin. L'OEuf de Foulque est de la grosseur d'un OEuf de Râle-Baillon; et sa Coquille présente par son aspect granuleux les traces évidentes d'une élaboration pénible. Quant à l'OEuf de Serin, il est aussi petit qu'un OEuf de Pouillot (*Phyllopneuste*), et a du reste la forme et la couleur de ceux que pondent ordinairement les Serins. Il était le dernier d'une des pontes d'une assez vieille Serine appareillée, qui l'année suivante en a fait encore d'autres, mais qu'on l'empêchait de couver. Nous ignorons quel peut être le contenu de cet OEuf qui ne nous a été remis que plusieurs mois après qu'il eût été pondu, et lorsque par conséquent la matière qui le remplit était entièrement desséchée. Il est probable qu'il était infécondé et ne renfermait que de l'Albumen. Sa Coquille a, comme celle du petit OEuf de

____

(1) De 1829 à 1833.

Foulque dont nous venons de parler, une surface plus rude et moins unie que celle des autres Œufs de la même ponte, qui tous contenaient un Jaune.

L'exemple cité pour la Caille par M. Moquin-Tandon (1) n'est pas moins digne d'intérêt. C'est un Œuf qu'il dit avoir trouvé, en 1821, dans le ventre d'une Caille attaquée de la goutte, et qui est tout aussi curieux que le précédent par son extrême petitesse qui était celle d'un Œuf de Chardonneret (*Carduelis*). Cet Œuf, parfaitement formé qu'il était, serait certainement sorti le jour même du corps de l'Animal, car il avait sa Coquille et portait les mêmes couleurs qui distinguent ce tégument chez la Caille.

Il en est de même de l'Œuf nain de Pie (*Pica caudata*) cité par le même Auteur (2) : de la taille d'un Œuf de Roitelet. Il était sans *vitellus*.

Ces Œufs appelés *nains* et les prétendus *Œufs-de-Coq* ne sont, à nos yeux, comme nous l'avons déjà dit, qu'une seule et même chose, et la formation des derniers nous paraît être la même que celle des premiers. Il nous est par trop difficile de croire à l'origine qu'on leur attribue, surtout d'après l'inspection des parties naturelles et des organes sexuels qui, chez le Coq, correspondent à ceux de la Poule, sans remplir les mêmes fonctions. Valmont de Bomare (3) a justement regardé comme ridicule cette croyance vulgairement répandue et entretenue à toutes les époques par des hommes instruits. Vauquelin (4) cependant hésitait à nier que les Coqs pussent pondre, parce que, dans ses savantes recherches, il avait remarqué que la matière blanche et comme

(1) *Ann. de la Soc. Linn. de Paris*, 1824.
(2) *Rev. et Mag. de Zool.* 1858, p. 99.
(3) *Dict. d'Hist. Natur.* Vᵒ *Œuf*.
(4) *Bulletin de la Société Philomatique de Paris*, T. 1.

crétacée, qui enveloppe et accompagne les excréments du Coq, était un véritable Albumen.

« Ainsi, (dit Parmentier, copié mot pour mot par Virey, vingt-cinq ans plus tard (1), en reproduisant cette opinion, et qui écrivait du vivant de Vauquelin) « pour en former entièrement
» un dans le corps d'un Coq, il suffirait, suivant ce célèbre
» Chimiste, qu'une certaine quantité de Glaire ou d'Albumen,
» rassemblée dans le cloaque, y séjournât quelque temps, et
» que les urines, en y arrivant la recouvrissent du Carbonate
» de Chaux dont elles sont toujours saturées. M. Vauquelin,
» continue-t-il, n'a jamais eu occasion d'observer un pareil phé-
» nomène, mais tant de gens disent l'avoir vu, et cette opinion
» est si généralement répandue dans les campagnes, qu'il lui
» semble difficile de croire qu'il n'en soit pas quelque chose :
» rien cependant ne l'a confirmé. »

Mais le même phénomène a lieu dans les excréments des Oiseaux mâles, chez lesquels nous avons été à même de l'observer, principalement des Oiseaux de proie, tels que le Pygargue, le Balbuzard, le Milan noir, sans parler des autres Ordres inférieurs de la Série, et doit exister chez presque tous. Il ne serait point naturel de supposer aux mâles des Oiseaux la même faculté, les mêmes moyens de reproduction, quant à la matière calcaire ou à l'Albumen, qu'à leurs femelles : car il faudrait alors supposer que la nature aurait confondu dans ces Vertébrés ce que l'observation démontre au contraire être chez tous très-distinct. La cause de cette hésitation sur une question si grave, de la part du savant Chimiste, nous ne saurions l'expliquer. Mais puisqu'il l'a avouée et consignée par écrit avec cette modestie

____

(1) *Dict. d'Hist. Natur.* de Deterville, 1803, V° *Œuf.* — Art. copié et reproduit par Virey, sans indiquer son auteur, dans le *Nouv. Dict. d'Hist. Nat.* de 1828.

qui accompagne toujours le vrai talent, c'est que probablement il lui manquait d'avoir été témoin de ces pontes singulières, de les avoir observées et d'avoir vu lui-même l'animal auquel, dans une Ferme, en attribuait on pareille circonstance la production d'un *OEuf-nain*. Nous sommes persuadé que c'est ce motif qui l'a porté, pour s'expliquer, à défaut d'autres preuves, ce que pouvait avoir de fondement cette croyance vulgaire, à analyser les excréments du Coq. Pour nous, nous avons eu occasion de faire cette observation; nous nous sommes trouvé dans une Ferme où l'on voulait égorger un soi-disant jeune Coq, qui venait de pondre un de ces *OEufs-nains*, et qui n'était qu'une jeune Poule de l'année, imitant le chant de son mâle. Nous sommes donc fondé à croire et à établir que ces OEufs sont, en général, le fruit de jeunes Poules qui, par imitation, et suivant l'expression consacrée dans les campagnes, *chantent le Coq ;* et que telle est la seule et unique cause de l'origine donnée, dans les Fermes, à ces sortes d'OEufs; origine dont le temps découvre toujours l'erreur, en faisant reconnaître à l'animal, que l'on avait cru mâle, son véritable sexe féminin. Si même on fait attention à ce que, d'une part, les paysans tirent les plus sinistres pronostics de chant usurpé chez certaines Poules; et que, d'une autre part ils attribuent la plus funeste influence au germe qu'ils pensent devoir sortir de ces OEufs, qui n'en renferment aucun, et ne contiennent la plupart que de l'Albumen, dans lequel nage quelquefois le pédicule, amorphe et détaché de l'Ovaire, d'un OEuf précédemment pondu, pédicule pris par des gens superstitieux pour un embryon de Reptile; l'analogie de ces deux remarques, jointe à une observation réfléchie, suffira, ce nous semble, pour détruire à ce sujet toute incertitude. Nous regrettons vivement que Parmentier (1), en parlant du doute de

(1) *Dict. d'Hist. natur.* 1803.

Vauquelin, n'ait point émis son opinion personnelle, que ses connaissances et son esprit expérimentateur le mettaient à même d'asseoir mieux que personne.

Notre opinion est du reste conforme à celle de Harvey (1) qui n'y a jamais cru, non plus que *Wedelius* (Wedel) (2) ; elle est enfin conforme à celle de Buffon, très-explicite sur ce point (3) :

« A l'égard de ces prétendus Œufs-de-Coq, dit-il, qui sont
» sans Jaune, et contiennent, à ce que croit le peuple, *un*
» *Serpent* (4), ce n'est autre chose, dans la vérité, que le pre-
» mier produit d'une Poule trop jeune, ou le dernier effort
» d'une Poule épuisée par sa fécondité même, ou enfin ce ne
» sont que des Œufs imparfaits dont le Jaune aura été crevé
» dans l'*Oviductus* de la Poule, soit par quelqu'accident, soit
» par un vice de conformation, mais qui auront toujours conservé
» leurs cordons ou *Chalazæ*, que les amis du merveilleux n'au-
» ront pas manqué de prendre pour un Serpent : c'est ce que
» M. *Delapeyronie* a mis hors de doute, par la dissection d'une
» Poule qui pondait de ces Œufs ; mais ni M. *Delapeyronie*,
» ni *Thomas Bartholin*, qui ont disséqué de prétendus Coqs
» ovipares (5), ne leur ont trouvé d'Œufs, ni d'Ovaires, ni au-
» cune partie équivalente. »

Nous pourrions bien encore citer à l'appui de notre opinion celle de Buhle (6) qui ne croit pas non plus aux *Œufs-de-Coq.* Mais le peu qu'il en dit fait voir qu'il les confond, quant à l'origine, avec ces petits Œufs que produisent les Poules épuisées par l'âge ou la maladie.

(1) *Exercit.* 28.
(2) *Misc. Cur.* 1672, *obs.* 128.
(3) *Hist. Nat des Ois.* — *Coq.*
(4) *Coll. Acad. Part. Fr.* T. III.
(5) *Id. Part. étrang.* T. IV.
(6) *Eier der Vogel Deutschlands, etc.* Œufs des Ois. de l'Allemagne, etc.
1818.

Nous terminerons cet aperçu des exemples de la *Monstruosité en moins, ou par défaut*, par la citation d'une observation qui se lit dans l'*Histoire de l'Académie Royale des Sciences de Paris*, année 1775, sur un OEuf monstrueux, observation faite par M. Marcorel Baron d'Escalles. C'est un OEuf de Poule fort petit, qui, lorsqu'on le laissait abandonné lui-même, se relevait constamment sur le bout le plus pointu ; quand, avec la main, on le retirait de cette position, on sentait qu'il faisait effort pour la reprendre. Cet OEuf renfermait, dans la partie opposée, sur laquelle il se relevait, la moitié d'une coque ressemblant à une tasse et recouverte d'une membrane fine et déliée qui l'isolait dans l'intérieur de l'OEuf.

Quoique ce phénomène mérite d'être placé parmi les faits les plus rares, ce n'est pas le seul exemple de ce genre. Nous conservions la Coquille d'un OEuf de Poule, de grosseur ordinaire, dans l'intérieur du gros bout de laquelle se trouve répartie et agglomérée une certaine quantité de matière calcaire mélangée d'Albumen, et d'une apparence mucilagineuse et demi-diaphane, quoique sèche et durcie, qui, lorsque l'OEuf était plein et entier, faisait l'effet d'un contre-poids à l'égard du petit bout ; en sorte que lorsqu'on appuyait de ce côté, l'OEuf, entraîné par cette épaisseur, retombait de l'autre.

Il ne faudrait cependant pas prendre pour des phénomènes de ce genre tous les déplacements de centre de gravité qui peuvent se remarquer dans les OEufs vidés et réduits à leur test, on risquerait fort d'être dupe d'une illusion entièrement subordonnée aux soins apportés à la préparation de la Coquille : car pour peu que l'on ait à faire à un OEuf dont le Jaune aura commencé à s'épaissir par l'effet de quelques jours d'incubation, ou de toute autre cause, rarement on sera arrivé à expulser de la Coquille la totalité de ce Jaune, dont la partie restante venant à se dessécher, finit par former un contre-poids, qui entraine toujours le centre de gravité de la Coquille dans un sens opposé à celui auquel on voudrait l'assujettir.

Il existe une autre espèce de Monstruosité, qui doit prendre place à la suite de celle dite *en moins ou par défaut*, parce que c'est celle dont elle se rapproche le plus, et avec laquelle elle a le plus de rapports.

Le caractère principal de l'Œuf des Oiseaux est d'être recouvert d'une enveloppe, ou test, composée d'une matière calcaire, résistante et fragile, appelée *Coquille*. On voit cependant des Oiseaux pondre quelquefois des Œufs privés de ce tégument. Ces Œufs ont été nommés par les Naturalistes, qui ne les ont observés que chez la Poule, *Œufs hardés*, en France, *Œufs coulants*, en Allemagne ; et quoique renfermant souvent un germe, ils ne peuvent rien produire à cause de l'évaporation trop grande et trop prompte à laquelle les expose le défaut de Coquille.

Ce phénomène a donné lieu à beaucoup de recherches et à de savants commentaires. Il résulte de tous les raisonnements, et principalement des observations, que trois causes peuvent l'occasionner : 1° la maladie ; 2° une excessive fécondité provoquée par une nourriture échauffante et trop abondante : dans ces deux cas, la trompe, se trouvant irritée, force l'Oiseau de chasser violemment l'Œuf de l'Oviducte, sans lui donner le temps de recevoir le carbonate calcaire sur la membrane dont il est revêtu et s'oppose même à la formation de cette matière, en en altérant les éléments, effet que produit également, d'après nos propres observations, l'obésité des intestins. La troisième cause, et la plus fréquente, est la vieillesse, qui non-seulement altère, mais encore détruit le principe de cette substance.

Cette Monstruosité, comme toutes celles énumérées précédemment, observée d'abord et exclusivement sur les Œufs de la Poule, paraît, de même que celles-ci, être également commune

aux OEufs des autres Oiseaux ; mais elle s'est toujours produite
si fréquemment chez ce Gallinacé, que nous nous abstiendrons
d'en citer les exemples, dont la série remonterait à Aristote,
pour nous en tenir à ceux observés chez les autres Oiseaux.

Ainsi, M. Moquin-Tandon (1) a représenté un OEuf de Moineau
(Passer domesticus) sans Coquille, qui avait été trouvé dans une
muraille avec dix autres OEufs du même Oiseau tous revêtus de
leur enveloppe calcaire.

Nous avons conservé pendant quelques jours, en 1829, un
OEuf qui avait été pondu par une vieille Serine que nous gardions
en cage. Quoique depuis le commencement de la saison elle eût
reçu le mâle plusieurs fois, elle couvait inutilement ses OEufs
que nous avons examinés et qui étaient inféconds ; sur deux
pontes de quatre et de cinq OEufs elle n'en pût faire éclore un
seul. A la fin, tant de pontes et de couvées infructueuses la fati-
guèrent ; ses plumes se hérissaient en désordre ; elle avait tous
les symptômes d'un Oiseau malade : c'est dans ce moment et
dans ces conditions qu'elle fit l'OEuf dont nous parlons. Il n'est
pas douteux, d'après toutes ces circonstances, que l'absence de
coquille ne provenait tout autant de l'âge que de l'échauffement,
et nous croyons fermement que la première de ces deux causes
fut la seule déterminante.

Enfin, nous conservions encore en 1847, dans notre Collection,
un exemple de ce genre beaucoup plus curieux. C'étaient deux
OEufs nains de Poule ayant chacun leur Jaune et leur Blanc,
mais attachés l'un à l'autre par un filament de six millimètres de
long. Il n'y avait pas trace de matière calcaire sur aucune partie
de ce corps multiple (représentant deux sphères jumelles) ; mais
la pellicule qui lui servait d'enveloppe était tellement épaisse,
qu'elle avait empêché l'évaporation des Blancs et des Jaunes,

(1) *Bullet. de la Soc. Linn. de Paris.* 1824.

qui n'avaient fait que se déprimer en se desséchant, et qu'elle existait encore intacte après sept années.

Polisius (1) a donné la figure d'un OEuf offrant un phénomène du même genre.

Nous bornerons-là notre nomenclature de Monstruosités Oologiques : la pousser plus loin serait fatiguer inutilement le Lecteur, sans l'instruire. Notre but, en entrant dans ces détails, a uniquement été de prouver que toutes ces déviations de la Forme de l'OEuf, qu'on avait dit n'exister que chez la Poule et les Oiseaux domestiques, se rencontrent aussi chez les Oiseaux à l'état libre. Nous pensons, sans avoir dépassé ce but, l'avoir du moins atteint; et nous renvoyons le Lecteur plus exigeant ou plus curieux, aux différents Ouvrages que nous avons eu occasion de citer à se sujet.

§ 3.

DE LA DISPROPORTION EXISTANT ENTRE LES ŒUFS DE CERTAINES FAMILLES ORNITHOLOGIQUES DE PALMIPÈDES, RELATIVEMENT AUX DIMENSIONS DES OISEAUX QUI LES PONDENT, ET LES ŒUFS D'AUTRES FAMILLES NON PALMIPÈDES ; ET DE LA RAISON DE CETTE DISPROPORTION.

En parcourant les divisions que nous avons établies pour la Forme des OEufs, on voit que chacune de ces Formes, dont elles font mention, se remarque indifféremment parmi les Oiseaux Terrestres et parmi les Oiseaux Aquatiques ; ou pour mieux dire, que ces deux Groupes participent à peu près également à chacune ou aux principales de ces Formes ; et n'en ont point ou peu, qui leur soient absolument particulières. Ainsi la Forme *Sphérique* est commune aux Semi-pennes, tout aussi bien qu'aux Impennes ; celle *Ovalaire* se rencontre chez les Rapaces comme

____

(1) *Miscell. Curios. an* 1685, *obs.* 44.

chez les Palmipèdes, et celle *Ovée* est propre aux Passereaux et aux Gallinacés. Deux Formes seules sont exclusivement particulières : la Forme *Cylindrique* pour les Mégapodes, les Talégalles et les Gangas; et la Forme *Elliptique* pour les Plongeons, les Grèbes, les Fous, les Cormorans et les Pélicans.

Il n'existe entre les deux grandes Coupes d'Oiseaux Terrestres et Aquatiques, quant à l'Œuf, que deux différences véritablement essentielles et tout-à-fait indépendantes de la Forme : l'une relative à la grosseur de l'Œuf, laquelle est généralement mieux proportionnée à celle du corps de l'Animal chez les premiers que chez les derniers; l'autre relative à la nature de la Coquille.

Steller (1), un de ceux qui, sans en avoir fait l'objet d'une étude spéciale, ont recueilli le plus d'observations exactes sur les Œufs des Oiseaux, mais des Mers du Nord seulement, explique la première de ces différences, cet excès constant, chez quelques Familles, de grosseur relative, en disant que c'est : « Afin de conserver plus longtemps le peu de chaleur que re- » çoivent ces Œufs d'une incubation souvent interrompue (2). »

Buhle (3) le collaborateur de Naumann, pour la partie Oologique de l'Introduction de son Ouvrage, à propos de la même remarque, en conclut que : « La grosseur de l'Œuf est en rap- « port avec le degré de développement que le Fœtus acquiert

---

(1) *Nova Commentar. Acad. Petrop.* T. IV, ann. 1752-1753.

(2) *Pauciora autem Ova fieri debuerunt, quia majora mole necessaria erant,* NE CALOR CITO EXSPIRARET, CUM PER VICES SALTIM ILLIS INCUBENT.
Bonnaterre qui, dans l'Introduction à la Partie Ornithologique de l'*Encyclopédie méthodique*, a copié textuellement le Mémoire presque entier de Steller, sans indiquer la source encore peu connue à laquelle il puisait, a fait dire à cet Observateur tout autre chose que ce qu'il a exprimé, en traduisant ce passage, car voici sa Version : « Mais leurs Œufs sont plus » gros, afin que la chaleur ne les dessèche pas. »

(3) *Eier der Vogel Deutschlands,* etc. Œufs des Ois. de l'Allemagne, etc. 1818.

» dans l'Œuf. Ainsi, les Œufs les plus petits sont ceux d'où
» sort le Fœtus dans l'état le plus imparfait ; et les Œufs les plus
» grands sont ceux d'où sort le Fœtus dans l'état le mieux
» développé et le mieux formé : le degré de développement de
» l'Oiseau est ensuite en rapport avec la manière de vivre et
» le séjour de l'Oiseau. »

Puis il appuie cette loi des observations suivantes :

« On remarque en général que le Fœtus des Oiseaux Grim-
» peurs, Chanteurs et de Proie, qui nichent sur les arbres,
» quittent l'Œuf dans l'état le moins développé ; car ils sont
» plus petits et nus ; ils naissent aveugles et leurs membres sont
» d'une telle faiblesse qu'ils ne peuvent encore s'en servir pour
» se mouvoir. Ces Oiseaux pondent, en proportion de la gros-
» seur du corps, les Œufs les plus petits. Les Fœtus des Galli-
» nacés, de la plupart des Oiseaux de Marais et Aquatiques,
» qui nichent à terre, sortent de l'Œuf fort développés et
» formés : ils sont grands et en partie couverts de plumes ; ils
» jouissent de la vue en naissant, et leurs membres, les pieds
» surtout sont si forts et si bien développés que, très-peu de
» temps après leur naissance, et souvent même en naissant, ils
» peuvent quitter le nid et suivre la voix de la mère. Ces Oi-
» seaux pondent les Œufs les plus grands, en proportion de la
» grosseur du corps. Les Oiseaux de mer offrent les exemples
» les plus frappants de ce fait. Le Lumme-Grylle ou Guillemot
» à Miroir (*Uria Grylle*), qui n'est que de la grosseur du
» Pigeon, pond des Œufs de la grosseur des Œufs de Poule. »

M. Moquin-Tandon (1) reprenant en sous-œuvre et développant la proposition de Buhle, en conclut de cette différence que
la nature, en vue de l'existence exclusivement aquatique et pour
ainsi dire anti-terrestre à laquelle elle prédestinait ces Oiseaux,

____

(1) *Bullet. de la Soc. Linn. de Paris*, 1824

a, comme dans ses autres créations, apporté tous ses soins à la perfection de cette partie de son OEuvre, qu'ainsi ces Oiseaux devant sortir de leur OEuf couverts d'un duvet assez épais pour les préserver, non seulement du contact trop immédiat des eaux dans lesquelles ils se plongent à l'ouverture de la Coquille, mais encore de la rigueur du climat, avaient besoin d'une élaboration plus longue, ce que prouve le temps de la couvée chez ces Espèces; qu'il était alors naturel que, par suite, toute proportion gardée entre les petits de ces Oiseaux et ceux des Oiseaux Terrestres, au moment où ils sortent de l'OEuf, les premiers, étant plus formés et revêtus d'un duvet assez épais qui augmente leur volume, exigeassent une augmentation de substances nutritives, et en même temps un développement de matière calcaire plus étendu que les autres, relativement à la grosseur du corps de l'Animal.

Comme règle générale et en principe, l'observation de Buhle est d'une justesse incontestable, mais réduite seulement à ces termes :

Que les OEufs les plus petits, relativement au corps de l'Oiseau, sont ceux d'où le germe éclot dans l'état de développement le moins avancé ;

Et que les OEufs proportionnés au volume de l'Oiseau, tels que nous considérons ceux des Gallinacés et des Anséridés, sont ceux dont le germe sort dans son entier développement.

Là s'arrête, pour nous, l'exactitude et la vérité de la loi établie par Buhle. Nous en exceptons formellement les OEufs hors de toute proportion, par l'accroissement de leur volume, avec celui de l'Oiseau dont ils proviennent ; ce qui est le cas des OEufs de Pingouin et de Guillemot, et nous allons dire nos raisons.

S'il en était ainsi que le pense Buhle et qu'on serait tenté de le croire au premier aspect, pourquoi la même disproportion n'existerait-elle pas chez tous les autres Palmipèdes, dont les petits se plongent dans l'eau au sortir de la Coquille et dont l'OEuf pourtant est dans les mêmes proportions relatives que l'OEuf de la plupart des Oiseaux Terrestres ? Pourquoi cette disproportion n'existerait-elle pas non plus chez les vrais Gallinacés, dont les petits se mettent également à courir en sortant de l'OEuf? Pourquoi, enfin, cette disproportion, qui est presque tout aussi frappante chez le plus grand nombre des Échassiers, qui courent en sortant de l'OEuf et dont le temps de l'incubation n'est pas, pour cela, beaucoup plus prolongé que chez les autres Oiseaux Terrestres, n'aurait-elle pas la même cause ?

Steller, sans en avoir trouvé la véritable raison, nous paraît cependant beaucoup plus dans le vrai : il ne lui manque peut-être que d'être plus explicite. Sa proposition ne semble même, d'abord, que spécieuse, en ce qu'elle ne repose, sans doute, que sur cette considération : que ces Oiseaux se donnent à peine le soin de se construire un nid; qu'ils n'en construisent même pas, pour la plupart, et pondent sur la roche presque nue; qu'enfin la spécialité de leurs aliments les oblige même, durant l'incubation, à des déplacements réitérés.

Pour nous, si porté que nous soyons à reconnaître dans les œuvres de la Nature les preuves les plus manifestes de la Providence qui a présidé à leur création, il nous est difficile d'admettre, sinon sans réplique, au moins sans explication, une semblable proposition. Nous ne voyons pas en quoi le développement plus ou moins considérable d'un corps, comme la Coquille de l'OEuf, peut servir aux éléments qui y sont renfermés, à leur conserver plus ou moins longtemps et avec plus ou moins d'efficacité, la chaleur qu'ils sont appelés à recevoir, ou qu'ils reçoivent, soit de la température du climat, soit de l'incubation. On concevrait davantage (et c'est ce que nous croyons et ce que nous allons démontrer) que la nature organique ou constitutive de ce corps, et celle de ces éléments fût pour quelque chose, et même pour tout, dans ce résultat. Remarquons ici que, pour une partie des Oiseaux dont parle Steller, les Macareux, les Guillemots et les Pingouins, ce résultat serait tout opposé à celui qu'il indique, ainsi qu'on le verra par la suite ; et qu'il faut excepter de son observation les Cormorans, les Fous et les Pélicans, auxquels elle ne peut, en aucune façon, être applicable ; ces derniers Oiseaux rentrant dans la condition normale, quant à la dimension relative et proportionnelle de leurs OEufs avec leur propre volume. Nous invoquerons donc une autre considération, une seule.

Par cela même que ces OEufs, proportionnellement au volume des Oiseaux qui les pondent, sont plus gros que ceux des autres Oiseaux, il en résulte nécessairement que la matière qu'ils contiennent doit être aussi, dans la même proportion, plus abondante. C'est en effet ce qui se trouve confirmé par les remarques de Marsigli et de Steller lui-même, remarques d'autant plus précieuses qu'elles ont été faites par eux hors de l'influence de tout système, de toute théorie, et émises isolément de toute considération et de toute déduction théorique ou scientifique. Marsigli (1) dit que ces OEufs ont plus de Blanc que les OEufs des Oiseaux Terrestres ; Steller, toujours copié par Bonnaterre, dit qu'ils ont plus de Jaune. Sans examiner lequel de ces deux Auteurs s'est le plus exactement rapproché de la vérité, il est un fait certain, c'est que chacune de ces deux substances est, non seulement dans les OEufs dont nous parlons, mais encore dans ceux des Oiseaux Antarctiques, beaucoup plus épaisse et plus oléagineuse que dans les autres ; et cela, pour en rendre le refroidissement et l'évaporation plus lents et plus difficiles : car, si ces substances y étaient aussi légères et aussi liquides que dans les OEufs des Oiseaux Terrestres, la Coquille qui les recouvre, étant très-

____

(1) *Danubius Panonico-Mysicus.* 1726.

poreuse, quoique épaisse, offrirait un accès trop libre à l'action de la congélation dans ces climats rigoureux.

De là, à conclure comme l'a fait Steller, il n'y a qu'un pas. En effet, si la nature a voulu que l'OEuf des Pingouins et des Guillemots fût d'un volume aussi disproportionné, parce que cette enveloppe devait renfermer une quantité plus considérable de liquides organiques ; si elle a voulu que ces liquides fussent d'une qualité oléagineuse pour les rendre moins sensibles à l'action de la congélation, il est à peu près certain que la disproportion en question n'existe « *qu'afin de conserver plus long-* » *temps le peu de chaleur que reçoivent ces OEufs d'une incu-* » *bation souvent interrompue* » et constamment combattue par l'âpreté du climat.

Il suffit donc, comme on le voit, d'ajouter un terme à la proposition de Steller et d'en retrancher un de celle de Buhle pour concilier ces deux Oologistes.

En répondant à l'opinion de ce dernier, nous avons parlé des Échassiers, chez qui l'OEuf est généralement de Forme *Ovoï-conique* et d'un volume assez disproportionné, et auxquels on ne peut cependant appliquer le raisonnement que nous venons de faire pour les Pingouins : c'est qu'une autre cause, qui existe à différents degrés chez tous les Oiseaux, influe d'une manière presque exclusive sur la forme de l'OEuf des Oiseaux de cette Famille. Cette cause est la longueur démesurée de leurs pattes, laquelle, pour l'embryon même, exige un développement tout aussi démesurément allongé de la partie inférieure de leur Coquille ; ce qui, chez aucun des nombreux Genres de cette Famille, n'est plus remarquable que chez l'Échasse proprement dite *(Himantopus);* chez d'autres Familles c'est la longueur disproportionnée du cou, ou bien, ainsi que nous l'avons déjà démontré, la *forme du Sternum dans son ensemble, qui influera sur celle de l'OEuf.* Il est enfin constant qu'on ne peut s'empê-

cher d'être frappé de certains rapports entre la constitution anatomique de plusieurs Genres ou Familles d'Oiseaux et la Forme
que cette constitution, par l'influence de quelques-unes de ses
parties, imprime à la Coquille de l'OEuf. C'est ce dont notre
travail offre de nombreux et notables exemples.

Depuis peu cependant, un Ornithologiste distingué, que nous
avons déjà eu l'occasion et le plaisir de citer, M. Hardy, de
Dieppe, examinant l'OEuf, sous le rapport de la Forme que
nous lui assignions, et considérant les différences qui existent à
cet égard entre les OEufs provenant d'Oiseaux retenus en captivité et ceux des Oiseaux à l'état libre, en a conclu, contrairement
à notre opinion, que « la loi générale qui régit la Forme des
» OEufs est tout simplement celle de la pesanteur, et que dès
» lors la perpendicularité de l'Oviducte fait, dans le repos,
» l'OEuf court de la majeure partie des *Oiseaux de proie*, et,
» dans l'action, celui du *Pic*... »

Et formule ainsi cette loi : « La position de l'Oiseau dans le
» repos ou dans l'action détermine, avant tout, la Forme de
» l'OEuf. » (1)

Cette idée, toute nouvelle et fort ingénieuse dans son apparente simplicité, mérite que nous l'examinions sérieusement.

Sans doute, on peut observer plus d'exemples de variations
dans la Forme normale que nous leur avons assignée pour les
OEufs des Oiseaux en captivité que pour ceux des Oiseaux en
liberté, et la Poule a toujours été citée comme preuve par ceux
qui se sont occupés d'Oologie ; mais ce ne sont que des exceptions à la règle que nous avons établie : ce que prouve, et de
reste, le peu d'exemples que M. Hardy peut citer à l'appui de sa
proposition, mis en regard du grand nombre de faits qu'on peut
lui opposer, faits que nous avons consignés déjà plus haut, que

____

(1) *Rev. et Magas. de Zool.* 1857.

nous confirmerons bientôt par d'autres considérations et auxquels nous nous référons pour le moment.

Et quant à l'influence directe et active des mouvements de l'Oiseau, au moment de la formation et du développement de l'Œuf dans son corps, tout le monde sera d'accord pour la concéder à M. Hardy, mais dans une limite excessivement restreinte; car dans la plupart des circonstances où peut se trouver un Oiseau prêt à pondre, on conviendra qu'il faut des cas de force majeure pour le sortir du calme et du repos qui lui sont indispensables pour cette opération de la nature, devant laquelle s'inclinent en quelque sorte toutes les nécessités.

Parlerons-nous en passant d'un fait tout aussi certain que celui que nous avons établi plus haut, relativement à l'abondance des liquides contenus dans l'Œuf des Pingouins; du fait de la grosseur des Œufs, laquelle, chez les Oiseaux aquatiques, des mers du Nord surtout, est en raison inverse de leur fécondité? Ainsi, moins ils déposent d'Œufs par ponte, plus il y a de disproportion entre la dimension de leurs Œufs, et celle du corps de l'Oiseau, et réciproquement. Les Pingouins, d'une part, et les Sternes de l'autre, donnent dans des degrés inégaux, la mesure de cette différence.

Aussi croyons-nous que M. Moquin-Tandon, enchérissant sur l'idée de Buhle, a fait erreur lorsqu'il a avancé : « que les Oi- » seaux qui ont les Œufs plus gros, proportion gardée avec » l'étendue de leur taille, sont ceux qui en pondent une plus » grande quantité, l'éducation de leur famille, dit-il, leur » demandant moins de peines, moins de soins, moins de sollici- » tude. » Il est vrai qu'il a excepté de cette proposition les Colymbes et les Macareux (*Mormon*) : mais il aurait dû en excepter également les Pingouins, les Guillemots et, en général, presque tous les Oiseaux de mer, chez lesquels, ainsi qu'il le fait judicieusement remarquer, « l'exiguité du nombre est com-

» pensée par la durée de l'incubation. » Il résulte de l'observation que ce qu'il a posé comme règle est au contraire l'exception, et que son exception devient la règle, car les OEufs qui sont le moins proportionnés à la taille de l'Oiseau sont ceux des Macareux, des Pingouins et des Guillemots, qui ne font qu'une ponte dans l'année et ne pondent que un, deux et trois OEufs au plus ; tandis que les Gallinacés, qui multiplient à l'infini, ont, selon nous, et quoiqu'on en dise par habitude, les OEufs on ne peut plus proportionnés à la dimension de leur corps.

Et, pour ne parler que des Pingouins, ils sont du nombre de ceux qui ont le plus de peine à se tenir hors de leur élément habituel. De cette difficulté ou de cette inaptitude à marcher en naît une aussi grande à couver. Les ayant doués sous ces rapports d'une conformation aussi imparfaite, la nature a agi par voie de conséquence en limitant leur fécondité au plus petit nombre possible d'OEufs. Comment, en effet, ces Oiseaux, qui ont besoin des plus grands efforts pour se soutenir sur la terre, pourraient-ils diminuer assez la force du point d'appui qu'ils trouvent avec tant de peines dans leurs pattes, placées à l'extrémité de leur corps, pour les écarter et augmenter artificiellement ainsi, à la manière des Oiseaux percheurs, la surface de leur Sternum, à l'effet de recouvrir et d'échauffer un nombre d'OEufs plus considérable que celui qu'ils pondent ordinairement? Car quelques Auteurs ont, à tort et par erreur, avancé que ces Oiseaux couvaient debout, c'est-à-dire accroupis sur la jonction du torse au tibia, à la façon d'un grand nombre d'Échassiers, et, malgré les efforts dont ils ont besoin pour, de la position horizontale, se remettre à la position verticale, il est reconnu depuis longtemps et constant qu'ils couvent couchés sur leurs OEufs. N'en eût-on pas d'autres preuves que la découverte si curieuse faite par Faber, *des taches* dites *d'incubation* que l'on trouve chez beaucoup d'Oiseaux Aquatiques dont la poitrine est dénudée de plumes à un ou plusieurs endroits (découverte qui date de près d'un demi-siècle et est presque inconnue en France) suffirait à le démontrer : puisque ce savant observateur a reconnu que les *Uria* en général, l'*Alca torda* et le *Mormon arctica*, qui ne pondent la plupart du temps qu'un seul OEuf, avaient exceptionnellement à leurs congénères, et comme les Oiseaux qui en pondent plusieurs, deux taches à la poitrine ; ce qui leur permettrait, selon lui, d'alterner l'un et l'autre côté pour couver ; ce qui, selon nous, viendrait à l'appui de notre explication, en leur donnant plus de facilité à se relever en cas d'alerte ou de besoin, l'un des pieds étant toujours prêt à ce mouvement.

C'est également à cause de cette inaptitude à couver que leurs OEufs sont recouverts d'une Coquille aussi épaisse, qui les met en état et de supporter le poids du corps de ces Oiseaux, qui ne pose cependant, on le voit, qu'à moitié, et de résister au froid qui résulte tant du contact de l'air atmosphérique de ces contrées glaciales, que du contact des rochers à la surface nue desquels ils sont le plus souvent déposés.

Nous ne terminerons pas ce Chapitre sans dire un mot d'une différence que quelques Savants, entraînés plutôt par la croyance populaire de tous les temps, que par leur propre conviction, ont cru remarquer dans la Forme des OEufs composant une même ponte ; tous n'étant pas toujours de la même figure, y en ayant de plus longs ou de plus larges les uns que les autres, et de la conséquence qu'on a tirée.

Il arrive quelquefois que, dans le même Nid, les OEufs varient de longueur ou de largeur. La Science Ancienne et du Moyen-Age s'est partagée gravement sur cette question bien puérile ; il en a été de même de la Science Moderne. Aristote [1] et Nymphus [2],

(1) *Histor. Animal.*
(2) V. ses Remarques sur Aristote.

son commentateur, Avicenne (1), Albert-le-Grand (2), Cardan (3), au XVIe Siècle, et Lapierre (4), à la fin du XVIIIe, prétendent que, dans ce cas, les OEufs plus allongés et plus aigus, se rencontrent plus rarement, renfermant les mâles, et ceux qui sont plus. arrondis et plus obtus, les femelles. Pline (5) au contraire, Columelle (6), Belon (7), Crescent (8), au XVIe Siècle, et Steller (9), au milieu du XVIIIe, soutiennent que ce sont les OEufs arrondis qui sont les plus rares dans chaque nichée et que ceux-ci seuls doivent renfermer les mâles et les autres les femelles.

Enfin, nous savons que Geoffroy-Saint-Hilaire, en Egypte, et Florent Prévot, il y a quinze ou dix-huit ans, à Paris, ont fait des expériences relativement au plus ou moins de fondement de cette remarque. Ils ont expérimenté sur les OEufs les plus communs, ceux de Poule et de Pigeon, et chacun d'eux est arrivé à conclure que les OEufs globuleux, c'est-à-dire ceux dont les extrémités sont le plus obtuses, donnaient naissance aux femelles et que les plus pointus donnaient naissance aux mâles. Ce qui serait conforme, en tous points, à l'opinion d'Aristote et de ses Sectateurs qui, probablement, n'ont pas eu d'autres termes de comparaison.

M. Gerbes (10) de son côté, en la reproduisant, adhère au résultat final de ces expériences.

(1) *Opera. Venetiis*. 1578-1596, in-fᵒ.
(2) *De Secret. Mul. Antuerpiœ*. 1538.
(3) *De Rerum varietate*.
(4) *Hist. Nat. de Buffon*. Éd. de Sonnini. 1800.
(5) *Lib. X, cap*. 52.
(6) *Lib. VIII, cap*. 5.
(7) *De la Nature des Oiseaux*. Liv. X, ch. 9.
(8) *De Agricult*. Lib. IX, cap. 86.
(9) *Nov. Comment. Acad. Petro*. T. IV. 1752-53.
(10) *Dict. Pittor. d'Hist Natur*. de Guérin. 1838.

Quoique le préjugé le plus populaire et le plus répandu, surtout chez les cultivateurs, soit en faveur de cette opinion, et malgré toute la déférence que nous professons pour le mérite et les lumières de l'illustre Savant et de l'observateur que nous venons de citer, nous croyons que l'une n'est pas mieux fondée que l'autre. Ce qui semble le prouver, c'est que, telle précaution que prennent les gens de la campagne lorsqu'ils font couver des Œufs de Poules, d'en retirer ceux qui sont allongés ou aigus, afin d'avoir le plus possible de Pondeuses, on voit toujours un certain nombre de Coqs, non prévus, éclore de ces couvées. Dans quel but, d'ailleurs, la nature aurait-elle établi cette différence? Est-ce que par hasard, dans les Oiseaux, les mâles ne seraient point formés des mêmes parties constituantes que les femelles, et exigeraient un développement de coquille différent de celui de ces dernières? Nullement; car dans le premier âge, il est difficile, pour ne pas dire impossible, de distinguer les mâles d'avec les femelles; la divergence même de l'opinion des Auteurs que nous avons nommés est, au reste, un indice de son peu de fondement; et nous sommes surpris que l'erreur que nous signalons, ait été reproduite dans le sens d'Aristote et de Cardan ou de Geoffroy-Saint-Hilaire, ce qui est tout un, par les Rédacteurs du *Journal des Connaissances utiles* (1).

Nous le répétons : nous avouons que les observations, même les plus puériles d'apparence, en Histoire naturelle, faites par les anciens Auteurs, reposent quelquefois sur un fait vrai en lui-même; mais nous croyons que pour celle dont il s'agit, il n'en est pas ainsi.

En fait d'observations semblables, reposant, en quelque sorte, sur la constitution organique de l'Œuf chez les Oiseaux, considéré comme produit animé, nous pensons que ce n'était pas

_____
(1) An. 1832.

sur des animaux en domesticité et aussi influencés par elle, de l'aveu même des expérimentateurs, que devaient porter les expériences en question, lorsque surtout on sait, et nous l'avons assez démontré, et nous aurons encore plus d'une occasion de le faire, combien cette domesticité réagit sur l'Œuf, quant à la régularité de la Forme. C'est sur des Oiseaux vierges encore de cette influence que l'on devait opérer si l'on voulait arriver à une démonstration, sinon vraie, du moins vraisemblable, et qui fût de nature à faire évanouir des doutes que nous conservons dans toute leur force.

C'est ce qu'avait fort bien compris, dès 1772, Gunther [1], lorsqu'il entreprit de démontrer la fausseté et le néant de la prétendue observation d'Aristote, ce qu'il fit en ces termes :

« Il y a même parfois, dit-il, dans un seul et même Nid, des
» Œufs pointus et des Œufs obtus. Aristote en a voulu nous
» expliquer la raison, et nous faire croire que les mâles prove-
» naient des Œufs pointus, et les femelles des Œufs obtus. Nous
» pouvons démontrer le peu de fondement de cette assertion par
» nos expériences avec des Canaris; car nous avons vu des mâles
» et des femelles naître indifféremment des Œufs pointus et des
» Œufs obtus. Ces expériences, pour le dire en passant, com-
» battent victorieusement les préjugés d'un grand nombre d'a-
» mateurs de Canaris qui, à l'exemple d'Aristote, veulent déjà
» reconnaître à la Forme de l'Œuf, s'ils en obtiendront un mâle
» ou une femelle, et ne réfléchissent pas qu'ils ne sont ni assez
» bons observateurs, ni assez patients pour faire des expé-
» riences. A notre avis, la Forme plus ronde ou plus pointue de
» l'Œuf est un effet mécanique, et dépend de la pression de
» l'Oviducte sur l'Œuf, quand la Coquille est encore molle; et
» cette pression peut devenir plus ou moins forte par les con-

____

[1] *Ganmlung von Nestern und Eyern Verschiedener Vogel.*

» tractions de cet organe, selon qu'il est plus ou moins irrité
» par les intestins pleins ou vides, ou par d'autres causes. Cette
» théorie nous expliquera pourquoi les OEufs des Hibous et des
» Martin-pêcheurs sont toujours ronds comme une Boule : il n'y
» a qu'à admettre que l'Ovaire de ces Oiseaux est naturellement
» plus large que dans d'autres, et conséquemment moins sujet
» à de violentes contractions. La race femelle des Hibous serait
» bientôt éteinte si, suivant Aristote, elle ne devait provenir que
» des OEufs pointus, et que les OEufs ronds ne dussent produire
» que des mâles. »

Buhle (1), en 1818, affirme également que « des expériences
» récentes ont prouvé victorieusement que la Forme extérieure
» de l'OEuf ne pouvait pas toujours faire préjuger le sexe de
» l'individu qu'il renferme. »

Plus récemment encore, Berge se prononce dans le même
sens, en disant : « que l'on se tromperait, en admettant, comme
» règle générale, que les mâles proviennent des OEufs pointus,
» et les femelles des OEufs obtus : car on trouve souvent des
» Nids où tous les OEufs sont obtus, et d'autres avec des OEufs
» très-aigus; et les uns et les autres produiront des mâles et des
» femelles. »

Une dernière considération, en un mot, fera tomber toute
incertitude relativement à ce que nous nous permettons d'appeler l'inanité de la remarque ou distinction dont nous parlons :
c'est que, pour peu que les principes, que nous avons établis
plus haut sur la Forme de l'OEuf des Oiseaux, méritent quelque
créance et reposent sur quelque fondement, il est impossible
d'admettre comme générale la remarque prétendue faite sur des
OEufs de Poule et de Pigeon; car, pour en arriver à la conclusion des doctes observateurs auxquels nous répondons, il leur

(1) *Eier der Vogel Deutschlands.*

fallait un point de départ, qu'ils n'ont même pas songé à poser,
relatif à la Forme Normale des Œufs des deux Ordres d'Oiseaux
sur lesquels ils ont expérimenté. Or, quelle est la Forme
Normale qu'ils ont cru devoir reconnaître à ces Œufs? Personne
ne le sait, quoique l'on puisse implicitement l'induire des termes
mêmes de leur proposition. Est-elle la même pour les deux
Ordres? Ou *Ovée* pour l'un, et *Ovalaire* pour l'autre, ainsi que
nous pensons l'avoir démontré? Évidemment, si leur proposition est exacte pour ces deux Ordres, à quels caractères reconnaîtra-t-on dans les Ordres ou Familles Ornithologiques, dont
les Œufs sont normalement *Sphériques*, par exemple, *Elliptiques* ou *Ovoïconiques*, ceux qui doivent produire les mâles et
ceux qui doivent produire les femelles? Ces caractères varieraient
donc suivant la Forme distinctive à laquelle seraient soumis les
produits Ovariens de chaque Ordre, de chaque Famille ou de
chaque Genre d'Oiseaux? Car c'est le résultat auquel mène la
contrariété de l'opinion de MM. Et. Geoffroy-Saint-Hilaire et
Flo. Prévôt, confirmative de celle d'Aristote, d'avec l'opinion
de Steller. Les premiers opèrent sur des Œufs d'un caractère
normal de Forme *Ovée* pour les Poules, et de Forme *Ovalaire*
pour les Pigeons; quelques aberrations de cette Forme, qui
tournent à la dénaturer, se présentent à leurs yeux : ils en con-
cluent que ces aberrations doivent produire des mâles. Steller,
au contraire, opère sur des Œufs de Forme *Ovoïconique*, ceux
des Oiseaux des Mers polaires; les seules aberrations à peu près
possibles de cette Forme tournent à la Forme Globulaire : il en
conclut que les mâles doivent naître de cette Forme exceptionnelle et beaucoup plus rare dans les Œufs par lui observés.

Ou nous nous abusons étrangement, ou la base de la
remarque que nous discutons nous paraît bien nébuleuse et
presque problématique; pour la rendre plus saisissable et surtout pour la faire concevoir, si tant est que les éléments en

existent, ce n'est plus sur les OEufs de deux seuls Ordres d'Oiseaux qu'il faut expérimenter, c'est sur ceux de presque tous les Ordres et de presque toutes les Familles, ou au moins du plus grand nombre. Le champ est certes bien vaste à parcourir; mais il n'est pas au-dessus de la persévérance si désintéressée et de la perspicacité d'observation si minutieuse de M. Fl. Prévôt : car, ou la remarque est d'une inutilité complète, d'une absolue puérilité, si elle n'existe pas, ou bien elle est de la plus haute portée Scientifique; et, dans ce cas, peut-être, faudrait-il recourir à une analyse délicate et à un examen détaillé des matières contenues dans les OEufs qui seraient reconnus devoir donner naissance à des mâles.

Nous aimons mieux croire cependant que cette question, renouvelée *des Grecs* et du Moyen-Age, a fait son temps et n'appartient plus désormais qu'à l'Histoire de la Science.

Maintenant, avant de quitter cette Étude de la Forme de l'OEuf chez les Oiseaux, nous allons, surabondamment à ce que nous en avons déjà dit, en tirer les conclusions favorables à nos principes, quant aux éléments qu'ils fournissent pour le perfectionnement des Méthodes Ornithologiques : ces conclusions ressortiront des exemples suivants :

Dans les Rapaces Diurnes, aux Formes d'OEufs Ovalaires, le Secrétaire (*Serpentarius* ou *Gypogeranus*) se présente à peu près seul, avec une Forme *Ovée* assez allongée, caractère soumis aux mêmes règles que la Forme *Ovoïconique* de celui des Echassiers, c'est-à-dire provoquée par l'allongement des membres inférieurs. Ce caractère renvoie par conséquent ce Rapace à la fin, ou au moins hors ligne de ses congénères. Or, sans connaitre ce caractère Oologique, le Prince Ch. Bonaparte (1) a mis le *Gypogeranus* tout à la fin de ses Accipitres Diurnes.

____

(1) *Conspectus Systematis Ornithologiæ*

De même, chez les Rapaces Nocturnes, aux Formes *Sphériques* ou Globulaires, l'Effraye (*Strix*) se présente seule avec une Forme relativement la même que celle du Serpentaire, pour ses propres congénères, c'est-à-dire *Ovée*, ce qui met également la Famille des *Strigidæ* hors ligne des Rapaces Nocturnes. Or, si l'on prend en considération cette similitude de Forme Oologique, exceptionnelle chez les Rapaces en général, pour adopter la Série unilinéaire entre les Diurnes et les Nocturnes, on en arrive, en terminant les premiers par les *Gypogeranidæ*, à commencer forcément les seconds par les *Strigidæ*. Et c'est ce que n'a pas manqué de faire l'illustre Ornithologiste que nous venons de citer.

De même encore, on a l'habitude de ranger le *Steatornis* ou Guacharo, avec les *Caprimulgidæ* Podargues et Engoulvents. Or ceux-ci ont leur Œuf de Forme *Ovalaire* parfaite, parfois même presque *Elliptique*. Eh bien! le Guacharo fait, au milieu de ces congénères qu'on lui a donnés depuis peu, la même exception que le Serpentaire et l'Effraye dans les leurs; son Œuf est simplement de Forme *Ovée*, même un peu obtuse, et se rapproche beaucoup sous tous les rapports de celui du *Strix*. Cette exception de la Forme Oologique est donc en relation intime avec les autres exceptions de formes et d'habitudes qu'offre cet Oiseau, embarras des Méthodistes.

Dans les Anisodactyles, les Touracos, si difficiles à classer, justifient également cette difficulté par la Forme de leurs Œufs, qui est *Sphérique* ou Globulaire, comme celui des Rapaces Nocturnes; ce qui semblerait devoir, sinon les rapprocher, au moins ne pas les éloigner beaucoup de ces derniers. Or, on sait que leur Sternum offre une telle similitude de caractère avec celui des Rapaces Nocturnes que Lherminier, dans le développement et l'application du système de de Blainville, n'a pas cru pouvoir placer les Touracos ailleurs qu'à leur suite. L'indication fournie par la Forme Oologique est donc d'accord avec l'indication fournie par la Forme Sternale, ou l'appareil Ostéologique.

Il existe une différence aussi grande, quant à la Forme de l'OEuf, entre deux petites Familles que l'on a longtemps et souvent confondues ensemble, entre l'OEuf des Jacanas (*Parridæ*) et celui des Râles (*Rallidæ*) : ceux-ci l'ont de Forme *Ovalaire* et presque *Ellipsoïdale;* ceux-là presque *Ovoïconique*, véritable OEuf de Gralles ou Echassiers : ce qui indique entre eux et ces derniers une parenté ou affinité assez intime. Or, le Prince Ch. Bonaparte a reconnu ces rapports en faisant suivre ses *Grallæ* ou *Cursores*, qu'il termine par les *Scolapacidæ* (Bécasses et Chevaliers), de ses *Alectorides* qu'il commence par les *Parridæ*.

CHAPITRE II.

DE LA COQUILLE DE L'OEUF ET DE SA NATURE, SELON LES DIVERSES FAMILLES. (1)

Après avoir parlé de l'OEuf en général, de sa Forme et des accidents auxquels elle est exposée, examinons un peu la nature de sa Coquille.

Ce qu'on appelle *Coquille,* dans l'OEuf, est son enveloppe extérieure, celle qui, plus grossière et plus solide, contient et défend les enveloppes beaucoup plus délicates dans lesquelles sont renfermés les liquides élémentaires indispensables à l'accroissement de l'embryon, celle enfin qui est formée la dernière.

(1) Voir *Magasin de Zoologie*. 1843. Oiseaux, Pl. 36.

Cette Coquille n'est autre chose, à l'état ordinaire, et une fois sortie du corps de l'Animal, qu'une matière calcaire, friable et fragile, d'un blanc plus ou moins pur, et variant du bleuâtre au verdâtre. On sait que cette matière qui, dans l'économie de l'Animal, est secretée dans des réservoirs et par des conduits particuliers, se trouve encore à l'état de liquéfaction ou de mollesse au moment de la sortie de l'OEuf du tube excrémentiel, et qu'elle ne se durcit et n'acquiert de fermeté que par l'effet du contact de l'air.

Manesse (1) dit que « cette matière n'est qu'une terre calcaire de la même nature que celle des os, sinon qu'elle ne contient peut-être pas autant d'acide phosphorique : elle est, ajoute-t-il, très-abondante dans les Oiseaux ; c'est pourquoi nous voyons que leurs membres cassés se ressoudent en très-peu de temps. »

Buhle dit que c'est dans l'extrémité de la Matrice, ou de l'Oviducte, qu'elle se forme. Fourcroy, Tromemdorff et Vauquelin (2) le premier, nous apprennent qu'elle est composée, sur cent parties, de quatre-vingt-neuf de Carbonate calcaire, de cinq de Phosphate de chaux, et que les molécules résultant de l'agglomération de ces deux substances étaient unies par une espèce de gluten animal : ce dernier Chimiste dit aussi y avoir découvert un peu de Carbonate, de Magnésie, de Fer et de Soufre.

La surface intérieure de la Coquille, de la même couleur que la matière qui la compose, est toujours parfaitement lisse et unie, mais jamais luisante. Il en est autrement de la surface extérieure : elle est tantôt lisse et luisante, tantôt mate et unie ; tantôt rude et granuleuse, ou piquetée ; tantôt d'une apparence grasse et oléagineuse ; tantôt maculée de protubérances ou

_____

(1) Dans son Introd. mss. à une Oologie Européenne restée inachevée, 1780 à 1790.

(2) *Bulletin de la Société Philomatique de Paris.*

boursouflures calcaires , d'une couleur différente du reste de la Coquille; et tantôt recouverte d'une espèce de pulpe ou couche sédimenteuse.

On sait, et on voit bien que la matière calcaire doit être, et est en effet secrétée par des conduits particuliers qui affluent à l'Oviducte, et dont la plus forte partie redescend et s'accumule au fond du Cloaque; mais on est resté longtemps moins fixé sur le mode employé par l'économie animale pour en opérer le dépôt successif et régulier sur la pellicule qui tapisse intérieurement la Coquille.

Manesse, dont nous avons répété les expériences, est le seul qui soit entré dans l'examen et la démonstration détaillée de ce point délicat de physiologie Oologique.

Ainsi, au moment de l'exfoliation dont se forme la troisième et dernière membrane que l'on trouve dans l'Œuf, et à laquelle s'attache la Coquille, on remarque que la paroi interne du Moule, c'est-à-dire de l'Oviducte « qui était fort unie et très-lisse avant la formation de cette dernière membrane, ne présente plus, après cette exfoliation, qu'un tissu hérissé d'une infinité de petites papilles semblables à celles qui se voient sur la langue et l'estomac des différents Animaux; ces papilles multipliées à l'infini m'ont toujours paru, dit Manesse, être les extrémités des vaisseaux qui composent le moule : c'est d'elles que sort la matière de la Coquille, sous l'apparence d'une matière laiteuse; cette liqueur peu fluide s'attache à la surface de la dernière membrane, et s'y concréfie d'abord par de petits grains en forme de sable (1); ensuite de proche en proche les vides se remplissent, et la Coquille se trouve unie, au moins dans la plupart des Oiseaux; et c'est de la surabondance de cette matière crayeuse que naissent les espèces de verrues ou

____

(1) C'est bien là ce qu'on appellera plus tard du nom de *Cristallisation*.

d'excroissances que l'on voit à la surface de certains OEufs, particulièrement à ceux des Grèbes. »

Ces papilles sont en effet les extrémités affluentes, ou, si l'on peut dire, les embouchures des vaisseaux capillaires qui amènent à l'Oviducte, comme à un réservoir, la matière calcaire dont doit être formée la dernière enveloppe de l'OEuf, la Coquille.

Pour s'en convaincre, « on peut, continue Manesse, en comprimant fortement le moule, au moment de la formation de la Coquille, faire sortir cette liqueur blanche qui compose sa substance, et qui se sèche bientôt à l'air, sans cependant y acquérir beaucoup de solidité. »

On comprend, après cette expérience, que Purkinje [1], et, d'après lui, Carus [2], aient pu avancer que ce dépôt se formait *par voie de cristallisation*. La variation que nous venons de signaler dans les différents aspects extérieurs de cette enveloppe, donneraient à penser, dans l'hypothèse de ces Physiologistes, ou que cette cristallisation a lieu de diverses manières, ou que les éléments dont elle est le résultat éprouvent des combinaisons tout aussi variées. Ce qui est certain, c'est que ces différences déjà si sensibles au toucher et à l'œil nu, le sont encore plus, examinées au microscope : il y a là un vaste champ d'observations et d'études fort curieuses à parcourir, et que nous recommandons à toute la sagacité des Micrographes. Peut-être même, si nos souvenirs sont exacts, le docteur Thienemann s'en est-il déjà occupé; car c'est à ce point de vue entre autres qu'il fit jadis ses Études Oologiques sur notre Collection.

Quoiqu'il en soit, le poli qu'offre la Coquille de l'OEuf, suivant les divers groupes d'Oiseaux, dépend surtout, conformément à un principe de Minéralogie, de la finesse du grain qui

(1) *Symbolæ ad Ovi Avium historiam ante incubationem*. Leipsick. 1830.
(2) Traité élémentaire d'Anatomie comparée (Trad. de l'Allem.). 1835.

en compose la matière ; et plus la Coquille est luisante, plus elle est généralement mince. Quelquefois cependant ce lustre est dû à la présence d'une espèce de liqueur visqueuse qui abonde dans certaines parties du corps de plusieurs Genres ou Familles d'Oiseaux, notamment des Pics, des Martin-pêcheurs, des Torcols, et dont les Œufs semblent couverts d'un vernis éclatant comme de l'émail.

Mais la finesse de ce grain n'est pas, comme l'avance Buhle, en raison du volume de l'Œuf ou de la dimension de l'Oiseau dont il provient. Ainsi, il ne faut point croire que ce grain soit constamment épais et poreux dans la Coquille des plus gros Œufs, et fin et serré dans celle des plus petits. Loin de là : on voit des Œufs de 85 à 115 millimètres de longueur (trois et quatre pouces) avoir une Coquille aussi mince qu'un Œuf long de 25 à 45 millimètres (huit et quinze lignes). L'Œuf de la Grande-Outarde (*Otis tarda*) par exemple, a une Coquille fort délicate et dont le grain est on ne peut plus fin ; tandis que la Caille (*Coturnix*) en a une épaisse relativement à son volume, et dont le grain n'est ni aussi serré, ni aussi uni, quoique aussi luisant que dans celui de la Grande-Outarde. Et pourtant quelle différence dans les dimensions de ces deux Oiseaux et la place qu'ils occupent dans la série de leurs congénères ! L'un est classé parmi les Coureurs et a un mètre quatre-vingt-cinq millimètres de longueur ; l'autre, rangé parmi les *Perdices* du Prince Ch. Bonaparte, n'a que vingt centimètres.

Le peu de rapport qui existe entre le volume de certains Œufs et la délicatesse de leur Coquille est même étonnant. En examinant entre autres, les Œufs des Outardes et ceux des Tinamous, on ne comprend pas comment une enveloppe aussi mince et aussi fragile ne cède point au poids du corps de l'Oiseau, durant l'opération de l'incubation. On est, à cet égard, tenté d'accuser la nature d'imprévoyance, lorsqu'on se rappelle que, dans les Œufs de beaucoup d'autres Familles, elle a mis en rapport parfait la force de résistance de la Coquille avec celle de la pression du corps de l'animal. Berge a fort bien fait cette remarque en disant que : « les Œufs des petits Oiseaux et même de quelques uns assez gros ont la coquille très-mince et très-délicate ; que ceux des grands Oiseaux, et notamment de ceux qui pondent sur la terre nue, ont la Coquille plus épaisse, plus forte et plus dure ; » ce qui s'observe principalement chez la Pintade, la plus grande partie des Gallinacés, des Perdrix, et chez presque tous les Oiseaux nageurs. Mais notre intelligence seule est en défaut ; la Nature ne l'est pas plus sur ce point que sur les autres. Tout a été combiné par elle, et ce sont ces combinaisons dont il faut saisir les nuances pour se bien expliquer tout ce qu'il y a d'ordre et d'économie dans cette apparente irrégularité.

Il n'est personne qui n'ait fait attention aux variations existant dans la longueur des pieds des différentes Familles d'Oiseaux, et dans leur position relativement à la direction du corps, ainsi qu'aux disproportions que souvent elles présentent avec les autres dimensions de l'individu. Ces variations ou ces disproportions produisent des différences essentielles dans le mode d'incubation. Car tous les Oiseaux, en couvant, ne font pas également porter le poids de leur corps sur leurs Œufs, ni de la même manière : ils sont aidés dans cet acte nécessaire à la propagation de leur Espèce, par la conformation de leurs jambes, selon les rapports plus ou moins exacts de la proportion de leur individu avec celle du Fémur et du Tibia. Ainsi les Macareux, les Pingouins, les Guillemots et d'autres Genres couvent dans la position qu'exigent et la brièveté et l'insertion de leurs pattes placées hors du centre de gravité et à l'extrémité postérieure du corps. Dans l'impossibilité presque absolue de s'aider de leurs jambes, pour soutenir leur propre poids, ils en sont réduits à le faire porter sur leurs Œufs. C'est, sans aucun doute, à cette conformation particulière et à ce mode obligé d'incubation qu'il faut, ainsi que nous l'avons déjà dit, attribuer le petit nombre d'Œufs que pondent ces Oiseaux, puisqu'il est rare qu'ils en fassent plus de deux. Il leur serait difficile en effet d'en couver davantage dans cette position, leur corps n'offrant point en cet état, par lui-même, une surface assez étendue, et de plus la brièveté de leurs pattes s'opposant à ce qu'ils puissent les écarter suffisamment.

Les Flamants ou Phénicoptères, dont les jambes sont trop longues pour leur permettre de s'accroupir commodément, leur structure, quant au centre de gravité dans cet acte, étant en sens inverse de celle des Oiseaux précédents, déposent leurs Œufs sur un monticule qu'ils élèvent eux-mêmes, et les couvent dressés sur la jonction du Fémur au Tibia, en les recouvrant seulement de leur croupion; ce que font également presque tous les Échassiers.

Quant aux Gallinacés et à la majeure partie des autres Oiseaux de terre, la longueur proportionnée de leurs pattes et leur position au centre du corps leur permettent de les écarter, et par conséquent d'embrasser un plus grand nombre d'Œufs sous leur poitrine ou leur abdomen. Mais aussi, cette position, en diminuant la force nécessaire pour soutenir le poids de leur corps, les oblige de s'appuyer un peu plus sur leurs Œufs en les couvant.

Les Tinamous, les Outardes et les Bécassines, avec des pattes placées à peu près de même que les Gallinacés, les ont conformées d'une manière plus avantageuse. Quoique accroupis comme ces derniers, ils s'en servent de point d'appui pendant l'incubation et communiquent à leurs Œufs la chaleur dont ils ont besoin, sans les mettre à l'épreuve du poids de leur corps.

Il en est autrement des Goélands, des Mouettes et des Hirondelles de mer (*Laridæ* et *Sternidæ*). Leurs pattes, il est vrai, sont placées au centre du corps; mais elles sont d'une brièveté telle que l'Oiseau accroupi écraserait infailliblement ses OEufs, d'une grosseur d'ailleurs remarquable relativement à ses dimensions, si l'épaisseur considérable des plumes dont est garni son abdomen ne garantissait ses OEufs d'une pression trop dure et trop immédiate dont les préserve en plus leur rotondité, suppléant ainsi à l'amincissement et à la faiblesse relative de leur Coquille.

C'est en raison des différents degrés de pression que la conformation des membres postérieurs oblige ces Oiseaux à faire éprouver à leurs OEufs en les couvant, que la nature a combiné la force de résistance et l'épaisseur de la Coquille avec le volume de l'OEuf. Il suffit, pour s'en convaincre, après ce que nous avons dit, de considérer la Coquille des OEufs des Familles que nous venons de citer, entre lesquelles le mode d'incubation varie le plus.

Les OEufs des Macareux, des Pingouins, des Guillemots et des Sphéniscidés sont les plus épais en Coquille relativement à leur volume; ceux des Flamants et des Pélicanidés le sont un peu moins, tout en ayant plus de matière crayeuse à leur surface; ceux des Gallinacés et du plus grand nombre des autres Familles Ornithologiques ont l'épaisseur de leur Coquille proportionnée à leur volume; ceux enfin chez qui la Coquille est le plus mince et le moins en rapport avec leur volume sont ceux des Tinamous, des Outardes et des Bécassines et autres petits Échassiers, puis ceux des Goëlands, des Mouettes et des Sternes.

Mais nous ne pensons pas, ainsi que l'affirme M. Moquin-Tandon, que : « En général, ce sont les Oiseaux les plus légers, les plus habiles à fendre l'air, ceux qui se transportent d'un seul vol à des traites immenses, qui produisent des OEufs d'une faible Coquille: que ce sont aussi ces mêmes Oiseaux qui les ont d'une petitesse extrême. » Rien ne vient justifier cette assertion, pas même l'exemple qu'il cite de la Frégate (*Tachypetes*) : « La Frégate, dit-il, qui serait le roi des Volatiles si l'empire était dû à la légèreté et non à la force, naît d'un OEuf très-peu volumineux, et qui, comme celui des Chélidons, est pourvu d'une Coque fort mince. » Car les OEufs de Frégate que nous avons possédés nous ont toujours paru de dimensions proportionnées à celles de l'Oiseau et d'une finesse de Coquille tenant le milieu entre les OEufs de Pétrels et ceux de Pélicans, avec lesquels ils ont les plus grands rapports et la plus grande affinité.

Revenons à présent à la distinction que nous avons établie entre les OEufs quant à la nature et à l'aspect de la Coquille.

On peut, à cet égard, les ranger en sept séries; mais ces séries n'étant pas susceptibles de se prêter, dans leur énonciation, à un ordre qui soit en harmonie avec la Classification Ornithologique, nous les énoncerons simplement dans l'ordre relatif de leur pouvoir réfléchissant.

La première est composée des OEufs dont la Coquille est luisante comme du verre : ce sont ceux des Picidés, des Méropidés, des Alcédidés, des Tinamidés, des Perdicidés; puis des Otidés, de quelques Gallidés et de quelques Scolopacidés.

La deuxième est composée des OEufs à Coquille lisse moins luisante que ceux de la première série : ce sont ceux de la plus grande partie des Passereaux et des Gallinacés.

La troisième se compose des OEufs à Coquille mate et unie : tels sont ceux de tous les Rapaces Diurnes et Nocturnes, des Psittacidés, des Musophagidés, des Hirundinidés, des Pipridés, de quelques Gallinacés, de tous les Gralles et Échassiers, des Rallidés, des Procellaridés, des Laridés et Sternidés, des Colymbidés et des Alcidés.

La quatrième série est composée des OEufs dont la Coquille présente une surface rude et granuleuse ou piquetée : tels que

ceux de quelques Alectorides (Hoccos, Pénélopes), des Struthionidés et des Casuaridés.

La cinquième, des OEufs dont la Coquille a l'apparence grasse
et oléagineuse, comme ceux de tous les Anatidés; et encore,
parmi eux, les Cygnes pourraient-ils, avec quelque raison, être
intercalés dans la dernière Série.

La sixième, des OEufs dont la Coquille, grasse et oléagineuse, comme dans la précédente Série, est en outre maculée
de protubérances calcaires : une seule Famille d'Oiseaux nous
offre cette particularité dans la structure de la Coquille de ses
OEufs, c'est celle des Grèbidés, auxquels il faut joindre les
Plotidés (ou Anhingas).

La septième et dernière Série est composée des OEufs à
Coquille recouverte d'une espèce de couche crétacée ou pulpe
sédimenteuse, et renferme les Familles de quatre Ordres assez
éloignés l'un de l'autre : ce sont ceux des Crotophagidés (ou
Anis), ceux des Phénicopteridés (ou Flamants), et ceux de
presque tous les Pélécanidés et des Sphéniscidés.

Il résulte de ce qui précède, qu'exception faite des trois
dernières Séries, le plus grand nombre des OEufs d'Oiseaux
renfermés dans les autres Séries, est à Coquille lisse et plus ou
moins luisante. Mais un fait à remarquer, c'est que la propriété
réfléchissante ne se rencontre dans les OEufs d'aucun Oiseau
Aquatique, ou Nageur, dont la Coquille, à part des modifications
particulières, est toujours mate sans exception. Dans les OEufs
appartenant aux autres Ordres d'Oiseaux au contraire, les exceptions à cet égard sont, comme on l'a vu, assez fréquentes, pour
nous avoir déterminé à en composer trois ou quatre Séries
suffisamment distinctes.

Cette différence singulière entre les OEufs des Oiseaux Aquatiques et ceux des Oiseaux Terrestres, mérite que nous cher-
chions à l'expliquer. Elle se rattache à un principe de physique

d'après lequel l'aptitude des corps à absorber le calorique est en raison inverse du poli de leur surface ; c'est-à-dire , que plus la surface d'un corps est luisante , plus lentement ce corps absorbe le calorique , mais aussi , mieux il conserve celui qu'il a absorbé. Or, cette facilité d'absorption dépend de la nature , du poli et de la couleur de ce corps. En faisant l'application de ce principe au sujet qui nous occupe , nous aurons une explication satisfaisante des variations principales que l'on remarque dans la facilité plus ou moins grande d'absorption dont est douée la Coquille de l'OEuf des diverses Familles d'Oiseaux ; et nous verrons que ces variations ne sont point un vain jeu de la Nature , mais qu'elles tiennent aux modifications qu'elle a apportées à la contexture de leurs OEufs , suivant les éléments fréquentés par ces Vertébrés et leur manière de couver. Car c'est dans la différence des éléments où ils vivent, autant que dans celle du mode d'incubation que l'instinct leur suggère, qu'il faut chercher la cause du peu d'uniformité que présentent dans la conformation de leurs Coquilles les OEufs des uns et des autres.

Les OEufs des Oiseaux Aquatiques , par exemple, n'ont à lutter en général que contre le froid, l'humidité, et rarement ou presque jamais contre la chaleur ; d'où le peu de variété dans la nature et la qualité de leur Coquille ; les uns , comme les Guillemots et les Pingouins , l'ayant seulement épaisse , mate et poreuse, toutes qualités qui concourent à la rendre le plus apte que possible à absorber la plus grande somme de calorique , soit rayonnant, soit latent ; d'autres, comme les Cormorans et les Fous , avec une Coquille trop mince, quoique mate, l'ayant revêtue d'une couche sédimenteuse qui, en obstruant les pores de la Coquille par lesquels a lieu l'évaporation , met obstacle aux ravages de l'humidité de l'élément qu'ils fréquentent ; d'autres enfin, comme les Oies et les Canards, l'ayant uniquement d'une matière grasse et oléagineuse , tout-à-fait antipathique à l'eau.

Les OEufs des Oiseaux Terrestres, au contraire, ont plus à lutter contre la chaleur que contre tout autre élément. Aussi est-ce pour cette raison que c'est chez eux que la Coquille est au plus haut degré pourvue du pouvoir réfléchissant, particulièrement chez les Tinamous que nous prendrons pour exemple. Ces derniers Oiseaux, qui ne pondent et ne couvent que dans les vastes plaines herbeuses des Amériques du Centre et du Sud, la plupart dans les Régions Intertropicales de cette partie du Globe, n'auraient pu se contenter pour leurs OEufs d'une Coquille mate et poreuse sans être exposés à en voir le contenu se dessécher par suite de l'évaporation si active et si prompte dans ces climats, évaporation que n'aurait pas manqué de faciliter encore cette porosité de leur enveloppe, si elle eût existé. Il y avait donc pour eux toute nécessité de voir leurs OEufs pourvus d'une Coquille éminemment réfléchissante, d'un côté pour repousser l'action absorbante du soleil, de l'autre pour ne prendre que modérément leur part de l'action régulière de l'incubation.

Une autre Tribu d'Oiseaux Terrestres (Zygodactyles), les Anis (*Crotophagidæ*), exposés comme ceux-ci aux mêmes inconvénients résultant de la similitude des climats qu'ils habitent, mais ayant de plus à lutter contre l'humidité brûlante des localités qu'ils fréquentent pour couver, telles que les Savanes et les forêts de Palétuviers, ont subi dans la structure de la Coquille de leurs OEufs une modification particulière qui se rapproche de celle que nous avons signalée dans les OEufs des Cormorans, et qui, ici, est unique dans toute la Classe si nombreuse des Oiseaux dits Terrestres ou non-Aquatiques. Leur Coquille a été revêtue d'une couche crayeuse et sédimenteuse de même nature que celle qui se trouve sur les OEufs de certaines Familles de Palmipèdes, laquelle, en obstruant comme dans ceux-ci les pores de la Coquille mate par lesquels s'effectue l'évaporation, et en retardant l'effet destructeur d'une perte trop active de calorique, procure le même avantage que le pouvoir réfléchissant et n'en a pas les inconvénients; nous disons les inconvénients, car la faculté de réfléchir s'acquérant aux dépens de l'épaisseur, de la solidité de la Coquille, il en résulte que cette enveloppe, dans ce cas, en devient plus accessible aux atteintes de l'humidité et plus fragile. Rien n'eut donc été plus nuisible, pour les OEufs des Anis, que d'être pourvus d'une Coquille luisante : une Coquille mate les préserve beaucoup mieux de cet inconvénient grave, et la couche sédimenteuse dont elle est munie s'oppose à une évaporation abondante que ne manquerait pas d'exciter l'ardeur brûlante de ces climats.

S'il s'en faut autant que les OEufs des Oiseaux Terrestres présentent la même uniformité dans la contexture de leur Coquille, c'est que les changements de température sont plus fréquents sur les Continents et les climats bien plus diversifiés qu'à la surface des Mers : ce qui dépend des aspérités dont les terres du Globe sont hérissées, aspérités qui modifient de mille manières la chaleur et les vents ; au lieu que sur les eaux nul obstacle ne s'oppose à une égale répartition des effets de ces phénomènes. De là cette variété dans la structure de la Coquille des Oiseaux Terrestres : entre la Coquille des OEufs de l'Autruche, du Casoar, de l'Outarde ; entre les OEufs du Hocco, de la Pintade et des Faisans, etc.

Les idées que nous venons d'exposer sur ce que nous appellerons la *Théorie du pouvoir réfléchissant de la Coquille dans les OEufs des Oiseaux*, pouvoir si différent chez les Oiseaux Aquatiques et chez les Oiseaux Terrestres, sont celles qui nous ont paru les plus naturelles et de l'application la plus générale dans l'état actuel de la Science Oologique ; celles enfin que nous avons cru donner l'explication la plus satisfaisante de la présence d'une couche crétacée et sédimenteuse à la surface de la Coquille de certains OEufs d'Oiseaux.

Cependant le Docteur Schinz dit avoir observé que les OEufs du Cormoran et du Pingouin Macroptère sont tapissés extérieurement d'une couche de matière épaisse, blanche, crétacée, et en conclut avec Pennaut (1) que cette matière sert à fixer ces OEufs d'une manière plus sûre et plus solide au roc glissant et escarpé sur lequel la femelle a coutume d'aller les déposer. Nous reconnaissons avec le Docteur Schinz, et nous l'avons déjà dit, que les OEufs du Cormoran sont effectivement recouverts de cette matière; mais il n'en est pas de même des OEufs du Pingouin Macroptère qui, comme les autres Espèces de Pingouins, et comme les Guillemots, ont la surface de leur Coquille tout unie, et dont la couleur dans leurs OEufs n'est masquée par la superposition d'aucune substance. Nous ajouterons que la remarque de Schinz ne devrait point se borner aux deux Genres qu'il nomme, la même observation s'appliquant à une grande partie des Oiseaux Aquatiques, surtout ceux des Mers Australes, tels que les Manchots, etc.

Si à présent nous en venons à examiner le fondement de cette hypothèse, nous verrons qu'elle ne repose sur rien de bien positif. En effet, s'il était vrai que ce fût dans le but d'empêcher les OEufs du Cormoran de glisser des roches sur lesquelles ils sont déposés, que la nature les eût recouverts de cette couche crétacée, le même moyen, sans aucun doute, eût été employé pour préserver des mêmes dangers les OEufs d'une infinité d'autres Oiseaux Marins, qui, comme les Cormorans, les déposent sur la roche nue. Ainsi, la plupart des Hirondelles de mer, des Mouettes ou Goëlands, des Pingouins et des Guillemots pondent leurs OEufs sur les parties dénudées des rochers, et cependant ils manquent de cette espèce de gluten dont parle Schinz: et cependant leurs OEufs résistent aux coups de vent si fréquents

(1) *Artic. Zool.*

sur les plages où couvent habituellement ces Oiseaux. Steller dit même avoir remarqué que les Pingouins et les Guillemots déposaient toujours les leurs dans les petites concavités que présente la surface des rochers ; et, de telle manière que le bout le plus pesant de l'Œuf, le gros bout, s'y trouvait comme emboîté, si bien qu'il avait de la peine à les déplacer, en les touchant de l'extrémité d'un bâton, toutes précautions instinctives qui rendent bien inutiles l'intervention d'un enduit quelconque après la Coquille. Observons d'ailleurs que l'explication de Schinz, qui pourrait avoir quelque valeur, si la matière dont il parle possédait les qualités d'un gluten, ne peut en aucune manière être admise, puisque cette substance, que nous avons examinée chez le Cormoran, crayeuse, participe de la nature calcaire de la Coquille, est friable et peu tenace comme elle, et comme elle se durcit par le contact de l'air : que de plus, en ce qui concerne le Cormoran, cet Oiseau ne dépose pas ses Œufs, comme le paraît croire Schinz, seulement à la surface plane et glissante des rochers, mais fort souvent sur les arbres et sur les buissons ; enfin, que cette substance, ou une analogue, se retrouve sur les Œufs des Anis des Savanes et des Palétuviers, qui assurément ne les déposent pas sur des rochers qu'ils auraient peine à rencontrer dans les lieux qu'ils fréquentent et dont ils ont emprunté leur nom. D'où nous concluons que Schinz a été induit en erreur par Pennant.

Nous avons jusqu'ici parcouru toutes les particularités que présente la Coquille de l'Œuf, suivant les diverses Familles, particularités que l'on peut appeler régulières ou normales. On a vu que sa contexture variait, et en raison de la différence des éléments et des climats qu'habitent ces Familles, et en raison de leur aptitude à l'acte de l'incubation soit *sternale,* soit abdominale. Mais il est encore une autre particularité tout-à-fait exceptionnelle que présente cette enveloppe calcaire, que nous aurions pu ranger, comme l'a fait Guettard, parmi les *Mons-truosités en plus ou par addition*, et que nous ne devons pas omettre.

Nous avons dit que la surface de la Coquille était dans la généralité des OEufs, toujours unie, à part le degré de son poli, et sauf les quelques exceptions que nous avons indiquées. Cette qualité normale de la Coquille est cependant sujette, comme la Forme de l'OEuf, à quelques aberrations accidentelles. Il arrive quelquefois que les OEufs, surtout les OEufs dégénérés appelés *OEufs-nains*, ont la surface extérieure de leur Coquille parsemée et comme hérissée de tubercules sphéroïdaux ou globuleux de diverses grosseurs : lorsque l'on veut détacher ces scories granuleuses, on s'aperçoit qu'elles sont creuses pour la plupart.

Cette altération purement accidentelle de la Coquille n'a encore été remarquée par nous, les OEufs de Poule exceptés, que sur deux OEufs de Choucas commun, un OEuf de Perroquet, un OEuf de Serin, un OEuf de Foulque, un OEuf d'Oie domestique, et un OEuf de Canard Nyroca. L'un des deux OEufs de Choucas est un OEuf nain, dont nous avons déjà parlé dans le Chapitre précédent. Quant aux autres OEufs, surtout celui d'Oie, ils ont leur dimension ordinaire. Il est présumable que la même chose peut arriver aux OEufs de tous les Oiseaux en général, sous l'influence des mêmes circonstances.

Guettard nous apprend que la Collection de Réaumur renfermait deux de ces OEufs bizarres que ce dernier avait reçus d'un curé de Pompone et qui provenaient d'une Poule qui les avait pondus en 1747, laquelle Poule, dans plusieurs pontes successives, en avait déjà pondu de semblables. Voici la description qu'en donne cet Académicien : « Cet OEuf, dit-il (l'*OEuf nain*), était d'une figure régulière et ordinaire aux OEufs de Poule. Quoique petit, c'était un monstre en grosseur, si on le compare à de petits corps ronds qui étaient attachés à la surface extérieure d'un autre Œuf. Ces corps n'étaient pas plus gros qu'un grain de millet; ces corps avaient tous l'air de petits Œufs. Pour celui où ils étaient attachés, il était de la moitié moins gros que les Œufs ordinaires. » Il est évident que cette description n'a rapport qu'à un simple Œuf du genre de ceux dont nous parlons, et qui n'avait rien de plus remarquable.

M. Moquin-Tandon [1] en cite un de Pigeon commun.

Cette singularité ne doit être attribuée qu'à l'état maladif de la femelle dont les Œufs qui en sont affectés proviennent. Elle indique que le Carbonate calcaire n'ayant pu subir toute la préparation nécessaire pour former une enveloppe unie et régulière, et étant trop liquide et sans assez de consistance, s'est laissé pénétrer d'air ou de tout autre gaz, et que ce gaz, en cherchant une issue, lors de l'expulsion de l'Œuf hors du cloaque, s'est trouvé renfermé dans la matière, sous forme de globules, que le contact de l'air ambiant a fait passer avec elle à l'état d'indurescence.

En général, toutes les altérations qui surviennent à la Coquille des Œufs, quant à l'aspect qu'elle présente en dehors des règles que nous avons fixées, sont dues aux perturbations apportées dans les fonctions et les habitudes de l'Animal. Ainsi le dérangement introduit dans la nourriture des Oiseaux, dérangement inséparable de l'esclavage auquel il nous arrive souvent de soumettre plusieurs d'entre eux, amène nécessairement un dérangement dans leurs fonctions organiques, et par suite dans leurs facultés génératrices. Il n'y a par conséquent rien d'étonnant à ce que, dans ces cas particuliers, la contexture de la Coquille, résultat d'une sécrétion spéciale, conserve les traces de cette cause désorganisatrice.

(1) *Annales de la Soc. Linn. de Paris*, 1821.

Nous en avons possédé nous-même un exemple dans un OEuf pondu en mai 1837, par une femelle de Traquet-Tarrier (*Saxicola œnanthe*) que nous gardions en volière avec d'autres Oiseaux. Cet OEuf a les mêmes dimensions et la même couleur verte que ceux ordinaires de cette Espèce ; mais la Coquille, au lieu d'en être lisse et polie, est mate et rude au toucher comme une râpe, et même quelque peu couverte d'une matière blanchâtre et crétacée assez semblable à celle qui distingue les OEufs des Pélicans, des Cormorans et des Anhingas.

C'est ce que prouve, pour nous, une expérience que M. Moquin-Tandon (1) dit avoir faite sur une Cane qu'il aurait tenue enfermée quelques semaines, qu'il aurait forcée à s'accoutumer à une nourriture qu'il lui préparait, et dont il aurait obtenu ainsi des OEufs d'un grain fort éloigné de la finesse de celui des OEufs ordinaires. Quoiqu'il attribue ce résultat à une toute autre cause que celle que nous indiquons.

Cette cause, selon lui, dépendrait du degré de voracité de certains Oiseaux, tels que le *Dronte! la Gypaëte, les Canards, et une infinité d'Oiseaux à large bec, dont la Coquille se recouvre de petites éminences ou de nombreuses aspérités.*

« J'ai remarqué, continue-t-il, que ces deux dernières circonstances n'étaient guère propres qu'aux OEufs des Gralles, des Coureurs et des Oiseaux Aquatiques. Accoutumés à chercher leur nourriture incertaine au milieu de la vase, dans les eaux bourbeuses, dans la fange, ils sont plus sujets que les autres volatiles à avaler, avec leurs grossiers aliments, une certaine quantité de matières terreuses ou animales, qui peuvent contribuer à rendre à leurs Coquilles cette rugosité poreuse que nous lui connaissons. J'ai enfermé une Cane pendant quelques semaines ; je l'ai forcée à s'accoutumer à une nourriture que je

<hr>

(1) *Loco citato*

lui avais préparée, et j'ai obtenu par ce moyen des OEufs dont le grain était bien éloigné de la finesse de celui des OEufs ordinaires. La même expérience répétée plusieurs fois, et sur des individus différents, a toujours été suivie des mêmes résultats, et il n'est pas jusqu'aux Gallinacés sur lesquels on ne puisse remarquer le même phénomène; le Casoar, qui engloutit tout ce qu'on lui donne, et qui rend quelquefois une pomme de la grosseur du poing aussi entière qu'il l'a avalée (Buffon), a des OEufs très-poreux, moins gros et plus allongés que ceux de l'Autruche et semés d'une multitude de tubercules d'un vert foncé. (1) »

Nous croyons que M. Moquin-Tandon est allé trop loin dans sa généralisation : car, s'il n'y a pas d'Oiseaux plus voraces que les Canards, il y a peu d'OEufs d'Oiseaux plus doux au toucher que ceux de tous les Anatidés, à l'exception des Cygnes et de quelques Oies. Les seules Familles d'ailleurs chez lesquelles se présentent ces rugosités calcaires à l'état normal, étant, ainsi que nous l'avons dit, les Hoccos ou Pauxis, au plus haut degré, que leurs OEufs soient pondus à l'état sauvage ou à l'état de domesticité; ceux des Pénélopes, à un degré beaucoup plus faible, et ceux des Casoars. Et nous ne voyons pas pour ces Oiseaux, à l'exception des derniers, qu'ils soient d'une voracité telle qu'ils doivent être mis sur la même ligne que les Canards, et que cette voracité doive influer à ce point sur le mode de sécrétion ou plutôt de cristallisation des sels Calcaires.

Il est bien évident que le mode de nourriture et d'existence des Oiseaux peut et doit même influer sur la composition de la matière servant à l'enveloppe extérieure de l'OEuf; et que la base et les éléments de cette matière, tout en restant les mêmes en

____

(1) *Linnæus, Syst. Nat. Edit. duod. p. 265, 2 (Struthio Casuarius); Gmel. 726, 2 et Clusius, Exotic. Lib. 5, cap. 3, p. 99.*

reçoivent des modifications qui réagissent elles-mêmes sur l'aspect que présente ce tégument. Et, ce qui est à remarquer, c'est que cette substance est beaucoup plus homogène, malgré sa diversité apparente chez les Oiseaux terrestres que chez les Oiseaux aquatiques; ceux-ci manquant généralement de ce gluten animal qui lie et soude entre elles toutes les molécules calcaires chez la grande majorité des autres Oiseaux. Mais de même qu'une nourriture exceptionnelle et plutôt désorganisatrice, comme on doit supposer celle mise en usage par M. Moquin-Tandon, puisqu'il ne nous en indique pas la nature, peut amener une perturbation anormale dans la sécrétion ou la production de la substance calcaire, et son mode de dépôt ou de cristallisation à la surface des enveloppes de l'OEuf; de même une nourriture régulièrement administrée et choisie, relativement à celle toute fortuite que leur fournit la nature dans leur état de liberté, peut amener un résultat opposé chez les Oiseaux soumis à ce régime : c'est-à-dire rendre plus fine et plus douce chez eux la Coquille de leurs OEufs, qu'elle ne l'est d'ordinaire, c'est ce qui se remarque principalement chez l'Autruche, dont l'OEuf, pondu en domesticité offre une Coquille presque lisse, totalement privée de ces tiquetures des pores dont est ordinairement criblée la Coquille des OEufs que cet Oiseau pond en liberté, et partant, d'une épaisseur beaucoup moindre.

C'est ainsi, au surplus, et par suite d'une nourriture trop substantielle et sous les mêmes influences, que nos Poules domestiques pondent ces OEufs *hardés*, dont nous avons déjà parlé : le développement de la graisse tout le long des parois des intestins et de l'Oviducte mettant obstacle au développement régulier de la matière calcaire.

Nous bornerons à ce qui précède les observations auxquelles peut donner lieu la contexture de la Coquille de l'OEuf; nous réservant de les développer à l'occasion dans la dernière partie de notre Travail, selon les Familles Ornithologiques dont nous pourrons avoir à nous occuper.

CHAPITRE III.

§ 1er.

DE LA COULEUR DES ŒUFS DES OISEAUX EN GÉNÉRAL, ET DE SON ORIGINE.

Le dernier Caractère que présente la Coquille de l'Œuf des Oiseaux, est celui que l'on peut tirer des Couleurs dont elle est nuancée *extérieurement*. C'est avec intention que nous établissons cette différence. La plupart des Ornithologistes, sans en excepter M. Z. Gerbe (1), ont avancé à tort que la surface intérieure de la Coquille était toujours Blanche. Elle varie, pour quelques Ordres, du Blanc pur au Blanc bleuâtre et au Blanc verdâtre. Les Œufs des Gallinacés, des Oiseaux de proie et d'une grande partie d'Oiseaux de rivages et de mers en offrent des exemples invariables. Ces différentes teintes, dans ces cas, sont celles de la matière calcaire elle-même. Cette particularité n'avait cependant pas échappé depuis longtemps au docteur Thienemann, qui, remarquant à la transparence de la Coquille une teinte autre que celle de la surface extérieure, ajoute cette réflexion : « Ce qui peut très-bien servir à distinguer les espèces » alliées. »

Cette partie de l'Oologie n'est pas la moins agréable à étudier; elle n'est pas non plus la moins difficile. Il est impossible, si l'on n'en a vu une suite nombreuse, de soupçonner la richesse

---

(1) *Dict. Pittor. d'Hist. Natur.* 1838.

et la variété des teintes qui ornent cette enveloppe, en apparence
si grossière et si insignifiante. Une Collection de ce genre est
réellement digne de figurer à côté des somptueuses Collections
de Papillons et d'Oiseaux dont sont remplis les Cabinets d'Histoire Naturelle. Aussi nous ne doutons point qu'à mesure que
les observations, en se multipliant sur ce sujet intéressant, en
découvriront toute la valeur et le mérite, les Amateurs, et
même les Savants, ne finissent par devenir curieux de posséder
les OEufs de toutes les Espèces d'Oiseaux connues.

Les Couleurs, tant simples que composées, dont nos peintres
couvrent leur palette, se rencontrent diversement réparties sur
la Coquille des OEufs. Les uns sont Blancs, les autres Verts,
ceux-ci Bleus, ceux-là maculés de Rouge, quelques-uns sont
Roses, d'autres orangés, d'autres ont des taches, ou de Brun,
ou d'Ocre Rouge, ou de Gris, ou de Noir; on en voit de Vert-
Olive, de Brun uni, de couleur Fauve, enfin de toutes les combinaisons de Couleurs dont la Nature a fait un si bel emploi dans
les OEuvres de la Création.

S'il est peu facile de se reconnaître au milieu de cette diversité
de nuances, il ne l'est pas davantage d'établir entre les OEufs, à
cet égard, des divisions aussi tranchées que celles que nous
avons obtenues de la Forme et de la Structure de la Coquille de
l'OEuf. Nous essaierons toutefois, malgré les obstacles que nous
venons de signaler, de diviser les OEufs aussi convenablement
qu'il nous sera possible quant à leurs Couleurs.

La Coquille des OEufs d'Oiseaux, en général, est, ou recouverte d'une Couleur unie et sans taches, ou diversement maculée
sur un fond plus ou moins clair. Les nuances affectées par les
OEufs teintés d'une manière uniforme sont le Blanc pur, le Blanc
bleuâtre, le Blanc verdâtre, le Bleu pur, le Bleu verdâtre, le
Vert-d'eau, le Vert-de-mer, le Vert-Olive, le Brun-Jaune, le
Brun-Rouge, le Rose, le Lilas, le Gris-de-fer. Cette unité de

teinte nous paraît éminemment caractéristique pour la distinction de certaines Familles, ou de certains Ordres : elle est, à part la Couleur, comme la Forme de l'Œuf, constante dans les Espèces ou Genres d'une même Famille, et ne varie que dans sa nuance ou son degré d'intensité.

Quant aux Couleurs des taches superposées à cette teinte, elles passent par toutes les nuances intermédiaires que nous venons d'indiquer. Mais c'est moins la teinte sous laquelle elles apparaissent à la surface de la Coquille, qui est à remarquer, que leur forme et leur disposition. Les unes sont rondes, ou arrondies, les autres angulaires ou carrées; il y en a qui ne présentent que des raies très-fines en forme de chevelure, et en zyg-zag, ou des espèces de veines marbrées et onduleuses. Elles sont, en outre, plus ou moins détachées du fond de la Coquille : les unes y paraissant appliquées après coup, les autres paraissant se fondre d'une manière insensible dans la nuance qui en décore la superficie. Enfin ces taches ne sont pas toutes réparties de la même manière sur l'enveloppe calcaire de l'Œuf : tantôt elles en couvrent uniformément la surface; tantôt, et plus généralement, elles n'en garnissent que la sommité en forme de couronne, ou le centre en guise de zône; ou seulement la base; circonstances importantes à bien observer pour distinguer les Genres ou les Familles entre eux, et qui, combinées avec l'inspection de la Couleur, sont autant de moyens presque infaillibles de parvenir à cette distinction.

On se tromperait étrangement, si l'on croyait que chaque Famille ou Groupe, ait toujours sa Couleur propre à laquelle participent les Genres ou les Espèces qu'il renferme. Il n'en est pas ainsi, quoique cela ait lieu quelquefois. C'est-à-dire, que toutes les Espèces d'un même Genre ou tous les Genres d'une même Famille se tiennent les uns aux autres par un lien commun qui est, soit la nuance principale formant le fond de leur

Couleur, comme chez les Perdicidés, les Charadridés, etc., soit la nuance accessoire de ce même fond, comme la plupart des Accipitres Diurnes, et qui peut servir de base pour distinguer le Genre ou la Famille dont elles ressortent. Mais souvent aussi, chaque espèce d'un même Genre ou chaque Genre d'une même Famille a sa Couleur particulière, et le Genre ou la Famille auquel elle se rapporte ne se distingue par d'autre caractère que celui de l'uniformité de la nuance dont sont ornés ces Espèces ou ces Genres, quelle qu'en soit la teinte, ou pour mieux dire, celui de l'absence de toute tache : ce qui est remarquable chez les Tinamidés, Famille fort naturelle, et dont chaque Espèce a son Œuf d'une Couleur distincte, ou Bleue, ou Verte, ou Carminée, ou Lilas, ou Brun-Violet, ou Brun-Bronzé, ou Brun-Gris foncé, mais toujours uniforme et sans tache.

Eu égard à la Couleur, les Œufs se partagent naturellement en deux grandes classes : ceux simplement revêtus d'une teinte Blanche ou qui ne revêtent aucune Couleur étrangère à celle de la matière dont se compose leur Coquille ; et ceux dont la Coquille revêt au contraire une Couleur étrangère à celle de cette matière.

Les premiers se subdivisent assez naturellement en trois groupes suffisamment tranchés et distincts. Mais les derniers sont composés d'une variété tellement infinie de nuances, qu'ils se fractionnent à leur tour en presque autant de sections qu'il se trouve de Genres ou de Familles auxquels le Blanc n'est point particulier. Force nous est donc de nous borner à des énonciations générales.

Nous commencerons par les Œufs Blancs, parce que, ainsi que nous venons de le dire, ce sont ceux qui se partagent le plus naturellement la grande classe des Oiseaux, et puis parce que ce sont les plus communs en notre Europe, nous voulons dire de ceux des Pigeons et des Poules, et enfin, disons-le à la grande surprise de nos Lecteurs, parce que cette Coquille blanche sans teinte et sans tache est propre au quart du nombre total des Espèces admises en Ornithologie : c'est-à-dire que sur 8,300 Espèces d'Oiseaux que compte et reconnaît le Prince Ch. Bonaparte, 2,000 Espèces au moins ont les Œufs Blancs. L'habitude de voir les Œufs de nos Gallinacés et Pigeons domestiques a même fait supposer à tort, aux personnes qui n'en avaient jamais vus d'autres, que les Œufs de tous les Oiseaux devaient être également Blancs. Nous venons de commencer à démontrer que si le nombre en est relativement grand, il s'en faut de beaucoup qu'il en soit ainsi; et l'on verra par la suite quelle étonnante diversité la nature a su répandre dans ce hors-d'œuvre de son Grand Travail.

La Coquille des Œufs étant composée d'une matière à peu de chose près chez tous uniforme par sa constitution et sa couleur, il en résulte que ceux chez lesquels cette Coquille n'est recouverte d'aucune nuance ou teinte étrangère, offrent entr'eux fort peu de différence. Mais cette matière toujours Blanche, variant du Blanc pur ou de lait au Blanc-bleuâtre et au Blanc-verdâtre, cette faible différence d'aspect ou de transparence nous servira de base pour une première division générale, qui se trouve des plus naturelles, et qui réduit à trois, sous ce rapport, les six grands Groupes Scientifiques établis depuis longtemps par les Auteurs, et notamment par M. Isid. Geoffroy Saint-Hilaire, parmi les Oiseaux, qui sont : les Rapaces, les Passereaux, les Gallinacés, les Echassiers, les Palmipèdes et les Impennes : Groupes que la Méthode actuelle, notamment celle du Prince Ch. Bonaparte a élevés au nombre de douze en les doublant en quelque sorte, c'est-à-dire en les scindant. Car, en mettant de côté les *Psittaci*, confondus dans les anciens Passereaux, et les *Inepti*, dans les Impennes, on trouve que les Parallèles

Herodiones et *Grallæ* ne sont qu'un fractionnement ou dédoublement des anciens Echassiers ; ceux des *Gaviæ* et des *Anseres* un fractionnement des anciens Palmipèdes, dans lesquels se confondaient les *Ptilopteri*, et enfin les *Struthiones* reproduisant les anciens Impennes.

I. Uniforme et d'une teinte laiteuse, c'est-à-dire, inclinant plutôt au Jaunâtre qu'au Bleuâtre, même dans la transparence de la Coquille, la Couleur Blanche, comme ton général du fond de la Coquille, est propre aux Strigidés, sans exception, aux Passereaux, aux Gallinacés, et, parmi les Palmipèdes, aux Procellaridés exclusivement ; mais constamment pure dans la plus grande partie des Groupes de ces divisions, elle est chez quelques-uns semée et recouverte de taches de formes variées passant par toutes les nuances de Rouge, de Jaune, de Bleu, de Vert et de Brun.

II. Nuancée d'une teinte Bleuâtre presque imperceptible, puisqu'on ne la peut voir que dans la transparence de la Coquille, et en exposant celle-ci aux rayons d'un jour assez vif, la Couleur Blanche, comme teinte générale du fond de la Coquille, est propre à tous les Accipitres Diurnes ; mais fréquemment pure dans plusieurs Genres ou Familles de cet Ordre, elle est plus souvent clair-semée et parfois entièrement recouverte de taches arrondies ou sous forme de nuages et de larges marbrures d'un Brun tantôt rougeâtre, tantôt olivâtre, et tantôt noirâtre.

III. Teintée d'une nuance Verdâtre tout aussi légère, et seulement visible dans la transparence de la Coquille, la Couleur Blanche, de même que dans les Rapaces Diurnes, et comme teinte générale du fond de la Coquille, devient particulière à presque tous les Echassiers, les Palmipèdes et les Impennes ; mais constamment pure dans plusieurs Familles de ces trois grandes divisions, telles que les Pélécanidés, les Grèbidés et les

Manchots, ou *Aptenodytes,* elle revêt dans le plus grand nombre des taches et macules de formes et de couleurs diverses, et variant du Jaune au Brun, du Bleu au Vert. Il convient seulement d'observer que, quoique la Coquille des Pélécanidés et des Manchots ait, à la première vue, l'apparence d'un Blanc de lait, cet aspect est l'effet d'une couche crayeuse de cette couleur qui recouvre une grande partie et quelquefois la totalité de leur Coquille, dont la teinte véritable est cependant bien déterminée, ainsi que le démontrent les portions de cette même Coquille qui n'en sont point recouvertes.

A la suite de cette première division viennent se grouper, avec un peu moins d'ordre, les désignations des couleurs principales qui se superposent, chez les Œufs, à la Coquille proprement dite, ou à la matière qui la compose. On a bien observé avec quelque apparence de raison, et Guettard, et Gunther, et Lapierre, et Buhle, qu'aucune des Couleurs appelées primitives ou élémentaires ne se retrouve sur aucun des Œufs d'Oiseaux connus jusqu'à ce jour; mais on aperçoit sur le plus grand nombre des traces si bien accusées de ces Couleurs, qu'elles sont plus que suffisantes pour démontrer, non la justesse absolue de cette observation, mais au contraire la possibilité de la formation, et peut-être de l'existence de ces Couleurs du prisme sur les Œufs que le temps pourra faire découvrir.

Ainsi, si le Violet pur n'y a pas encore été retrouvé, plusieurs tons qui en approchent de beaucoup se retrouvent dans plusieurs Familles telles que les Laniidés, pour le Tyran de la Caroline (*Lanius Carolinensis.* Wilson); les Tinamidés, et, comme couleur accessoire, les Sternidés.

Il en est de même pour le Rouge, qui est encore inconnu : mais le Rose incarnat existe nettement accusé sur les Œufs de quelques Sylviidés, à l'état de macule en général, et, plus particulièrement, uniformément étendu sur toute la surface de la

Coquille dans l'OEuf des trois ou quatre Espèces d'*Hippolaïs* connues.

Le Rose passe au Rouge-brique et au Rouge-vineux dans les OEufs de quelques Certhiidés, comme le Grimpereau d'Europe (*Certhia familiaris*. Linnée); dans les Sittidés et les Paridés, dans un grand nombre de Troupiales, et, parmi les Ictéridés, dans l'Etourneau de la Louisiane (*Sturnella Ludoviciana*. Wils.)

Ce même Rouge passe au Rouge-sanguin dans l'OEuf du Bec-Croisé, faux Perroquet (*Loxia pythiopsittacus*. Bechstein); dans l'OEuf de presque tous les Meliphagidés, et quelques autres.

Enfin le Rouge-sanguin arrive au Rouge-brun et noir dans une multitude d'OEufs, principalement dans ceux de presque tous les Rapaces diurnes, et entre tous, dans ceux des Falconidés.

Le Jaune pur, qui n'a pas non plus encore été découvert, se retrouve quelque peu carminé et orangé dans les OEufs de plusieurs Phasianidés, tels que le Faisan doré (*Phasianus pictus* Lin.), et le Faisan argenté (*Phasianus nycthemerus*. Lin.)

Dans le ton Isabelle, le Jaune devient la livrée générale des OEufs de tous les vrais Charadridés, comme fond; et, dans une multitude d'autres OEufs, il donne lieu à un grand nombre de nuances par son mélange avec les diverses teintes brunes.

Le Bleu pur, qui n'existe pas davantage, se retrouve pourtant presque pur, et sous des nuances variées, dans les OEufs de plusieurs Cuculidés, de plusieurs Turdidés ou Mérulidés, de plusieurs Saxicolinés, de plusieurs Pyrrhulidés, tels que le Genre *Carpodacus*, et de plusieurs Tinamidés; et partout comme couleur de fond et uniforme.

Puis il passe par des tons infinis de Vert dans d'autres Oiseaux de ces diverses Familles, et notamment dans les Otidés, les Ardéidés et les Anatidés.

Telles sont à peu près toutes les nuances principales qui

forment le fond de couleur de la Coquille de tous les Œufs d'Oiseaux venus jusqu'à ce jour à notre connaissance.

Pour ce qui est des taches, elles ne peuvent guère servir par leurs Couleurs à établir à elles seules, entre les Œufs, des distinctions bien précises, parce que ou elles participent plus ou moins à celle du fond de la Coquille, ou elles rentrent dans la plupart des teintes dont nous venons de parcourir la série.

§ 2.

DE L'ORIGINE DE LA COULEUR DES ŒUFS DES OISEAUX (1).

Il n'est pas aussi facile de se rendre compte de l'origine de la matière colorante qui se dépose à la surface de la Coquille des Œufs de la plupart des Oiseaux, que de leur Forme et de la contexture ou de la composition de cette enveloppe calcaire. C'est un point des plus importants à connaître en Oologie, et dont aucun Auteur, à l'exception de l'abbé Manesse (2) en France, et des Docteurs Thienemann et Carus (3) en Allemagne, ne s'est encore, à notre connaissance, sérieusement occupé, soit indifférence, soit à cause des difficultés de la recherche. Avant eux, Fabricius d'Aquapendente y avait bien songé, mais sans l'approfondir, et en émettant l'opinion : que la couleur dépendait du tempérament de l'Oiseau; et depuis Manesse, seulement, Buhle s'en est exprimé en disant : « que ce n'est pas dans l'extrémité de la matrice que les Œufs reçoivent leur teinte ;..... que c'est dans le cloaque qu'ils prennent leur couleur ; et qu'il est probable que les excréments colorants et les substances mêlées à l'urine produisent cette variété de teintes. »

(1) *Rev. Zool. de la Soc. Cuvier.* N° 12, Déc. 1843.

(2) Dans son Introd. mss. à une Oologie Européenne restée inachevée, 1780 à 1790.

(3) Trait. élém. d'Anat. comparée, 1835. — Trad. par le Dʳ Jourdan.

A quoi doit être attribuée la formation de cette matière? Provient-elle de la combinaison des particules ferrugineuses du sang avec les agents chimiques composant la substance de la Coquille? ou bien existe-t-elle distincte, séparément élaborée dans le corps de l'animal, et contenue, comme la matière calcaire dans des vaisseaux ou conduits particuliers, aboutissant aux parois de l'Oviducte? Telles sont les deux principales questions que fait naître la présence d'une matière colorante sur la contexture crayeuse des OEufs, et que nous allons alternativement examiner et comparer entre elles, afin de connaitre laquelle peut donner la solution la plus rapprochée de la probabilité, sinon de la réalité.

La première question n'a encore été soulevée que par Guettard (1) qui, s'occupant uniquement de la description des OEufs de la Collection de Réaumur, n'a fait que donner à cet égard les idées que nous avons reproduites plus haut (2) ; et depuis par Manesse, dont nous avons, de même que pour la formation de la Coquille, vérifié les observations et constaté l'exactitude. L'un a raisonné sur une hypothèse que les faits ont à peu près justifiée; l'autre n'a parlé que d'après ses propres expériences. Mais, pour bien éclaircir cette question, il est nécessaire de la reprendre au point où nous l'avons laissée dans le Chapitre précédent, et de rentrer dans le détail des phénomènes qui accompagnent ordinairement l'opération pénible de la ponte, qui est véritablement pour les femelles des Oiseaux, ce qu'est l'accouchement ou le *partus*, pour les femelles des Mammifères.

Nous avons vu, en étudiant le développement de la matière calcaire dans l'Oviducte, quel était l'état morbide et inflamma-

(1) *Mém. sur diff. part. des Sc. et Arts.* T. 5. 1783.
(2) Voir page 21.

toire de cet organe. Ce n'est pas tout encore : l'échauffement causé dans cette partie du corps de l'animal par le travail qui s'y accomplit et aussi par son ardeur prolifique est tel, qu'aux gouttes blanchâtres qui suintent des papilles dont nous venons de parler, il s'en joint de sanguines procédant les unes par écoulement, les autres par jet et par éclat, ce qui explique parfaitement la forme de larmes ou d'éclaboussures de certaines taches.

C'est ce qu'a fort bien constaté Manesse en ces termes :

« Dans les Oiseaux dont les Œufs sont colorés, et chez lesquels les Couleurs pénètrent la Coquille assez profondément pour ne pouvoir s'effacer en les passant à l'eau, il sort des papilles dont je viens de parler quelques molécules sanguines qui se mêlent à la liqueur laiteuse, et qui, différemment combinées soit avec l'acide phosphorique qui unit ensemble les parties de la Coquille, soit avec l'alcali de la terre calcaire qui en fait la base, donnent le Bleu, le Vert, le Jaune, le Rouge; le Noir et les autres Couleurs mixtes : d'où on peut croire que le Fer, qui fait la base du sang, doit y jouer le plus grand rôle et composer peut-être toutes ces nuances. »

Mais jusqu'à présent on n'a pu découvrir quel était le point de réunion de ces petits vaisseaux, et par conséquent le point de départ de la matière calcaire qu'ils amènent dans l'Oviducte. Ce qui n'annonce pas de grands progrès dans cette partie de l'Anatomie Ornithologique depuis un demi-siècle; car c'est ce qu'a parfaitement exprimé en d'autres termes Virey (1) en disant : « Qu'on ne peut apercevoir le canal de communication par lequel ce liquide passe des reins ou d'un autre organe à l'Oviducte. »

L'autre question, qui nous est propre, nous a été suggérée par une observation que le hasard seul nous a fait faire, il y a

____

(1) *Nouv. Dict. d'Hist. Natur.* etc. Déterville, 1803.

une trentaine d'années. Au printemps de 1829, nous rencontrâmes dans une prairie de la Champagne, non loin des bords de la rivière et proche d'Anglure, un nid de Vanneau Commun ou Huppé (*Tringa Vanellus*, Lin.) avec trois OEufs seulement dedans. Deux de ces OEufs présentaient les Couleurs affectées ordinairement par cette Espèce : sur un fond Brun-Verdâtre abondaient confusément des taches d'un Noir-Brunâtre plus abondantes au gros bout qu'à la pointe. Il en était tout autrement du troisième, que nous avons conservé longtemps dans notre Collection, où il se trouve encore avec elle; sa Couleur différait tellement de celle des deux autres, que, n'eût été sa Forme absolument la même, *Ovoïconique,* nous l'eussions pris pour l'OEuf d'une Espèce étrangère au Vanneau et inconnue; car il était d'un Vert-d'eau uni, légèrement parsemé, surtout au gros bout , de petits points ou mouchetures noirâtres. Lorsque nous vidâmes cet OEuf, au moyen de l'insufflation, nous fûmes témoin d'un phénomène extraordinaire qui n'a jamais été remarqué par personne que nous sachions, et que nous n'avons pas encore vu se reproduire depuis. L'Albumen et le Jaune sortirent par la pointe, au bout aigu de l'OEuf, dans leur état normal, l'un et l'autre avec sa tunique, et l'OEuf nous paraissait entièrement vide, quand, en l'insufflant de nouveau, nous en fîmes sortir une espèce de caillot noirâtre et glaireux. Ayant examiné avec soin la substance dont ce caillot pouvait être composé, nous reconnûmes, à notre grand étonnement, que c'était une agglomération de la matière colorante formée des deux teintes communes à cette Espèce, c'est-à-dire de Brun-Verdâtre, noyée dans un mélange d'albumen et de gluten animal qui fait adhérer entre elles les particules constituantes de la Coquille, et retenue dans une pellicule ou membrane transparente semblable à celles qui retiennent et divisent entre elles les diverses portions de l'Albumen et du *Vitellus*.

Ce fait, unique jusqu'à présent en Oologie, nous a paru de nature à être cité : il mérite l'attention des Oologistes non moins que celle des Physiologistes. La seule explication que nous en ayons pu donner est celle-ci. Il faut d'abord supposer la préexistence ou préformation accidentelle de la matière colorante dans l'intérieur de l'Oviducte avant le passage de l'Œuf par ce canal, puisqu'elle se trouvait au gros bout de celui dont nous parlons, et par conséquent avant le dépôt sur ce corps de la substance calcaire. Il faut ensuite admettre, comme dans le cas de la rencontre de deux Jaunes, que cette matière colorante, ainsi agglutinée, ayant été entraînée dans la sphère d'action et d'activité de l'Œuf, recouvert alors de son Albumen mais non de sa dernière enveloppe pulpeuse, se sera trouvée renfermée dans la Coquille, laquelle, dès lors, n'a pu être très-faiblement teinte que par le peu de particules colorantes demeurées aux parois de l'Oviducte. Remarquons d'ailleurs que la teinte Vert-d'eau apparaissant sur cet Œuf est en grande partie celle qui se voit toujours à la surface intérieure et dans l'épaisseur de la Coquille chez le Vanneau et plusieurs autres Espèces d'Oiseaux fluviatiles, de rivages et de mers ; en un mot, la Couleur de la matière calcaire dans ce Genre ou cette Famille.

Ainsi se trouverait expliquée, sous un autre rapport, la présence, dans certaines couvées d'Œufs d'Oiseaux, d'Œufs colorés d'une teinte unie, la même qui forme le fond de la Couleur des autres Œufs du même Nid, mais sans aucune tache, tandis que ceux-ci sont maculés selon que le comporte l'Espèce dont ils proviennent.

Nous étions par là naturellement conduit à supposer que la matière colorante existait peut-être tout-à-fait distincte et sécrétée comme la matière calcaire dans l'intérieur du corps de l'Oiseau : A quelques recherches que nous nous soyons livré pour établir ce fait d'une manière certaine, nous avons toujours échoué; et rien ne s'est offert à nos yeux qui révélât l'existence d'un réceptacle particulier de cette matière. Nous sommes donc forcé de nous en tenir à la découverte de Manesse, confirmée par Purkinje et Carus, et d'admettre que les différentes teintes que présentent les taches superficielles de la Coquille ne se forment dans l'Oviducte qu'à l'instant où l'Œuf, en le parcourant pour sortir du Cloaque, en distend les parois par son volume et provoque un suintement général de toutes les fibres de la partie inférieure de ce canal; l'effet de ce suintement ou de cette exsudation étant de mettre en présence les particules ferrugineuses et calcaires dont la combinaison s'opère immédiatement, diversement modifiée, ajouterons-nous, par l'action des gaz propres à chacune des substances qu'elles renferment.

Le fait paraît même d'autant plus vraisemblable que la forme seule des taches déposées sur la Coquille reproduit généralement l'impression exacte et l'image parfaite des gouttes de sang exsudées, soit des parois de l'Oviducte, soit de celles des fausses membranes refoulées au dehors; ces images se montrent tantôt régulièrement dessinées, et plus ou moins arrondies ou oblongues, si la résistance dans l'opération est faible, tantôt sous l'aspect d'une éclaboussure ou d'une goutte comprimée si cette résistance est forte; tantôt, et plus rarement, sous forme de traits ou lignes plus ou moins sinueux, ce qui dénote un épanchement de ce même sang exsudé au milieu des divers éléments de l'Albumen, ou, pour mieux dire, du Gluten animal, diffusés dans toute la longueur de l'Oviducte, et dont la nature visqueuse n'a permis au sang de s'y introduire que par filets ou linéaments.

Ainsi donc, point ou peu de doutes quant à l'origine des taches colorantes ou colorées qui se voient sur la Coquille des différents Œufs d'Oiseaux.

En nous exprimant ainsi, nous ne faisons que donner notre opinion personnelle, car cette origine a été contestée, à l'encontre de Carus le seul Auteur qu'il connût de cette explication, et par conséquent, à l'encontre de Manesse, qui l'a donnée bien avant le Docteur Allemand, et que nous avons le premier fait connaître, par notre savant et modeste ami, M. Gerbe, qui l'a discutée en ces termes (1) :

« Carus explique ou croit devoir expliquer ces teintes diverses qui existent sur la Coquille par la décomposition du sang mêlé aux sels calcaires qui composent celle-ci. « Elle ne résulte pas » uniquement, dit-il, en parlant de la coque, d'une excrétion » de sels calcaires ; car le Sang de l'Oviducte, qui se trouve » dans une sorte d'état inflammatoire, mêle encore à ces sels » des produits auxquels doivent être attribuées les Couleurs » diverses des Œufs des Oiseaux. Toutes ces teintes nous rap-» pellent donc la décomposition du Sang, et c'est ce qui explique » pourquoi les Couleurs élémentaires en sont exclues. » Il est possible, continue M. Gerbe, que les Couleurs, dans les Œufs, soient dues à quelque chose de semblable ; cependant on ne peut encore rien dire de positif à ce sujet, car si la cause des taches est dans le sang que les capillaires utérins mêlent aux sels de la Coquille, il est bien difficile de concevoir pourquoi, dans toutes les Espèces, les Œufs ne sont pas tachetés, et pourquoi ceux qui le sont n'offrent pas les mêmes teintes. L'on admet en principe que de la même cause résultent les mêmes effets ; or ici la cause est la même, puisque le phénomène, identique chez toutes les Espèces, se passe dans des organes qui n'admettent pas la moindre différence dans la Série Ornithologique, et pourtant les faits prouvent que les résultats diffèrent. *Ceci ferait soupçonner que l'opinion de Carus n'est pas entièrement fondée.* En outre la Couleur, quelle que soit son intensité, est tout-à-fait extérieure et ne forme sur la Coquille qu'une couche légère ; dans tout le

(1) *Dict. Pittor. d'Hist. Natur.* 1838.

récapitulation faite du nombre d'OEufs de chaque ponte, on n'arrive point à un nombre égal à celui des OEufs pondus dans une seule, ou, dans deux couvées, par nos petits Oiseaux d'Europe.

Temminck (1) même à l'appui de cette opinion, prétend que le Grèbe Castagneux (*Podiceps minor,* Lin.) pond une plus grande quantité d'OEufs dans les contrés Méridionales que dans le Nord. Cette observation, très-vraisemblable pour le nombre des OEufs, ou, en d'autres termes, pour la fécondité de certains Oiseaux, ne prouve rien pour les variations de la Couleur de ces OEufs, laquelle reste toujours la même.

M. Moquin-Tandon (2), complétant la pensée du savant Ornithologiste Hollandais, va plus loin. Il dit avoir observé : « qu'en général le Coloris des OEufs était bien plus prononcé » selon le degré d'élévation de la température dans laquelle les » Oiseaux se reproduisaient, de manière que telle Espèce com- » mune au Midi et au Septentrion pourrait pondre des OEufs » sensiblement variés. »

Le fait existerait qu'il ne serait pas à beaucoup près général ; mais nous ne voyons point quels exemples on pourrait citer au soutien de cette opinion à laquelle notre précédente discussion a déjà répondu à l'avance? Serait-ce que les Oiseaux du Nord auraient été moins favorisés de la nature à l'égard de la Couleur de leurs OEufs? On voit généralement tout le contraire. Les OEufs des Perroquets (*Psittacidæ*), des Toucans (*Ramphastidæ*), des Couroucous (*Tragonidæ*), des Touracos (*Musophagidæ*), des Oiseaux-Mouches (*Trochilidæ*), et des Pigeons (*Columbidæ*), ces riches habitants des parties les plus chaudes et Tropicales de l'Ancien et du Nouveau Monde, si brillants de

(1) *Manuel d'Ornithologie.* Paris, 1821.
(2) *Ann. de la Soc. Linn. de Paris.* 1824

plumage, sont tous d'un Blanc uniforme et sans tache, que l'OEuf de l'Oiseau-Mouche même soit pondu ou sur les sommets neigeux du Chimborazo et du Pichincha, ou dans les fourrés des Forêts Vierges du Brésil; tandis que les Guillemots (*Uria*) et les Pingouins (*Alca*), ces lourds Oiseaux des Mers Glaciales, dont la robe ne se compose que du mélange monotone du Blanc et du Noir, font les OEufs les plus riches en couleurs que l'on connaisse, qu'ils les déposent sous la Zône Polaire, ou sous la Zône Tempérée. Serait-ce que les Espèces communes au Midi et au Septentrion auraient leurs OEufs plus diaprés, ou plus agréablement variés, dans l'une que dans l'autre de ces contrées? Aucun exemple affirmatif ne se présente à nous, et nous pouvons en citer un grand nombre de négatifs. Ainsi, il n'y a pas de différence appréciable, quant à l'intensité des Couleurs dont ils sont ornés, entre les OEufs de Cresserelle (*Tinnunculus*) et les OEufs du Corbeau noir (*Corvus Corax*) pondus au Nord de l'Europe, et ceux pondus en Afrique (à Mogador). De même les Espèces ou les Genres de Merles (*Turdidæ*) pondent des OEufs aussi brillants, en Vert ou en Bleu, au Sud de l'Afrique qu'au Nord de l'Europe ou de l'Amérique : le Merle Spréo (*Turdus bicolor*. Gm.) pour l'une, et les Merles Commun et Emigrant (*Turdus Merula*. Lin. et *Migratorius*. Gm.), pour les deux autres, en offrent la preuve. Les OEufs du Pinçon Commun (*Fringilla cœlebs*. Lin.), de la Perdrix grise (*Perdix cinereus*), et de la Caille Commune (*Coturnix*), ne diffèrent également en aucune façon pour la Couleur, soit qu'on les trouve en Afrique, fût-ce même au cap de Bonne-Espérance, soit qu'on les trouve au centre de l'Europe. Ces exemples, que l'on pourrait multiplier à l'infini, démontrent suffisamment que l'influence du climat n'entre pour rien dans la cause ou l'intensité de la matière colorante des OEufs. Il ne faut point appliquer à cette matière, qui est le résultat d'une organisation à part, et d'agents intérieurs particuliers à cette organisation, le même raisonnement que l'on fait pour la matière colorante du plumage des Oiseaux, laquelle peut être plus ou moins modifiée par l'effet du contact et du frottement perpétuel d'un agent extérieur, l'air, qui lui-même est soumis aux variations climatériques et atmosphériques.

C'est avec plus d'apparence de raison que Steller, Gunther, et le Docteur Buhle ont dit, sans le démontrer, que la Couleur de l'Œuf variait selon l'âge de la femelle. C'est en effet ce que prouvent nos observations faites sur plusieurs Espèces d'Europe, d'Amérique et de l'Inde, et, si borné qu'en soit le nombre, c'est une proposition que nous croyons cependant pouvoir être établie d'une manière générale. Les Oiseaux auxquels s'applique spécialement cette remarque sont, à notre connaissance, la plupart des Faucons (*Falco*), des Pies-grièches (*Laniidæ*), des Merles (*Turdidæ*), des Gros-becs (*Fringillidæ*), quelques Espèces de Becs-fins (*Sylviadæ*), de Gallinacés et de Palmipèdes. Il y a même cela de particulier que, dans les Espèces où elle se produit, cette variation, loin d'être accidentelle, est constante. Ainsi, dans toutes les pontes du dernier âge de ces Oiseaux, les Œufs des Faucons auront beaucoup moins de Rouge et de Brun, ou tireront davantage sur le Blanc; ceux de la Pie-grièche écorcheur (*Lanius Collurio*. Gn.), au lieu d'avoir leur couronne formée de taches Rubracées, les auront Brunes ou Grisâtres, quelquefois même auront à peine quelques points de cette couleur; le Merle commun (*Turdus Merula*) aura la teinte générale des siens d'un Vert plus tendre, ou même d'un Blanc-grisâtre sans taches; enfin ceux du Pinçon commun (*Fringilla cœlebs*), seront d'un Vert-clair avec quelques rares points d'un Noir-Rougeâtre, tandis que dans le jeune âge, ou dans les premières pontes, leurs Œufs sont d'un Verdâtre légèrement laqué avec des points et des lignes d'un Rouge-Noirâtre dont les bords ou les contours se perdent ordinairement sous une teinte Rosacée dans le fond de la Coquille. Cette différence, entre les OEufs du vieil âge et ceux que les Oiseaux pondent dans tout le cours de leur existence, ne dépend que de la quantité de la matière colorante, qui est beaucoup moins abondante et dont les éléments sont beaucoup plus rares chez les vieux que chez les jeunes. Il résulte de cette dissemblance des variétés de plus à ajouter aux Collections Oologiques, et, sinon quelque confusion, du moins quelque difficulté pour distinguer les OEufs d'une Espèce de ceux d'une autre.

Ce caractère différent que présente la répartition de la Couleur dans les OEufs des Oiseaux adultes et dans ceux des vieux, nous amène naturellement à parler d'une déduction que l'on a tirée de la disposition affectée généralement, dans les OEufs maculés, par les taches, qui viennent plus souvent se grouper au gros bout, toujours plus coloré, soit en forme de couronne, soit en forme de calotte, qu'au petit bout qui n'est généralement empreint que de taches fort rares; déduction relative à la manière dont sortirait l'OEuf du corps de l'Oiseau, par son gros ou par son petit bout.

Depuis Aristote jusqu'au commencement du XIXe Siècle on n'était pas plus fixé sur ce point, que sur la fameuse question de savoir si la forme de l'OEuf, qui varie souvent dans la même couvée, était l'indice invariable du sexe de l'Oiseau qui en devait sortir. Aristote avait établi que l'OEuf sortait par son bout obtus, opinion suivie par un assez grand nombre d'Auteurs, notamment par Buffon. Le vénérable M. Duméril (1) est le premier qui ait démontré au contraire que c'était par son bout aigu que sortait l'OEuf; et cette doctrine a été confirmée par le Savant Chimiste anglais John, par le Docteur Thienemann, par de Blainville et par MM. Isid. Geoffroy-Saint-Hilaire et Gerbe. Il est donc cons-

____

(1) *Éléments des Sciences Naturelles*, T. II.

tant et il faut aujourd'hui poser en fait : que *c'est par le bout aigu* que sort l'OEuf, et dans les Espèces où il est coloré et dans celles où il ne l'est point, chez les Pics (*Picus*) comme chez les Serins, comme chez les Poules : c'est ce que prouvent les expériences des Naturalistes que nous venons de citer, c'est ce que nous ont surabondamment démontré nos propres observations.

Maintenant le fait de la forme et de la disposition des taches en devient peut-être plus facile et plus satisfaisant à expliquer.

Tout le monde sait que la base essentielle de l'OEuf est le Jaune (*Vitellus*) qui, existant à l'état de globule fixée à la grappe de l'Ovaire, s'en détache à sa maturité sous la forme Sphéroïdale, pour tomber dans l'Oviducte où il se munit de son Albumen et se recouvre de son tégument calcaire. Le globe du Jaune servant d'élément, ou en quelque sorte de moule à chacune des parties organiques et calcaires qui s'y viennent ainsi réunir et déposer, l'Oviducte, à l'endroit où s'opèrent ce travail et cette réunion, est toujours entretenu dans un certain degré de tension et de volume qui devient de plus en plus sensible, relativement à la partie inférieure de cet organe encore à l'état de repos et d'inaction. L'effet de cette tension partielle est évidemment de faire refluer l'excédant de toutes ces matières organiques vers cette partie inférieure, et cet excédant ne peut s'y rendre que sous la forme la moins développée et la plus amincie, en un mot, sous une forme dégénérant insensiblement en pointe plus ou moins aiguë.

L'agglomération et l'agencement de toutes les parties internes constituantes de l'OEuf une fois effectués, le travail ou la sécrétion de la matière calcaire une fois opéré, et alors que la Coquille est toute formée, l'OEuf accomplit son mouvement de circonvolution de sortie, toujours le petit bout en avant.

Dans cette opération la pointe de l'OEuf est sans doute assez en contact avec la surface interne des parois de l'Oviducte pour faciliter les combinaisons chimiques donnant naissance à la matière colorante, ou, pour mieux dire, à la couleur elle-même, et en prendre l'empreinte ou la teinte, mais pas assez pour provoquer le suintement de ces parois et l'explosion ou l'éruption des grannules, vésicules ou papilles tuméfiées et engorgées de sang. Ces effets ne se produisent qu'au moment du passage du diamètre tansversal le plus large de l'Œuf, qui, distendant outre mesure la partie de l'Oviducte où il se présente, se trouve dans le contact immédiat et le plus complet avec toute la surface de ses parois. C'est alors, que l'effort étant plus grand, la majeure partie de matière colorante se trouve reportée vers le gros bout de l'Œuf, l'éclat des petites vésicules de sang s'opérant à la portion la plus large du diamètre de l'Œuf, pour y déposer l'empreinte de leur base et finir en mourant ou en forme de pointe ou de larme, à partir de ce diamètre jusqu'au sommet de l'Œuf, où elles se perdent en se confondant : ce qui n'est, chez aucune Famille d'Oiseaux, plus remarquable que dans les Œufs de Forme Ovée ou Ovoïconique, c'est-à-dire chez les Gralles ou Echassiers, et une partie des Palmipèdes.

§ 5.

DE LA MATIÈRE COLORANTE DANS L'ŒUF DES OISEAUX, ET DE L'INFLUENCE DE L'INCUBATION SUR LE DÉVELOPPEMENT DE CETTE MATIÈRE A LA SURFACE DE LA COQUILLE (1).

Parmi les Œufs colorés, il en est chez lesquels la Matière Colorante est moins adhérente à la Coquille, et d'autres où elle l'est davantage; Manesse a eu raison d'établir une différence pour l'origine de cette Couleur dans les unes et dans les autres, et d'appliquer exclusivement son explication de la formation de

(1) Voir *Rev. Zool. de la Soc. Cuvier.* Mai 1844, n° 5.

la matière qui la compose, à ceux seulement chez lesquels elle résiste à l'action de l'eau.

« Il n'en est pas de même, dit-il, de celles, c'est-à-dire les taches, qui ne sont que superficielles et uniquement plaquées sur la Coquille ; celles-ci ne sont qu'un sang plus ou moins altéré ou décomposé. »

Et nous avons eu tort de l'avoir contredit en ce point autrefois, en subordonnant la présence de ces taches de superfétation à la quantité plus ou moins grande de Gluten animal que renferme la matière Calcaire de la Coquille.

Ces taches se remarquent sur la généralité des OEufs d'Oiseaux, quel que soit le degré du brillant et du lustre de leur test ; mais ce n'est jamais d'une manière constante, et le plus souvent qu'exceptionnellement. Les OEufs des Rapaces Diurnes et de plusieurs Familles de Palmipèdes, telles que celles des Guillemots et des Pingouins, y sont plus exposés que d'autres ; et il se pourrait, à cet égard, que la cause en tînt à l'absence ou à la présence de ce Gluten, que décèle le poli plus ou moins brillant de la Coquille : car il n'est pas d'OEufs dont la surface calcaire soit moins lustrée que ceux de ces Familles, ni chez lesquels les Couleurs Brune et Noire soient plus faciles à effacer : d'où il suit, en général, que plus une Coquille est luisante, moins aisément s'en détachent ces macules. Nous n'avons jamais remarqué que l'action de l'Incubation facilitât cette disparition de la Couleur que lorsqu'il y avait décomposition de l'OEuf, et par conséquent désorganisation de la matière calcaire.

Il existe cependant plus d'une exception aux exemples que nous venons de citer, ainsi qu'au principe que nous en avons tiré, pour un grand nombre de Passereaux, tels que Turdidés, Fringillidés, etc. ; de ces exceptions, la plus remarquable est celle qui concerne l'OEuf du Loriot (*Oriolus Galbula.* Lin.). On sait que cet OEuf, de Forme Ovée, est Blanc lustré et parsemé de quelques taches ou points, les uns d'un Brun-Noirâtre, les autres tout-à-fait Noirs : or, il est constant qu'en les frottant légèrement avec un linge imbibé d'eau, l'on parvient presque toujours à faire disparaître ces taches; c'est même un des plus grands inconvénients de cet OEuf, lorsqu'on le veut nettoyer. Cette exception, nous le répétons, est la plus remarquable, sur mille à douze cents Espèces d'OEufs composant notre Collection, que nous puissions citer : elle ne saurait donc infirmer la proposition de Manesse. Il y a même plus : il en résulte la démonstration d'une autre proposition que nous avons déjà eu occasion d'indiquer précédemment : c'est que, lorsque s'effectue l'opération de la coloration de l'OEuf, la Coquille est déjà toute formée, parfaite et recouverte en grande partie de la nature de Gluten propre à l'Oiseau dans le corps duquel elle s'est développée.

L'observation de Manesse peut se vérifier tous les jours; et il est facile de voir que toutes ces épaisseurs de Matière Colorante non adhérente à la Coquille, et uniquement déposée comme après-coup, à sa surface, ne sont formées que d'un véritable écoulement ou suintement de sang coagulé, tournant au Rouge-Brun ou au Rouge-Noir, et souvent d'une espèce de résidu de matières excrémentielles dont il emprunte les teintes. Ce défaut d'adhérence est le signe le plus certain qu'il s'agit ici non d'une décomposition chimique du sang par la mise en présence des sels calcaires de la Coquille et des particules ferrugineuses de ce fluide organique, mais d'un simple dépôt de matière à son état normal.

C'est ici le lieu de parler d'une particularité que présentent les OEufs à plusieurs teintes dans le système de leur Coloration. On voit des taches d'une Couleur suivre une progression différente de ton, soit en plus, soit en moins, dans cette même Couleur : c'est-à-dire que les unes apparaissent à peine comme un nuage ou en demi-teinte; les autres sont plus accusées et enfin les troisièmes sont les plus nettes et les plus crûes et ont toute leur valeur de tonalité ; ce qui parfois donne à ces OEufs l'apparence d'être recouverts de deux ou trois Couleurs différentes, alors que toutes ces taches ne proviennent et ne sont que les trois nuances d'une seule. On a été plus souvent frappé de cette remarque, que l'on n'a été tenté de chercher la cause et de donner l'explication du fait.

Thienemann le premier, avec son tact habituel d'observation, l'a expliqué en ces termes :

« Dans les OEufs tachés, dit-il, on remarque en général trois sortes de taches, les unes pâles, les autres mieux colorées, les dernières parfaitement colorées, *ce qui permet d'admettre trois périodes de coloration*. Les taches pâles sont de la première, la masse Calcaire plus molle alors leur permet de la pénétrer ; dans la seconde, la masse calcaire déjà plus compacte leur permet moins de la pénétrer ; dans la dernière période enfin, les taches sont souvent tellement superficielles qu'on peut les faire partir avec de l'eau. »

Cette remarque en elle-même est exacte en fait et fort juste. Peut-être l'explication n'en est-elle pas assez complète ni suffisamment satisfaisante ; car elle ne semble résoudre et commenter que les apparences. Elle repose sur ce fait très-curieux que nous avons observé : c'est que ces taches, quelle que soit leur apparente dégradation de teinte, ont toutes la même valeur relativement à la couche de l'enveloppe calcaire sur laquelle elles sont imprimées. Il suffit pour s'en convaincre de gratter légèrement la portion de la Coquille à laquelle elles apparaissent, pour leur rendre cette valeur : mais alors c'est réellement aux dépens de l'épaisseur du test, que l'on a aminci d'autant plus, pour arriver jusqu'à elles, qu'elles s'y apercevaient moins et étaient plus pâles. Cette démonstration si facile et si évidente, on le voit, n'admet aucune contestation et est en tout point la sanction de la théorie de Thienemann.

Pour compléter enfin la justification et la glorification du savant Oologiste Allemand, nous dirons qu'au lieu de trois périodes de taches qu'il distingue seulement, nous en distinguons quatre, c'est-à-dire, une de plus que lui; les trois premières découlant réellement de la combinaison chimique des sels calcaires de la Coquille avec les particules minérales du sang; la quatrième qui est sa troisième et qu'il appelle sa dernière période étant, selon nous tout-à-fait distincte de celles-ci, quant à son origine, ainsi que nous avons établi plus haut avec Manesse.

L'Incubation a donné lieu à une observation d'un autre genre, relativement à la Couleur des OEufs : ainsi Manesse, Lapierre et le Docteur Buhle disent avoir remarqué que, suivant les progrès et le temps de l'incubation, les taches dont la Coquille de l'OEuf des Oiseaux est maculée, augmentaient de dimension et d'intensité; et les deux premiers, mettant leur imagination à la place de la réalité, ont attribué ce phénomène, qui en serait vraiment un, s'il existait, à l'action immédiate de la chaleur. Cette observation peu approfondie et énoncée d'une manière trop affirmative par Lapierre, lui a suggéré les hypothèses suivantes dont il n'a pas essayé de démontrer la possibilité : « La chaleur, dit-il, dilaterait-elle la matière Colorante? » Suffirait-elle pour lui donner une teinte plus forte? La lumière » n'y serait-elle pas pour quelque chose ? »

L'opinion de ces Auteurs, à laquelle il faut joindre celle de M. Berge [1] dans son introduction, est trop importante et nous paraît par cela même trop dangereuse, lorsqu'elle est légèrement avancée, en fait d'une Science aussi neuve que l'Oologie, pour que nous ne tentions pas de leur opposer le résultat d'observa-

---

[1] *Sur la reproduction des Oiseaux.* Ouvrage en allemand. Stuttgart, 1840-1844.

tions par nous attentivement faites et que nous avons lieu de croire exactes : elles prouveront que les apparences seules, qui sont trompeuses, ont pu induire ces Naturalistes en erreur. Mais auparavant nous allons chercher à discuter le degré d'admissibilité et le mérite rationnel de chacune des trois propositions dubitatives de Lapierre.

Nous ne pensons pas d'abord que le calorique exerçant son action sur toutes les parties de l'Œuf simultanément, et la matière colorante se trouvant appliquée sur la Coquille à laquelle elle est même, pour ainsi dire, quelquefois incorporée, elle puisse subir l'effet de ce phénomène isolément de cette dernière, et d'une manière distincte.

Nous ne pensons pas davantage que le calorique puisse suffire pour donner à la matière colorante une teinte plus forte. Ce fluide, impalpable comme les gaz, et incolore, ne saurait effectivement être matérialisé au point d'ajouter à l'intensité des Couleurs par son contact avec elles. Ce serait exagérer étrangement le système des Chimistes qui regardent, il est vrai, le calorique comme une matière, mais qui au moins ne lui donnent d'autres facultés que celles de dilater les corps, de les fondre, et de produire en un mot tous les phénomènes sensibles de ce genre.

Si notre raisonnement est fondé pour les deux premières hypothèses de Lapierre, nous n'hésitons pas à émettre et formuler le même jugement pour la troisième. Car il ne viendra assurément à l'idée de personne, après mûre réflexion, sinon de supposer, au moins d'affirmer que la lumière soit pour quelque chose dans l'augmentation et le développement progressif que cet observateur dit avoir remarqué dans la Couleur et les taches colorées des Œufs d'Oiseaux soumis à l'incubation : lorsque l'on sait que la lumière, dont l'intervention est, il est vrai, nécessaire à la production des Couleurs, ainsi que le prouve l'étiolement des Fleurs qui en sont privées, a sur elles, dès qu'elles sont produites, une action inverse des plus vives, c'est-à-dire, qu'elle finit par les absorber en les détruisant, ce que prouve également le changement de Couleur qu'éprouvent les Œufs d'Oiseaux, lorsque, après avoir été vidés, ils restent exposés à l'action de la lumière.

Sans se jeter dans ces hypothèses qui ne nous semblent nullement fondées, il suffit, pour se rendre compte du phénomène *d'optique* qui nous occupe, de se reporter à la composition interne de la Coquille des Œufs, et aux qualités que nous avons assignées à cette enveloppe : en elle réside tout le secret de ce mystère.

Vieillot (1), voulant expliquer ce phénomène dont il a emprunté, sans le dire, la remarque à Lapierre, n'a pas donné assez de développement à son idée pour la faire saisir ; voici comment il s'exprime :

« Ces taches, dit-il, augmentent de grandeur et deviennent » plus hautes en Couleur selon les progrès de l'incubation ; si » elles paraissent plus nombreuses alors, ce n'est pas qu'il s'en » forme de nouvelles, mais étant plus sensibles à l'œil, elles » accroissent graduellement. Cet accident est visible dans les » Œuf Verts, Rouges, etc.

La Coquille des Œufs est généralement peu épaisse, transparente et poreuse. La contexture de ses pores est toute capillaire ; mais indépendamment de cette capillarité, il existe encore dans son épaisseur des communications plus irrégulières et intermédiaires d'un tube à l'autre. C'est par ces pores qu'a lieu l'introduction de l'air ambiant nécessaire au développement de l'embryon, sans parler de la *chambre* ou réceptacle d'air existant au gros bout de l'Œuf entre la Coquille et la tunique intérieure ; c'est aussi par eux, comme conséquence immédiate,

(1) *Nouv. Dict. d'Hist. Natur.* 1828. V° *Œufs.*

que s'opère l'évaporation de la matière dont l'OEuf est rempli.

Le Docteur Thienemann dit à ce sujet que : « les pores sont » les empreintes restées à l'OEuf, des vaisseaux qui le conte- » naient. » Nous aimons à croire qu'il renie aujourd'hui cette proposition selon nous erronnée, qui ne tendrait à rien moins qu'à détruire tout le système de la production, de la composition, de la cristallisation enfin et du dépôt de la matière calcaire destinée à former la Coquille de l'OEuf.

Quoiqu'il en soit, l'enveloppe de l'OEuf, ainsi rendue péné- trable à l'air, le devient tout autant et d'une manière plus visible, suivant que nous l'expliquerons, aux atteintes de l'humi- dité résultant des substances liquides renfermées dans l'OEuf. Or, l'effet de l'humidité dans, ou, sur un corps, surtout lorsque ce corps est creux, étant d'augmenter l'intensité de la Couleur qu'il revêt, on conçoit que la Coquille d'un OEuf, quelles que soient les Couleurs qui la distinguent, paraisse d'un ton plus foncé et même tout différent, lorsque l'OEuf est plein, que lorsqu'il est vide, et conserve même ce ton tout le temps qu'y pourra séjourner l'humidité dont le contact des matières fluides l'avait imprégné. C'est ce que l'expérience démontre tous les jours, lorsque l'on vide des OEufs colorés, pour les conserver en Collection : car une fois la Coquille débarrassée de son contenu, sa teinte générale ainsi que ses taches s'éclaircissent et se dessinent tout-à-coup d'une manière surprenante, compara- tivement à ce qu'elles étaient précédemment, au point même de changer presque de couleur, surtout quand la Coquille est très- fine, comme dans certaines petites Espèces ; c'est ce qui s'observe entre autres exemples, sur les OEufs du Loriot (*Oriolus Galbula*) qui, frais pondus, ont l'apparence d'un Blanc Rosé ou Jaunâtre ; effet de la transparence de la Coquille qui s'empreint de la Couleur du Jaune de l'OEuf ; et, une fois vidés, reprennent leur Couleur réelle, celle du Blanc de lait légèrement lustré. Ce

13

renforcement de ton est peu de chose toutefois en comparaison de celui produit par les progrès de l'incubation, ainsi qu'on va le voir.

D'un autre côté, plus un corps acquiert de densité, plus il perd de sa transparence. Eh bien! à mesure que l'effet de l'incubation se fait sentir sur le germe et les liquides qui l'entourent, plus ces substances s'épaississent, plus alors leur transparence décroît et diminue, plus alors aussi la teinte des Couleurs de la Coquille augmente d'intensité; et cette intensité est à son dernier période au moment où le petit est formé. De telle manière qu'à ce moment on voit en quelque sorte saillir à la surface de la Coquille des taches que l'on ne remarquait pas d'abord, parce que se perdant dans la transparence de cette enveloppe et des liquides y inclus, elles étaient d'une teinte imperceptible, qui s'est trouvée repoussée et renforcée par la solidification et l'opacité graduelles de ces substances; et qu'on en voit d'autres qui s'y trouvaient dessinées dès l'origine, mais nuancées d'un ton très-faible, augmenter d'intensité et en quelque sorte de développement, par suite du même effet. C'est, nous le croyons, ce phénomène mal observé, et dont on n'a saisi que les apparences, qui a causé l'erreur dans laquelle sont tombés les Auteurs dont nous parlons.

Il faut donc établir en principe que les taches des OEufs, une fois appliquées sur leur Coquille, ne subissent, lorsque les OEufs sont pondus, aucune modification ni aucune augmentation de développement dans leur composition intime comme dans leur volume, dans leurs dimensions, et dans la dose de la matière colorante dont elles sont composées, soit par l'effet de la lumière, dont nous reparlerons encore bientôt, soit par celui de l'incubation; que les transformations que paraissent subir ces taches ne sont pas réelles, et ne sont que le résultat momentané de la transparence ou translucidité de la Coquille, graduellement altérée par l'épaississement successif des matières organiques qu'elle renferme, sous l'influence de l'incubation.

Toutes les observations et hypothèses plus ou moins exactes ou hasardées que nous venons de discuter sur les teintes des OEufs des Oiseaux, prouvent mieux que tout ce que nous pourrions dire l'intérêt que l'on doit attacher à leur Coloration si variée et si extraordinaire. Il n'est sorte de systèmes que l'on n'ait tenté de construire sur cette simple considération, systèmes que nous croyons devoir examiner encore, pour détruire ou combattre par le raisonnement et l'expérience les déductions erronnées qu'on en a trop souvent tirées.

§ 6.

DES RAPPORTS PRÉTENDUS DE LA COULEUR DES ŒUFS AVEC CELLE DU PLUMAGE DES OISEAUX, ET DE L'INFLUENCE DE LA LUMIÈRE SUR LA COLORATION DE LA COQUILLE.

Buffon (1), entraîné par son imagination systématique et par son ardeur à retrouver dans chaque Classe d'Animaux les Races primitives, voulant prouver que les Poules étaient originairement Blanches; que ce n'est que par l'effet de la domesticité qu'elles ont varié du Blanc au Noir et pris successivement toutes les nuances intermédiaires; et enfin que c'est de ces Poules que toutes les autres Races sont issues, s'est appuyé sur le rapport qu'il disait avoir saisi dans la ressemblance qui se trouve assez généralement, selon lui, entre la Couleur des OEufs et celle du plumage; et il cite sérieusement en preuves de ce rapport : « les OEufs du Corbeau, d'un Vert-brun taché de noir, dit-il; » ceux de la Cresserelle, Rouges; ceux du Casoar, d'un Vert- » noir; ceux de la Corneille noire. d'un Brun plus obscur

(1) *Hist. Natur. des Ois* Tom. 3.

» encore que ceux du Corbeau ; ceux du Pic varié, variés et
» tachetés de Rouge ; ceux du Crapaud-Volant, marbrés de
» taches Bleuâtres et Brunes, sur un fond nuageux Blanchâtre ;
» l'OEuf du Moineau, continue-t-il, est cendré, tout couvert de
» taches Brun-marron, sur un fond Gris ; ceux du Merle sont
» d'un Bleu-noirâtre ; ceux de la Poule de bruyère sont Blan-
» châtres, marquetés de Jaune ; ceux des Pintades sont marqués
» comme leurs plumes de taches Blanches et Rondes, etc.; en
» sorte qu'il paraît y avoir un rapport assez constant entre la
» Couleur du plumage des Oiseaux et la Couleur de leurs OEufs ;
» et que le Blanc domine dans plusieurs, parce que dans le
» plumage de plusieurs Oiseaux il y a aussi plus de Blanc que
» de toute autre Couleur, surtout dans les femelles dont les
» Couleurs sont toujours moins fortes que celles du mâle. »

Sans parler des nombreuses erreurs que renferme ce passage de Buffon dans la description des OEufs désignés par lui, on douterait qu'il fut sorti de sa plume s'il ne se retrouvait dans son immortel Ouvrage. C'est une preuve, entre mille autres, des inconvénients qu'entraîne la manie des systèmes exclusifs en fait de Science positive, comme l'est et doit l'être l'Histoire Naturelle ; inconvénients après tout dont il faut bien se garder de se plaindre : le mal porte avec lui son remède. Ils sont la consé-quence de la libre discussion qui a toujours existé dans les Sciences, et ce n'est que grâce à ces diverses manières de voir et de s'exprimer de chacun, et à la liberté illimitée de contrôle qu'engendre la révélation successive et continue d'observations nouvelles, que l'on peut espérer parvenir et qu'on arrive jour-nellement à éclaircir et à résoudre les questions si multiples que soulève à chaque pas l'étude de l'Histoire Naturelle. Car les ques-tions, pour aboutir à leur complète solution, ont, comme toutes les choses d'ici-bas, besoin de temps et sont soumises aux varia-tions comme aux progrès des lumières et de la raison.

Le tort de Buffon est d'avoir parlé des OEufs qu'il décrit sur la foi de tiers mal instruits et sans les connaître : s'il en était autrement, il faudrait croire qu'il aurait eu l'intention de surprendre son lecteur. Car l'OEuf du Corbeau est d'un beau Vert parsemé de taches assez fréquentes d'un Brun légèrement olivâtre ou brunâtre ; celui de la Corneille a les mêmes Couleurs, les taches en sont quelquefois seulement plus nombreuses sans être plus foncées ; l'OEuf du Casoar à casque est d'un Vert foncé quelquefois noirâtre, mais il est à observer qu'il ne prend ces deux teintes qu'avec le temps, et que frais pondu il est d'un Vert tendre ; celui de la Cresserelle est le seul que Buffon aurait dù citer, parce que c'est le seul qui offre le rapport dont il a été frappé ; il aurait même pu citer les OEufs de la plupart des Oiseaux de proie Diurnes, qui, sur un fond d'un Blanc plus ou moins pur, ont des taches d'un Brun variant du Rougeâtre à l'Olivâtre et au Noirâtre ; celui du Pic varié n'a aucune analogie avec le plumage de l'Oiseau et n'a jamais été taché de Rouge : il est d'un Blanc de lait luisant, uniforme et sans taches, ce qui est très-différent ; celui du Merle, loin d'être d'un Bleu noirâtre, est d'un Vert léger parsemé de taches Rougeâtres ; celui de la Pintade n'a jamais eu de taches Blanches et rondes comme celles du plumage de cet Oiseau : il est d'un Blanc sale plus ou moins rosacé ou orangé, sans taches, mais ayant les pores de la Coquille si prononcés et si profondément accusés, qu'ils présentent l'aspect de piqûres d'épingles.

Il était donc impossible de plus mal choisir ses exemples, et, nous le répétons, il n'y a réellement que les OEufs de plusieurs Espèces d'Oiseaux de proie Diurnes qui appuient, encore bien faiblement, le rapprochement signalé par Buffon ; ce qui n'est pas à beaucoup près suffisant pour le justifier, si l'on calcule le nombre de Genres ou de Familles d'Oiseaux dont les OEufs peuvent être opposés avec succès à ce système. Ainsi, sans parler des Oiseaux de proie Nocturnes, des Perroquets, des Touracos, des Guêpiers, des Alcyons, des Oiseaux-Mouches, des Pigeons, etc., qui les ont d'un Blanc pur, s'il eût connu la Couleur des Œufs de tous les Tinamous, qui est toujours unie, sans taches, et, selon les espèces, tantôt Bleue, tantôt Verte, tantôt Fauve ou Isabelle, tantôt Lilas, il est permis d'affirmer que jamais il n'eût songé à soutenir une pareille thèse ou qu'il se fût empressé de faire disparaître ce tissu d'erreurs.

La connaissance approfondie des Œufs de la plupart des Espèces ou Variétés de Poules connues aurait évité cette tache à l'Œuvre de Buffon, en lui démontrant en quelque sorte le contraire de ce qu'il rêvait ou de ce qu'il pensait avoir dû être. Car, en se livrant à cette étude purement Oologique, on est étonné d'une chose : c'est, contrairement au dicton populaire et à la doctrine reçue qui veulent que tous les Œufs de Poule soient Blancs, de ne voir ce fait établi que chez la Variété la plus commune, celle de nos Basses-Cours, qui ne se retrouve plus ni comme Oiseau ni comme Œuf dans son pays originaire, l'Asie, où les Œufs de toutes les Espèces ou Variétés, au lieu d'être Blancs, sont de ce Jaune-Nankin, si antipathique à nos ménagères, que nous remarquons chez les Races appelées de Cochinchine, Brahma-Poutra, voire même Crèvecœur, et parfois avec des taches ou macules arrondies Fauves, comme chez le *Gallus furcatus*. Cette seule remarque, que nous consignons en passant, peut donner mûrement à réfléchir aux Ornithologistes qui voudraient, à l'exemple de Buffon, remonter à la source du Type primitif, que nous ne croyons pas, pour notre part, avoir jamais plus existé chez les Gallidés que chez les Colombidés, pour lesquels l'éminent Écrivain aurait pu raisonner ainsi qu'il l'a fait pour les Poules.

Il semble qu'il dût suffire de connaître cette page hasardée de l'*Histoire Naturelle des Oiseaux*, et d'en observer les termes de comparaison pour se convaincre du peu de fondement de l'opinion ou de la proposition qu'elle renferme ; et l'on pouvait espérer qu'à l'avenir, au moyen de l'élan donné à la Science et dés progrès qu'elle accomplit depuis, les Naturalistes abandonneraient ces fautifs errements. Il n'en a pas été ainsi : d'autres Auteurs ont fait revivre cette analogie prétendue que Valmont de Bomare a eu le bon esprit de rejeter.

Daudin (1), en effet, tout en la dénaturant et lui donnant une application différente, a enchéri sur l'idée de Buffon qu'il a reproduite dans les termes suivants : « Il est un point qui me paraît » pouvoir être appuyé par un grand nombre de faits concluants, » c'est que la Couleur des OEufs des Oiseaux considérés dans » l'état sauvage, paraît indiquer en quelque sorte l'Oiseau qui » doit en provenir. Par exemple, je suis porté à croire : 1o que » les OEufs unicolores proviennent d'Oiseaux à plumage d'une » seule teinte, ou dont les teintes sont peu tranchées ; 2o que les » OEufs Blancs, Gris, Verts, Bruns ou Blanchâtres sont pondus » ordinairement par des Oiseaux à plumage plus ou moins foncé » en Couleur ; 3o que les OEufs maculés indiquent des Oiseaux » parsemés de plusieurs teintes. Au reste, je laisse aux observa- » teurs à vérifier cette opinion, et à énoncer jusqu'à quel point » elle est exacte. Il est convenable de remarquer ici que les » Oiseaux dont le plumage ne devient très-coloré qu'au bout de » quelques mois, pondent des OEufs tirant sur le Blanc : tels » sont les Colibris, les Oiseaux-Mouches, etc. »

Cet Ornithologiste, fort estimable du reste, dont le travail est resté incomplet, a eu raison, dans sa modestie, de s'en rapporter à d'autres observateurs du soin de vérifier l'exactitude de son opinion, de ses suppositions ; mais pour leur rendre cette vérification plus facile, il aurait dû prendre la précaution de citer le

____

(1) *Traité d'Ornithologie*, T. 1er.

grand nombre de faits concluants qu'il invoque à son aide : car, pour un Naturaliste, raisonner par supposition et sans preuve, c'est pur enfantillage. Nous allons nous charger de ce que nous reprochons à Daudin de n'avoir point fait ; et ce sera contre lui, et non en sa faveur, que nous serons amené forcément à prouver.

Rien n'établit en premier lieu *que les Œufs unicolores proviennent d'Oiseaux à plumage d'une seule teinte, ou dont les teintes soient peu tranchées :* témoin le Faisan vulgaire qui, avec un plumage élégamment varié, fait un Œuf d'une légère teinte Olivâtre uniforme ; le Faisan à collier qui, avec presque le même plumage, pond un Œuf d'un Bleu légèrement Verdâtre aussi uniforme ; le Faisan argenté qui, d'un plumage encore plus beau, quoique plus simple et plus tranché, quoique moins varié, fait ses Œufs uniformément d'une teinte orangée ; enfin le Faisan doré qui, du plumage le plus riche, produit un Œuf d'une teinte semblable au précédent, mais plus claire et également uniforme.

Il n'est pas mieux prouvé *que les Œufs maculés indiquent des Oiseaux parsemés de plusieurs teintes :* le Corbeau, la Corneille noire, le Freux, tous trois entièrement noirs et d'une seule teinte, pondent des Œufs Verts agréablement maculés de taches d'un Brun-noirâtre ; le Merle commun, d'un plumage également noir et sans tache, a ses Œufs d'un Vert-clair parsemé de taches Rougeâtres ; le Rupicole ou Coq de Roche du Pérou, d'un plumage richement et uniformément Orangé, a les siens d'un fond Blanc-fauve, couverts de taches et bigarrures brunâtres.

Ces exemples pris au hasard suffisent pour montrer combien sont peu réfléchies les trois propositions de Daudin, et pour faire voir qu'il n'a pas été plus heureux dans son hypothèse que Buffon dans la sienne.

Un autre Ornithologiste, Lapierre, guidé par son louable désir de tout reporter à la Providence, a cru que la Couleur des OEufs variait selon les endroits où ils étaient déposés, et cela dans l'intérêt de la conservation de l'Espèce : qu'ainsi les OEufs déposés dans les trous, comme ceux des Hibous et des Pics, du Guêpier et du Martin-Pêcheur, affectaient la Couleur Blanche, afin d'être plus visibles à ces Oiseaux; ceux déposés dans les prés ou les marécages, comme ceux du Héron tacheté, du Vanneau, de la Grande et Petite-Outarde, ceux de quelques Canards, étaient Verts, ou tirant sur cette Couleur, et ceux placés sur la terre, comme les OEufs du Courlis, du Petit-Pluvier et d'une partie des Gallinacés étaient Gris ou Blancs, pour être plus facilement dérobés soit aux poursuites des ennemis naturels des Oiseaux, soit aux recherches de l'homme.

On ne peut contester à Lapierre l'exactitude, à quelques exceptions près, de ses descriptions, et même l'existence réelle de ces rapports singuliers et admirables dans certaines Familles Ornithologiques, telles que parmi les Passereaux : les Bergeronettes (*Motacillidæ*), surtout les Allouettes (*Alaudidæ*) préservées, dans leur Espèce, non seulement par leur plumage qui se modifie en raison de la nature du sol sur lequel ils sont appelés à vivre, que ce soit dans les Steppes de l'Asie ou dans les Sables de l'Afrique, mais par leur OEuf, qui subit les mêmes modifications; parmi les Gallidés : les Faisans (*Phasianidæ*), les Perdrix (*Perdicidæ*), et par dessus tout les Tétras (*Tetraonidæ*), chez lesquels les mutations de plumage, variables selon le manteau des terrains entre lesquels ils partagent leur existence, que ce soient les bruyères des montagnes ou les neiges Alpestres, sont, en conformité du même principe, d'accord avec la Couleur de leurs OEufs; au point que l'on voit une ou plusieurs Espèces de cette Famille, d'un plumage agréablement chamarré ou tapissé, dans la saison des amours qu'ils accomplissent au milieu des mousses et des bruyères, prendre un plumage éclatant de blancheur dans la saison d'hiver qu'ils passent au milieu des neiges ; dans l'ordre des Gralles, presque toutes les Familles ; parmi les Pélagiques (*Pelagici* du Prince Ch. Bonaparte) : les Goëlands et les Hirondelles de mer (*Laridæ*), surtout les *Alcidæ,* dont l'Œuf a l'aspect bleuâtre des eaux ou des glaces qui les environnent ; nous en dirons tout autant des Spheniscidés.

Mais comme les citations de Lapierre, auxquelles nous venons de joindre nos propres considérations, composent la masse des seuls exemples que l'on puisse fournir de cette analogie, et sont loin de comprendre la plus grande majorité des Oiseaux, il faut les considérer, en Oologie, comme des rapprochements ingénieux, mais d'une application trop bornée pour qu'on puisse en tirer des inductions générales et en faire sortir une base de Classification parmi les Œufs. D'ailleurs quelques-unes des raisons qu'il donne de ces coïncidences sont par trop contestables. On ne voit point, par exemple, la nécessité d'une Couleur Blanche pour l'Œuf des Oiseaux Nocturnes qui, voyant beaucoup mieux la nuit que le jour, devraient aussi bien distinguer leurs Œufs, dans les obscurités où ils les cachent, s'ils étaient d'une toute autre Couleur que Blancs. Et puis d'autres Oiseaux font leurs Œufs dans des Nids qui peuvent être assimilés à des trous ; et ces Œufs sont de toute autre Couleur que Blancs ; par exemple, les Tisserins (*Ploceidæ*), dont les Nids sont de longs boyaux, tissus de Graminées, de deux ou trois pieds de profondeur ; et les uns les font d'une Couleur Verte unie, et les autres tachetés de Rouge sur un fond Blanc.

Enfin, M. Gerbe, faisant la même observation que Lapierre, « quant au Blanc pur et rarement piqueté des Œufs pondus » dans des cavités, qui les mettent hors de l'atteinte de la » lumière, tels que ceux des Hibous, des Chouettes, des » Huppes, des Pics, des Torcols, des Martins-pêcheurs, de » quelques Mésanges, etc. » ajoute : « Ne pourrait-on pas

« arguer de ces faits que la lumière a une action bien marquée
» sur les produits Ovariens des Oiseaux, comme elle en a une
» sur les autres productions de la nature? La fleur qui s'épanouit
» dans l'ombre et l'obscurité n'est-elle pas pâle et étiolée,
» comme tout ce que le soleil ne colore pas, et les Oiseaux eux-
» mêmes ne sont-ils pas la preuve la plus évidente de ce fait?
» Ceux-là ont les couleurs les plus brillantes et les plus variées,
» qui habitent les contrées les plus chaudes, les contrées par
» conséquent que le soleil éclaire plus longtemps de ses rayons
» vivifiants? »

Nos observations qui précèdent suffiraient sans doute pour
répondre en partie à la proposition que nous venons de citer.
Nous ne voulons pourtant pas laisser échapper l'occasion qui se
présente d'y répondre. Il est sans doute impossible de nier d'une
manière absolue l'influence de l'action de la lumière sur le produit
Ovarien des Oiseaux, de quelque manière et dans quelque lieu
que ce produit arrive à l'état d'existence matérielle et palpable.
Cependant, en ce qui concerne la Blancheur de l'OEuf des
Espèces énoncées dans le passage dont nous nous occupons, il
est, ce nous semble, impossible de l'attribuer à l'absence de
l'influence de la lumière, car sans parler des OEufs des Poules
et des Pigeons, qui ne sont jamais déposés dans des trous
inaccessibles à son action, comment, suivant ces principes,
expliquerait-on la blancheur des OEufs pondus par les Oiseaux-
Mouches (*Trochilidæ*) qui, presque tous sont remarquables
par l'absence de toute tache et de toute teinte colorée, et
sont déposés dans de charmants petits nids, assurément fort
accessibles au rayonnement de la lumière? Enfin comment
expliquerait-on la teinte Verte de l'OEuf du Tisserin et la teinte
Blanc-verdâtre maculée de jolis points Rouges ou Rouge-bru-
nâtre de l'OEuf des Orthotomes, dont le nid est recouvert
par une feuille si artistement cousue à ses bords, et sert par

conséquent d'obstacle permanent à l'introduction de la lumière.

M. Gerbe, il est vrai, a eu soin de revenir plus tard de son opinion dans une Note ainsi conçue :

« Nous nous sommes demandé plus haut si la lumière n'au-
» rait pas une action sur les produits Ovariens des Oiseaux,
» comme elle en a une sur les autres productions naturelles.
» Il paraîtrait que non ; car les OEufs que le Pigeon Ramier pose
» dans des nids qui sont situés à la cîme des arbres ou sur les
» anfractuosités des rochers, dans des positions, par conséquent,
» où la lumière peut arriver avec facilité, sont certainement
» Blancs. *Au reste, les OEufs, quelle que soit leur Couleur,*
» *étant tels lorsqu'ils sortent du sein de la mère, ne peuvent*
» *devoir leur coloration ou leur décoloration à un agent exté-*
» *rieur.* La vraie cause des différences qu'ils présentent, sous
» ce rapport, doit donc, ce nous semble, être l'objet de nou-
» velles recherches. »

Si nous avons reproduit cette note, c'est qu'elle résume nos arguments, dans la partie que nous avons soulignée, et qui contient la seule réponse à faire aux partisans de l'action de la lumière pour la coloration et le développement des Couleurs de l'OEuf.

Les trois Chapitres précédents, qui renferment pour ainsi dire la Théorie des principes que nous avons entrepris de développer sur l'utilité des Considérations que nous pensons devoir être tirées des OEufs, ne peuvent se passer d'un corollaire qui contienne l'application ou des exemples d'application de ces principes. Pour y arriver, nous résumerons d'abord les principales propositions que nous avons émises.

Ainsi, nous avons établi :

1° Que si la Forme des OEufs était généralement Ovée, elle

subissait cependant des altérations qui se retrouvent constantes dans certains groupes; par exemple : la Forme Ovalaire chez les Tinamous, la Forme Elliptique chez les Grèbes, les Cormorans et les Pélicans, la Forme Ovoïconique chez les Pingouins et les Guillemots, et la Forme Cylindrique chez les Mégapodes et les Gangas;

2º Qu'il n'existe pas un seul Oiseau Aquatique dont les OEufs soient revêtus d'une Coquille luisante et lustrée, cette qualité n'étant propre, dans des degrés infiniment variés, qu'aux OEufs des Oiseaux Terrestres;

3º Que la Couleur des OEufs ne varie en aucune manière, dans la même Espèce, d'un Climat à un autre;

4º Que le mode de Coloration, tout en variant indéfiniment d'une Espèce à une autre, est cependant constant, dans plusieurs Groupes, chez les Genres ou les Espèces qui les composent : ainsi, Blanc chez les Pigeons, uni et sans taches chez les Faisans et chez les Tinamous;

5º Que la Forme des taches, à part la Couleur de celles-ci, est également constante chez plusieurs Groupes, par exemple les Bruants, les Quiscales et la plupart des Ictéridés.

Ces propositions sont, comme on le voit, assez simples et assez éloignées d'une généralisation absolue pour que l'on ne nous suppose pas la prétention de vouloir créer tout un Système nouveau de Classification. Mais nous pensons, au moyen des considérations sur lesquelles elles reposent, être à même d'indiquer des caractères fixes et invariables, susceptibles d'entrer avec avantage et de figurer au nombre des éléments d'une bonne Classification naturelle. Nous le répétons : ce que nous présentons au Lecteur, ce ne sont que des matériaux nouveaux de classement qui, combinés avec ceux employés par les Méthodes, doivent mener à la solution du problème cherché avec plus ou moins de succès par leurs Auteurs. Nous sommes donc les premiers à confesser l'insuffisance de ces éléments, isolés de ceux déjà connus ou appliqués; nous ne les regardons que comme capables de leur servir d'amélioration, de perfectionnement, de complément et de contrôle même. En un mot, nous avons pensé, en commençant notre travail, que la nature et la Coloration de la Coquille de l'OEuf provenant d'une cause organique, si nous osons dire, et d'une source commune à tous les Oiseaux, les éléments de Classification que fournit leur étude pouvaient être considérés comme des plus significatifs et devaient, par conséquent, être employés de toute nécessité dans le cas où ceux des autres Méthodes faiblissent ou sont en défaut.

C'est ce que nous allons démontrer, en faisant l'application de nos principes et de nos connaissances Oologiques à chacun des principaux Groupes de la Série des Oiseaux, que nous passerons à cette intention et très-succinctement en revue.

TROISIÈME PARTIE.

APPLICATION DES CARACTÈRES OOLOGIQUES A LA MÉTHODE DE CLASSIFICATION DES OISEAUX.

Avant d'entrer dans le développement de cette troisième et dernière Partie de notre Livre, nous croyons encore de notre devoir de prémunir le Lecteur contre les surprises que pourraient lui causer certaines modifications, que nous y avons apportées, à la manière de faire habituelle des Ornithologistes, en tant que Classification. C'est, nous ne dirons pas la Partie la plus neuve ou la plus intéressante de notre OEuvre, ce serait nous flatter, mais celle qui mérite le plus d'être parcourue avec indulgence ou étudiée avec réflexion.

On y verra que, sauf quelques innovations de détails, qui précèdent l'Ordre des Pigeons, ce n'est qu'à partir de cet Ordre que nous nous sommes laissé entraîner à essayer des voies nouvelles, que semblait nous faire entrevoir le mirage des caractères Oologiques qui éclairaient notre imagination en frappant nos yeux; et que, si nous avons obéi à cet irrésistible entraînement, l'exceptionalité, l'originalité du sujet, encore presque vierge, en a seule été cause; enfin, que, dans tous les cas, ce n'est jamais au caprice ou à la fantaisie que nous avons obéi ou sacrifié, mais à des démonstrations matérielles devant lesquelles devaient s'incliner et s'évanouir bien des théories dont, comme tout le monde, nous étions imbu. Nous ne nous en sommes pas moins, en général, soumis révérencieusement, ainsi que le doit faire tout Élève devant ses Maîtres, au principe d'Autorité que nous croyons sacré, ou pour le moins respectable, dans la Science surtout.

Nous avions été assez heureux, au surplus, pour faire adopter une partie de ces idées au Prince Ch. Bonaparte, qui avait bien voulu le reconnaître par le témoignage suivant :

« Quelques semaines se sont à peine écoulées depuis la publi-
» cation de ma dernière Classification Ornithologique dans les
» *Comptes-rendus de l'Académie*, et je puis déjà, grâce à de
» nouvelles études et aux nombreuses observations que j'ai
» reçues de tous côtés, apporter certaines améliorations de
» détail à mes Séries parallèles. C'est surtout dans l'arrangement
» des Gallinacés, et dans la translation d'une Sous-Classe à l'autre
» des *Urinatores* et des *Ptilopteri* ou Manchots, qui ne sont pas
» plus des *Palmipèdes* que les Phoques ne sont des *Cétacés*, que
» le Lecteur trouvera des changements; et c'est principalement
» *aux remarques de* M. O. DES MURS, de M. Jules Verreaux, et
» surtout de M. Martin de Londres; que la Science et moi en
» sommes redevables ». (1)

Mais nous avons apporté bien d'autres modifications aux changements déjà introduits, sur ces données premières, dans le *Conspectus*.

Nous observerons seulement qu'en donnant un Tableau à peu près complet de notre Système de Classification, nous n'entendons pas le présenter comme le résultat entier des combinaisons des Caractères Oologiques avec les Caractères Organiques ou autres, puisque nous sommes loin de connaître l'OEuf de toutes

____

(1) Préface de la 2ᵉ édit. du *Conspectus Systematis Ornithologiæ*, p. 2. — Extr. des *Annales des Sciences Naturelles*.

les Tribus ou Familles ; ce n'est que le résultat relatif du peu que nous en connaissons. C'est ce que l'on sera à même de vérifier, en parcourant le développement de notre Travail.

Mais il ne nous a pas été possible, lorsque l'occasion s'en est présentée, de ne pas entrer dans quelques détails de mœurs plus ou moins oubliés, ou nouveaux, ou intéressants. A cet égard, nous appelons l'attention des Savants sur ce que nous avons dit à l'article des Coucous et à celui des Calaos ; il en sera de même pour le Céphaloptère.

Quant à notre Classification, en elle-même, nous sollicitons également le sérieux examen ou la critique bienveillante des Ornithologistes, notamment sur l'érection des Zygodactyles, au rang d'Ordre ; sur la place que nous avons cru devoir assigner à la Huppe, à la suite des Calaos ; au Cincle, à la suite des Fourniers, et avec eux ; sur la création de notre Tribu des Sylviparidés ; sur le rang que nous avons donné aux Troglodytes, à la suite des Mésanges, et aux Tryothores en tête des Calamoherpinés, ou Fauvettes de roseaux ; sur la division et le remaniement que nous avons faits des Gallinacés, des Gralles et des Nageurs ; sur la place donnée aux Pintades, en tête des Perdicidés ; sur l'établissement du Sous-Ordre des Struthionigralles, et la place que nous y avons donnée à l'OEdicnème ; sur le classement des Thynocores, en tête des Gralles ; du Caurale et de l'Hoazin, ou Sasa, avec les Rallidés ; et enfin sur l'établissement et l'organisation de notre Sous-Ordre des Alectorides.

Ce sont des idées choquant peut-être le sens des idées reçues ; mais de ce choc, si l'adage est vrai, peut sortir la lumière. Nous avons, au surplus, donné sur chaque chose, comme moyen de contrôle ou de discussion, nos raisons et nos motifs de décider.

Il n'y a donc à voir là qu'une OEuvre de conscience : libre à chacun de la juger à son point de vue et sans parti-pris.

Nous n'ajouterons plus qu'un mot, relatif au langage conventionnel adopté en Zoologie, comme en Botanique, pour la désignation des Tribus et des Familles.

Malgré les explications si savantes, si lumineuses, et, en apparence, si rationnelles données par M. Isid. Geoffroy-Saint-Hilaire (1) sur les motifs qui lui font adopter, et qu'il indique comme devant être préférés à toutes autres, pour les dénominations dont la terminaison Latine est en *idæ*, dans les Tribus, celle IDÉES, en Français; et pour les dénominations, dont la terminaison Latine est *inæ*, dans les Familles, celle IENS, en Français; nous avouons que nous n'avons pas eu la force de conviction nécessaire pour entrer dans cette manière de voir et de sentir, qui a été, nous le savons, appliquée et pratiquée constamment, depuis 1850, par le Prince Ch. Bonaparte.

Pour nous, les dénominations Latines de Familles en *inæ*, comme *Vulturinæ*, restent, en Français, des VULTURINÉS; comme celles des Tribus, en *idæ*, *Vulturidæ*, sont des VULTURIDÉS. Nous ne comprenons pas la nécessité d'adopter, pour les premières, la désinence IENS, Vulturiens, au lieu de Vulturinés : car notre oreille grammaticale, dans cet ordre d'idées, nous conduirait à traduire *Vulturidæ* par Vulturides, et non VULTURIDÉS, pour être conséquent avec la désinence de VULTURIENS, pour *Vulturinæ*.

Au lieu donc de *traduire* grammaticalement et euphoniquement le mot Latin, nous nous bornerons tout simplement à le *Franciser*.

____

(1) Catalogue Méthodique de la Collection des Mammifères, de la Collection des Oiseaux et des Collections annexes du Muséum d'Histoire Naturelle de Paris. 1851.

CLASSIS AVIUM.

SYSTEMA OOLOGICUM.

—◇—

Ordo I. RAPACES.

Sub-Ordo. 1. ACCIPITRES.
S.-O. . . . 2. STRIGIDÆ.

Ordo II. ZYGODACTYLI.

Sub-Ordo. 1. PSEUDO-ZYGODACTYLI.
    1. Tribus. — Musophagidæ.
S.-O. . . . 2. PREHENSORES.
    1. Tribus. — Psittacidæ.
S.-O. . . . 3. SCANSORES.
    1. Tribus. — Picidæ.
S.-O. . . . 4. INSESSORES.
    1. Tribus. — Cuculidæ.
        1. Familia. — Indicatorinæ.
        2. F. — Cuculinæ.
        3. F. — Coccyzinæ.
        4. F. — Saurotherinæ.
        5. F. — Phœnicophaïnæ.
        6. F. — Centropodinæ.
        7. F. — Crotophaginæ.
        8. F. — Scythropinæ.
    2. Tribus. — Ramphastidæ.
    3. Tr. — Trogonidæ.
    4. Tr. — Bucconidæ.
    5. Tr. — Capitonidæ
    6. Tr. — Galbulidæ

Ordo III. PASSERES.

Sub-Ordo 1. SYNDACTYLI.

    1. *Cohors.* — *Longirostri.*

        1. Tribus. — ALCEDINIDÆ.
        2. Tr. — MEROPIDÆ.
        3. Tr. — MOMOTIDÆ.
        4. Tr. — BUCEROTIDÆ.
        5. Tr. — **UPUPIDÆ.**

    2. *Cohors.* — *Latirostri.*

        6. Tr. — CORACIADÆ.
        7. Tr. — EURYLAIMIDÆ.
        8. Tr. — TODIDÆ.
        9. Tr. — PIPRIDÆ.

Sub-Oro 2. DEODACTYLI.

    1. *Cohors.* — *Fissirostri.*

        1. Tribus. — CAPRIMULGIDÆ.

            1. FAMILIA. — Podarginæ.
            2. F. — Caprimulginæ.
            3. F. — Nyctibiinæ.
            4. F. — Steatornithinæ.

        2. Tribus. — HIRUNDINIDÆ.

            1. FAMILIA. — Cypselinæ.
            2. F. — Hirundininæ.

    2. *Cohors.* — *Tenuirostri.*

      1. SECTIO. — Ætherei.

        3. Tribus. — TROCHILIDÆ.

      2. SECTIO. — Suspensi.

          1. Stirps. — Penicillati.

        4. Tribus. — NECTARINIIDÆ.

            1. FAMILIA. — Drepanitinæ.
            2. F. — Nectariniinæ.
            3. F. — Cœrebinæ.

                1. Genus. — *Diglossa.*
                2. G. — *Cœreba.*
                3. G. — *Certhiola.*
                4. G. — *Dacnis.*
                5. G. — *Conirostrum.*

5. Tribus. — MELLIPHAGIDÆ

6. Tribus. — NEOMORPHIDÆ.

    1. Genus. — *Philepitta.*
    2. G. — *Philesturnus.*
    3. G. — *Callœas.*
    4. G. — *Neomorpha.*

7. Tribus. — PARADISEIDÆ.

    1. FAMILIA — Paradiseinæ.
    2. F. — Epimachinæ.
    3. F. — Sericulinæ.
    4. F. — Paradigallinæ.

2. Stirps. — Cartilaginei.

8. Tribus. — IRRISORIDÆ.

    1. FAMILIA. — Falculianæ.
    2. F. — Arachnotherinæ.
    3. F. — Irrisorinæ.

3. SECTIO. — Scansores.

9. Tribus. — CERTHIADÆ.

    1. FAMILIA. — Dendrocolaptinæ.
    2. F. — Certhianæ.
    3. F. — Sittinæ.

4. SECTIO. — Arborei.

10. Tribus. — ANABATIDÆ.

    1. FAMILIA. — Anabatinæ.
    2. F. — Synallaxinæ.

5. SECTIO. — Insessores.

11. Tribus. — FURNARIIDÆ.

    1. FAMILIA. — Furnariinæ.
    2. F. — CINCLINÆ.

12. Tribus. — ALAUDIDÆ.

    1. FAMILIA. — Certhilaudinæ.
    2. F. — Alaudinæ.
    8. F. — Anthinæ.

3. *Cohors.* — *Dentirostri.*

1. SECTIO. — Insessores.

13. Tribus. — FORMICARIDÆ

1. Familia. — Atelornithinæ.
2. F. —   Formicariinæ.
3. F. —   Pittinæ.
4. F. —   Orpythonycinæ.
5. F. —   Megalonycinæ.

14. Tribus. — Menuridæ.

15. Tribus. — Turdidæ.

1. Familia. — Thamnophilinæ.
2. F. —   Agriornithinæ.
3. F. —   Picnonotinæ.
4. F. —   Turdinæ.

1. Genus. — **Iliacus.**
2. G. —   *Turdus.*
3. G. —   *Merula.*
4. G. —   *Mimus.*

5. F. —   Saxicolinæ.

2. Sectio. — Suspensi.

16. Tribus. — Timaliidæ.

1. Familia. — Pomathorinæ.
2. F. —   Timaliinæ.

17. Tribus. — Sylviparidæ.

1. Familia. — Sylviparinæ.
2. F. —   Pardalotinæ.
3. F. —   Falcunculinæ.

18. Tribus. — Paridæ.

1. Familia. — Parinæ.
2. F. —   Ficedulinæ.

1. Genus. — *Trichas.*
2. G. —   *Ægythina.*
3. G. —   *Mniotilta.*
4. G. —   *Hylophilus.*
5. G. —   *Ficedula.*
6. G. —   *Campylorhynchus.*

3. F. —   Troglodytinæ.

19. Tribus. — SYLVIADÆ.

    1. FAMILIA. — Tryothorinæ.
    2. F. —   Calamoherpinæ.
    3. F. —   Sylvianæ.

3. SECTIO. — Arborei.

    1. Stirps. — Depressirostri.

20. Tribus. — MUSCICAPIDÆ.
21. Tr. —   TYRANNIDÆ.
22. Tr. —   AMPELIDÆ.

    1. FAMILIA. — Gymnoderinæ,
    2. F. —   Ampelinæ.

    2. Stirps. — Compressirostri.

23 Tribus. — TANAGRIDÆ.

    1. FAMILIA. — Euphoniinæ.
    2. F. —   Tanagrinæ.

24. Tribus. — ORIOLIDÆ.
25. Tr. —   LANIIDÆ.

    1. FAMILIA. — Campephaginæ.
    2. F. —   Laniinæ.
    3. F. —   Cracticinæ.

4. Cohors. — Conirostri.

26. Tribus. — CORVIDÆ.

    1. FAMILIA. — Temuurinæ.
    2. F. —   Ptilonorhynchinæ.
    3. F. —   Garrulinæ.
    4. F. —   Corvinæ.
    5. F. —   Fregilinæ.

27. Tribus. — STURNIDÆ.

    1. FAMILIA. — Graculinæ.
    2. F. —   Buphaginæ.
    3. F. —   Lamprotornithinæ.
    4. F. —   Sturninæ.

28. Tribus.— ICTERIDÆ.

    1. FAMILIA. — Quiscalinæ.
    2. F. — Molothrinæ.
    3. F. — Sturnellinæ.
    4. F. — Agelaïnæ.
    5. F. — Icterinæ.
    6. F. — Cassicinæ.

29. Tribus. — PLOCEIDÆ.

    1. FAMILIA. — Ploceinæ.
    2. F. — Viduinæ.
    3. F. — Estreldinæ.

30. Tribus. — EMBERIZIDÆ.
31. Tr. — FRINGILLIDÆ.

Ordo IV. COLUMBÆ.

1. Tribus. — COLUMBIDÆ.

Ordo V. GALLINACEI.

SUB-ORDO 1. GALLIPEDES.

    1. Tribus. — **VERRULIDÆ**.
    2. Tr. — PHASIANIDÆ.

    1. FAMILIA. — Phasianinæ.
    2. F. — Polyplectroninæ.
    3. F. — Lophophorinæ.

    3. Tr. — GALLIDÆ.

    1. FAMILIA. — Gallinæ.
    2. F. — Pavoninæ.

SUB-ORDO 2. CURSORES.

    1. Tribus. — PERDICIDÆ.

    1. FAMILIA. — **MELEAGRIDINÆ**.
    2. F. — Francolinæ.
    3. F. — Odontophorinæ.
    4. F. — Perdicinæ.

2. Tribus. — TETRAONIDÆ.

    1. FAMILIA. — Tetraoninæ.
    2. F. — Pteroclinæ.

SUB-ORDO 3. **STRUTHIONIGRALLI.**

1. Tribus. — TINAMIDÆ.
2. Tr. — OTIDIDÆ.
3. Tr. — **ŒDICNEMIDÆ.**
4. Tr. — **CURSORIIDÆ.**
5. Tr. — TURNICIDÆ.

Ordo VI. **STRUTHIONES.**

1. Tribus. — STRUTHIONIDÆ
2. Tr. — CASUARIDÆ.
3. Tr. — APTERYGIDÆ.

Ordo VII. **GRALLÆ,**

SUB-ORDO 1. ŒGYALITES.

1. Tribus. — CARIAMIDÆ.
2. Tr. — **THINOCORIDÆ.**
3. Tr. — CHARADRIIDÆ.
4. Tr. — GLAREOLIDÆ.
5. Tr. — HŒMATOPODIDÆ.
6. Tr. — RECURVIROSTRIDÆ.
7. Tr. — PHALAROPODIDÆ.
8. Tr. — SCOLOPACIDÆ.

SUB-ORDO 2. ALECTORIDES.

1. Tribus. — PARRIDÆ.
2. Tr. — **EURYPIGIDÆ.**
3. Tr. — RALLIDÆ.

    1. FAMILIA. — Rallinæ.
    2. F. — Fulicinæ.
    3. F. — Ocydrominæ.

4. Tr. — **OPISTHOCOMIDÆ.**
5. Tr. — PENELOPIDÆ.
6. Tr. — CRACIDÆ.

     7. Tribus. — Megapodidæ.
     8. Tr. —   Mesitidæ.
     9. Tr. —   Palamedeidæ.
     10. Tr. —   Chionidæ.

Sub-Ordo 3. HERODIONES.

     1. Tribus. — Psophiidæ.
     2. Tr. —   Gruidæ.
     3. Tr. —   **Aramidæ.**
     4. Tr. —   Cancromidæ.
     5. Tr. —   Ardeidæ.
     6. Tr. —   Ciconiidæ.
     7. Tr. —   Dromadidæ.
     8. Tr. —   Tantalidæ.

          1. Familia. — Tantalinæ.
          2. F. —   Ibidinæ.

     9. Tr. —   Plataleidæ.

Sub-Ordo 4. HYGROBATÆ.

     1. Tribus. — Phœnicopteridæ.

Ordo VIII. NATATORES.

Sub-Ordo 1. TOTIPALMI.

     1. Tribus. — Pelecanidæ.
     2. Tr. —   Tachypetidæ.
     3. Tr. —   Sulidæ.
     4. Tr. —   Plotidæ.
     5. Tr. —   Phalacrocoracidæ.

Sub-Ordo 2. BRACHYPTERI.

     1. Tribus. — Podicepidæ.

Sub-Ordo 3. LAMELLIROSTRI.

     1. Tribus. — Cygnidæ.
     2. Tr. —   Anseridæ.
     3. Tr. —   Anatidæ.
     4. Tr. —   Fuligulidæ.
     5. Tr. —   Mergidæ.

Sub-Ordo 4. LONGIPENNES.

    1. Tribus. — Procellariidæ.

        1. Familia. — Diomedeinæ.
        2. F. —   Procellariinæ.

    2. Tr. —   Phaetonidæ.
    3. Tr. —   Laridæ.

Sub-Ordo 5. URINATORES.

    1. Tribus. — **Colymbidæ.**
    2. Tr. —   Alcidæ.

Ordo IX. PTILOPTERI.

    1. Tribus. — Spheniscidæ.

PREMIER ORDRE.
ACCIPITRES ou RAPACES.

PREMIER SOUS-ORDRE.
RAPACES DIURNES
(*Rapaces diurni*).

Il y a peu d'Ordres d'Oiseaux, à part les Passereaux, dont on connaisse autant d'Espèces Oologiques que celui des Accipitres ou Rapaces Diurnes, et pourtant il serait difficile d'établir entre elles des Coupes ou Catégories qui offrissent des rapports satisfaisants avec le Classement Méthodique adopté, ou des caractères assez tranchés pour en instituer un nouveau.

Ce qui est remarquable dans cet Ordre, ou plutôt dans ce Sous-Ordre, c'est, outre la Forme de l'OEuf, qui ne varie que de la Forme Ovalaire à la Forme Ovée, et, dans une ou deux Tribus ou Familles, presque jusqu'à la Forme Ovoïconique, l'unité permanente de la Couleur qui, sous des nuances diverses de Brun, en décore la Coquille, dont la matière est constamment d'un Blanc légèrement teinté de Bleuâtre ou Azuré, et dont le grain est modérément épais et assez ordinairement uni.

Tout ce qu'on en peut dire, d'une manière générale, c'est que cette Couleur, toujours Brune, mais variant du Brun de bistre à la Terre de Sienne, souvent même à l'Ocre rouge, est plus abondante chez les Caracaras (*Polyborinæ*) et les vrais Falconinés (*Falconinæ*), tels que les *Falconeæ* et les *Tinnunculeæ* du Prince Ch. Bonaparte, dont le fond Blanc disparaît même totalement sous la diffusion de cette teinte, et beaucoup moins chez les autres Familles.

Les seuls autres Groupes, en dehors de ces derniers, dont l'OEuf se distingue soit par sa Forme, soit par sa Coloration, sont les suivants :

Dans les Vautours (*Vulturidæ*) : les Cathartinés, dont l'Œuf est d'une Forme Ovée allongée, avec le ton de Couleur des taches rentrant dans le ton général propre au Sous-Ordre entier, mais celles-ci laissant à découvert la plus forte partie de la surface de la Coquille.

Dans les Aigles (*Aquilidæ*) : les Groupes des *Haliœtus, Pandion* et *Circaëtus,* qui pour nous en font partie, que la Couleur Blanche et sans tache de leur Œuf distingue de leurs congénères ; en observant, en général, que tout Œuf Blanc de Rapace Diurne est toujours d'un Blanc légèrement teinté de Bleuâtre à sa surface, beaucoup plus sensible dans sa transparence.

Dans les Faucons (*Falconidæ*) :

1° Les Autours (*Asturinæ*) et les Busards (*Circinæ*), qui se rapprochent infiniment les uns des autres par la Couleur Blanche azurée et sans taches de leurs Œufs ;

2° Le Secrétaire ou Serpentaire (*Gypogeranus*), dont l'Œuf est de Forme Ovée allongée, presque Ovoïconique, et rarement ou imperceptiblement maculé.

Le Secrétaire est le Type Ornithologique qui prouve le mieux combien la Forme de l'Œuf est forcément dépendante de celle de la structure de l'Oiseau et lui est fatalement soumise.

Cette Forme Oologique presque exceptionnelle démontre suffisamment, en effet, qu'elle a été déterminée par les Formes tout aussi exceptionnelles de ce Rapace, qui a exercé la patience des Méthodistes au point d'arracher, on le sait, cette exclamation au Prince Ch. Bonaparte : « Nous ne pouvons, disait-il, comprendre que des Naturalistes eclairés *s'obstinent* à subordonner ce Type véritablement anormal à la Sous-Famille des Busards, avec lesquels l'ont originairement fait ranger les rêves ingénieux des *Philosophes Quinaires !* »

Nous connaissons et nous avons possédé l'Œuf de plus de

quatre-vingts Espèces d'Oiseaux de proie Diurnes, éléments plus
que suffisants pour en bien saisir et asseoir les caractères, qui se
réduisent à ce que nous venons d'en dire.

DEUXIÈME SOUS-ORDRE

RAPACES NOCTURNES

(*Rapaces nocturni*).

Les Rapaces Nocturnes ou Strigidés, ainsi que les autres
Familles chez l'Œuf desquelles la Coquille ne revêt pas de Couleur apparente superficielle, n'offrent aucune exception à ce
défaut de Coloration : c'est, sous le rapport sous lequel nous les
envisageons, une des Familles les plus naturelles.

Les Caractères généraux de leur Œuf sont :

Forme — constamment Sphérique, excepté chez l'Effraye
commune (par conséquent chez toutes) qui affecte la Forme
Ovée ;

Coquille — d'un grain peu épais et peu dur ; d'un Blanc de
lait tournant au Blanc légèrement jaunâtre, surtout dans sa
transparence, assez régulièrement poreuse, mais unie et quelque
peu luisante, excepté chez l'Effraye, dont la Coquille est mate
et sans reflet ;

Couleur — celle du grain de la Coquille, c'est-à-dire Blanche
et sans aucune autre nuance ni tache.

Observation. — Nous venons de dire que cette Famille est
une des plus naturelles : c'est aussi une de celles dans lesquelles
on peut le mieux se convaincre du rapport parfait qui existe
entre la Forme de l'Œuf et l'organisation de l'Oiseau et par
conséquent de la convenance de l'application de la Forme
Sphérique à cette Famille, dont l'ensemble cervical est des plus
développés, et l'appareil sternal court et ramassé comme celui
des Rapaces Diurnes, et par suite l'Oviducte également court et
Sphéroïdal. Nous insistons d'autant plus sur ce fait qu'il donne

la mesure de la valeur de la Forme comme caractère Oologique. Ainsi en examinant l'anatomie encéphalique de chacune des Espèces des Strigidés, on reconnaît cette région chez toutes, d'un développement, comparativement à ce qu'elle est chez tous les autres Oiseaux, extraordinaire et inverse du développement des jambes chez tous fort courtes, à l'exception de l'Effraye, qui a la face plus comprimée, les jambes plus grêles et dénudées, le bec en partie droit; et que toutes les Méthodes ont en conséquence isolée de ses congénères. Or la même raison de différence se retrouve parfaitement établie dans les caractères Oologiques de cette Espèce, comme nous venons de le dire, et comme le démontrent d'une manière plus complète l'aspect et l'étude de son Œuf.

DEUXIÈME ORDRE.

GRIMPEURS ou ZYGODACTYLES

(*Zygodactyli*).

Dans l'*Encyclopédie d'Histoire naturelle* nous avons divisé cet Ordre en quatre Sous-Ordres :

1° Zygodactyles Préhenseurs (*Zygodactyli Prehensores*) ;

2° Zygodactyles Grimpeurs (*Zygodactyli Scansores*);

3° Zygodactyles Percheurs ou Marchants (*Zygodactyli Insessores*);

4° Zygodactyles Douteux ou Faux - Zygodactyles (*Pseudo-Zygodactyli*), pour les Musophages.

En mettant ceux-ci à la fin de l'Ordre, nous avons motivé notre détermination en ces termes :

« . . . Dans la conviction que ces Oiseaux tiennent évidemment plus des Zygodactyles que des Passereaux proprement dits, mais frappé de la différence de conformation de leurs doigts, si bien décrite et expliquée par Le Vaillant, nous pensons, comme de Blainville (1), le Docteur Lherminier et M. Isid. Geoffroy-Saint-Hilaire, qu'ils ne sauraient être, sans hérésie, éloignés des Zygodactyles, et que par conséquent, ils doivent figurer à la fin de cet Ordre, servant ainsi de transition naturelle entre les Grimpeurs et les Passereaux (2). »

Aujourd'hui, sans revenir sur cette opinion, en ce sens que ce Groupe doit figurer dans les Zygodactyles, nous croyons devoir la modifier en le mettant, non plus à la fin de l'Ordre pour en faire le lien avec les Passereaux, mais en le mettant en tête pour en faire le lien des Rapaces Nocturnes avec les Zygodactyles, déterminé que nous sommes par les considérations Oologiques relatives à ce Groupe, rapprochées de son étude Ostéologique.

Nous ne faisons en cela que suivre l'exemple d'un de nos savants devanciers.

Le Docteur Lherminier en effet (3), frappé de l'analogie du Sternum des Touracos avec celui des Oiseaux de proie Nocturnes a cru devoir faire suivre ces derniers par le groupe des Musophagidés.

Le Sternum des uns et des autres, comme le dit fort bien, d'après-lui, M. de la Fresnaye, comparé isolément, n'offre, pour ainsi dire, aucune différence, chose fort étrange entre des Oiseaux aussi éloignés dans la Série, tant par leurs formes extérieures que par leurs mœurs (4).

C'est donc par les Musophagidés que nous commencerons l'Ordre de nos Zygodactyles.

(1) *Bulletin de la Société Philomatique*, 1826.
(2) *Oiseaux*, T. II, p. 53.
(3) *Recherches sur l'appareil Sternal des Oiseaux*, 1828.
(4) *Comparaison des Œufs des Oiseaux avec leurs Squelettes, etc. Rev. Zool.* 1845.

PREMIER SOUS-ORDRE.

ZYGODACTYLES DOUTEUX OU FAUX-ZYGODACTYLES

(*Pseudo-Zygodactyli*).

Une seule Tribu : les Musophages (*Musophagidæ*).

Les caractères généraux de leur Œuf sont :

Forme — presque exactement sphérique ;

Coquille — d'un grain très-fin, d'un Blanc pur ; imperceptiblement poreuse et unie, mate et sans reflet ;

Couleur. — Celle du grain de la Coquille, c'est-à-dire Blanche et sans aucune autre nuance ni tache.

Maintenant que nous avons fait connaître les caractères Oologiques des Musophagidés, qu'on rapproche ces caractères de ceux que fournit leur Ostéologie, qu'on les rapproche également de leurs habitudes, on verra que la place que nous leur assignons ici est celle qui paraît le mieux remplir toutes les conditions d'une bonne Classification Naturelle.

Ainsi, d'une part, pour leur maintien dans l'ordre des Zygodactyles, indépendamment des motifs qui précèdent, nous nous appuyons sur cette observation de mœurs si intéressante, faite par l'infortuné Docteur Petit, que nous avons le premier publiée dans la Partie Zoologique du Voyage en Abyssinie du Lieutenant de vaisseau Th. Lefebvre (1) et que nous avons reproduite ailleurs depuis (2) :

« Le Touraco à oreillons blancs (*Turacus leucotis*, Rüppel.) fréquente les Kolquals au bord des torrents, vole d'arbre en arbre, *s'accroche aux branches verticales des Kolquals, comme les Pics*, est facile à approcher, ne fait entendre ni chant ni cri, perche de préférence sur les Euphorbes et fait sa principale

(1) Tom. VI, pag.
(2) *Encyclop. d'Hist. Nat. Oiseaux*, t. II, p. 57.

nourriture *de petits Mollusques des torrents et de Dattes.* »

Fait qui mérite d'autant plus d'être remarqué, qu'il peut aider puissamment à faire assigner définitivement à ces Oiseaux leur place dans la Série.

D'une autre part, en faveur du rapprochement que nous faisons de ce Sous-Ordre des Rapaces Nocturnes, nous avons les considérations suivantes, que le Docteur Lherminier publiait quelques années, non avant les observations de de Blainville, mais avant leur publication par la voie de la presse; ces observations ayant été dès 1815 l'objet d'une intéressante communication faite par le célèbre Professeur à l'Académie des Sciences :

« Ces Oiseaux, dit Lherminier, *ont dans leur appareil la plus grande ressemblance avec les Chouettes* (à la suite desquelles il les place) : même forme du Sternum, même nombre d'échancrures, *quatre côtes, comme dans les Effrayes;* os coracoïdes différant seulement en ce que le bord interne se recourbe et forme, en se soudant au corps de l'os, un canal complet pour l'abaisseur de l'aile, et en même temps par l'élargissement plus considérable de l'extrémité postérieure; *clavicule exactement la même,* avec un tubercule en arrière; scapulaires plus longs que le Sternum, très-aigus, étroits.

» Ces Oiseaux, qui diffèrent tant à l'extérieur des Chouettes, *qui ne leur ressemblent que par leur doigt réversible, ont avec elles tant de rapports dans leur organisation profonde, qu'ils semblent appartenir à la même Famille.* J'avoue que n'ayant pour guide que l'appareil sternal, il est difficile de les distinguer. Le système est donc ici en défaut (1). »

Mais non, cher Docteur, tout, au contraire, vient confirmer la justesse des indications de votre Système.

(1) *Mémoires de la Société Linnéenne,* 1822. — *Encyclop. d'H. N. Ois.* T. II, p. 59.

DEUXIÈME SOUS-ORDRE.

ZYGODACTYLES PRÉHENSEURS

(Zygodactyli prehensores)

OU PERROQUETS (PSITTACIDÉS).

De même que les Strigidés, les Psittacidés se distinguent par l'uniformité de leurs caractères Oologiques, celui surtout de l'absence de tout reflet et de toute couleur.

Forme — variant de la Forme Ovale à la Forme Ovée; mais plus généralement Ovale chez les Conures, les Psittacules et les Trichoglosses ou Loris ; et Ovée chez les Macrocerques, les Platycerques, les Psittaciens, les Plyctolophes ou Kakatoès et le Genre, si curieux par son *facies* et par ses mœurs, du Strigops; parfois même assez allongée chez plusieurs Genres de ces dernières Familles.

Coquille — d'un grain très-fin, d'un Blanc pur, irrégulièrement poreuse, quoique unie, mate et sans reflet.

Couleur. — Celle du grain de la Coquille, c'est-à-dire Blanche et sans aucune autre nuance ni tache.

TROISIÈME SOUS-ORDRE.

ZYGODACTYLES GRIMPEURS

(Zygodactyli scansores)

OU PICS (PICIDÉS).

Ce Sous-Ordre des plus naturels par les caractères physiologiques des Oiseaux qui le composent, l'est également par ses caractères Oologiques, si constamment uniformes chez tous, que les indications générales que nous allons donner de leur Œuf, peuvent dispenser en grande partie d'une description détaillée à chacune des Espèces qui en composent le Groupe.

Forme — Ovée, l'un des bouts parfois plus ou moins aigu.

Coquille — d'un grain si fin et si lustré que les pores en sont invisibles à l'œil nu, d'un Blanc pur ; et, par son reflet, offrant l'aspect brillant de l'émail de la porcelaine.

Couleur. — Celle du grain de la Coquille, Blanche et sans aucune tache.

Nous avons déjà eu occasion de nous expliquer sur la cause présumée du luisant de la Coquille, et sur l'absence de taches à sa surface, chez les Œufs de Pics, de Torcols et de Martins-Pêcheurs.

Ces Œufs, ainsi que le dit fort bien Thienemann , sont pourvus, lors de la formation de leur Coquille calcaire, d'un enduit gélatineux ou gluant, qui garantit celle-ci des petites gouttes de sang, ou donne à l'Œuf plus de facilité pour avancer et glisser dans ses évolutions ; et, par là, lui évite les effets de la pression de l'Oviducte.

Mais nous n'avons pas remarqué, comme l'exprime cet Observateur, que cette fluidité donnât en même temps plus de solidité à la matière calcaire, raison pour laquelle , selon lui, la Coquille des Œufs sans tache serait beaucoup plus dure et plus résistante que celle des Œufs tachetés.

Ce qu'il y a cependant de certain , c'est que la matière calcaire , chez eux, est pourvue d'une adhérence beaucoup plus complète que chez tous les autres, par suite probablement d'une cristallisation plus fine et plus homogène entre toutes ses parties.

On ne saurait appliquer la même explication pour les autres Œufs Blancs et sans taches, à Coquille beaucoup moins réfractaire, tels que ceux des Strigidés, des Psittacidés, etc., chez lesquels on ne saisit pas trace de la présence de cet enduit gélatineux ou gluant.

QUATRIÈME SOUS-ORDRE.

ZYGODACTYLES PERCHEURS OU MARCHEURS

(Zygodactyli insessores seu arborei).

Nous comprenons sous cette dénomination tous les Zygo-dactyles qui n'appartiennent à aucun des trois Sous-Ordres qui précèdent, tels sont :

1º Les Cuculidés ou Coucous ;

2º Les Ramphastidés ou Toucans ;

3º Les Trogonidés ou Couroucous ;

4º Les Bucconidés ou Barbus ;

5º Les Capitonidés ou Tamatias ;

6º Les Galbulidés ou Jacamars.

Or, à part la première de ces Tribus, nous allons trouver dans toutes les autres la même homogénéité de caractères Oologiques que dans les précédentes.

PREMIÈRE TRIBU.

CUCULIDÉS OU COUCOUS.

Cette Tribu, comme nous venons de le dire, est loin de présenter la même uniformité de caractères Oologiques que nous avons remarquée tout-à-l'heure ; aussi s'offre-t-elle d'une manière tout exceptionnelle, et nous pouvons répéter à son égard ce que disait si prématurément le Docteur Lherminier au sujet des Musophagidés : *que le système est en défaut!* Car il y a impos-sibilité, ainsi qu'on va le voir, d'assigner à cette Tribu une Diagnose Oologique d'une application générale.

En renouvelant toutefois cet aveu d'impuissance de l'Oologie, nous ne le faisons qu'avec réserve ; car nous aurons soin, à l'occasion, d'attirer l'attention sur des faits Oologiques qui peuvent ouvrir des voies toutes nouvelles dans la manière d'envi-sager et de traiter l'Histoire Naturelle de cette Tribu.

CARACTÈRES GÉNÉRAUX :

Forme — passant par toutes les phases de Figures Sphérique, Ovalaire, Elliptique et Ovée.

Coquille — d'un grain fin et serré, d'un Blanc plus ou moins pur ou verdâtre, tantôt recouverte d'une couche sédimentaire crayeuse Blanche, tantôt unie, parfois très-brillante, tantôt mate.

Couleur, — suivant les Familles, les Genres ou les Espèces, Vert-Bleuâtre uni et sans taches, Blanc uni et sans taches, ou d'un Gris blanchâtre ou jaunâtre plus ou moins diversement coloré.

Force nous est donc de passer en revue chacune des Familles dont nous composons cette Tribu et qui sont les suivantes :

1. Indicatorinés (*Indicatorinæ*) ;
2. Cuculinés (*Cuculinæ*) ;
3. Coccyzinés (*Coccyzinæ*) ;
4. Saurothérinés (*Saurotherinæ*) ;
5. Phœnicophéïnés (*Phœnicophœinœ*) ;
6. Centropodinés (*Centropodinæ*) ;
7. Crotophaginés (*Crotophaginæ*) ;
8. Scytropinés (*Scytropinæ*) ;

1re FAMILLE. — Indicatorinés.

Les Indicateurs font, pour nous, le passage naturel des Pics aux Coucous : en ce que d'abord ils sont Zygodactyles et quelque peu Grimpeurs, ce qui les a fait ranger pendant longtemps parmi les premiers ; en ce qu'ensuite ils ont les mœurs des vrais Coucous, de ceux qui déposent leur Œuf dans le nid des autres Oiseaux ; fait remarquable, que n'avaient découvert ni le P. Lobo, ni Sparmann, ni le Docteur Petit ; que J. Verreaux a le premier, revelé à la Science ; et que nous avons, d'après ses notes, publié dans l'Encyclopédie d'Histoire Naturelle (1).

(1) *Oiseaux.* T. 1., p. 254

« Cet Oiseau, ou pour mieux dire, ces Oiseaux qui, jusqu'à présent, écrivait-il en 1830, forment trois Espèces distinctes, sur cette partie de l'Afrique, le Cap, (et qui aujourd'hui en comptent huit disséminées aussi en Asie et en Océanie) se rapprochent beaucoup des Coucous, sous le rapport du mode par eux employé pour la ponte et l'incubation de leurs OEufs. Il m'est arrivé de trouver les OEufs de ces Oiseaux, et plus particulièrement les jeunes, dans les nids de diverses Espèces. Ainsi, de même que les Coucous, la femelle pond son OEuf à terre, puis s'élance dans le nid qu'elle a choisi pour l'y déposer, en dérobe un de ce même nid, qu'elle brise ou qu'elle mange, puis vient rechercher le sien qu'elle y substitue à l'aide de son bec, et en fait autant pour les trois OEufs qu'elle pond généralement à deux jours d'intervalle. Je pourrais citer comme un fait positif qu'ayant suivi la même femelle pendant toute la période de sa ponte, je l'ai vue déposer de la même manière les trois OEufs qu'elle avait pondus, je dirai même que les trois OEufs se trouvaient placés chacun dans le nid de trois Espèces distinctes d'Oiseaux, et à la distance de sept à huit cents pas l'un de l'autre. Ce fut dans les premiers jours d'Octobre que j'observai le premier, qui fut déposé dans un nid de Cubla (*Laniarius Cubla*); le second dans celui d'un Merle-à-cul-d'or (*Muscicapa (Ixos) hœmorrhousa*, Gm.); et le troisième dans celui d'un Importun (*Andropadus importunus*). Le lendemain de la dernière ponte, la femelle, accompagnée de son mâle qui se tenait toujours à distance, disparut avec lui, et ce ne fut que dans les premiers jours de Novembre que je les vis reparaître tous deux. Il ne restait à cette époque, dans le nid du Cubla, que le jeune Indicateur qui, en grossissant, avait fini par jeter en dehors les deux petits Cublas; et cependant le père et la mère de ceux-ci continuaient à le nourrir, comme ils l'avaient fait pour leurs propres enfants. C'est le 2 Novembre que la femelle de l'Indicateur, en approchant du nid, appela son jeune qui commençait à voler, et ne tarda pas à venir la rejoindre, au grand désapointement des deux pauvres Oiseaux. Je remarquai alors que les rôles changèrent, et que le mâle prit soin du jeune, tandis que la femelle se rendit au second nid et en ramena le second jeune, puis le troisième. Ces jeunes paraissent rester avec leurs parents jusqu'à l'époque assignée par la nature à chacun de ces êtres pour leur reproduction ; car dès l'année suivante ces Oiseaux s'accouplent... Il m'est arrivé de trouver dans les nids des *Picus nubicus* et *Picus chrysopterus*, des jeunes des *Indicator major* et *Indicator albirostris*, ainsi que dans les nids des *Oriolus larvatus* et *Laniarius Boulboul*. »

CARACTÈRES OOLOGIQUES :

Forme — Ovée.

Coquille — d'un grain mince, mat et Blanc.

Couleur. — Celle du grain, d'un Blanc pur et sans tache.

2e FAMILLE. — *Cuculinés.*

La Famille des Cuculinés n'est pas plus homogène que la Tribu ; et à peine y trouve-t-on un Genre dont toutes les Espèces aient un caractère commun.

Ainsi le Genre *Eudynamis* a son Œuf de Forme Ovalaire tantôt d'un beau Vert-Bleu foncé, uni, sans taches et luisant comme la porcelaine (*E. — Niger*), tantôt d'un Vert-Olive pâle, recouvert de nombreuses taches brunes ou noirâtres, en forme d'éclaboussures, et généralement réunies en forme de couronne vers le sommet de l'Œuf (*E. — Orientalis*).

On n'a jusqu'à présent trouvé l'Œuf de cette dernière Espèce que dans des nids de Corbeaux, principalement du *Corvus culminatus* et du *C. splendens* ; et ce qui est remarquable, c'est l'analogie complète qui existe entre les Œufs de ce Coucou, pour le fond de la couleur et pour la teinte des taches, et ceux des

Corbeaux en général, et principalement des deux Espèces Indiennes (1). Mais on ignore encore si le même Coucou ne déposerait pas son OEuf dans le nid d'autres Espèces d'Oiseaux ; et, en ce cas, quelle est la couleur de ce produit Ovarien.

Peut-être en serait-il de même de l'Edolio-Geai, *Oxylophus glandarius*, dont M. Hewiston vient de publier l'OEuf, jusqu'alors inconnu (2). Ce Coucou le déposerait souvent dans les nids de *Pica mauritanica*, et sans doute aussi dans celui du Merle ordinaire, *Turdus Merula*, à l'OEuf duquel il ressemble beaucoup. Cet OEuf est de Forme Ovée, presque Ovalaire, de la grosseur de ceux de Pie ; à fond de couleur Vert-d'eau, recouvert de taches nombreuses d'un Brun-rouge variant de ton, et paraissant parfois rosâtres.

D'après Levaillant, l'OEuf de l'*Oxylophus ater* serait absolument Blanc et sans aucune tache. Il est fâcheux que ce Voyageur, qui nous apprend avoir trouvé jusqu'à vingt-huit OEufs de cet Edolio, auquel on a donné son nom, dans autant de nids d'Oiseaux tous Insectivores, entre autres la Fauvette rousse-tête, la Bergeronnette brune, le Coryphée, la Fauvette citrin et le Gobe-Mouches mantelé, ne nous dise pas si dans le nombre il a observé des différences de coloration.

Cette remarque aurait d'autant plus d'importance que nous possédons un OEuf de Coucou d'Afrique, donné comme appartenant à cette Espèce, et qui, au lieu d'être Blanc uniforme, est d'un fond Blanc sale couvert de taches grises et brun-verdâtre, offrant dans son ensemble, et sauf sa Forme Ovalaire aigüe, l'aspect d'un OEuf de Pie. Nous ignorons s'il a été trouvé dans le

(1) *Blyth.-Contribution of to Ornithology*, by s. w. Jardine, et *Illustrat of Ornith.* 184. — Et Encycl. d'H. N. Ois., T. I, p. 260.

(2) *The Ibis a Magaz. of général Ornith.* by Ph. Luttley Sclaver ; janvier 1859.

propre nid de l'Espèce à laquelle il nous a été dit appartenir ou dans le nid d'une Espèce étrangère.

Quant au Genre Coucou (*Cuculus*) et notamment à l'Espèce Type du Genre, notre Coucou Chanteur (*C. canorus*), on sait quelle étonnante diversité offre la Coloration de son OEuf, toujours de Forme Ovée, diversité telle que nous nous abstiendrons d'en aborder la description détaillée.

Qu'il nous suffise de rappeler que les Oiseaux dans le nid desquels on a trouvé en Europe des OEufs de Coucou Chanteur sont : 1° la Fauvette ordinaire (*Curruca hortensis*); 2° la Fauvette à tête noire (*C. atricapilla*); 3° la Fauvette babillarde (*Sylvia curruca*); 4° le Rouge-Gorge (*Rubecula familiaris*); 5° la Fauvette de roseaux (*Calamoherpe arundinacea*); 6° le Rossignol de murailles (*Ruticilla phœnicura*); 7° le Pouillot Chantre (*Phyllopneuste trochilus*); 8° le Troglodyte (*Troglodytes Europœus*); 9° la Mésange (*Parus major*); 10° la Bergeronnette grise (*Motacilla alba*); 11° le Traîne-Buisson (*Accentor modularis*); 12° le Traquet Stapazin (*Saxicola stapazina*); 13° le Pipit des buissons (*Anthus pratensis*); 14° le Pipit Rousseline (*A. cervina*); 15° la Linotte (*Acanthys linaria*); 16° le Verdier (*Chlorospiza chloris*); 17° le Bouvreuil (*Pyrrhula rubicilla*); 18° la Pie Grièche (*Lanius*); 19° le Geai (*Garrulus glandarius*); 20° la Grive (*Turdus musicus*); 21° le Merle (*T. merula*), et plus rarement la Pie (*Pica*); 22° le Bruant (*Emberiza*), la Tourterelle (*Turtur*) et le Ramier (*Palumbus*).

Le rapprochement de la diversité de coloration de l'OEuf de notre Coucou et de la diversité des Espèces dans le nid desquelles il le dépose nous a déjà, depuis longtemps (1), fait soulever les questions suivantes :

Les Coucous proprement dits, si extraordinaires dans leur

(1) *Encycl. d'H. N. Ois.* t. 1, p. 269 etc

mode de reproduction, le seraient-ils tout autant dans les phénomènes qui accompagnent leur ponte? En un mot, la nature, qui a entouré ce genre d'Oiseaux de tant d'apparences merveilleuses, sous le premier rapport, aurait-elle, sous le second, accompli en leur faveur une autre merveille tout aussi exceptionnelle? On a vu, en ce qui concerne la ponte en général, que la Couleur des Œufs, dans chaque Espèce, est constamment la même en principe et ne varie qu'exceptionnellement et par dégradation de teinte seulement (et non par substitution d'une teinte à une autre), selon que l'Œuf est le premier ou le dernier pondu; en d'autres termes, qu'il y a constance et fixité de Coloration dans les Œufs d'une même Espèce. Les Œufs des Coucous dérogeraient-ils à cette règle, et leur Couleur, dans la même Espèce, varierait-elle de manière à leur faire emprunter celle qui distingue l'Œuf de l'Oiseau dans le nid duquel la femelle Coucou a l'intention de déposer ou d'introduire le sien?

Ce sont des questions qui n'ont jamais été agitées et que nous nous plaisons à poser, tant cette précaution de la nature nous semblerait admirable. Ce qui rendrait la chose sinon possible, au moins vraisemblable, c'est que, d'une part, on n'a jamais été bien fixé sur la Couleur réelle ou constante de l'Œuf du Coucou Chanteur. Ainsi, sans remonter bien haut dans les citations à cet égard, voici la description la plus récente que Degland (1), d'accord en cela avec M. Gerbe, donne de l'Œuf de notre Coucou : « Ces Œufs sont très-petits relativement à la taille de l'Oiseau et varient beaucoup pour la Couleur. Ils sont ou Cendrés, ou Roussâtres, ou Verdâtres, ou Bleuâtres, avec des taches petites ou grandes, rares ou nombreuses, d'un Cendré foncé, Vineuses, Olivâtres ou Brunes, avec quelques points et parfois

____

(1) *Ornithologie Européenne*, 1849. T. I.

des traits déliés Noirâtres. » Or, d'après les principes que nous avons rappelés tout-à-l'heure, s'il en est ainsi (et le fait est constant), il est bien clair que cet Oiseau est le seul dont l'Œuf puisse varier ainsi d'une teinte à une autre et surtout d'un Blanc sale plus ou moins cendré au Brunâtre, au Verdâtre, au Bleuâtre. Il est donc pour le moins étonnant qu'on se soit borné à constater ces variations, sans chercher à les expliquer autrement que par l'influence de la Couleur de la localité dans laquelle ces Œufs ont été pondus, comme l'a dit Temminck (1), ou par l'âge, l'état de santé de l'Oiseau, l'abondance de la ponte et la nature des aliments, comme l'ont avancé plusieurs observateurs et entre autres M. Moquin-Tandon (2).

C'est d'une autre part que, d'après le plus grand nombre des observations, les Œufs de Couleur Cendrée, plus ou moins Brunâtre ou Roussâtre, se sont à notre connaissance, rencontrés le plus fréquemment dans les nids de Fauvette de jardin, de Rouge-Gorge et de Bruant; et que ceux d'une teinte Verte ou Bleuâtre uniforme, ont été presque toujours retirés des nids de Rossignol de muraille ou de Traquet, témoin celui d'une teinte Bleu-Verdâtre uniforme que possède M. Gerbe et qui a été pris dans un nid de Traquet Stapazin : or, on sait que les Œufs de Traquet, surtout de cette dernière Espèce, comme ceux du Rossignol de murailles, sont positivement de cette Couleur.

Si maintenant, nous rapprochons cette remarque de celle de M. Blyth, au sujet des Œufs de l'Eudynamis (ou Coucou à gros bec) du Bengale, qui sont exactement de la même Couleur que ceux du Corbeau resplendissant et du Corbeau à bec culminé, dans le nid desquels ce Coucou introduit ordinairement et presque exclusivement ses Œufs, on conviendra que ces ques-

____

(1) *Manuel des Oiseaux d'Europe*, 1820, 1re partie.
(2) *Ann. de la Soc. Linn. de Paris*. 1824.

tions, telles que nous les avons présentées, sont loin d'être oiseuses, ou de reposer sur une simple hypothèse.

Il serait donc à penser, dans cet ordre d'idées, si les OEufs étrangers trouvés dans le nid de divers Oiseaux, en Europe, proviennent véritablement de la même Espèce de Coucous, notre Coucou chanteur, que ce changement, ou, pour mieux dire cette appropriation de Couleur, dépendrait en quelque sorte de la volonté de l'Oiseau ; et que les OEufs, en vue de la ponte desquels le Coucou vient de visiter à l'avance tel ou tel nid renfermant ceux de son propriétaire, revêtiraient, au moment où ils vont être pondus, la Couleur propre aux OEufs de l'Espèce qui les doit couver : que ce serait uniquement à cette similitude de Coloration que serait due la facilité avec laquelle ces petites Espèces d'Oiseaux se laisseraient aller à les couver comme les leurs, malgré la différence de dimensions.

Si la conséquence paraît quelque peu forcée, le fait vaut au moins la peine d'être étudié.

Cette variété de Coloration, dans l'OEuf du Coucou d'Europe, ne pouvait pas ne point avoir été remarquée par Buhle si bon observateur. Il dit en effet que cet OEuf varie beaucoup, et en figure des exemples. Mais serait-il vrai, ainsi qu'il l'énonce formellement, et probablement d'après sa propre expérience, que la diversité de la Couleur dominante s'étendrait à toute une année ? de sorte que dans une année ils seraient Blanc-Bleuâtre avec des taches Brun-Olivâtre et dans une autre année, Blanc-Jaunâtre, avec des taches Grises !

La proposition est assez explicite et assez formelle pour mériter une contre-épreuve sérieuse ou un scrupuleux contrôle. De tous les Auteurs qui ont écrit et publié leurs observations, Buhle est le seul qui ait encore avancé un pareil fait, dont nous n'avons, quant à nous, dans une expérience de près de quarante années, aucun exemple.

Nous ne contestons certes pas, mais nous faisons également sur ce point un appel à de nouvelles recherches.

La Forme de l'OEuf des Cuculinés est généralement Ovée, exceptionnellement Ovalaire.

Le Genre Cacomante (*Cacomantis*) a son OEuf de Forme Ovée et de Couleur Blanche plus ou moins jaunâtre, sans aucune tache.

Nous ne connaissons aucun OEuf du Genre *Hierococcyx* (Müller) ni Surnicou (*Surniculus*. Lesson).

Enfin, l'OEuf du Genre Chalcite (*Chrysococcyx*. Boié) varie de la Forme Ovalaire à celle Ovée et est tantôt Blanc uni, comme chez le *C. auratus* de l'Afrique, tantôt ou Olivâtre presque uniforme, ou d'un fond Blanc moucheté de Rouge-brique, comme chez le *C. lucidus* de la Nouvelle-Hollande.

Mais Levaillant qui dit avoir toujours trouvé le premier dans les nids des plus petits Oiseaux Insectivores, et jamais dans ceux des Granivores, ne nous fait pas connaître si, dans le nombre, il n'a pas rencontré de variétés.

Nous avons été plus heureux relativement au *Ch. lucidus*, qui paraît avoir les mêmes habitudes que le *Ch. auratus*; et les renseignements que nous pouvons publier à son sujet, nous les devons encore à l'amitié de notre grand voyageur J. Verreaux, toujours si minutieux et si exact dans ses observations, et dont les cartons recèlent des trésors d'études de cette sorte, faites sur les lieux témoins de ses peines et de ses travaux ; mais, ajouterons-nous, non de ses succès, qu'un mauvais vouloir et de mesquines jalousies, chez nous, ont cherché à reléguer dans l'ombre, et que des hommages qui, depuis dix ans, ne cessent d'arriver à lui de tous les coins du Monde Savant, à l'Etranger, dédommagent amplement de l'aveuglement du sort et de l'injustice des hommes.

J. Verreaux a trouvé l'OEuf du *Ch. lucidus* dans le nid des

Melliphagidés suivants : *Melliphaga Australasiana*, *M. Sericea*, *M. Novæ-Hollandiæ*, *M. Penicillata*, *M. auricomis*; dans ce cas l'OEuf était ou d'un Vert-Olivâtre, tel que le figure Thienemann, ou d'un Brun-Rougeâtre obscur. Or, nous verrons bientôt que l'OEuf de cette Tribu est généralement d'un fond Blanc, plus ou moins teinté de Rougeâtre sale, avec des taches d'un Brun-Rouge. Le même observateur a encore trouvé l'OEuf de ce Cuculidé dans le nid de l'*Acanthyza chrysorœa* et du *Malurus cyaneus*, dont l'OEuf est Blanc, légèrement tacheté d'un Rouge-brique, comme chez la plupart de nos Mésanges; et dans ce cas l'OEuf du *Ch. Lucidus* était de ces dernières couleurs, tel à peu près que la variété figurée par Thienemann.

Mais, dit Jules Verreaux, ce Coucou n'a pas recours toute sa vie à l'hospitalité forcée qu'il demande ainsi plus tard à d'autres Oiseaux, pour l'incubation de son OEuf : d'habitude, les jeunes de l'année se réunissent et émigrent en masse dans d'autres localités, où, se trouvant à peu près en nombre égal de mâles et de femelles, ils construisent leurs nids eux-mêmes, comme la généralité des Oiseaux, y pondent leurs OEufs au nombre de trois et les couvent eux-mêmes.

Cette circonstance établit entre eux, à cet égard, et les Coccyzinés, dont nous allons nous occuper une certaine analogie qui mérite d'être prise en considération.

Et qui sait, car tout est mystère chez les Oiseaux! peut-être la même bizarrerie s'observera-t-elle plus tard chez notre Coucou d'Europe.

Et puis, du moment que l'on connaît certaines Espèces d'Oiseaux d'Amérique, nullement Zygodactyles, et considérés comme Granivores, telles que quelques Espèces de la grande Famille des Ictéridés, qui se permettent, à l'instar du Coucou, d'éviter la peine de se construire des nids, et confient le soin de l'incubation de leurs OEufs à d'autres Oiseaux dans le nid

desquels ils l'introduisent furtivement ; et cela probablement
par suite de la même cause , c'est-à-dire la surabondance, à un
moment donné , du nombre des mâles sur celui des femelles :
peut-être reconnaîtra-t-on par la suite des temps, que ce fait,
considéré comme si anormal depuis l'origine des Sciences, chez
le Coucou d'Europe et chez ceux dont nous venons de parler,
existe, en une certaine limite, et selon les lieux, ou l'époque
de l'année, chez presque toutes les Familles de l'Ordre des
Passereaux.

Pour en revenir au *Ch. lucidus,* lorsqu'il a reconnu le nid
dans lequel il veut déposer son OEuf, et constaté le nombre
d'OEufs qu'il contient, il ne manque jamais, au moment d'y
déposer le sien, de manger et avaler préalablement celui auquel
il veut substituer le sien, pour offrir le même nombre aux yeux
des propriétaires du nid ainsi envahi.

3ᵉ FAMILLE. — *Les Coccyzinés.*

Cette Famille a été séparée des Cuculinés, d'abord pour
quelques caractères différentiels, mais principalement sur le
motif que leur propagation était soumise aux mêmes règles que
celles des autres Oiseaux.

Il n'en serait pourtant rien quant au Genre typique Coulicou,
ou au moins à l'Espèce type de ce Genre, le Coulicou Américain, qui tantôt aurait les habitudes régulières de ces derniers,
tantôt celles anormales des Coucous; car voici ce qu'en rapporte
un Ornithologiste Américain, habile observateur, M. Nuttall, et
ce que nous en avons reproduit d'après lui dans un précédent
travail (1) :

« Leur nid est fait d'une manière si grossière et si négligée,
que c'est à peine s'il est assez concave pour retenir soit leurs

____

(1) *Encycl. d'H. N.* t. 1, p. 278.

Œufs, soit leurs petits. Leurs Œufs, au nombre de deux ou quatre, sont d'un Vert-bleuâtre tendre, tantôt sans taches, tantôt maculés de taches Brunâtres ou Jaunâtres : (leur grand diamètre varie de 0m 034 à 0m 036, et leur petit de 0m 023 à 0m 025). Le père et la mère les couvent assidûment et se montrent fort attachés à leur progéniture, qu'ils défendent avec acharnement contre toutes les attaques du dehors. Ainsi, lorsqu'on s'en approche, comme pour prendre soit le nid, soit ce qu'il contient, le mâle se laisse choir du nid à terre, où il se traîne en voltigeant avec peine, comme s'il était blessé, à la manière de certains Oiseaux attachés à leurs petits, tels que la Perdrix, jusqu'à ce qu'il ait éloigné son ennemi. Pendant ce temps, la mère pousse un cri d'alarme : *qua-quah-gwaih*, et se laisse à son tour glisser à terre. Alors le mâle revient à une petite distance du nid et sonne de son côté l'alarme à chaque fois qu'il craint l'approche de son ennemi. Aussitôt que les petits sont éclos, les parents s'occupent avec assiduité de pourvoir à leur nourriture, laquelle consiste principalement en Chenilles velues, que dédaignent ordinairement les autres Oiseaux et qui abondent sur les arbres qu'ils fréquentent. Ils dévorent aussi de gros Insectes lamelligères, tels que le *Melolontha lanigera* et d'autres Carabiques; mais ils ont la mauvaise habitude de manger les Œufs des autres Oiseaux et de répandre la désolation et l'épouvante partout où ils se trouvent. C'est le plus ordinairement au printemps qu'ils couvent; j'ai pourtant vu un nid avec ses Œufs vers la fin du mois d'Août, quoique le mois de Septembre soit l'époque de leur départ. Quand on considère le temps qu'il leur faut pour nourrir et élever leurs petits, ceci semble accuser une bien grande imprévoyance de la part des parents dans la construction de leurs nids, car ce retard expose une grande partie de leur progéniture à mourir ou de faim ou de froid. Cette circonstance toute providentielle met seule obstacle à leur trop grande multiplication ainsi qu'aux désastres qui en seraient la conséquence inévitable. Ils adoptent de préférence les cantons qui renferment le plus de petites Espèces d'Oiseaux, dont ils guettent les nids pour en manger et détruire les Œufs. Ceux-ci, de leur côté, semblent vouloir prendre leurs précautions et se mettre sur leurs gardes ; ils recommencent plusieurs fois, et en divers endroits, le même nid, puis, au lieu de le placer sur les branches basses d'un arbre, ils le mettent sur les branches les plus élevées et quelquefois même à cinquante pieds du sol. Lorsque ces petits Oiseaux sont ainsi chassés de leurs nids ou ont perdu leurs Œufs, le mâle crie d'un ton plaintif pendant des jours entiers, comme pour pleurer la misère à laquelle le réduisent d'odieux ravisseurs.

» *Confiant dans les secours de la Providence, le Coucou d'Amérique, de même que celui d'Europe, abandonne parfois le soin d'élever sa progéniture à d'autres Oiseaux.* Ainsi, il m'est arrivé un jour de trouver un Œuf de ce Coucou dans un nid de Merle miauleur (*Turdus felivox*), et bien certainement cet Œuf y avait été introduit par le Coucou lui-même. Une autre fois, en Juin 1830, j'ai trouvé un nid de Merle erratique (*Turdus migratorius*) contenant deux Œufs de cette Espèce, avec lesquels se trouvait également un Œuf de Coucou qui ne pouvait y avoir été introduit par celui-ci qu'au moyen de son bec. Je ne saurais assurer que ces deux Merles n'aient pas renoncé à couver des Œufs ainsi frauduleusement introduits dans leurs domiciles ; mais le fait seul de leur présence dans ces nids démontre suffisamment l'intention du Coucou. » (1)

Ce fait, dont Vieillot (2) ne dit mot, et dont nous n'avons pu trouver la moindre trace dans Audubon (3), prouve que, malgré

(1) *Manual of the Ornith. of the Unit. St. and of Canada.* 1832.
(2) *Oiseaux de l'Amer. Septentr.* T. II.
(3) *Ornithological Biography.*

tout ce que l'on en connaît jusqu'à ce jour, il reste encore bien des choses à apprendre dans l'Histoire Naturelle de la Tribu des Cuculidés : car l'exception qui se révèle ainsi chez le Genre Coulicou (*Coccyzus*), peut se retrouver plus tard chez d'autres Genres ; et alors se présente la question de savoir pourquoi un Oiseau, qui le plus souvent fait son nid, y dépose ses Œufs et les couve lui-même, se laisse aller à s'enquérir d'un autre nid étranger, à y transporter furtivement ses Œufs, et finalement à renoncer à l'instinct le plus naturel aux Oiseaux et qui leur paraît le plus doux, celui de les couver et d'en faire éclore le germe.

Malgré tout, ou plutôt par suite de ce qui précède, subsiste toujours la question posée par nous, relativement à la variabilité de l'Œuf des Coucous, selon l'Espèce dans le nid de laquelle il doit être déposé, puisque le Coulicou Américain fait des Œufs ou uniformément colorés ou tachetés, suivant probablement la Couleur de l'Œuf particulier au nid dans lequel il a résolu d'introduire le sien ; le Vert-uni étant la Couleur ordinaire des Œufs des *Turdus felivox* et des *Turdus migratorius*.

CARACTÈRES OOLOGIQUES DU GENRE :

Forme — Ovée.

Coquille — d'un grain fin, d'un Blanc légèrement bleuâtre, mat et sans reflet appréciable.

Couleur — d'un Vert plus ou moins bleuâtre, tantôt uni et sans taches (*Coccyzus americanus*, *Diplopterus galeritus*), tantôt maculé de Brun-Noirâtre ou de Brun-Rougeâtre (*Coccyzus dominicus*).

Nous ne connaissons encore aucun Œuf de Taccos (*Saurotherinæ*) ni de Malcohas (*Phœnicopheinæ*).

6e FAMILLE. — *Les Centropodinés* ou *Coucals*.

Les Coucals seraient plus homogènes, leur Œuf étant de

Forme presque Sphérique, avec la Coquille Blanche, le grain fin, uni et luisant, et une Couleur d'un Blanc uniforme et sans taches.

7e FAMILLE. — *Les Crotophaginés* ou *Anis*.

Les Crotophaginés, comme toutes les Familles naturelles dont nous nous sommes déjà occupé, sont remarquables par l'homogénéité des caractères que présente leur OEuf.

Ainsi, *dans toutes les Espèces* la *Forme* de l'OEuf est exactement Ovalaire, approchant parfois de la figure Sphérique.

La *Coquille* d'un grain très-fin et très-serré, à pores peu sensibles, d'un Blanc légèrement Bleuâtre dans son épaisseur, le plus ordinairement plus ou moins entièrement recouverte d'une couche sédimenteuse, crayeuse ou demi calcaire, qui se peut facilement enlever par le frottement ou le grattage, dans tous les cas mate et sans reflet.

La *Couleur,* le plus souvent d'une apparence de Blanc de lait pur, nuancé parfois de nuages jaunâtres, qui ne sont qu'accidentels et le résultat du contact de la matière encore fraîche pondue avec des corps étrangers et humides de cette Couleur, tels que de la terre ou du limon, ou des herbes marécageuses fanées, et à l'état de décomposition, entrant dans la construction du nid. Ce Blanc de lait pur n'est alors que la couche crayeuse accessoire à la matière calcaire de la Coquille.

De temps à autre, cette même couche laisse apercevoir, dans ses solutions de continuité naturelles, et au milieu de l'espèce de réseau ou de maille qu'elle y dessine souvent et sous forme de points, de losanges et de raies plus ou moins nombreux et plus ou moins larges, la surface même de la Coquille et sa véritable Couleur d'un beau Bleu d'Algue marine. C'est cette double enveloppe qui a fait dire à quelques Ornithologistes, qui avaient mal examiné ces Œufs, qu'ils étaient Blancs avec des points et des raies Bleus.

D'autres fois même, mais rarement, et sur les Œufs derniers pondus, la couche crayeuse disparaît totalement, et l'Œuf se montre en entier de cette belle couleur (1).

Nous avons déjà dit quel était l'usage probable de cette couche additionnelle que nous reverrons se reproduire plus tard dans quelques Palmipèdes, mais qui est unique et sans exemple parmi les Passereaux. Quant à son origine, elle est la même que celle de toutes les enveloppes intérieures et extérieures de l'Œuf, qui se développent et se forment dans toute la longueur du trajet de l'Oviducte; et elle ne doit être considérée que comme un excédent, une superfétation imparfaite de la matière calcaire, imparfaite en ce sens seulement qu'elle manque de ce gluten animal qui unit entre elles toutes les molécules de cette dernière.

C'est d'après ces Caractères Oologiques que nous avions compris le Genre *Guira* dans nos Crotophaginés : ces caractères devenaient en effet la démonstration la plus évidente du fondement de l'observation de D'Azara (2) et de M. Ménétriés (3), déjà prise en certaine considération par Vieillot, sur la communauté de mœurs des deux Genres d'Oiseaux. Et c'est en faisant partager le résultat réuni de ces observations à celles qui nous étaient personnelles, que nous avons décidé le prince Ch. Bonaparte, qui jusque-là avait entièrement éloigné les Guiras des Anis, puisqu'il mettait les premiers avec les *Diplopteri*, dans la Famille des *Coccyzinæ*, à les ranger avec les Anis, et en faire une seule et même Famille, sous la Rubrique des *Crotophaginæ*. Peut-être même pourrait-on, avec grande apparence de

(1) Voir *Mag. de Zool.* 1843. *Oiseaux*, Pl. 36 ; et *Encycl. d'H. N. Ois.* p. 302.

(2) *Voy. dans l'Am. Mer. et au Paraguay.*

(3) *Monogr. des Myntherinés.*

raison, y joindre le *Diplopterus galeritus*, dont les caractères Oologiques sont presque les mêmes que ceux du *Guira*.

Nous ne connaissons rien de l'OEuf du *Scythrops*, que possède Gould, et dont il a enrichi d'un ou deux exemplaires, la Collection Oologique du Musée de Philadelphie. Il est vrai qu'il n'ose en garantir l'authenticité : aussi nous dispenserons-nous d'en rien dire jusqu'à meilleur et plus ample informé.

Réflexions générales sur les Cuculidés.

Avant de quitter cette intéressante Tribu des Cuculidés, sur laquelle il y a tant à dire encore, il nous paraît nécessaire, dans l'intérêt des progrès de la Science Ornithologique, de résumer les faits qui en ressortent, et d'en tirer toutes les conséquences qui en découlent, afin de pouvoir mieux préciser les questions qu'ils soulèvent, et que nous n'avons fait qu'effleurer.

D'abord, est-il bien certain que la Famille seule des Cuculinés, dans cette Tribu, ne fait jamais de nid; et que les diverses Espèces ne couvent pas souvent elles-mêmes leurs OEufs?

Nous croyons que la seule étude qui reste à faire sur eux, à cette heure, est celle qui tendrait, par de bonnes observations, à démontrer que le fait par ces Oiseaux d'abandonner à d'autres le soin, non pas de l'éducation de leurs petits, mais l'incubation de leur OEuf, n'est qu'un fait non d'organisation, mais purement accidentel : la chose serait d'autant plus vraisemblable que nous l'avons retrouvée dans les mœurs du *Coccyzus americanus*, et que nous l'avons établie d'après les observations si précises de J. Verreaux, pour le *Chalcites lucidus*.

Car, jusqu'à présent, on a eu un tort grave, c'est de s'occuper exclusivement des habitudes de notre Coucou d'Europe, par rapport à lui-même, sans chercher à les comparer et à les conférer, comme nous l'avons déjà fait ailleurs, comme nous le faisons encore aujourd'hui, et avec les habitudes des autres

Familles de Cuculidés, et avec celles d'autres Familles étrangères aux Zygodactyles.

Nous venons de distinguer à l'instant et non sans motif, l'opération de l'éducation des petits d'avec celle de l'incubation de l'Œuf, dans les soins confiés par le Coucou à des Oiseaux étrangers. C'est qu'en effet, il n'arrive presque jamais que la mère forcément adoptive reste exclusivement chargée de nourrir le jeune Coucou : elle mourrait à la peine, si à la nourriture de ses propres petits il lui fallait joindre celle du vorace étranger. Ce soin, la mère de celui-ci, toujours attentive à veiller sur chacun des nids dépositaires de sa progéniture, se le réserve à elle-même, et pour cela elle profite des absences répétées de la propriétaire du nid, pour apporter à ses petits leur subsistance. Il importe donc peu que son Œuf soit déposé dans un nid d'Oiseau Granivore ou Frugivore, etc.; la nourriture essentiellement animalisée du jeune Coucou, propre à toute la Tribu, ne lui fait jamais défaut, parce qu'elle lui est procurée par sa mère naturelle, beaucoup moins oublieuse, qu'on ne l'admet généralement, de ses soins maternels.

Il peut donc se faire que le mode d'accouplement des Coucous soit exactement le même que celui de tous les autres Oiseaux : qu'ils construisent leur nid, comme eux; et, comme eux aussi, se livrent au doux plaisir de couver leurs Œufs, de faire éclore et d'élever leurs petits eux-mêmes; qu'alors, ainsi que cela a lieu pour les jeunes de la première année, chez le *Chalcites lucidus,* que groupés et réunis ensemble, il existe une équi-parité entre les deux Sexes; mais qu'ensuite dans un moment donné, et par suite de la trop grande dispersion de l'Espèce, et dans certaines localités, les mâles se trouvant dans une majorité disproportionnée avec le nombre des femelles, celles-ci, ne pouvant suffire au soin et au double travail de la nidification et de l'incubation, par suite d'approches successives et trop fréquemment renouvelées, en sont réduites à surprendre l'hospitalité d'autres Espèces d'Oiseaux, pour leur imposer le dépôt et la garde de leur produit Ovarien.

Ce qui semble venir à l'appui de notre raisonnement, c'est ce fait observé chez plusieurs Espèces d'Oiseaux étrangers à la Tribu des Cuculidés, tels que ceux du Genre *Molothrus* et autres Ictériens ou Troupiales de l'Amérique, qui se dispensent parfois de faire un nid, et introduisent leur OEuf dans le nid d'une autre Espèce. Or, cette anomalie chez eux, ne doit pas être le résultat d'un simple caprice, et doit se rattacher à la même cause ou à la même impossibilité qui pousse à ce manége le *Chalcites lucidus ;* c'est-à-dire à un trop grand relâchement accidentel dans les attaches de la grappe Ovarienne ; et, par suite, à l'égrainement (si l'on peut s'exprimer ainsi) trop subit des OEufs qui s'en échappent; ou à des accouplements trop rapprochés de la part des mâles, beaucoup plus nombreux, en certains moments et en certaines localités, que les femelles.

D'où cette autre conséquence, que ce qui a lieu chez ces derniers Oiseaux, peut et doit, dans les mêmes conditions, se présenter chez presque toutes les autres Tribus et Familles de Passereaux. Reste donc encore pour les Observateurs et les Ornithologistes, à découvrir et à constater un fait de ce genre dans cet Ordre.

Il y a là, comme on le voit, un champ immense ouvert à la Science qui, alors qu'elle croit avoir atteint les dernières limites de son domaine, les sent tout-à-coup reculer à l'infini. C'est assez faire comprendre qu'il y aura toujours à découvrir. Mais c'est aussi de ce côté et dans cette direction nouvelle que nous désirerions voir l'Enseignement Zoologique pousser les jeunes intelligences qui se pressent à ses portes.

Assez de Méthodes et de Classifications comme cela! enseignons-les, discutons-les dans le silence du Cabinet ou dans les

Livres. Etudions et apprenons à étudier les mœurs de l'Oiseau : là seulement est la vraie Science. Si l'on avait toujours été pénétré de cette vérité en France, on aurait mieux apprécié à leur juste valeur et préconisé plus haut les pénibles travaux de nos Voyageurs Naturalistes, et on ne les aurait pas, comme de parti pris, relégués à l'ombre, ainsi qu'on l'a fait pour J. Verreaux, qui est encore réduit, après plus de trente années de Voyages, à vivre d'un labeur journalier, alors qu'il devrait avoir la position à laquelle a droit, en tout autre Pays, tout dévoûment éclairé et soutenu rendu à la Science. Car, nous ne cesserons de le redire et nous en avons administré la preuve : nous attachons plus de prix à la moindre observation faite sur la Nature qu'aux plus belles théories émises du haut de la Chaire.

DEUXIÈME TRIBU.

LES RAMPHASTIDÉS OU TOUCANS.

Ainsi que chez les Strigidés, les Musophagidés, les Psittacidés et les Picidés, les Ramphastidés offrent le même ensemble de Caractères Oologiques.

Forme — Ovalaire et presque Sphérique.

Coquille — d'un grain très-fin, d'un Blanc pur; unie et quelque peu luisante.

Couleur — d'un Blanc uniforme et sans taches.

TROISIÈME TRIBU.

LES TROGONIDÉS OU COUROUCOUS.

Forme — presque exactement Sphérique.

Coquille — d'un grain très-fin, d'un Blanc pur, imperceptiblement poreuse et unie, mate et sans reflet.

Couleur. — Celle du grain de la Coquille, c'est-à-dire Blanche, et sans aucune autre nuance ni tache.

QUATRIÈME TRIBU.

LES BUCCONIDÉS OU BARBUS.

Même uniformité.

Forme — Ovée, parfois plus ou moins parfaitement Ovale.

Coquille — d'un grain fin et serré, d'un Blanc pur, et, suivant les Genres ou les Espèces, plus ou moins mate ou luisante.

Couleur — unie, et seulement celle de la Coquille.

Nous ne connaissons aucun OEuf de Capitonidés ou Tamatias formant notre cinquième Tribu, mais leur manière de vivre et leur mode de nidification dans les trous d'arbres nous permet d'affirmer que cet OEuf doit être Blanc et sans taches.

SIXIÈME TRIBU.

LES GALBULIDÉS OU JACAMARS.

Les Jacamars qui ont tant de rapports de conformation avec les Martins-Pêcheurs qui vont suivre offrent les mêmes analogies oologiques.

Forme — Sphérique.

Coquille — d'un grain fin, serré, d'un Blanc pur et luisant.

Couleur. — Celle du grain de la Coquille sans tache.

Il est remarquable que, dans ce grand Ordre des Zygodactyles, l'un des plus considérables de la Série se trouve un ensemble de Caractères Oologiques presque aussi constant que l'est l'ensemble typique du pied des Oiseaux qui le composent.

Ainsi, à part la Forme, qui varie de la Forme Sphérique, en passant par la Forme Ovalaire, à la Forme Ovée, l'OEuf est constamment Blanc et sans taches.

Quant aux Cuculidés, quelques Genres seulement ont leurs OEufs Blancs, tel entre autres que le Genre *Centropus*. Mais cette dernière Tribu fait, sous ce rapport, une exception telle, qu'elle exigerait le même travail que sous le rapport Zoologique :

c'est-à-dire que l'Oologiste éprouverait, dans le Classement Méthodique de ces Oiseaux, les mêmes difficultés que le Zoologiste.

En disant que l'OEuf, sauf cette dernière exception, est toujours Blanc chez toutes les Espèces de l'Ordre, ce n'est que par induction; mais une induction qui ne peut nous tromper.

Ainsi, nous ne connaissons l'OEuf que de deux Espèces de Musophagidés, sur treize que renferme ce Sous-Ordre;

Nous en connaissons à peine quarante de Psittacidés, sur trois cents;

Quinze à vingt de Picidés, sur deux cent soixante-six ;

Trois de Ramphastidés, sur cinquante ;

Deux de Trogonidés, sur quarante-huit ou cinquante;

Trois de Bucconidés, sur soixante-dix ;

Un seul de Galbulidés, sur seize.

Nous croyons néanmoins que tous ceux que l'on viendra à découvrir par la suite, en sus de ce nombre, ne feront que sanctionner nos prévisions qui, pour nous, tant est forte notre conviction, ont la valeur d'une certitude.

TROISIÈME ORDRE.

PASSEREAUX
(Passeres).

PREMIER SOUS-ORDRE.

SYNDACTYLES
(Syndactyli).

Première Division.

Longirostres *(Longirostri)*.

PREMIÈRE TRIBU.

ALCEDINIDÉS OU MARTINS-PÊCHEURS.

Quoique cette Tribu se compose de deux Familles principales offrant quelques légères différences de mœurs, les *Daceloninæ* ou Martins-Chasseurs , et les *Alcedininæ* ou Martins-Pêcheurs , leurs Caractères Oologiques leur sont communs à toutes deux.

Forme — Sphérique.

Coquille — d'un grain si fin et si lustré que les pores en sont invisibles à l'œil nu, d'un Blanc pur et par son reflet offrant l'aspect brillant de la porcelaine.

Couleur. — Celle du grain de la Coquille, Blanche et sans aucune tache.

DEUXIÈME TRIBU.

MÉROPIDÉS OU GUÊPIERS — *Meropidæ*.

Il y a plus d'analogie , pour les Caractères Oologiques, entre les Méropidés et les Alcididés, et ils concordent ici avec l'analogie des mœurs et les rapprochements physiologiques.

Forme — d'un Ovalaire presque exactement Sphérique.

Coquille — d'un grain très-fin, d'un Blanc pur, imperceptiblement poreuse et unie, fort mince et assez luisante.

Couleur. — Celle du grain de la Coquille, c'est-à-dire Blanche et sans aucune nuance ni tache.

Nous ne connaissons aucun Œuf de Momots, qui forment notre troisième Tribu, Momotidés — *Momotidæ*.

QUATRIÈME TRIBU.

BUCÉROTIDÉS OU CALAOS — *Bucerotidæ*.

Nous considérons cette Tribu comme une des plus curieuses à étudier au point de vue Oologique , et cela avec d'autant plus de raison que l'on commence à peine à en connaître l'Œuf comme on commence à peine à en connaître les mœurs, du moins par la voie de la presse.

Nous savions déjà depuis longtemps, par J. Verreaux, que le *Tockus erythrorhynchus*, l'une des petites espèces de Calaos les plus communes et les plus nombreuses, dans les localités de l'Afrique où il se trouve, se servait de trous pratiqués dans les parties vermoulues des gros troncs d'arbres pour y établir son nid. Or, il paraît qu'une fois que le nombre d'Œufs voulu y a été pondu par la femelle, et qu'elle a commencé son œuvre maternelle de l'incubation, elle ne quitte plus le cher dépôt. Dès ce moment aussi, le mâle, avec de la terre détrempée, mélangée de fibres de végétaux ou de racines et parfois des matières excrémentielles de divers animaux, rebouche, maçonne et diminue le trou par lequel elle est entrée, au point de ne plus y laisser de place qu'au passage tout juste de la tête et du bec de celle-ci ; se réservant le soin de subvenir à sa nourriture : ce qu'il fait avec une assiduité remarquable, non-seulement jusqu'au moment de l'éclosion des petits, mais encore jusqu'à celui où ils sont en état de quitter le nid. Ce n'est qu'alors que cesse la captivité de la femelle et que le mâle démolit sa prison, pour délivrer, du même coup, et la mère et les enfants.

Ces détails de mœurs, résumés des Notes rapportées de ses Voyages dans l'Afrique Australe par J. Verreaux, nous avaient été communiqués par lui pour être insérés dans l'*Encyclopédie d'Histoire Naturelle;* les bornes assignées à cet Ouvrage et d'autres circonstances nous les firent alors mettre de côté et finalement oublier. Nous profitons de l'occasion qui se présente de parler de l'Œuf des Calaos pour réparer cette omission, et cela avec d'autant plus de plaisir, que la Publication récente d'un Voyageur anglais, qui prend date, par le fait même de son impression, sur les Notes manuscrites et inédites de J. Verreaux, pourrait faire croire que son Auteur a été le premier à observer les singulières habitudes de ces non moins singuliers Oiseaux.

Voici en effet ce que rapporte le Révérend Docteur David Livingstone (1) :

(1) *Exploration dans l'intérieur de l'Afrique Australe et Voyages à travers*

« Nous traversons de grands bois de Mopanès (*Banhinia*), où mes compagnons prennent une énorme quantité de Koronés (*Tockus erythrorynchus*), dont les nids sont creusés dans ces arbres. Hier, en passant à côté de l'un de ces nids, qui était prêt à recevoir la femelle, je l'ai soigneusement examiné; l'orifice du trou, muré des deux côtés, conservait une ouverture en forme de cœur et tout juste assez grande pour que l'Oiseau pût y entrer: l'arbre était creusé au-dessus de cette ouverture de manière à offrir une espèce de chambre supérieure, où se réfugie la femelle en cas de surprise. Un peu plus loin, il y avait un OEuf dans l'un de ces nids; il était Blanc et ressemblait beaucoup à celui d'un Pigeon. Au moment où la femelle fut saisie par mes hommes, elle en pondit un second, et nous lui en avons trouvé quatre autres dans l'Ovaire. C'est à Kolobeny que je vis cet Oiseau pour la première fois : j'étais allé dans la forêt pour abattre des arbres et je m'étais arrêté auprès de l'un de ceux que j'avais choisis, lorsqu'un indigène qui se trouvait avec moi s'écria : « Un nid de Koroné! » Je n'aperçus qu'une fente d'environ douze millimètres de large et de huit ou dix centimètres de longueur, qui me parut être l'ouverture d'une cavité peu profonde : je pensai que le Koroné était un Animal de petite taille, et j'attendis avec intérêt ce que mon homme allait extraire du creux de l'arbre. Il démolit la muraille qui se trouvait de chaque côté de la fissure, et, plongeant son bras dans le trou, il en retira un Tock à bec rouge qu'il tua immédiatement. Une fois, me dit-il, que la femelle commence à couver, elle est soumise à une réclusion absolue; l'entrée du nid est murée par le mâle, qui ne réserve que l'ouverture strictement nécessaire pour y introduire le bec afin de nourrir la femelle : celle-ci

le Continent de Saint-Paul de Loanda, à l'embouchure du Zambèze, de 1840 à 1856, page 670. Ouvrage traduit de l'Anglais par Mme H. Loreau. Paris, 1859.

dépose ses OEufs sur une couche de plumes qu'elle s'est arrachées, et demeure avec ses petits jusqu'à l'époque où ils sont en état de voler; pendant tout ce temps-là, c'est-à-dire pendant deux ou trois mois, le père nourrit toute la famille. La recluse devient alors si grasse qu'elle constitue pour les indigènes un morceau très-recherché, tandis que le pauvre mâle arrive à un tel degré d'épuisement et de maigreur, que lorsque la température baisse tout-à-coup, ainsi que cela arrive souvent après un orage, il est saisi par le froid et ne tarde point à mourir. Étant repassé huit jours plus tard auprès de l'arbre où mon compagnon avait pris le Koroné, je vis l'orifice du trou muré de nouveau : était-ce l'époux inconsolable qui s'était déjà remarié? Je ne touchai pas au nid, dans l'intention de constater l'époque où la femelle sortirait; mais ayant eu beaucoup à travailler, il me fut impossible de retourner à l'endroit où je l'avais vu. C'est à présent que l'incubation commence; beaucoup de nids sont déjà murés, et l'on me dit ici, comme à Kolobeny, que la femelle ne sort de l'arbre qu'au moment où les jeunes ont toutes leurs plumes, ce qui arrive à l'époque de la maturité du Sorgho. L'apparition des jeunes Koronés est pour les indigènes le signal de la moisson, et, comme c'est vers la fin d'Avril que leurs grains sont recueillis, la durée de l'emprisonnement de la femelle serait alors de deux ou trois mois. On dit que parfois elle couve d'abord deux OEufs, qu'au moment où les deux jeunes qui en résultent sont prêts à la suivre, les deux autres sortent de leur Coquille et sont alors nourris par le père et la mère qui ont rétabli la cloison à l'entrée de leur demeure. J'ai remarqué plusieurs fois la branche où le mâle vient se percher pour nourrir la famille; les indigènes observent avec soin la fiente qui est déposée à un mètre de l'orifice du nid et qui leur fait découvrir la retraite de ces Oiseaux. »

A ces détails si intéressants du Révérend Missionnaire, nous ajouterons le commentaire suivant que nous communique de nouveau J. Verreaux :

« Le Docteur se trompe lorsqu'il dit que les deux autres Œufs éclosent quand les deux premiers petits Tocks sont déjà en état de sortir du nid : ces Oiseaux ne pondent que deux Œufs, qui sont en effet d'un Blanc pur, mais qui ne ressemblent en rien à ceux de Pigeons, en ce que leur Coquille est crayeuse et presque opaque. J'ai observé que ce mode de nidification employé par le *Tockus erythrorhynchus* pour mettre sa famille à l'abri de ses ennemis, était particulier, non seulement à cette Espèce, mais encore au *T. flavirostris* et au *T. nasutus*. Il est aussi dans l'erreur en pensant que ces Oiseaux sont deux ou trois mois à venir. J'ai observé que, *six semaines après la réclusion*, le mâle venait lui-même briser cette cloison faite de buchettes et de vase, pour laisser la liberté à cette famille qu'il affectionne autant que sa compagne. La femelle pond en effet dans un trou d'arbre, qui, généralement, contient des détritus de bois pourri ; elle y dépose des matières molles, et aussi quelques plumes, mais peu des siennes ; car je n'ai jamais trouvé le corps des femelles plus dénudé que celui des autres qui couvent seules. Autant que ma mémoire peut me le rappeler, le premier nid que je trouvai était placé, comme le Docteur l'indique fort exactement, dans le tronc d'un grand arbre, à l'abri des rayons du soleil, et dans l'épaisseur de la grande forêt du Swart-Kop, passé Grahams-Twon, près de Groot-vis-River, au Sud de la Colonie du Cap : c'était celui d'un *T. flavirostris*. Dans le même voyage, et plus loin encore, du côté de Bufflo-River, je trouvai celui du *T. nasutus ;* et dans d'autres voyages, j'en observai d'autres, que j'examinai avec le plus grand soin, afin de m'assurer de leur identité ; tant j'avais été surpris de ce mode original d'incubation. Car, on ne saurait comprendre la joie que j'éprouvai, lorsque, pour la première fois, je découvris ce phénomène, et l'attention que j'apportai à renouveler mes observations et mes recherches, sur ce point. C'est, au reste, plutôt vers l'Ouest que j'en ai rencontrés, et en très-grand nombre : Kurrichaïne et Val-River sont les localités où ces derniers paraissent plus abondants. Il n'en résulte pas moins que l'honneur de la publication de ces détails revient tout entier au Docteur Livingstone. »

Ce mode de nidification est-il commun aux diverses Familles de cette Tribu, et surtout aux fortes Espèces Indiennes? C'est ce que nous ne sommes pas en mesure d'affirmer.

Caractères Oologiques :

Forme — Ovée, quelque peu allongée.

Coquille — d'un grain fin, assez uni, irrégulier parfois, très-mince, d'un Blanc pur et peu luisant.

Couleur. — Celle de la Coquille, d'un Blanc pur et le plus généralement sans tache, rarement avec quatre ou cinq points ou mouchetures irrégulières d'un Brun noirâtre.

CINQUIÈME TRIBU.

UPUPIDÉS OU HUPPES — *Upupidæ.*

Nous ajoutons à nos Syndactyles, non sans quelque hésitation, cette cinquième Tribu.

En réfléchissant aux détails de mœurs que nous venons de reproduire pour les Calaos, nous n'avons pu nous empêcher de les rapprocher du bruit si accrédité auprès des habitants des champs et de la campagne, sur certaines habitudes de notre Huppe (*Upupa*), Pùt-Pùt de quelques localités.

Ainsi, on a dit souvent et répété que le mâle enduisait les rebords du trou dans lequel il établissait son nid, surtout si c'était, comme presque toujours, dans un arbre, de matières fécales qui décèleraient l'existence ou le voisinage de ce nid, par leurs exhalaisons fétides, dont serait empreint le plumage ou le corps de l'Oiseau. Ce fait, nous le savons, a été constamment démenti; mais les preuves, pas plus que la démonstration, n'en ont jamais été scientifiquement rapportées.

Nous ne nous en sommes pas moins souvent demandé, surtout depuis notre dernier travail (1), où nous plaçons la Famille des *Upupinæ* dans la Tribu des *Furnaridæ*, entre les *Furnarinæ* et les *Alaudidæ*, si, malgré les considérations si justes de M. de la Fresnaye pour en faire un Marcheur (2), et malgré la détermination dernière du Prince Ch. Bonaparte (3), qui la range en en faisant la Famille des *Upupidæ* dans ses *Tenuirostri*, entre les *Alcedinidæ* et les *Promeropidæ*, la place naturelle de la Huppe ne serait pas plutôt dans le Sous-Ordre des Syndactyles, avec les Calaos ou à leur suite, ainsi que l'a proposé un moment le Savant Ornithologiste, sans faire connaître ses motifs, entre les Touracos (*Musophagidæ*) et les Calaos (*Bucerotidæ*) (4)?

Ces réflexions se fondent, pour nous, sur l'analogie qui ressort de ces détails de nidification ou d'habitudes, dont la *commune renommée*, nous le reconnaissons, a fait seule tous les frais pour la Huppe, et que nous croyons, bien ou mal observées, reposer, comme tous les dictons en Histoire Naturelle, sur un fait vrai.

Ainsi, tout le monde est d'accord sur la mauvaise odeur qui émane des plumes de cet Oiseau, dont la chair du reste paraît bonne à manger.

Ray et Salerne, sans remonter plus haut, sont d'accord, en ce point, avec leurs devanciers :

« Suivant l'opinion commune, dit ce dernier, la Huppe fait

(1) *Encyclop. d'Hist. Nat. Ois.*, T. 3, p. 168 et s.
(2) *Magas. de Zool.* 1833, et *Revue Zool.* 1847.
(3) *Classification Ornith. par Séries.* (*Compt. Rend. Acad. des Sc.* T. XXXVII, 1853.
(4) *Conspectus.* 1850.

son nid de fiente humaine. Il y en a qui disent que le plus souvent elle le fait de fiente de Loup, de Renard ou de Chien, quelquefois de Cheval ou de Mulet; mais de plusieurs nids que j'ai
eu occasion de voir, je n'en ai trouvé aucun qui contînt la
moindre fiente. *Ce qu'il y a de certain, c'est que son nid et ses
petits puent comme charogne :* néanmoins cette puanteur des
petits n'est que superficielle; car ils sont bons à manger, même
en sortant du nid. » (1)

Ce fait, commun aux Calaos, a été contesté, en ce qui concerne la Huppe, par Gueneau de Montbeillard (2), qui en gratifie
la Sittelle, à qui l'habitude d'enduire de vase ou de fiente l'orifice
de son nid est depuis longtemps concédée. Mais pourquoi la
même habitude n'existerait-elle pas aussi chez les Huppes,
comme elle est signalée chez les Calaos? Et pourquoi cette habitude n'aurait-elle pas le même but pour celle-là comme pour
ceux-ci : le but, en diminuant l'entrée du trou, au fond duquel
se trouve le nid, de préserver de toute atteinte du dehors la petite
famille qu'il renferme, en en rendant la trace ou le lieu pour
ainsi dire invisibles ?

Si de cette similitude on rapproche le caractère organique de
la conformation des pieds, qui sont ceux d'un Marcheur et non
d'un Grimpeur, et surtout, à un moindre degré, ceux d'un
Syndactyle, *le doigt externe se trouvant soudé au médian
jusqu'à la première articulation;* si l'on en rapproche encore
ce double caractère de mœurs, qu'élevée en domesticité, la
Huppe donne la chasse aux Mouches dont elle purge la maison,
ainsi qu'aux Souris (3), fait contesté par Bechstein (4), mais

(1) *Histoire Naturelle..... l'Ornithologie etc.* 1767.
(2) *Hist. Natur. des Ois.* Buffon.
(3) *Salerne. — Ornithologie.*
(4) *Manuel de l'Anat. des Ois. de Volière, etc., et Encyclop. d'Hist Nat.
Ois.* T. 3.

qui s'observe communément chez presque tous les Calaos, notamment le *Bucorvus abyssinicus* (*Abba-Gumba* des Abyssins et des Nègres de l'Afrique Orientale), qu'elle forme et compose avec les Scarabés ou Hannetons qu'elle attrape et qu'elle tue à coups de bec, une sorte de pelotte allongée, qu'elle jette en l'air de manière à pouvoir la saisir et l'avaler par la longueur, en ouvrant ses mandibules pour la recevoir, et recommençant le même manège, si la pelotte n'y tombe pas dans le sens voulu ; ce qui est le mode de jeter en l'air (1) et d'avaler tout ce qu'ils prennent avec la pointe de leur bec, des Calaos : on conviendra que notre proposition ou notre Système n'est pas plus absurde que celui du Prince Ch. Bonaparte, rappelé tout à l'heure, et que si nous faisons erreur, nous nous trompons en bonne compagnie, et nous avons de plus le mérite de donner nos raisons et nos motifs que nous livrons à toute discussion pour ce qu'ils valent.

Dans tous les cas, cette apparente innovation n'aurait-elle pour résultat que de provoquer de nouvelles observations plus exactes et surtout plus précises soit sur l'Ostéologie de la Huppe, reconnue par de Blainville (2), si analogue, pour le Sternum, à celle des Calaos ; soit sur son mode de nidification et sur ses habitudes, observations dignes de la patience et de la sagacité de Flor-Prévôt ou de M. Moquin-Tandon, que nous ne regretterions pas de l'avoir proposée, même avec doute.

En admettant que des faits nouveaux viennent démontrer notre erreur, la place à chercher pour la Huppe ne saurait être trouvée ailleurs que dans nos Ténuirostres Marcheurs, auxquels elle se rattacherait alors par les Genres *Cinclocerthia* et *Upucerthia*.

(1) Id. Ibid.
(2) *Journal de Phys.*, *de Chim. et d'Hist. Nat.* Tom. XCII, p. 185. — Mars 1821.

Nous ajouterons enfin que les Caractères Oologiques ne s'opposent aucunement au rapprochement de la Huppe, des Calaos.

CARACTÈRES OOLOGIQUES :

Forme — Ovale un peu allongée, parfois un bout moins obtus que l'autre.

Coquille — d'un grain fin, assez serré, mince, à pores peu visibles, Blanche intérieurement, à reflet très-faible.

Couleur — d'un Blanc uniforme et sans tache; mais ce Blanc paraît plus souvent sale ou terne que pur.

Deuxième Division.

Latirostres *(Latirostri)*.

SIXIÈME TRIBU.

LES CORACIADÉS OU ROLLIERS — *Coraciadæ.*

Forme — Ovée, un peu obtuse.

Coquille — d'un grain fin, serré, uni, très-luisant et d'un Blanc pur.

Couleur. — Celle de la Coquille, Blanche et sans tache.

Nous ne connaissons pas l'OEuf des Eurylaimidés, faisant la septième Tribu de nos Syndactyles.

HUITIÈME TRIBU.

LES TODIDÉS OU TODIERS — *Todidæ.*

On ne connaît encore l'OEuf que d'une Espèce de cette Tribu, le *Todus margaritacenus* ou *margaritaceiventer.*

Forme — Ovée.

Coquille — d'un grain très-fin et fort mince, Blanc et peu luisant.

Couleur — Blanche, avec une couronne de très-petits points d'un Rouge-Brun, ou de sang noirâtre.

Ici cessent nos analogies : mais nous aimons à croire que le temps et les découvertes viendront continuer l'accord qui existe jusqu'à présent entre les indications Zoologiques qui ont présidé à l'établissement de ce Sous-Ordre, et le petit nombre d'indications Oologiques que l'on possède en ce moment. Car sur huit Tribus dont il se compose, nous ne connaissons les OEufs que de quatre ; et encore dans quelle faible proportion !

D'une dizaine d'Espèces d'Alcedinidés, sur cent vingt environ que cette Tribu renferme ;

De deux Espèces de Meropidés, sur trente ;

De trois Espèces de Bucérotidés, sur quarante-trois ;

De deux Espèces de Coraciadés, sur une vingtaine.

Reste donc pour nos Syndactyles la Tribu des Pipridés, ou Manakins, qui fait, sauf son ensemble, une exception pareille dans ce Sous-Ordre que la Tribu des Cuculidés dans le Sous-Ordre des Zygodactyles Percheurs ou Marcheurs.

NEUVIÈME TRIBU.

LES PIPRIDÉS OU MANAKINS — *Pipridæ*.

Les Caractères Oologiques de cette Tribu concordent assez ensemble, quoique nous ne connaissions que l'OEuf de six Espèces, sur quarante-cinq dont elle se compose, pour nous, dont l'OEuf du Rupicole du Pérou, que nous avons seul possédé (1), et qui se trouve actuellement au riche Musée de Philadelphie.

Forme — Ovée.

Coquille — d'un grain assez fin, Blanche et très-légèrement luisante.

Couleur — d'un Blanc un peu jaunâtre, recouverte de taches Brunes entremêlées d'autres taches d'un Gris violacé, réunies en

______
(1) Voir *Mag. de Zool.* 1843. *Ois.* Pl. 37, où nous en avons donné la figure.

plus grand nombre, et en une sorte de couronne, vers le gros bout, d'où généralement ces taches semblent tomber et se diriger perpendiculairement au petit axe de l'OEuf.

Au sujet de cette Tribu, dont un des plus beaux types génériques est le *Rupicola*, ou Coq de roche, nous ne croyons pas hors de propos de reproduire ce que nous en avons dit et résumé, il y a quelques années, pour les deux seules Espèces connues de ce Genre : le *Rupicola crocea* et le *Rupicola Peruana*. [1]

Quoique le premier de ces Oiseaux, décrit par Buffon [2], et après lui par Mauduyt [3], ait dû frapper les yeux de tous ceux qui l'ont rencontré, aucun voyageur, à l'exception de Barrère, jusqu'à ces Auteurs, n'avait fait mention de ses habitudes naturelles. Sonnini de Manoncourt est, après lui, le premier qui l'ait observé, et voici ce qu'il en a rapporté :

« Il habite non seulement les fentes profondes des rochers, mais même les grandes cavernes obcures, où la lumière du jour ne peut pénétrer; ce qui a fait croire à plusieurs personnes que le Coq de roche était un Oiseau de nuit; mais c'est une erreur : car il vole et voit très-bien le jour. Cependant, il paraît que l'inclination naturelle de ces Oiseaux les rappelle plus souvent à leur habitation obscure qu'aux endroits éclairés, puisqu'on les trouve en grand nombre dans les cavernes où l'on ne peut entrer qu'avec des flambeaux. Néanmoins, comme on en trouve aussi pendant le jour un assez grand nombre aux environs de ces mêmes cavernes, on doit présumer qu'ils ont les yeux comme les Chats, qui voient très-bien pendant le jour et très-bien aussi pendant la nuit. Le mâle et la femelle sont également vifs et très-farouches; on ne peut les tirer qu'en se cachant derrière quelque rocher, où il faut les attendre souvent pendant

(1) *Encycl. d'H. N. Ois.* t. II, p. 141 et suiv.
(2) *Hist. Nat. des Ois.*
(3) *Encyclopédie Méthodique.*

plusieurs heures avant qu'ils se présentent à la portée du coup, parce que, dès qu'ils vous aperçoivent, ils fuient assez loin par un vol rapide, mais court et peu élevé. Ils se nourrissent de petits fruits sauvages et *ils ont l'habitude de gratter la terre, de battre des ailes et de se secouer comme les Poules;* mais ils n'ont ni le chant du Coq, ni la voix de la Poule ; leur cri pourrait s'exprimer par la syllabe *ké*, prononcée d'un ton aigu et trainant..... Les mâles sortent plus souvent des cavernes que les femelles, qui ne se montrent que rarement, et qui probablement sortent pendant la nuit. On peut les apprivoiser aisément et, dit Buffon, à qui étaient transmis ces détails, M. de Manoncourt en a vu dans le Poste Hollandais du fleuve Maroni, qu'on laissait en liberté vivre et courir avec les Poules.

» On les trouve en assez grande quantité dans la Montagne *Luca*, près d'Oyapock, et dans la Montagne *Couronaye*, près de la rivière d'Apronack..... On les recherche à cause de leur beau plumage et ils sont fort rares et très-chers, parce que les Sauvages et les Nègres, soit par superstition ou par timidité, ne veulent point entrer dans les cavernes obscures qui leur servent de retraite. » (1)

Après avoir cité ce qui était connu et ce qui se disait, à l'époque de Buffon et de Sonnini, nous allons réduire les faits à leur juste valeur, en nous appuyant des observations beaucoup plus récentes et pleines d'intérêt (de 1838 à 1842) d'un Voyageur mort depuis peu au service de la Science, Justin Goudot, qui a étudié les mœurs et rapporté le nid et les Œufs, que nous avons eus en notre possession, non plus de l'Espèce de Cayenne, observée et décrite par Sonnini, mais de l'autre Espèce du Pérou *(Rupicola Peruviana)*, qu'il a rencontrée fréquemment à la Nouvelle-Grenade.

(1) Buffon, *loc. cit.*

Disons d'abord que, pour ce qui est de la dénomination originairement donnée à ce Genre, il est arrivé ce qui s'est présenté souvent pour la dénomination d'autres Genres. On est parti d'une idée préconçue, motivée en quelque sorte sur l'aspect général de l'Espèce découverte la première, du Rupicole Coq de roche (*Rupicola crocea*), de la Guyane, les uns pour lui donner son nom Générique de *Coq*, les autres pour observer ses habitudes au travers du prisme de leur imagination, tandis que, si le hasard avait fait découvrir, au début, le Rupicole du Pérou, nul doute que le point de départ et le terme de comparaison n'étant plus les mêmes, l'esprit du premier observateur, libre alors de toutes entraves, eût pu s'abandonner avec plus de fruit à l'étude de ce Genre et lui trouver sa place méthodique véritable. En effet, le Rupicole du Pérou diffère de l'autre en ce qu'il a la queue beaucoup plus longue et que les plumes n'en sont pas coupées carrément; que celles des ailes ne sont pas frangées; que la huppe est moins élevée et composée de plumes séparées.

C'est ainsi que Barrère (1), le premier qui ait observé et décrit l'Espèce de Cayenne, demeurée jusqu'à ce siècle l'unique du Genre, voyant cet Oiseau orné d'une riche huppe de plumes décrivant un demi-cercle perpendiculaire de la nuque à la base du bec, avec les couvertures coxales ou lombaires retombant en gracieux panache des deux côtés de l'origine de la queue, comme chez notre Coq domestique, n'a pu s'empêcher, non-seulement de le lui comparer, mais de le lui assimiler génériquement. De là sa description que nous traduisons : *Coq sauvage, habitant les rochers, de couleur jaune, portant une crête composée de plumes.* Cette dénomination doit d'autant moins étonner, d'ailleurs, que c'est celle que les Français de la Guyane avaient, par la même raison, donnée et donnent encore à cette

____

(1) *Essai sur l'Histoire Naturelle de la France Equinoxiale*

Espèce, qu'ils appellent *Coq des bois* et *Coq de rochers*. De là aussi cette mention, fidèlement rapportée par Buffon, sur la foi de Sonnini, qui lui écrivait de Cayenne : *que cet Oiseau a l'habitude de gratter la terre, de battre des ailes et de se secouer comme les Poules;* ce que nous sommes porté à regarder comme une amplification officieuse, jugée nécessaire par ce correspondant, pour justifier le nom donné par les Créoles à cette Espèce, surtout si l'on considère que Sonnini n'ayant fait ses observations que *sur un mâle qu'il avait vu dans un Poste Hollandais du fleuve Maroni*, *qu'on laissait en liberté vivre et courir avec les Poules*, il lui a été facile d'attribuer à ce Rupicole les habitudes de celles-ci. De là, enfin, l'origine de cette double erreur, si communément répandue et si abusivement reproduite par tous les observateurs ou Écrivains Ornithologistes, depuis Sonnini, l'Auteur des documents sur lesquels a travaillé Buffon et son Éditeur responsable, jusqu'à Lesson : que *c'est dans un trou de rocher que cet Oiseau construit grossièrement son nid avec de petits morceaux de bois sec, et qu'il ne pond communément que deux Œufs Sphériques, de la grosseur de l'Œuf des plus gros Pigeons.*

Si maintenant nous voulons vérifier le degré d'exactitude de ces diverses assertions, nous verrons qu'elles sont toutes pour le moins hasardées. Voici d'abord les notes pleines d'intérêt de J. Goudot, rédigées sur le Rupicole du Pérou, la seule Espèce du Genre qui se trouve dans la portion de l'Amérique Équatoriale qu'il a parcourue :

« Jusqu'à présent, aucun Voyageur n'a fait connaître, je crois, les habitudes et la nidification du *Rupicola Peruviana*, ce que l'on doit attribuer soit à la rareté, soit à l'habitat de cet Oiseau. Plus heureux, j'ai été à même de l'observer en différentes circonstances, comme aussi de voir son nid, ce qui me permet de donner les détails suivants :

» Le *Rupicola Peruviana* construit le sien dans les légers enfoncements offerts par les anfractuosités des rochers coupés à pic où se trouvent encaissés les torrents ; car c'est toujours au bord des eaux que j'ai vu ces nids, qui ont de quatre à cinq pouces de diamètre. Ils sont formés de filaments de racines chevelues, entrelacés entre eux et mêlés d'un peu de terre et de boue, plus particulièrement à la partie inférieure. La ponte est de deux OEufs d'un tiers plus petits que ceux des Poules, d'une Forme Ovée, suivant la méthode de M. des Murs (1), d'un Blanc sale et irrégulièrement tachetés d'un mélange de Brun jaunâtre et de Gris violacé ; ces taches sont plus nombreuses et plus rapprochées près du gros bout. La femelle couve en Avril. J'ai trouvé des OEufs dans un nid à la même époque où un autre m'a offert des petits déjà assez emplumés (2).

» Ces Oiseaux habitent les grands bois des régions tempérées ; on les rencontre par petites troupes de trois à huit individus, tous mâles ; les femelles se montrent également seules et par petites troupes, le plus souvent dans le voisinage des lieux escarpés (*penas*) ou terrains coupés perpendiculairement, qui bordent les grands torrents ; c'est là qu'elles construisent leurs nids. Ces petites bandes de mâles volaient ordinairement sur les branches basses et se posaient parfois à terre pour chercher des drupes de *Laurinœ,* se plaisant près des clairières formées par la chute d'arbres déracinés par l'orage au milieu des vastes forêts, mais ne *grattant* jamais le *sol,* comme le rapporte Cuvier (3) ; leur vol est lourd ; ils paraissent toujours inquiets sur les branches et ont continuellement de petits mouvements brusques et saccadés. Leur nourriture se compose de drupes d'une grande Espèce du Genre *Ocotea,* très-commune dans ces localités et

(1) *Mag. de Zool.* 1842. *Ois.* pl. 25.
(2) *Rev. Zool.* Janvier 1843.
(3) *Règne animal.* 1817 (d'après Buffon et Sonnini).

désignée par les indigènes sous le nom d'*Amarillo de pena*. Des gésiers m'ont aussi offert des drupes de *Psycotria* et des petites baies d'une *Anonacea ;* chez une femelle, il était plein de capsules bacciformes d'une Rhinanthée qui croît abondamment sur les bords de la rivière Combayma, dans la Cordilière centrale de la Nouvelle-Grenade ; une seule fois un mâle, qui ramassait à terre des drupes d'*Ocotea*, m'a offert des débris d'Arachnides (Genre *Faucheur*, Latreille), mais je pense que c'était un pur hasard.

» Ces Oiseaux paraissent ne pas s'éloigner beaucoup de certains parages ; car j'ai vu de petites troupes repassant tous les jours par les mêmes sites, où j'étais sûr de les trouver toujours de trois à cinq heures de l'après-midi, qui est le moment, à ce qu'il paraît, où ils cherchent plus particulièrement leur nourriture. Je ferai observer à ce sujet que, généralement entre les Tropiques, les Animaux supérieurs ne montrent une grande activité que durant la matinée et dans l'après-midi, lorsque la force du soleil diminue. Depuis dix heures jusqu'à trois heures de l'après-midi, ils restent ordinairement en repos et paraissent très-peu agités, tandis que c'est précisément le contraire pour la plus grande partie des Insectes.

» On rencontre aussi les mâles dans le voisinage des nids ; un chasseur m'a même assuré en avoir vu un posé dessus, mais ce fait me paraît tout-à-fait douteux. On peut considérer ces Oiseaux comme vivant isolés les mâles des femelles, et je suis persuadé que ces dernières seules couvent : une seule fois j'ai vu cinq mâles après une femelle. Les petits gardent le nid, quoique très-forts ; j'ai eu deux individus longs de 0^m 25 cent. (9 pouces), pris au nid ; leur gésier offrait encore des drupes entières d'*Ocotea ;* il était plus volumineux chez eux que chez les adultes. C'étaient deux jeunes mâles offrant, comme cela est ordinaire, le plumage de la femelle.

» Le chant de ces Oiseaux est un cri rauque de la syllabe *Ket-ket-ket*, grasseyée, mais répétée avec force et d'un ton très-aigu ; c'était aussi le même cri qu'ils faisaient entendre lorsqu'ils étaient blessés ou épouvantés.

» Les habitants les désignent sous le nom de Coq ancien ou Coq des montagnes (*Gallo antico ò Gallo de montana*). En repassant mes notes, je vois qu'ils m'avaient assuré que le chant de cet Oiseau était très-analogue à celui du Coq domestique, forgeant tout cela probablement de son nom vulgaire, ce qui démontre combien en général il faut se méfler des renseignements qu'on se procure par tradition et dont les indigènes se plaisent à fatiguer les voyageurs. » (1)

Ainsi, le Rupicole du Pérou ne *gratte pas la terre* à la manière des *Gallinacés ;* il cherche sa nourriture comme tous les autres Passereaux, et sa locomotion par le vol n'est pas moins facile. Il y a même plus, selon nous, c'est qu'il y aurait impossibilité physique pour cet Oiseau à gratter la terre de cette manière, impossibilité suffisamment démontrée par la syndactylité de ses pattes d'abord, puis par la forme et les dimensions du pouce qui termine son tarse, et de l'ongle robuste et fortement recourbé dont, ainsi que ses autres doigts, il est armé, qui rappelle, à s'y méprendre, celui des Grimpeurs en général : analogie qui s'explique, au surplus, chez un Oiseau qui en diffère si essentiellement sous tous les autres rapports, par la nécessité où le met sa vie sauvage et solitaire, de même que son habitude de s'accrocher, ou pour mieux dire de se cramponner et se retenir aux parois des rochers qu'il fréquente et au milieu desquels s'opère, pour lui, le double travail de la nidification et de l'incubation.

Ainsi le Rupicole du Pérou, pas plus que le Rupicole de

(1) Magas. de Zool. 1843

Cayenne, ne construit point *grossièrement son nid avec de petits morceaux de bois sec* (1), ni avec des bûchettes assemblées (2). Ce nid a l'ensemble ordinaire et la forme de celui de tous les Mérulidés ou Turdidés, c'est-à-dire qu'il est circulaire et arrondi intérieurement, un peu aplati ou déprimé, et n'ayant pas plus de 0ᵐ 06 centim. de profondeur. Quant à sa composition, ainsi qu'on vient de le voir, d'après J. Goudot, elle est à peu de chose près la même, et tout aussi industrieuse : c'est d'abord une couche intermédiaire tissée de fibres et de chevelu de racines, consolidée au dehors par de la terre délayée et appliquée en guise d'enduit ou de revêtement; puis, à l'intérieur, une couche de fibres végétales plus fines; le tout est appuyé et repose, comme le plus grand nombre des nids d'Hirundinidés, contre les parois et dans l'anfractuosité des rochers, sous quelque saillie, de manière à en être abrité, de même que d'une voûte, ce qui ne contribue pas peu à altérer parfois extérieurement la forme circulaire du nid, en la rapprochant de la forme hémisphérique de ces derniers, selon que l'anfractuosité qui le reçoit, ou contre laquelle il s'appuie, est plus ou moins plane ou plus ou moins concave. Une seule nuance distingue le nid du Rupicole de Cayenne, que nous avons possédé longtemps, et qui depuis est passé de nos mains dans les Galeries du Muséum d'Histoire Naturelle de Paris, du nid du Rupicole du Pérou, qui nous venait de J. Goudot : c'est que, dans la composition de la couche intérieure du premier on remarque, entre autres matières souples et fines, une certaine quantité de cheveux arrachés probablement à quelques cadavres, et qu'il n'est pas impossible, dans les matières solides qui en constituent sa maçonnerie extérieure, d'y retrouver la trace de quelques caillots de sang et

(1) Sonnini, cité par Buffon.
(2) Lesson, *Traité d'Ornithologie*. 1831.

de certaines épaisseurs de matières animales ayant l'apparence de graisse solidifiée; ce qui, on le voit, peut autoriser encore plus d'un doute sur le genre de vie et les instincts des Oiseaux de ce Genre. Les dimensions de ce nid sont de 0^m 20 cent. dans un sens, sur 0^m 16 cent. dans l'autre.

Ainsi enfin, pour rentrer dans notre sujet, le Rupicole du Pérou ne pond pas, comme on l'a dit du Rupicole de Cayenne (ce que nous croyons pouvoir affirmer être une erreur), *des OEufs blancs et arrondis gros comme ceux du Pigeon :* ses OEufs, que nous avons possédés avec le nid, que nous tenions de J. Goudot, sont de la Forme et de la grosseur de ceux de la Corneille noire, *Corvus Corone;* la Coquille, très-légèrement luisante, en est d'un Blanc un peu jaunâtre, recouverte de taches Brunes entremêlées d'autres taches d'un Gris violacé, réunies en plus grand nombre et en une espèce de couronne vers le gros bout de l'OEuf, dont les diamètres sont de 0^m 047 sur 0^m 033 environ (1).

Pour ce qui est de la nourriture de cet Oiseau, le Docteur Lherminier (2) avait déjà fait la même remarque que J. Goudot, et constaté que le gésier ne lui avait offert que des fruits pulpeux monospermes ou des semences libres assez semblables à celles du Café.

La trachée-artère est semblable dans les deux sexes, simple, offrant un renflement fusiforme à sa partie inférieure, son larynx inférieur osseux; sa langue a son extrémité cartilagineuse; elle est légèrement bifide dans les deux sexes et chez les petits encore au nid; le gésier est petit et offre deux forts muscles à plis longitudinaux, sa membrane interne est très-forte; l'intestin a, de longueur totale, depuis le pylore, 0^m 405 millim. (1 pied

---

(1) *Magas. de Zool.* 1843.
(2) Mémoire lu à l'Institut le 18 Septembre 1837.

3 pouces); il est gros relativement à l'Oiseau, d'un égal diamètre, à parois robustes; on remarque deux très-petits cœcums dans les deux sexes à 0ᵐ54 mill. (2 pouces) environ au-dessus du cloaque (1).

Relativement au Sternum, celui du Rupicole de la Guyane, que nous avons eu occasion d'étudier dans les Galeries du Muséum d'Histoire Naturelle de Paris, loin de ressembler, ainsi qu'on l'a cru, aux autres Passereaux, a, au contraire, les plus grands rapports avec celui de quelques Espèces de Psittacidés, notamment avec celui du *Psittacus Alexandri :* seulement les relations entre la longueur de la fourchette et celle des clavicules sont presque égales, tandis que chez cette dernière Espèce, celles-ci sont de moitié plus longues; les apophyses du bord inférieur, loin de laisser échapper une échancrure, comme chez les Passereaux, se soudent à leur extrémité inférieure avec les bords du Sternum, de manière à ne laisser qu'un trou exactement comme chez le **P. Alexandri.** La différence essentielle entre ces deux Familles consiste dans la dimension et la forme de la fourchette, plus resserrée à l'insertion de ses branches, tout en étant évasée au sommet de son centre chez le Psittacien, et plus élargie chez le Rupicole; elle est de plus, chez ce dernier, presque soudée au moyen d'une assez forte apophyse formant angle saillant avec l'angle rentrant du haut de la crète sternale.

On comprend, d'après des formes et des mœurs si anormales, que le Genre *Rupicola* ait souvent embarrassé les Nomenclateurs : aussi a-t-il été fréquemment déplacé.

Dès 1806, M. Duméril (2) le plaçait entre les Gros-Becs, qui terminent ses *Conirostres,* et les Mésanges, qui commencent ses *Subulirostres.*

(1) *Magas de Zool.* 1843.
(2) *Zoologie Analytique.*

Illiger, en 1811, le place entre les Pies-Grièches (*Lanius*), et après elles, en lui faisant clore ses *Canori* et les Gros-Becs qui, avec les Mésanges (*Parus*), composent ses *Passerini*.

Temminck [1], de 1815 à 1820, liait le Genre Rupicole au Genre Langrayen (*Ocypterus*, Cuvier), par les Genres Coracine (*Coracina*, Vieillot) et Cotinga (*Ampelis*, Linnée), ce qu'ont fait aussi récemment M. Gray et le Prince Ch. Bonaparte.

Latreille, en 1825, après ses *Latirostres*, qui finissent par les Genres Tyran et Drongo, et en tête de ses *Dentirostres*, suivi des Genres Manakin, Tangara, Pie-Grièche, etc.

Il y a assurément une immense différence entre cet ordre d'idées et celui qui tend à lier le Rupicole, par les Manakins, aux Caprimulgidés, ainsi que l'a proposé et enseigné M. Isidore Geoffroy Saint-Hilaire, suivi par Lesson [2], et ainsi que nous l'appliquons nous-même.

Dans un temps, manquant de termes de comparaison, nous avons été partisan du système de Temminck. Plus éclairé depuis, nous avons pu reconnaître de grands rapports de coloration entre les OEufs des Manakins et ceux des Rupicoles et qu'il nous a été démontré que le Sternum de ce dernier s'éloignait beaucoup de ce qu'il est chez les vrais Passereaux, nous n'avons pas hésité, dès 1852, à nous ranger aux idées de M. Isidore Geoffroy Saint-Hilaire [3].

Si nous nous sommes autant étendu sur cette première partie de la Série Ornithologique, c'est pour montrer combien les inductions de l'Oologie marchent d'accord avec le Système Zoologique, qu'elles confirment quand elles ne le contrarient pas, et qu'elles peuvent servir à réformer, lorsque le Système hésite dans sa marche et dans ses développements.

---

(1) *Analyse du Système Général d'Ornithologie*
(2) *Complément à Buffon.*
(2) *Encyclop. d'Hist. Nat. Ois.*, t. II, p. 141 à 145.

Dans les Ordres qui vont suivre, surtout celui des Passereaux vrais ou Déodactyles, nous entrerons en moins de détails, d'abord à cause de l'excessive variété des caractères Oologiques, variété qui se reproduit, pour les autres caractères, au point d'entrainer des remaniements, pour ainsi dire quotidiens, dans leur classement; puis, à cause de l'insuffisance des documents Oologiques. Nous nous bornerons à signaler les Groupes qui, par leur ensemble, confirment nos prévisions sur l'utilité de la Science Oologique en cette matière : et, dans ce cas, nous nous abstiendrons de suivre une marche régulière, prenant les Groupes comme ils se présenteront à nos yeux.

DEUXIÈME SOUS-ORDRE.

PASSEREAUX DÉODACTYLES
(Deodactyli).

Première Division.

Déodactyles Fissirostres *(Deodactyli Fissirostri)*.

PREMIÈRE TRIBU.

CAPRIMULGIDÉS — *Caprimulgidæ* — OU TETTE-CHÈVRES.

Cette Tribu, que nous avons composée des Familles suivantes : *Podarginæ*, *Caprimulginæ*, *Nyctiibinæ* et *Steatornithinæ*, offre, quant à la Forme éminemment caractéristisque par sa constance, l'harmonie la plus complète et la plus satisfaisante, à l'exception pourtant de la dernière Famille dont nous nous occuperons à part. Voici ses caractères :

Forme — si exactement Ovalaire qu'elle tend parfois à l'Elliptique, qui est par conséquent plus ou moins aigu, davantage chez les *Podarginæ* et les *Caprimulginæ*, moins chez les *Nictiibynæ*.

Coquille — d'un grain fin, à pores invisibles à l'œil nu, d'un Blanc pur, excessivement mince et fragile, assez luisante chez les

Caprimulginæ et les *Nyctiibinæ*, moins chez les *Podarginæ*.

Couleur — d'un Blanc pur et sans taches chez les *Podarginæ* ou Podarges, dont J. Verreaux nous a fait connaître, en les rapportant au Muséum d'Histoire Naturelle, l'OEuf de deux ou trois Espèces sur quatorze, notamment celui du Genre si curieux *Ægotheles ;*

Chez les *Caprimulginæ* ou Engoulevents, dont nous connaissons cinq à six Espèces sur plus de soixante et dix, généralement d'un Gris léger uniforme, rehaussé de points et de marbrures, en nuages, harmonieusement nuancés, plus ou moins nombreux et rapprochés, du même Gris plus foncé ou d'un Brun noirâtre, et cela qu'il s'agisse d'Espèces d'Europe, d'Afrique, d'Asie ou d'Amérique ;

Chez les *Nyctiibinæ* ou Ibijaux, dont nous ne connaissons que trois Espèces sur sept, d'un Gris légèrement carminé, avec le même système de maculature, seulement le Brun, de noirâtre qu'il est chez les précédents, allant au rougeâtre léger ou lavé d'ocre.

Ainsi, voilà trois Groupes parfaitement indiqués par la nature de l'OEuf, bien avant que la Science ne s'ingénia à les former.

Quant à notre quatrième Famille de Caprimulgidés, celle des *Steatornithinæ* ou Guacharos, nous reproduirons les réflexions suivantes, qu'ils nous ont déjà suggérées depuis longtemps (1) :

Jusqu'à la découverte du Genre *Steatornis*, on pouvait remarquer entre les Caprimulgidés, sinon dans la Tribu entière, au moins dans plusieurs de ses Familles, une certaine parité de rapports Oologiques que nous venons de constater, quant à la Forme d'abord, puis quant à la Coloration. L'accession de cette Tribu de la Famille des *Steatornithinæ,* dont on ne connaît qu'un Genre établi sur une Espèce unique, est venue rompre cette harmonie : l'OEuf, d'exclusivement Elliptique que nous l'avons vu

____

(1) *Rev. Zool. Soc. Cuviér.* 1843.

pour les trois premières Familles, passe à la Forme Ovée très-obtuse pour le Guacharo ; en sorte que la divergence qui s'est produite pour le Système en Ornithologie a continué d'exister en Oologie.

Tous les Auteurs qui ont parlé du *Steatornis,* depuis le célèbre de Humbolt, ont été unanimement d'accord, à commencer par nous, pour le regarder comme le lien le plus naturel entre les Rapaces Nocturnes et les Passereaux [1]. Et en cela nous pensons, et nous en savons quelque chose, que l'on a été séduit plutôt par l'amour de la nouveauté et l'étrangeté de ce Genre si singulier, que convaincu par un examen approfondi de tous ses Caractères tant Zoologiques qu'Oologiques. Et, c'est en partant de cette donnée, ou plutôt de cette idée préconçue, que, dans la composition des Fissirostres du Sous-Ordre des Passereaux Déodactyles, ceux qui les ont placés ou les placent encore immédiatement à la suite des Strigidés en sont arrivés à donner au *Steatornis* le premier rang sur les Podarginés et les Caprimulginés. C'est ce qu'a fait tout d'abord M. G.-R. Gray [2] ; ce que nous avons imité, après lui, mais trompé par les apparences de l'OEuf de cet Oiseeu, que venait de nous faire parvenir de la Guadeloupe le zèlé Docteur Lherminier [3] ; c'est enfin ce que vient de faire et de consacrer par son colossal et consciencieux travail Linnéen, le Prince Ch. Bonaparte, entraîné autant par l'exemple du Méthodiste Anglais que par nos observations précédentes sur l'OEuf du Guacharo [4].

Et cependant, si l'on fait la part des caractères similaires du

---

(1) Voir notamment : de Humbolt, *Voyage aux régions équinoxiales du Nouveau Continent,* 1814 ; *Dictionnaire des Sc. Natur.;* Lesson, *Traité d'Ornithologie* ; Lherminier, *Nouv. Ann. du Mus. d'Histoire Natur. de Paris,* 1834 ; Beauperthuy, *Ann. des Sc. Nat.,* 1836 ; Roulin, *id* ; Hautessier, *Rev. Zool.* 1838 ; et notre Mémoire, au même Recueil, 1843.

(2) *Genera of Birds,* etc. 1840.

(3) *Rev. Zool. de la Soc. Cuvier.,* 1843.

(4) *Conspectus System. Ornithol.* 1850.

Steatornis avec les Strigidés et celle de ses caractères différentiels, on verra que la somme des derniers l'emporte de beaucoup sur celle des premiers.

Rapports :

1° Plumage d'un Brun roussâtre uniforme, mais marbré et grivelé de noir peu tranché, pointillé de rares taches oculaires blanches, plus longues ou ovalaires sur les rémiges et sur les couvertures des ailes ;

2° Bec corné, à mandibule supérieure fortement crochue et dentelée, garnie à sa base de poils rigides allongés qui la dépassent ;

3° Habitudes crépusculaires, dans le fond des grandes crevasses ou des précipices des rochers de l'Amérique Équatoriale ;

4° OEuf de Forme Ovée, à Coquille Blanche et sans tache.

Différences :

1° Plumage rigide et non moelleux ;

2° Absence de cire à la base du bec, qui est plus large que haut ;

3° Narines latérales, médianes, ovalaires, percées dans un tube formé aux dépens de la substance cornée du bec et dessinant par son relief une strie longitudinale parallèle à la commissure et remontant en s'élargissant vers le sommet, s'évasant à sa base, mais dépassée et recouverte elle-même par l'évasement plus grand en cette partie de la mandibule inférieure qui, dans tout le reste de son parcours jusqu'à la pointe, n'en continue pas moins d'être recouverte normalement par la mandibule supérieure ;

4° Ailes aiguës, la troisième rémige la plus longue de toutes ;

5° Queue allongée et arrondie, à tiges ou baguettes rigides ;

6° Tarses dénudés au-dessus du genou, sans aucune écaille jusqu'aux pieds, et parsemés seulement de quelques poils rares sur une peau membraneuse et charnue ; les doigts seulement ayant quelques plaques squameuses ;

7° Doigts du double plus longs que le tarse, pouce fort et robuste, de la longueur à peine du tarse et placé sur le même plan d'insertion que les doigts ; ceux-ci fissiles et séparés dès leur base, mais comprimés et rapprochés les uns des autres dans la même direction, de manière à former une main, et ayant conséquemment une tendance organique et forcée à se porter en avant ; ongles également comprimés, longs et crochus ;

8° Appareil Sternal des Caprimulgidés, sauf quelques modifications de détail ; comme ceux-ci, pas de jabots ;

9° Nourriture exclusivement Granivore, mais parfois, croyons-nous, Insectivore ;

10° Forme Ovée de l'OEuf très-obtuse, sa Coquille d'un grain poreux à l'œil et rude au toucher, mate et sans le moindre reflet.

Ces différences, réunies à la similitude de la conformation du pied avec celui des Cypselinés ou Martinets, et à celle de la Couleur de l'OEuf de l'un et des autres, doivent certainement aujourd'hui faire pencher à rapprocher le *Steatornis* de ces derniers, et à l'isoler complètement des Strigidés. C'est une conclusion vers laquelle semble également incliner M. John Müller [1] dans un excellent Mémoire sur l'Anatomie du Guacharo, lu à l'Académie de Berlin le 13 Mai 1841 [2].

CARACTÈRES OOLOGIQUES :

Forme — Ovée très-obtuse ou Globulaire.

Coquille — d'un grain poreux et rude au toucher comme à l'œil, offrant peu d'adhérence et par suite peu résistant ; Blanc dans sa très-faible transparence, mat et sans le moindre reflet.

Couleur — Blanche et sans taches.

[1] *Arch. fur Anat. phys. von Müller*, 1842.
[2] *Encyclop. d'Hist. Nat. Ois.*, T. II, p. 168.

DEUXIÈME TRIBU.

HIRUNDINIDÉS — *Hirundinidæ*.

La séparation des Martinets d'avec les Hirondelles, qui a paru si naturelle même à Guéneau de Montbeillard, et qu'entraîne forcément la structure du Sternum si différente chez les uns et chez les autres, se trouve confirmée et indiquée par le Caractère Oologique des deux Familles. Ainsi, tous les Martinets sans exception ont leur Œuf de Forme Ovée allongée, ou plutôt de Forme Elliptique acuminée à l'une de ses extrémités seulement, et à Coquille Blanche et sans taches. Il en est autrement pour les Hirondelles : les unes ont leur Œuf Blanc et sans taches; les autres l'ont avec le même fond Blanc, mais tacheté.

1re FAMILLE. — *Cypselinæ* ou *Martinets*.

CARACTÈRES OOLOGIQUES :

Forme — Ovée très-allongée, le petit diamètre mesurant le tiers presque du grand diamètre.

Coquille — d'un grain très-mince, à pores à peu près invisibles, d'un Blanc pur, mat et sans reflet apparent.

Couleur — Blanc pur et sans aucune tache.

Nous ne connaissons l'Œuf que de trois Espèces du Genre *Cypselus* et d'une du Genre *Collocalia*, sur quarante-deux Espèces dont nous composons la Tribu.

2e FAMILLE. — *Hirundininæ* ou *Hirondelles*.

Forme — Ovée beaucoup moins allongée.

Coquille — de même nature.

Couleur — variable : — Blanc pur dans les Genres *Chelidon* (*urbica*), *Cotyle* (*riparia*), et *Herse* (*flavigastra*); du même Blanc, comme fond, mais finement recouvert d'une manière plus ou moins régulière, vers le centre, au sommet ou à la base, de petits points arrondis plus ou moins larges, les uns d'un Gris légers, les autres d'un Brun variant du Pourpre à la Terre-de-Sienne claire, tels sont les Genres *Procne* (*purpurea*) et *Hirundo* (*rustica*).

Nous ne connaissons l'OEuf que de huit Espèces sur une soixantaine dont se compose la Tribu.

Deuxième Division.

Déodactyles Ténuirostres — *(Déodactyli Tenuirostri)*.

1er GROUPE.

Ténuirostres Aériens ou Voiliers — (*Tenuirostri Ætherei*).

TROISIÈME TRIBU.

TROCHILIDÉS OU OISEAUX-MOUCHES — *(Trochilidæ)*.

CARACTÈRES OOLOGIQUES :

Forme — Ovalaire généralement, allant parfois à l'Elliptique, presque jamais ou très-exceptionnellement Ovée.

Coquille — d'un Grain très-fin, d'un Blanc pur, mat et sans reflet.

Couleur. — Celle du Grain de la Coquille, et sans tache.

On connaît à peine l'OEuf d'une trentaine d'Espèces de Trochilidés, sur plus de trois cents Espèces admises jusqu'à ce jour dans cette Tribu.

Sous ce rapport, c'est encore une nombreuse et intéressante Famille à remarquer, pour l'uniformité à peu près constante de ses caractères Oologiques.

Nous disons à peu près, parce que nous devons observer que peut-être existerait-il parmi les Oiseaux-Mouches quelques exceptions. Ainsi, nous avons eu dans notre Collection un OEuf d'Oiseau-Mouche à brins blancs (*Phaëtornis superciliosus*), qui était d'une Forme Elliptique (approchant presque de celle que nous avons appelée Cylindrique, et dont l'Œuf du *Megapodius Tumulus* peut donner l'idée la plus exacte); et si fînement et si délicatement vergeté de Rose tendre, qu'il en paraissait uniformément de cette Couleur; la Coquille était parfaitement vide et ne laissait aucun doute sur la réalité de cette Coloration naturelle.

Or, nous venons d'apprendre (Février 1859) que M. Bourcier, (l'un des hommes spéciaux, avec Gould et Mulsant, qui s'occupent avec le plus de succès de l'étude monographique des Oiseaux-Mouches), que l'on pourrait appeler notre *Ornysmyologue*, et dont nous regrettons de ne point voir paraître le grand travail, posséderait un Œuf d'une Espèce de Trochilidé du même groupe, dont nous ignorons le nom, qui serait d'un Rose uniforme. Ne l'ayant pas vu, nous ne pouvons exprimer aucune opinion à ce sujet. Cette Coloration est-elle naturelle? L'Œuf est-il vide? est-il plein et desséché? Toutes circonstances qui peuvent considérablement influer sur le caractère à assigner à cette Coloration, à coup-sûr jusqu'à présent exceptionnelle, puisque ce ne serait que le second exemple. Mais le fait, s'il est exact, réuni à celui que nous avons observé, serait curieux par lui-même et nécessiterait, dans ce cas, une nouvelle étude des Trochilidés, pour mettre leur Classement en rapport avec cet ordre de caractères.

Nous profiterons de l'occasion pour reproduire ici, ainsi que nous l'avons déjà fait pour d'autres Tribus, des observations (peut-être étrangères à la spécialité de notre sujet, mais fort intéressantes touchant cette Tribu) que nous avons déjà eu occasion de publier ailleurs (1), dans le seul but d'en faire de nouveau honneur à leurs Auteurs.

Les Oiseaux-Mouches, on le sait, muent comme un grand nombre d'autres Oiseaux; c'est-à-dire qu'ils ne revêtent pas im-

____

(1) *Encyclop. d'Hist. Nat. Ois.* T. II, p. 252 et suiv.

médiatement leur plumage définitif si brillant, dont l'éclat ne se développe que progressivement. Mais la mue ne s'opère pas de la même manière chez tous les Oiseaux : les uns, et ce ne sont peut-être pas les plus nombreux, perdent successivement, à certaines époques de l'année, les jeunes, leurs plumes du premier âge ; les adultes, leurs plumes d'hiver ou d'été ; et celles-ci, dans les deux cas, sont remplacées par des plumes nouvelles qui leur succèdent.

On a cru longtemps, G. Cuvier tout le premier, et beaucoup d'Ornithologistes croient encore que ce mode de substitution de plumage est uniforme chez tous les Oiseaux. Il n'en est cependant rien ; cette observation, encore neuve, appartient tout entière à Jules Verreaux (à qui seul M. Schlegel, lorsqu'il en a fait, en Hollande, l'objet d'un Mémoire, en devait la révélation), et est le résultat de ses longues et consciencieuses études sur les Oiseaux du Sud de l'Afrique, notamment sur ceux à reflets brillants et métalliques, tels que les Souï-Mangas (*Nectariniæ*). Il a reconnu que, chez ces derniers, les plumes du premier âge ne tombaient pas pour faire place à d'autres coloriées différemment et plus vivement ; mais que ces mêmes plumes, à une certaine époque de l'année, ou plutôt de l'âge de l'Oiseau, revêtaient graduellement leur couleur définitive, et se teignaient peu à peu de ces couleurs en commençant par la pointe. Ainsi, lorsque chez ces Oiseaux encore jeunes, et ayant la livrée terne et uniforme de leur âge, on aperçoit quelques plumes portant à leur pointe un commencement de la coloration propre à l'adulte, il ne faut pas croire que ces plumes soient nouvellement poussées : ce sont les mêmes qui n'ont pas quitté la peau ; il n'y a de nouveau que la teinte qui vient s'y imprimer. Un examen attentif démontre que cette teinte augmente successivement en remontant vers la base de la tige : seulement cette métamorphose se produit dans l'année chez quelques Oiseaux, au bout de deux ou trois ans chez d'autres.

Tel est le fait observé depuis longtemps par J. Verreaux, et de la réalité duquel il n'a jamais pu convaincre G. Cuvier, tant le résultat contrariait les idées du célèbre Anatomiste, mais récemment introduit dans la Science; fait assez intéressant pour mériter d'être étudié, et qui peut mener à connaître la véritable cause, ou, pour mieux dire, l'agent qui produit ce changement de coloration. Au surplus, ce mode de substitution d'une couleur à une autre sur les mêmes plumes, sans renouvellement de celles-ci, n'est pas exclusivement propre aux Oiseaux à reflets métalliques des Régions Inter-Tropicales et Méridionales : il a lieu, et nous l'avons observé nous-même sur un des Oiseaux des plus communs en Europe et en France, l'Etourneau commun (*Sturnus vulgaris*); il existe probablement sur plusieurs autres; il se remarque et se produit chez tous les Rapaces Diurnes, qui mettent tant de temps à prendre leur livrée définitive, et doit être commun, avant tout, à la généralité des Passereaux.

2ᵉ GROUPE.

Ténuirostres suspenseurs — (*Tenuirostri suspensi*).

Ce Groupe, nous l'avons dit, représente pour nous la plus forte partie du grand Genre *Certhia* de Linnée, des Ténuirostres de Cuvier, et de la Famille des Certhidés de M. Is. Geoffroy Saint-Hilaire; à l'exception toutefois des Paradiséidés, que nous nous sommes décidé à y joindre.

Nous l'avons divisé en : Suspenseurs à langue extensible et filiforme ou pénicillée (*Suspensi penicillati*), et en Suspenseurs à langue cartilagineuse (*Suspensi cartilaginei*); les premiers, Melliphages, les seconds, uniquement Insectivores.

Dans la première de ces Subdivisions nous avons rangé naturellement les Tribus suivantes :

1º Nectarinidés;

2º Melliphagidés;

3º Néomorphidés :

4º Paradiséidés.

Dans la seconde, celle-ci :

5º Irrisoridés.

La conformation toute spéciale et si particulière de la langue chez les diverses Tribus de notre première Subdivision, nous a paru si caractéristique que nous nous étonnons que l'on n'ait pas encore songé à les réunir ; car la valeur de ce caractère doit, dans une bonne Méthode naturelle, l'emporter de beaucoup sur celle de la conformation du bec, à laquelle on semble s'être constamment tenu jusqu'à ce jour (1).

QUATRIÈME TRIBU.

NECTARINIDÉS — *Nectariniidæ.*

Les Nectarinidés, que nous mettons en tête de nos Ténuirostres Suspenseurs, n'ont, on le sait, que fort peu de rapports Ostéologiques avec les Trochilidés qui les précèdent. « Il y a, dit Lherminier, beaucoup de ressemblance dans l'appareil Sternal des Oiseaux-Mouches et des Martinets. Autant ils s'éloignent des Colibris, par la forme de leur bec et le système de coloration, autant ils s'en rapprochent par la forme du Sternum et de ses annexes. *Sous ce rapport, ils ne diffèrent pas moins des Hirondelles que les Colibris des Souï-Mangas.* (2) »

Mais, de même que les Trochilidés, les Nectarinidés, munis d'une langue plus ou moins en pinceau ou filiforme, fréquentent presque exclusivement les fleurs, dont ils extraient moins le nectar que les Insectes qui s'y trouvent renfermés. Ce sont de véritables *Suspenseurs*, en ce sens seulement, que s'ils ne grimpent pas, ils ont du moins la faculté de s'accrocher aux branches en s'y

(1) *Encyclop. d'H. Nat. Ois.*, T. III, p. 279.
(2) *Mém. de la Soc. Linn. de Paris*, 1822.

suspendant la tête en bas, et de les contourner en tous les sens, à la manière de nos Mésanges, mais d'une façon plus constante.

La similitude cesse pour les Caractères Oologiques, qui diffèrent essentiellement les uns des autres, quant à la Forme et quant à la Coloration qui n'est, chez ceux-ci, qu'exceptionnellement Blanche.

Ici encore, la disette comme la variété des matériaux, nous forceront à procéder par Familles.

Nous en reconnaissons trois dans la Tribu :

1. Les Drépanitinés ou Vestiaires (*Drepanitinæ*) ;

2. Les Nectariniinés ou Souï-Mangas (*Nectariniinæ*) ;

3. Les Cérébinés où Guit-Guits (*Cærebinæ*).

Nous ne connaissons aucun OEuf de la première Famille.

2ᵉ FAMILLE. — *Nectariniinés* ou *Souï-Mangas* (*Nectariniinæ*).

CARACTÈRES OOLOGIQUES :

Forme — Ovalaire, approchant de l'Elliptique (*Promerops*), ou Ovée, parfois légèrement renflée (*Nectarinia*).

Coquille — d'un grain fin, Blanc pur, et un peu luisante.

Couleur — ou celle de la Coquille, d'un Blanc de lait et sans taches, ou finement mouchetée de petits points d'un Brun plus ou moins rougeâtre (*Dicæum*).

Nous ne connaissons encore que l'OEuf de cinq Espèces, sur près de cent dont se compose cette Famille : un pour le Genre *Promerops*, trois pour le Genre *Nectarinia* et un pour le Genre Dicée.

Quant au Genre *Promerops*, nous en revenons à la manière de voir du Prince Ch. Bonaparte, qui en fait le Type d'une Sous-Famille, sous le titre d'abord de *Promeropinæ*, du nom que lui avait imposé Brisson, et en dernier lieu sous celui de *Ptiloturinæ*, du nom créé par Swainson ; et ce qui nous confirme dans cette idée, c'est le caractère tout particulier de l'OEuf du *Promerops*

(*Ptiloturus*) *Cafer :* de Forme Ovalaire et d'un Blanc jaunâtre *veiné* de Brun, avec quelques points ou taches de même couleur réunis au gros bout. Nous retrouverons un caractère analogue chez le Genre *Pomatorhinus*.

Cette Famille, dont l'histoire a été assez bien traitée par Levaillant, a donné lieu de sa part au développement de ses idées sur la mue des Oiseaux à reflets métalliques ; idées qui ont en quelque sorte fait loi dans la Science, jusqu'à ce que J. Verreaux les ait détruites par son intéressante découverte.

Tant que Levaillant ne sort pas de ses observations positives sur les habitudes naturelles des Oiseaux, et qu'il voit par ses propres yeux, il est bien rare qu'il se trompe. Il est moins heureux lorsqu'il procède par induction et par hypothèse. C'est ainsi qu'après avoir donné, avec la plus complète exactitude, des détails pleins d'intérêt (1), il tombe dans l'erreur la plus profonde au sujet de la prétendue double mue des Souï-Mangas, erreur dans laquelle, nous le repètons, seraient encore presque tous les Ornithologistes, sans l'observation si précise et si curieuse de J. Verreaux, dont nous avons parlé en nous occupant des Trochilidés. Car Levaillant a traité cette question, pour les Sucriers, avec tant d'étendue, avec l'apparence d'une si grande conviction, et y est revenu si souvent dans chacun de ses articles relatifs aux diverses Espèces qu'il a décrites, qu'on a toujours dû être en quelque sorte excusable, lorsque l'on n'avait pas observé par soi-même, de croire l'illustre Voyageur sur parole et de partager comme de propager son erreur ; d'autant plus que, dans une Note, il prétend avoir appliqué sa théorie et vérifié l'exactitude de son observation sur les Oiseaux-Mouches, et qu'il regarde l'une et l'autre comme formant la base *d'une Loi générale* pour tous les Oiseaux suce-fleurs de tous les climats.

(1) *Hist. Natur. des Sucriers* et *Encyclop. d'Hist. Nat. Ois.*, t. III, p. 286 et suiv.

Le dernier Genre de cette Famille (*Dicœum*) a été aussi, de la part de J. Verreaux, l'objet d'une observation particulière, qui est venue, en les confirmant, ajouter aux quelques détails que l'on possédait déjà, sur les Oiseaux de ce Genre, de M. Pakman.

Ces Oiseaux, dit le premier de ces Voyageurs dans ses *Notes Manuscrites de Zoologie Tasmanienne et Australienne,* au sujet du Dicée à bec d'Hirondelle (*Dicœum hirundinacœum*), le seul dont on connaisse l'OEuf, vivent par petites troupes. J'en ai observé souvent plusieurs ensemble sur le même arbre, et principalement sur le *Shevak,* sur lequel il y avait, comme sur tous les autres arbres de son espèce, une quantité de plantes parasites d'une sorte qui prend généralement racine sur les branches en y formant une véritable tumeur, qui sert à sa propre alimentation. Je fus bien surpris, en ouvrant l'estomac des deux premiers individus mâles que je tuai (22 Septembre 1845), de le trouver d'une Substance molle et d'une grandeur bien au-delà de ce que je m'attendais, pour un Oiseau de si petite taille. Mais mon étonnement cessa, lorsque j'y trouvai des graines entières de cette même plante parasite, tellement bien conservées, qu'il m'eût été facile de les garder, si elles avaient été plus mûres. Après avoir tué un de ces individus, j'observai attentivement les six ou huit qui se trouvaient sur un arbre voisin; et je remarquai en effet qu'ils paraissaient occupés à chercher après cette plante les graines en question, grimpant le long des branches et des feuilles. Ils ne quittent pas, en quelque sorte, les arbres où croissent ces plantes curieuses, qui donnent aux Casuarinas surtout un aspect si extraordinaire, par la diversité de forme de leur feuillage. Il est de fait qu'elles adhèrent tellement aux branches sur lesquelles elles prennent racine, qu'il est, pour ainsi dire, impossible de croire qu'elles soient étrangères. J'avoue que, pour ma part, j'ai été par mon ignorance en Botanique, bien surpris de voir cette bizarrerie de la nature, lorsque je mis le pied sur cette Terre merveilleuse. Dans

l'estomac d'autres individus que je tuai depuis, outre les mêmes
graines, je trouvai les débris d'Insectes de diverses Espèces,
entre autres, d'une petite Espèce dorée, qui se trouve le plus
ordinairement sur les Eucalyptus. Pendant cette dernière chasse,
j'eus le plaisir de voir une dizaine de sujets de cette Espèce, et je
remarquai très-bien que les Graines qui leur avaient servi d'ali-
ment, restaient collées et adhérentes aux branches : je m'en
assurai par moi-même, en grimpant sur un Casuarina pour y
chercher un de ces oiseaux, et ayant cru y découvrir un Nid, qui
n'était autre que celui d'une Araignée. Il est donc certain que la
propagation de cette plante tient beaucoup à ce mode naturel de
transport, non seulement par cette Espèce d'Oiseaux, mais sans
doute encore par bien d'autres. (1)

Nouvel exemple de l'admirable facilité avec laquelle la nature
sait, dans toutes les régions, sous toutes les latitudes, choisir ses
agents pour la dissémination des Espèces végétales de toutes
sortes, même les plus inutiles, en apparence, et des plus insigni-
fiantes. Dans la Polynésie, c'est la Colombe Muscadivore ; dans
l'Australie et la Tasmanie, de petits Oiseaux tels que le Dicée ; en
Europe, la Grive-Draine ou *Turdus viscivorus*, etc.

Nous ne connaissons que deux OEufs de la troisième Famille,
les Cœrébinés, que nous avons composée des Genres :

Serrirostre	*Diglossa;*
Guit-Guit	*Cæreba;*
Sucrier	*Certhiola;*
Dacnis	*Dacnis;*
et Conirostre	*Conirostrum.*

CARACTÈRES OOLOGIQUES :

Forme — Ovée, presque Ovalaire.

Coquille — d'un grain fin et légèrement luisant.

Couleur. — Fond Blanchâtre, couvert de taches ou mouchetures sur toute la surface, d'un Brun-clair (*Cœreba*), ou d'un Brun-violacé ou rougeâtre, formant couronne au gros bout (*Certhiola.*)

CINQUIÈME TRIBU.

MÉLIPHAGIDÉS — *Meliphagidœ.*

L'homogénéité la plus complète semble régner dans toute cette Tribu, et être, par cela même, la consécration de la constitution qu'on en a faite.

Et cependant, en y réfléchissant, nous sommes tenté de croire que le travail de Classification des Méliphagidés est encore tout à faire, malgré les améliorations qu'y ont successivement apportées Swainson, MM. Gould, Gray et le Prince Ch. Bonaparte. Plusieurs Espèces, d'après les observations de quelques Voyageurs, manqueraient de l'appareil pénicillé de la langue; d'autres apprendraient aisément à parler, ce qui semble peu d'accord avec cette conformation de langue; certaines, enfin, n'auraient aucune des habitudes propres à ces Oiseaux. De nouvelles études seraient donc nécessaires pour lever tous les doutes, et rendre à chacune des Familles qui composent cette Tribu ou aux divers Genres de ces Familles, leur véritable place dans la Série.

Nous sommes entré ailleurs (1) sur les mœurs de ces Oiseaux, dans de grands détails, dont la plus grande partie a été puisée par nous dans les notes de J. Verreaux, et auxquels nous renverrons nos Lecteurs.

En attendant, les vingt espèces dont on connaisse l'OEuf, dans

____

(1) *Encycl. d'H. Nat. Ois.*, T. III.

un grand nombre de Genres (*Melliphaga*, *Ptilotis*, *Myzantha*, *Hœmatops*, *Creadion*, *Anthochera*) sur cent trente ou quarante Espèces environ dont se compose la Tribu, présentent un ensemble de caractères des plus remarquables, qui, dans notre Collection, a par-dessus tout attiré l'attention de M. de la Fresnaye.

CARACTÈRES OOLOGIQUES :

Forme — Ovée, plus ou moins obtuse ou allongée, selon les Genres.

Coquille — d'un grain fin, assez luisant, et Blanc intérieurement.

Couleur — d'un fond Minium léger, généralement plus intense vers le gros bout, où se réunissent parfois des taches de même Couleur, mais beaucoup plus foncée et allant au Rouge-Sang; ou bien parsemée également de ces mêmes taches.

SIXIÈME TRIBU.

NÉOMORPHIDÉS — *Neomorphidœ*.

Cette Tribu que nous avons formée, il y a sept ans, se compose d'éléments exceptionnels, et qui peuvent paraître hétérogènes, mais qui cependant nous semblent réunir toutes les conditions d'un Groupe aussi naturel que possible. Nous y faisons entrer, en effet, quatre Genres reposant chacun sur une Espèce unique :

Le premier est le *Philepitta sericea* de Madagascar;

Le second, le *Philesturnus carunculatus*;

Le troisième, le *Callœas cinerea*;

Et le quatrième, le *Neomorpha Gouldii*, ces derniers de la Nouvelle-Zélande.

Ce sont tous Oiseaux porteurs de caroncules à la base de la commissure, ou au-dessous du bec, et que leur conformation anormale a constamment fait ballotter d'un Genre et même d'une Famille, à un autre Genre et à une autre Famille, depuis leur découverte récente jusqu'à ce moment. Ce qui nous a déterminé, sinon à réunir ces Genres aux Melliphagidés, du moins à placer la Tribu que nous en avons faite à leur suite, c'est que l'un deux, le *Philesturnus,* d'après les plus récentes observations, a la langue en forme de pinceau, caractère qui, à nos yeux, nous l'avons déjà dit, entraine forcément des habitudes Melliphages plus ou moins Insectivores; c'est qu'un autre Genre, le *Philepitta,* ou du moins l'Oiseau type de ce Genre, auquel, il y a déjà longtemps, nous avons joint une seconde Espèce, a le bec et les pattes conformés de telle manière que nous ne pouvons nous empêcher d'y voir également un Melliphage; enfin une considération semblable, d'après l'inspection de ces mêmes parties, chez le *Neomorpha,* nous a porté à lui attribuer la même organisation et les mêmes habitudes.

Au surplus, si nous avons pris l'initiative pour la création de cette Tribu, nous n'avons fait que nous conformer, quant aux rapports qu'elle peut offrir avec les Melliphagidés, à des indications précises déjà faites par Vieillot d'abord, puis par M. le Professeur Isidore Geoffroy Saint-Hilaire.

On peut même dire que le Prince Ch. Bonaparte avait fait, en 1852, dans son *Conspectus,* un premier pas dans cette voie, en rapprochant les Genres *Neomorpha* et *Creadion* (notre *Philesturnus*) des Melliphagidés, par suite de la place qu'il a assignée à ces Genres, tout à la fin de ses Corvidés qui précèdent immédiatement ses Melliphagidés; et deux ans après il se décidait à se rapprocher de notre opinion, en formant sous le nom de *Glaucopidæ* une Famille qu'il composait des Genres *Corcorax, Glaucopis, Neomorpha* et *Creadion* (1).

____

(1) *Notes Ornithol.*, 1854.

Quelque parti que l'on prenne en définitive pour le classement de ces divers Genres, nous croyons qu'on ne peut se dispenser de les grouper dans une même Famille ou Tribu, qu'on la place dans les Corvidés, dans les Garrulidés ou dans les Melliphagidés (1).

On ne connaît encore aucun OEuf de cette Tribu.

SEPTIÈME TRIBU.

PARADISEIDÉS OU OISEAUX DE PARADIS — *Paradiseidæ.*

Nous avons, à l'instar de M. Gray et du Prince Ch. Bonaparte, composé cette Tribu d'abord de leurs deux Familles : Paradiseinés et Epimachinés.

Tout en conservant ces deux Familles, nous y en avons ajouté deux autres, dont une pour le Loriot Prince-Régent et l'Oriolie, que nous y réunissons, sous le nom de *Sericulinæ*, et une pour les Astrapies, sous le nom de *Paradigallinæ*.

Mais nous nous sommes bien gardé de les comprendre dans les Corvidés ou même de les en rapprocher. Nous partageons à cet égard le sentiment si instinctif et généralement si juste du Baron de la Fresnaye, dont nous avons reproduit ailleurs les déductions.

Même ignorance des OEufs si intéressants à connaître de cette Tribu.

Disons, pour servir à l'historique du Genre, que, quoique décrite pour la première fois en 1835 par Lesson (2), l'Espèce du Paradigalle caronculé existait déjà dans une riche collection que J. Verreaux avait formée et possédait en 1823, et portait dans

(1) Voir pour plus de détails, tant au sujet de cette Tribu qu'au sujet du Genre *Philesturnus*, que nous avons alors révélé à la Science, ce que nous en avons dit dans l'*Encycl. d'H. Nat. Ois.*, T. III, p. 32 et suiv.

(2) *Rev. Zool.*

son Catalogue le nom de *Astrapia carunculata.* Ce Voyageur en avait même fait une description détaillée qu'il avait remise à Vieillot pour être reproduite dans sa *Galerie des Oiseaux;* enfin le dessin en avait été fait à cette époque par Oudart, Peintre du Muséum d'Histoire Naturelle de Paris. Par suite de diverses circonstances, le tout est resté dans les cartons de Vieillot, et cette curieuse Espèce est demeurée ignorée jusqu'à l'époque où Lesson en fit le type de son Paradigalle.

Un des Genres les plus intéressants de cette Tribu, le Genre *Ptiloris* (Swainson), sur lequel M. Gould, qui n'avait pu l'observer par lui-même, est si sobre de renseignements, est aujourd'hui mieux connu, grâce aux investigations de J. Verreaux, qui plus heureux a eu occasion de voir et d'étudier les mœurs de cet Oiseau sur les lieux, et dont nous reproduisons ce qu'il en a dit dans des Notes Manuscrites que nous avons déjà publiées.

« Quoique cet Oiseau, dit-il, soit modelé sur des formes plus volumineuses que les Climactéris de l'Australie, cette Espèce paraît avoir tant de similitude avec ces dernières qu'il faudrait, suivant moi, en faire un rapprochement intime. Ainsi, comme les Espèces du Genre Climactéris, notre bel Oiseau se tient souvent sur le corps des arbres énormes qui couvrent une grande partie de ce sol encore si peu connu sous le rapport scientifique. Cependant, quoique cette Espèce soit principalement Insectivore, il est bon de dire qu'à certaines époques de l'année elle émigre des ravins qui lui sont favoris pour se réfugier dans ces immenses forêts et y chercher les baies de diverses espèces de végétaux, tant de Lianes que d'Arbres. Son bec long et acéré paraissant peu propice à ce mode de nourriture, nous devons dire et affirmer que ce fait n'est qu'accidentel, et qu'il n'a lieu que lorsque ces baies sont déjà attaquées par les divers Insectes qui les détruisent souvent même avant leur maturité. Cet Oiseau, comme je l'ai observé, ne se perche que rarement et se voit le plus ordinairement sur les arbres ou sur les grosses branches, cherchant les Larves et les Insectes mous qui lui sont le plus convenables ; (car, bien qu'en Australie les écorces ne soient ni aussi lâches ni aussi tendres qu'en Tasmanie, on y rencontre souvent d'énormes quantités de Larves, principalement de Diptères, beaucoup de Punaises et de Cigales. Ce fait m'a été confirmé par l'ouverture de l'estomac. Quant aux formes massives de cette Espèce, elles sont très-appropriées à son genre de vie. Aussi, l'inspection seule de ses tarses et de ses longs doigts nous suffit-elle pour supposer avec juste vérité qu'elle représente, en Australie, nos Grimpereaux de muraille, comme les réprésentent également les Climactéris, qui ne se servent pas plus de leur queue que ne le font ces derniers. Je dois également dire que la langue de cet Oiseau est fibreuse ou filamenteuse comme celle des Melliphages. J'ai observé qu'il était rare de voir plus d'un couple ensemble, volant d'un arbre à l'autre, montant et descendant absolument comme ces derniers, et comme eux courant assez souvent sur le sol pour y rechercher les Larves détachées de l'endroit déjà fouillé. Les jeunes de l'année se retrouvent, comme dans beaucoup d'autres Espèces, en assez grand nombre. »

J. Verreaux a également observé que le passage de la livrée du jeune âge à l'âge adulte s'opère sans ce qu'on appelle l'intervention de la mue, c'est-à-dire sans la chute des plumes, et par la coloration progressive de chacune d'elles, comme chez les Souï-Mangas.

HUITIÈME TRIBU.

IRRISORIDÉS — *Irrisoridæ*.

Nous avons composé cette Tribu de trois Familles : *Falculianæ, Arachnotherinæ* et *Irrisorinæ*.

On ne connaît encore l'Œuf que d'une Espèce du Genre *Irrisor,* de la dernière Famille (*Irrisor erythrorhynchus*) (1).

Caractères Oologiques :

Forme — Ovée, un peu allongée.

Coquille — d'un Grain fin, uni, luisant et Blanc intérieurement.

Couleur — d'un beau Vert uni, sans taches.

TROISIÈME GROUPE.

Ténuirostres Grimpeurs — *Tenuirostri Scansores.*

NEUVIÈME TRIBU.

CERTHIIDÉS — *Certhiidæ.*

Nous avons composé cette Tribu de trois Familles : les Dendrocolaptinés, les Certhiinés et les Sittinés.

Nous ne connaissons, à notre grand regret, aucun Œuf des Dendrocolaptinés, qui forment la première Famille. Pourtant l'Œuf du *Picolaptes brunneicapillus*, existe au Musée de Philadelphie, auquel il a été donné par M. A. L. Hermann. Nous avouons que la Famillle des Dendrocolaptinés est une de celles dont nous désirerions le plus étudier les caractères Oologiques, que nous croyons déterminants pour assigner à ces Oiseaux leur véritable place Méthodique.

2ᵉ FAMILLE — *Certhiinés.*

Il en est autrement des Certhiinés, quoique à leur égard, les éléments de comparaison soient encore bien réduits; puisqu'on ne connaît que l'Œuf de deux Grimpereaux d'Europe, et celui du Tichodrôme de murailles.

(1) *Thienemann,* pl. 15, fig. 13.

CARACTÈRES OOLOGIQUES :

Forme — Ovée, légèrement obtuse.

Coquille — à grain fin, mince, Blanc pur et un peu luisant.

Couleur. — Celle de la Coquille, tantôt d'un Blanc pur et sans taches (*Tichodroma muralis*), tantôt parsemé et recouvert de points et mouchetures d'un joli Rouge-Brique, le plus ordinairement réunis en forme de couronne au gros bout (*Certhia familiaris* et *Costœ*), tantôt enfin de Couleur Isabelle, piquetée de points Brun-Rougeâtre (*Climacteris*), ce qui se présente d'une manière uniformément remarquable chez trois Espèces : *C. Picumnus*, *Scandens* et *Rufus*.

D'après nos principes et selon notre manière de voir, outre que cette différence Oologique est la démonstration la plus évidente de la différence Générique existant entre ces trois Oiseaux, surtout les deux premiers ; c'est aussi un indice d'un plus grand éloignement de l'un à l'autre.

3e FAMILLE. — *Sittinés.*

CARACTÈRES OOLOGIQUES :

Forme — Ovée, allongée.

Coquille — à grain fin, mince, d'un Blanc pur et luisant.

Couleur. — Celle de la Coquille, mouchetée partout de points d'un Rouge-Brique plus ou moins intense.

4e GROUPE.

Ténuirostres Percheurs — *Tenuirostri Arborei.*

DIXIÈME TRIBU.

ANABATIDÆ — *Anabatidœ.*

Sur deux Familles assez nombreuses en Espèces, dont nous avons composé cette Tribu, *Anabatinœ* et *Synallaxinœ*, on ne connaît encore l'Œuf que d'une Espèce de la première, *Anabates puncticollis*, d'un Blanc pur; et de trois de la seconde, dont *Synallaxis humicola*, tous deux de Forme Ovée assez obtuse. Nous ne pouvons donc rien établir de précis à cet égard.

5e GROUPE.

Ténuirostres Marcheurs — *Tenuirostri Insessores*.

ONZIÈME TRIBU.

FURNARIDÉS — *Furnaridæ*.

La division que nous avons été amené à établir parmi les Ténuirostres, en les envisageant sous le rapport de leurs habitudes, nous a mis dans la nécessité d'élever les *Furnarinæ* au rang de Tribu.

Nous n'avons jamais contesté, assurément, la justesse de vue qui a déterminé le Prince Ch. Bonaparte à les introduire comme troisième Sous-Famille, dans la Famille des Anabatoïdés, dont leurs caractères zoologiques principaux les rapprochent essentiellement; mais nous avons pensé que leur différence d'habitudes d'avec ceux-ci était assez grande pour nécessiter non un plus grand éloignement, mais une séparation plus marquée. Aussi, à part cette séparation, leur avons-nous assigné absolument le même rang ou, pour mieux dire, le même ordre dans la Série, que l'habile Ornithologiste. C'est de cette manière que nous sommes arrivé, par nos Ténuirostres Marcheurs, aux Ménurinés.

Nos Furnaridés se sont donc trouvés composés de deux Familles : les *Furnarinæ* et les *Cinclinæ*, que nous y ajoutons.

Il y a assez d'ensemble entre ces deux Familles dans les Caractères Oologiques : Forme Ovée, un peu globulaire ou obtuse; Couleur Blanche sans tache.

Depuis que nous avons établi cette Tribu, il nous est arrivé en effet de réfléchir longuement et mûrement sur la question de savoir si les Cinclinés, cette Famille constituée pour les Espèces du Genre *Cinclus* (*Turdus aquaticus*, Lin.), ne pourraient pas, avec avantage, être placés avec les Furnarinés, en tête par conséquent de nos Ténuirostres Marcheurs, entre le Genre *Furnarius* et le Genre *Cinclodes*, au lieu d'être rangés, comme nous l'avions fait alors, tout à la fin de cette Tribu, c'est-à-dire après les *Motacillinæ* et les *Eupetinæ*. Et le résultat de notre étude est aujourd'hui de pencher pour ce rapprochement, déterminé que nous y sommes surtout par les mœurs de ces Oiseaux et leurs Caractères Oologiques, que nous avons dû prendre en grande considération.

Ainsi, on sait que le Fournier donne à son nid la Forme encore plus globulaire qu'hémisphérique, avec son entrée latérale ; nous passons sous silence la substance dont il le compose, qui est de la terre détrempée, et la cloison en spirale qui le divise à l'intérieur.

Nous trouvons que le Cincle donne également à son nid, composé presque exclusivement de mousse, la Forme plus globulaire qu'hémisphérique, avec l'entrée sur le côté.

On sait également que presque tous les Oiseaux du Genre *Cinclodes*, retirés avec raison du Genre *Upucerthia* réduit à une seule Espèce, ont des habitudes exclusivement riveraines : les uns ne quittant jamais les rivages de l'Océan, en parcourant les bords, y cherchant les petits Crustacés et les petits Mollusques rejetés avec les Goëmonds par la mer, marchant même parfois sur les feuilles flottantes de ces végétations marines, notamment sur celles du *Fucus giganteus*, sur lesquelles ils viennent se poser en volant (1), tels sont les *Cinclodes Patagonicus* et

(1) Pernetty, *Voy.*, 1763. — Garnot et Lesson, *Voy. de la Coquille*, 1825. — Meyer, *Ois. du Chili*. — Darwin, *Voy. du Beagle*.

Antarcticus, etc.; les autres parcourant, en les remontant vers leurs sources et plus ordinairement en les redescendant vers leurs embouchures, les cours d'eau avoisinant les vallées marécageuses, tel est entre autres le *Cinclodes nigro fumosus,* qui en a même reçu au Chili le nom de *Molinero,* Meunier (1).

Toutes habitudes très-analogues à celles de notre Cincle.

Enfin, l'OEuf des Fourniers, l'OEuf des Cinclodes et l'OEuf des Cincles sont chacun de Forme Ovée, de Couleur Blanche, sans aucune tache et presque complètement mat et sans reflet.

Ajoutons que le nom de *Cinclodes* n'a été donné aux Oiseaux de ce petit Groupe qu'à cause de leurs analogies Zoologiques et de mœurs avec le Cincle Européen.

C'est au contraire parce que nous n'avons jamais trouvé aucune de ces analogies entre le Cincle et les Merles, avec lesquels on le mettait autrefois, que nous l'en avions séparé en 1852 (2), ainsi qu'en a déjà donné l'exemple le Prince Ch. Bonaparte, et ainsi que M. Moquin-Tandon semble enfin lui-même en admettre aujourd'hui (3) la possibilité.

Des rapports plus intimes peut-être rapprocheraient le Cincle du petit Genre *Scytalopus,* car c'est la même nature de ptilose, c'est la même démarche et le même port, le même ensemble de formes enfin. Mais, dans l'ignorance où nous sommes de l'OEuf de ce dernier Genre, nous ne saurions nous prononcer.

DOUZIÈME TRIBU.

LES ALAUDIDÉS OU ALLOUETTES — *Alaudidœ.*

Nous arrivons ici à une de ces Tribus en faveur desquelles la Nature a mis les moyens de conservation de l'Espèce dans le

---

(1) Cl. Gay, et O. des Murs, *Fauna Chilena, Aves,* 1847.
(2) *Encycl. d'Hist. Nat., Ois.,* t. III.
(3) *Rev. et Mag. de Zool.,* Juillet 1858 et Mars 1859.

plus intime rapport avec les chances de destruction auxquelles
sont exposés les Oiseaux qui les composent. Chez les Alaudidés,
en effet, la Couleur du plumage de l'Oiseau, comme la Couleur
de son Œuf, en harmonie parfaite avec celle des terrains qu'ils
fréquentent, concourent à rendre l'un et l'autre également invisibles et à les soustraire par conséquent aux recherches de leurs
ennemis. C'est aussi, par la même raison, une des Tribus qui
offrent, comme mode de Coloration, le plus satisfaisant ensemble
Oologique.

Cette remarque est, au reste, commune à tous les Oiseaux qui
se construisent à peine un nid ou l'établissent soit à terre, sur
le sol même, soit sur les Graminées qui le recouvrent. On comprend que cette observation, qui ne s'applique qu'à certaines
Tribus ou Familles d'une manière si générale pour chacune
d'elles, et sans la moindre exception, ait pu séduire l'imagination
de quelques Oologistes, tels que Manesse, Daudin, Lapierre, etc.,
au point de leur faire chercher les moyens de l'appliquer à toute
la Série, comme mode ou élément de Classification.

L'étude de l'Œuf des Alaudidés démontre même ce fait et
offre ce caractère particulier que là où le plumage de l'Oiseau
devient moins sombre et tourne au Blond ou au Café-au-lait (ce
qui est l'indice pour son habitat de la présence de terrains plus
clairs, tels que les sables des déserts de l'Asie ou ceux de
l'Afrique) l'Œuf subit la même modification dans sa Coloration
générale.

Les Alaudidés, en tant que Tribu, ont été créés par M. de La
Fresnaye et maintenus par le Prince Ch. Bonaparte. Seulement
le premier de ces Naturalistes a continué, de même que le faisait
Cuvier et que le font encore presque tous les Auteurs, de considérer ce Groupe de Passereaux comme une dépendance des
Conirostres de l'illustre Zoologiste. Il est cependant bien évident
que si, persévérant dans cette manière de voir, M. de La Fres-

naye n'en a pas moins composé les Alaudidés des Sirlis, *Certhilauda,* des Pipits, *Anthus,* des Bergeronettes, *Motacilla,* etc., qui à tout prendre seraient de vrais Becs-Fins, nous n'avons pu paraître bien extraordinaire ou innover beaucoup [1] en considérant le caractère de Conirostre des Alaudinés, tels que nous les comprenons encore, comme l'exception, et leur caractère de Ténuirostre, au contraire, comme la règle ou le principe. Nous avons cru en effet être autorisé suffisamment à en agir ainsi, et par les caractères physiologiques ou organiques, et par les caractères de mœurs et d'habitudes, qui semblent faire de cette Tribu, ainsi considérée, un tout indissoluble aussi près, si ce n'est plus, des Ténuirostres que des Conirostres, au moyen des Certhilaudinés (*Certhilaudinæ*) ou Alouettes à bec grêle et arqué, et, dans tous les cas, pouvant servir de transition entre les premiers d'une part, et de l'autre, sinon les seconds immédiatement, du moins les Dentirostres qui y mènent.

Dans cet ordre d'idées, nous avons donc alors composé notre Tribu des Alaudidés de trois Familles :

   1º Certhilaudinés — *Certhilaudinæ;*

   2º Alaudinés — *Alaudinæ;*

   3º Anthinés — *Anthinæ;*

Auxquelles, au point de vue Oologique, nous réunissons pour quatrième, aujourd'hui,

   Les Motacillinés;

N'innovant que par l'érection des Géosittes et des Sirlis en Famille.

CARACTÈRES OOLOGIQUES :

Forme — Ovée, plus ou moins obtuse.

Coquille — d'un grain assez fin, légèrement luisant, blanc intérieurement.

---

[1] *Encycl. d'Hist. Nat. Ois.,* t. III, p. 178.

Couleur — d'un fond Blanc sale, recouvert, sur presque toute sa surface, de points et de taches nombreuses d'un Brun variant du Bistre au Roux et à l'Isabelle, parfois à l'Olivâtre, qui se réunissent au gros bout de l'OEuf, en forme de calotte ou de couronne (*Certhilaudinæ, Alaudinæ et Anthinæ*) : du même fond Blanchâtre, plus ou moins terne, mais avec des taches plus fines d'un Brun-clair, ou Verdâtre, ou Grisâtre (*Motacillinæ*).

Sur près de cent Espèces que représente la Tribu des Alaudinés, nous connaissons l'OEuf de deux Espèces de *Certhilaudinæ*, de plus de vingt d'*Alaudinæ*, dans les divers Genres *Melanocorypha, Magalophonus, Alauda, Galerida, Otocoris* et *Macronyx;* et d'une quinzaine d'Espèces d'*Anthimæ* ou Pitpits : et nous n'avons rencontré aucune exception à ces Caractères.

Ajoutons qu'au nombre des Habitats de l'*Otocoris bilopha,* à laquelle jusqu'à ce jour les Auteurs, même le Prince Ch. Bonaparte, n'ont assigné que l'Asie Occidentale et l'Arabie, doit figurer l'Afrique Septentrionale ou l'Algérie, où l'a rencontrée assez fréquemment et dénichée le capitaine Loche, par lequel nous en est arrivé l'OEuf.

Nous ne quitterons pas cette Tribu sans dire un mot de notre revirement d'opinion, relativement aux éléments de sa composition. C'est une habitude que nous avons toujours eue, et que nous voudrions voir prendre par les Méthodistes qui, au contraire, affectent sur les motifs de leurs travaux, un silence d'autant plus absolu, qu'ils y portent des changements plus fréquents : en telle sorte qu'avec eux la question de décider pour ou contre, ne paraît jamais résolue aux yeux des adeptes de la Science.

Entraîné par l'exemple des divers Auteurs, notamment par celui du Prince Ch. Bonaparte, nous avions détaché les *Motacillinæ* de la Tribu des *Alaudidæ,* pour les ériger elles-mêmes au rang de Tribu, en la composant de trois Familles *Motacillinæ*, *Eupetinæ et Cinclinæ*. Nous venons de faire voir que les Cincles ne pouvaient en aucune façon rester à cette place, nous les en avons donc éloignés.

Mais, d'un autre côté, en étudiant l'OEuf du Genre *Grallina*, dont nous composions, avec les Genres *Enicurus* et *Eupetes*, notre famille des *Eupetinæ*, nous nous sommes aperçu que les Grallinés ne pourraient non plus aucunement figurer auprès des *Motacillinæ*, à cause des affinités Oologiques qui les reportent au contraire à côté des *Muscicapidæ*.

De plus, nous nous sommes convaincu que l'OEuf des Enicures (au moins celui de l'*Enicurus Leschenaultii*) ne saurait non plus appartenir aux *Motacillidæ*, ses caractères se rapprochant beaucoup plus, à la rigueur, des Merles où les plaçaient Vieillot et Cuvier, surtout de ceux du Genre *Ixos,* ou même des Drongos auxquels les réunissait Lesson (1).

Force nous est donc de renoncer à cette Tribu des *Motacillidæ* qui n'a plus de raison d'être, et de refondre de nouveau les *Motacillinæ* dans les *Alaudidæ,* dont ils ne peuvent plus être détachés.

Quant aux Enicures et aux Grallinés, indépendamment de leurs caractères Oologiques, la présence de longues et fortes Soies à la base de leur bec suffirait à elle seule pour motiver leur déplacement dans le sens que nous indiquons, sans parler des habitudes du dernier de ces Genres, *Grallina* que les Notes Manuscrites de J. Verreaux nous retracent de la manière suivante, pour l'une des Espèces, la *Grallina cyanoleuca,* dont l'OEuf fait l'objet de nos observations :

« Cette Gralline existe en assez grand nombre à la Nouvelle-Angleterre. A l'époque des accouplements, on ne voit ces

(1) *Traité d'Ornithologie.*

Oiseaux que par paire; ils se réunissent ensuite, ou on les rencontre toujours au nombre de quatre ou cinq. Cette Espèce se tient le plus souvent sur le bord des eaux, et, si elle se perche, elle semble choisir les arbres les plus élevés. Sa nourriture principale consiste en Insectes; son cri est : *pi-wit-pi-wit;* elle le fait entendre assez fréquemment lorsqu'elle est perchée, et le cri est souvent répété par une autre placée sur un arbre voisin. Cette Espèce établit souvent son nid sur des Eucalyptus. Ce nid est composé de terre, avec quelques herbes très fines dans l'intérieur; il est de forme ronde, et coupé très nettement vers le haut : sa forme est aussi bien arrondie qu'une tasse; il est très solidement fait. » (1).

Cette nidification n'a certes aucun rapport avec celle des Bergeronettes (*Motacillinæ*).

Troisième Division.

Déodactyles Dentirostres.

1er GROUPE.

Dentirostres Marcheurs — *Dentirostri insessores.*

TREIZIÈME TRIBU.

FORMICARIDÉS — *Formicaridæ.*

Dans les Formicaridés, nous ne connaissons rien des *Atelornithinæ*, des *Formicarinæ* et des *Ornythonycinæ*.

La Famille des *Pittinæ* (Brèves) se distingue par la Forme Globulaire ou Sphérique de son OEuf (*Pitta cyanura*); celle des *Megalonycinæ*, par l'OEuf de Forme Ovée et d'un Blanc pur, piqueté de quelques rares points d'un Brun noirâtre du *Pteroptochus albicollis*.

____

(1) *Zool. Austr. et Tasman. Mss.*

Le Ménure, type de la Tribu des *Menuridæ*, notre quatorzième Tribu, avec son OEuf, aujourd'hui connu grâce à Gould, reste toujours une énigme en Ornithologie, énigme que la Science devrait s'efforcer de déchiffrer avant que le Type n'en soit disparu. Cet OEuf est aussi isolé des autres produits Ovariens que l'Oiseau lui-même l'est de ses congénères : car, s'il a des analogues pour sa Forme, qui est Ovée, il n'en a aucun pour sa Coloration, qui n'a d'affinité nulle part dans la Série, relativement à sa teinte d'un Gris fuligineux uniforme, rehaussée de taches confuses de même Couleur, plus foncées et comme noirâtres, et n'apparaissant à la surface de la Coquille que d'une manière nuageuse.

QUINZIÈME TRIBU.

LES TURDIDÉS — *Turdidæ*.

1re FAMILLE. — *Thamnophilinés (Thamnophilinæ)*.

Les Thamnophilinés, que nous avons compris dans cette Tribu, en en faisant la première Famille, parce que, aussi bien que les *Turdinæ*, ils sont buissonniers et marcheurs, offrent la même somme et la même variété de rapports en Oologie qu'en Zoologie, en sorte qu'ils sont tout aussi difficiles à classer d'après leur OEuf, que d'après leurs propres Caractères organiques. Les Thamnophiles rentrent en effet selon leurs Genres et selon leurs Espèces, tantôt dans les *Muscicapidæ* ou les *Tyrannidæ (Thamnophilus ruficollis)*; tantôt dans les vrais *Turdinæ (Th. ruficentris)*; l'OEuf du premier étant d'un Blanc sale, strié et tacheté perpendiculairement d'un Violet-Noirâtre plus massé au gros bout; et celui du second étant d'un Vert uniforme, comme ceux de certaines Grives et de certains Merles. Il faut donc attendre, à leur égard, que l'on connaisse l'OEuf d'un plus grand nombre d'Espèces pour songer à les classer d'une manière satisfaisante.

En sorte que nous renoncerons à établir une Diagnose Oologique pour cette Famille, qui demande, sous ce rapport, à être étudiée sérieusement et avec tout autant de soin qu'en a mis M. Sclater, pour en faire la savante et difficultueuse Monographie. (1)

Nous en dirons tout autant des deux Familles suivantes : les *Agriornithinœ* et les *Picnonotinœ;* quoique les premiers offrent un certain ensemble par leur OEuf ou tout Blanc (*Pepoaza, Muscisaxicola fluvicola*), ou Blanc marqué de points rares d'un Rouge-Brique se déteignant en Rose-Carné. Car, pour les seconds, nous ne connaissons l'OEuf que de trois Espèces; celui de l'Importun du Cap (*Andropadus importunus*) qui rappelle un peu par la disposition de ses taches Brun-clair et Grisâtres, l'OEuf des Pies-Grièches; et celui du *Ixos chrysorhœus* et *Psidii,* moucheté de points et de taches d'un Violet-Rougeâtre sur un fond Blanc-Rosé; rappelant par leur aspect, au surplus, l'OEuf des *Cinclorhamphus,* avec lesquels ils demandent à être minutieusement comparés, et dont ils ne devraient même être guère séparés : ce qui nous décide, dès aujourd'hui, à les retirer de nos *Timalinœ* pour les réunir ici à nos *Picnonotinœ.*

4e FAMILLE. — *Turdinés (Turdinœ).*

Cette Famille offre un certain intérêt Oologique, en ce sens que c'est une de celles dont on connaisse l'OEuf d'un assez grand nombre d'Espèces. Elle offre, à ce point de vue, deux Coupes bien tranchées : celle composée d'OEufs à fond Vert uniforme, parfois quelque peu piqueté de noir, tels que ceux de notre Grive commune, *Turdus Musicus*; et celle composée d'OEufs à fond légèrement verdâtre, recouvert de nombreuses

(1) A draft Arrangement of the *Genus Thamnophilus.* From the Edimburg New Philos. Journ. 1855.

mouchetures Brunes, variant du Brun-foncé au Brun-rougeâtre et au Brun de brique, type de l'OEuf de notre Merle commun, *Turdus Merula*.

Parmi les OEufs d'un Vert luisant et tiqueté de noir, nous ne connaissons encore que l'OEuf des *T. Musicus, Iliacus*, d'Europe, et *Densirostris*, des Antilles.

Nous croyons qu'il faudrait renoncer à l'ancienne habitude que nous avons prise en Europe, et qui ne saurait faire loi pour les Ornithologistes des autres parties du Monde, de considérer comme vraies Grives les *T. Viscivorus* et *Pilaris*, dont l'OEuf, celui de cette dernière surtout ne représente qu'un véritable OEuf de Merle, et par conséquent en arriver à les isoler de ce que nous considérons comme seules Grives, et à les ranger avec les Merles.

Nous connaissons, jusqu'à présent, un assez grand nombre d'OEufs Vert-uni et sans taches, ce sont ceux des *T. mustelinus, Wilsoni, migratorius, carbonarius, solitarius, felivox, minor* et *Herminieri*. Il est remarquable que ce soient toutes Espèces de l'Amérique Septentrionale, à part la dernière, de la Guadeloupe.

Quant aux autres Turdinés, ils rentrent tous dans le caractère de l'OEuf si commun et si connu du *T. merula*.

On peut être quelque peu surpris de voir qu'il en soit de même pour toutes les Espèces du Genre Orphée ou Moqueur, *Mimus*, dont l'OEuf n'offre aucun caractère différentiel d'avec celui de ce dernier. C'est le premier exemple frappant, que nous rencontrions, de cette dissidence entre le caractère Zoologique bien tranché du Genre et celui que fournit l'inspection de l'OEuf.

D'après ce qui précède, on pourrait créer, pour celles des Espèces du Genre *Turdus*, que nous prenons pour Grives proprement dites, par leur OEuf, un Genre sous le nom de *Iliacus*, que nous proposons pour les *T. musicus, iliacus* et *densirostris*, et pour les autres Espèces qui viendront s'y joindre par la suite et réserver la dénomination Générique de *Turdus* pour toutes les Espèces dont l'OEuf est analogue à celui du *T. merula ;* ce qui n'empêcherait pas de le diviser en *Turdus* pour toutes les Espèces à OEuf Vert-uni et sans tache, et en *Merula* pour toutes les autres, et conserver toujours le Genre *Mimus*, malgré le silence ou l'insuffisance des caractères de son OEuf, qu'on ne saurait renvoyer dans une autre Famille, ainsi que l'a fait en dernier lieu le Prince Ch. Bonaparte, qui le place au milieu de ses *Timalidæ* (1). Le *Turdus Iliacus* prendrait dès lors le nom de *Iliacus illas,* du nom que lui imposa Gessner, ou de *Iliacus minor.*

En résumé, les caractères Oologiques des Turdinés, d'après l'inspection de près de quarante Espèces à notre connaissance, sont les suivants :

Forme — Ovalaire ou Ovée.

Coquille — d'un grain fin, Blanc et assez luisant.

Couleur — Verte avec points noirs (*Iliacus*); Verte unie et sans taches (*Turdus*); Verte tachetée de Brun plus ou moins rougeâtre (*Merula* et *Mimus*).

5e FAMILLE. — Saxicolinés (Saxicolinæ).

Séduit, comme toutes les intelligences d'élite, par ce qui a l'apparence d'une idée nouvelle et par conséquent sérieuse, le Prince Ch. Bonaparte, après qu'on lui eût fait voir les nuances qui distinguaient l'OEuf des *Saxicolinæ* de celui des *Turdinæ*, s'en exagéra les caractères différentiels, en séparant ceux-ci de ceux-là, par ses *Calamoherpinæ* (Types Rousserolle et Effarvatte), et ses *Sylviinæ* ou Fauvettes, dans son *Conspectus*. Revenu bientôt à un sentiment plus réfléchi, il vit que la différence de l'un à l'autre n'était pas aussi grande qu'il se l'était figuré ; et en 1854, il finit par mettre les *Saxicolinæ*, comme nous l'avions

(1) *Notes Ornith. sur les Coll. Delattre,* 1851.

déjà fait nous-même, tout à la suite des *Turdinæ*, dont ils ne sont guère séparables.

Ainsi que cette dernière Famille, en effet, celle des *Saxicolinæ*, telle que nous l'avons composée depuis longtemps, est assez homogène, Oologiquement parlant : et ici l'observation Oologique devient non seulement le complément, mais même la règle de la méthode.

CARACTÈRES OOLOGIQUES :

Forme — Ovée.

Coquille — d'un grain fin, un peu luisant et Blanc.

Couleur. — Fond variant du Bleu-Verdâtre au Vert pâle ou Blanchâtre, ou uni et sans tache, ou, selon les Genres et les Espèces, très-légèrement tacheté de Rougeâtre.

Ces caractères sont ceux, entre autres Genres, des *Petrocincla, Petrocossyphus, Dromolæa, Œnanthe, Saxicola, Pratincola, Accentor, Siala*; et dans les *Petroïca*, du *P. fusca;* dans les *Ruticilla,* du *R. Phœnicura.*

Le *Ruticilla Thytis* de l'ancien Continent et le Genre *Sericornis* de la Nouvelle-Hollande font exception, par un fond Blanc uniforme et sans tache.

Nous pensons que c'est à tort que le Prince Ch. Bonaparte retire les Accenteurs, dont il fait une Sous-Famille, des *Saxicolinæ*, pour les reporter à la suite des *Sylviinæ* et des *Calamoherpinæ*.

2e GROUPE.

Dentirostres suspenseurs — *Dentirostri suspensi.*

Nous avons fait suivre, en 1852, la Tribu des *Turdidæ* de celle des *Trogloditidæ*. Depuis, en étudiant de plus près les mœurs et l'Œuf des Oiseaux qui composent cette dernière, nous nous sommes convaincu que l'on était dans une erreur commune à tous les Ornithologistes, en choisissant les éléments sur lesquels on fait ordinairement reposer cette Tribu ou Famille.

Ainsi, on y fait entrer d'habitude les Ramphocincles, les Tryothores, les Ramphocènes, les Tatarés, dont la manière de vivre n'a aucun rapport avec celle de l'Oiseau d'Europe dont on en a fait le type de dénomination et cela en se fondant sur certaines analogies de conformation du bec.

Mais que fait donc notre Troglodyte? Il est familier, ne fréquente presque jamais les roseaux ni les marécages; il fait son nid ou dans les cabanes, ou sous des toits de chaume ou de bruyère, ou dans des fagots, ou dans des broussailles presque toujours sèches, en façon de boule assez informe à l'extérieur, avec une entrée latérale : son OEuf, d'une Forme Ovale globulaire, est Blanc piqueté de petits points Rougeâtres réunis au gros bout.

Que font, au contraire, les Tatarés, les Tryothores, et les Ramphocènes, sans parler des Ramphocincles?

Ils fréquentent exclusivement les lieux marécageux et les hautes plantes qui s'y trouvent; parcourent les tiges de ces dernières à la manière de nos Rousseroles (*Calamoherpe Turdoïdes*); y fixent même leur nid comme elles, ouvert par le haut, et enfin ont un OEuf généralement d'un fond teinté de Jaunâtre et de Rougeâtre, grivelé de petits points plus foncés si fins, que la Coquille n'en paraît que d'une Couleur uniforme.

Ce sont donc de vraies Fauvettes de roseaux, qui n'ont que faire de se trouver en compagnie de Troglodytes. C'est même une vérité que le Prince Ch. Bonaparte avait commencé à sentir, après avoir terminé la première partie de son *Conspectus;* et dont, s'il eut vécu encore pour le bonheur de la Science dont il est la plus belle Illustration, il se fut entièrement pénétré : car, en 1854, il retirait le Genre *Tatare* de ses *Troglodytinæ*, qui figurent dans ses *Maluridæ*, pour le transporter dans sa grande Famille des *Turdidæ*, en tête de la Section des *Calamoherpinæ*, sa seule et véritable place. Or, c'est ce qu'on ne peut plus s'empêcher de faire pour les autres Genres dont nous venons de parler, les raisons qui militent en faveur du premier militant également en faveur de ceux-ci ; et c'est ce que nous pratiquerons nous-même dès aujourd'hui, en nous occupant de nos *Sylvidæ*.

Pour faire suite aux *Turdidæ* qui précèdent, nous remplacerons donc les *Troglodytidæ* par les *Timalidæ*, que nous composons des deux Familles : *Pomathorinæ* et *Timalinæ*.

SEIZIÈME TRIBU.

TIMALIDÉS — *Timalidæ*.

1re FAMILLE. — *Pomathorinés* (*Pomathorinæ*).

Cette Famille, que nous composons des Genres *Zoothera*, *Pomathorinus*, *Pellorneum*, *Atrichia*, *Sphenurus*, *Stipiturus* et *Amytus*, ne nous est révélée que par l'Œuf de deux Espèces de Pomathorinus : *P. supersiliosus* et *P. trivirgatus*, et d'une Espèce de *Stipiturus*.

CARACTÈRES OOLOGIQUES.

Forme — Ovée.

Coquille — d'un grain assez fin, légèrement luisant et Blanc intérieurement.

Couleur — d'un Blanc Gris-Brunâtre, moucheté de Brun-clair et marbré de quelques veines sinueuses d'un Brun plus foncé (*Pomathorinus*), ou d'un fond Blanc tiqueté de taches d'un Rouge-Brique, réunies en plus grand nombre au gros bout.

Cet Œuf rappelle assez par son système de coloration, ou plutôt de maculature, celui du *Brachypterix capistrata*, qui pourrait rentrer avec avantage dans les *Timalinæ*, ainsi que l'y a compris le Prince Ch. Bonaparte ; il rappelle aussi celui du *Promerops cafer*.

Du reste, nous ne considérons la Famille des *Pomathorinæ*, de même que celle qui va suivre, des *Timalinæ*, que comme à l'état d'ébauche, et destinée à subir encore de nombreuses modifications jusqu'à ce que l'OEuf des Genres dont se compose chacune d'elles, soit suffisamment connu.

Le Prince Ch. Bonaparte y a déjà introduit. depuis son *Conspectus*, d'importantes améliorations.

2e FAMILLE. — *Timalinés* (*Timalinæ*).

L'absence d'éléments Oologiques suffisants pour bien caractériser cette Famille nous engage à la laisser provisoirement telle que nous l'avons composée : des Genres *Macronus*, *Megalurus*, *Crateropus*, *Donacobius*, *Timalia*, *Mixornis*, *Cinclosoma* et *Sphenostoma*, moins le Genre *Cincloramphus*, que nous en avons distrait pour le joindre aux *Picnonotinæ*. Nous ne connaissons en effet que l'OEuf d'un *Crateropus* et celui de deux *Cinclosoma*.

CARACTÈRES OOLOGIQUES :

Forme — Ovalaire (*Crateropus* et *Megalurus*), ou Ovée (*Cinclosoma*).

Coquille — d'un grain assez fin, peu luisant et Blanc intérieurement.

Couleur — d'un fond Blanc sale ou grisâtre, couvert d'un cendré brun ou maculé de taches Brunes plus ou moins olivâtres, réunies en plus grand nombre au gros bout (*Crateropus* et *Cinclosoma*), ou d'un fond Blanc-Verdâtre avec quelques larges taches rares d'un Rouge sanguin (*Megalurus*).

L'OEuf du *Crateropus* que nous possédons offre même quelque analogie de Coloration avec celui des Pomathorins ; car, à part les veines ou marbrures de ce dernier, il a le même aspect pour le fond grisâtre et le grivelé brunâtre qui le recouvre.

DIX-SEPTIÈME TRIBU.

SYLVIPARIDÉS — *Sylviparidæ*.

1re FAMILLE. — *Sylviparinés (Sylviparinæ)*.

Nous n'en connaissons aucun Œuf.

2e FAMILLE. — *Pardalotinés (Pardalotinæ)*.

CARACTÈRES OOLOGIQUES :

Forme — Ovée.

Coquille — d'un Grain assez fin, peu luisant et Blanc.

Couleur — d'un Blanc pur et sans taches (*Pardalotus*); d'un Bleuâtre uni, avec quelques rares points noirs (*Bombycilla*).

3e FAMILLE. — *Falcunculinés (Falcunculinæ)*.

On ne connaît l'Œuf que du *Falcunculus leucogaster*, figuré par Thienemann (1).

CARACTÈRES OOLOGIQUES :

Forme — Ovée.

Coquille — d'un Grain fin, peu luisant et Blanc.

Couleur — d'un fond Blanc tacheté irrégulièrement de points et mouchetures brunâtres.

DIX-HUITIÈME TRIBU.

PARIDÉS OU MÉSANGES — *Paridæ*.

1re FAMILLE. — *Parinés (vraies Mésanges) — Parinæ*.

Les caractères Oologiques dans cette Famille viennent confirmer les données de la Science et justifier par conséquent la composition

(1) Planche xxx, fig. 18.

qui en a été faite. C'est même l'exemple le plus frappant de l'insuffisance des caractères purement organiques en saine Ornithologie,
puisque chaque Espèce de Mésange est devenue en quelque sorte
le type d'un Genre fondé sur ces derniers caractères qui varient
d'une Espèce à l'autre. Et, malgré cette incohérence dans les
signes devenus réglementaires pour tout Méthodiste, ils ont dû
céder, pour ce Groupe, devant l'identité des mœurs de ces
Oiseaux. Cette remarque est plus que suffisante pour justifier, en
bien des cas, les inductions que nous tirons de l'étude de l'enveloppe extérieure de l'OEuf, au mépris parfois, ou plutôt en dehors
de toute forme de bec ou de pied.

CARACTÈRES OOLOGIQUES :

Forme — variant de la Forme Ovée allongée à la Forme Ovée
globulaire.

Coquille — à Grain très-fin, Blanc et peu luisant.

Couleur. — Celle du Grain de la Coquille, d'un Blanc pur, ou
sans aucune tache ou maculé de quelques points Rouge-Brique
réunis en plus grand nombre au gros bout.

Nous devons dire cependant que c'est avec la plus grande
réserve que, cédant à l'exemple, nous nous décidons, encore aujourd'hui, à comprendre dans la Famille des vraies Mésanges ou
Paridæ, l'intéressant Rémiz (*Paroïdes*). Cet Oiseau devrait, à
notre sens, entrer dans les éléments d'une Famille à part, qui est
encore à constituer, et à laquelle viendraient se réunir plusieurs
Familles ou au moins plusieurs Genres disséminés dans la grande
Tribu des Sylviidés, tel entre autres que le Genre américain
Trichas, qui fait également son nid en forme de bourse et le
suspend aux branches. Le bec du Rémiz, si exceptionnel dans la
Famille des *Parinæ*, est en effet dans les plus intimes rapports
de convention avec son art et son œuvre de véritable Oiseau
Tisseur ou *Tisserand*, qui a donné lieu à tant et de si minutieuses

descriptions de son nid, depuis Aldrovande, en passant par Buffon et Guettard, jusqu'à M. Moquin-Tandon (1), et plus récemment encore M. Taczanowski, de Varsovie (2).

C'est une remarque à laquelle aucun de ces Naturalistes n'a jamais songé, et qui offre toute une étude sérieuse à faire pour l'Oologiste, comme pour l'Ornithologiste.

Cette innovation, si nous ne l'avons pas faite, nous en avons du moins posé les premiers jalons, en constituant notre Tribu des *Paridæ* des trois Familles *Parinæ* pour les vraies Mésanges, que nous terminons par le Genre *Paroïdes*, Rémiz ; *Ficedulinæ* pour les Becs-Fins, qui se rapprochent le plus du Rémiz pour les mœurs et la nidification, et que nous commençons en conséquence par le Genre *Trichas*, qui lui ressemble le plus sous ce rapport ; et enfin *Troglodytinæ*, qui les rélient aux vraies Fauvettes (3).

2e FAMILLE. — *Ficédulinés (Ficedulinæ).*

Nous ne connaissons aucun Œuf, quoique nous connaissions en partie son mode de nidification, de cette Famille, que nous composons des Genres *Trichas, Ægithina, Hylophilus, Ficedula* et *Campylorhynchus*, tous Américains. Nous excepterons l'Œuf d'une Espèce d'*Hylophilus, H. cyanoleucus*, figuré par Thienemann (4), et qui serait de Forme Ovée, à Coquille Blanche, grivelée de Rouge-Brique.

3e FAMILLE. — *Troglodytinés* ou *Roitelets (Troglodytinæ).*

C'est ici que nous pensons que doivent se placer, et que nous plaçons dès aujourd'hui nos Troglodytinés, non plus composés des

(1) *Rev. et Mag. de Zool.* Mars 1859.
(2) *Id. — ibid.* Juin 1859.
(3) Voir *Encyclop. d'Hist. Nat. Ois.*, T. IV.
(4) *Fortpflanzungsgeschichte der gosammten Vogel.* Pl. 19, f. 8, a-b.

Genres Américains *Ramphocœnus*, *Tryothorus* et *Ramphocinclus*, que nous avons démontré être de vrais Becs-Fins, ou Fauvettes, mais composés uniquement du Genre type *Troglodytes*, auquel nous réunissons le Genre *Phyllopneuste* ou Pouillot, qui n'en peut être séparé ; plus les Genres *Acanthiza*, *Regulus* et *Zosterops*.

Les Troglodytes et les Pouillots, en effet, outre leur manière commune de vivre, donnent à leur nid la forme d'une boule avec une entrée latérale ; et leurs OEufs semblent emprunter à cette communauté de mœurs et d'habitudes, leur communauté de caractères, que viennent partager entièrement les Acanthyses, et, d'une manière un peu moins intime, les Roitelets : les Zostérops seuls font exception à l'harmonie Oologique de cette petite Famille.

CARACTÈRES OOLOGIQUES.

Forme — Ovée, plus ou moins globulaire.

Coquille — à grain très-fin et très-Blanc.

Couleur — d'un Blanc pur, ou sans taches, ou maculés de points Rouge-Brique plus nombreux au gros bout (*Troglodytes*, *Phillopneuste*, *Acanthiza*, *Regulus*) ; ou d'un Vert pâle, uniforme et sans taches (*Zosterops*).

DIX-NEUVIÈME TRIBU.

SYLVIIDÉS — *Sylviidæ*.

1re FAMILLE. — *Tryothorinés* (*Tryothorinæ*).

Les mêmes raisons d'harmonie nous font définitivement placer ici la plus grande partie des Genres dont nous composions jadis notre Famille des Troglodytinés, tels que les Genres *Ramphocinctus*, *Tatare*, *Tryothorus* et *Ramphocœnus*, nous laissant trop facilement entraîner par l'exemple irréfléchi de nos prédécesseurs ; car il nous faut toute autre chose qu'une analogie de couleur et de nature de plumage pour réunir des Espèces ou des Genres de manière à en former une Famille.

Nous le répétons donc : tous les Oiseaux sur lesquels reposent nos divers Genres sont de véritables Fauvettes, ayant exclusivement les habitudes des Fauvettes arundinicolles et ne possédant aucune de celles de notre Troglodyte Européen.

CARACTÈRES OOLOGIQUES :

Forme — Ovée plus ou moins obtuse.

Coquille — à grain fin et Blanc.

Couleur. — Fond Blanc, parfois d'un Jaune-Rosé, tiqueté de petits points Rouge-Brique.

2e FAMILLE. — *Calamoherpinés (Calamoherpinæ).*

Chaque Genre, dans cette Famille, comme dans bien d'autres, a en quelque sorte soit sa Couleur propre, soit son mode particulier de Coloration. Il en est ainsi pour les principaux d'entre eux, tels que les Genres *Orthotomus, Calamoherpe, Cysticola* et *Cettia;* ce qui vient justifier le fractionnement Générique que l'on a fait des Oiseaux renfermés dans cette Famille. Mais les vraies *Calamoherpe* sont remarquables par l'affinité qui lie l'OEuf des unes à celui des autres ; on ne peut en juger mieux qu'en ayant sous les yeux : *Calamoherpe Turdoides, C. palustris* et *C. arundinaceus,* qu'on les trouve, surtout la première, en Europe, en Afrique ou en Asie. Un autre petit Groupe se distingue encore dans cette Famille : c'est celui qui pourrait se former des *Locustella, Curruca Ruppellii, Melizophilus provincialis* et *Cettia sericea;* ce qui semblerait mettre en défaut la séparation qu'a faite le Prince Ch. Bonaparte de la seconde et de la troisième de ces Espèces en mettant le *Ruppellii* dans les *Saxicolinæ,* mais ce qui relie merveilleusement ce même Groupe au Genre *Megalurus* qui commence la Famille des *Calamoherpinæ.*

CARACTÈRES OOLOGIQUES.

Forme — Ovée plus ou moins globulaire ou obtuse.

Coquille — d'un grain fin, Blanc intérieurement et légèrement luisant.

Couleur. — Le fond passant à tous les tons, du Rouge-Brique ou Rosé (*Orthotomus* et *Cettia*) au Vert clair (*Cysticola*) et au Blanc pur, ou uniformes, ou recouverts de taches plus ou moins fines, ou Grises, ou Brunes, ou Rougeâtres, ou Verdâtres, parfois avec une ou deux veines de marbrure.

3e FAMILLE. — *Sylviinés* ou *Fauvettes* (*Sylviinæ*).

Même observation pour cette Famille que pour la précédente; mais elle n'est, chez aucun Genre, plus remarquable par sa constance que chez les Genres *Philomela* et *Hyppolaïs* par dessus tout : ainsi, sur sept Espèces dont se compose ce dernier, les cinq connues offrent en tout point le même caractère, sauf un degré de plus ou de moins dans la teinte du fond; ce sont *H. olivetorum*, *Elaïca, Salicaria, polyglotta* et *icterina*.

CARACTÈRES OOLOGIQUES.

Forme — Ovalaire ou Ovée.

Coquille — d'un grain fin, Blanc intérieurement, plus ou moins luisant, beaucoup plus chez *Philomela*, beaucoup moins chez *Hyppolaïs*.

Couleur — d'un Vert-Bronze ou Olive uniforme, recouvert d'un grivelé de même Couleur entièrement perdu dans la nuance du fond (*Philomela*), ou marbré de Brun de diverses nuances (*Sylvia* et *Curruca*), ou d'un fond Rosé plus ou moins intense, tiqueté de points rares (*Hyppolaïs*).

Quant au Genre *Philomela*, le caractère Oologique s'accorde assez avec la dernière idée du Prince Ch. Bonaparte, qui le réunit avec ses *Lusciniew* à sa Sous-Famille des *Saxicolinœ* dont ce Genre sert de passage aux *Sylviinœ*; opinion à laquelle nous ne sommes pas éloigné de nous rallier. Aussi, dans notre Collection, en avons-nous fait l'application en rangeant les OEufs des *Philomelœ* à la suite de ceux des *Saxicolinœ*.

3e GROUPE.

Dentirostres Percheurs — *Dentirostri Arborei.*

Nous avons divisé cette Sous-Division en deux Sections :

Dentirostres Percheurs à bec déprimé, *Depressirostri;*

Et Dentirostres Percheurs à bec comprimé, *Compressirostri.*

La première Section renfermant trois Tribus : les *Muscicapidœ* ou vrais Gobe-Mouches, les *Tyrannidœ* ou Tyrans, et les *Ampelidœ* ou Cotingas, qui forment nos vingtième, vingt et unième et vingt-deuxième Tribus de nos Passereaux Déodactyles Dentirostres.

Les Caractères Oologiques des deux premières de ces Tribus ont une telle généralité et une telle communauté d'aspect ou d'ensemble qu'il devient réellement tout aussi difficile d'en classer les diverses Familles d'après ces Caractères que d'après les Caractères Organiques admis et suivis par les Méthodes ordinaires. Inutile donc d'entrer dans aucun détail à ce sujet.

CARACTÈRES OOLOGIQUES :

Forme — Ovée plus ou moins obtuse ou Ovalaire.

Coquille — d'un grain assez fin, Blanc intérieurement et peu luisant.

Couleur. — Le Système de Coloration le plus accusé consiste en mouchetures affectant ordinairement, surtout chez les Tyrannidés, la forme de larmes, partant d'un centre commun, qui est le gros bout de l'OEuf, pour se répandre en s'éclaircissant jusqu'aux deux tiers de sa longueur : en général, ces taches forment une couronne. Dans cette dernière Tribu, exclusivement Américaine, le fond de la Coquille est toujours d'un Blanc Jaune-Rougeâtre, et les taches sont d'une Couleur Brun-Violet fort agréable à l'œil : c'est dans une Collection, avec les Œufs des *Melliphagidæ,* la plus jolie suite qui se puisse voir.

Dans son dernier travail, le Prince Ch. Bonaparte est revenu à une appréciation plus saine de la véritable place que doivent occuper dans la Série les *Artamidæ* ou Langrayens, qu'il placait, comme S. W. Jardine (1), dans son *Conspectus,* à la suite des Hirondelles (faisant, à notre sens, la même erreur que M. Gray dans son *Genera,* en séparant les *Bucconidæ* des *Capitonidæ*) ; et cela à cause de leur manière, commune aux unes et aux autres, de voler et de chasser, et aussi à cause de quelques analogies dans leur système alaire : quoique le reste de leurs habitudes et surtout le caractère Oologique les éloignât considérablement. Car l'Œuf des *Artaminæ* est un véritable Œuf de *Muscicapinæ,* nous dirions presque de *Laniinæ,* ou Pie-Grièche : c'est au point que celui de l'*Artamus albovitatus,* de la Nouvelle-Hollande, ressemble, sauf la dimension plus petite, pour la Forme, le Système de Coloration et même pour la teinte des taches, à celui du *Lanius nubicus* du Sud de l'Europe.

Nous ne dirons rien des *Ampelidæ,* dont nous ne connaissons aucun Œuf.

Cette dernière Tribu a été composée par nous de deux Familles : les *Gymnoderinæ,* renfermant les Genres *Coracina, Cephalopterus, Cymnocephalus* et *Gymnoderus;* et les *Ampelinæ,* renfermant les Genres *Tijuca, Chasmarhynchus, Ampelis, Carpornis, Xipholena, Phibalura,* et *Procnias* (2)

La publication que vient de faire dernièrement M. Sclater (3) de

(1) Contrib. of Ornithol. 1849.
(2) *Encycl. d'Hist. Nat. Oiseaux,* t. V, p. 304-308.
(3) *The Ibis a Mag. of Gen. Ornithol.* Jan. 1859.

la description et d'une Espèce de Céphaloptère qu'il donne comme nouvelle, sous le nom de *Cephalopterus penduliger*, nous a remis en mémoire des observations que nous avons déjà eu occasion de faire, il y a trois ans (1), et que nous allons reproduire, pensant qu'elles pourraient peut-être s'appliquer aussi à cette dernière Espèce.

On ignorait encore, disions-nous, la véritable Zône d'habitation de ce Genre si curieux. Jusqu'à l'époque de la publication des *Planches Enluminées* de Temminck, on l'avait cru originaire du Brésil. Cet Ornithologiste émit alors une opinion contraire à l'opinion régnante, sans pouvoir administrer d'autres preuves qu'une de ces raisons instinctives que donne seule la connaissance approfondie d'une Science, et qu'il exprimait ainsi :

« On le suppose originaire du Brésil ; mais je doute que ce soit sa patrie, car les nombreuses excursions faites par les Naturalistes dans ce pays n'ont point encore fourni d'autres individus que celui déposé à Lisbonne, et le sujet rapporté par M. Geoffroy. Nous croyons que ces Oiseaux, envoyés du Brésil, ou plutôt de Rio-Janeiro, la ville capitale, y ont été apportés du Pérou et des côtes du Chili, car, sans doute, on eut retrouvé l'Espèce, si en effet elle était originaire de quelques provinces du Brésil, le pays du Globe, après l'Europe sans doute, le mieux exploité sous le rapport de ses productions dans les trois Règnes de la Nature. »

Les recherches et les découvertes de M. de Castelnau sont venues donner en partie raison à Temminck, en démontrant qu'il était le plus près de la vérité. Car nos Voyageurs n'ont trouvé les nombreux exemplaires qu'ils ont rapportés de cet Oiseau, que dans les régions voisines du Haut-Amazone et de ses affluents, qui confinent, la plupart, au Pérou, et peu ou point dans le Brésil,

---

(1) *Oiseaux de l'Amérique du Sud* (Expéd^on de Castelnau); et *Rev. et Mag. de Zool.* Mai 1859.

encore moins dans le Chili. Il faut donc désormais supprimer le Brésil des indications d'habitat du Céphaloptère.

Voici ce qu'en dit M. de Castelnau, dans l'Historique de son Voyage de Matto-Grosso à la frontière de Bolivie, sur les bords du Rio Allegro :

« Je désirais depuis longtemps me procurer un Oiseau de ces Régions, le curieux Céphaloptère, ressemblant à un Corbeau, mais dont les plumes de la tête sont disposées de manière à former un parasol naturel. On nous en avait souvent parlé à Valla-Maria, où il est connu sous le nom de *Pavaô-preto*. Il se trouve vers le Rio Cabaçal et dans quelques autres affluents du Paraguay. A Matto-Grosso tout le monde le connaissait, et l'on m'avait dit que nous étions certains de le rencontrer sur le Rio Allegro. En effet, vers le soir, nous entendîmes un très-fort cri, que nous comparâmes au mugissement d'un Bœuf, et l'Oiseau tant désiré passa rapidement le long de la rivière, mais se cacha dans l'épaisseur du bois avant que nos chasseurs pussent le tirer. Nous avons, depuis, retrouvé cette Espèce sur le Haut-Amazone, et nous avons su plus tard que les Indiens lui donnaient un nom significatif dans la langue Quichna : l'Oiseau-Taureau, *Tauro-pichco*. Pendant mon séjour à la Paz, j'appris qu'il n'était pas rare dans les *Yungas* ou Vallées chaudes qui s'étendent à l'Est de l'Illimani. Enfin, nous en vîmes des débris dans les ornements que portent les Sauvages de l'Ucayale. Je puis donc dire, avec certitude, qu'il habite toute la région brûlante qui s'étend depuis le 60° de Longitude jusqu'au versant oriental de la Cordillère des Andes ; en Latitude, il paraît habiter entre le 2° et le 16° Sud (1). Il ne se rencontre guère que le soir. La femelle diffère du mâle par l'absence du curieux parasol qui orne la tête de celui-ci. » (2)

---

(1) De Castelnau, *Hist. du Voy.* T. III.
(2)   Id.   ibid.   T. V.

C'est ainsi une page importante de plus, ou, plutôt, une première page à ajouter à l'histoire naturelle de cet Oiseau, dont on ne connaissait, jusqu'à ce jour (1856), que la description ; c'est également un commencement de détails sur les mœurs du Céphaloptère.

Mais, une importance plus grande, et d'une toute autre valeur, s'attache au passage que nous venons de citer de M. de Castelnau.

Lorsqu'en 1809, il y a juste un demi-siècle, Etienne Geoffroy-Saint-Hilaire, l'illustre rival, sinon le digne émule du non moins illustre Georges Cuvier, fit la description de l'exemplaire unique de cet Oiseau, découvert par lui sur les *rayons poudreux du Musée de Lisbonne,* et dont il fit le type du Genre alors nouveau ; tout au rebours des simples curieux, qui ne sont frappés, à la vue du Céphaloptère, que de son singulier panache, l'attention du profond Anatomiste, toujours préoccupé des *causes finales,* fut particulièrement attirée par les longues plumes du jabot, qui paraissaient, par leur ampleur et leur forme inaccoutumée, lui révéler un élément organique tout spécial, que son œil exercé semblait deviner.

« N'ayant vu, dit-il, qu'un sujet empaillé, *je ne saurais rien dire de la portion cutanée qui porte ces longues plumes ; cependant, il est assez vraisemblable que la saillie qu'elle forme est due à un repli de la trachée-artère ;* ce qui, si cette conjecture est fondée, ramènerait ce long jabot à n'être qu'un goître, tel que celui de la Grue du Bengale. » (1)

Le célèbre Zoologiste avait vu juste, selon nous ; car, d'après la force du cri de cet Oiseau, comparé par les Naturels du Haut-Amazone, comme par M. de Castelnau lui-même, au mugissement du Taureau, il est peu douteux que la trachée-artère ne doive

____

(1) *Annales du Muséum d'Hist. Nat.* T. XIII.

former un repli considérable, à l'endroit occupé par ces longues plumes pectorales, ou fanon, comme les appelaient Geoffroy Saint-Hilaire, et Lesson, d'après lui. De là le développement et la saillie extérieure de cette portion de la gorge et de l'estomac. Peut-être aussi cet appendice organique extérieur ne sert-il à l'Oiseau que de répercuteur, pour augmenter le volume et l'intensité de sa voix, sans qu'il soit besoin, à la rigueur, d'un repli de la trachée-artère sur elle-même. C'est ce que l'anatomie du Céphaloptère ne tardera sans doute pas à confirmer ; et le succès en est réservé, nous le désirons, à l'habile Anatomiste Eyton, dont l'intelligent scapel semble s'être exclusivement consacré à l'Ornithologie.

Il n'a manqué à Geoffroy-Saint-Hilaire, dans cette circonstance, que de conclure, pour plus de précision, de ce développement présumé de la trachée-artère, ou de l'extension des muscles pectoraux et de leurs attaches, à un plus grand volume de la voix, chez l'Oiseau dont nous nous occupons. Quoiqu'il en soit, et telle qu'elle se présente, cette découverte, toute de prescience et de sentiment, due à la puissance d'induction dont était si éminemment doué le grand Zoologiste, a, pour nous, le même mérite que la découverte de la célèbre Planète du savant Directeur de l'Observatoire de Paris, et nous nous empressons de la signaler au digne fils de Geoffroy Saint-Hilaire, afin que, dans ses Cours de Zoologie, qui ont tant de succès et de retentissement, il ajoute, en le faisant valoir pour ce qu'il mérite, ce fait à tant d'autres qui ont fondé la gloire de son docte père.

Maintenant, ce repli ou développement de la trachée-artère, une fois irréfutablement constaté, aura-t-il quelque influence sur la place assignée au Céphaloptère, dans la Série, par les différents Auteurs ? C'est ce qu'il est difficile de dire quant à présent. Toutefois, cette disposition trachéo-artérielle, si elle existe réellement, pourrait trouver son analogie exceptionnelle parmi les Passereaux, dans le Phonygamme de Kéraudren ; et il serait fort intéressant

alors, à part le caractère essentiellement musical, au dire de
Lesson (1), de la voix de ce dernier, d'établir entre ces deux
Genres d'Oiseaux d'origine si différente, et dont l'un semblerait,
en Amérique, le représentant de l'autre à la Nouvelle-Guinée, une
comparaison qui donnât sa solution à la question que nous venons
de poser.

Jusqu'à ce jour, en effet, tout a été mystère, et tout est resté à
découvrir, ou à apprendre, dans ce Genre si curieux du Céphaloptère. Le mystère, on le voit, pourrait bien cependant commencer à se dévoiler, et, si nous ne nous trompons, ou si nous
nous en rapportons à certains indices, peut-être le jour est-il prêt
à se faire.

Depuis 1850, d'abord, une nouvelle Espèce tout aussi remarquable de Céphaloptère, que possède seule la magnifique Collection
fondée à Philadelphie, par M. Wilson, ce Mécène de la Science,
et que M. Gray a fait connaître sous le nom de *Cephalopterus
glabricollis*, en en donnant la figure (2), est venue s'adjoindre à
l'Espèce unique du *C. ornatus*.

L'Auteur Anglais ne nous indique pas la taille de cet Oiseau,
mais, en l'admettant semblable à celle du *C. ornatus*, nous
sommes tenté, et nous ne pouvons nous empêcher de le regarder
comme le mâle, *adulte ou très-vieux*, de ce dernier. Ce qui nous
pousse à émettre cette idée repose sur les considérations que
voici :

La peau, dans cette Espèce nouvelle, éprouve, au devant du
jabot ou de l'estomac, la même extension et le même développement que chez le *C. ornatus;* seulement les plumes, à rachis si
raide, qui ornent et garnissent cette région, ont disparu chez le
C. glabricollis, pour laisser, sur un plus grand espace, la peau à

(1) *Zoologie de la* COQUILLE.
(2) *Procedings Zoolog. Soc. Illustr.* P. 20.

découvert et nue, offrant une surface rugueuse au toucher, et rougeâtre à la vue. Le prolongement cutané, qui sort du milieu de cette surface, existe également dans l'un comme dans l'autre ; mais, par suite de la disparition du système de ptilose qui la recouvre, en le cachant chez le *C. ornatus,* il se présente, chez le *C. glabricollis,* avec la même apparence de nudité et la même coloration, n'ayant conservé à son extrémité qu'un appendice ou pinceau de plumes piliformes ; car il ne faut pas oublier que le fanon emplumé du *C. ornatus* est également détaché et isolé de la peau de l'estomac, qu'il ne fait que masquer, sans y adhérer, à sa partie inférieure, par l'épanouissement progressif de ses plumes depuis le haut jusqu'au bas, et que, pour peu qu'on relève l'extrémité de ce pédoncule membraneux, on aperçoit la nudité de la peau colorée de la même nuance rouge. En un mot, l'assimilation de l'une à l'autre Espèce pourrait se réduire a cette formule : *ôtez les plumes qui garnissent dans toute sa longueur le fanon du* C. ORNATUS, *en n'en réservant que le bouquet apical, vous avez un* C. GLABRICOLLIS.

Et que l'on ne croie pas que ce soit à la légère, et par une sorte de manie de scepticisme ou de paradoxe scientifique, que nous nous livrions à ces considérations. Elles nous sont suggérées par une étude consciencieuse et approfondie de la Science Ornithologique, et nous en puisons les éléments dans les termes de comparaison les plus naturels que nous fournit la Série de certains Genres d'Oiseaux.

Chacun connaît le *Col-nud* de Buffon, type du Genre Gymnodère (*Gymnoderus*) d'Et. Geoffroy-Saint-Hilaire, cet Oiseau dont les deux côtés du cou sont dénués de plumes, la peau y apparaissant nue et colorée d'une nuance rougeâtre ? Cette nudité ne se remarque complète que chez le mâle adulte, et n'est jamais plus accusée ni plus étendue qu'à l'époque des amours ou des noces. Dans les jeunes, comme dans les femelles, il n'y a pas trace de cette nudité, les côtés du cou étant, ainsi que les autres parties du corps, revêtus de leurs plumes, de même nature que celles du reste du cou; mais elle est progessive, et augmente, à cette époque critique, avec l'âge; c'est une gradation des plus faibles et des plus intéressantes à suivre dans une nombreuse série d'individus de cette Espèce.

Or, dans le Céphaloptère à ombelle (*C. ornatus*), que voyonsnous? L'Oiseau, dès le premier âge, de même que la femelle, n'a qu'une huppe d'abord à peine naissante, ensuite à demi-formée, et qu'une légère apparence du fanon de l'adulte, lequel ne se fait remarquer que par une légère inturgescence médiane de la peau de l'estomac et par la saillie des plumes qui garnissent cette région; toute la peau du jabot et de l'estomac est couverte de ses plumes, comme sont les parties latérales du cou, chez le *Col-nud*, au même âge. Tandis qu'arrivé à un âge plus avancé, outre que le fanon a tout son développement, quoique encore couvert de toutes ses plumes, l'estomac, lui, a déjà perdu la presque totalité des siennes, dont l'absence n'est dissimulée que par l'épanouissement graduel de celle du fanon. Il est conséquemment permis de supposer qu'arrivé à un degré de plus de son âge et de son développement, l'Oiseau voit tomber les plumes de son fanon; ce qui doit alors lui donner toute l'apparence qu'offre le *C. glabricollis* de M. Gray.

Nous en concluons donc, jusqu'à preuve contraire, ou nous serions bien trompé, que le *C. glabricollis* n'est autre chose que le *C. ornatus*, arrivé à son état le plus parfait et orné de sa parure de noces, temps auquel nous ne doutons pas que la peau dénudée de l'estomac ne prenne plus d'extension, en même temps qu'une couleur plus vive.

Dira-t-on que s'il en devait être ainsi, il serait bien étrange que, depuis près d'un demi-siècle que cet Oiseau est connu, on n'ait pas encore découvert plus tôt d'individus dans l'état du *C. glabricollis?* Il n'y aurait rien de plus étrange que l'ignorance absolue dans laquelle on est resté, durant le même temps, du véritable lieu de provenance et d'habitat du Céphaloptère.

Nous avouons cependant qu'une seule objection sérieuse

pourrait être faite à cette hypothèse, que nous ne donnons, malgré notre apparente affirmation, que pour ce qu'elle est et pour ce qu'elle vaut. Et ici, nous éprouvons le besoin de rendre plus clair en le complétant ce que nous en avons dit, et dans la Partie Ornithologiqne du Voyage de M. de Castelnau, et dans le dernier numéro de la *Revue Zoologique*.

C'est, d'une part, la distance assez grande du lieu où a été découvert le *Glabricollis* (à la Véragua, au nord-est de l'Isthme de Panama) et celui que fréquente l'*Ornatus*.

A cela nous répondrions que s'il ne s'agit que d'une question de distance, ce serait sept degrés de latitude au-delà de l'Équateur qu'il faudrait ajouter à l'habitat de l'*Ornatus*, auquel nous assignons, pour limite extrême, la ligne même de l'Équateur, et qui, à lui seul, fréquente l'énorme étendue de seize degrés en-deçà de l'Équateur. L'hypothèse de l'assimilation des deux Espèces, sous ce rapport, ne serait donc ni trop forcée ni trop exagérée.

C'est, d'autre part, la position occupée par l'une et l'autre Espèce chacune sur un versant différent des Andes : l'*Ornatus* fréquentant les Vallées-Chaudes, ou *Yungas*, sur le versant Oriental, et le *Glabricollis*, au contraire, les Terres-Chaudes, ou *Terra calliente*, sur le versant Occidental.

Mais d'abord il y a parité de température entre ces deux sortes de Régions, ce qui permet certes de les assimiler les unes aux autres sans hérésie.

Ensuite nous savons bien qu'une des Lois de distribution géographique, reçues en Ornithologie, n'admet pas, dans tout le parcours des Cordillières, de migration d'Espèces d'un versant à l'autre, et cette règle existe presque invariablement pour toute la partie de cette chaîne qui traverse le Chili dans sa longueur. Mais, à l'Isthme de Panama, outre que cette chaîne s'aplanit et s'efface singulièrement, elle y est coupée par tant de larges vallées que la migration d'un versant à l'autre ne nous paraît pas d'une impossibilité absolue.

Pour ce qui est de l'Espèce annoncée tout récemment et figurée dans l'*Ibis* de M. Sclater sous le nom de *C. Penduliger* (1), le dessous Blanc de son aile et ses dimensions toutes différentes nous empêchent seuls, et non sa localité de provenance, de la soumettre aux mêmes raisonnements hypothétiques que le *Glabricollis*, quoique, à part ces caractères différentiels, les objections et la réponse à y faire pussent être les mêmes.

2ᵉ SECTION. — Dentirostres percheurs à bec comprimé
(*Dentirostri compressirostri*).

Trois Tribus : *Tanagridæ, Oriolidæ, Laniidæ.*

VINGT-TROISIEME TRIBU.

TANAGRIDÉS — *Tanagridæ.*

Les *Euphoniinæ*, formant la première Famille de cette Tribu, ont un caractère d'affinité Oologique avec les *Musicapidæ* et les *Tyrannidæ* des plus remarquables.

CARACTÈRES OOLOGIQUES :

Forme — Ovée très-prononcée.

Coquille — mince, d'un grain assez fin, très-peu luisant et Blanc dans sa composition.

Couleur — d'un fond Blanc-Jaunâtre, légèrement Rosé, avec des points Rouge-Brique et Rouge-Sang très-rares sur la surface de l'OEuf et réunis généralement en forme de couronne autour du gros bout.

Nous observerons toutefois que ce caractère n'est exclusivement particulier qu'au Genre *Euphonia* proprement dit, et que les matériaux sont trop rares et trop peu précis pour nous permettre de rien prononcer ou même proposer au sujet des autres Genres de cette Famille.

La même observation s'applique à la seconde Famille de cette Tribu, les *Tanagrinæ*, dont un seul Genre, *Saltator*, s'offre avec un ensemble de caractères, remarquable d'abord,

____

(1) *The Ibis : Magaz. of gen. Ornith. Jiun.* 1859. Pl. 2.

et suffisant pour autoriser à en asseoir le diagnose ou la formule.

CARACTÈRES OOLOGIQUES :

Forme — plus Ovalaire qu'Ovée, ou Ovéc assez renflée et peu acuminée.

Coquille — d'un grain fin, mince, très-uni, Blanc intérieurement et un peu luisant.

Couleur — à fond d'un beau Vert-Bleuâtre, à raies sinueuses, fines, d'un Noir franc, entourant en général le gros bout en forme de zône; parfois marqué de points ronds de même couleur.

Ces Œufs sont fort jolis d'aspect, et rappellent un peu ceux des *Emberizinœ*, et ceux des *Quiscalinœ*, que nous décrirons bientôt; mais ils s'en distinguent éminemment par la circonscription des veines au gros bout, qu'elles contournent gracieusement, au lieu de se trouver comme chez ceux-ci, confusément répandues sur tout le corps de l'Œuf.

Ces caractères paraissent exclusivement propres aux deux Genres *Saltator* et *Arremon*, du moins d'après les sept à huit Espèces dont on connaisse l'Œuf; on pourrait cependant y joindre le Genre *Pyrrota*.

VINGT-QUATRIEME TRIBU.

ORIOLIIDÉS OU LORIOTS — *Orioliidœ.*

Cette Tribu, qui ne se compose que d'une Famille, nous laisse dans la même incertitude, au sujet de son classement, tant sous le rapport Oologique que sous le rapport purement Zoologique : car on ne connaît l'Œuf que du Genre type de cette Famille, le Genre *Oriolus*, le seul dont nous puissions donner les caractères.

CARACTÈRES OOLOGIQUES :

Forme — purement Ovée.

Coquille — d'un grain fin, mince, d'un Blanc pur et très-lustré.

Couleur. — Celle du grain de la Coquille d'un Blanc pur, tacheté de quelques points rares d'un Noir-Brunâtre, irrégulièrement répartis.

Ce que cet Œuf offre de plus remarquable, et l'exemple en est peut-être unique dans la Série, c'est que les quelques taches d'un Noir-Brun qui en décorent la Coquille ne font pas corps avec le gluten animal qui en forme le vernis, et n'y sont que superposées : il en résulte qu'elles offrent très-peu de résistance au frottement humide et s'effacent avec une grande facilité sous l'influence de l'eau, et que d'un Œuf de Loriot, on peut ainsi faire un Œuf de Pic.

Quoique sur seize Espèces, des diverses contrées du Monde, moins l'Australie, dont se compose ce Genre, on ne connaisse l'Œuf que de trois ou quatre, nous n'hésitons pas à proclamer qu'il doit être le même pour toutes les Espèces.

VINGT-CINQUIÈME TRIBU.

LANIIDÉS — *Laniidés*.

Nous avons composé cette Tribu de trois Familles :

    Campéphaginés ou Echenilleurs, *Campephaginæ ;*

    Laniinés ou Pies-Grièches, *Laniinæ ;*

    Et Cracticinés ou Cassicans, *Cracticinæ*.

Nous n'avons rien à dire des *Campephaginæ*, dont on ne connaît encore aucune Espèce.

Il en est tout autrement de la seconde Famille, celle des *Laniinæ*, qui est une des plus intéressantes, pour la prédominance et la persistance des Caractères qui la distinguent.

CARACTÈRES OOLOGIQUES :

Forme — le plus généralement Ovée, quelque peu obtuse (vrais *Lanii*); parfois très-allongée (*Laniarii*).

Coquille — d'un grain assez fin, Blanc intérieurement, uni et légèrement luisant.

Couleur — d'un fond variant du Blanc au Blanc-Brunâtre ou Verdâtre, parfois Rosé, et dans tous les cas recouvert de taches ou mouchetures, presque toujours réunies en forme de couronne au gros bout; variant du Brun au Brun-Olivâtre ou au Brun-Rougeâtre.

Ces caractères, pourtant, ainsi qu'on vient de le voir, surtout quant à la forme, ne s'appliquent pas généralement à tous les Genres qui composent la Famille. Ce dernier caractère est effectivement très-différent chez les *Laniarii* de ce qu'il est chez les vrais *Lanii*. Nous insistons sur cette différence, qui est fort remarquable, parce que d'abord il n'a encore été figuré aucun Œuf de *Laniarius*, ensuite parce qu'elle peut donner une idée de plus de l'harmonie qui existe entre les caractères Oologiques et les coupes Zoologiques, qui n'ont eu d'autres éléments pour s'établir que les caractères organiques extérieurs, et ce ne sera pas, Dieu merci! le dernier exemple que nous aurons à citer.

La différence que nous signalons, est, sous ce rapport une exception notable, de plus, entre le petit nombre sur lequel il se fonde que M. Hardy peut invoquer en faveur de son Système; d'après lequel la station plus ou moins verticale de l'Oiseau selon ses habitudes, devrait influer sur la Forme de son Œuf. Nous la lui signalons avec d'autant plus de plaisir, que cela lui prouvera, à lui, comme à tous les Naturalistes dont nous avons eu à discuter les diverses opinions, que nous n'avons aucun parti pris, en écrivant, et que nous n'avons d'autre souci, en cherchant la lumière pour nous-même, que d'en faire profiter tout le monde.

Cette différence de Forme, pourrait en effet dépendre d'une différence d'habitude.

Que dit Levaillant qui, le premier, a observé si souvent et si minutieusement les Oiseaux dont on a fait le Genre *Laniarius*, à commencer par son Gonolek, nom barbare Français, qu'on pourrait appliquer à cette dénomination Latine ?

Voici comment il exposait les caractères et les habitudes des Espèces de ce Genre qui rentrent dans sa seconde division des Pies-Grièches.

« Les Pies-Grièches de la seconde section se distinguent de celles de la première, bien plus encore par leurs habitudes et leur port que par leurs formes ; cependant on remarque dans les divers traits de leur conformation extérieure plusieurs caractères très-différents qu'il est facile de saisir au premier coup-d'œil. Elles ont le bec plus allongé et moins courbé ; les tarses sont également plus longs, et leurs ailes moins amples et plus courtes ; les premières grandes pennes s'étendant moins en pointe, rendant enfin l'aile plus arrondie par le bout ; aussi volent-elles généralement moins bien. Ces caractères de la coupe de l'aile influant beaucoup sur la manière de voler des Oiseaux, ceux-ci ne se rencontrent que très-rarement sur le sommet des arbres, où, ainsi qu'on le verra plus tard, les Pies-Grièches de la première section se perchent toujours de préférence ; il est même des Espèces, dans cette seconde division, que la nature exclut entièrement de dessus les arbres élevés : elles cherchent leur nourriture parmi les buissons bas et touffus, dans le centre desquels elles se cachent soigneusement, et vivent principalement de Chenilles, de Vers et de toute sorte d'Insectes. La faiblesse de leurs ailes leur interdit toute espèce de chasse au vol ; aussi, quand il leur arrive de se saisir de quelques Oiseaux, ce ne sont que des jeunes ou des individus blessés ou affaiblis par quelque accident. Enfin, jusque dans leur port et leurs attitudes, on remarque de la différence entre ces Pies-Grièches et celles de la première division, qui, se rapprochant par leurs mœurs des Oiseaux de proie, en ont pris *l'attitude droite et presque perpendiculaire* quand elles sont perchées, et comme eux habitent constamment les mêmes cantons, où elles se montrent à découvert pendant des heures entières, posées sur les mêmes branches, et où l'on est encore certain de les retrouver chaque jour; tandis que les Pies-Grièches de la seconde division se montrent très-rarement : toujours cachées dans les buissons touffus, on ignorerait leur présence si elles ne se trahissaient par leur ramage qui sans cesse les décèle. Étant toujours en mouvement et ne se tenant jamais tranquilles à la même place pour guetter leur proie, *leur attitude est plus inclinée,* pendant qu'elle doit nécessairement être droite et plus perpendiculaire chez les Oiseaux qui ont l'habitude de se tenir perchés longtemps sans bouger, et cela par rapport à l'aplomb qu'ils sont obligés de prendre pour ne pas fatiguer leurs pieds par le poids du corps, qui, dans tous les Oiseaux, est bien plus considérable du côté de la poitrine que de celui du ventre. Enfin, les Pies-Grièches de la première section se mettent en embuscade sur le haut des arbres, d'où elles guettent leur proie et se jettent sur tout ce qui passe à leur portée; tandis que celles-ci sont continuellement en recherche et fouillent très-soigneusement tous les buissons d'un immense terrain, qu'elles parcourent régulièrement sans se fixer à une place choisie, et pas même dans un canton exclusif, à moins que ce ne soit au moment de la ponte et de l'incubation, temps où généralement tous les Oiseaux se choisissent un lieu commode dont ils ne s'éloignent pas beaucoup et où du moins ils reviennent plusieurs fois par jour. » (1)

---

(1) *Hist. Natur. des Ois. d'Afrique.*

On peut donc dire, à la rigueur, que les habitudes de station horizontale des *Laniarii*, à la recherche de leur nourriture sur le sol, contribuent, dans une certaine mesure, à l'allongement de la Forme de leur Œuf, dont nous possédons plusieurs Espèces en de nombreuses variétés, provenant toutes des frères Verreaux ; quelle que soit au surplus la cause de cette déviation régulière et constante pour toutes les Espèces appartenant vraiment à ce Genre, on voit qu'elle suffit amplement à le caractériser entre tous les autres *Laniidæ*, et que les espèces que la Méthode y a introduites, dont l'Œuf ne revêtirait pas cette Forme, devront être examinées avec soin sous tous les autres rapports pour aviser à les en retirer.

Mais le *Bacbakiri* n'est pas un *Laniarius*, c'est un vrai *Lanius ;* il en est tout autrement des Genres *Dryoscopus* et *Nilaus* qui devraient être rapprochés du Genre *Laniarius*, avec l'Œuf duquel ils ont le plus grand rapport.

Pour ce qui est de la troisième Famille de cette Tribu, les *Cracticinæ*, nous dirons que l'examen de l'Œuf des Genres *Vanga* et *Graucalus*, que nous avions compris jadis dans nos *Campephaginæ*, nous engage à les en retirer, pour les réunir aux *Cracticinæ*, dont l'Œuf, sauf ses dimensions proportionnées à celles des Oiseaux de cette Famille, est un véritable Œuf de Pies-Grièches.

Il n'en serait pas de même rigoureusement du Genre *Barita*, placé à la fin des *Cracticinæ :* l'Œuf des Oiseaux de ce Genre, vu ses caractères rapprochés, sauf la Coloration, de celui des *Corvidæ*, permettrait, sans inconvénient et sans exagération, de les placer dans cette Famille, que nous avons rangée à la suite des *Laniidæ*.

Quatrième Division.

Déodactyles Conirostres.

VINGT-SIXIÈME TRIBU.

CORVIDÉS — *Corvidæ.*

Nous touchons à une Tribu considérable, bien remarquable encore par l'harmonie et l'ensemble de ses Caractères Oologiques; car les OEufs des divers Familles, Genres ou Espèces une fois confondus et réunis ensemble, il serait presque toujours bien difficile, sinon impossible, de les rendre à leur véritable spécification. Ce n'est pas que quelques coupes, à l'aide d'une grande habitude et d'une étude soutenue, ne parviennent à se dessiner à la vue.

Nous ne dirons rien des deux premières Familles, les *Temnurinæ* et les *Ptilonorhynchinæ,* dont nous ne connaissons aucun OEuf.

Mais c'est ainsi que se distingue le Groupe des troisième et quatrième Familles, celui des Geais (*Garrulinæ*), et celui des Corbeaux, ou *Corvinæ :* les premiers, par le grivelé Brunâtre ou Verdâtre qui revèt, presque uniformément, leur Coquille; les seconds, par un système de maculature beaucoup plus accusé, plus large et plus espacé, sur un fond Verdâtre ou Bleuâtre.

C'est encore ainsi que se distingue le Groupe des *Pyrrhocorax,* dont le Prince Ch. Bonaparte a eu éminemment raison de faire une Famille sous le nom de *Fregilinæ.* Car leurs OEufs ne sauraient être confondus avec ceux des Corbeaux, le fond de l'OEuf étant beaucoup plus Blanc, et les taches d'un Noir-Brun, et non d'un Brun-Verdâtre, beaucoup plus rares et réduites à quelques larges points ou mouchetures. Dans ce Groupe l'OEuf du *Corcorax melanorhynchus* est venu donner raison, à cet égard, à Vigors.

22

qui en faisait un *Fregilus*. Car à part la Couleur Noire du bec, c'est un vrai Pyrrhocorax.

CARACTÈRES OOLOGIQUES :

Forme — Ovée, plus allongée chez les *Corvinœ*.

Coquille — d'un grain assez fin, Blanc intérieurement, légèrement luisant.

Couleur — d'un fond Blanc sale, grivelé d'un cendré plus ou moins Brunâtre ou Olivâtre (*Garrulinœ*); ou d'un fond Vert-Bleuâtre, recouvert de larges taches, sous forme de mouchetures ou d'éclaboussures, ou Noirâtres, ou Brunâtres, ou Verdâtres (*Corvinœ*).

Dans cette Tribu, surtout dans la Famille des *Corvinœ*, ou vrais Corbeaux, se présente une exception extraordinaire, qui a toujours dérouté nos idées et nos principes en Oologie : elle concerne l'OEuf du Corbeau Levaillant (Lesson), *Corvus Capensis* (Lichtenstein). Cet OEuf, tout en conservant la Forme Ovée allongée, propre à ses congénères, est muni d'une Coquille à fond Blanc-Jaunâtre ou Ocracé, recouvert et moucheté de nombreuses taches Brun-Rougeâtre, ou couleur de Sienne, n'offrant d'analogie, ou quelque rapport éloigné, qu'avec celui du Genre Flûteur (*Barita*).

Ce rapprochement seul nous déciderait, comme nous l'avons déjà dit, à transporter le Genre *Barita*, de la fin des *Cracticinœ*, où nous l'avions mis, à la tête, ou très-rapproché des *Corvinœ*, en commençant ceux-ci par le *Corvus Capensis*.

Quoiqu'on puisse dire de cette idée, que nous n'émettons qu'en passant, la différence disparate des caractères de cet OEuf, d'avec ceux de tous les *Corvinœ*, sans exception, est telle que lorsque nous le reçûmes, le premier, et pour la première fois, en 1831, de Jules et Edouard Verreaux, qui le rapportaient du Cap de Bonne-Espérance, avec une nombreuse et riche Collection Oologique et Zoologique, nous crûmes à une erreur de leur part, malgré toutes leurs affirmations ; il n'a fallu rien moins, pour ébranler nos doutes, que les assurances semblables de l'honorable et savant Docteur Smith qui nous en fit voir de pareils, attribués à la même Espèce, et rapportés également par lui de ses Voyages en Afrique.

Nous ne pouvons, encore aujourd'hui, nous expliquer une pareille anomalie que par des modifications notables dans les habitudes ou la manière de vivre de cet Oiseau : car, jusqu'à ce moment, on n'a découvert aucun OEuf de la Famille qui s'y rapporte de près ou de loin.

VINGT-SEPTIÈME TRIBU.

STURNIDÉS — *Sturnidæ.*

Nous n'avons rien à dire de la première Famille de cette Tribu, celle des *Graculinæ* ou Mainates. Un seul OEuf de cette Famille est connu, celui du *Gracula religiosa*, de Forme Ovée un peu accuminée, d'un Blanc fauve maculé de quelques grivelures d'un Fauve plus foncé : d'après Thienemann.

Nous en dirons encore moins de la seconde Famille, celle des *Buphaginæ*, ou Pique-Bœufs, dont on ne connaît aucun produit Ovarien.

Quoique l'on soit plus avancé pour la troisième Famille, celle des *Lamprotornithinæ*, elle se présente avec quelques signes assez disparates pour nous empêcher de la caractériser. Ainsi l'OEuf du *Juida œnea* est d'un Blanc uni et de Forme Ovalaire ; celui du *Lamprotornis auratus*, de Forme Ovée et d'un Vert-Bleuâtre uni et sans tache, et celui des *Spreo bicolor* et *morio* du même Vert-Bleuâtre, mais avec quelques points Noirs comme nos Grives, parfois sans aucune tache.

Il en est autrement de la Famille des *Sturninæ*, qui est la quatrième et la dernière, et se présente avec une imposante fixité des caractères.

CARACTÈRES OOLOGIQUES.

Forme — purement Ovée.

Coquille — d'un grain fin, Blanc intérieurement, uni et un peu luisant.

Couleur — d'un Vert-Bleuâtre, plus ou moins clair, uniforme et sans aucune tache.

C'est ce que prouvent les OEufs connus des Genres *Heterornis, Acridotheres, Sturnopastor* et *Sturnus*.. Il en est ainsi de l'OEuf de l'*Heterornis malabaricus*, des *Acridotheres tristis* et *cristatella*, des *Sturnopastor jalla* et *contra*, et des *Sturnus vulgaris* et *unicolor*. Ce qui semblerait démontrer, dans une certaine mesure, l'inutilité de la distinction Générique établie pour cette Famille, dont l'OEuf n'accuse, à vrai dire, qu'un seul Genre.

VINGT-HUITIÈME TRIBU.

ICTÉRIDÉS — *Icteridæ*.

Dans l'ordre de la Série, les *Icteridæ* sont les premiers Oiseaux dont l'OEuf présente un système de maculature tout particulier, et que nous rencontrons ici pour la première fois, comme ensemble, à part les Genres *Brachypteryx* et *Pomathorinus :* celui de procéder par veines et marbrures, au lieu de mouchetures ou de points. C'est en effet ce qui distingue la plus grande partie des Genres de cette Tribu, que nous avions divisée en six Familles : *Quiscalinæ, Molothrinæ, Sturnellinæ, Agelaïnæ, Icterinæ* et *Cassicinæ*, réduites depuis, par le Prince Ch. Bonaparte, à deux : *Quiscalinæ* et *Icterinæ*.

Sous ce rapport, les OEufs de Quiscales sont, parmi les Passereaux, les plus séduisants à l'œil et les plus beaux que nous ayons eu occasion d'étudier. Il serait intéressant de les connaître tous : sur une vingtaine d'Espèces connues, il y en a les deux tiers, soit douze ou treize, qui appartiennent à cette Catégorie, les autres procédant, comme la plus grande généralité des OEufs d'Oiseaux, par mouchetures. Nous ne doutons pas que la découverte de la plupart des OEufs d'Ictéridés n'aide beaucoup à en élucider et faciliter le classement méthodique.

Ainsi, pour n'en citer qu'un exemple, nous trouvons, dans plusieurs Espèces des vrais *Icteri,* le même Caractère Oologique, relativement aux autres Genres congénères, que nous avons signalé tout-à-l'heure chez les *Laniarii*, relativement aux autres Groupes de *Laniidæ :* l'OEuf de l'*Icterus gularis* est en effet d'une Forme Ovée très-allongée, le petit diamètre étant à peine du tiers de la longueur du grand; un nouvel exemplaire de cette Espèce, qui vient de nous être gracieusement adressé par M. de Saussure, nom cher à la Science, qui l'a rapporté de son dernier Voyage au Mexique, est confirmatif de ce Caractère. La Forme obtuse ou Ovalaire appartient plus particulièrement aux Espèces des Genres *Chrysomus* et *Pendulinus*. Tous indices qui tendent à démontrer que la connaissance exacte et complète des OEufs de cette Tribu ne peut manquer, à une époque plus ou moins rapprochée, d'en amener l'entière refonte.

CARACTÈRES OOLOGIQUES.

Forme — Ovée, un peu allongée (*Quiscalinæ*), ou oblongue et assez obtuse (Genres *Chrysomus* et *Pendulinus*), ou Ovée très-allongée (vrais *Icteri*).

Coquille — d'un grain fin, Blanc intérieurement, et assez luisant.

Couleur — A fond Vert-Olivâtre ou Bleuâtre, et dans ce cas gracieusement marbré de veines Noirâtres ou Rougeâtres, dont les bords déteignent sur la teinte du fond (*Quiscalinæ*), ou à fond d'un Blanc plus ou moins pur, avec de nombreuses taches ou Rouge-Sang, ou d'un Brun-Noirâtre (*Icterinæ*).

Les deux divisions que nous venons d'établir, dans la Diagnose Oologique qui précède, sont indiquées par nous, moins en vue d'un système méthodique que pour faire mieux comprendre les deux grandes coupes qui se remarquent dans les Œufs de la Tribu. Car, dans la première de ces divisions, purement nominales, se rangent des Œufs qui appartiennent aux Genres *Quiscalus, Psaracolius, Cassicus, Trupialus, Agelaïus, Yphantes, Pendulinus Xanthornus;* et dans la seconde des Œufs appartenant à quelques-uns des mêmes Genres, tels que *Psaracolius, Cassicus* et *Agelaïus;* mais principalement aux Genres spéciaux suivants : *Sturnella, Chrysomus* et *Molothrus.*

Qui se trompe, ou de ceux qui ont trouvé et spécifié les Œufs, ou de ceux qui ont procédé au classement méthodique? C'est ce que de nouveaux progrès en Oologie ne manqueront pas de nous apprendre.

VINGT-NEUVIÈME TRIBU.

PLOCÉIDÉS — *Ploceidæ.*

Le travail, si intéressant, que M. Moquin-Tandon continue de publier sur les Nids des Oiseaux, nous présentant sinon une erreur, au moins une lacune ou omission importante au sujet de notre Moineau domestique, *Passer domesticus,* nous nous croyons dans la nécessité, en nous occupant des Plocéidés, de rappeler ici que cet Oiseau n'est pas plus à sa place aujourd'hui dans le *Conspectus* du Prince Ch. Bonaparte qu'il n'y était avant, et cela malgré les observations publiées dès 1850 [1] par M. le Baron de La Fresnaye et ce que nous y avons pu ajouter nous-même en les confirmant, en 1852 [2].

Le Moineau est en effet un véritable Oiseau Tisserand, devant

(1) *Rev. et Magas. de Zool.* 1850.
(2) *Encycl. d'Hist. Nat. Oiseaux,* t. V, p. 216 et suiv.

par conséquent figurer dans les *Ploceidæ*, et non dans les *Fringillidæ*. C'est l'habitude de l'observer à son état de domesticité (car on ne peut guère qualifier autrement sa manière de vivre à nos dépens et dans nos habitations), et non abandonné à lui-même et loin des trop grands centres de populations, qui l'a fait assimiler, ainsi que procède encore M. Moquin-Tandon, pour ses mœurs comme pour son mode de nidification, à tous les autres Fringilles que nous avons sous les yeux en Europe.

Cette proposition, qui parut dans toute sa nouveauté en 1850, et est passée, comme tant de bonnes choses du même Ornithologiste, inaperçue faute d'un écho à l'Institut, n'est pourtant que de la plus stricte vérité.

Voici, pour éviter les recherches aux Naturalistes trop occupés ou quelque peu paresseux, en quels termes l'implantait dans la Science et la proclamait M. de La Fresnaye :

« Les Moineaux nous ont toujours paru, *d'après le genre de Nidification*, devoir être rapprochés des Tisserins et faire partie de la Sous-Famille *Ploceinæ*. Ce qu'il y a effectivement de remarquable dans la nidification des Tisserins, c'est que leur nid, au lieu d'avoir, comme chez les autres Fringillidés, la forme d'une coupe ou demi-sphère concave en dessus, présente au contraire celle d'un sphéroïde plus ou moins allongé, concave intérieurement, avec l'entrée latérale ou même en dessous ; c'est que les matériaux employés à ces nids sont toujours d'une seule et même espèce sur chaque nid, quelles que soient les différentes Espèces de Tisserins : c'est-à-dire des tiges de Graminées sèches, ou, dans quelques cas, des fibres de grandes feuilles entrelacées et comme tissées ensemble ; c'est que, *contre l'usage de presque tous les autres Fringillidés*, qui isolent leurs nids de ceux de leurs semblables, les Tisserins, au contraire, les construisent en grand nombre sur le même arbre, les y rapprochent plus ou moins les uns des autres, ou même se réunissent en société nombreuse pour en composer un énorme, où chaque couple a toutefois son entrée et sa demeure particulières, comme chez l'Espèce appelée le *Républicain*. Eh bien! en France, nos *Moineaux* sont les seules Espèces de la nombreuse Famille des Fringillidés qui, comme les Tisserins, *composent des nids de forme sphéroïdale* avec l'entrée latérale, *qui les construisent avec des Graminées sèches, c'est-à-dire de Foin et de Paille, et qui les rapprochent ou même les accollent plusieurs ensemble, soit entre les jalousies fermées d'une fenêtre, soit autour du tronc feuillu d'un gros Arbre*. Ce travail de notre Moineau est, à la vérité, beaucoup plus grossier ; mais il emploie toujours les mêmes matériaux que les Tisserins, des Herbes sèches, comme le font les Tisserins d'Afrique et ceux de l'Inde, et il n'y a peut-être pas plus de différence dans son travail et celui du Tisserin à front d'or qu'entre le nid de ce dernier et celui du Toucnam-Courvi, qui est tissé comme un canevas. Toutes nos autres Espèces de Fringillidés, telles que Pinsons, Bruants, Gros-Becs, Bouvreuils, Verdiers, Chardonnerets et Linottes, font tous, sans exception aucune, de petits nids en forme de coupe, découverts en dessus et composés en général de diverses espèces de matériaux mélangés. Si ensuite on compare nos deux Espèces de Moineaux avec certaines Espèces de Tisserins à plumage sombre, telles que le *Plocepasser* de Smith, ou *Leucophrys pileatus* de Swainson, avec le *Ploceus superciliosus* de Rüppell, avec le Tisserin Républicain (*Loxia socia* de Latham), avec le *Ploceus flavicollis* de Sikes, de l'Inde, on trouve entre eux tant de rapports de coloration que, si on ne savait que ces derniers sont *Tisserins* par leur nidification, on serait disposé au premier abord à les ranger parmi les Moineaux. Ces rapports de plumage se retrouvent même chez les Espèces à couleurs vives, jaunes ou rouges, dont les ailes et la queue sont néanmoins semblables à celles de nos Moineaux, et dont les femelles, ou même les mâles en plumage d'hiver, ont une livrée sombre, analogue à celle de nos Moineaux.

Quant aux formes, elles offrent les plus grands rapports, dans les pattes surtout et dans le bec. Pour s'en convaincre, il suffit de les comparer avec le *Worabée*, le *Dioch*, l'*Oryx* et le *Foudi*, et tant d'autres en plumage d'hiver.

» ..... Il résulte en définitive des observations du Docteur Smith... et de l'application que nous croyons pouvoir en faire, que ces *Plocepasser Mahali* et *superciliosus* de Rüppel forment le chaînon des Tisserins aux Moineaux, et que nos Moineaux, d'après *leurs gros nids sphériques, à entrée latérale souvent en forme de canal prolongé, et composé de Graminées sèches, réunis souvent plusieurs ensemble sur la même tête de Sapin ou derrière la même persienne,* d'après même la couleur de leur plumage, analogue à celui de certains Tisserins, la forme de leurs pattes et de leur bec, ainsi que sa couleur, doivent, selon nous, faire partie de la Sous-Famille *Ploceinæ*, et suivre immédiatement le Genre *Plocepasser* du Docteur Smith, renfermant des Espèces de transition du Genre *Ploceus* à celui *Pyrgita*, Cuvier, *Passer* des Auteurs. »

Il est évident que la description donnée par M. Moquin-Tandon du nid de Moineau n'est pas absolument exacte et que les observations qu'il en a faites sont incomplètes : car, de tout temps et aux yeux de tout observateur, d'une part, ce nid a toujours été de forme globulaire, à entrée latérale ; d'autre part, et, lorsque les lieux le permettent, on sait que les Moineaux prennent plaisir à grouper et à réunir leurs nids les uns auprès des autres. C'est à ce point que nous avons trouvé jusqu'à trois de ces nids cardés, pour ainsi dire, ensemble, sur l'enfourchure d'une forte poussée de branches, au long du tronc d'un vieux Peuplier ; une autre fois nous avons compté jusqu'à sept de ces nids sur le même arbre ; enfin nous avons constaté la même pratique et les mêmes habitudes pour le *Passer montanus* ou Friquet, dont nous avons vérifié l'existence de six nids, également sur un Peuplier : nous observerons même que plus d'une vingtaine de pieds de ces Peupliers formant avenue, étaient surchargés des nids de ces Oiseaux qui y avaient formé comme une colonie.

C'est, en effet, rendu à sa pleine et entière liberté, à l'écart des grands centres d'habitations, nous le répétons, qu'il faut étudier le Moineau, pour se bien rendre compte de ses mœurs : réduit à vivre aux dépens de vastes terres ensemencées ou d'énormes meules de Blé, près de quelques métairies isolées, force lui est bien de reprendre ses habitudes primitives; et c'est alors que les arbres redeviennent pour lui le fondement le plus sûr et la grande ressource de son habitation; et qu'il y établit, par colonie nombreuse, et sa famille et ses nids.

La distinction même, faite par Buffon [1], et que nous avons reproduite, il y a déjà longtemps [2], entre les nids des Moineaux, dont les uns, pratiqués dans des trous ou dans des lieux couverts, seraient privés de toute couverture extérieure ou de calotte, tandis que ceux qu'ils édifient sur les arbres, tels que de grands Noyers ou des Saules très-élevés, seraient recouverts d'une espèce de calotte qui les préserve de l'eau de la pluie, et munis d'une ouverture pour entrer au-dessous de cette calotte; loin d'établir une singularité, ne vient que confirmer nos observations qui précèdent au sujet de la nidification du Moineau. Car ce que Buffon a pris pour une calotte ou recouvrement distinct du nid, n'en est que le complément intégral, dont l'entrée latérale est l'indispensable conséquence pour tout nid de forme sphéroïdale.

Ajouterons-nous que tous les nids de Moineaux qu'il nous est arrivé d'enlever nous-même ou de faire enlever des meurtrières de notre vieux Donjon de Nogent-le-Rotrou, dans lesquelles ils les y installent, se sont toujours montrés à nos yeux, retirés intacts, sous une forme globulaire assez volumineuse avec entrée

(1) *Hist. Nat. des Ois.*
(2) *Encycl. d'Hist. Nat., Ois.*, t. V.

sur le côté? Et que ces Oiseaux redoutent si peu le voisinage de deux ou trois couples de Cresserelles qui se perpétuent dans les mêmes ruines, qu'ils garnissent de leurs nids chacun des trous ouverts ou pratiqués dans leurs antiques murailles?

Enfin, construit dans un trou et à couvert, ou sur un arbre et à découvert, il est certain que le nid du Moineau est constamment de forme globulaire.

Il ne faut pas oublier, lorsque l'on étudie l'Ornithologie Européenne, combien il importe de la mettre en rapport avec les autres termes de toute la Série Ornithologique, pour bien saisir la valeur de ses types et de ses caractères.

Pour en revenir à notre Tribu des *Ploceidæ*, les Caractères Oologiques viennent confirmer la Division que nous en avons faite en trois Familles : *Ploceinæ*, dans lesquels nous confondons les *Euplectinæ* du Prince Ch. Bonaparte, *Viduinæ* et *Estreldinæ*.

CARACTÈRES OOLOGIQUES :

Forme — Ovée très-allongée (*Sycobius* et *Hyphantornis*), ou normale (*Euplectes, Passer, Viduinæ* et *Estreldinæ*).

Coquille — d'un grain fin, Blanc intérieurement et sans reflet.

Couleur — à fond Vert-Bleuâtre uni (*Ploceinæ*), à l'exception du Genre *Sycobius*, dont l'OEuf, tournant plus au ton Blanc, est tacheté de points d'un Brun-Rougeâtre ; ou à fond Blanc plus ou moins pur, tacheté de Gris et de Brunâtre, à la manière de l'OEuf du Moineau, *Passer domesticus* (*Passer,* et dans les *Viduinæ, Pentheria macroura*) ; ou d'un Blanc uni et sans taches (*Estreldinæ*).

Cette Tribu offre, d'après cette Diagnose, une exception dans deux de ses éléments, à la Forme généralement Ovée du produit Ovarien ; exception analogue, pour ces *Ploceidæ*, à ce que nous avons vu pour les *Laniarii*, dans les *Laniidæ*.

Ainsi les Genres *Sycobius* et *Hyphantornis*, les seuls dont nous connaissions et possédions plusieurs OEufs, encore inédits, l'ont de Forme Ovée excessivement allongée et presque Cylindrique, le petit diamètre n'étant que du tiers du grand diamètre, tandis que la proportion ordinaire de cette Forme est de la moitié.

Ici encore, la véritable cause de cette Forme insolite nous échappe ; et si, par induction des habitudes des *Laniarii*, les OEufs de ces derniers, par leur Forme, semblent donner raison, en ce qui les concerne, au système de M. Hardy, il n'en est plus de même des OEufs de ces *Ploceidæ*, puisque les Oiseaux qui les pondent sont plus occupés à se suspendre, soit pour la construction de leur nid, dont l'ouverture est presque toujours en bas, soit pour y porter la nourriture à la mère qui les couve, qu'à chercher leur nourriture à terre, comme les *Laniarii*.

Une autre observation à faire, au sujet de cette Tribu, concerne ce grand groupe composé des *Estreldinæ*, Bengalis, Sénégalis, Amadines, etc. Tous ces Passereaux Conirostres, si nombreux en Espèces, si variés de couleurs et dont on a fait tant de Genres, ont tous uniformément leur OEuf Blanc et sans taches, comme la presque totalité de la jolie Tribu des *Trochilidæ*, et cela d'une manière si générale que les Espèces dont l'OEuf viendra accuser une autre coloration, devront en être retirées. C'est ce caractère constant qui nous engage à retirer les *Euplectes* ou *Oryx*, dont l'OEuf est Vert uniforme, de la Famille des *Viduinæ*, où les a maintenus le Prince Ch. Bonaparte, pour les transporter à la fin de nos *Ploceinæ*.

TRENTIÈME TRIBU.

EMBERIZIDÉS — *Emberizidæ*.

Dans l'innombrable Tribu des *Fringillidæ*, la première Famille, celle des *Emberizidæ*, se présente avec des caractères Oologiques tels, que nous n'hésitons pas, dès aujourd'hui, à en constituer une Tribu à part, en l'élevant à ce rang, car ces caractères, s'ils ne sont, qu'en partie, ceux déjà assez remarquables des *Saltatores*, de la Tribu des *Tanagridœ*, qu'une connaissance plus exacte de leurs OEufs tendra de jour en jour à isoler de cette dernière Tribu ; ces caractères, disons-nous, sont, d'une manière plus complète ceux des *Quiscalinœ*, sur l'OEuf desquels nous avons, tout-à-l'heure, attiré l'attention des Oologistes. Seulement, le système de maculature de nos *Emberizidæ*, identique à ce qui se voit chez ces derniers, repose sur une gamme de couleur plus sombre et moins attrayante puisqu'elle est, non plus dans les tons Verts, mais dans les tons Bruns.

CARACTÈRES OOLOGIQUES :

Forme — Ovée.

Coquille — d'un Grain ordinaire, Blanc intérieurement et médiocrement luisant.

Couleur — d'un fond Blanc, plus ou moins Verdâtre ou Violacé, ou Brunâtre ; parsemé de quelques points ou mouchetures plus ou moins Brunâtres ; mais par dessus tout remarquable par les veines ou marbrures ou Brunes ou Violettes qui le décorent dans la généralité des Espèces.

TRENTE-UNIÈME TRIBU.

FRINGILLIDÉS — *Fringillidœ*.

Cette Tribu est par trop nombreuse, les éléments en sont par trop multipliés, et, proportionnellement, trop peu connus, surtout pour les Familles étrangères à l'Europe, pour que nous nous hasardions à en établir et fixer les Caractères Oologiques.

Tout ce que nous en pourrions dire, c'est que, à part le *Coccothraustes vulgaris*, dont l'OEuf nous semble exceptionnel dans la Tribu, puisqu'il réunit tous les Caractères des *Quis-*

calinœ, et des *Emberizidœ*, il est permis d'y distinguer quelques Groupes principaux.

Par exemple le Genre Américain *Spermophila*, qui renferme de si petites Espèces de Bouvrons, paraît former une sorte de transition Oologique des *Emberizidœ*, auxquels il emprunte, en partie, son système de Coloration, sauf sa Forme, qui est d'un Ové un peu comprimé, aux Genres *Coccoborus*, *Paroaria* et *Cardinalis*, rappellant beaucoup l'Œuf du Moineau (*Passer*).

Les Genres Américains *Sycalis*, *Zonotrichia*, *Chlorospiza*, *Chrysomitris* et autres plus ou moins cosmopolites tels que : *Cardinalis*, *Citrinella*, *Serinus*, *Carpodacus*, *Erythrospiza*, *Pyrrhula* et *Linota* ne s'éloignent pas beaucoup les uns des autres, par le ton et le système de Coloration ponctuée en Rougeâtre sur un fond Blanc, et par leur Forme Ovée à laquelle la Forme Globulaire de l'Œuf des *Zonotrichiœ* fait seule exception.

Toutefois les Genres *Chlorospiza*, *Chrysomitris*, *Cardinalis*, *Citrinella* et *Serinus*, forment un Groupe Oologique parfaitement distinct par son fond presque Blanc; les Genres *Pyrrhula*, *Uragus*; *Carpodacus*, *Erysthrospiza*, en forment un autre tout aussi tranché par leur ton d'un beau Vert tendre et par leurs taches de sang beaucoup plus accusées.

Les Genres *Linota* et *Acanthys* appartiennent en outre forcément au premier de ces deux Groupes dont ils ne peuvent être séparés.

Vient enfin le Groupe des Fringillidés, dans lequel se distingue le Genre *Petronia*, qui a tant de rapports Oologiques avec le Genre *Passer* et auquel se joindra, sans aucun doute, lorsqu'on en connaîtra l'Œuf, le Genre *Pyrrhulauda*.

Le petit nombre d'Œufs connus dans cette première Partie de la Classe des Oiseaux, surtout dans l'Ordre des Passereaux, est si peu en rapport avec la multiplicité des Espèces, et les Caractères en sont si variés et si peu précis, qu'il nous a été difficile d'arriver aussi souvent que nous l'eussions voulu à des résultats satisfaisants dans le rapprochement à faire des Caractères Oologiques avec les Caractères Physiologiques ou Organiques qui ont servi de base et de boussole aux Méthodes. Mais, à partir de ce moment, les Groupes, mieux dessinés, vont devenir plus compacts, moins divisés, partant plus homogènes; les mœurs et les habitudes des Oiseaux deviennent plus simples et moins compliquées ; les Caractères du produit Ovarien se simplifieront dans la même mesure et apparaîtront plus nets. C'est ici que la connaissance et l'étude approfondie de l'Oologie feront le mieux valoir les ressources qu'elle renferme en elle-même, et que la Science y pourra puiser pour d'utiles et importantes modifications aux divers Systèmes du jour.

QUATRIÈME ORDRE.

COLUMBÉS ou PIGEONS

(Columbæ).

TRIBU UNIQUE.

COLUMBIDÉS — *Columbidæ*.

Nous n'avons rien à dire de cette Tribu, que ce que nous en avons déjà dit dans nos Considérations générales. L'Œuf connu de toutes les Espèces de *Columbidæ* est uniformément Blanc et de Forme Ovalaire. Il nous est, par suite, démontré que ceux que l'on viendra à découvrir devront être exactement de même : il en est ainsi, depuis et y compris les *Treroninæ*, ou Colombars, jusqu'aux *Gourinæ* inclusivement, ou Gouras.

CARACTÈRES OOLOGIQUES :

Forme — Ovalaire, parfois Elliptique, rarement Ovée.

Coquille — d'un grain fin, uni, Blanc intérieurement et luisant.

Couleur. — Celle du grain de la Coquille, Blanche et sans tache.

On sait que l'OEuf des *Columbidæ* est le fondement d'une des plus puissantes objections au système des Auteurs qui ont prétendu que la Couleur Blanche n'avait été départie qu'aux OEufs pondus dans des trous ou des enfoncements à l'abri de la lumière : puisque les Pigeons se font à peine un nid, pour la plupart, et ne déposent leurs OEufs que sur un frêle amas de bûchettes réunies à l'enfourchement des branches, et tout-à-fait à claire-voie.

CINQUIÈME ORDRE.

GALLINACÉS

(*Gallinacei*).

Nos études Oologiques nous conduisent à modifier la composition première de notre Ordre de Gallinacés, et même celle de notre *Systema Oologicum*, en en formant trois Ordres distincts, sous le nom de Gallipèdes, *Gallipedes* pour l'un, de *Cursores* pour le second, et de *Struthionigralli*, dénomination nouvelle pour le troisième.

Les premiers se réduisent aux quatre Tribus suivantes : *Verrulidæ*, *Gallidæ*, *Phasianidæ* et *Pavonidæ*, qui offrent toutes, sauf la première, nous devons le dire, une harmonie et un ensemble de caractères aussi parfaits en Oologie qu'en Zoologie.

PREMIÈRE TRIBU.

VERRULIDÉS OU COLOMBI-GALLINES — *Verrulidæ*.

Si nous parlons de cette Tribu, c'est pour faire bien comprendre l'importance qui s'attache à la connaissance des Caractères Zoologiques, importance qui ne se sent jamais davantage que lorsqu'ils viennent à manquer, comme c'est le cas pour les

Colombi-Gallines de Levaillant. C'est aussi ce qui nous fera revenir sur leur histoire, comme sur ce que nous avons dit ailleurs du doute Scientifique dont elles sont l'objet (1).

Nous avons formé cette Tribu, on le sait, pour deux Espèces dont l'authenticité, après avoir été admise pendant près d'un demi-siècle, paraît aujourd'hui douteuse aux yeux de quelques Naturalistes : c'est notamment le Colombi-Galline de Levaillant *Verrulia* (*Flemming*). Cette Tribu ne peut donc former qu'une Famille, celle des Verrulinés.

On paraît aujourd'hui d'accord, et c'était l'opinion du Prince Ch. Bonaparte, pour supprimer et rayer définitivement cet Oiseau de la Série. Le motif donné pour cette suppression repose sur l'examen détaillé que J. Verreaux aurait fait, dès 1850, des deux seuls exemplaires de cette Espèce existant au Musée de Leyde, et que cet observateur, si perspicace et si bien organisé, considérerait, et aurait fait considérer également à Temminck et à M. Schlegel, comme des Oiseaux factices (fabriqués avec des Pigeons domestiques), tels que le fameux Bec-de-fer du même Auteur (*Sparactes superbus*), et une ou deux autres Espèces de Zygodactyles. Ces Zoologistes s'appuient encore, pour motiver cette condamnation, sur ce que jamais, depuis Levaillant, on n'a retrouvé cette douteuse Espèce, et enfin, sur l'étrangeté de mœurs qui, quelle que soit, dans leur ensemble, leur identité avec celles des Pigeons, ne permettraient plus, suivant nous, de les comprendre dans cet Ordre : ce qui du reste est conforme à la doctrine philosophique du Prince Ch. Bonaparte, qui divise sa Classe des Oiseaux en ALTRICES et en PROCOCES.

Sans protester directement contre cet anathème, dont il est permis encore d'appeler, nous le croyons pour le moins prématuré ; il a besoin de l'œuvre du temps pour obtenir sa sanction,

_____
(1) *Encyclop. d'H. Nat. Ois.*, T. VI, p. 65.

et il nous faut des preuves plus convaincantes qu'une négation, inspirée par l'inspection de peaux mal préparées, ou dénaturées et en mauvais état, pour y donner notre adhésion. On ne songe pas assez, en accréditant cette opinion, que si elle devait être confirmée, elle ne tendrait à rien moins qu'à convaincre Levaillant de l'imposture la plus éhontée que se fut permise aucun de nos Voyageurs modernes. Qu'il ait été abusé lui-même par la représentation d'un Oiseau fabriqué ou artificiel, rien de bien extraordinaire; mais qu'il ait prêté à un Oiseau, qu'il n'avait pas vu en nature, des mœurs aussi anormales, de sa propre invention, nous ne le penserons jamais. Sans doute Levaillant a pu faire des erreurs, presque toujours involontaires, et sur le lieu de provenance de plusieurs Espèces d'Oiseaux, et sur leur distribution Géographique (ce sont les seules qu'il ait commises); mais, en aucun cas, on ne l'a surpris en flagrant délit de mensonge, au sujet des détails de mœurs, dans lesquels, au contraire, il a été d'une précision et d'une exactitude remarquables. Et encore ces erreurs ont-elles eu pour cause la perte qu'il fit, dans un de ses retours, d'une partie des Oiseaux découverts par lui, et des notes qui les accompagnaient.

On oublie, d'ailleurs, en supprimant ainsi, d'un trait de plume, le Columbi-Galline de Levaillant, que cette Espèce, avec ses caroncules si caractéristiques, n'est pas la seule dans la Série. Dès 1823, en effet, Temminck a décrit (1), sous le nom de Colombe Oricou (*Columba auricularis*), une Espèce, d'un des Archipels de l'Océan Pacifique, offrant exactement les mêmes caractères et presque les mêmes caroncules que le Colombi-Galline. Si l'on peut s'étonner d'une chose, c'est que ce rapprochement ne se soit pas présenté dès cette époque à l'esprit du Savant Monographe des Pigeons, qui a reproduit l'article de

______
(1) *Hist. Natur. des Pig. et des Gallinacés.*

Levaillant sur cette dernière Espèce, tout en plaçant l'une dans ses Colombes, et l'autre dans ses Colombi-Gallines. La même réflexion peut s'appliquer à Wagler, qui a nommé la Colombe-Oricou de Temminck *Columba Temminckii ;* à M. Gray, qui l'a mise dans ses Muscadivores ; à Jardine, qui l'a nommée *Geophilus carunculatus,* ainsi qu'au Docteur Reichenbach, qui en a fait le type de son Genre *Craspedœnas.* Il est vrai que cette seconde Espèce de *Verrulia* a eu le même sort que la première, sous l'autorité du Prince Ch. Bonaparte, qui, dans la première partie du second volume de son *Conspectus,* paru seulement en 1857, la déclare, comme celle-ci, Oiseau factice.

Il n'y pas de raison, après tout, pour conserver le Colombi-Caille de Levaillant (*Columba Hottentota*), dont, depuis lui, on n'a jamais retrouvé d'individus ni vu de dépouilles.

C'est donc par respect pour Levaillant, une des gloires de la Science, que nous avons conservé, et que nous conservons encore le Colombi-Galline, et c'est en nous fondant sur la nature des mœurs et des habitudes qu'il lui assigne, que nous nous en sommes servi pour motiver la création de cette Famille.

La place que nous lui avons assignée, dans la Série, sur la limite des Pigeons et des Gallinacés, un peu plus pourtant au-delà qu'en deçà, est indiquée, d'un côté, par ses caractères zoologiques qui, à l'exception des caroncules accompagnant le bec, sont ceux de tous les Pigeons ; et, d'un autre côté, par ses mœurs et la manière dont naissent et éclosent leurs petits, qui sont celles des Gallinacés.

En agissant ainsi, du reste, nous ne faisons, nous le répétons, que suivre les indications de Levaillant lui-même, dont nous allons reproduire les raisons et les observations.

Ce Voyageur, qui a découvert la première Espèce d'Afrique, sur laquelle repose le Genre qui en renferme deux aujourd'hui, au moins nominativement, pressentait, à l'époque à laquelle il la fit connaître, qu'elle devait donner lieu à l'établissement d'un petit groupe distinct, dans ce qu'il appelle ses Colombi-Gallines; voici comme il s'exprimait :

« Cette Espèce, à laquelle nous appliquons le nom de la Tribu ou de la Famille de tous les Pigeons qui s'allient aux différentes branches des Gallinacés, étant celle qui, par les parties nues de sa tête et par le barbillon rouge qui lui pend sous la gorge, se rapproche le plus du Coq et de la Poule, il est naturel qu'elle porte le nom de Colombi-Galline, d'autant plus que, d'après ce que nous avons déjà dit, *il est probable que de nouvelles découvertes obligeront les Naturalistes à former par la suite autant de petites Familles de toutes les Espèces analogues à chacune de celles que dans ce moment nous ne réunissons que provisoirement en une seule.* Ainsi, par exemple, l'Espèce dont nous faisons le sujet de cet article sera, si on lui trouve d'autres analogues, la souche d'une Famille ou d'un Genre qui portera, si l'on veut, le nom de cette première Espèce, qu'on pourra distinguer elle-même par le caractère de son barbillon; pourvu toutefois que ce caractère ne soit pas propre aussi à d'autres Espèces de cette même Famille, car, dans les dénominations particulières, il faut, autant qu'il est possible, éviter ces noms qui, pouvant convenir à d'autres Espèces en même temps, occasionnent souvent des erreurs.

» Notre Colombi-Galline tient des Pigeons proprement dits ou des Colombes par la forme de son bec, qui est absolument le même que chez ces derniers, et par la nature de ses plumes; mais il en diffère par le barbillon nu et rouge qui lui pend sous le bec, par ses tarses plus longs que chez les Pigeons, par la forme arrondie de son corps, par le port de sa queue courte, qu'il tient pendante comme les Perdrix portent la leur, et enfin par ses ailes arrondies; caractères qui, tout en le rapprochant d'un autre côté des Gallinacés, placent naturellement cette intéressante Espèce entre les Colombes et les Gallinacés, comme pour marquer et former le passage entre ces deux Genres. »

Il est impossible, ce nous semble, d'être plus sérieux dans ses appréciations et l'établissement des rapports Zoologiques que ne se montre Levaillant dans tout ce passage ; un voyageur n'invente pas ainsi, et surtout ne raisonne pas autant ce qu'il sait être le rêve de son imagination.

« Si des formes, continue-t-il, nous passons aux mœurs, aux habitudes, à la manière de se nourrir, à la nidification, à la ponte et à l'éducation des petits, tout est ici différent de ce qui existe chez les Pigeons, comme nous le verrons. De sorte que la nature semble n'avoir conservé à cet Oiseau que quelques traits superficiels, accessoires, pour servir seulement à indiquer un Pigeon, pendant que, par tous ses attributs fondamentaux, ceux qui constituent enfin la nature des Êtres, il doit être un Gallinacé : de manière que, s'il fallait opter entre ces deux Ordres pour placer cet Oiseau dans l'un ou l'autre, il est évident qu'il appartiendrait de droit au dernier par sa manière d'être, car il vit en petites troupes composées de toute la famille et du père et de la mère, et ces derniers rappellent leurs petits aussitôt qu'ils sont séparés d'eux par quelqu'accident. Ils se tiennent et vivent par terre, où ils trottent très-vite à la manière des Perdrix ; mais toute la petite bande se juche dans les buissons et sur les grosses branches basses des arbres pour passer la nuit et pour se cacher lorsqu'elle est poursuivie par un ennemi quelconque.

» Cet Oiseau niche par terre, dans un petit enfoncement recouvert de petites bûchettes et de quelques brins d'herbes sèches sur lesquels la femelle pond de six à huit Œufs d'un Blanc-Roux, que le mâle et la femelle couvent alternativement. Les petits, qui naissent couverts d'un duvet gris-roussâtre, courent au sortir de la coque, et, dès cet instant, ils ne quittent plus le père et la mère, qui les mènent partout en les rappelant sans cesse, et les couvrant de leurs ailes pour les réchauffer ou les préserver de la trop grande ardeur du soleil. Leur première nourriture se compose de nymphes de Fourmis, d'Insectes mous et de Vers, que le père et la mère montrent aux petits, et qu'ils mangent seuls, et sont bientôt en état de trouver eux-mêmes. Devenus plus forts, ils se nourrissent de toutes sortes de graines, de baies et d'Insectes; et, quoiqu'ils aient acquis tout leur développement, ils ne se séparent par couple qu'au temps des amours : manière d'être qui, à quelques légères nuances près, est la même pour tous les Oiseaux qui appartiennent au grand Ordre des Gallinacés.

» *J'ai trouvé l'Espèce des Colombi-Gallines* dans l'intérieur des terres, au pied des monts hérissés du pays des Namaquois, pays sec et aride que fuient en général toutes les Colombes qui, comme on sait, fréquentent les cantons frais et arrosés. (1) »

Nous n'avons pas voulu, dans ce Traité, lâcher prise au sujet de ce Genre intéressant, parce que nous attendons tout pour le perfectionnement de la Série, des Genres interlopes, comme l'est celui-ci, et parce qu'il était impossible que le Caractère Oologique des Oiseaux dont nous parlons, n'apportât pas quelque indice sur ce point. C'est en effet ce que nous démontrent les indications si précises de Levaillant, qui décrit l'OEuf de son Colombi-Galline d'un *Blanc-Roux;* ce qui l'éloigne nécessairement, de même que son caractère zoologique, de l'Ordre des *Columbæ,* pour le rapprocher ou des *Gallidæ* ou des *Perdicidæ.*

Nous nous croyons d'autant plus fondé d'ailleurs, à récuser le jugement d'ostracisme prononcé par quelques Ornithologistes, notamment par Jules Verreaux, par Schlegel et par le Prince Ch. Bonaparte, contre le Genre *Verrulia,* que leur raison de

____

(1) *Hist. Natur. des Ois. d'Afrique.*

décider est jusqu'ici fort vaguement motivée. L'Espèce de Levaillant, dit l'illustre Savant que nous venons de citer, serait fabriquée avec la dépouille d'un Pigeon domestique (*Columba domestica*) ; et celle de Temminck, avec celle du Pigeon bizet (*Columba livia*)! Mais a-t-on bien vérifié le fait? a-t-on constaté la forme alaire de ces prétendues dépouilles d'emprunt? Car Levaillant donne à l'aile de ses Colombi-Gallines un caractère tout-à-fait différent de ce qui se voit chez les Pigeons : ceux-ci l'ayant de forme *aigue*, et les Colombi-Gallines, de même que tous les Gallinacés (*Gallinacei* ou *Cursores*) l'ayant de forme *obtuse*.

Nous conservons donc tous nos doutes, car, pour nous, la question reste entière. A l'avenir de décider.

DEUXIÈME TRIBU.

GALLIDÉS, OU VRAIS GALLINACÉS — *Gallidæ*.

Dans le nouvel ordre d'idées, d'après lequel nous établissons notre Groupe des *Gallinacei*, la Tribu des *Gallidæ* se trouve réduite à une seule Famille, celle des *Gallinæ*.

CARACTÈRES OOLOGIQUES :

Forme — Ovée ou Ovalaire.

Coquille — à test dur et épais, à pores nettement accusés, et par conséquent à surface peu luisante, ou plutôt presque mate, Blanche intérieurement.

Couleur — d'un ton Blanc, plus ou moins pur, ou Jaunâtre, avec ou sans taches rares, ocracées, plus ou moins marquées.

La cristallisation de la matière calcaire est en général, dans cette Tribu, assez régulière et homogène.

On a cru, mais à tort, pendant longtemps, et c'est une

réflexion que nous avons déjà eu occasion de faire, dans nos Considérations générales, que la Couleur normale de l'OEuf de Poule (*Gallus*) était le Blanc pur, comme dans l'Ordre des Pigeons ; tandis qu'il en est tout autrement. Nous sommes convaincu que ce n'est qu'exceptionnellement que nos Poules de basse-cour pondent en général des OEufs Blancs ; et que cette absence de matière colorante, comme de taches, n'est due, chez eux, qu'à la dégénérescence d'une des Races de ces Oiseaux : car nous voyons que les Races Typiques, ou pures, ont conservé le fond de Couleur Nankin, qui est propre à toute la Famille ; c'est ce que confirment les Races dites de Brahma-Poutrah, de Cochinchine, etc.; et c'est ce que démontrent le *Gallus furcatus*, le *G. sonneratii*, le *G. lunulatus*, le *G. Benthami*, et le *G. Bankiva*, dont l'OEuf, que nous avons possédé et que nous possédons encore, nous vient de l'Inde et se conserve ici constamment de cette Couleur, avec des taches d'un ton plus foncé.

TROISIÈME TRIBU.

PHASIANIDÉS OU FAISANS — *Phasianidœ*.

Par suite la Tribu des Phasianidés se compose d'un assez grand nombre de Familles, qui sont : *Phasianinœ*, comprenant le Genre *Argus*, *Polyplectroninœ* ou Eperonniers, et *Lophophorinœ*, et *Gallopavoninœ* pour le Dinde ou Dindon.

CARACTÈRES OOLOGIQUES :

Forme — Ovée ou Ovalaire.

Coquille — à test épais, Blanc intérieurement et luisant.

Couleur — ou d'un ton uniforme, variant du Brun-Olivâtre au Brun-Orangé ou Rougeâtre (Vrais Faisans) ; ou d'un ton Blanc légèrement Jaunâtre, maculé de taches brunes (*Pucrasia*) ; beaucoup plus marquées dans l'OEuf des *Lophophorinœ*, qui comprennent le Genre *Satyra* ou *Ceriornis* : ce qui rapproche infiniment ces derniers, à ce point de vue isolé, de la Famille des *Perdicinæ*, et de celle des *Tetraoninæ*, dont nous nous occuperons bientôt.

QUATRIÈME TRIBU.

PAVONIDÉS OU PAONS — *Pavonidæ.*

Nous réduisons cette Tribu à son expression la plus simple, c'est-à-dire, à la Famille unique et isolée des *Pavoninæ*, que le mode d'organisation de son test calcaire ne permet de confondre avec aucune des Tribus ou Familles qui précèdent.

L'OEuf des Pavonidés offre en effet une énorme différence dans le procédé de formation et dans la constitution physiologique de sa Coquille avec l'OEuf des Gallidés. Autant la concrétion en est homogène chez ceux-ci, autant elle est grossière chez les premiers. Ainsi, la Coquille de l'OEuf des Paons présente une enveloppe assez compacte et dure; mais sa surface est perforée de trous, représentant les pores, d'une profondeur qui étonne, vus simplement à la loupe, et qui, sous l'influence du microscope, prennent des proportions incroyables et monstrueuses, qui les font ressembler à des cavités ou véritables solutions de continuité : ces perforations sont en outre traversées d'un plus ou moins grand nombre de petits ligaments calcaires qui unissent les parois entre elles et en rendent l'aspect plus irrégulier encore, donnant à la Coquille ainsi étudiée l'apparence de la surface interne d'un os médullaire coupé par la moitié, avec ses cloisons calcaires.

L'OEuf qui se rapproche le plus, par la conformation de son enveloppe, de l'OEuf du Paon, presque unique dans la Série, est celui de la Pintade.

DEUXIÈME SOUS-ORDRE.

COUREURS

(*Cursores*).

Nous composons ce Sous-Ordre, que nous détachons du grand Groupe classique des Gallinacés, de deux Tribus qui sont : les *Perdicidæ* et les *Tetraonidæ*.

PREMIÈRE TRIBU.

PERDICIDÉS — *Perdicidæ*.

Par suite, nous faisons subir une nouvelle transformation à cette Tribu, si naturelle déjà, zoologiquement parlant, et qui ne l'est pas moins au point de vue Oologique, car nous en augmentons les éléments de la Famille des *Meleagridinæ* ou Pintades, par laquelle nous la commençons, les enlevant ainsi aux Gallidés ; viennent ensuite les *Francolinæ*, les *Perdicinæ* et les *Odontophorinæ*. Mais nous n'avons pu nous décider à y laisser ni les *Turnicinæ* que, malgré leurs grandes affinités Ostéologiques avec les *Perdicidæ*, nous réunissons à la Tribu des *Cursoriidæ*, à la suite des Outardes; ni les *Thinocorinæ*, que nous en retranchons, et que nous renvoyons en tête de l'Ordre suivant, celui des *Grallarii*. Nous dirons nos motifs lorsque nous nous occuperons de cet Ordre.

1re FAMILLE. — *Pintades (Meleagridinæ)*.

Nous avons donné à cette Famille le nom de Meleagridinés, appliqué jusqu'alors aux Espèces du Genre Dindon (*Gallopavo*), parce que nous avons voulu restituer au type de cette Famille la dénomination de *Meleagris*, que lui donnaient les Grecs, et que Linnée, par un abus d'autorité ou par une faiblesse déplorable, et par une déférence inexcusable à l'opinion qui avait régné avant lui, a transporté d'un Oiseau d'Afrique, bien connu des anciens, à un Oiseau d'Amérique, qu'ils n'ont jamais pu connaître. On sait en effet qu'Aristote, qui ne parle qu'une seule fois de la Pintade, dans tous ses Ouvrages sur les Animaux, la nomme Méléagride. Et Columelle, en reconnaissant de deux sortes qui se ressemblaient en tous points, excepté que l'une avait les barbillons bleus, et que l'autre les avait rouges, appelait *Méléagride* cette dernière, et *Poule Africaine* ou *Numida* (de Numidie) la première. C'est même cette différence, mal appréciée, mal étudiée, dans la couleur du barbillon, qui servit pendant long-temps d'argument principal aux partisans de l'opinion qui voulait que le Dindon eut été connu des anciens; et que c'est lui qu'il fallait reconnaître dans la Méléagride aux barbillons rouges. Tout en retirant donc au Genre Dindon un nom usurpé, et qu'il n'aurait jamais dû porter, nous avons pensé que ce nom devait rester dans la Science; et c'est par cette raison que nous l'avons rendu à l'Oiseau qu'il a servi à spécifier le premier [1]. Nous regrettons de n'avoir pu faire adopter cette opinion par le Prince Ch. Bonaparte, dont l'autorité l'eut, sans aucun doute, accréditée et vulgarisée.

Quoiqu'on ait pu dire des Pintades (*Meleagris*, *Numida*), quoiqu'on en ait voulu faire, nous avons peine à croire que les Auteurs, que nous avons dû suivre pour nos premiers travaux, se soient trouvés dans le vrai en faisant, jusqu'à ce jour, des *Meleagridinæ* une Famille de Gallinacés purs. La Pintade, en effet, ne représente rien, à nos yeux, dans ses formes, qui rappelle celles de cet Ordre; tout au contraire, chez elle, accuse celles des Perdicidés, dont on n'aurait jamais dû l'éloigner. Car, peu nous importe, pour en faire une Famille de cette dernière Tribu, qu'elle ait la tête ou la gorge dénudée, qu'elle soit ornée

_____

[1] *Encycl. d'H. Nt. Ois.*, T. VI, p. 81.

d'une huppe de plumes ou d'une plaque frontale cornée : il n'y a rien là de plus extraordinaire que ce qui se voit chez les Pauxi, chez l'*Oreophasis*, qui n'en restera pas moins un Pénélope, et que l'on n'en a pas moins laissés jusqu'ici tous deux dans les Gallinacés, quoique nous les croyons appartenir, et que nous les reportions à un autre Ordre, et chez plusieurs Francolins, qui n'en sont pas moins de vrais *Perdicidæ*.

Une dernière considération nous détermine enfin à cette innovation : c'est celle tirée de l'inspection de l'Œuf de cette Famille, qui est également un Œuf de *Perdicidæ* et nullement de *Gallidæ*.

CARACTÈRES OOLOGIQUES :

Forme — Ovée.

Coquille — à test très-dur, à pores très-marqués, et formant un système de granulation en creux, ou de piqueture, analogue à celui que nous avons signalé chez l'Œuf du Paon ; à surface légèrement luisante, Blanc intérieurement.

Couleur — d'un Blanc-Fauve ou Brunâtre, parfois teinté de rose, avec de nombreux points et quelques taches d'un Brun-Fauve.

C'est la profondeur de ces piquetures ou perforations qui, en retenant une partie de la matière colorante, leur donne la fausse apparence de taches.

2e FAMILLE. — *Francolins (Francolinæ)*.

Nous connaissons six à huit Espèces de cette Famille.

CARACTÈRES OOLOGIQUES :

Forme — ou Ovée ou Ovalaire.

Coquille — à test assez dur, à pores un peu apparents, très-légèrement luisant, et Blanc intérieurement.

Couleur — d'un ton Fauve variant d'un Brun clair à l'Isabelle.

ou uniforme, sauf quelques nuages plus foncés, ou piqueté de points d'un Brun-Noirâtre.

3e FAMILLE. — *Collins* (*Odontophorinœ*).

CARACTÈRES OOLOGIQUES.

Forme — Ovée.

Coquille — à test dur, à pores peu indiqués, luisant, Blanc intérieurement.

Couleur — d'un ton ou Blanc-Isabelle sans taches, ou tiqueté ou maculé de points et de taches Brun-Rougeâtre.

L'analogie de l'OEuf du *Lophortyx* et notamment du *L. Californicus* avec celui de la Caille est éminemment remarquable. Ajoutons que les différences relatives de l'OEuf du Genre *Ortyx* et du Genre *Lophortyx* sont les mêmes que celles des Genres *Caccabis* et *Coturnix* des *Perdicinœ*.

4e FAMILLE. — *Perdrix* (*Perdicinœ*).

CARACTÈRES OOLOGIQUES :

Forme — Ovée.

Coquille — à test dur, à pores un peu marqués, luisant et Blanc intérieurement.

Couleur — d'un ton Isabelle, plus ou moins nuancé de Verdâtre, et dans ce cas parfois finement pointillé de Brunâtre ou maculé de taches irrégulières ou éclaboussures, variant du Brun-clair au Brun-foncé et même au Brun-Rougeâtre.

Quoique, de même que tous les Ornithologistes, nous terminions la Famille des *Perdicinœ* par le Genre Caille (*Coturnix*), nous devons dire que, pour nous, les Espèces de ce Genre, par leur forme et surtout par leur OEuf, sont de véritables Collins. Et si nous les laissons encore dans la Famille des *Perdicinœ*, c'est par respect pour le principe de la distribution Géographique, tous les Collins étant essentiellement Américains ; mais aussi, c'est par les Cailles que nous commençons nos *Perdicinæ*, et nous les terminons par le Genre *Bonasa*, dont l'OEuf représente si bien celui des Tétras.

DEUXIÈME TRIBU.

TÉTRAONIDÉS — *Tetraonidæ*.

Cette Tribu se compose de deux Familles : les *Tetraoninæ*, pour les Tétras ; les *Pteroclinæ*, pour les Ptéroclès.

1re FAMILLE. — *Tétraoninés* ou *Tétras* (*Tetraoninæ*).

CARACTÈRES OOLOGIQUES.

Forme — Ovée ou Ovalaire.

Coquille — à test assez dur, uni et luisant, Blanc intérieurement.

Couleur — d'un Blanc-Jaunâtre ou Isabelle recouvert de taches plus ou moins nombreuses, en forme de points ou d'éclaboussures, de Couleur d'Ocre ou d'un Brun-Rouge très-foncé et devenant presque noirâtre.

2e FAMILLE. — *Pétroclinés* ou *Pétroclès* (*Petroclinæ*).

Les Petroclinés se distinguent par un Caractère tout particulier : celui de la Forme de leur OEuf, qui, au lieu d'être Ovée, ou simplement Elliptique, est presque généralement Cylindrique, c'est-à-dire d'une Ellipse à bouts obtus ou arrondis ; c'est même un des types des formes principales de l'OEuf, que nous avons figurés dans le temps (1). La Coloration de l'OEuf de cette Famille

____

(1) *Magas. de Zool.* 1842.

se rapproche singulièrement, au reste, de celle de l'OEuf des Tétras; surtout pour celle des deux Espèces du Sud de l'Europe, qui est si commune en Algérie (l'*Alchata*).

CARACTÈRES OOLOGIQUES :

Forme — Cylindrique.

Coquille — à test dur, à pores peu distincts, Blanc intérieurement, et beaucoup plus lisse et plus luisant que chez l'OEuf du Tétras.

Couleur — d'un fond Blanc légèrement Fauve ou Isabelle, mais jamais Verdàtre, avec de nombreux points et des taches variant du Brun-clair au Brun de Sienne brûlée, parfois Rougeàtre, entremêlées de macules d'un Gris nuageux; ces taches formant souvent une zône ou couronne, au centre ou à l'un des deux pôles de l'OEuf.

C'est ce qui résulte, pour nous, de l'inspection des dix Espèces à notre connaissance.

Ces OEufs représentent exactement dans l'Ordre des Gallinacés ce que sont les OEufs d'Engoulvents dans l'Ordre des Passereaux.

Les OEufs de tous les Coureurs, qu'il s'agisse des Perdicidés ou des Tétraonidés, ont, de même que ceux des Gallinacés, leur ton de Couleur tellement approprié à la Couleur et à la nature des terrains sur lesquels ils les déposent, ou des matériaux dont ils les recouvrent, qu'il est réellement fort difficile de les en distinguer : les premiers, par leur uniformité de coloration, en rapport avec celle des lieux; les seconds, par leurs maculatures d'un Brun-Rouge si tranché et si prononcé, qui n'ont d'autre but que d'en dissimuler la vue aux yeux les plus clairvoyants, au milieu des Bruyères ou des Graminées rougeâtres dans lesquelles ces Oiseaux cachent avec soin le produit de leur ponte.

TROISIÈME SOUS-ORDRE.

STRUTHIONIGRALLES

(*Struthionigralli*).

La composition et l'établissement que nous faisons de ce Sous-Ordre pourra paraître hétérogène à bien des personnes : car elle s'éloigne de beaucoup, nous l'avouons, de tous les errements suivis par les meilleurs et les plus savants de nos Méthodistes. Ce n'est cependant qu'après mûre réflexion et une étude approfondie de chacun des éléments que nous y faisons entrer, en conférant ensemble les Caractères Oologiques dont nous nous préoccupons, il est vrai, avec ceux fournis par les organes, les mœurs et les habitudes des Oiseaux que nous y introduisons, que nous nous sommes décidé à l'établir.

Ainsi nos Struthionigralles se divisent en cinq Tribus, ne reposant chacune que sur une seule Famille ; ce sont les *Tinamidæ*, les *Otididæ*, les *OEdicnemidæ*, les *Cursoriidæ* et les *Turnicidæ*.

Si l'on nous en demande la raison, nous répondrons que les considérations Oologiques ont entraîné notre conviction, à cet égard ; et que ces considérations ne mettant en défaut, ou en danger, aucun des vrais principes de l'Ornithologie, concourant même, loin de là, à leur démonstration la plus vraie et à leur consécration, nous avons pensé pouvoir, sinon les imposer, du moins les soumettre avec confiance aux Naturalistes. Il en sera ainsi, par la suite, de tout ce qui, dans notre travail, semblera revêtir, nous ne dirons pas l'apparence d'une prétention, qui n'est pas dans notre esprit, mais d'une tendance quelconque à l'innovation.

Il nous a paru, finalement, que les caractères Organiques des Oiseaux de chacune de ces Tribus constituaient un type de transition manifeste, dont on n'a pas encore assez tenu compte. Ce n'est plus le tibia des *Cursores*, mais c'est encore le pied des derniers Oiseaux de ce Sous-Ordre, des *Tetraonidœ* et des *Pteroclidœ*. Ce n'est pas non plus tout-à-fait le pied des Gralles, mais ce sont leurs longues échasses : enfin, leur pied se rapproche quelque peu de la conformation de celui des Struthions, auxquels ils font le passage le plus naturel.

PREMIÈRE TRIBU.

TINAMIDÉS OU TINAMOUS — *Tinamidæ*.

Cette Tribu, qui ne se compose que de l'unique Famille des *Tinaminæ*, est celle dont l'OEuf nous a offert la particularité la plus curieuse, et le sujet le plus intéressant d'études, au cours de nos CONSIDÉRATIONS GÉNÉRALES. Non que ce soit la seule Tribu, dont l'OEuf présente l'aspect uni, lisse et luisant de la porcelaine ; puisque nous avons vu l'OEuf du Pic, celui du Martin-Pêcheur (*Alcedo*), celui des Rolliers (*Coracias* et *Eurystomus*), et celui d'un Coucou de l'Inde (*Eudynamis*), entre autres, offrir ce caractère : les premiers, avec une Couleur Blanche, le second, avec une Couleur Bleu-Verdâtre, uniformes. Mais c'est la seule qui réunisse, à ce caractère, une diversité singulière de nuances propres à chacune des Espèces qui la composent.

Ainsi, dans l'OEuf des autres groupes d'Oiseaux, malgré la diversité de Coloration des Espèces dont ils sont formés, on aperçoit toujours un certain degré d'affinité ou de parenté des uns aux autres. Ici rien de semblable : le lien commun, c'est d'abord la Forme, ensuite l'absence de toutes taches, puis enfin le poli de la Coquille ; mais chaque Espèce a sa nuance ou sa Couleur qui lui est exclusivement affectée.

Ici, par exemple, ne peut s'appliquer dans sa généralité la proposition de Thienemann, qui attribue l'absence de taches à la surface de la Coquille de l'OEuf des Picidés et son poli à l'intervention d'un fluide gélatineux ou luisant. Car dans le cas des Tinamous, la Coloration de la surface de la Coquille est entièrement distincte et différente de la Couleur de la matière calcaire du test, qui, dans sa composition intime, est constamment Blanc. Cette matière s'est donc trouvée en contact assez direct avec les parois de l'Oviducte, pour en recevoir d'abord la nuance propre à chacune des Espèces de la Famille, et l'on est forcé d'admettre que ce n'est qu'après avoir reçu cette première teinte qu'est intervenu le liquide visqueux auquel est dû le luisant dont est douée la Coquille de ces OEufs, tout aussi réfractaires, assurément, que ceux des Picidés : à moins d'admettre que cette Coloration soit celle même de ce fluide.

CARACTÈRES OOLOGIQUES.

Forme — Ovalaire, ou Elliptique, parfois presque Sphérique.

Coquille — à test mince, fin, sec, uni, sans traces apparentes de pores, réfléchissant la lumière comme le métal bruni, ou le marbre le plus pur et le mieux poli ; Blanc intérieurement, ou dans son épaisseur.

Couleur — constamment uniforme et sans taches, passant par les nuances de Bleu, de Vert, de Brun-Chocolat, de Gris-d'Acier, de Lilas, et de Café-au-lait, ou Fauve-Carminé.

C'est la réunion la plus séduisante qui se puisse voir dans une Collection Oologique. Nous connaissons, et nous avons possédé l'OEuf de seize Espèces de cette Tribu, dont le plumage monotone est si différent du brillant colori de leur OEuf.

DEUXIÈME TRIBU.

OTIDIDÉS, OU OUTARDES — *Otididæ*.

Il existe une certaine analogie entre la Forme et le luisant de la Coquille de l'OEuf des *Otididæ*, et ces mêmes caractères chez l'OEuf des *Tinamidæ* ; et ces rapports ont la même valeur relative, entre les deux Tribus, que leurs rapports Zoologiques. Mais celui des Outardes, s'il n'a plus ce cachet particulier, presque exclusif, qui fait de l'Œuf des Tinamous un type si remarquable, n'en reste pas moins, dans les données ordinaires, plus rapproché de l'Ordre des Gallinacés, que de celui des Gralles, dont il est, à peu de chose près, l'intermédiaire. Aussi, sans partager complétement l'opinion du Prince Ch. Bonaparte, qui a cru pouvoir isoler cette Tribu du premier de ces Ordres, pour la mettre en tête du dernier, on voit que nous ne nous éloignons pas beaucoup de lui, pour notre manière de voir et de procéder.

CARACTÈRES OOLOGIQUES :

Forme — Ovalaire ou Ovée, parfois presque Sphérique.

Coquille — assez fine, unie, à pores peu visibles, d'un Blanc quelque peu Verdâtre dans sa transparence, et luisante.

Couleur — d'un Brun-Fauve clair, ou d'un Vert-Olivâtre léger, recouvert de taches Brunes plus ou moins foncées ou Olivâtres.

Les taches sont souvent à peine apparentes chez l'Œuf de l'*Otis tetrax* ou Cannepettière, qui paraît alors d'un Vert-Bleuâtre ou Olivâtre uniforme. Celui de l'*Eupodotis* ou Houbara, dont les taches sont plus accusées, porte quelquefois un ou deux traits sinueux, allongés, de même Couleur que les taches.

Nous connaissons et nous avons possédé l'Œuf de onze Espèces d'Otidés.

TROISIÈME TRIBU.

ŒDICNÉMIDÉS OU ŒDICNÈMES — *ŒEdicnemidæ.*

L'Œdicnème sera toujours, à notre sens, quoiqu'on fasse ou quoiqu'on dise, plus un Courre-vite qu'un Pluvier. En mettant à part la forme du bec, c'est le même port, la même conformation de pattes (caractère de première valeur, quand il s'agit de Gralles); il offre donc, zoologiquement parlant, les plus grands rapports avec le premier. Il en est de même pour l'OEuf de l'un et de l'autre : même ensemble Globulaire, à fort peu de chose près, même système de Coloration. Ici l'Oologie reçoit une de ses consécrations les plus remarquables, quand l'on veut se rendre compte des différences considérables qui éloignent autant l'OEuf de l'OEdicnème de celui des Pluviers, alors que l'on a toujours voulu faire de l'Oiseau le congénère inséparable de ces derniers.

Il nous suffira de reproduire les démonstrations si évidentes qu'a faites de ces différences et de leurs causes M. de la Fresnaye, en comparant l'OEuf de l'OEdicnème criard avec son squelette :

« L'OEuf de cet Oiseau, dit-il, véritable Pluvier à grandes ailes, au lieu d'être *Ovalo-conique* (1) comme celui du groupe des Echassiers, auquel il appartient (les Pluviers, Vanneaux, etc.), est plus allongé, moins gros vers le gros bout et plus arrondi vers le petit, se rapprochant par conséquent de la Forme Ellipsoïde. En observant son Squelette et le comparant avec celui du Pluvier, on y remarque des ailes qui, sans être plus robustes, sont beaucoup plus longues et plus prolongées en arrière, et même en avant ; ainsi chez les Pluviers, elles ne s'étendent pas à beaucoup près en arrière jusqu'à l'insertion des fémurs sur le bassin, tandis que chez l'OEdicnème elles la dépassent notablement. De plus, les jambes, quoique fort longues, au lieu d'être grêles comme chez les Pluviers et les autres Echassiers marins, sont au contraire robustes, les tarses le sont surtout et ont un renflement notable au-dessous de leur articulation avec les tibias, d'où son nom d'OEdicnème (jambe enflée). Il résulte de ces différences Ostéologiques que les ailes étant plus saillantes antérieurement, l'OEuf est moins renflé et plus allongé au gros bout, et que les articulations avec l'avant-bras étant beaucoup plus rejetées en arrière,

---

(1) M. de la Fresnaye, dans cet article, distingue les Formes Oologiques en *Ovalo-conique*, *Ellipso-conique*, *Ellipso-sphérique* et *Ellipso-cylindrique*.

motivent un renflement dans l'OEuf vers le point correspondant, à peu près vers les deux tiers postérieurs, tandis que celles des tibias avec les tarses, beaucoup plus robustes et augmentées du renflement particulier aux tarses de cet Oiseau, en motivent un vers l'extrémité et l'empêchent d'être aussi pointu et conique que chez les Pluviers, Vanneaux, etc. (1) »

C'est la réunion de toutes ces conditions si différentielles de ce qui se remarque chez les Gralles, qui nous a déterminé à la composition de notre Sous-Ordre des Struthionigralles. Il est fâcheux que M. de la Fresnaye n'ait aperçu que le côté curieux de ce rapprochement, sans en rien conclure pour l'influence qui en devait résulter sur les Méthodes de Classification adoptées et suivies.

CARACTÈRES OOLOGIQUES :

Forme — Ovalaire, assez renflée, et parfois Sphérique.

Coquille — à test assez mince, compact, à pores peu visibles et faiblement luisant; Blanc intérieurement.

Couleur — d'un Blanc-Fauve, recouvert également de taches sinueuses et irrégulières d'un Brun plus ou moins foncé ou Verdâtre, sans cependant revêtir précisément l'apparence de marbrures.

On verra bientôt avec plus d'évidence que, par sa forme, l'OEuf de l'OEdicnème n'a rien qui le rapproche de celui des Pluviers; et que ces différences, jointes à celles résultant de la constitution Ostéologique des deux Oiseaux, doit entraîner définitivement la suppression de l'OEdicnème de l'Ordre des Gralles, dont font essentiellement et notablement partie les derniers. Ce résultat nous est clairement indiqué par la conformité constante des caractères que nous avons eu lieu d'observer et de comparer sur l'OEuf de

---

(1) *Comparaison des OEufs des Oiseaux avec leurs Squelettes.* — *Rev. Zool.*, 1845.

quatre Espèces d'OEdicnèmes, dont nous avons possédé les exemplaires, aujourd'hui au Musée de Philadelphie : *OEdicnemus crepitans*, par six ou huit variétés ; *OEd. maculosus: OEd. bistriatus;* et *OEd. grallarius.*

QUATRIÈME TRIBU.

CURSORIIDÉS OU COURRE-VITE — *Cursoriidæ.*

Il en est ainsi de l'OEuf du Courre-vite qui, avec le même ensemble, se rapproche davantage de celui des Turnicidés qui vont suivre, quoique avec un système de maculature tout particulier, et le même sur trois Espèces dont nous connaissons l'OEuf.

CARACTÈRES OOLOGIQUES :

Forme — d'un Ovoïde arrondi et presque Sphérique, la pointe en étant à peine indiquée.

Coquille — à test mince, sec, à pores peu visibles, Blanc intérieurement, mat et sans reflet appréciable.

Couleur — d'un Blanc sale ou Fauve, tiqueté irrégulièrement de petits traits ou rayures très-fines et de petits points Brunâtres et Noirâtres, entremêlés d'autres Grisâtres.

Le Docteur Thienemann réunit les *Cursoriidæ*, dont il ne figure du reste qu'une seule Espèce d'OEuf, celui du *C. bicinctus*, qu'il a dessiné sur celui de notre Collection, aux *Glareolinæ* (1).

CINQUIÈME TRIBU.

TURNICIDÉS, OU TURNIXS — *Turnicidæ.*

L'OEuf des Turnicidés est assez rapproché de celui des Perdicidés, pour que l'on n'ait jamais songé à les en éloigner beaucoup, en les mettant dans un autre Ordre que ceux-ci. Son caractère,

(1) Pl. 58, fig. 3.

cependant, réuni à celui que fournit l'OEuf des deux précédentes Tribus que nous lui avons adjointes, constitue un ensemble qui suffit, à nos yeux, pour justifier le groupement que nous en avons fait avec ces dernières, en même temps que leur séparation d'avec les Perdicidés.

CARACTÈRES OOLOGIQUES :

Forme — Ovée, un peu obtuse, c'est-à-dire, quelque peu renflée ou globulaire.

Coquille — à test mince, à pores serrés ; Blanche intérieurement, mate et sans aucun reflet.

Couleur — d'un Blanc sale ou Fauve clair, parsemé plus ou moins finement de nombreux points d'un Noir-Brunâtre, entremêlés de mouchetures Grises.

Même observation pour les OEufs des Oiseaux de cet Ordre, que pour ceux du précédent, quant à l'appropriation de leur Couleur à celle des lieux où ils les déposent.

SIXIÈME ORDRE.

STRUTHIONS

(Struthiones).

D'après notre manière de raisonner, et en nous plaçant au point de vue de notre travail, nous pensons à être fondé à établir ici l'Ordre exceptionnel des Struthions, ou *Rudipennes,* de M. Isid. Geoffroy-Saint-Hilaire.

Nous y comprenons, à peu près, les mêmes Tribus qu'y a mises le Prince Ch. Bonaparte, plus les *Casuaridæ,* que nous élevons, du rang de Famille où il les plaçait, à celui de Tribu ; plus également les *Apterygidæ,* que nous élevons au même rang ; moins

cependant, quant à présent, les *Dinornithidæ* et les *Epiorni-
thidæ,* dont nous ne connaissons l'OEuf qu'à l'état presque fossile,
ce qui ne permet pas suffisamment d'en vérifier la contexture
calcaire.

Cet Ordre est celui qui offre les plus curieux sujets d'études
Oologiques, en ce qui concerne la structure intime et l'aspect
extérieur du test de l'OEuf. En effet, par suite du dépôt successif,
ou du mode différent dans la cristallisation de la matière calcaire,
cette enveloppe affecte des apparences diverses. Ainsi, dans l'Autruche d'Afrique, les pores ne sont pas uniformément disposés à
la surface, comme dans la généralité des OEufs d'Oiseaux ; ils s'y
trouvent répartis par séries de circonvolutions divisées par seg-
ments ou solutions de continuité, dans le genre du vermiscellé
que la taille de la pierre affectait pour l'ornementation extérieure
de l'architecture à la fin du XVIᵉ et au commencement du
XVIIᵉ siècle ; mais chaque piqueture, ou ponctuation, étant en
creux, et l'intervalle d'un point à un autre paraissant en relief,
par apposition, et par suite de l'épaisseur de la Coquille.

Dans l'Autruche d'Amérique, au contraire, les pores de la
Coquille, beaucoup plus lisse et unie que chez l'OEuf de l'Autruche
d'Afrique, présentent un système de linéaments fins et déliés, ou
de rayures en creux, disposés assez uniformément à la surface,
mais tous droits et perpendiculaires au petit axe de l'OEuf, par
conséquent dans le sens de la longueur.

Pour le Casoar, il s'offre avec la plus grande exagération qui se
puisse voir, du système que nous appellerons tuberculeux : car ce
ne sont plus les pores qui s'aperçoivent se dessinant en creux,
comme chez l'Autruche, c'est toute une granulation procédant par
séries beaucoup plus rapprochées, en sorte que l'ensemble et
l'aspect produisent l'effet d'un guilloché assez profond.

Quant à l'OEuf de l'Aptérix, sa Coquille, étudiée au Microscope,
offre à l'OEil dans la composition de son test, un réseau de fines

saillies, ou *Spicules*, ainsi que le dit très-bien le Docteur Owen (1), communiquant entre elles, comme toutes les concrétions calcaires des OEufs d'Oiseaux, par des réservoirs ou tubes aériens qui en constituent la capillarité. Ce dernier caractère, dans le mode de cristallisation et de constitution organique du test Ovarien est au surplus, nous le répétons, commun à plusieurs autres Oiseaux, notamment, mais dans une moindre mesure, à plusieurs Gralles parmi nos *OEgyalites* et nos *Alectorides*.

Observons que, par leur Forme, à part leur Couleur, l'OEuf de l'Autruche et celui du Casoar se rapprochent de celui de nos Coureurs; tandis que celui de l'Aptéryx, par la sienne, se rapproche de celui des Gralles, particulièrement de celui du Cariama, que nous mettons à leur tête.

C'est donc le cas, de toute manière, d'indiquer la Diagnose Oologique de cet Ordre des Struthions, en procédant par Tribu.

PREMIÈRE TRIBU.

STRUTHIONIDÉS OU AUTRUCHES — *Struthionidæ*.

CARACTÈRES OOLOGIQUES.

Forme — ou Globulaire, ou Sphérique, ou Ovalaire.

Coquille — à test fort dur, épais et à surface peu unie et fort luisante.

Couleur — d'un Blanc-Jaunâtre ou Jaune d'Ivoire.

L'Autruche, surtout celle d'Amérique ou Nandou, par son OEuf, semblerait la démonstration assez évidente de l'influence de la domesticité sur la forme de l'OEuf, ou du moins sur la déviation que la Forme normale de ce corps en peut éprouver, et donner peut-être raison à la proposition de M. Hardy, de Dieppe, sur ce point. Mais, dans quelle limite s'exerce cette influence?

(1) *Proced. Zool. Soc*, 1852.

Quelle en est la cause appréciable ? C'est ce que nous ne saurions dire ; et nous n'osons encore adopter sans réserve, ni comme principe démontré en Oologie, que : « La perpendicularité de » l'Oviducte fait, dans le repos, l'Œuf court de la majeure partie » des *Oiseaux de proie*, et dans l'action, celui du *Pic*, » ainsi que s'exprime cet habile observateur (1).

Ainsi, la plupart des Œufs de Nandou pondus au Muséum d'Histoire Naturelle de Paris, présentent une Forme d'une Ellipse on ne peut plus allongée, et se rapprochant fort du type auquel nous avons donné le nom de *Cylindrique;* il est facile d'en juger par les dimensions que voici, prises sur un Œuf de cette Espèce pondu dans la Ménagerie de cet Établissement :

14 centimètres et demi de longueur, au grand axe, sur 7 centimètres et demi de largeur, au petit axe, c'est-à-dire que le petit diamètre, ici, n'est que la moitié du grand ; tandis que les dimensions normales de l'Œuf de cette Espèce, pondu à l'état de nature ou de liberté, en Amérique, sont d'ordinaire de 9 ou 9 centimètres et demi sur 14. La Coquille en est en outre plus lisse et moins striée ou piquetée, les pores plus rares et plus profonds, et de Couleur Beurre frais. Nous laissons M. Hardy en tirer toutes les conséquences favorables à sa théorie.

DEUXIÈME TRIBU.

CASUARIDÉS OU CASOARS — *Casuaridœ.*

CARACTÈRES OOLOGIQUES :

Forme — Ovale ou Elliptique.

Coquille — à test dur, épais, à surface très-rugueuse et luisante dans toutes les molécules ou parcelles en relief.

Couleur — ou d'un Vert-Jaunâtre ou d'un Vert-Grisâtre,

---

(1) *Rev. et Magas. de Zool.* N° 6. Ann. 1857.

recouvert dans tous les cas d'une granulation d'un Vert-Clair ou d'un Vert-Bouteille Bleuâtre qui, à première vue, paraît donner sa couleur à la Coquille et être la sienne.

La Coquille de l'OEuf des Casoars, dans sa contexture, est d'une nature en apparence seulement exceptionnelle par l'exagération de sa double concrétion, le test en ayant l'air formé de deux couches superposées. Ainsi, on y remarque une première enveloppe assez fine, assez unie et mate, de Couleur Grise ou Ardoise-Verdâtre; puis, sur cette enveloppe, et irrégulièrement répandue à la surface, une sorte de granulation grumeleuse en relief, à contours arrondis et luisants, d'un beau Vert foncé. Aussi cette double épaisseur permet-elle d'en tirer parti au moyen de la sculpture, en ne laissant de la couche supérieure que ce que l'on veut, pour en former et produire des dessins en arabesque, talent que les Chinois, si industrieux, possèdent au suprême degré, et appliquent à toutes les matières solides.

Ces OEufs, chez le Casoar, subissent, comme tous ceux d'Oiseaux soumis à l'influence de la domesticité, une altération sensible dans la contexture de leur test, car, outre que la principale surface mate de ce test devient d'un Jaune-Verdâtre, la granulation dont nous venons de parler, sans changer positivement de couleur, y devient beaucoup plus rare et beaucoup plus espacée.

Pour ce qui est de cette granulation en elle-même, quant à sa nature et à son origine, il est assez difficile d'asseoir quelque chose de précis. Il est à croire, et c'est notre opinion, qu'elle est le produit de la matière colorante qui se développe dans le trajet de l'Oviducte, chez ces Oiseaux; et doit en partie sa consistance, anormale dans la série, et ses reliefs à une sécrétion particulière assez épaisse de la muqueuse. Car nous distinguons positivement cette matière de la Coquille ou surface à laquelle elle est superposée, dont la formation est au contraire le résultat d'une cristallisation très-fine et parfaitement homogène, et dont la teinte extérieure Gris-Verdâtre est celle de ses éléments constituants, et par conséquent de son épaisseur ou de son intérieur.

TROISIÈME TRIBU.

APTÉRYGIDÉS OU APTÉRYX — *Apterygidæ*.

CARACTÈRES OOLOGIQUES:

Forme — Ovée, allongée.

Coquille — à test modérément épais, plus rugueux au toucher qu'à la vue, à l'inverse de l'OEuf du Casoar ; mat et sans reflet sensible.

Couleur — d'un Blanc-Gris sale.

Si nous mettons l'Aptéryx le dernier de nos Struthions, c'est qu'il nous parait former Oologiquement, et nous dirions même Physiologiquement, ou par l'ensemble de ses caractères, le lien de transition des *Struthiones* aux *Grallæ*, par la première Tribu de nos *Ægyalites*, les *Cariamidæ*.

La connaissance première de la plus grande partie des détails Oologiques relatifs à l'Aptéryx, est due au Docteur Owen, qui en a fait l'objet d'une savante et intéressante communication à la Société Zoologique de Londres, en 1852, dans les Bulletins illustrés de laquelle il en a fait figurer l'OEuf, pondu dans le Jardin Zoologique de la même Société.

Cet éminent Professeur a remarqué fort justement que, toute proportion gardée entre les mesures Ostéologiques des *Dinornithidæ* et des *Apterygidæ*, l'OEuf de ces derniers était beaucoup plus gros que ne pouvait l'être celui des premiers, dont on ne connait que des débris plus ou moins fossilifiés.

Or, ce caractère de grosseur disproportionnée de l'OEuf avec l'Oiseau qui l'a produit est commun, et presque exclusivement particulier à l'OEuf de la plupart des Tribus du premier Sous-

Ordre de nos Gralles, les *Ægyalites*, dans lesquels figurent les *Charadridæ*, etc.

Nous devons dire toutefois que la Forme de l'Œuf de l'Aptéryx, presque la même que celle de l'Œuf du Cariama, se rapproche beaucoup plus de la Forme Ovée allongée que de la Forme Ovoïconique propre aux vrais Gralles.

SEPTIÈME ORDRE.

GRALLES

(*Grallæ*).

Le caractère particulier de tout Œuf de vrais Gralles, est d'avoir sa matière calcaire d'un Blanc légèrement Verdâtre dans son épaisseur, et par conséquent dans la transparence de sa Coquille. C'est, avec la Forme qui est d'un Ové allongé et aigu, c'est-à-dire, presque Ovoïconique, la ligne de démarcation la plus marquée entre cet Ordre et celui des Gallinacés, dont cette matière est au contraire le plus généralement Blanche.

Nous comprenons dans cet Ordre tous les Oiseaux à tarses élevés, en dehors de ceux qui précèdent, et nous le divisons en quatre Sous-Ordres : *Ægyalites*, *Alectorides*, *Herodiones* et *Hygrobatæ*.

PREMIER SOUS-ORDRE.

ÆGYALITES

(*Ægyalites*).

Nous avons préféré emprunter cette dénomination à Vieillot, qui l'appliquait à la plupart des Tribus dont nous formons ce Sous-Ordre, que d'en imaginer un nouveau. Il se compose des Tribus suivantes :

Cariamidæ,	Cariamas.
Thinocoridæ,	Thinocores.
Charadriidæ,	Pluviers.
Glareolidæ,	Glaréoles.
Hœmatropodidæ,	Huitriers.
Recurvirostridæ,	Avocettes.
Scolopacidæ,	Bécasses.
Phalaropodidæ,	Phalaropes.

Au total huit Tribus, dont les deux points extrêmes paraissent, à première vue, bien éloignés l'un de l'autre.

Nous avons donné plus haut les raisons qui nous ont fait détacher l'OEdicnème des Charadridés, nous devrions dire, maintenant, de nos Ægyalites. Nous allons, à l'appui de ces raisons, donner celles qui nous ont fait comprendre les huit Tribus ci-dessus dans ce Sous-Ordre, et sur lesquelles s'appuie le groupement Oologique que nous en avons ainsi fait; et ces motifs, nous les emprunterons encore à M. de la Fresnaye, dont les considérations ne sont que le développement de nos principes et de ceux de Buhle, qui avait dit avant nous que : « La Forme de l'OEuf est en » rapport avec la configuration de l'Oiseau qui se développe dans » l'OEuf, nommément avec la grosseur du tronc, avec la grosseur » de la tête, et avec la longueur et la vigueur des jambes : par » exemple, la forme ronde du Hibou, le corps long et étendu, et » le cou allongé du Grèbe huppé, etc. »

« Chez les Échassiers marins, dit M. de la Fresnaye, comme COURLIS, PLUVIERS, HUITRIERS, ECHASSES, VANNEAUX, CHEVALIERS et BÉCASSEAUX, et même chez les BÉCASSES, BÉCASSINES et BARGES (c'est-à-dire, *Numenius, Charadrius, Hœmatopus, Himanthopus, Vanellus, Totanus, Tringa, Scolopax, Gallinago* et *Limosa*), qui, pour la plupart, sont Oiseaux assez étroits des épaules, mais à bréchet très-saillant inférieurement, les *OEufs sont très-renflés vers le gros bout, allongés et très-pointus vers l'autre extrémité ou Ovalo-coniques…*

» Après avoir reconnu que les OEufs d'Échassiers marins, très-gros par un bout, devaient ce renflement à la grande saillie inférieure du bréchet de leur squelette, il nous reste à expliquer pourquoi ces mêmes OEufs sont prolongés en pointe conique au bout opposé. Si le bréchet, d'après son plus ou moins de saillie, soit inférieure, soit antérieure, dans le squelette, produit chez l'OEuf une Forme plus ou moins renflée vers le gros bout, c'est-à-dire, Ovalaire, ou plus ou moins étroite vers ce même bout, c'est-à-dire, Ellipsoïde, la longueur comme la grosseur des trois parties qui constituent l'aile et la patte ont aussi une influence très-marquée sur l'allongement de l'OEuf antérieurement ou postérieurement ; ainsi chez les Echassiers maritimes dont il est ici question, tels que les Echasses, Courlis, Pluviers, Vanneaux, Chevaliers, Tringas, et même chez les Bécasses et Bécassines, tous Oiseaux à pattes généralement fort longues et très-grêles, lorsque ces pattes sont reployées sur elles-mêmes en forme de **Z**, comme elles devaient l'être dans l'OEuf, l'extrémité postérieure des deux tibias ou leur articulation avec les tarses dépassant plus ou moins l'extrémité de la queue, se trouvent alors très-rapprochés ou contigus l'un à l'autre postérieurement, et occasionnent cette prolongation postérieure en pointe conique chez leur squelette comme chez leurs OEufs (chez l'Echasse elles dépassent la queue d'une longueur égale à celle du tarse tout entier). Les os de leurs ailes, également grêles, mais de longueur moyenne et ne dépassant pas le tronc antérieurement, ne peuvent motiver un prolongement antérieur dans l'OEuf. » (1)

(1) *Comparaison des OEufs des Oiseaux avec leurs Squelettes. Rev. Zool.* 1845.

PREMIÈRE TRIBU.

CARIAMIDÉS OU CARIAMA. — *Cariamidæ.*

Cette Tribu n'est représentée que par une Espèce unique, que le Prince Ch. Bonaparte a placée entre les Grues et les Kamichis, dans ses Alectorides. Nous croyons le Cariama mieux placé ici, c'est du moins le rang que semble lui assigner son caractère Oologique, qui est celui d'un véritable Echassier, et celui de tous les Pluviers, dont nous le faisons suivre.

CARACTÈRES OOLOGIQUES :

Forme — Ovée, presque Ovoïconique obtuse.

Coquille — à grain assez dur, à pores visibles, Blanc intérieurement et d'un faible reflet.

Couleur — d'un Blanc-sale avec quelques taches d'un Brun-Rougeâtre, entremêlées d'autres taches Grisâtres.

Par la place que nous assignons à ce Genre, dans la Série, on voit que nous ne partageons pas l'opinion du Docteur Thienemann, qui le range avec les *Rallidæ*; sans doute à cause des rapports apparents de Coloration de cet OEuf, avec la variété d'OEuf de Porphyrion, à côté de laquelle il le figure (1). Sa Forme seule en effet l'éloigne considérablement de cette famille.

DEUXIÈME TRIBU.

THINOCORIDÉS — *Thinocoridæ.*

La transposition que nous avons cru pouvoir faire des Thinocores, en les enlevant à l'Ordre des Gallinacés, ou au moins à la Famille des Perdicidés, dans lesquels on les place d'habitude, et

____

(1) Pl. LXII, fig. 14 et 13.

où les a même rangés un moment (1) le Prince Ch. Bonaparte, pour les reporter, ainsi qu'il l'a fait depuis (2), à l'Ordre des Gralles, paraîtra peut-être extraordinaire et en dehors de toutes les règles de la Classification Ornithologique. Lorsque l'on aura toutefois examiné nos motifs, on reconnaîtra que nous sommes beaucoup plus près de la vérité, si nous ne nous y trouvons tout-à-fait, que nos prédécesseurs, et que nous ne l'avons été nous-même, dans le temps, faute de connaître l'Œuf du Thinocore, que nous possédons aujourd'hui, et qui doit faire cesser toute incertitude. On en va juger :

Caractères Oologiques :

Forme — Ovoïconique.

Coquille — à test dur, serré, à pores peu visibles, uni et luisant; d'un Blanc légèrement Verdâtre intérieurement.

Couleur — d'un joli ton Isabelle, presque Nankin, grivelé de petits points et de traits d'un Brun-Rougeâtre et d'autres d'un Gris violacé, plus nombreux au gros bout.

Il ne faut donc pas s'étonner que d'après ces caractères, qui sont exclusivement propres à tous les vrais Charadridés, nous ayons fait des Thinocores une Famille de Gralles ; et, surtout, que nous les placions entre les Cariamas et les Pluviers qui les vont suivre. Nous ne connaissons l'Œuf, il est vrai, que d'une Espèce de Thinocore, celui de d'Orbigny (*Orbignyanus*); mais le caractère de Gralles y est si bien imprimé, que nous ne mettons pas en doute que tous ceux de la Famille ne lui ressemblent.

A l'appui de ces remarques, nous avons des données qui viennent corroborer notre manière de voir, et démontrer tout le secours que l'Ornithologie peut recevoir de l'Oologie sainement appliquée,

---

(1) *Conspectus*. 1852.
(2) Comptes-rendus de l'Acad. des Sciences. 1856.

à mesure que s'étendra le cercle de ses connaissances. Il faut se reporter en effet aux habitudes des Oiseaux dont nous nous occupons ; et c'est une occasion toute naturelle pour nous de rappeler aux Ornithologistes ce qu'en ont dit et les Naturalistes de l'Expédition Américaine du *Beagle*, et, d'après eux, le Baron de Lafresnaye, que nous préférons laisser parler.

« Le Genre Thinocore, dit ce Savant, qui, dans ses formes et ses mœurs, tient des Gallinacés et des Echassiers tout à la fois, se rencontre partout où il y a des plaines stériles et des pâturages maigres et découverts, dans l'extrémité Sud de l'Amérique Méridionale. Ainsi le *Thinocorus rumicivorus* d'Eschscholtz, se trouve à l'Est, dans les plaines de la Patagonie, près Santa-Cruz, vers le 50e degré de latitude, et, à l'Ouest, sur le versant Occidental des Cordillières, à la Conception, vers les lieux où le pays, couvert de forêts, se change en vastes plaines découvertes. Depuis ce point méridional du Chili, jusqu'à Copiapo, on le rencontre dans les localités les plus dénuées de végétation et les plus désolées, où aucun être vivant ne semble pouvoir exister.

» Comme les Perdrix, les Thinocores prennent leur vol en compagnies ; comme elles, ils sont Oiseaux pulvérateurs. Dans ces deux particularités de mœurs, comme aussi dans la forme de leur gésier musculeux, adapté à une nourriture végétale ; dans celle de leur bec voûté, de leurs narines à opercule charnu ; de leurs pattes peu élevées et de leurs doigts, ces Oiseaux ont une grande affinité avec les Cailles.

» Mais, dès qu'on les voit voler, on change d'avis : leurs ailes longues et pointues, si différentes de celles des Gallinacés ; leur vol élevé et irrégulier, et leur cri plaintif, au moment où ils s'élèvent du sol, rappellent toutes les allures d'une Bécassine ; quoique, lorsqu'ils sont réunis en troupe, ils prennent leur essor comme une compagnie de Perdrix. Les matelots du *Beagle* les appelaient, en général *Bécassines à bec court*. Il est certain que, dans la forme de leurs ailes, la longueur des scapulaires, la forme de la queue, qui ressemble tout-à-fait à celle du *Tringa hypoleucos;* et dans la couleur générale du plumage, ils offrent la plus grande analogie avec les *Tringas*, selon M. Gould; selon nous, ce serait plutôt avec les *Tournepierres*, d'après la brièveté de leurs jambes et l'espèce de plastron noir qui se remarque sur la poitrine des mâles, et qui, de chaque côté, descend du coin du bec. La description anatomique qu'en a donnée M. Eyton (1) confirme en partie cette affinité avec les Echassiers et les Gallinacés, qui est si remarquable dans leurs formes extérieures et leurs habitudes. » (2)

N'est-il pas intéressant, en présence de ces hésitations de la Science et du pressentiment d'un de nos plus habiles Ornithologistes, M. Gould, à qui en est due la remarque, de voir ces incertitudes tranchées, en faveur de l'opinion de ce dernier, par la révélation des caractères si fortement accusés de l'OEuf d'un Oiseau de cette Famille? Caractères tels que, confondu avec plusieurs OEufs de Charadriidés, on le pourrait confondre avec eux et le prendre presque pour l'OEuf du *Charadrius vociferus*, sauf son fond un peu plus jaunâtre.

L'OEuf de l'*Attagis*, que nous ne connaissons pas encore, viendra-t-il confirmer de si heureuses prémisses?

TROISIÈME TRIBU.

CHARADRIIDÉS OU PLUVIERS — *Charadriidæ.*

C'est, avec les Thinocoridés, et à partir des Charadriidés, que se dessine le mieux, après le caractère de la couleur de la matière calcaire, cet autre caractère si remarquable de l'OEuf des vrais Gralles, qui affecte la Forme que nous avons appelée *Ovoïconique*, mais qui ne se révèle encore chez eux, qu'au premier degré de ce

(1) *Beagle's Voy.*
(2) *Revue Zoolog.* 1845.

que nous les verrons plus tard, dans un Ordre d'Oiseaux inférieurs. Cette Forme est celle dans laquelle la partie la plus longue du petit axe de l'OEuf, au lieu de se trouver au centre, comme dans la Forme Ovoïde ou Elliptique, se trouve reportée au sommet de l'OEuf, dont les côtés ne dessinent plus, à partir de ce point, qu'une ligne droite jusqu'à son bout aigu.

Les Caractères Oologiques de toutes les Tribus qui vont suivre, jusqu'à la fin de l'Ordre des Grailes, sont tellement identiques, que nous nous empressons de reconnaître l'impuissance de l'Oologie à servir à les distinguer, par ces caractères, d'une manière satisfaisante les unes des autres. Leurs OEufs, à toutes, à quelques exceptions près, ont la même Forme, la même nature de Coquille, et sont empreints des mêmes Couleurs ne variant que dans l'intensité des teintes, et ces Couleurs ne sortent pas du Brun et du Vert dans toutes leurs gammes. Cette impuissance de l'Oologie, que nous signalons ici, est, après tout, plus apparente que réelle : car c'est un hommage de plus rendu à l'harmonie constante de ses rapports avec les faits de mœurs et d'habitudes, et avec l'ensemble des caractères organiques et ses formes extérieures.

CARACTÈRES OOLOGIQUES :

Forme — Ovoïconique.

Coquille — à test mince, à pores assez visibles, d'un Blanc Verdâtre intérieurement et peu luisant.

Couleur — à fond d'un Blanc plus ou moins Jaunâtre ou Verdâtre, avec des taches d'un Brun varié et d'autres Grisâtres, d'un système de maculature irrégulier ; tantôt sous forme de points ou vermicellé, tantôt sous forme d'éclaboussures ou de mouchetures, tantôt enfin sous forme de larmes, généralement réunies au centre ou au gros bout de l'OEuf.

QUATRIÈME TRIBU.

GLARÉOLIDÉS OU GLARÉOLES — *Glareolidæ.*

CARACTÈRES OOLOGIQUES :

Forme — Ovée, un peu Globulaire ou obtuse.
Coquille — comme chez les Charadridés.
Couleur. — Le fond généralement plus Verdâtre.

CINQUIÈME TRIBU.

HŒMATOPODIDÉS OU HUITRIERS — *Hœmatopodidæ.*

CARACTÈRES OOLOGIQUES :

Forme — d'un Ové allongé plutôt qu'Ovoïconique.
Coquille — comme chez les précédents.
Couleur. — Fond d'un Blanc-fauve ou Jaunâtre, avec des points ou quelques marbrures irrégulières d'un Brun plus ou moins foncé.

Le Docteur Thienemann les range avec les OEdicnèmes, dont ils rappellent, il est vrai, un peu l'OEuf, mais de bien loin, et encore uniquement sous le rapport du système de maculature (¹).

SIXIÈME TRIBU.

RÉCURVIROSTRIDÉS OU AVOCETTES — *Recurvirostridæ.*

CARACTÈRES OOLOGIQUES :

Forme — Ovoïconique.
Coquille — comme chez les précédents.
Couleur — de même.

(1) Tab. 57.

SEPTIÈME TRIBU.

SCOLOPACIDÉS OU BÉCASSES — *Scolopacidæ*.

CARACTÈRES OOLOGIQUES :

Forme — variant de l'Ovée obtuse pour les grandes Espèces de Bécasses (*Rusticola* et *Major*) à la Forme Ovoïconique pour toutes les autres Espèces, surtout pour les Genres *Numenius* et *Limosa*.

A l'égard du Genre *Numenius*, son OEuf est une des meilleures démonstrations de l'indispensable nécessité de joindre les connaissances Oologiques à celles Ornithologiques. Pendant combien de temps en effet, au point de vue de ses caractères physiologiques, n'a-t-on pas persisté à le rapprocher des Ibis, dont il représente seulement le *facies* ? Il suffit aujourd'hui d'examiner la Forme seule de l'OEuf du Courlis, pour demeurer convaincu qu'il ne saurait être placé ailleurs que dans les Scolopacidés (1).

Coquille — plus ou moins luisante, moins pour les premières, plus pour les secondes.

Couleur — comme pour les précédentes.

Il y aurait cependant, sous ce dernier rapport, une exception à faire en faveur de la *Rusticola*, qui se rapproche un peu pour le fond et pour les taches, de la Tribu des *Rallidæ*, qui fait la tête de l'Ordre dont nous allons traiter.

HUITIÈME TRIBU.

PHALAROPODIDÉS — PHALAROPES — *Phalaropodidæ*.

Les Caractères Oologiques en sont les mêmes que ceux des Récurvirostridés.

____

(1) *Magas. de Zool.* 1844. *Ois.* Pl. XLVIII.

DEUXIÈME SOUS-ORDRE

ALECTORIDES

(*Alectorides*).

Nous laissons au rang d'Ordre, en en adoptant la dénomination, la Tribu des *Alectorides* du Prince Ch. Bonaparte, et nous la composons des mêmes éléments qu'il a affectés à cette Tribu ; mais dans un sens inverse de celui adopté par l'illustre Ornithologiste. Ce Sous-Ordre renfermera donc les Tribus suivantes : *Parridæ*, *Rallidæ*, *Palameïdæ*, moins les *Cariamidæ*, que l'on a vus ailleurs ; mais plus les *Chionidæ*, les *Eurypigidæ*, les *Opistho-comidæ*, les *Penelopidæ*, les *Megapodidæ*, les *Cracidæ*, et les *Mesitidæ*, au total dix Tribus.

PREMIÈRE TRIBU.

PARRIDÉS OU JACANAS — *Parridæ*.

L'un des plus grands embarras des Classificateurs en Ornithologie est de trouver, sinon la place des *Rallidæ*, nous dirions presque des Alectorides, dans la Série, du moins leur lien de transition avec les Gralles ; et cette difficulté est la même pour l'Oologiste : non pas tant à cause des caractères parfaitement homogènes du reste de la Tribu des Rallidés, qu'à cause des caractères tout-à-fait exceptionnels de l'OEuf des Parridés ou Jacanas, et sous le rapport de la Forme, et sous celui du système de maculature, qui n'ont aucune analogie, par leur OEuf, avec celui de cette dernière Famille, dont leurs mœurs, leurs habi-tudes, et même leur conformation les rapprochent éminemment : la Forme de cet OEuf est celle des Gralles ; quant à la maculature, elle est, on peut le dire, *sui generis*.

Si nous ne suivions que notre impulsion naturelle, nous les comprendrions donc dans ce dernier Ordre, quoique les considérations que nous venons d'énoncer les en repoussent quelque peu; et nous ne voyons d'autre moyen de sortir de cette perplexité que de les mettre en tête de nos Alectorides, ceux-ci venant immédiatement à la suite des Gralles.

CARACTÈRES OOLOGIQUES :

Forme — Ovoïconique ou d'un Ové excessivement aigu.

Coquille — à test assez dur, à pores invisibles et très-luisant.

Couleur — d'un fond Jaunâtre ou Ocracé, couvert en tous sens de traits en zig-zag, présentant un enchevêtrement inextricable, et dont on découvre à peine le commencement ou la fin, de couleur Noire ou Brun-foncé.

Tel est le caractère de coloration et de maculature du *Parra Jacana* et du *Metopidius Africana*, que nous possédons; d'une Espèce, de Madagascar, que nous avons étudiée dans le temps au Museum d'Histoire Naturelle de Paris, et dont nous possédons le dessin fait de la main d'Alphonse Prévost, l'un des meilleurs Peintres de cet Établissement; et du *Parra Indica*, que nous ne pensons pas être la même Espèce, figuré par Thienemann (1).

Une exception fort curieuse existerait pour le *Parra Sinensis*, que nous ne connaissons également que par la figure qu'en a donnée le même Auteur (2). Cet OEuf a la même Forme, mais la Coquille est uniformément teintée d'un Jaune légèrement Olivâtre, qui rappelle à s'y méprendre l'OEuf du Faisan commun, dont cet Oiseau porte même le nom générique (*Hydrophasianus* de Wagler) à cause de la forme si singulière de sa queue qui est

(1) Pl. LXXII, fig. 10.
(2) Ibid. fig. 9.

celle de tous les Phasianidés, et ne porte trace d'aucune maculature. Il faut avouer qu'ici la Science Oologique se trouve encore en défaut; quoique cependant l'anomalie organique qui se remarque chez cette Espèce soit égale à celle qu'offre son OEuf, en telle sorte qu'à la rigueur il n'y aurait pas plus à conclure contre l'une que contre l'autre de ces deux Sciences, dont la dernière est à ses débuts.

DEUXIÈME TRIBU.

EURYPIGIDÉS, OU CAURALES — *Eurypigidœ.*

Ce n'est point d'aujourd'hui qu'est faite notre opinion de ranger le Caurale dans les Rallidés, ou très-près d'eux. Dès 1844, peu de temps après nous être procuré, par l'infortuné Justin Goudot, l'OEuf de cet Oiseau, nous nous exprimions ainsi :

« C'est la première fois que la Science a connaissance de cet OEuf, découvert, comme celui du Rupicole, par M. J. Goudot, qui l'a trouvé, en chassant, à la Nouvelle-Grenade, dans un nid sur lequel il venait de tuer la femelle que nous possédons.

» Nous croyons que les Caractères Oologiques qu'il fournit peuvent aider puissamment les Nomenclateurs à sortir de l'embarras qu'ils ont jusqu'à présent éprouvé à classer convenablement ce Genre si remarquable.

» On sait que l'agréable variété, plutôt que la beauté réelle du plumage de cet Oiseau, surtout lorsqu'il étale ses ailes et sa queue, lui a fait donner, par les Français qui habitent la Guyane, seule partie de l'Amérique du Sud, d'où, jusqu'à présent, l'on ait reçu ce Genre, le nom de *petit Paon des Roses,* sous lequel il est connu dans cette Colonie, et que Buffon, avec le goût et la justesse d'idées et d'expressions qui le distinguent toujours, n'a pas cru pouvoir mieux peindre ce plumage qu'en le comparant *aux ailes de la plupart des beaux Papillons Phalènes.*

» Ce grand Naturaliste n'a pas été moins heureux dans sa manière d'apprécier l'ensemble des Caractères Zoologiques du Caurale, lorsqu'après avoir dit : « *A le considérer par la forme du bec et des pieds, cet Oiseau serait un Râle ; mais sa queue est beaucoup plus longue que celle d'aucun Oiseau de cette Famille,* » il se décide à le décrire à la fin des Râles, et avant les Poules-d'eau (*Gallinula*).

» Nous pensons que tous les Auteurs, qui ont écrit depuis lui, eussent dû, en l'absence et à défaut de nouveaux caractères inconnus à Buffon, s'en tenir à son jugement et laisser provisoirement le Caurale où il l'avait placé.

» Linnée, sans être aussi bien inspiré, mais avec presque autant d'apparence de raison, l'a mis dans son Genre Héron, *Ardea.*

» Valmont de Bomare, tout en suivant l'opinion que Buffon n'avait émise que sous forme de doute, a été beaucoup plus affirmatif que lui, en disant du Caurale : « *il a tous les caractères du Râle, et il est par conséquent du même Genre, il a seulement la queue plus longue.* »

» Latham, séduit par les rapports frappants des couleurs de son plumage avec celles de la Rhynchée du Cap, *Rhynchœa Capensis,* en a fait une Bécassine, et l'a placé dans le genre *Scolopax.*

» Illiger, Cuvier et Latreille, l'ont rangé entre les Grues et les Hérons ; Temminck, entre les Rynchées et les Râles, se rapprochant, par là, un peu plus des principes de Buffon que ses devanciers ; et Vieillot l'a mis entre les Bécasses et les Hérons, sous le nom de *Helias phalenoïdes.*

» Lesson, en prenant parti pour Linnée, parce que, suivant lui, le Caurale *est évidemment un petit Héron,* a cru devoir critiquer indirectement Buffon de lui avoir trouvé de l'analogie avec les Râles.

» Enfin le docte M. Isidore Geoffroy Saint-Hilaire [1] et, plus récemment encore, M. G. R. Gray, en Angleterre, ont suivi les mêmes errements, et fait entrer le Caurale dans leur famille des *Gruidæ*, composée des Genres *Grus* et *Ardea* de Linnée.

» On le voit, grand a été l'embarras des Naturalistes jusqu'à ce jour, pour se fixer sur la véritable place à assigner au Caurale dans l'Ordre Méthodique; mais si grand qu'ait été cet embarras, leur hésitation a eu ses limites dans lesquelles elle s'est constamment maintenue, c'est-à-dire qu'ils ont varié de la Famille des *Gruidæ* à celle des *Ardeidæ* et des *Scolopacidæ*.

» C'est qu'en effet, en supprimant cette dernière, qui n'a qu'un rapport de couleur, on ne peut se dissimuler que, par ses caractères zoologiques, cet Oiseau ne tienne beaucoup, quoique dans des mesures inégales, de l'une et de l'autre des deux premières : s'il a le bec et les pattes des Râles, le prolongement insolite de sa queue et un peu de son cou le rapproche des Hérons.

» La seule conséquence à tirer de cette double affinité, c'est que l'on avait affaire évidemment à un Genre de transition; et qu'en présence de cette évidence, c'était vouloir s'épuiser en vains efforts, que chercher à le fondre exclusivement dans l'un plutôt que dans l'autre.

» C'est ce que démontre d'abord le mode de nidification du Caurale, tout-à-fait mixte entre celui des Râles, qui nichent par terre ou dans les joncs, et celui des Hérons qui nichent presque toujours au sommet des plus grands arbres : le Caurale, d'après les observations de J. Goudot [2], ne faisant son nid qu'à cinq ou six pieds de terre, et près des marécages.

(1) Cours. 1843-1844.
(2) *Magas. de Zool.* 1843.

» C'est ce que démontrent incontestablement, suivant nous, l'inspection et l'étude attentive de son OEuf.

» Cet OEuf tient à la fois, et de celui des Hérons, par sa Forme *Ovalaire* quelque peu obtuse, et de celui des Râles, par l'agencement de ses Couleurs. Ainsi, l'aspect extérieur de sa Coquille est d'un ton Jaunâtre carminé, recouvert à la sommité de l'OEuf de quelques taches rares de Carmin ou de Rouge-Brique, sous forme d'éclaboussures, entre-mêlées de quelques autres d'un Brun violacé. C'est, en un mot, quoique dans un ton plus élevé, le même mode de Coloration que chez l'OEuf dés Râles et des Porphyrions. Ses diamètres sont de 46 millimètres sur 36 environ.

» De la comparaison de ces Caractères Oologiques résulte l'indication suffisante, ce nous semble, de celle des deux Familles, des Rallidés et des Ardéidés, avec laquelle le Caurale a le plus de tendance à se réunir; car le seul de ces Caractères qui domine est celui de l'OEuf des Rallidés.

» En effet, une ligne de séparation bien tranchée l'éloigne beaucoup des Hérons, sous le rapport Oologique; c'est, à part la teinte Carminée qui colore le test de l'OEuf du Caurale, la présence, sur ce fond, de taches bien prononcées, d'une Couleur plus ou moins Sanguine ou Violacée. Or, après le caractère de la Forme presque constamment *Ovalaire* de l'OEuf, chez les Hérons, le caractère distinctif également constant est celui de l'absence complète de toutes taches ou macules, que nous appellerons organiques, à la surface de leur Coquille, presque toujours d'une teinte Vert-Pâle ou Bleuâtre, ou même Blanche légèrement azurée, la plupart de celles qui s'y rencontrent n'étant dues qu'à des circonstances extérieures, telles que le contact de feuilles d'herbes ou de racines décomposées ou humidifiées, qui viennent plutôt altérer le ton uniforme de l'enveloppe que s'y superposer en véritables taches naturelles. C'est, du moins, ce que prouve suffisamment l'inspection Oologique de seize Espèces de cette Famille d'Oiseaux, dont les OEufs connus, et que nous possédons, offrent tous les mêmes caractères, c'est-à-dire Forme *Ovalaire*, Coquille d'une teinte Verdâtre plus ou moins foncée, ou Blanchâtre ; mais *toujours et invariablement* uniforme et sans taches.

» Chez les Râles, au contraire, les Poules d'eau et les Porphyrions, l'OEuf est de Forme *Ovée ;* et, quant à la Coquille, elle est, sur un fond constamment d'un Jaune plus ou moins Carminé, *toujours* parsemée de taches Sanguines, Rouges-Briques, ou Violacées. L'absence de taches dans les OEufs de cette Famille nombreuse, que nous possédons au nombre de dix-sept Espèces, serait au contraire une exception dont on ne connaît pas encore d'exemple.

' » Nous sommes donc amené à présumer que ce caractère Oologique, tout nouveau et difficilement contestable, une fois admis en Ornithologie, il sera permis d'espérer que les Maîtres de la Science, en le réunissant aux deux autres indices Zoologiques, communs aux Rallidés, fournis par le Caurale, n'hésiteront plus à lui trouver une place naturelle en rapport avec la somme de considérations qui militent en faveur d'une modification tranchée à faire au Classement Méthodique toléré jusqu'à présent à l'égard de cet intéressant Oiseau.

» Et peut-être ce déclassement viendrait-il alors justifier en partie l'idée qu'a eue Schœffer, dans ses *Elementa Ornithologica,* 1774, de placer les Râles à côté des Hérons. Dans ce système, le Caurale prendrait immédiatement rang entre ces deux Familles : c'est, à bien plus juste titre que le Courlan (*Aramus*), ainsi que l'a imaginé Spix, le seul lien naturel de transition d'une Famille à l'autre, sous le nom de *Ardea Ralloïdes,* qui lui conviendrait infiniment mieux qu'au Courlan.

» Au surplus, suivant notre habitude, dont nous ne nous

départirons jamais, notre intention est d'indiquer, plutôt que de décider nous-même, ce qui est à faire ; parce que la pensée qui nous domine avant tout, nous l'avons déjà dit, c'est de fixer l'attention sur l'utilité que la Science peut tirer des Caractères Oologiques, pour la Classification naturelle des Oiseaux. » (1)

Il nous a été permis depuis, et il nous l'est encore, à bien plus forte raison, aujourd'hui que s'est agrandi le cercle de nos observations Oologiques, d'être plus affirmatif sur la seule place qui convienne au Caurale, dans la Série. Car, si nous apercevons parfaitement les rapports qui le lient aux Grues et aux Râles, nous ne comprenons pas qu'il puisse figurer, isolément de ces deux Familles, au milieu des *Ardeidæ*, en tête desquels M. Gray, à l'instar de Lesson, n'a pas hésité à le mettre, long-temps après la publication de son *Genera* (2). C'est cette manière' de voir qui, dans un autre Ouvrage (3) , nous l'a fait sortir des *Gruidæ*, pour la mettre en tête de nos *Rallidæ*, qui viennent après eux, comme nous le faisons encore en ce moment ; et ainsi que l'a fait, dès 1850, le Docteur Reichenbach.

Le Prince Ch. Bonaparte, entrant en partie dans nos considé-rations Oologiques au sujet de cet Oiseau, en a fait progresser le classement, en le mettant au contraire, il est vrai, dans ses *Gruidæ;* mais qu'il maintient dans sa Tribu, que nous accep-

---

(1) *Magas. de Zoolog.* 1844. *Ois.* Pl. II, représentant l'Œuf de l'*Euripyga,* et celui du *Rallus variegatus,* comme terme de comparaison.

(2) *List. of Genera.* 1854.

(3) *Encycl. d'Hist. Nat.,* t. VI. — Nous regrettons que les Entrepreneurs de cet Ouvrage, qui, consciencieusement exécuté, promettait tant à la Science, arrivé que nous étions aux *Columbidæ,* du travail qu'ils nous avaient confié, aient cru, par une mesure d'économie mal entendue, pou-voir trier au hazard, sans méthode et sans science, dans notre Manuscrit, de manière à réduire à un volume la matière de deux, au risque de laisser des lacunes regrettables, comme celles qui s'y trouvent pour le Caurale et pour tant d'autres Genres intéressants.

tons comme Ordre, des *Alectorides,* à la fin desquels figurent ses *Rallidæ* (1).

Enfin Thienemann, qui a reproduit cet OEuf d'après l'unique exemplaire que nous possédions, le fait également figurer dans les *Rallidæ,* nous donnant ainsi l'appui de son autorité. (2)

Nous compléterons cet exposé par des observations de mœurs et d'anatomie dues à l'Expédition de M. de Castelnau aux bords de la Haute-Amazone, que nous avons consignées déjà dans la partie Ornithologique de son Voyage :

» Je ne connais guère, dit le Docteur Weddell, d'Oiseau plus difficile à approcher que celui-ci ; la plus légère interruption le chasse ; mais, chose curieuse, en imitant son sifflement doux et prolongé, on peut souvent l'attirer de la profondeur des forêts : il perche alors sur quelque bas tronc, au bord de la rivière, et répond par un petit roulement sec, puis s'envole silencieusement dès qu'il s'aperçoit du subterfurge dont il a été victime. Lorsque, de loin, on le voit sur la plage, il faut, pour le surprendre, faire, par terre, un détour qui permette de l'approcher par derrière. » (3)

« Nous parvînmes, rapporte M. de Castelnau, à garder assez longtemps vivant un Caurale ; il mangeait de la viande et du poisson, et aimait beaucoup à se baigner. C'est un Oiseau à mœurs sauvages et à caractère belliqueux ; lorsqu'on s'approche de lui, il ouvre ses ailes, se met sur la défensive et fait entendre un son assez semblable à celui que produit le Chat en s'élançant sur sa proie. » (4)

Le Père Plaza, à Sarayacu, dit à M. de Castelnau avoir gardé un Caurale pendant vingt-deux ans (5).

(1) *Rev. Zoolog. et Comptes-rendus de l'Acad. des Sciences.* 1855.
(2) Pl. LXXIII, fig. 9.
(3) *Expéd. de M. de Castelnau. Histor. des Voy.* T. III.
(4)   Id.   —   ibid.   T. V.
(5)   Id.   —   ibid.   T. IV.

« Dans la journée, dit J. Goudot, le Caurale se perche rarement; mais, le soir, à la tombée de la nuit, il se place sur les arbres, et c'est là qu'il niche... Les petits, lorsqu'il en découvrit le nid, étaient déjà assez formés dans l'OEuf en Août. » (1)

L'habitat du Caurale est aussi très-étendu. « Nous l'avons trouvé, dit Deville, pour la première fois, sur le rio Araguay, dans le Brésil, province de Goyas, où on lui donne le nom de *Pavaô;* puis sur le rio Ucayala, dans le Pérou, Pampa del Sacramento; et à Cayenne, où on lui donne le nom de *Paon des Roses.* » (2).

On sait enfin, d'après Goudot, qu'il est assez commun à la Nouvelle-Grenade, où il habite la région tempérée de la Cordillière centrale.

Les seules particularités anatomiques qu'offre le Caurale, sont les suivantes, dont nous devons la connaissance à Deville :

La *langue*, chez cet Oiseau, est longue, filiforme, relevée sur ses bords latéraux, et de consistance cornée; elle est garnie en arrière, de chaque côté, d'une petite avance qui lui donne l'aspect sagitté.

L'ouverture du *larynx* est oblongue, ayant en arrière une plaque transversale garnie d'épines petites, dont les deux du milieu sont plus grandes que les autres.

L'*œsophage* est droit et presque cylindrique, à fibres musculaires peu apparentes, d'un rouge pâle à sa face externe, d'un blanc sale à sa face interne, et couvert d'une muqueuse épaisse et plissée longitudinalement.

Le *jabot* est nul.

L'estomac, ou ventricule succenturié, est d'un centimètre trois millimètres de largeur; il est lisse et d'un rouge clair à sa face externe, d'un rose pâle à sa face interne, et couvert d'une

____

(1) *Rev. Zoolog.* 1844.
(2) *Rev. et Mag. de Zoolog.* 1852.

muqueuse très-épaisse, cachant presque l'ouverture des follicules qui sont à contours circulaires et au nombre d'environ quatre-vingts par centimètre carré.

Le *Gésier* est de forme allongée, ayant cinq centimètres cinq millimètres de longueur, sur deux centimètres trois millimètres de largeur, lisse à sa face interne, à fibres musculaires peu apparentes, plissé longitudinalement et transversalement à sa face interne.

L'*Intestin* est lisse sur ses deux faces, de couleur rose pâle et ayant trente-cinq centimètres environ de longueur. (1).

Nous pouvons ajouter à ces détails, que le Sternum du Caurale, qui nous a été envoyé jadis par le Docteur Lherminier, de la Guadeloupe, et qui figure aujourd'hui dans la Galerie Anatomique du Muséum de Paris, a les mêmes caractères que celui des Rallidés, sauf que sa crête sternale est un peu plus élevée (ce qui explique le renflement relatif de son OEuf) : ces détails ont été représentés, par les soins d'un de nos savants amis, dans la *Revue et Magasin de Zoologie* de 1849 (2).

La seule innovation que nous apportions à notre opinion première dans ce travail, est d'élever la Famille des *Eurypiginæ* au rang de Tribu, plus à cause des caractères étrangers du Type Zoologique, qu'à cause des Caractères Oologiques, on l'a vu, fort simples.

TROISIÈME TRIBU.

RALLIDÉS — *Rallidæ*.

Cette Tribu est encore une de celles dont la physionomie Oologique se trouve en parfaite harmonie avec la physionomie Ostéologique.

« Nous regarderons comme véritables Nageurs, dit M. de la

(1) *Oiseaux de l'Amér. du Sud. Expédition de Castelnau*, 1856, p. 90.
(2) Voir le N° 7, p. 325. — Ois. Pl. 16.

Fresnaye, en parlant de ces Oiseaux, un petit Groupe toujours placé dans les Echassiers, mais qui nage et plonge bien plus habituellement que les Laridés, dont on a toujours fait des Nageurs. Ce sont les Foulques et Poules d'eau, Marouettes, Râles, etc.

» Ces prétendus Echassiers en effet sont presque toujours nageant sur les rivières et les marais, au milieu des roseaux, et y plongent même avec la plus grande facilité. En observant leur squelette, au lieu d'y trouver, comme chez les Echassiers marins, un sternum d'une largeur médiocre avec un bréchet très-développé et très-saillant inférieurement, un bassin d'une largeur et d'une longueur moyennes avec les points d'insertion des fémurs bien espacés entre eux, on y remarque au contraire : 1o Une grande compression et étroitesse dans tout l'ensemble du squelette, et un grand rapprochement des épaules entre elles. 2o Un sternum très-étroit à bréchet très-peu saillant. 3o Un bassin étroit et allongé, ayant sa partie antérieure singulièrement rétrécie et relevée en crête, un peu comme chez les Sous-Nageurs, et l'insertion des fémurs très-rapprochée. On y retrouve enfin un ensemble de caractères ostéologiques bien plus analogues à ceux des Nageurs et même des Sous-Nageurs qu'à ceux des Echassiers marins; je dis Sous-Nageurs, car la palmure festonnée des Foulques, qui rappelle celle des Grèbes, et leur fréquentes immersions sont des rapprochements de plus avec les Plongeurs.

» *En observant leurs Œufs, on est également frappé de leur allongement, de leur étroitesse et du peu de rapports de Forme qu'ils ont avec ceux des Echassiers marins,* et par conséquent avec ceux des Laridés, *tandis qu'ils en présentent de réels avec ceux des Nageurs par leur Forme presque Ellipsoïde.* Par leur squelette enfin, comme par leurs Œufs, ils forment un Groupe de transition entre celui des Hérons et les Sous-Nageurs. » (1)

(1) *Comparaison des Œufs des Oiseaux avec leurs Squelettes.* — *Rev. Zool.*, 1845.

Sans adopter, comme on le voit, la classification de cette Tribu de M. de la Fresnaye, nous comprenons dans les *Rallidæ* les trois Familles *Rallinæ*, *Fulicinæ* et *Ocydrominæ*.

1re FAMILLE. — *Rallinés* ou *Râles* (*Rallinæ*).

Le Prince Ch. Bonaparte a divisé cette Famille en trois Sections, sous l'appellation de *Ralleæ*, *Gallinuleæ* et *Fuliceæ*. Nous n'y comprenons que les deux premières, parce que leurs Caractères Oologiques ont une identité et une communauté d'origine qui ne permet pas de les séparer.

CARACTÈRES OOLOGIQUES :

Forme — variant de l'Ovée à l'Ovalaire, qui est la plus générale.

Coquille. — à test mince, uni et fort peu luisant, à pores peu visibles, et à peine teinté de Verdàtre dans son épaisseur.

Couleur — d'un fond Blanc légèrement Ocracé, et souvent plus ou moins imperceptiblement Carminé, parsemé de taches en forme d'éclaboussures ou de larmes d'un Rouge-Brique Rosâtre, entremêlées d'autres taches ou points d'un Gris-Violacé.

Il faut excepter des Rallinés, pour en faire une coupe Générique, toutes les petites Espèces de Râles, telles que *Rallus pusillus*, *R. Baillonii* et *R. Lewinii*, dont l'OEuf a un caractère à part :

Forme — Ovalaire.

Coquille — mince et sans reflet.

Couleur — d'un fond Fauve ou Brun-clair, grivelé uniformément de petites taches d'un Fauve ou d'un Brun un peu plus foncé, si rapprochées que la véritable Couleur du fond en disparait complétement.

2ᵉ FAMILLE. — *Fulicinés* ou *Foulques* (*Fulicinæ*).

Cette Famille est éminemment distincte de la précédente.

CARACTÈRES OOLOGIQUES :

Forme — Ovée allongée, parfois Ovalaire.

Coquille — à test assez dur, à pores visibles, sans reflet, Verdâtre intérieurement.

Couleur — d'un fond Fauve-foncé, pointillé sur toute la surface de la Coquille d'une manière assez régulière, d'un Brun-Rougeâtre foncé ou Noirâtre, entremêlé d'autres piquetures ou mouchetures plus claires ou Grisâtres.

Le système de coloration est, on le voit, tout-à-fait différent de ce qu'il existe chez les Rallidés.

Les Caractères Oologiques de cette Famille indiquent que les Porphyrions font le passage naturel des Râles aux vraies Foulques, par un ton général plus clair, et pour le fond, et pour les taches qui sont plus larges.

On ne croira jamais que l'Œuf du Porphyrion ou Poule-Sultane, l'un des Oiseaux les plus communs et les plus anciennement connus en Europe, n'ait été découvert et révélé à la Science qu'en 1843 ou 1844!

A ce sujet, nous ne pouvons nous empêcher, et nous ne croyons pas hors de propos, de reproduire des observations que nous avions rédigées à cette époque (alors que nous venions d'avoir connaissance de l'Œuf du *Porphyrio antiquorum,* rapporté au Muséum d'Histoire Naturelle de Paris par un Voyageur Naturaliste, M. Fabvier, qui l'avait trouvé dans les environs de Tanger), pour être publiées dans la *Revue Zoologique,* mais dont certaines susceptibilités du Prince Ch. Bonaparte, alors Prince de Canino, à qui nous avions cru devoir les communiquer à Rome, empêchèrent l'impression.

Hâtons-nous de dire que ce fut toute une révélation pour le Prince, et que c'est à partir de ce moment qu'il commença à comprendre l'importance de l'Oologie.

» Ce n'est point d'aujourd'hui, écrivions-nous, que l'on a remarqué avec quelle facilité, en Histoire Naturelle surtout, s'accréditent et se propagent les erreurs, chaque Auteur répétant à l'envi ce qu'a dit son devancier, sans plus vérifier l'exactitude de son dire ou l'authenticité de son observation. Il n'est donc pas inutile, ce nous semble, l'Histoire Naturelle proprement dite vivant de faits, de relever ces erreurs, lorsque l'on a acquis et que l'on peut administrer la preuve de leur existence. Il n'y a rien d'indifférent en cette matière, et nous croyons rendre service à la Science en venant signaler une erreur constamment reproduite par Buffon, qui, s'il n'en est pas l'Auteur, s'en est pourtant fait l'Éditeur responsable.

» Nous nous étonnions, depuis longtemps, à la vue de l'harmonie, que nous faisaient découvrir nos études, entre les Caractères Physiologiques des Oiseaux et leurs Caractères Oologiques, de la singularité anormale attribuée par tous les Auteurs à l'OEuf de la Poule-Sultane, à laquelle nous nous refusions de croire, alors que tout en elle accuse un Râle ou une Foulque, et par son anatomie, et par ses formes et son *facies*, et par ses habitudes ; et nous avions peine à nous rendre compte de cette aberration de la nature.

» Ce n'est pas d'aussitôt, sans aucun doute, que l'on aura des détails exacts et précis sur la ponte de chaque Genre d'Oiseaux, non plus que sur la Forme et la Couleur de leurs OEufs. Si la Science, à la suite de chaque description Ornithologique, réclame ce complément, il n'y a pourtant pas de nécessité pour un Auteur, lorsqu'il ne possède par lui-même aucun fait d'observation de cette sorte, d'entrer dans ces détails, soit en s'aidant de son imagination, soit en copiant ses prédécesseurs.

» Buffon, ou du moins Mauduyt, son collaborateur en cette partie, dans son article érudit sur le Porphyrion ou Poule-Sultane (*Fulica porphyrio*, Lin.; *Porphyrio antiquorum*, Ch. Bonaparte), après avoir parlé d'un couple d'Oiseaux de cette Espèce, qui avait été rapporté de Sicile par M. le Marquis de Nesle, à Paris, en 1778, et avoir décrit une partie des habitudes de cet Oiseau, qu'il avait eu occasion d'observer une fois chez ce dernier, ajoute :

« Le couple, nourri dans les volières de M. le Marquis de Nesle, » a niché au dernier printemps (1778). *On a vu* le mâle et la » femelle travailler de concert à construire un nid : ils le posèrent » à quelque hauteur de terre, sur une avance de mur, avec des » bûchettes et de la paille en quantité. *La ponte fut de six OEufs* » *Blancs, d'une Coque rude, exactement Ronds, et de la gros-* » *seur d'une demi-bille de billard.* La femelle n'étant pas assidue, » on les donna à une Poule, mais ce fut sans succès... » (1)

» On ne peut certainement rien dire de plus positif, de plus empreint de l'accent ou des apparences de la vérité ; et, en présence des noms de Buffon et de Mauduyt, prenant sous leur responsabilité ces détails, qu'ils tenaient d'une source respectable, comme devait l'être à leurs yeux le Marquis de Nesle, il était difficile de concevoir quelque doute sur la réalité de ces observations, à moins de les renouveler soi-même.

» Ainsi, peu d'années ensuite, Valmont de Bomare (2) reproduit à peu près textuellement ce même passage, sauf une légère omission et une variante dans les termes : « La ponte, dit-il, fut de » six OEufs Blancs, très-ronds, et moitié moins gros qu'une bille » de billard. »

» Depuis cette époque, Vieillot (3) a rapporté le même fait dans les mêmes termes que Mauduyt, mais, suivant ses habitudes, sans

(1) *Hist. Nat. des Ois.*
(2) *Nouv. Dict. d'Hist. Nat.*
(3) *Galerie des Oiseaux.* 1825.

indiquer ni date, ni nom d'Auteur : « Un couple de Porphyrion
» d'Europe, dit-il, a niché en domesticité ; le mâle et la fe-
» melle... etc. » Nous observerons ici, en passant, que Vieillot
est d'autant plus blâmable de cette dissimulation, qu'il saisit les
moindres occasions, dans ses Ouvrages, de contredire ou rectifier
Buffon et son continuateur Sonnini.

» Temminck (1), sans indiquer la source de ses renseignements,
dit que : « la Poule-Sultane pond trois ou quatre OEufs Blancs, de
» forme presque ronde. » Il est évident que ce passage n'est que
la reproduction légèrement modifiée de la donnée de Buffon.

» Plus récemment M. Gerbes (2) a reproduit le passage de
Vieillot : seulement il en a fait remonter la responsabilité à celui-
ci, tandis qu'elle appartient tout entière à Buffon ou Mauduyt,
qui n'avaient été ni l'un ni l'autre nommés dans l'article de
Vieillot.

» Enfin, M. Ch. Bonaparte, Prince de Canino, qui, le dernier, a
parlé le plus au long et *ex professo*, du Porphyrion, dans son
savant Article consacré à cet Oiseau (3), a eu l'imprudence de se
fier à ce qui avait été avancé sur le fait de sa propagation, par ses
doctes devanciers; et voici ce qu'il dit : « La Poule-Sultane cons-
» truit, de bûchettes et de feuilles, un nid passablement grand,
» dans lequel elle dépose *un certain nombre d'OEufs, de Forme
» presque ronde et de Couleur Blanche,* ressemblant plus à ceux
» des Poules et à ceux des Oies, qu'à ceux des autres Oiseaux de
» l'Ordre auquel elle appartient. »

» Certes, s'il fallait une preuve que M. le Prince de Canino, n'attachant probablement pas à ces renseignements toute l'importance
qu'ils méritent (4), a à se reprocher, lui, si près des lieux où

(1) *Manuel d'Ornithologie.* 1820.
(2) *Dict. pittor. d'Hist. Nat.*
(3) *Fauna Italica.* 1832-1841.
(4) Nª. Et qu'il leur a hautement reconnue depuis.

abonde le Porphyrion, de n'avoir pas observé la ponte et les Œufs de cet Oiseau, il ne faudrait que voir l'absence de toute fixation de chiffre relatif au nombre de ces Œufs par ponte, *un certain nombre d'Œufs,* dit cet auteur.

» Et, cependant, partant des caractères que, d'après cette description d'emprunt, paraît offrir l'Œuf du Porphyrion, si différent de ceux de ses congénères, M. le Prince de Canino prend le soin de faire remarquer cette bizarrerie de rapports plus rapprochés des Gallidés et des Anatidés, que des Rallidés et des Fulicidés; puis, en arrivant aux autres caractères physiologiques propres au Porphyrion, il reproduit en s'y rangeant, les observations de Temminck, bâsées principalement sur la conformation de la narine, qui est arrondie et privée de membrane, à la différence de celle des Râles et des Poules d'eau.

» Que faut-il conclure de la dissertation si approfondie et si savante de M. le Prince de Canino, sinon l'importance, en fait de classification de Genres, des Caractères Oologiques et la nécessité d'observations précises, lorsque l'on veut utiliser ces caractères.

» Il a donc été reconnu et passé comme fait réel, depuis Buffon jusqu'à aujourd'hui (1844), que la Poule-Sultane *pondait des Œufs Blancs, d'une Coque rude, exactement ronde, et de la grosseur d'une demi-bille de Billard.*

» Eh bien ! il n'y a rien de plus essentiellement faux ; et la Science Oologique est en trop belle voie de progrès, pour autoriser plus longtemps par son silence la propagation d'une erreur aussi grossière et aussi dangereuse, et pour la laisser s'établir dans le domaine des faits. Car, nous l'avons dit souvent, la nature, dans toutes ses productions, a des règles fixes et invariables, dont elle s'écarte bien quelquefois, mais dont ces écarts mêmes ne servent qu'à mieux constater les principes d'après lesquels elle se dirige.

» Or, la Poule-Sultane, par son *facies,* par son type, par son organisation et par ses mœurs, a par trop de rapports de famille et de parenté avec les vraies Poules-d'eau et les Râles, pour que l'on pût supposer qu'elle s'en éloignât entièrement, sous le rapport de la propagation ; à plus forte raison, pour que l'on osât établir une différence sur ce point, entre elle et ses congénères, comme une vérité commandant désormais la croyance la plus absolue. Il était plus vraisemblable au contraire, si l'on avait à inventer (et encore pour le faire impunément en Histoire Naturelle, faut-il posséder quelques principes généraux de la Science à laquelle on prétend ajouter) il était, disons-nous, plus vraisemblable d'assimiler la propagation de cet Oiseau à celle des autres membres de sa Tribu, plutôt que de l'en éloigner et de l'assimiler forcément aux Procellaridés et aux Spéniscidés! car ce sont les deux Tribus auxquelles se rapporterait le mieux, sous le rapport Oologique, le Porphyrion, si le fait cité par Buffon était réel, et l'on conviendra que ce serait une anomalie par trop forte pour qu'il ne fût pas permis de la contrôler.

» Et en effet, l'OEuf de la Poule-Sultane, rapporté pour la première fois, par M. Fabvier, de la côte Septentrionale d'Afrique, est de Forme Ovale, l'une des extrémités légèrement plus acuminée et un peu moins arrondie que l'autre, de la dimension de celui de la Foulque à crète; à Coquille unie, à reflet à peine sensible, à pores très-fins et presque invisibles; d'un fond Blanc-Fauve très-clair, Rosacé, clair-semé de taches rondes d'un Rouge-Brun ou Couleur de sang figé, entremêlées d'autres taches d'un Violet nuageux ou Grisâtre.

» Tels sont aussi les caractères généraux de l'OEuf des Rallidés; et l'on comprendra que la concordance de ces caractères avec ceux tirés de la conformation de l'Oiseau, viennent trop heureusement confirmer les principes que nous professons, et sur lesquels nous espérons voir se constituer désormais la Science Oologique, pour qu'il nous fût impossible d'ajourner la rectification d'un fait erroné, aussi contradictoire avec ces principes.

» On voit qu'il y a loin de la dimension de cet Œuf, qui est tout-à-fait en rapport avec la taille de l'Oiseau, à celle qui lui a été attribuée par le Marquis de Nesle, celle *d'une demi-bille de Billard*; ce qui aurait réduit la grosseur de cet Œuf à celle d'un Œuf de Poule-d'eau ordinaire.

» Nous avions donc lieu de nous étonner, en rendant compte [1] de l'Ornithologie de la Sicile de M. Malherbe [2], de voir ce renseignement, qu'il était à même de se procurer sur les lieux, manquer à son Ouvrage, et surtout à son article si complet sur le Porphyrion. Il nous a néanmoins dédommagé de cette omission par les détails qu'il donne sur le mode de propagation et de nidification de cet Oiseau :

« La Talève ou Poule-Sultane, dit-il, dépose ses Œufs, *au*
» *nombre de deux à quatre*, soit sur la terre, sans construire de
» nid, soit *parmi les herbes touffues, au milieu et à proximité*
» *des marais….. »*

» M. Crespon, de Nîmes, n'a pas dit un mot de la propagation de cet Oiseau. » [3]

Thienemann est le premier Auteur, jusqu'à ce moment, qui ait décrit et figuré l'Œuf de la Poule-Sultane.

Depuis, il n'y a eu d'autre description publiée de cet Œuf que par Degland, qui, du reste, a reproduit les détails de mœurs donnés par M. Malherbe [4].

3ᵉ FAMILLE. — *Ocydrominés (Ocydrominœ)*.

Mêmes Caractères Oologiques que ceux des vrais Rallinés.

Nous connaissons et nous avons possédé l'Œuf de trente-quatre Espèces de Rallidés.

---

(1) *Revue de Zoolog.* 1844.
(2) *Faune Ornitholog. de la Sicile.* 1843.
(3) *Faune méridionale*, 1844.
(4) *Ornithologie Européenne*, 1849.

QUATRIÈME TRIBU.

OPISTHOCOMIDÉS OU HOAZIN — *Opisthocomidæ*.

Plus nous réfléchissons au classement de l'Hoazin, l'Espèce unique qui sert de type et au Genre et à la Tribu, plus nous nous sentons disposé, malgré nos préférences ou nos tendances précédentes, à le comprendre avec les Rallidés. Et, afin que l'on soit mieux à même d'apprécier notre détermination dernière, nous allons reproduire tout ce que nous en avons dit et résumé en 1852 d'abord [1], et plus récemment en 1856 [2].

L'occasion se présentant, disions-nous à cette dernière époque, de parler de l'Hoazin, l'un des Oiseaux que MM. de Castelnau et Deville ont le plus fréquemment rencontrés dans leurs longues et périlleuses pérégrinations, nous voulons en profiter pour donner une sorte de Monographie de cette Espèce, unique, et de toutes manières type d'un Genre hétéroclite, anormal et presque paradoxal, véritable paradoxe zoologique, en effet, dans la Série Ornithologique; car nous ne lui reconnaissons de comparable à cet égard que le fameux Genre *Verrulia* de Flemming, reposant aussi sur une Espèce unique, mais prétendue douteuse, la Colombi-Galline de Levaillant, Espèce de Colombidé moitié Pigeon, moitié Gallinacé, que les Méthodistes refusent de reconnaître comme type vivant ou ayant jamais vécu. Nous avons démontré, pour ce dernier Oiseau, ce que nous pensions de cette négation et de sa valeur.

Les Méthodistes, et c'est là un reproche que sont autorisés à leur adresser tous ceux qui étudient la Science pour elle-même et cherchent à en coordonner les éléments, afin d'y saisir la trace parfois interrompue, mais toujours, en dépit des obstacles

(1) *Encyclop. d'Hist. Nat.* t. VI, p. 87.
(2) *Ois. de l'Amér. du Sud, Expéd. de Castelnau,* p. 70 et suiv.

que rencontrent les bornes de notre intelligence ou de notre savoir, suivie d'une harmonie constante; les Méthodistes, disons-nous, si variables dans leurs conceptions et dans leurs louables efforts à chercher et à rencontrer cette admirable harmonie, soit par système, soit par disette de raisons, persistent à conserver, au sujet de leurs pénibles élaborations, un mutisme désespérant pour les adeptes de l'Ornithologie, qui restent, en parcourant leurs incalculables énumérations d'Espèces et leurs insaisissables multiplications de Genres, dans une ignorance complète du *comment* et du *pourquoi* de leurs motifs de décider pour ou contre tel classement. C'est un complément qui manque à toutes les Méthodes, et dont personne mieux que le Prince Ch. Bonaparte n'était capable de donner l'exemple, alors surtout qu'il s'occupait de refaire et de mettre au niveau de la Science l'Œuvre modèle de Linnée : labeur malheureusement inachevé!

Cela dit, si nous persistons à placer l'Hoazin en dehors de l'Ordre des Passereaux, nous persistons moins à présent à le comprendre dans celui des Gallinacés; les convictions que nous avons exprimées de tout temps à cet égard (1) n'étant pas restées les mêmes : nous n'hésiterons cependant pas à reproduire les éléments sur lesquels elles reposaient, en un moment surtout où la Méthode d'*Instinct* ou d'*Intuition* semble vouloir l'emporter sur celle d'*Observation* ou de *Raisonnement;* ce nous sera une occasion de les mettre en présence de notre nouvelle manière de voir, et de rouvrir la discussion pour tout le monde sur une question qui nous paraît loin d'être tranchée.

Cuvier, tout en laissant l'Oiseau type de cette Famille, le Sasa ou Hoazin, dans les Gallinacés, à la suite des Pénélopes et des Parraquas, met en note : « Cet Oiseau forme un Genre très-» distinct des autres Gallinacés, et qui pourra devenir le

____

(1) *Encyclop. d'Hist. Nat.* t. VI.

» type d'une Famille particulière quand on connaîtra son
» anatomie. » (1)

Les prévisions de ce Savant se sont réalisées en 1837, par suite
des observations si complètes du Docteur Lherminier, de la
Guadeloupe, publiées dans l'*Echo du Monde Savant*, à cette
époque, et que nous avons reproduites dans l'*Encyclopédie
d'Histoire Naturelle* (2). Mais, ainsi que le disait dans le même
journal M. de La Fresnaye, déjà Latreille, en 1835 (3), avait
formé, d'après Vieillot, une Famille de cette seule Espèce, sous
le nom de *Dysodes*, qu'il plaçait en tête de son nouvel Ordre des
Passérigalles, en la faisant précéder immédiatement de celle
de ses *Galliformes* (Frugivores de Vieillot), renfermant les Musophages et les Touracos.

C'est en se rattachant à cette idée de rapprochement, qui ne
repose que sur certaines analogies (plus apparentes encore que
réelles) dans la structure du bec, et entraîné par l'opinion
chaudement soutenue par M. de La Fresnaye, que M. Gray,
suivi en cela par le Docteur Reichenbach, a compris les Opisthocominés dans ses *Musophagidæ*, les isolant ainsi complétement
des Gallinacés.

Nous regrettons vivement que le Prince Ch. Bonaparte qui,
dans son *Conspectus* de 1850, le rangeait entre ses *Megapodidæ*
et ses *Penelopidæ*, se soit laissé influencer par la manière de
procéder, non suffisamment motivée, suivant nous, de l'Ornithologiste Anglais, au point de changer entièrement de système, en
plaçant sa Famille des *Opisthocomidæ* entre les *Coliidæ* et les
Phytotomidæ (4) ou entre les *Musophagidæ* et les *Coliidæ* (5). Ce

----

(1) *Règne Animal*, 2ᵉ éd.
(2) *Oiseaux*, t. VI.
(3) *Familles Natur. du Règne Animal.*
(4) *Ateneo Italiano.* Nᵒ 11, ag. 1854.
(5) *Comptes-rendus de l'Acad. des Sc.* T. XXXVII. 31 octobre 1853.

système n'est qu'une variante de celui de Lesson, qui le premier avait, dès 1831, isolé absolument l'Hoazin, et des Gallinacés, et des Pigeons, en le reportant, non à la fin, mais en tête des Passereaux, et dans son premier Sous-Ordre des Grimpeurs, à la suite des Musophages, idée qu'il modifia bientôt dès 1838, en déplaçant les Musophages et les reportant dans les Gallinacés, entre ses Passérigalles et les Pigeons; car, pour être conséquent, le Savant Prince, s'arrêtant exclusivement au caractère exceptionnel du bec chez les Oiseaux en question, en aurait dû faire presque un Ordre, en dehors de tous les autres, comprenant alors la réunion hétérogène des Colious, des Phytotomes et de l'Hoazin.

Nous sommes tenté de croire qu'en fait de Science (et ces retours de Lesson, et ceux du Prince Ch. Bonaparte, et peut-être les nôtres semblent le prouver), le premier mouvement, ainsi que le disait de Talleyrand, est, sinon toujours, du moins souvent, le meilleur, et que c'est aussi pour cela, contrairement à la règle de ce dernier en Politique, qu'il devrait la plupart du temps être suivi.

Or, il est bien évident, en observant le Sasa, que la plus grande somme des rapports, dans ses analogies *apparentes*, et Lherminier l'a dit longtemps avant nous, est, sauf quelques exceptions organiques, en faveur de son rapprochement des Gallinacés, et parmi ceux-ci, des Pénélopidés; sans parler encore de sa distribution Géographique qui, l'isolant des Mutophagidés comme des Coliidés, corrobore d'avantage ce rapprochement.

C'est ce qui ressort à chaque pas de l'excellent article publié par le Docteur Lherminier (1) et par le Baron de la Fresnaye (2), dont nous allons relater les passages principaux, et dont les détails

(1) *Comptes-rendus de l'Acad. des Sc.* T. V, 1837; et *Echo du Monde Savant.* 4 nov. 1837.

(2) *Echo du Monde Savant.* 18 nov. 1837.

anatomiques fournis par Deville (¹), dont nous citerons également quelques extraits, ne sont, à peu de chose près, que la reproduction.

En combinant les détails anatomiques contenus dans ces Mémoires avec ceux fournis par M. de Castelnau, nous ferons passer sous les yeux un tableau complet des observations intéressantes dont a été l'objet cet Oiseau, et aiderons peut-être à lui faire trouver sa place dans la Séric, au milieu des doutes et des hésitations qui existent et s'entrechoquent encore pour sa Classification.

Son caractère principal consiste dans la conformation intérieure du bec, signalée d'abord en ces termes par le Docteur Lherminier :

« Parcouru par une fente nasale très-longue, le palais est hérissé de papilles coniques *circonscrites latéralement par deux plans prononcés et dentelés.* »

Et sur laquelle, après lui, et sur cette indication, est revenu plus en détail M. de la Fresnaye, la décrivant ainsi :

« A la mandibule supérieure du Sasa, une arête très-sensiblement denticulée se fait remarquer intérieurement et de chaque côté; elle en suit parallèlement le bord jusqu'à son extrémité, dont elle se rapproche toutefois insensiblement, mais elle ne descend pas, à beaucoup près, aussi bas que ce bord, et est entièrement cachée, non seulement lorsque le bec est fermé, mais même lorsqu'il n'est qu'entr'ouvert; l'espace existant entre elle et son rebord forme, comme chez le Phytotome, uue sorte de rainure ou gouttière dans laquelle le bord tranchant de la mandibule inférieure vient se loger lorsque ce bec se ferme. Cette mandibule inférieure présente aussi à la base, intérieurement et de chaque côté, une arête saillante parallèle au bord, mais qui ne le suit que jusque vers le milieu de sa longueur; une rainure existe aussi entre elle et ce bord : d'où il résulte que, lorsque le bec se ferme, le bord intérieur

(¹) *Rev. et Magas. de Zool.* 1852.

entre dans la rainure supérieure, et la moitié de celle-ci entre dans la rainure inférieure; de plus, l'extrémité de la mandibule supérieure étant comme creusée d'une fossette, y reçoit celle de la mandibule inférieure. »

Les caractères anatomiques de l'Oiseau ne sont pas moins curieux.

« A l'extérieur, dit le Docteur Lherminier, le Sasa a quelques rapports avec les Pénélopes, mais il en diffère notablement à l'intérieur.

» Dès qu'on enlève la peau, on aperçoit un énorme *jabot* qui recouvre les pectoraux ; après l'avoir soulevé, on découvre une vaste excavation cordiforme, ouverte et bornée en haut par la clavicule, qui est reléguée à deux pouces au-dessus de la crête sternale. Le *jabot*, qui, dans cet Oiseau, recouvre ainsi la moitié du tronc, et au moins les quatre cinquièmes du *sternum* et de ses annexes qu'il déborde encore en tous sens, reçoit, à gauche et en avant, l'insertion de l'*œsophage*, et à droite il se rétrécit pour pénétrer dans la poitrine. Dans l'intervalle de cette bifurcation est comprise la *trachée-artère*. »

« Le *jabot*, dit Deville, dont la portion cervicale communique supérieurement et intérieurement avec la portion antérieure de l'*œsophage*, sans ligne de démarcation très-sensible, et inférieurement avec la portion thoracique du *jabot*, est très-volumineux et de couleur rougeâtre ; il présente, dans son état de plénitude, une forme presque hémisphérique très-convexe. »

Ainsi, première observation : le *jabot* de l'Opisthocome, à l'état naturel, présente un volume et un développement exceptionnels qui, tout d'abord, attirent l'attention.

Aussi l'aspect de cet organe, si anormal dans son expansion, frappa-t-il également M. de Castelnau, qui s'en exprime en ces termes, dans l'*Historique* de son Voyage :

« Nous fîmes l'anatomie du *Ceganos* (nom donné, dans le pays, à l'Hoazin), et nous trouvâmes que son *jabot* formait un renflement curieux par son énorme dimension. Dans les nombreuses dissections d'Oiseaux que nous avons faites depuis, nous n'avons trouvé ce renflement que chez quelques Accipitres, et particulièrement chez le Caracara, qui présente quelque chose de semblable, mais à un bien moindre degré. » (1)

« La face postérieure du *jabot,* continue Lherminier, est presque plane et appliquée sur les muscles pectoraux ; intérieurement les fibres musculaires sont très-épaisses, et la plupart circulaires, offrant extérieurement une série de bourrelets superficiels et concentriques ; garnie à la surface interne d'une muqueuse épaisse, brunâtre et de consistance presque cutanée, fortement plissée longitudinalement, chaque pli formant un épais bourrelet qui contourne l'axe de circonvolution et se couche sur la circonvolution suivante, marquée dans toute son étendue de lignes fines et obliques croisées en losanges.

» Le *sternum* est plein, allongé, élargi en arrière, peu profond. Sa crête ou carène est la partie la plus remarquable ; fortement excavée dans l'étendue de son bord antérieur, qui est tranchant, elle n'y a pas moins de deux pouces de longueur, tandis que son bord inférieur, qui devient ici postérieur, n'a guère plus d'un pouce de long, mais s'élargit de deux ou trois lignes pour former une sorte de tubercule ou de callosité sous-cutanée, ovale-aigüe, concave et doublée de cartilage. La crête se termine en avant en une longue apophyse qui se soude complétement avec la clavicule.

» L'appareil digestif du Sasa est tout aussi extraordinaire que son appareil sternal. La longueur totale de l'intestin est de trois pieds six à neuf pouces, celle du tronc étant d'un pied. Il est, à sa face interne, hérissé de villosités très-abondantes et plus ou moins squamiformes.

(1) Vol. 1er.

» *L'œsophage* est droit et presque cylindrique, à fibres musculaires peu apparentes, très-lisse extérieurement, et garni intérieurement d'une muqueuse assez épaisse ; il est plissé longitudinalement, et offre entre ses plis des séries également longitudinales de follicules arrondis ayant environ la grosseur d'un grain de millet.

» *L'œsophage* égale en volume la grosseur de l'index ; mais c'est surtout dans la partie de l'intestin comprise entre le *jabot* et le gésier que l'on observe le plus de singularité et de complication. En effet, placé, comme nous l'avons dit, au-devant des os coracoïdes de la clavicule et du *sternum* dont il a, pour se loger, refoulé la crête fort en arrière, le *jabot* représente une large bourse plate et arrondie, qu'une scissure oblique de droite à gauche traverse sur ses deux faces : *disposition très-curieuse et entièrement différente de celle des Gallinacés*, chez qui le *jabot* constitue un sac entièrement libre et hors de l'axe de l'intestin.

» Au *jabot* succède une portion d'intestin renflée, de cinq pouces de longueur, diversement contournée et froncée extérieurement. Vient ensuite le *ventricule succenturié*, cylindrique et égalant à peine en largeur le *duodénum*, tandis qu'en longueur il n'atteint pas un pouce. Ses parois sont d'ailleurs si minces, qu'il se rompt fréquemment sous la moindre traction à sa jonction vers l'estomac. »

Cette dernière cavité n'est pas plus grosse qu'une Olive ou un Œuf de Pigeon, selon Deville, et offre elle-même fort peu d'épaisseur, *autre différence avec le gésier si volumineux et si puissant des vrais Gallinacés.* Le *gésier* est oblong, d'un rouge livide, lisse à sa face externe et interne.

Deville ajoute que la portion thoracique comprise entre la portion précédente et l'estomac est beaucoup moins volumineuse ; elle est très-rétrécie inférieurement, renflée dans sa partie moyenne, et présente, dans son cinquième supérieur, cinq ou six ondulations irrégulières. Cette portion thoracique est de couleur plus pâle que la précédente et présente extérieurement quelques bourrelets longitudinaux superficiels, et garnis également à leur face interne des replis de la muqueuse; ces derniers sont seulement moins réguliers et moins rapprochés.

» L'*estomac* est de la grosseur d'une amande, à grand diamètre dirigé longitudinalement, lisse et d'un Rouge très-pâle extérieurement, Blanchâtre à sa face interne; toute cette surface présentant l'ouverture de gros follicules dont le contour est très-visible. Ces follicules constituent à eux seuls presque toute l'épaisseur des tuniques stomacales; les fibres musculaires paraissent nulles.

» La grosseur des follicules est celle d'un gros grain de millet, et leur nombre est d'environ quatre-vingts par centimètre carré. En les pressant, on en exprime une matière muqueuse, blanchâtre et très-abondante; supérieurement, cette surface glanduleuse cesse brusquement en recevant le *jabot;* inférieurement elle est séparée de la muqueuse du *gésier* par une valvule circulaire plus ou moins déchiquetée, qui flotte librement dans l'intervalle de sa cavité.

» En négligeant l'élément essentiel de la mastication, c'est-à-dire l'existence des molaires, et en ne tenant compte que de la conformation favorable du bec et de la complication de l'appareil digestif, on dirait, en vérité, s'écrie avec raison le Docteur Lherminier, en terminant, que le Sasa représente les Ruminants parmi les Oiseaux. Dans cette hypothèse, la singulière dilatation de l'*Œsophage* paraît l'analogue de la *Panse* et du *Cornet.* »

Pour donner un tableau complet des connaissances actuelles au sujet de l'étonnant Oiseau qui nous occupe, nous ne pouvons mieux faire que joindre à ces détails anatomiques un aperçu de ce que l'on sait de ses mœurs.

Ce que l'on en savait, au temps de Buffon et de Sonnini, se borne à ceci :

« Sa voix, disent ces Auteurs, est très-forte, et c'est moins un cri qu'un hurlement. On dit qu'il prononce son nom (de *Sasa*) apparemment d'un ton lugubre et effrayant; il n'en fallait pas davantage pour le faire passer, chez les peuples grossiers, pour un Oiseau de mauvais augure, et comme partout on suppose beaucoup de puissance à ce que l'on craint, ces mêmes peuples ont cru trouver en lui des remèdes aux maladies les plus graves : mais on ne dit pas qu'ils s'en nourrissent; ils s'en abstiennent, en effet, peut-être par une suite de cette même crainte ou par une répugnance fondée sur ce qu'il fait sa pâture ordinaire de Serpents; il se tient communément dans les grandes forêts, perché sur des arbres le long des eaux, pour guetter et surprendre ces Reptiles. »

Aublet assurait, à la même époque, que cet Oiseau s'apprivoisait, qu'on en voyait parfois de domestiques chez les Indiens, et que les Français les appelaient des Paons ; qu'enfin ils nourrissaient leurs petits de Fourmis, de Vers et d'autres Insectes.

Suivant les chasseurs desquels plus récemment (de 1834 à 1837) Lherminier s'est plusieurs fois procuré l'Hoazin, il vit par petites troupes sur le bord des criques et des rivières. Il se nourrit des feuilles d'un arbre que les Brésiliens du Para appellent *Aninga*, et que, d'après sa tige articulée, ses feuilles larges, son fruit écailleux semblabe à un Ananas sans couronne, et son odeur musquée, ce Docteur a reconnu pour le *Moncou-Moncoué* d'Aublet, ou l'*Arum arborescens* de Linnée. Peu farouche, il se laisse approcher, fuit au coup de fusil, en poussant le cri de *cra-cra*, pour aller se poser quelques pas plus loin et sur la même branche, les uns à côté des autres. Il exhale une odeur forte et pénétrante, mélange de musc et de castoréum, et qui tient aussi de celle du Bouc ; elle se communique à l'alcool de conservation et aux vases, au point de les infecter, et résiste même fort longtemps à des lavages répétés avec l'eau chlorurée. Par suite de cette désagréable propriété, la chair de cet Oiseau n'est pas mangeable et ne sert. à la Guyane, que d'appât pour les Poissons.

Enfin, au peu que Buffon et le Docteur Lherminier ont fait connaître des mœurs de l'Opisthocome, M. de Castelnau a ajouté les renseignements suivants :

« L'un des plus curieux Oiseaux que nous ayons pu prendre, dit ce Voyageur dans la relation de son excursion de Goyas à Salinas et au Lac des Perles (*Lagoa das perolas*), est l'Hoazin de Buffon (*Phasianus cristatus* de Linnée), qui est connu dans le pays sous le nom de *Cegano* : c'est un Gallinacé de la taille d'une petite Poule, d'un brun-verdàtre, et remarquable surtout par la huppe de plumes qui orne sa tête. Ces Oiseaux se trouvent réunis en grand nombre *sur le bord des eaux;* leur vol est lourd et ne dure que quelques instants, puis ils reviennent se reposer sur les branches des arbres dont ils dévorent les feuilles; leur cri est singulier et ressemble à une respiration forte et étouffée... Les *Ceganos*, dit ailleurs notre Voyageur, faisaient entendre de toutes parts leurs soupirs mélancoliques. Cet Oiseau répand une très-forte odeur dont on peut se faire une idée par celle d'une Vacherie. » (1)

Il y a, on le voit, une différence entre le cri prêté à cet Oiseau, sur la foi de Sonnini, par Buffon, qui dit que sa voix est très-forte et est moins un cri qu'un hurlement.

L'habitat de cet Oiseau est des plus étendus.

« Nous l'avons trouvé, ajoute Deville, au Brésil, au Pérou, et il se trouverait également à la Guyane.

» Nous l'avons tué pour la première fois *sur le Lac des Perles* ou *Canna-Braba*, près du rio de Crixas, dans le nord de la Province de Goyas, puis très-nombreux sur les bords de la rivière de l'Araguay, et se rencontre jusqu'au Tocantin, dans la même Province. *Nous l'avons également trouvé, et toujours en troupe nombreuse, dans le rio Paraguay, ou Cuyaba* (Province

____

(1) *Histor. du Voy.* t. I.

de Matto-Grosso); et enfin, en dernier lieu, *sur toute la ligne du rio Ucayale et de l'Amazone jusqu'au Para.* » (1)

Résumons à présent les diverses citations et observations qui précèdent.

Dans un ordre d'idées tendant à rapprocher l'Opisthocome, ou Hoazin, des Gallinacés, on peut tirer de ces observations les conclusions suivantes et raisonner ainsi :

Le Bec, denticulé intérieurement, ou pour mieux dire hérissé au palais de papilles coniques, est étranger aux Gallinacés, mais seulement quant à sa conformation interne.

Le Jabot et le Gésier diffèrent également de ces organes chez les Gallinacés : le premier, en ce qu'il n'est pas entièrement libre et se trouve dans l'axe même de l'intestin; le second, en ce qu'il est beaucoup moins volumineux et moins puissamment organisé.

Le Sternum est de même entièrement étranger par sa conformation à cet Ordre d'Oiseaux.

Somme toute, cependant, l'Opisthocome représenterait les Ruminants dans cette Classe.

Qu'est-ce à dire? sinon que l'Opisthocome doit être au moins très-rapproché des Gallinacés, qui sont, de tous les Oiseaux, ceux qui peuvent en général le mieux représenter, dans la Série Ornithologique, le rang qu'occupent les Ruminants dans la Série Mammologique.

Mais à ces faibles analogies de raisonnement ne se borneraient pas les rapports de l'Opisthocome avec les Gallinacés, et surtout avec les Pénélopes.

A *l'extérieur*, dit Lherminier, l'Opisthocome a *quelques rapports* avec les Pénélopes.

On peut ajouter effectivement qu'extérieurement, exception

(1) *Rev. et Mag. de Zoolog.* 1852.

faite du bec, qui est privé à sa base de cette cire membraneuse de forme tubulaire dans laquelle sont percées les narines de ces derniers Oiseaux, l'Opisthocome paraît un véritable Pénélope :

Pénélope par la ptilose, par l'insertion, la nature et la forme des plumes de chacune de ses parties, notamment par celles de la queue, des ailes, et surtout par celles de la tête, qui sont rudes, filiformes ou acuminées et susceptibles de se hérisser en se relevant, comme chez les Pénélopes;

Pénélope par la nudité de la face;

Pénélope enfin par un essentiel caractère organique, que ne laisserait pas échapper ici l'œil clairvoyant de Toussenel. On sait que ce qui différencie, sous ce rapport, les Pénélopes des vrais Gallinacés, c'est la conformation du pied; le pouce, chez les premiers, étant inséré sur le même plan que les doigts, ce qui n'a pas lieu chez les seconds.

Or, ce caractère si différentiel existe chez l'Opisthocome, dont le pouce, remarquablement allongé, est inséré sur le même plan que les doigts antérieurs et pose, comme ceux-ci, à plat sur le sol.

Tout concourrait donc, comme aspect, et dans une certaine mesure de caractères organiques, à faire de l'Opisthocome un Pénélope, sinon un Gallinacé; et, quand nous disons un Pénélope, nous entendons un Oiseau des plus voisins des Pénélopes. Mais, au grand jamais, avec la meilleure volonté du monde, on n'y pourra rien trouver qui réussisse à en faire un Passereau! Il faut, pour arriver à ce résultat, un effort d'imagination surhumain ou une horreur prononcée pour les choses trop simples.

Même concordance, si des caractères physiologiques et organiques, que nous venons d'énumérer, on se reporte à une partie des mœurs de cet Oiseau.

L'Opisthocome peut être considéré comme essentiellement

frugivore ou baccivore, puisqu'il se nourrit presque exclusivement des feuilles et du fruit de l'*Arum arborescens*, dont sa chair emprunte même son odeur de castoréum et de musc, de Bouc ou de Vacherie. C'est un rapport de plus avec les Pénélopes qui, aux dires de d'Azara, pour le Paraguay, et de J. Goudot, pour la Nouvelle-Grenade, font leur nourriture de fleurs, de bourgeons et de fruits de Lauriers, d'Ardiacées et d'Arolies.

Enfin, d'après **M.** de Castelnau, qui l'a souvent rencontré et observé, dans le cours de son Voyage, le cri de l'Opisthocome est singulier, et ressemble à une respiration forte et étouffée, et, parfois même, au bruit d'un soupir.

Il n'y a pas loin de là au cri que, suivant d'Azara, les Pénélopes font entendre *d'un ton aigu, mais bas, sans ouvrir le bec et comme par les narines.*

Comme ce que nous cherchons est de fournir et de préciser les éléments les plus convenables à une bonne classification de l'Hoazin, après avoir indiqué par quelles analogies, et à l'aide de quels arguments on pouvait le pousser dans l'Ordre des Gallinacés et vers les Pénélopes, nous avouons qu'un élément moins connu et plus embarrassant se présente entre quelques autres : c'est celui que fournit le caractère Oologique de cet Oiseau, et que nous sommes bien aise de faire pressentir aux Ornithologistes, et surtout aux Méthodistes.

On sait que pour nous ce caractère est de la plus haute valeur dans la composition des grands groupes de Familles ou de Tribus Ornithologiques.

Or, ici tout vient détruire et saper dans leur base l'argumentation que nous avons faite, pour le rapprochement de l'Hoazin des Gallinacés, en admettant que les Pénélopes doivent rester encore dans cet Ordre.

L'OEuf de l'Hoazin, que nous devons à l'obligeance d'Al.

d'Orbigny (1), qui nous l'avait procuré de son bel et fructueux voyage dans l'Amérique Méridionale, revêt tous les caractères de Forme, de nature de Coquille et de Coloration de celui des Rallidés en général; ceux d'entre eux qu'il rappelle le plus sont : la Poule Sultane (*Porphyrio*) qui doit figurer dans les *Rallinæ*, et nullement dans les *Fulicinæ*, la petite Poule-d'Eau des Indes, et surtout le *Rallus superciliaris* rapporté de la Nouvelle-Zélande par J. Verreaux. Il s'en éloigne toutefois, mais bien faiblement, par son mode de maculature qui, au lieu d'affecter la forme ponctuée généralement propre aux Oiseaux de cette Tribu, revêt la forme de taches irrégulières ou d'éclaboussures, mais longitudinales ou perpendiculaires, c'est-à-dire dans le sens du grand axe de l'OEuf.

La Forme est Elliptique, avec les deux extrémités également arrondies ; elle se rapproche même beaucoup de la Forme Cylindrique. Le grand diamètre ou grand axe est de 48 millimètres ; le petit, de 35.

Le fond de la Coquille est d'un Blanc légèrement carné, avec quelques taches de Couleur de Sang figé, d'autres, en plus grand nombre, de Couleur de Brique Rosâtres, et plusieurs, assez larges, d'une teinte Gris-Lilas ou Grisâtre-Violacée.

Le seul rapport qu'offre cet OEuf avec celui des Pénélopes, et il a quelque importance, c'est la Forme qui est presque la même, Ellipsoïde ou Ovalaire allongée : ce qui fait la différence des Pénélopes avec les autres Gallinacés, dont l'OEuf est de Forme Ovée, c'est-à-dire avec une extrémité plus aigüe que l'autre ; c'est aussi cette même analogie de Forme qui, d'un autre côté, rapproche à certains égards les Pénélopidés des Colombidés.

(1) Cet Œuf, dont quelques Exemplaires doivent exister, de la même source, au Musée de Paris, figure aujourd'hui dans la Collection de Philadelphie.

Que conclure de cette autre apparente anomalie de l'Hoazin? Serait-ce un indice de quelques rapports de transitions, encore inconnus, qui existeraient entre les Gallinacés, dont le dernier chaînon serait formé par l'Hoazin et les Rallidés?

Nous ne le pensons en aucune façon : non que nous nous décidions à les éloigner des Pénélopes, près desquels au contraire nous les rapprochons davantage ; mais c'est que nous avons de puissantes raisons de croire que les différentes Familles d'Oiseaux dont Lesson faisait ses Passérigalles, et qui comprenaient entre autres les Pénélopes, n'ont jamais été à leur véritable place dans les Méthodes, et doivent faire partie des groupes que nous réunissons sous la rubrique de Alectorides. Or, de ces Oiseaux à l'Hoazin, les différences ne sont pas bien grandes, ainsi qu'il ressort de la comparaison de ce dernier avec les Pénélopidés : une seule différencie organiquement celui-ci de ceux-là ; c'est d'une part la couverture du torse qui, chez les Pénélopes, est comme chez les Gallinacés, écussonné seulement en-dessous, mais scutellé ou couvert de larges squamelles par-dessus, tandis qu'il est écussonné des deux côtés chez l'Hoazin ; c'est d'autre part la forme tubulée des narines des Pénélopes. Du reste, insertion identique des quatre doigts du pied sur le même plan, ces parties posant toutes à plat sur le sol, ce qui est aussi le caractère des Mégapodidés.

CINQUIÈME TRIBU.

PÉNÉLOPIDÉS OU PÉNÉLOPES — *Penelopidæ*.

Nous avons suffisamment indiqué les points de contact de cette Tribu avec la Tribu qui précède pour qu'il soit inutile d'y revenir.

Quant aux motifs qui nous la font retirer de la Tribu des Gallidés, ils résultent en partie des mêmes indications, en partie des différences organiques bien tranchées qui les en séparent, et aussi des mœurs qui ne sont nullement les mêmes : toutes considérations qui justifient parfaitement la manière de voir de Lesson, à leur égard, quant à leur groupement tout-à-fait à part de cette Tribu, sous le nom de *Alectores*.

CARACTÈRES OOLOGIQUES :

Forme — Ovalaire, parfois très-allongée, et assez aigüe aux deux extrémités.

Coquille — à test dur, à pores visibles, lisse et un peu luisante, Blanche intérieurement.

Couleur — d'un Blanc plus ou moins pur, et sans aucune tache.

On voit, pour ce qui est des Caractères Oologiques, celui de la Forme, seul, rapproche les Pénélopes de l'Hoazin, il en sera de même pour les Tribus qui vont suivre.

Nous connaissons, et nous avons possédé l'Œuf de neuf Espèces de Pénélopes.

SIXIÈME TRIBU.

CRACIDÉS OU HOCCOS — *Cracidæ*.

A nos yeux, à l'exception du Genre *Gallopavo*, ou Dindon, l'Amérique ne possède aucun vrai Gallidé. Ce que l'on en a considéré jusqu'à présent, pour cette partie du monde, comme les représentant, se borne aux Pénélopes et aux Hoccos. Or, cette représentation est tellement imparfaite, qu'elle ne constitue, pour nous, qu'une simple théorie, contredite et presque détruite par les faits : c'est ce qui nous en fait encore détacher la Tribu des Cracidés, pour la reporter ici. Sauf le procédé d'incubation qui varie, il nous semble que, de même qu'on rapproche les Hoccos et les Pénélopes des Mégapodes, dans les Gallinacés et dans les Gallidés, il y a tout autant de raisons pour replacer ailleurs ces trois Tribus d'Alectorides : et c'est ce que nous pratiquons en ce moment, parce que nous regardons leur OEuf comme étranger, sous tous les rapports, à celui des Gallinacés.

Nous aurions tort cependant, si nous disions que c'est sans être dirigé dans cette voie si nouvelle par aucune considération Oologique spéciale. En étudiant en effet l'OEuf des Cracidés, autrement dits des Hoccos, nous avons remarqué qu'il ne reproduisait rien, dans son test, de l'OEuf des Poules, ni par son aspect, ni par sa constitution physiologique : tout ce qu'il en rappelle, c'est le *facies* de ceux de ces dernières dont la cristallisation calcaire ne s'est opérée que d'une manière imparfaite et maladive à la surface de la tunique membraneuse, en y laissant les traces d'une granulation pour ainsi dire artificielle, en ce sens que chacun des granules n'est généralement pas plein ou concret, n'étant que l'enveloppe de globules d'air surpris par la matière calcaire.

Ici, et chez les Hoccos, rien de semblable : la Coquille, dans sa surface, représente un réseau de globules d'une certaine grosseur, égaux entre eux et par leur volume et par leur distance, enveloppant et recouvrant symétriquement le fond du test calcaire, avec lequel ils ne forment qu'un seul et même corps, pleins et solides comme lui. Ce système de granulation très-sensible au toucher, encore plus à l'œil nu, acquiert une admirable harmonie d'ensemble et de répartition, examiné à la loupe, et se trouve être le seul et premier, sinon unique exemple de cristallisation semblable que nous ayons eu occasion de rencontrer dans les OEufs de toute la Série.

Ces globules, il est vrai, se laissent plus difficilement apercevoir, et existent à peine, et encore très-imparfaitement, nous devons le dire, dans la Tribu précédente, celle des Pénélopidés, que l'on a l'habitude de réunir aux Cracidés. A l'égard de cette Tribu, nous sommes encore dans le doute, leur système de cristallisation tenant beaucoup plus de celui des Gallidés et des Phasianidés.

Mais un fait également remarquable, et qui nous détermine à réunir aux Hoccos les Mégapodes, indépendamment de la place à leur donner, aux uns et aux autres, dans la Série, c'est que chez ces derniers le système est en tout identique, dans des proportions moindres; c'est-à-dire que c'est la même régularité de granulation sphéroïdale et parfaitement arrondie : il suffit, pour être convaincu de la parité, d'observer les OEufs des *Talegalla Lathami* et *Megapodius Nicobaricus* ou *Cummingii*, etc.

La coïncidence est au moins étrange et frappante au point de vue de la Classification, et mérite d'être attentivement étudiée.

CARACTÈRES OOLOGIQUES :

Forme — Ovée, parfois et souvent assez globulaire.

Coquille — à surface rugueuse et régulièrement granulée, Blanche intérieurement, et sans reflet appréciable.

Couleur — d'un Blanc pur.

SEPTIÈME TRIBU.

MÉGAPODIIDÉS OU MÉGAPODES — *Megapodiidæ.*

L'OEuf des Mégapodes, indépendamment de sa Forme, dont nous avons fait un de nos Types, est particulièrement remarquable par la contexture de sa Coquille, contexture également granulée, mais d'une granulation impalpable et presque microscopique, quoique appréciable à l'œil nu.

CARACTÈRES OOLOGIQUES :

Forme — Cylindrique, c'est-à-dire dessinant une Ellipse dont les deux parois latérales forment une ligne droite, avec les deux extrémités également arrondies.

Coquille — à test fort mince, en raison de son développement

ou du volume de l'OEuf; à pores fins et visibles, Blanche intérieurement, mate et sans le moindre reflet.

Couleur — Blanche et sans aucune tache.

Si parfois elle offre un aspect d'un ton uniformément Fauve,
plus ou moins rosacé, c'est l'effet de son contact avec le sable
dont ces OEufs sont le plus souvent recouverts et dont le test
emprunte la Coloration. C'est ce qui s'observe notamment chez
le *Megapodius Nicobaricus* et sur les *M. rubripes* et *Ocellatus*.

Cet OEuf est assurément digne de l'attention des Oologistes,
et par sa Forme, qui rappelle celle de l'OEuf des Ophidiens, et
par sa contexture calcaire, qui se rapproche encore un peu de
celle du produit Ovarien de quelques-uns de ces Vertébrés,
quoique d'une finesse extrême, et par l'absence de reflet : tous
caractères exclusifs de ceux propres à l'OEuf des Gallinacés.

Il y aurait même presque un rapprochement fort curieux à
faire, à ce point de vue, entre le produit Ovarien de la Tribu des
Mégapodidés, chez les Oiseaux, et celui de l'Ordre des Sauriens,
dans les Reptiles, notamment chez les Caïmans et les Crocodiles :
c'est, outre le caractère de la Forme, qui est identique, le mode
particulier d'éclosion ou plutôt d'incubation, en quelque sorte
artificiel. N'est-il pas remarquable, en effet, que ce soient les
Oiseaux pondant ou produisant de tels OEufs qui, de même que
les Crocodiles, abandonnent le soin de leur incubation à l'action
naturelle, soit du calorique émané des rayons solaires mis en
contact avec le sable qui les cache, soit du calorique dégagé de
la fermentation lente et progressive des Graminées qui les
recouvrent (comme pour le *Megapodius tumulus* de Gould, à la
Nouvelle-Hollande), contrairement à ce que pratiquent les autres
Oiseaux, dont le besoin de couver est le plus puissant et le plus
impérieux!

Il faudrait la plume pittoresque d'un Michelet, ou le pinceau
original d'un Toussenel, pour développer toutes les considéra-

tions qui ressortent de ce rapprochement que nous ne faisons qu'indiquer, sans y attacher aucune importance ni aucune idée d'applicabilité à la Science Ornithologique. Le système de Parallélisme, qui offre tant de ressources en Histoire Naturelle, pour coordonner entre eux ou mettre en rapport les divers éléments d'une Classe Zoologique, en offrirait-il autant pour établir des relations ou pour découvrir et fixer des termes de comparaison d'une Classe à une autre? Ce serait peut-être, à ce propos, le cas d'en faire l'essai.

Nous ne dirons rien des *Mesitidæ* dont nous faisons notre huitième Tribu, puisque l'on n'en connait pas plus l'Œuf que les habitudes ; et que les seuls exemplaires de ce Type d'Oiseaux que possède jusqu'à ce jour la Science, sont ceux qui se voient dans la riche Collection Nationale du Muséum d'Histoire Naturelle de Paris.

NEUVIÈME TRIBU.

PALAMÉDÉIDÉS OU KAMICHIS — *Palamedeidæ.*

Les Kamichis, pas plus par leur Œuf que par leurs caractères organiques, ne peuvent être pour nous des Jacanas ; ce sont de véritables Alectorides : ils en ont le port et les caractères Oologiques ; leur pied même, sauf l'ongle droit et acéré du pouce, est celui des Oiseaux de cet Ordre ; toutes raisons qui corroborent nos inductions et déterminent notre résolution.

En un mot, le Kamichi est plus près des Mégapodes que des Jacanas ; et cela malgré l'arme de ses ailes.

CARACTÈRES OOLOGIQUES :

Forme — Ovalaire.

Coquille — à test assez dur, à pores fins et visibles; d'un Blanc légèrement azuré intérieurement.

Couleur — d'un Blanc assez pur et sans tache.

Ces caractères sont communs à l'Œuf du *Palamedea Cornuta* et du *P. Chavaria,* que nous avons possédés tous deux ; ce dernier nous venant du Voyage de d'Orbigny.

C'est probablement le caractère azuré de la Coquille, et l'antipathie de l'Oiseau pour les Serpents qu'il combat à la manière du Serpentaire (*Gypogeranos*), qui ont engagé Thienemann à classer son Œuf avec celui de ce dernier, et l'Oiseau lui-même dans l'Ordre des Rapaces.

Nous ne parlerons pas des *Chionidæ* ou Bec-en-Fourreau, formant notre dixième Tribu , l'Œuf nous en étant inconnu.

Nous observerons seulement que si nous rangeons cet Oiseau avec nos Alectorides, et près du Kamichi, c'est que nous trouvons entre eux certains points de contact qui ne sont pas sans importance : tels que la réticulation des pieds et la protubérance osseuse de l'aile.

TROISIÈME SOUS-ORDRE.

HÉRODIONS

(*Herodiones*).

Plus on étudie l'Oologie, plus on voit la lumière se faire dans l'ombre des Méthodes et des Classifications. C'est ainsi qu'une étude plus attentive de l'Œuf du *Falcinellus igneus* nous détermine à modifier la composition de ce Sous-Ordre indiquée dans notre *Systema*. Nous y faisons entrer les dix Tribus suivantes : *Psophiidæ, Gruidæ* et *Aramidæ,* que nous enlevons aux Alectorides du Prince Ch. Bonaparte, pour les transporter à l'Ordre des Hérodions ; système adopté du reste par lui, depuis 1855, dans la première partie du deuxième volume de son *Conspectus,* publié en 1857 ; puis *Ciconiidæ, Dromadidæ, Cancromidæ, Ardeidæ, Tantalidæ, Plataleidæ* et *Balænicepidæ.*

PREMIÈRE TRIBU.

PSOPHIIDÉS OU AGAMIS — *Psophiidæ.*

CARACTÈRES OOLOGIQUES :

Forme — Ovalaire.

Coquille — assez mince, peu luisante, d'un Blanc légèrement Verdâtre intérieurement.

Couleur — d'un Blanc pur et sans taches.

DEUXIÈME TRIBU.

GRUIDÉS OU GRUES — *Gruidæ.*

L'ensemble Oologique de cette Tribu offre la même harmonie et la même homogénéité de caractères que l'ensemble physiologique.

CARACTÈRES OOLOGIQUES :

Forme — Ovée, assez allongée.

Coquille — à test dur, d'un Blanc verdâtre intérieurement, à faible reflet et à pores visibles, mais parfaitement marqués et incrustés chez le *Laomedontia carunculata* ou Grue carunculée.

Couleur — d'un Blanc fauve plus ou moins foncé, parsemé de larges taches Brunes entremêlées d'autres d'une nuance Grisâtre ou Lilacée.

Ce sont les caractères communs aux *Grus cinerea* et *Australasiana*, au *Laomedontia carunculata*, aux *Tetrapteryx paradisea*, dont le fond est d'un Brun très-foncé, *Anthropoïdes virgo*, dont les taches affectent l'aspect de points, *Balearica pavonina*, dont la Forme est Ovalaire, et le fond d'un Brun de Sienne, et *Antigone torquata*, dont le fond est d'un Fauve-Blanchâtre, et les taches d'un Brun clair ou Grisâtres.

28

Mais les affinités Oologiques nous forcent de retirer le Genre *Argala*, ou Marabou, des *Ciconiidæ*, pour le reporter aux *Gruidæ*.

TROISIÈME TRIBU.

ARAMIDÉS OU COURLANS — *Aramidæ*.

Ce Genre si curieux se trouve aujourd'hui rangé à sa véritable place, grâce à la découverte de son Œuf, que nous pouvons dire avoir publié le premier, en l'appuyant des considérations qui devaient le faire retirer des Rallidés, considérations que nous allons reproduire de nouveau, à une distance de quinze années [1].

« Nous venons encore, disions-nous en 1844, au sujet d'un Genre d'Oiseau déjà connu depuis longtemps, le Courlan, ou Courliri, mais dont la place méthodique est toujours demeurée vague et indécise, apporter le tribut de nos études et de nos travaux en Oologie.

On comprend que nous nous attachions, pour proclamer l'importance de cette partie si neuve de la Science, à des Genres de transition; car c'est surtout à leur égard et dans les circonstances que présente l'indécision ou la complication de leurs Caractères Zoologiques, que se révèle le plus la valeur de ceux que l'Œuf peut fournir. Ce que nous avons donc essayé pour les Genres Guacharo (*Steatornis*), Coq-de-roche (*Rupicola*), et Caurale (*Ardea helias* ou *Eurypiga*), nous l'allons faire pour le Courlan.

On ne peut se dissimuler que, dans son ensemble, comme dans son port, le Courlan ne représente autant une Grue qu'un Héron, beaucoup plus qu'un Courlis ou un Râle, car, malgré ce

---

(1) *Magas. de Zool.* 1844. *Ois.* Pl. XLVI, XLVII et XLVIII.

qu'en ait dit Valmont de Bomare (1), ou qu'en aient pensé plusieurs Naturalistes, il est difficile de rien voir en cet Oiseau qui se rapproche en quoi que ce soit, au moins, du Courlis. C'est aussi, nonobstant le nom qu'il lui a conservé, ce qu'a bien eu soin de faire remarquer Buffon : « Son bec, dit notre éloquent » Naturaliste, a quatre pouces ; il est droit dans presque toute » sa longueur; il se courbe faiblement vers la pointe, et ce n'est » que par ce rapport que le Courlan s'approche du Courlis, dont » il diffère par la taille, et toute l'habitude de sa forme est très-» ressemblante à celle des Hérons ; *de plus,* continue-t-il, *on* » *voit à l'ongle du grand doigt la tranche saillante du côté* » *intérieur qui représente l'espèce de peigne dentelé de l'ongle* » *du Héron* » (2). Ce qui est formellement et à juste titre contesté par la description de Spix (3), et ce dont la plus simple inspection démontre la fausseté ; car ce caractère de dentelure, presque constant chez les Hérons, manque complétement chez le Courlan. Cette erreur si grave, de la part de Buffon, ne peut être attribuée, comme la plupart de celles qui lui sont échappées, qu'à son génie trop généralisateur, et, par suite, à son imagination trop ardente et trop prompte à se figurer comme réels des rapports d'ensemble à peine entrevus.

Quoiqu'il en soit, cette description, fort exacte du reste, indique suffisamment les causes de préférence de Buffon pour le rapprochement du Courlan des Hérons : aussi le décrit-il à leur suite et avant les Bécasses. Ajoutons, pour compléter le détail des caractères physiologiques et la somme des rapports de ce Genre avec les Hérons, que le pouce, de même que chez ceux-ci, est long et porte en entier sur le sol. Il semble donc que jamais on ne devait songer à isoler le Courlan, sinon des Hérons,

(1) *Nouv. Dict.*, etc.
(2) *Hist. Nat. des Ois.*
(3) « *Ungue medio non serrato.* » Av. Bras. *Monachii,* 1839. T. II, p. 73.

au moins des Ardéidés, ou, pour mieux dire, des Hérodions.

Il faut pourtant supposer que ces caractères, si positifs et incontestables qu'ils soient, n'ont pas été jugés suffisants pour satisfaire aux exigences rationnelles et méthodiques, quoique bien souvent arbitraires, des Classificateurs Ornithologistes.

Ainsi Linnée et Gmelin, par leurs dénominations de *Ardea scolopacea* et *Scolopacea guarauna*, qu'ils lui ont donnée; Brisson et Latham, par celle de *Numenius guarauna*, indiquent les rapports qu'ils croyaient lui voir, à un degré plus élevé que Buffon, avec le Genre *Ardea*, d'une part, et avec les Genres *Scolopax* et *Numenius* de l'autre : place et nom que lui ont aussi conservés, dans ces derniers temps, MM. Lesson et Gray.

Cuvier, dans son *Règne animal*, donne la description du Courlan après celle de la Grue commune (*Ardea Grus*), et ajoute, avec infiniment plus de raison que ses devanciers : « qu'on ne peut placer cet Oiseau qu'entre les Grues et les » Hérons. »

Illiger, trompé peut-être par une légère et bien imparfaite analogie du bec du Courlan avec celui des Râles Américains, en a fait un Râle, sous le nom de *Rallus guarauna*, classification adoptée par Lichtenstein.

Vieillot, se rangeant à l'opinion de Linnée, de Gmelin et de Latham, en a fait son Genre type *Aramus* spécifié par l'adjonctive *Scolopaceus*, qui a été conservé par MM. Bonaparte et Vigors.

Spix, enhardi par ses observations Ornithologiques en Amérique, s'est cru fondé à faire revivre l'idée d'Illiger, qui avait fait de notre Oiseau un Râle; mais en la modifiant sous le rapport des points de contact qu'il lui trouvait avec les Hérons, et, en conséquence, il l'a nommé *Rallus ardeoïdes*, nom qu'il aurait dû réserver pour le Caurale (*Ardea helias* ou *Eurypiga*), auquel il convenait infiniment mieux, ainsi qu'on a pu le remarquer dans nos considérations sur ce dernier Oiseau. Il l'a donc placé en tête de la Famille des Râles, qui suit immédiatement celle des Hérons, en ajoutant que, s'il se rapproche du Genre *Anastomus* et des *Ardea scolopacea* ou *gigantea*, il devait cependant être réuni aux Râles. (1)

Alc. d'Orbigny (2), sous l'influence d'observations semblables sur les Oiseaux du Sud-Amérique, est venu depuis adhérer, en les appuyant de son autorité, au système et à la manière de Spix, et il s'est fondé, à cet égard, sur les mœurs et les habitudes du Courlan, qu'il croit, plus encore que sa forme, se rapprocher des Râles et des Poules-d'eau.

Nous avouons que, pour nous, ces habitudes sont encore jusqu'à un certain point contestables, non pas tant comme exactitude ; sur ce point, peu de Voyageurs Naturalistes méritent autant de croyance que Alc. d'Orbigny ; mais comme caractères bien tranchés, car elles sont en partie communes à bon nombre d'Espèces de Hérons et d'Ardéidés. Ainsi, d'après les observations de notre savant Voyageur, le Courlan perche sur les arbres peu élevés, ce qui n'est pas commun chez les Râles ; il n'a pas le vol aussi soutenu que les Hérons ; il a une voix sonore qui se fait entendre d'une demi-lieue, ce qui est également loin d'être dans l'organisation habituelle des Râles (quoique Spix, tout en se taisant sur cette circonstance particulière, en parlant du Courlan, ait soin de la remarquer pour le *Rallus gigas* : « *vesperè perambulando vociferans,* » dit-il, au sujet de ce dernier), et se rencontre, au contraire, chez quelques Ardéidés, notamment le Butor (*Ardea stellaris*) ; il aurait le même genre de nourriture que les Râles et les Poules-d'eau ; ainsi il ne mangerait ni Reptiles ni Poissons, mais des Vers et des Mollusques,

(1) « *Generi Anastomatis novo Temminckii vel Ardeæ scolopaceæ ac gi-*
» *ganteæ conveniens, à Rallo verò haud disjungendus...* »
(2) *Hist. Nat. de l'Ile de Cuba.* Alc. d'Orbigny et M. de la Sagra.

ce qui n'établit pas une différence assez marquée, à notre sens, pour le classer dans les Râles de préférence aux Hérons ; enfin il niche dans les marais, ce que font également plusieurs Espèces de Hérons.

Temminck (1) et M. Isid. Geoffroy-Saint-Hilaire (2), se conformant aux vues élevées de G. Cuvier, le mettent, comme lui, entre les Grues et les Hérons.

Wagler et le Prince Max. de Neuwied en ont fait leur *Nothero-dius guarauna*, impliquant dans leur esprit un point de ressemblance plus intime avec ceux-ci qu'avec les Grues.

Enfin le Docteur Reichenbach en a fait franchement un Rallidé.

En résumé, les Naturalistes, au sujet du Genre type de la Tribu qui nous occupe, se seraient, jusqu'à ce jour, partagés entre quatre systèmes.

L'un, établi par Buffon et Linnée, et suivi par Brisson, Latham, Vieillot, et MM. Lesson, Bonaparte, Vigors et Gray, consistant à placer le Courlan entre les Hérons et les Courlis.

Le second, indiqué par G. Cuvier avec cette hauteur de vue et cette prescience des choses qui lui étaient particulières, et suivi par Temminck et M. Isid. Geoffroy-Saint-Hilaire, consistant à le mettre entre les Grues et les Hérons, et, conséquemment à en faire un véritable Ardéidé.

Le troisième, soulevé par Wagler, et suivi par M. le Prince Max. de Neuwied, à le ranger avec les Hérons ou à leur suite, comme Faux-Héron ou Héron bâtard.

Le quatrième enfin, proposé par Illiger, et suivi par Spix, Lichtenstein, Alc. d'Orbigny et le Docteur Reichenbach, consistant à le classer entre les Hérons et les Râles, mais en en faisant un Rallidé.

(1) *Manuel d'Ornithologie.* Ed. 1820.
(2) *Cours* 1843-1844.

Ce qui domine avant tout, dans l'ensemble des opinions de chacun de ces Naturalistes, c'est la conviction amenée par l'évidence d'un degré plus intime entre le Courlan et les Hérons, qu'entre tout autre Genre ; mais cela n'exclut pas l'identité et la communauté de ses rapports avec le Genre Grue, qui diffère au reste fort peu du Genre Héron, puisque, pour nous, tous deux font partie du même groupe (1), identité qu'on ne saurait utilement contester après le jugement de Cuvier, sous lequel s'est censément abrité celui de Temminck.

Ce jugement de Cuvier, que l'on n'a pas assez approfondi avant de le rejeter, aurait besoin d'une autre justification que celle tirée des rapports de conformation et d'habitudes du Courlan avec les Ardéidés, qu'il la trouverait dans la valeur des caractères qu'offre l'inspection de l'OEuf de cet Oiseau. Ils viennent si heureusement confirmer cette opinion, que nous en espérons le meilleur résultat pour ouvrir les yeux aux plus incrédules sur l'importance, en fait de Classification Ornithologique, dans nombre de cas embarrassants ou douteux, de l'Elément Oologique.

Nous tenons cet OEuf, tout nouvellement acquis à la Science, de l'obligeance de notre savant Voyageur Alc. d'Orbigny, qui en a découvert plusieurs dans ses pérégrinations au centre de l'Amérique du Sud. Nous ne dirons pas que c'est la première fois qu'il est publié, puisqu'il a paru à la suite d'un article de ce Naturaliste sur le Courlan, dans une des dernières livraisons du bel Ouvrage qu'il a publié, avec M. de la Sagra, sur l'Histoire Naturelle de l'Ile de Cuba ; mais c'est la première fois qu'il est figuré à la suite d'un Système de Classification : nous dirons même que nous avons tâché de lui conserver, dans la Planche ci-jointe, un degré d'exactitude de plus que ne le comporte le dessin de l'Ouvrage

____

(1) Malgré la manière de voir et la résolution prise du Prince Ch. Bonaparte, de les mettre chacun dans un Ordre distinct.

précité, qui est d'un ton trop verdâtre, et dont les taches ou macules ne sont pas assez franchement accusées.

L'Œuf du Courlan, dont les diamètres varient de 61 à 63 millimètres dans un sens, et de 44 à 45 dans l'autre, est de Forme *Ovalaire* très-faiblement acuminée, comme celui des Hérons ; mais chez ces derniers, il est toujours et constamment d'un ton uniforme, variant du Blanc au Vert-Bleu ou Olive, plus ou moins foncé, sans aucune tache colorée, mat et sans reflet ; tandis que chez le Courlan, avec une Couleur Blanc sale ou légèrement Ocracé, il est parsemé de taches d'un Brun plus ou moins clair ou Rougeâtre, sous forme de larmes, ou la plupart arrondies, entremêlées d'autres taches Grisâtres ; le tout plus ou moins abondant au sommet de l'Œuf, qui en est comme le point de départ, et où se voient quelquefois des veines de mêmes Couleurs ; enfin sa Coquille réfléchit quelque peu la lumière, ce qui constitue, quant à la Coloration et à la Coquille, le caractère dominant et généralement constant de l'Œuf des Grues proprement dites, telles que *Grus ardea* (*cinerea*), dont nous avons fait figurer l'Œuf à la Planche XLVII, *Grus antigone* (*Antigone torquata*) et *Grus carunculata* (*Laomedontia carunculata*). Il n'y a donc de différence, entre l'un et l'autre, que relativement à la Forme qui, chez le Genre Grue, est toujours *Ovoïconique*, ou du moins Ovée fort allongée ; nous ajouterons même que c'est une anomalie que le Courlan partage avec les Hérons, qui sont la seule Famille des anciens Echassiers des Auteurs, dont l'Œuf soit généralement de Forme *Ovalaire*, tous leurs autres congénères l'ayant de Forme *Ovoïconique*, qui semble la conséquence rationnelle de leur structure (1).

(1) Les deux ou trois Exemplaires de cet Œuf que nous avons possédés, figurent aujourd'hui dans le Musée de Philadelphie. Le Muséum de Paris en doit posséder ayant la même origine.

Mais quant à comparer l'OEuf du Courlan, soit quant à sa Forme, soit quant à son mode de Coloration, avec l'OEuf des Râles, ou même du Courlis, c'est une idée qui ne viendra à l'esprit de personne, lorsqu'on aura pu voir les termes Oologiques de comparaison. C'est ce qui nous a fait joindre à cette Notice la figure de l'OEuf du *Numenius arcuatus,* qui ne diffère que par sa taille plus forte du *N. phœopus,* et qui est, comme celui de ce dernier, comme celui de presque tous les Echassiers, de Forme *Ovoïconique,* mais sur un fond Vert-Olive assez tranché, parsemé de taches irrégulières nuageuses de Brun foncé et de Brun-Verdâtre, ce qui n'a aucun rapport avec la Couleur de l'OEuf qui nous occupe.

Quant à ce qui est de l'OEuf du Râle, il suffit pour se rendre compte des caractères généraux qui lui appartiennent, et dont nous ne parlons pas ici, de se reporter à ce que nous en avons déjà dit.

Toutes choses donc à peu près égales d'ailleurs, en ce qui concerne les caractères physiologiques et même les mœurs (à l'exception de la terminaison du bec légèrement infléchie), l'importance des caractères fournis par l'OEuf de ce curieux Genre, caractères si différents de ceux fournis par l'OEuf des Râles et par celui des Courlis, et si rapprochés, pour la Forme de l'OEuf, des Hérons, et, pour la Couleur, de celui des Grues; cette importance, disons-nous, ne nous paraît point douteuse et doit faire pencher la balance, en ce qui concerne la place que doit occuper le Courlan dans la Série Ornithologique, en faveur de son rapprochement intermédiaire entre les Grues et les Hérons, en sorte qu'on pourrait parfaitement lui donner le nom de *Ardea Geranos.* »

Il est bien remarquable que l'indication de ce classement, basé sur de simples considérations Oologiques, soit déterminée par la même combinaison de caractères que celle qui nous a fait, précédemment, insister sur le classement du Caurale entre les Gralles et les Râles.

On voit, comme nous en avons donné de nombreux exemples, qu'il a fallu la découverte et la connaissance de l'Œuf du Courlan pour assigner définitivement sa place à cet Oiseau.

QUATRIÈME TRIBU.

CICONIIDÉS OU CIGOGNES — *Ciconiidæ*.

CARACTÈRES OOLOGIQUES :

Forme — Ovalaire, parfois globulaire ou renflée.

Coquille — à test peu épais, uni, à pores très-fins et visibles ; d'un Blanc légèrement Verdâtre dans son épaisseur.

Couleur — d'un Blanc un peu terne, uniforme et sans taches.

Le mode de composition du test de l'Œuf des Cigognes est tout-à-fait différent de ce qu'il est dans l'Œuf des Ardéidés ; en ce sens que la cristallisation en est plus homogène et plus fine, et laisse apercevoir un système assez régulier du pointillé de ses pores.

Nous ne dirons rien de la cinquième Tribu, celle des *Dromadidæ* ou Ardéoles, dont nous ne connaissons pas l'Œuf.

SIXIÈME ET SEPTIÈME TRIBUS.

CANCROMIDÉS OU SAVACOUS — *Cancromidæ*

ET ARDÉIDÉS OU HÉRONS — *Ardeidæ*.

Nous réunissons ces deux Tribus, à cause de leur communauté de caractères, au point de vue de leur produit Ovarien.

CARACTÈRES OOLOGIQUES :

Forme — Ovalaire, les deux extrémités également arrondies.

Coquille — à test assez mince, à pores irréguliers et peu distincts, ne procédant point par piqueture ; d'un Blanc légèrement Verdâtre dans son épaisseur.

Couleur — ou Blanche, ou d'un Vert-Bleuâtre plus ou moins foncé, uniforme et sans aucune tache ou teinte étrangère.

Nous connaissons et nous avons possédé l'Œuf de trente-et-une Espèces d'Ardéidés.

Quand nous parlons des pores de la Coquille, dans ces deux Tribus, c'est de son mode de granulation que nous voulons parler ; et c'est en ce sens que nous distinguons positivement l'Œuf des Hérons de celui des Cigognes ; car, avec l'apparence d'une contexture concrète et régulière, la cristallisation vue de près, et, mieux encore, examinée à la loupe, en est des plus grossières, et ce que l'on prendrait, à l'œil nu, pour les pores sur toute autre Coquille, n'est que le résultat de l'irrégularité des cristaux calcaires qui la composent : ces cristaux présentant, par leur assemblage et leur réunion, un aspect granuleux approchant de celui de la pâte dont la surface se sèche et se solidifie au contact de l'air ou de la lumière.

Sous ce rapport, nous le redisons, l'Œuf des Ardéidés ne saurait être confondu avec celui des Ciconiidés, et encore moins avec celui des Ibis ou des Spatules.

HUITIÈME TRIBU.

TANTALIDÉS OU TANTALES — *Tantalidæ*.

Par suite des observations qui précèdent, nous apportons un léger changement à la composition première de cette Tribu, que nous divisons en trois Familles, au lieu de deux ; c'est-à-dire que nous retirons des *Ibinæ* le Genre *Falcinellus* que nous élevons lui-même au rang de Famille.

Autant, en effet, l'Œuf des Tantales se confond avec celui des Ibis, autant s'en éloigne celui des Falcinelles, pour revêtir tous les caractères de Forme, de Coquille et de Couleur propres à l'Œuf des Hérons. Il y a donc ici à réfléchir et à étudier mûrement.

Et si l'on ne croit pouvoir se dispenser de laisser figurer les Falcinelles dans les Tantalidés, nous pensons que l'on ne saurait hésiter à faire de ce Genre une Famille sous le nom de *Falcinellinœ*, que l'on mettrait en tête des *Tantalidœ*, faisant suite immédiatement alors aux Ardéidés : c'est ce que nous pratiquons aussi dès ce moment, modifiant, sous ce rapport, la composition de nos Hérodions telle qu'elle figure dans notre *Systema*; nous distinguerons donc dans notre Tribu des *Tantalidœ* trois Familles : *Falcinellinœ, Ibinœ* et *Tantalinœ.*

1re FAMILLE. — *Falcinellinés* ou *Falcinelle* (*Falcinellinœ*).

CARACTÈRES OOLOGIQUES :

Forme — Ovalaire, exactement celle des Ardéidés.

Coquille — la même également que dans l'OEuf de cette Tribu, sauf que le mode irrégulier de cristallisation que nous avons remarqué chez ceux-ci est encore exagéré chez les Falcinelles, et la matière en paraît également plus grossière ou moins élaborée, du reste mate et sans aucun reflet.

Couleur — d'un beau Vert uni et sans taches.

2e FAMILLE. — *Ibinés* ou *Ibis* (*Ibinœ*).

CARACTÈRES OOLOGIQUES :

Forme — Ovoïde, c'est-à-dire d'un Ovalaire à bout beaucoup plus obtus que l'autre, caractère de l'OEuf des Gralles ou *Ægyalites.*

Coquille — à grain irrégulier, à concrétion moins grossière que chez les Falcinelles, peu épaisse, d'un Blanc pur, azurée dans sa transparence et presque sans reflet.

Couleur. — Celle de la Coquille, parsemée de taches Brunes, généralement réunies en forme de couronne vers le gros bout, et procédant par éclaboussures : *Ibis religiosa* et *Eucydomus ruber.* Ce qui semblerait ne pas éloigner, autant que l'on a coutume de le faire, ces deux Genres l'un de l'autre.

L'énumération de ces Caractères démontre que l'Œuf des Ibinés rentre beaucoup plus dans la condition de celui des Gralles ou *Ægyalites*, que celui des Ardéidés.

Nous allons retrouver la même communauté de caractères dans la troisième Famille, celle des Tantalinés.

L'occasion s'est déjà présentée de parler dans notre Introduction d'un Œuf de l'*Ibis religiosa* de notre Collection, trouvé dans une Momie, ou plutôt avec une Momie de cet Oiseau. C'est, nous croyons, le premier exemple qui se soit présenté, depuis l'origine de la Science, d'un fait semblable. On connaît en effet des Animaux de toute sorte trouvés à l'état de Momie ; mais l'on ne connaissait, ou du moins nous n'avions pas encore connaissance de découvertes faites en Egypte, d'Œufs d'Oiseaux en cet état et dans ce but. Outre que ce fait confirme l'ardeur du Culte et du respect que professaient les anciens Egyptiens pour cet Oiseau qui leur rendait tant et de si grands services, pendant la lente retraite des eaux du Nil, après l'inondation des vallées riveraines, il confirme également ce que l'on ne savait jusqu'ici que par la tradition écrite, des idées religieuses et mystiques qu'ils rattachaient au produit Ovarien des Oiseaux, comme type de forme ou comme type universel, pour l'espèce de Monde que ce corps semble contenir en lui dans ses nombreux et multiples éléments organiques.

Cet Œuf, ou plutôt ces Œufs, car nous en possédons deux, proviennent de la découverte et des fouilles si heureusement et si savamment opérées par M. Mariette dans son dernier Voyage en Egypte, où l'on sait qu'il a trouvé et mis au jour une magnifique Hyppogée, ou plutôt un *Serapeïum* complet et entièrement inexploré. Il en a exhumé, en dehors des autres richesses Archéologiques, une incroyable quantité d'urnes ou vases en terre cuite toutes remplies d'Œufs d'Oiseaux, les uns entourés de bandelettes, les autres simplement plongés dans une préparation plus ou moins balsamique et préservatrice de la corruption ; tous pleins, c'est-à-dire, n'ayant été ni insufflés ni vidés.

Ces OEufs pourtant ne se bornaient pas à ceux de l'Ibis : dans le petit nombre qu'il nous a été donné d'examiner, nous en avons vus de Poule, voire même d'une Espèce d'*Anseridœ*, peut-être le *Chenalopex*. Nous regrettons, quoique nous n'en désespérions pas plus tard, de n'avoir pas été à même d'étudier tous les spécimens Oologiques rapportés par le Savant Conservateur du Musée Egyptien du Louvre.

Nous sommes redevable des deux exemplaires que nous possédons à l'obligeante amitié de **M.** Serveau, Chef au Ministère de l'Instruction publique, qui les tenait avec plusieurs autres de **M.** Mariette lui-même. **M.** Serveau, avec lequel nous avons été depuis longtemps en relation d'échanges, possède un bien bel et bien intéressant échantillon de Collection Oologique : en ce sens que si cette Collection n'est pas aussi complète qu'il la pourrait désirer, au point de vue de l'Ornithologie Européenne, les exemplaires qu'elle renferme sont de la meilleure et de la plus belle conservation.

3e FAMILLE. — *Tantalinés* ou *Tantales* (*Tantalinœ*).

CARACTÈRES OOLOGIQUES :

Forme et *Coquille*. — Celles de la Famille qui précède.

Couleur — d'un Blanc plus ou moins pur, ou Jaunâtre ou Verdâtre ; dans les deux cas, maculé de quelques taches irrégulières, tantôt en forme d'éclaboussures, plus souvent en forme de larmes, d'un Brun-Fauve. Tel est l'OEuf des *Tantalus Ibis* et *Loculator*.

NEUVIÈME TRIBU.

PLATALEIDÉS OU SPATULES — *Plataleidæ*.

Nous conservons les Spatules au rang de Tribu, quoique pour nous, par leur Œuf, à l'inverse des Falcinelles, ce soient de véritables Ibis à bec plat.

CARACTÈRES OOLOGIQUES :

Forme et *Coquille*. — Celles des Ibinés.

Couleur. — Celle de la Coquille, d'un Blanc pur, parsemé de taches généralement en forme de larmes, d'un beau Brun ; entremêlées parfois d'autres taches d'un Gris-Violacé ; toutes le plus ordinairement réunies autour du gros bout.

Cette identité de Caractères Oologiques démontre la nécessité d'un rapprochement plus intime entre ces deux Oiseaux, et par conséquent entre les deux Groupes qu'ils représentent, qu'on ne le pratique d'habitude.

DIXIÈME TRIBU.

BALÉNICÉPIDÉS OU BALÉNICEPS — *Balænicepidæ*.

Nous modifions encore ici, quelque peu, notre Système, en élevant au rang de Tribu, sous le nom de *Balænicepidæ*, le Genre *Balæniceps*, au lieu de le laisser réuni à celle des *Cancromidæ*, dont il paraît devoir être distingué, d'après l'opinion de J. Verreaux qui l'a fait connaître, en publiant, sur cet étrange Oiseau, les détails de mœurs suivants, dont on ne saurait trop propager la connaissance, alors que la découverte du Genre que concernent ces mœurs ne date que de 1851 :

« ..... Cet Oiseau ne se rencontre généralement que par paire ; son habitat paraît assez limité ; il fréquente les plaines marécageuses, là où se trouvent les Tortues qui forment la base de sa nourriture.

» Comme les *Leptoptilos* (Marabou), ces Oiseaux ont des heures fixes et réglées pour leur déplacement, et cela, suivant les saisons. Il n'est donc pas rare de voir la paire de *Balœniceps* posée sur une seule patte sur la sommité d'un vieux tronc, ou sur une roche élevée, et y rester des quatre ou cinq heures immobiles, attendant que les rayons du soleil aient fait sortir de la vase les Tortues qui aiment également à venir s'y réchauffer. Dans cette pose, le cou est tout-à-fait rentré, et leur énorme tête repose sur les épaules. Mais dès que le moment de la pêche est arrivé, ils se transportent d'un vol léger sur un tertre garni de roseaux, juste à portée de l'endroit d'où sortent les Reptiles en question. Il est curieux de voir avec quelle promptitude ils saisissent leur proie qui, prise par la tête, est immédiatement lancée en l'air afin de la recevoir toute entière dans leur bec dont la mandibule inférieure se dilate assez pour en avaler de près d'un pied de longueur. Ce n'est qu'en y retombant que la tête est séparée du cou par l'énorme crochet qui remplit l'office d'un couperet, ce qui leur permet de l'avaler de suite afin de recommencer dès qu'un autre se présente, car ils avalent ainsi un nombre considérable de ces Animaux avant de retourner au lieu de prédilection qui leur sert d'observatoire dès les premiers rayons du soleil ; ayant pour habitude de se retirer sur les arbres ou sur les rochers les plus élevés de l'endroit pour y passer la nuit. A défaut de Tortues, ces Oiseaux mangent également des Grenouilles, et même des Lézards de forte taille, ou de jeunes Crocodiles, voire même des Iguanes.

» C'est vers les premiers jours du printemps que le couple se retire sur les grands arbres pour y construire son nid, ou plutôt son aire, car elle est d'une dimension tellement grande, qu'elle surpasse tout ce qu'on connaît en ce genre, voire même celle des plus grandes Espèces de Rapaces, puisqu'elle acquiert plus de douze pieds de circonférence ; elle est composée de végétaux et de terre, principalement de roseaux et de graminées qui forment le centre, lequel cependant n'a rien de douillet, étant en partie mélangé de vase. C'est là que la femelle dépose ses Œufs, qui sont au nombre de deux, et qui sont d'un Blanc sale avec quelques taches Rousses à peine visibles ; ils sont d'une nature crayeuse qui ressemble aussi à ceux des *Leptoptilos,* preuve qui vient encore à l'appui de notre opinion, pour le placer dans cette Famille.

» Les deux sexes couvent alternativement ; et ce n'est que lorsque les jeunes sont éclos que, forcés d'assouvir leur voracité, les parents s'absentent ensemble pour chasser et rapporter le butin nécessaire au développement de leurs petits qui, après six semaines, commencent à se tenir debout, mais qui ne quittent le nid que vers la fin du second mois. Comme pour beaucoup d'autres Espèces, cette aire sert nombre d'années ; mais chacune d'elle y apporte une couche nouvelle qui peut servir à en déterminer le nombre, si rien ne vient les en détourner. » (1)

Jusqu'à la publication des détails Biographiques si intéressants qui précèdent, on ne connaissait en quelque sorte rien des mœurs du Baléniceps, et l'on était dans une ignorance absolue de son Œuf. On en était donc réduit à induire sa place, dans la Série, de la comparaison de ses Caractères Zoologiques, avec ceux des Oiseaux qui paraissaient s'en rapprocher le plus, et il devenait naturel qu'un des termes de comparaison fût le Savacou (*Cancroma*).

Toutefois, malgré les rapports apparents de conformation que présente le Baléniceps avec le Savacou, c'est avec raison que le Prince Ch. Bonaparte les a le premier séparés, en faisant de l'un et de l'autre ses types de deux Sous-Familles. Aussi, dans

(1) *New Philosophical Magazine Edimbourg.* 1855, n. 5, vol. IV, p. 101.

le même ordre d'idées, et de plus, sous l'influence de nos études Oologiques, maintenons-nous cette séparation, mais à un degré encore plus grand puisque non seulement nous les élevons au rang de Tribus, mais nous mettons entre eux toute la Tribu des Ardéidés, ainsi que celles des Ciconiidés, des Tantalidés et des Plataléidés.

Nous avons en effet été assez heureux, après des demandes réitérées et bien des démarches, pour nous procurer l'Œuf de ce curieux type, au nombre de deux exemplaires, et c'est à Ed. Verreaux, qui dispose de tant de Voyageurs dans toutes les contrées du monde, que nous en devons la possession. Or, cet Œuf a des caractères tout particuliers qui sollicitent une étude toute spéciale.

Ainsi, il est de Forme Ovée plus ou moins allongée, mesurant de huit et demi à neuf centimètres de grand diamètre, sur six centimètres de petit diamètre. Sa Coquille est d'un Blanc légèrement azuré, ce ton acquérant plus d'intensité dans la transparence du test ; la cristallisation en paraît assez fine et homogène, mais laisse apercevoir des pores passablement indiqués par des espèces de piquetures plus ou moins espacées, et en plus grand nombre vers le petit bout : particularité qu'offrent également et l'Œuf des Grues et celui des Ibis, mais notamment celui des Spatules. Car malgré les rapports du Baléniceps avec le Marabou (*Leptoptilos*), si bien indiqués par J. Verreaux, nous n'en avons pu saisir aucun entre l'Œuf de l'un et de l'autre, pas plus que nous n'avons trouvé trace de taches brunes ou autres sur celui du Baléniceps, nous le répétons, d'un Blanc uniforme, empreint seulement parfois de souillures étrangères à toute espèce de Coloration naturelle.

Nous sommes, au surplus, parfaitement d'accord en ce point avec M. John Petherick, qui a également découvert récemment l'Œuf du Baléniceps, qu'il décrit fort exactement (1). La principale subsistance de cet Oiseau, que les Arabes appellent *Abou-Makoub*, par allusion à son énorme bec, consisterait, d'après ce Voyageur, en Poissons. Nous croyons néanmoins que ce n'est que l'un de ses aliments accessoires, pour lequel le développement sans exemple de son bec serait une véritable et inutile superfétation.

Mais ce qui distingue éminemment cette Coquille, c'est qu'elle est recouverte d'une couche crétacée, fort mince à la vérité, quoique assez abondante et épaisse vers le petit bout de l'OEuf, où cette matière conserve la trace des replis ou bourrelets du cloaque par lequel est passé ce corps.

En considérant donc le Phénicoptère comme un Échassier, c'est, dans cet Ordre, le second et remarquable exemple d'une Coquille à couche crétacée.

Ce caractère ne permet pas de laisser le Baléniceps bien éloigné du Genre Flamant; et c'est ce qui nous le fait mettre à la fin de nos Hérodions que suivent immédiatement nos Hygrobates, représentés par les Phénicoptéridés. Or, comme nous plaçons nos Totipalmes après ce dernier Sous-Ordre, il en résulte que la distance qui sépare le Baléniceps des Pélécanidés, que nous faisons figurer en tête, n'est pas aussi grande qu'on pourrait le croire : et en cela notre système vient donner en quelque sorte raison, par ses conséquences Oologiques, au rapprochement que M. Gould a cru pouvoir faire de notre Oiseau avec le Pélican, lorsqu'il le fit connaître en 1851. (2)

(1) *The Ibis.* Oct. 1859, p. 470.
(2) *Proceed. Zool. Soc.* 1851.

QUATRIÈME SOUS-ORDRE.

HYGROBATES

(Hygrobatæ).

TRIBU UNIQUE.

PHÉNICOPTÉRIDÉS OU FLAMANTS — *Phœnicopteridæ.*

Dans notre revue des différents Groupes Ornithologiques composant la Série, nous arrivons au point où s'accumulent les difficultés et les embarras de la Classification, c'est-à-dire au point du passage des Oiseaux véritablement ou réputés non-palmipèdes, et de ceux véritablement ou réputés palmipèdes.

Il y a-t-il une transition réelle des uns aux autres? ou faut-il, tranchant dans le vif et prenant son parti, établir simplement la barrière qui doit séparer ceux-ci de ceux-là?

C'est ce dernier sentiment qu'a partagé le Prince Ch. Bonaparte : car, sans transition aucune, il passe des Tantalidés à ses Totipalmes, qu'ouvrent les Pélicanidés. C'est aussi ce que nous allons faire ; mais cependant, en nous appuyant sur un lien de transition que nos Etudes Oologiques nous ont, depuis longtemps, fait considérer comme naturel.

Ce lien de transition est le Flamant ou Phénicoptère : Tantalidé, ou plutôt Hérodion par ses pieds et ses jambes; Anatidé par la longueur de son cou et une partie de la conformation de son bec; Pélécanidé par le surplus de ce dernier organe, et surtout par tous ses Caractères Oologiques.

Mais, dans cette hypothèse même, en doit-on faire le dernier chaînon des Oiseaux non-palmipèdes? ou, au contraire, le premier anneau des Oiseaux palmipèdes?

Nous n'osons faire une innovation aussi notable que de

résoudre la question en faveur de cette dernière proposition :
et nous nous bornons à rester dans la dernière limite des données que l'on a suivies jusqu'à ce jour, en le plaçant à la suite
de nos Spatulidés, et en lui faisant clore notre Ordre des Hérodions ; mais en l'élevant à un haut degré de plus de la Hiérarchie
Méthodique.

Le Flamant a été en effet pour nous, dès 1844, l'objet des
observations suivantes : (1)

« On est depuis longtemps d'accord pour reconnaître, en
Histoire Naturelle, l'imperfection des Méthodes adoptées jusqu'à présent pour la Classification des Êtres animés. Nous croyons que cette imperfection n'est nulle part plus frappante qu'en
ce qui concerne l'Ornithologie, dans laquelle se rencontrent à
peine quatre ou cinq Familles réellement naturelles, et où les
Familles dites artificielles ou Savantes offrent les contradictions
les plus choquantes et les rapprochements les plus forcés. On
aurait tort sans doute de rendre les Hommes distingués qui
dirigent cette Science, responsables de ce résultat et de ces
anomalies : la source principale en est dans la complication et
les difficultés inextricables qui découlent, d'une part, des
découvertes importantes que fait chaque jour l'Ornithologie, et,
de l'autre part, de l'ignorance où elle se trouve au sujet de l'organisation et des habitudes, comme du mode de reproduction
des individus qu'elle découvre. Aussi, ne faut-il pas considérer
ces vices inhérents aux Méthodes comme absolument irremé-
diables ; il est impossible qu'à l'aide du temps et des perfection-
nements qu'il amène à sa suite, on n'arrive pas à des corrections
et à des modifications importantes.

Nous avons déjà, à plusieurs reprises, essayé de mettre sur la
voie de ces améliorations, au moyen des caractères tirés de

____

(1) *Revue Zoolog. Juillet* 1844.

l'inspection de l'OEuf de certains Genres d'Oiseaux : c'est un nouvel et semblable essai que nous venons tenter aujourd'hui (1844), au sujet du Genre Ornithologique Flamant (*Phœnicopterus*, L.), Genre fort restreint, puisqu'il ne renferme que trois Espèces [1] tellement identiques qu'elles n'ont l'air que de variétés locales d'une seule et même Espèce.

Le Flamant, plus que tout autre Oiseau, devait exercer la sagacité des Naturalistes Méthodistes, par la réunion et l'assemblage qu'il offre, dans le même individu, de deux sortes de caractères tellement hétérogènes, que l'un, la longueur excessive du *tibia*, la jambe, est devenu le signe exclusivement distinctif de toute une nombreuse Famille, connue sous le nom d'Echassiers (*Grallæ* ou *Grallatores*) ; et l'autre, la présence de palmatures complètes réunissant chacun des trois doigts, est devenu le signe tout aussi, si ce n'est plus, distinctif d'une Famille encore plus nombreuse connue sous le nom de Nageurs (*Natatores*).

C'est en effet, jusqu'à un certain point, un Oiseau de transition et intermédiaire, ainsi que le considérait Buffon, entre les Echassiers et les Palmipèdes ; nous disons jusqu'à un certain point, parce que ordinairement, dans les Oiseaux ainsi qualifiés, il y a presque toujours indécision des caractères qui s'y rencontrent, c'est-à-dire que chacun de ces caractères est si peu tranché ou si peu arrêté, que l'on se trouve porté à hésiter pour les rapprocher de telle Famille plutôt que de telle autre.

Ici, et chez le Flamant, n'existe pas la même difficulté ; il est impossible, d'un côté, de trouver un Oiseau qui offre dans un plus grand développement, et dans son type le plus parfait, le

____

(1) On en compte maintenant six Espèces, qui paraissent assez bien déterminées, de l'Europe, de l'Asie, de l'Afrique, de l'Amérique, dont une due à la sagacité de notre savant ami J. Verreaux, *Phœnicopterus erythræus*.

caractère, sinon unique, au moins principal et presque exclusif des Echassiers, qui réside dans l'énorme prolongement relatif de la jambe et dans l'absence de plumes au-dessus du genou ; de l'autre côté, il n'est point d'Échassier qui possède d'une manière aussi prononcée la palmature des doigts.

Il est résulté de cette complication une divergence extrême entre tous les Naturalistes, sur la place à assigner au Flamant : trois systèmes se sont trouvés et se trouvent encore en présence : deux *exclusifs* et un *de fusion* ou *mixte*.

Temminck, de Blainville et M. Isid. Geoffroy-Saint-Hilaire, en ayant peu ou point d'égard à la palmature interdigitale qui est à l'état rudimentaire chez presque tous les Échassiers, proprement dits, l'ont considéré comme un véritable Gralle ; en conséquence, le premier l'a placé dans sa seconde Famille de cet Ordre, entre les Genres *Scopus*, Briss.; *Recurvirostra*, *Platalea*, *Tantalus ;* etc. Linn., le séparant de plus des vrais Palmipèdes ; le deuxième, entre les Genres *Scolopax* et *Ciconia*, le séparant des Palmipèdes par le Genre *Rallus ;* et le troisième, entre les Scolopacidés et les Glaréolidés, le séparant des Palmipèdes par les Palamédéidés, les Parridés, les Rallidés et les Fulicidés.

Brisson, au contraire, Scopoli, Schœffer, Buffon, Latham, Lacépède, MM. Duméril et G. R. Gray n'ont pas hésité, mettant en quelque sorte de côté la longueur caractéristique des jambes, à en faire un véritable Palmipède ; Brisson, en terminant sa Série Ornithologique par une Famille, composée des Genres *Phœnicopterus*, *Recurvirostra* et *Ardeola*, qui suit immédiatement le Genre *Onocrotalus*, dernier de l'Ordre des vrais Palmipèdes : ce qui impliquait dans son esprit judicieux la division, adoptée plus tard par Latham, des Palmipèdes à longs pieds et des Palmipèdes à pieds courts ; Lacépède, en le mettant à la tête des Palmipèdes ; M. Duméril, avec une merveilleuse sûreté

de vue et de Science instinctive, en le plaçant entre les Harles
(*Mergus*) et les Pélicans (*Pelecanus*); justifiant ainsi l'opinion
de bon nombre d'observateurs, tels que Flor. Prévôt, qui consi-
dèrent avec quelque raison le Flamant comme un véritable
Canard à longues jambes; et M. Gray, avec moins de bonheur,
suivant nous, que M. Duméril, en en faisant le premier Sous-
Genre de ses Anatidés.

Enfin, Linnée, Illiger, Cuvier, Vieillot, Latreille, et
MM. Ch. Bonaparte et Lesson, adoptant un système mixte,
l'ont, comme les trois premiers Auteurs que nous avons cités,
placé dans les Gralles, mais en ayant particulièrement égard
aux palmatures; ce qui a permis à chacun de ces Naturalistes de
rapprocher le Flamant le plus près possible des Palmipèdes, en
le renfermant toutefois dans l'Ordre des Échassiers, dont il
forme, chez chacun de ces Méthodistes, le dernier échelon.

De ces trois systèmes, nous n'hésitons pas à adopter le second.
On ne peut nier, en effet, que, sinon par la forme, au moins par
l'ensemble et l'organisation de son bec, le Flamant ne se rapproche éminemment du bec de tous les Anatidés : il a la même
nature molle et cellulaire, il est lamellé de la même manière sur
les côtés, et en l'examinant attentivement, il n'est pas impossible
de voir que la pièce principale et médiane, l'arête de la mandibule supérieure, serait presque exactement semblable à celle du
Pélican, si on la rétablissait sur un plan horizontal, de courbe
et surbaissée qu'elle est. Certes, ces caractères similaires ajoutés
à la palmature identique à celle des Anatidés, il est difficile de
résister à le considérer comme un simple Gralle. On pourrait
même ajouter à ces éléments d'assimilation un caractère de
mœurs extrêmement remarquable, pour un Échassier : celui de
l'emploi de la palmature à la natation; singularité qu'il partage
entre autres Oiseaux à longues jambes avec l'Avocette qui, absolument construite, à l'exception du bec, sur le même type, jouit

de la faculté de se soutenir et de se mouvoir dans les eaux dont elle ne peut atteindre le fond, selon le mode des Palmipèdes, pour aller d'une rive à l'autre, et en utilisant, au profit de la locomotion, les membranes natalaires qui réunissent ses doigts.

Aussi, sommes-nous convaincu que l'on ne tardera pas à revenir unanimement au système de Brisson, beaucoup plus largement et positivement appliqué par M. Duméril que par M. Gray; système qui nous paraît on ne peut plus rationnel, et qui ne supporte pas la moindre objection lorsqu'on en vient à considérer un caractère tout nouveau, et pris en dehors de l'Animal, quoique soumis aux règles de son organisation; nous voulons parler du Caractère Oologique.

L'Œuf du Flamant, quant à sa Coquille, a tous les caractères constitutifs et organiques des Œufs de la Famille Ornithologique des Pélécanidés (ancien Genre *Pelecanus,* de Linnée), composée, comme on sait, des Genres *Pelecanus, Sula, Phalacrocorax,* Briss., et Frégate ou *Tachypetes,* auxquels nous ajouterions le Genre *Plotus,* L.

Or, la Famille des Pélécanidés est, sous ce rapport Oologique, une Famille excessivement naturelle. La Coquille de l'Œuf des Espèces et des Genres qui la composent (à l'exception du Genre *Phaëton* que nous ne nous déciderons de longtemps à y placer), n'a jamais aucune tache; elle est toujours d'un Blanc plus ou moins légèrement Bleuâtre, dans sa transparence, et présentant une surabondance de matière calcaire telle, que son test semble formé de l'agglomération ou de la superposition de deux couches : la première assez compacte et homogène, la seconde, extérieure, très-poreuse, mate et d'une apparence toute crayeuse et sans homogénéité; les molécules qui la composent étant si peu adhérentes entre elles, qu'elle laisse aux doigts qui l'ont touchée une marque blanchâtre et pulvérulente, à l'instar de la craie et du plâtre.

Telle est identiquement la Coquille de l'Œuf du Flamant, qui affecte du reste une Forme Ovée fort allongée et presque Elliptique, ainsi que celui de tous les Pélicanidés.

Il n'en est pas de même de l'OEuf des Anatidés proprement dits, quoique cette Famille soit aussi des plus naturelles, sous le rapport purement Oologique. La Coquille de l'OEuf de toutes les espèces de cette nombreuse Famille n'est jamais tachetée de matière colorante; elle est toujours d'un ton clair uni, et le luisant de cette Coquille a, pour la vue comme pour le toucher, quelque chose tenant de l'aspect et de la nature d'un corps gras ou oléagineux.

Parlerons-nous de l'OEuf de l'Avocette, qui a le caractère propre à tous les OEufs des vrais Gralles ou Echassiers? c'est-à-dire Forme *Ovoïconique*, Coquille reflétant légèrement la lumière, Couleur d'un fond d'Ocre plus ou moins Jaune ou Verdâtre, parsemé surtout au gros bout de nombreuses taches Brunes ou Noirâtres, entremêlées d'autres taches d'un Gris nuageux.

De laquelle de ces trois Diagnoses Oologiques se rapproche le plus l'OEuf du Phénicoptère? Évidemment de celle de l'OEuf des Pélicanidés, avec lequel il est on ne peut plus facile de le confondre.

Les considérations tirées de l'inspection de l'OEuf chez le Phénicoptère viennent donc, de la manière la plus satisfaisante, confirmer en tout point la classification si judicieuse de ce Genre, adoptée par M. Duméril sur les premières données de Brisson, classification qui a pour elle, à défaut de l'unanime adhésion des Naturalistes Méthodistes, la consécration du temps.

Il faut bien reconnaître, lorsque, ensuite d'un laps de près de quarante années, l'idée émise, en fait de méthode, par un Savant de l'ordre de M. Duméril, vient à être reprise, quoique, selon nous, à un point de vue plus étroit et moins complet, en sous-œuvre, par un laborieux Méthodiste de la valeur de M. Gray, que tout ce qui a été proposé et établi en dehors de cette idée, de quelque illustre source que ce puisse être, n'a été qu'erreur.

Nous ne regrettons qu'une chose au nom de la Science : c'est que les Classificateurs ou Méthodistes aient pris, en général, la fâcheuse habitude de publier, en matière d'Ornithologie surtout, des Synopsis dans lesquels chacun d'eux procède toujours d'une donnée différente, sans l'accompagner jamais d'aucune justification. Il nous semble que c'est, au contraire, la partie philosophique et raisonnée de ces sortes d'Ouvrages qui en ferait tout le mérite, et qui profiterait à la Science, beaucoup plus que tous les Prodrômes; car nous avons peine à concéder à qui que ce soit, en Histoire Naturelle, le droit de dire : *Je procède,* ou *l'on doit procéder ainsi,* sans dire en même temps le pourquoi; en un mot, d'imposer sa volonté ou son opinion sans en exprimer les raisons et les motifs. »

Depuis l'époque où nous écrivions ce qui précède, le Prince Ch. Bonaparte est resté dans une indécision complète au sujet du Phénicoptère.

De 1850 à 1852, alors qu'il commençait à adopter l'idée Allemande de la division des Oiseaux en *Altrices* et en *Prœcoces,* il le mit en tête de ses *Herodiones* qui suivaient les *Columbœ.*

En 1853, il le mettait au contraire, à l'instar de M. Gray, en tête de ses Lamellirostres ou *Anatidœ,* faisant suite aux *Rallidœ* qui closent ses Alectorides : ce qui nous a entraîné un moment (1) à faire de même.

Enfin, en 1857, date de sa dernière pensée et de ses efforts suprêmes pour sa bien-aimée Science, il résolut de le ranger et le rangea, en effet, en tête de ses *Hygrobatœ,* formant la troisième Tribu de ses Hérodions, composée en outre des *Grues* et des *Ciconiœ* pour première et deuxième Tribu ; par conséquent, encore séparé de ses *Totipalmi* ou *Pelecanidœ* par les *Plataleidœ* et les *Tantalidœ.*

(1) *Encyclop. d'Hist. Nat. Ois.* T. VI

Quant à nous, pour nous être pénétré davantage de la solidité de nos principes en Oologie, nous avons peu à modifier de notre manière de voir au sujet du Flamant. Ce qui doit frapper, dans l'historique que nous avons tracé de l'établissement de ce Genre, c'est, à un intervalle de près d'un demi-siècle, l'accord de deux des principaux et des plus illustres Auteurs que nous avons cités, Brisson et M. Duméril, à le tenir au plus près des Pélécanidés : chose remarquable quand on réfléchit que ni l'un ni l'autre n'en connaissait l'OEuf, puisqu'ils n'en disent mot. Si nous l'avons mis un moment, ainsi que le faisaient alors M. Gray et le Prince Ch. Bonaparte, en tête des Anatidés, en nous fondant sur l'analogie des dispositions intérieures du bec, nous croyons être aujourd'hui plus dans le vrai, en plaçant le Phénicoptère, comme lien de transition, sur la limite du passage des Hérodions, dont il a le vol, aux Palmipèdes, dont il a les pieds, par les Pélécanidés, dont il a, en grande partie, le bec, et, en totalité, l'OEuf. Mais comme il faut savoir opter en tout, et que la [théorie des *juste-milieu* est dangereuse en Sciences comme en Politique, nous l'avons élevé au rang d'Ordre, sous le nom d'Hygrobate, que nous empruntons au Prince Ch. Bonaparte, qui l'appliquait, en outre des *Phœnicopteridæ*, aux *Ciconiidæ* et aux *Ardeidæ*.

On nous concèdera bien que, si cette manière d'envisager la place méthodique du Flamant n'est pas entièrement nouvelle, ainsi que nous avons eu soin de le constater nous-même, en indiquant les partisans les plus rapprochés de cette opinion, du moins la solution forcément donnée à la question, par l'inspection et les caractères de l'OEuf de cet Oiseau, a-t-elle plus que l'apparence de la nouveauté, car elle n'avait jamais été indiquée aussi catégoriquement, et nous pouvons dire irrévocablement, avant nous.

HUITIÈME ORDRE.

NAGEURS

(*Natatores*).

N'adoptant pas la Division des Oiseaux faite par le Prince Ch. Bonaparte, en *Altrices* et en *Præcoces*, nous nous trouvons forcément en désaccord avec lui, pour sa manière d'entendre le classement de ce que nous appelons, comme tout le monde, Oiseaux Nageurs (*Natatores*), dénomination qu'il n'a appliquée accessoirement qu'à son Ordre des *Anseres*, renfermant ses *Lamellirostri*, ses *Brachypteri* et ses *Nullipennes*, formant ainsi des Nageurs deux Ordres distincts. Nous rangeons sous cette Rubrique, non seulement ces derniers Groupes, mais encore ceux dont le savant Ornithologiste a fait ses *Gaviæ*, pour les *Pelecanidæ*, les *Procellaridæ* et les *Laridæ*. Nous n'aurons donc qu'un seul Ordre, au lieu de deux, celui des *Natatores*. Mais nous le diviserons en cinq Sous-Ordres, à chacun desquels nous conserverons une des dénominations appliquées par le Prince aux Tribus équivalentes qu'il y avait si judicieusement distinguées.

Ces Sous-Ordres seront : les *Totipalmi*, les *Brachypteri*, les *Lamellirostri*, les *Longipennes* et les *Urinatores*.

PREMIER SOUS-ORDRE.

TOTIPALMES

(*Totipalmi*).

A ce Sous-Ordre et à celui des Brachyptères, que M. de la Fresnaye appelle *Palmipèdes Sous-Nageurs*, s'appliquent les observations suivantes, que nous lui empruntons toujours, comme corollaire de nos Considérations générales, et parce qu'elles justifient, en dehors de toutes autres, le rapprochement que nous en avons fait.

« Les Nageurs, dit notre Ornithologiste, destinés à se mouvoir habituellement sur un fluide dense et résistant, sur lequel leurs pieds palmés, devenus de véritables rames, pouvaient seuls les faire avancer, les diriger à leur gré, soit qu'ils se maintinssent sur sa surface ou qu'ils s'immergeassent pour nager au-dessous, avaient besoin, pour pouvoir fendre l'eau avec plus de facilité, que la partie antérieure de leur corps fût étroite et ne présentât qu'un faible diamètre en largeur comme en hauteur, et que son plus grand diamètre fût repoussé vers le milieu au lieu d'être à la partie antérieure. Aussi, remarquons-nous chez eux des épaules rapprochées et un Sternum dont la crête ou le bréchet est très-peu saillant inférieurement. Or, ce genre d'organisation est d'autant plus prononcé que les espèces sont meilleures nageuses ou plongeuses. Il est à son maximum chez celles qui, destinées à vivre de Poissons ou d'Insectes aquatiques, sont sans cesse obligées de s'immerger pour les poursuivre entre deux eaux, le cou tendu, se servant alors de leurs pattes et de leurs ailes comme de quatre rames puissantes. Tels sont les PLONGEONS, les GRÈBES, les CORMORANS, les HARLES, les PÉLICANS et les FOUS (*Colymbus*, *Podiceps*, *Phalacrocorax*, *Mergus*, *Pelecanus* et *Sula*).

» On peut donc avancer que plus les Palmipèdes sont bons nageurs et surtout bons sous-nageurs, plus ils sont étroits des épaules avec leur crête sternale peu ou point saillante inférieurement, mais l'étant antérieurement en forme de soc, plus aussi leur bassin est rétréci, prolongé en arrière avec sa partie supérieure formant quelquefois une crête aiguë, et plus aussi les fémurs sont courts, avec leurs points d'insertion sur le sacrum rapprochés et presque contigus, et plus aussi leurs Œufs sont étroits et Ellipsoïdes. Il suffit de comparer les Squelettes des Plongeons, Grèbes, Cormorans, Pélicans, Fous et Harles avec leurs Œufs pour s'en convaincre. » (1)

Nos Totipalmes se divisent en cinq Tribus : *Pelecanidæ*, *Tachypetidæ*, *Sulidæ*, *Plotidæ* et *Phalacrocoracidæ*.

L'Œuf, dans ce Sous-Ordre, est d'une parfaite harmonie d'ensemble, de la première à la deuxième Tribu, et ne fait exception que pour les *Phaëtonidæ*, que, par cette raison, nous nous trouvons forcé d'en éloigner, tout Totipalmes qu'ils soient aussi. Nous n'appliquerons en conséquence qu'une seule Caractéristique pour les deux premières Tribus, celle des Pélicans et celle des Frégates.

CARACTÈRES OOLOGIQUES

Communs aux deux premières Tribus, c'est-à-dire aux Pélicans
et aux Frégates.

Forme — d'un Ovale quelque peu aigu et presque Elliptique.

Coquille — à test assez épais, peu compact, à pores légèrement visibles, d'un *Blanc pur ou Jaunâtre* à l'intérieur, sans reflet.

Couleur — d'un Blanc pur ; mais la Coquille se trouve recouverte sur presque toute sa surface d'un excédant de matière calcaire qui lui fait comme une seconde enveloppe.

Cette matière calcaire n'a pas évidemment subi la même élaboration que celle entrant dans la composition du test : ici elle procède, croit-on, par voie de cristallisation, dont une espèce de gluten animal vient solidifier toutes les parties ou les molécules entre elles ; tandis que la matière dont nous parlons paraît procéder simplement par voie d'exsudation ou de superfétation et manque de cette adhérence dans sa composition intime : aussi est-il facile de la faire disparaître de la surface de la Coquille en grattant.

(1) *Comparaison des Œufs des Oiseaux avec leurs Squelettes. — Rev. Zool.*, 1845.

Une particularité distingue les Œufs des Pélécanidés : chez eux cette matière secondaire est toujours maculée de longues et nombreuses taches ou marbrures d'un Brun-Rouge foncé, qui ne sont que des traces de sang dues et au rétrécissement du cloaque et aux efforts de l'Oiseau pour exclure son Œuf. C'est ce qui a lieu d'une manière constante chez le *Pelecanus crispus ;* et pris au moment de la ponte, ces Œufs offrent dans ces taches la couleur véritable du sang, couleur qui s'altère au contact de l'air et finit par tourner au Brun.

CARACTÈRES OOLOGIQUES

Communs aux trois dernières Tribus, c'est-à-dire aux Fous,
aux Anhingas et aux Cormorans.

Forme — la même, mais plus complétement Elliptique.

Coquille — la même, mais *d'un Blanc-Verdâtre intérieurement ou Bleuâtre.*

Couleur — d'un Blanc légèrement Bleuâtre, qui ne se voit qu'en enlevant le sédiment calcaire, accessoire qui recouvre le test comme chez les deux premières Tribus.

Il est évident, en ce qui concerne ces deux dernières, que l'Anhinga n'est que l'exagération du Cormoran, quant à l'allongement démesuré de son cou; puisqu'il en a, du reste, presque tous les autres caractères, et notamment les habitudes. Il n'y a donc rien d'étonnant à ce que l'Œuf de l'un et de l'autre ait les mêmes rapports relatifs; c'est une preuve que malgré la différence dans le bec, on ne saurait jamais, sans hérésie, songer à les isoler : car ces rapports sont tels qu'il est difficile, sans une grande habitude, de distinguer à première vue l'Œuf de celui-ci de l'Œuf de celui-là. Ils ne diffèrent guères, en effet, que par l'amincissement de l'une de leurs deux extrémités, un peu plus sensible chez l'Anhinga que chez le Cormoran.

DEUXIÈME SOUS-ORDRE·

BRACHYPTÈRES

(Brachypteri).

Nous ne comprenons dans nos Brachyptères que les *Podice-pidæ*.

TRIBU UNIQUE.

PODICÉPIDÉS OU GRÈBES — *Podicepidæ*.

Si nous les réduisons à cette Tribu, et si nous les mettons ainsi à la suite immédiatement des Totipalmes, au lieu de les laisser à la fin de la Série, avec les vrais *Urinatores,* c'est qu'il existe une telle connexité Oologique entre eux et les premiers, que nonobstant les quelques différences physiologiques ou anatomiques qui semblent devoir les éloigner, il ne nous est pas possible de les disjoindre.

Cette question d'assimilation ou d'éloignement de ces deux Groupes a provoqué, de la part de M. de la Fresnaye, les observations suivantes, qui rentrent trop bien dans notre manière de voir pour que nous ne nous en autorisions pas à en faire une application immédiate.

« Avant de continuer ces comparaisons, ajoute-t-il, je dois dire qu'après avoir observé les squelettes des Plongeons et des Grèbes, les premiers Brachyptères de Cuvier, j'ai cru reconnaître, dans la définition qu'en a faite ce Savant, une inexactitude qui a été répétée par la plupart des Ornithologistes. Il dit effectivement en parlant des Plongeurs ou Brachyptères : « Leurs jambes, implantées » plus en arrière que dans tous les autres Oiseaux, leur rendent » la marche pénible et les obligent à se tenir à terre dans une » position verticale. » (1)

(1) *Règne Animal*, dernière Edit., p. 514.

30

» Cette observation manque d'exactitude, car chez les Plongeons et Grèbes, qu'il met en tête, les fémurs sont insérés au contraire plus en avant et plus près du milieu du tronc que chez la plupart des Oiseaux, mais leurs deux points d'insertion sont très-rapprochés entre eux, presque contigus sur le sacrum et de plus ces fémurs sont très-courts. Ce sont ces deux particularités de conformation qui sont les véritables causes de la difficulté qu'ils éprouvent à se tenir debout en équilibre sur le sol; car cette brièveté des fémurs et leur insertion rapprochée sur le sacrum, rejetant le tibia très en arrière, il en résulte que l'équilibre ne peut être maintenu que par une position presque verticale et très-pénible. Aussi les Grèbes et Plongeons ne se tiennent-ils à terre qu'en ayant leurs tarses appuyés dans toute leur longueur sur le sol. Cette brièveté des fémurs qui sont mus par les muscles les plus charnus et les plus robustes, est sans nul doute, chez ces Oiseaux excellents plongeurs et sous-nageurs, un indice certain d'une grande vigueur de leurs membres postérieurs comme rames, de même que la brièveté des humérus chez les Martinets, Hirondelles, Colibris et même Oiseaux de proie, annonce une grande puissance de vol chez ces Oiseaux.

» L'insertion des fémurs, reculée en arrière chez les Plongeurs, est si peu exacte, que chez le *Plongeon Cat-marin*, par exemple, elle est à dix centimètres en avant de l'extrémité postérieure de l'os du bassin, et à quatorze en arrière de l'insertion de la première côte sur la colonne vertébrale, tandis que chez le Goëland à manteau gris, Palmipède marcheur et presque coureur, elle n'est qu'à deux centimètres et demi en avant de cette extrémité, et à douze en arrière de la première côte. Chez la Macreuse et les Milouins, Canards essentiellement plongeurs, et dont la marche sur le sol est des plus pénibles, cette insertion est à cinq centimètres en avant de l'extrémité du bassin, et à neuf et demi en arrière de la première côte, tandis que chez le Tadorne, Canard singulièrement

marcheur et même coureur, elle est à la même distance postérieurement, mais à dix centimètres et demi en arrière de la première
côte, ce qui est entièrement en opposition avec ce qui a été avancé
par Cuvier et nombre d'Ornithologistes. On conçoit facilement que
la prolongation du bassin en arrière de l'insertion des fémurs,
outre qu'elle fournit une plus grande surface pour l'attache des
muscles moteurs de la cuisse et de la jambe, doit encore faciliter
le mouvement de bascule lorsque l'Oiseau veut plonger.

» Cet examen du squelette des Plongeons et des Grèbes comme
de ceux de la plupart des Oiseaux, nous a convaincu que si l'étude
de l'Ostéologie des Oiseaux est de la plus grande importance
comme base de Classification, c'est le squelette entier qu'il faut
étudier et comparer dans toutes ses parties, et non une seule de
ses parties isolées, comme le Sternum, par exemple, dans la
Méthode de M. de Blainville, développée en 1828 par M. Lherminier; car l'on rencontre parfois, chez deux Oiseaux tout-à-fait
en rapport, quant à l'ensemble du squelette et aussi quant aux
formes extérieures et aux mœurs, une différence assez marquée
dans la forme du Sternum prise isolément, comme aussi elle peut
présenter les plus grands rapports chez deux Oiseaux dont l'ensemble du squelette, les formes extérieures et les mœurs con-
trastent entièrement. Nous citerons, quant au premier cas, le
squelette du *Plongeon Cat-marin*, remarquable dans son ensemble par une forme singulièrement étroite, ellipsoïde allongée,
et surtout par l'extrême brièveté et la courbure des fémurs, par
le prolongement des tibias au-delà de leur articulation avec les
fémurs en une pointe creusée en gouttière, présentant pour l'attache des muscles extenseurs de la jambe deux crêtes tranchantes,
dont l'une se prolonge le long du tibia, par l'os du bassin, qui,
au lieu de présenter en-dessus une surface plane plus ou moins
large, s'élève au contraire dans toute sa longueur en forme de
crête. avec ses côtés descendant brusquement comme un toit

rapide ; or, tous ces caractères, presque uniques dans toute la
Série Ornithologique, se retrouvent entièrement les mêmes chez
les Grèbes ; et en comparant leurs squelettes, il est impossible de
ne pas les regarder plutôt comme Espèces du même Genre que
comme Genres différents. On y sera encore porté par la grande
analogie de leurs mœurs, de leur mode de pêche, de leur nourriture piscivore, etc. Cependant si l'on compare leur sternum isolément, on y trouvera des différences notables. Celui des plongeurs
est très-peu prolongé en arrière, parallépipède et terminé postérieurement par un lobe très saillant au-delà de ses deux échancrures postérieures. Celui du Grèbe est court, beaucoup plus large
postérieurement qu'antérieurement, et présentant en arrière, au
lieu du grand lobe saillant que l'on remarque chez le Plongeon,
une large échancrure. Du reste, le bréchet, la fourchette et les
coracoïdes sont analogues chez tous deux. M. Lherminier avait été
tellement frappé de cette différence que dans sa Classification
d'après le sternum uniquement, il avait cru devoir faire de ces
deux Oiseaux deux types de Familles différentes.

« Il serait inutile d'avoir recours à l'inspection du squelette
(idée si heureuse de M. de Blainville), si elle conduisait à faire
de telles séparations, et il est impossible, en ayant sous les yeux
les squelettes de ces deux Oiseaux si analogues par l'ensemble de
leurs caractères Ostéologiques, par leur conformité de mœurs,
de ne pas les réunir soit dans le même Genre, en en faisant deux
Sections, soit dans deux Genres voisins du même Groupe, malgré la différence assez marquée que présente leur sternum dans
son contour. » (1)

Le Grèbe et le Plongeon sont en effet, avec les Totipalmes,
les Oiseaux dont l'Œuf présente la plus grande analogie de forme

____

(1) *Comparaison des Œufs des Oiseaux avec leurs Squelettes. — Rev.
Zool.*, 1845.

avec celle de l'Animal. Mais là seulement s'arrête l'analogie
Oologique, car, pour les autres caractères de l'Œuf, leurs différences semblent donner raison, quoiqu'en dise M. de la Fresnaye,
à la séparation qu'en ont si judicieusement voulu faire de Blainville et le Docteur Lherminier. C'est au même sentiment que nous
avons obéi, en plaçant chacun de ces Oiseaux dans un Sous-
Ordre spécial, tout concourant à nous démontrer qu'il doit y
avoir, sur ce point, quelque chose de mieux à faire que ce qui
existe : car le Plongeon, par son Œuf, semble être un Genre
essentiellement de transition. Seulement nous nous sommes
longtemps demandé, si cette transition devait se faire des Totipalmes aux Laridés des Longipennes, ou si c'était de ceux-ci aux
Urinatores? C'est pour cette dernière que nous avons incliné.

Enfin la place que nous assignons ici aux Grèbes, entre les
Totipalmes et les Lamellirostres, offre le double avantage, en
satisfaisant en partie, pour les premiers ou Plongeons, aux
exigences des principes Oologiques que nous avons posés, de
satisfaire également, pour les seconds, aux analogies Ostéologiques signalées par de Blainville (1), et confirmées par Lherminier, entre le sternum des Grèbes et celui des Canards ; et aussi
ne l'oublions-pas, aux analogies Oologiques non moins évidentes,
sous le rapport de l'aspect graisseux de sa Coquille, que l'Œuf du
Grèbe offre en commun, dans une moindre mesure, avec celui
des derniers.

CARACTÈRES OOLOGIQUES :

Forme — Elliptique avec les deux extrémités également
aiguës.

Coquille — à test médiocrement épais, recouvert d'une
seconde couche ou épaisseur calcaire ou crétacée, inégalement

(1) *Journ. de Phys.* 1821.

répartie, tout en masquant entièrement le test et laissant apparaître des espèces de boursouflures ; Verdâtre intérieurement.

Couleur — d'un Blanc légèrement Verdâtre,. sans aucune tache, fréquemment, complétement cachée par l'autre couche sédimenteuse qui se présente avec l'aspect d'un Blanc-sale, ou Fauve, ou Brunâtre, teintes qui sont le résultat du contact de ce sédiment avec d'autres matières extérieures, telles que des débris de végétaux.

On le voit, l'analogie de Forme avec l'Œuf des Totipalmes est, on le peut dire, complète ici ; il y a plus : comme celui-ci, l'Œuf de Grèbes est recouvert, sur sa Coquille, d'une couche crétacée ou sédimenteuse ; seulement cette matière, chez eux, est beaucoup plus adhérente au test, et beaucoup moins crayeuse ; ce qui tient à ce que les diverses molécules dont elle se compose sont liées entre elles par une portion de gluten animal qui manque chez les Totipalmes : de là l'apparente homogénéité de cette seconde couche, qu'il faut deviner, chez le plus grand nombre de ces Œufs de Grèbe, et qui se trahit chez d'autres par des inégalités d'épaisseur, dans cette matière, formant comme des boursouflures pleines, au lieu d'être creuses.

Il n'y a donc, en présence de ces résultats, aucune raison d'isoler les Grèbes des Totipalmes, malgré la différence de leurs palmatures d'avec ceux-ci : l'Ostéologie, comme l'Oologie, démontrent au contraire la nécessité de leur rapprochement.

Nous ne quitterons pas les Grèbes sans dire un mot d'un Œuf qui paraît avoir quelque rapport avec ceux propres aux Oiseaux de cette Famille.

On nous a remis au printemps de cette année (Mai 1859) un Œuf sur deux trouvés au bord de la Rivière de l'Huisne, à Nogent-le-Rotrou, dans un nid à fleur d'eau composé de feuilles de Joncs et de Graminées. Nous n'avons pas vu ce nid, dont nous tenons cette description de la bouche de l'auteur de la découverte et du nid et des Œufs qu'il renfermait.

Voici la description de celui de ces deux Œufs que nous possédons :

Sa Forme est Ovée, assez ventrue ;

Sa Coquille, d'un Blanc un peu sale, teintée sur un de ses côtés d'un ton fauve ressemblant à une infiltration provenant de son contact avec des herbes marécageuses ; ce qu'elle a de plus remarquable, c'est d'être parfaitement unie et presque aussi luisante que celle des Œufs de Pics, dépourvue par conséquent de toute couche pulpeuse ou crayeuse à sa surface, soit totale, soit partielle.

Ses dimensions sont de 35 millimètres pour le grand diamètre et de 25 à 26 pour le petit.

En sorte que, par sa Forme et ses dimensions, il représente exactement celles de l'Œuf du *Dryocopus Martius,* dont nous l'avons rapproché et que nous n'indiquons que comme le meilleur terme de comparaison. C'est au point, qu'à Blancheur égale, on aurait peine à les distinguer l'un de l'autre.

Mais il nous est bien démontré que cet Œuf, comme le nid où il a été trouvé, loin d'être celui d'un Passereau, est celui d'un Gralle ou Oiseau d'eau. Ce qui le prouve de la manière la plus péremptoire, c'est que le corps de la Coquille est d'un Blanc légèrement Verdâtre dans sa transparence, ton que reproduit également la pellicule membraneuse qui sert d'enveloppe à toutes les parties organiques de l'Œuf et sur laquelle s'opère d'habitude le travail de la cristallisation calcaire qui concourt à la formation du test.

Cet Œuf, n'était son poli remarquable, n'était aussi sa Forme insolite, n'étaient enfin ses dimensions un peu trop petites, représente au total un Œuf de Grèbe de la plus petite Espèce ; et cependant ce n'est pas un Œuf de Castagneux, celui-ci mesurant, sous sa Forme constamment Elliptique, 38 millimètres sur 23 à 25. Serait-ce une Espèce Européenne nouvelle ?

Dans tous les cas et quoiqu'il en soit, la Coquille, nous le répétons, unie et sans taches, n'offre aucune des protubérances ou boursouflures calcaires qui se remarquent si souvent sur l'OEuf de presque tous les Grébidés.

Avis aux Oologistes. Au surplus, comme OEuf d'Oiseau d'eau, ce serait la première et peut-être la seule exception qui se rencontrerait au principe que nous avons posé sur *la Théorie du pouvoir réfléchissant de la Coquille* dans les OEufs des Oiseaux, entre les Espèces Aquatiques et les Espèces Terrestres.

TROISIÈME SOUS-ORDRE.

LAMELLIROSTRES

(*Lamellirostri*).

Ce Groupe, dans lequel le Prince Ch. Bonaparte, à l'exemple de M. Gray, faisait entrer naguère le Flamant ou Phénicoptère, se compose pour nous de cinq Tribus, les *Cygnidæ*, les *Anseridæ*, les *Anatidæ*, les *Fuligulidæ*, et les *Mergidæ*, c'est-à-dire Cygnes, Oies, Canards, Macreuses et Harles.

La concordance des indications Oologiques est presque aussi précise pour les Oiseaux de ce Sous-Ordre, que nous l'avons vue pour l'Ordre des *Columbæ* ou Pigeons : elle est de plus remarquable par un caractère particulier, celui de l'aspect graisseux du test calcaire ; aussi nous bornerons-nous à une seule Diagnose pour toutes les Tribus qui composent l'Ordre.

CARACTÈRES OOLOGIQUES :

Forme — Ovalaire ; parfois un des bouts un peu moins arrondi ou bombé que l'autre.

Coquille — à test dur sans être épais, à molécules compactes et homogènes; plus ou moins Jaunâtre ou Verdâtre à l'intérieur ; à reflet assez prononcé.

Couleur — d'un ton ou Blanc ou Fauve ou Olivâtre, toujours uniforme et sans taches ; mais cette Couleur est superposée à la surface de la Coquille dont la composition interne n'en emprunte rien ou que fort peu de chose.

Ce qui indique que la teinte uniforme qu'offre la Coquille des Lamellirostres est le résultat d'une opération ou sécrétion particulière, comme celle des taches qui ornent la plupart des Œufs des autres Oiseaux, c'est que l'on observe parfois certains désordres ou certaines exceptions, dans la répartition ordinairement si égale de ces teintes.

Ainsi, nous avons possédé un Œuf d'Eider (*Sommateria mollissima*), qui paraissait comme marbré en Vert-Olive et en Vert-Blanchâtre, sur toute sa surface, au lieu de n'offrir à l'œil qu'une seule de ces deux teintes. Nous possédons, encore aujourd'hui, un Œuf de Canard domestique (*Anas domestica*) offrant le même phénomène, au point d'en paraître artificiellement peint.

Quant à la finesse apparente du grain de la Coquille et à son luisant adipeux, nous signalerons aux Ornithologistes quatre exceptions notables.

Le *Cereopsis*, l'*Anser albifrons* et l'*Erysmatura ferruginea*, offrent au contraire un aspect grenu dans leur Coquille qui est rude au toucher ; les pores en sont par conséquent passablement accusés, et le test est sans reflet.

Ce qui est tout particulier dans l'Œuf de l'*Erysmatura*, et en fait un type de cristallisation calcaire à part, comme l'est celui du Paon, comme l'est celui du Casoar, comme l'est celui du Hocco et des Mégapodes, c'est que cette cristallisation procède par concrétion grumeleuse, partant irrégulière, mais uniformément répandue à la surface du test : cette concrétion, sensible au toucher, perceptible à l'œil, est parfaitement accusée et dessinée sous le verre de la loupe. Ce n'est donc plus le système de concrétion irrégulière et par interstices de l'OEuf du Casoar; non plus le système de granulation sphéroïdale de celui du Hocco ou des Mégapodes. Cette organisation physiologique de la Coquille est conséquemment remarquable comme spéciale à un Genre, déjà bien caractérisé par lui-même, des Lamellirostres, et comme premier exemple rencontré dans ce Sous-Ordre. Elle acquiert un intérêt de plus en ce sens que nous l'avons rencontrée identiquement la même, en des proportions plus réduites et plus fines chez une seconde Espèce, mais d'Europe, l'*Erysmatura mersa* (*Anas leucocephala* des Auteurs). Ne connaissant l'OEuf que de deux Espèces d'*Erysmatura*, nous ne saurions pertinemment dire si ce Caractère est propre à toutes les autres; ce qui ne serait pas sans intérêt. Nous ajouterons que notre exemplaire offre cette autre particularité : qu'il paraît recouvert uniformément d'une teinte brunâtre occupant le creux de la granulation, ou de la véritable surface du test, tandis que la granulation en saillie est demeurée blanche, et comme n'ayant rien retenu de cette teinte, qui pourrait bien n'être qu'accidentelle. Cependant nous avons vu deux exemplaires identiquement semblables.

Quant à l'OEuf du *Cereopsis* et à celui de l'*Anser albifrons*, le caractère rugueux de leur test n'ajoute rien de bien particulier à leur système de cristallisation, et n'a qu'un rapport fort éloigné avec celui de l'*Erysmatura*. Ce sont les seules exceptions remarquables sur près de soixante-et-dix Espèces de Lamellirostres dont nous connaissions et dont nous ayons possédé ou possédions l'OEuf.

QUATRIÈME SOUS-ORDRE.

LONGIPENNES

(Longipennes).

Les Longipennes sont, pour nous, ce qu'ils étaient pour le Prince Ch. Bonaparte, et se composent des mêmes Tribus, les *Procellariidæ* et des *Laridæ;* auxquelles nous ajoutons, comme transition des uns aux autres, la Tribu des *Phaëtonidæ*, que nous avons retirée, ainsi qu'on l'a vu, des Totipalmes de l'illustre Ornithologiste.

PREMIÈRE TRIBU.

PROCELLARIIDÉS — *Procellariidæ*.

Composée des deux Familles *Diomedeinæ* et *Procellariinæ*, dont nous parlerons distinctement à cause de leurs différences Oologiques.

1re FAMILLE. — *Diomédéinés* ou *Albatros* (*Diomedeinæ*).

Les Albatros ont le plus grand rapport, pour l'aspect et la nature de la Coquille de leur OEuf, avec les Oies (*Anseres*); c'est le même grenu, ils n'en diffèrent que par la Forme. Oologiquement parlant, ce serait donc le lien le plus naturel qui pourrait unir les Longipennes aux Lamellirostres, car la transition des uns aux autres a toujours été une pierre d'achoppement pour les Méthodistes. Pour ce qui est de la dimension, l'OEuf du *Diomedea exulans*, par exemple, qui nous provient de J. Verreaux qui l'a rapporté de la Tasmanie, est le plus gros, après celui de l'Autruche, que nous connaissons dans toute la Série, car il excède d'un bon quart l'OEuf du Cygne; nous ne lui savons guère d'équivalent que dans l'OEuf du Condor, rapporté dans le temps du Chili , au Muséum d'Histoire Naturelle de Paris, par M. Gay, et encore celui-ci lui est-il inférieur et son origine nous paraît-elle douteuse.

CARACTÈRES OOLOGIQUES :

Forme — Ovée allongée.

Coquille — à test assez dur, à surface rugueuse, à pores très-marqués, Blanche intérieurement, sans reflet.

Couleur — Blanche et sans taches.

2e FAMILLE. — *Procellariinés* ou *Pétrels* (*Procellariinœ*).

CARACTÈRES OOLOGIQUES :

Forme — Ovée légèrement allongée, parfois complétement Ovale.

Coquille — à test compact, à pores fins et serrés presque imperceptibles, presque diaphane et d'un aspect laiteux, Blanche intérieurement, sans reflet.

Couleur — d'un Blanc sale mat, laiteux, ou sans taches, ou, chez quelques petites Espèces, couvert, au gros bout de l'OEuf, de très-fines mouchetures ou d'un pointillé microscopique Brun-Rouge, tels sont plusieurs Thalassidromes.

C'est par ces dernières Espèces que le caractère Oologique permet de passer des Procellariidés aux Phaétonidés.

Observons que les OEufs de cette Famille, ou plutôt leur Coquille, conservent toujours et pendant de longues années l'odeur presque musquée et si forte propre aux Oiseaux qui les pondent.

TROISIÈME TRIBU.

PHAÉTONIDÉS OU PAILLE-EN-QUEUES — *Phaëtonidœ.*

La nature de la Coquille et son mode de coloration nous font regarder l'OEuf de cette Tribu comme beaucoup plus proche des

Procellaridés que des Pélécanidés du Prince Ch. Bonaparte, et, nous croyons même, que des Brachyptères ou Alcidés, avec lesquels paraît le vouloir mettre Thienemann, à en juger du moins d'après la manière dont il le représente et le groupe avec ceux-ci (1).

CARACTÈRES OOLOGIQUES :

Forme — Ovée à pointe un peu obtuse.

Coquille — à test mat, dépoli, à pores assez fins, Blanc intérieurement et sans reflet.

Couleur — d'un fond Blanc pur, recouvert, principalement vers le gros bout, d'un système de maculature semblable à celui des Thalassidromes, mais le pointillé de même Couleur Brun-Rougeâtre, plus fréquent, plus rapproché et faisant plus masse.

Ces Oiseaux forment donc ainsi, par leur Œuf, le passage naturel des Procellaridés aux Laridés qui suivent.

TROISIÈME TRIBU.

LARIDÉS OU GOËLANDS — *Laridæ.*

De même que pour l'Œuf de tous les Oiseaux pondant et couvant en quelque sorte en commun, c'est-à-dire existant en si grandes troupes, qu'au temps de la ponte, le rapprochement et la multiplication de leurs nids peuvent faire supposer parfois une espèce de communauté, dont on a, du reste, de nombreux exemples ; il existe, dans les Œufs des Laridés, une incroyable et étonnante diversité de teintes et de Couleurs, qui en rend toute description impossible ; c'est au point que rarement deux Œufs d'une même couvée se ressemblent ; on y rencontre par la même raison, les plus grandes bizarreries de Coloration. C'est ce que nous avons déjà fait remarquer dans l'Ordre des Passereaux, chez

_____
(1) Pl. xvc, fig. 2, 3, 4.

les *Ploceidæ*, pour les Genres *Sycobius* et *Hyphantornis ;* chez les *Fringillidæ*, pour les Genres *Passer* et *Zonotrichia ;* chez les *Icteridæ*, pour les Genres *Icterus*, *Xanthornus*, etc. ; et dans l'Ordre des Gallinacés, chez les *Perdicidæ*, pour le Genre *Coturnix*.

Ces Oiseaux sont de ceux dont les petits ont besoin, au sortir de l'OEuf, de séjourner dans le nid, pour y recevoir les soins de la mère, avant d'être en état d'essayer leurs ailes, sinon de se jetter à l'eau : et c'est cette observation sur laquelle s'est fondé le Prince Ch. Bonaparte, à l'exemple de plusieurs Ornithologistes Allemands, pour séparer ses *Gaviæ*, qui comprennent nos Laridés, comme il l'a fait aussi à l'égard de ses *Totipalmi*, des autres Nageurs, tels que son Ordre des *Anseres*, dont les petits courent au contraire à l'eau aussitôt leur éclosion.

Les Laridés, à leur tour, ont été, à notre point de vûe, de la part de M. de la Fresnaye, le sujet des considérations suivantes :

« Lorsque nous avons, dit-il, proposé deux grandes Sections dans la Classe des Oiseaux, basées sur la Forme de leur squelette et de leurs OEufs, et désignées, l'une par le nom d'*Oiseaux Terrestres*, l'autre par celui d'*Oiseaux Nageurs*, nous n'avons pas entendu comprendre sous ce dernier nom tous les Oiseaux Palmipèdes, puisqu'une partie d'entre eux, tels que Flamants, Echasses, Avocettes, Dromas, ne sont pas nageurs, et que parmi les autres il en est qui, comme les Mouettes et Goëlands, les Sternes, Rhyncops, Stercoraires, nagent fort peu, sont toujours sur l'aile, ne saisissant leur nourriture qu'en volant à la surface des flots, ou en courant sur les grèves à marée basse, et sont loin d'avoir une forme de squelette analogue à celle des vrais nageurs destinés à passer leur vie à l'eau, soit qu'ils trouvent leur nourriture à sa surface ou sur les rives, soit qu'ils la poursuivent sous les flots en s'y immergeant.

» Ainsi, tandis que les vrais nageurs se font remarquer dans leur Ostéologie, non seulement, comme nous l'avons déjà dit, par l'étroitesse de la partie antérieure de leur tronc, par le peu de saillie inférieure du bréchet, mais par sa prolongation antérieure en forme de soc de charrue, par la prolongation postérieure du sternum en forme de bateau dont le bréchet figure alors la quille et la proue, par l'étroitesse du bassin et sa prolongation postérieure au-delà de l'insertion des fémurs, par cette insertion très-rapprochée, presque contiguë, ce qui facilite singulièrement la natation, en projetant latéralement et obliquement les pattes devenues des rames, mais rend la marche sur le sol plus ou moins pénible, quelquefois impossible. Les Palmipèdes peu nageurs, cités ci-dessus et désignés par Cuvier sous le nom de Grands-Voiliers et formant aujourd'hui la Famille des *Laridés,* présentent un squelette tout différent dans son ensemble comme dans ses détails, et offrent bien plus de rapports avec celui des Echassiers qu'avec celui des Nageurs, à tel point que chez les Mouettes et Goëlands, par exemple, il ne peut s'en distinguer que par la présence des membranes interdigitales.

» En observant effectivement le genre de vie de ces Oiseaux, on reconnaît qu'il diffère entièrement de celui des vrais nageurs, que d'après leur conformation, tout adaptée à la facilité du vol, il est tout aérien, et consiste à parcourir sans cesse les airs au-dessus des flots, comme les Martinets et les Hirondelles les parcourent au-dessus du sol. Dans ce but, leur squelette est entièrement organisé pour le vol, un peu pour la marche, et très-peu pour la natation, aussi ne semblent-ils se poser sur les flots que pour y prendre quelque repos, et leur grande légèreté spécifique les y soulève comme un flocon de plumes et empêche leur corps d'y entrer aussi profondément que les vrais nageurs. Leur bréchet est saillant inférieurement, leur fourchette ouverte en haut pour l'écartement des ailes. Ces ailes sont très-fortes, très-longues, et le bassin n'est rétréci, ni en avant, ni au point d'insertion des fémurs, ni prolongé postérieurement comme chez les Nageurs.

» On peut dire enfin que sans la membrane interdigitale, on ne pourrait raisonnablement ranger ces Oiseaux, d'après leur squelette, qu'avec les Echassiers marins, avec lesquels ils ont d'ailleurs plus d'analogie de mœurs qu'avec les Nageurs, et pour nous ce sont des *Echassiers grand-voiliers à pieds palmés*. Presque toujours sur l'aile, ils parcourent et visitent tous les points du rivage où la mer a pu rejeter quelques cadavres de Poissons, de Mollusques ou Crustacés, pour s'en repaître en attendant qu'une nouvelle marée leur laisse quelque nouvelle proie sur la grève, où ils se reposent alors, y marchant avec facilité, et presque avec la même agilité que les Echassiers marins.

» *Nous retrouvons dans les Œufs de ces* Laridés (*Goëlands, Sternes, Stercoraires, Rhyncops*), *une Forme bien plus analogue à celle des Œufs d'Echassiers marins qu'à celle des Nageurs, c'est-à-dire Ovalaire et presque Ovalo-conique, et de plus, leur système de Coloration est tellement semblable qu'il est presque impossible de ne pas les confondre.* » (1)

On comprend que pour toutes les citations que nous avons déjà faites, d'après M. de la Fresnaye, nous lui laissons toute la responsabilité de ses systèmes de classification ou de rapprochement, n'en prenant que ce qui a directement trait à l'Oologie, telle que nous l'entendons.

Caractères Oologiques :

Forme — Ovée, un peu renflée et presque Ovale.

Coquille — d'un grain assez fin, à pores visibles, d'un Blanc Verdâtre intérieurement et à très-faible reflet.

Couleur — variant, pour les fonds, du Blanc presque pur au Brun ou au Vert-Olivâtre plus ou moins foncé, recouvert de nom-

---

(1) *Comparaison des Œufs des Oiseaux et de leurs Squelettes. Rev. Zool.* 1845.

breuses taches en forme de points, de mouchetures ou d'éclaboussures, mais jamais de marbrures, passant par toutes les nuances
du Brun, du Violet-Rougeâtre et du Gris.

On remarque dans l'ensemble des OEufs de Laridés le même fait
d'assimilation de la Couleur de la Coquille à la Couleur des différentes natures de surface sur lesquelles ces Oiseaux les déposent,
que nous avons eu déjà occasion de signaler pour les Alaudidés,
parmi les Passereaux, pour presque tous les Gallinacés, les
Struthionigralles et les Gralles.

Ainsi, ceux des Laridés qui déposent leurs OEufs au milieu des
Graminées ou des Lichens des Rochers, ou des *Fucus* des
bords de la mer, ou même des Roseaux bordant les cours d'eau
de l'intérieur des terres, les ont toujours d'un fond de Couleur
Brun-Olivâtre plus ou moins Verdâtre; tels sont ceux de tous les
Lestris, de tous les Goëlands et de la plus grande partie des
Sternes.

Il en est autrement des Espèces qui déposent leurs OEufs à nu
sur la grève ou le sable, telles que : *Sterna Cantiaca, S. fuliginosa, S. paradisœa, S. erythrorhyncha* et *S. minuta,* dont
l'OEuf présente une Couleur en rapport avec celle de ces surfaces,
c'est-à-dire d'un fond presque Isabelle ou Brun-Blanchâtre plus
ou moins ocracé.

Ce qui revient à dire que cette précaution de la Nature est
dévolue à tous les Oiseaux dont le nid est à découvert et repose
sur le sol, quel qu'en soit le revêtement.

CINQUIÉME SOUS-ORDRE

PLONGEURS

(*Urinatores*).

Nous restreignons ce Sous-Ordre qui, pour nous, remplace
celui des *Brachypteri* du Prince Ch. Bonaparte, à deux Tribus :

les *Colymbidæ* et les *Alcidæ*, puisque nous n'avons pu nous dispenser d'en détacher les *Podicepidæ*, pour les relier aux Totipalmes.

Les *Urinatores*, ainsi compris, se rattachent, sous le point de vue Oologique, aux Longipennes, par les *Colymbidæ*.

PREMIÈRE TRIBU.

COLYMBIDÉS OU PLONGEONS — *Colymbidæ*.

Nous avons déjà fait pressentir les rapports intimes de Forme, existant ˈentre l'OEuf des *Colymbidæ* et celui des *Totipalmi*, rapports toujours d'accord avec la Forme Ostéologique ou Physiologique des Oiseaux de ces deux Groupes. Mais une importante différence les sépare : c'est, d'un côté, l'absence de toute couche secondaire ou d'application à la Coquille; de l'autre, la présence d'un système complet de Coloration, comme teinte de fond et comme taches. Cette différence réunie à celle si bien signalée et constatée par le Docteur Lherminier, entre le sternum du Grèbe et celui du Plongeon, suffit et au-delà pour faire comprendre et justifier notre mode de procéder.

La Tribu ne comprend pour nous que l'unique Famille des *Colymbinæ*.

CARACTÈRES OOLOGIQUES :

Forme — Elliptique, allongée, l'un des deux bouts étant fréquemment plus aigu que l'autre.

Coquille — à test ferme, compact, à pores visibles, d'un Blanc-Verdâtre intérieurement et à léger reflet.

Couleur. — Fond d'un Brun plus ou moins Fauve, ou plus ou moins foncé, parfois d'un brillant Vert-Olive clair, maculé de quelques points rares arrondis, d'un Brun-Noir ou d'un Noir presque pur.

Les OEufs de Plongeons sont, avec ceux de Grues, des plus

beaux à voir dans une Collection. Thienemann en a figuré une magnifique variété, marquée, sur un fond Fauve très-légèrement moucheté de Gris, d'un long trait sinueux Brun, simulant par ses zyg-zags, qui occupent les trois quarts de la longueur de l'OEuf, un caractère d'Ecriture Chinoise ou Japonnaise. (1)

On voit tous les points de contacts qui rapprochent, pour la Couleur, l'OEuf des Plongeons de celui des Laridés.

D'un autre côté, si la variété que nous venons de décrire, d'après Thienemann, se renouvelait fréquemment, ce serait presque un trait d'union, sous le rapport de la Coloration, entre la Tribu des *Colymbidæ* et celle des *Alcidæ*.

DEUXIÈME TRIBU.

ALCIDÉS — *Alcidæ*.

Les Alcidés, que nous avons pris pour types de la Forme que nous avons nommée *Ovoïconique*, nous offrent, malgré la prédominance bien marquée de cet élément, chez eux, quelque difficulté à harmoniser, quant à leurs caractères physiologiques, avec les caractères Oologiques ; et nous avouons qu'ici encore ou l'Oologie se trouve légèrement en défaut, ou bien, ce que nous n'oserions affirmer, ceux de leurs OEufs connus seraient-ils mal à propos attribués à d'autres Espèces d'entre eux que celles dont ils proviennent réellement. Ainsi, pour nous expliquer plus clairement, il y aurait harmonie complète, si l'on pouvait reporter la Forme de l'OEuf des *Alca alle*, *A. psittacula*, *A. cirrhata*, *A. arctica* et *A. torda*, exclusivement à ce Genre, et réserver la Forme Ovoïconique à toutes les Espèces du Genre *Uria*, telle que la comportent les *Uria lomvia*, *U. troïle* et *U. ringvia*. Au lieu que nous voyons au contraire, dans les

(1) Pl. xcvi, fig. 3, a.

Alca, l'*Impennis* seul offrir cette dernière Forme d'une manière bien caractérisée, et dans les *Uria*, les *Uria Grylle* et *Mandtii*, offrir, à l'inverse, la forme de presque tous les vrais *Alca*. La nuance qui les sépare est, à la vérité, peu sensible; mais enfin elle existe, et est suffisante pour nous faire hésiter à les ranger sous une seule et même Diagnose caractéristique. Nous procéderons donc à leur égard par Famille.

1re FAMILLE. — *Alcinés* ou *Pingouins* (*Alcinæ*).

CARACTÈRES OOLOGIQUES :

Forme — Ovalaire allongée, avec un pôle moins obtus que l'autre.

Coquille — épaisse, peu résistante, poreuse, à molécules peu adhérentes entre elles, d'un Blanc-Verdatre intérieurement, mate et sans reflet.

Couleur — d'un fond variant du Blanc plus ou moins pur au Blanc-fauve ou Brun-clair, ou sans taches, ou avec quelques taches Grisâtres ou Violacées nuageuses, ou recouvert de larges taches ou mouchetures Brunes et Noirâtres.

Comme nous l'avons dit, l'Œuf de l'*Alca impennis*, dont nous avons possédé jusqu'à trois exemplaires, existant aujourd'hui au Musée de Philadelphie, est étranger à cette Diagnose, tous ses caractères étant ceux de la Famille qui va suivre.

2e FAMILLE. — *Uriinés* ou *Guillemots* (*Uriinæ*).

CARACTÈRES OOLOGIQUES :

Forme — Ovoïconique dans toute l'acception du mot.

Coquille — de même nature que celle des Alcinés.

Couleur — ou Blanche, ou d'un beau Vert, parsemée le plus ordinairement de rayures plus ou moins sinueuses et irrégulières, représentant la bizarre apparence des signes de l'Alphabet Chinois :

ces traits sont ou Bruns, ou Noirs, et sont fréquemment concentrés au sommet de l'OEuf, où viennent se rejoindre alors de fortes et larges mouchetures de même couleur.

L'OEuf des *Uria Grylle* et *Mandtii* fait exception, comme contre-partie, à cette Diagnose, revêtant tous les caractères propres aux Alcinés.

On sait que l'OEuf des Alcidés est celui qui offre le plus de disproportion, par son énorme développement ou volume, avec la taille de l'Oiseau.

Cette Tribu est la dernière, dans l'ordre de la Série, à laquelle soit applicable, dans une certaine mesure, le fait de la concordance de la couleur de l'OEuf avec celle des éléments auprès ou au milieu desquels il est déposé. Il est en effet très-remarquable que la belle couleur Vert-clair, ou Vert-d'eau, qui en fait le fond, semble un reflet exact de la même couleur et du même ton que revêtent les masses imposantes de glaces polaires, au milieu desquelles naissent, pour la plupart, vivent et meurent ces derniers, en quelque sorte déshérités, de la Classe des Oiseaux.

NEUVIÈME ORDRE.

PTILOPTÈRES

(*Ptilopteri*).

Nous arrivons enfin au dernier Ordre de la Série, le premier, sans aucun doute, de la Création Ornithologique, l'Ordre des Ptiloptères, ces Oiseaux « qui, ainsi que l'a si bien exprimé le » Prince Ch. Bonaparte (1), ne sont pas plus des Palmipèdes que » les Phoques ne sont des Cétacés. »

Nous les divisons en deux Tribus, rang auquel nous élevons

____

(1) *Conspectus Clas. Av.* IIᵉ partie. Préface.

chacune des deux Familles qui en forment les éléments : *Aptenodytidæ*, que nous subdivisons en deux Familles : *Aptenodytinæ* et *Spheniscinæ*; et *Eudyptidæ*.

Ce que ces Oiseaux ont de remarquable, à notre sens, au point de vue purement Oologique, c'est qu'ils semblent réunir, dans leurs Œufs, les deux extrêmes des types de Forme que nous avons distingués et établis : le type *Sphéroïdal* et le type *Ovoïconique*. Ainsi, sur huit Espèces dont nous connaissons ou dont nous avons possédé l'Œuf, la plus grande et la plus petite, *Aptenodytes Patachonica* (maintenant *Ap. Forsterii* et *Pennantii*), et *Eudyptula minor*, nous ont offert le dernier, et, toutes les autres, à l'exception du *Demersa*, le premier de ces types, que nous regrettons de ne pas voir représenté dans les belles Planches de Thienemann.

Malgré ces nuances de Forme, il n'en a pas moins, chez tous les Ptiloptères, une tendance bien marquée à la Forme globulaire, qui se termine en cône plus ou moins prononcé chez ceux d'entre eux qui s'en éloignent le plus.

Les divers modes de nidification et d'incubation employés par ces Oiseaux, si restreints d'Espèces (puisque l'on n'en connaît que quinze), peuvent expliquer du reste la diversité de Forme constante chez chacune d'elles, qui se remarque dans leurs Œufs.

Ainsi, parmi les Sphéniscidés, ou pour mieux dire les Ptiloptères, les uns, tels principalement que les Espèces de l'Afrique, pratiquent des terriers; d'autres se construisent sur les plate-formes ou dans les anfractuosités de rochers, un véritable nid de forme ronde fait d'herbes et de mousse, d'autres enfin se passent de nid, et la femelle porte constamment son Œuf avec elle.

Jules Verreaux et son ami le Docteur Obeuf ont, à cet égard, publié une Notice des plus intéressantes, que nous ne voulons pas manquer de reproduire.

Ce fut aux Iles Crozets, et surtout dans celles de l'Est et du Groupe nommé la *Possession*, que ces Voyageurs trouvèrent un grand nombre d'*Aptenodytes*, lors d'une descente qu'ils firent dans ces Iles pendant les mois d'Octobre et de Novembre, avec l'intention d'y faire la chasse aux Otaries.

« Sur ces terres inhospitalières et couvertes de neige à peu près neuf mois de l'année, dit l'un d'eux, la végétation est pour ainsi dire nulle. On n'y rencontre que quelques Mousses et une herbe très-dure qui atteint parfois deux pieds de haut, et dont les feuilles longues sont assez semblables, pour la forme, à celles du Blé. Cette herbe pousse dans les endroits où les Oiseaux s'arrêtent de préférence, et où, par cette raison, une épaisse couche de fiente peut leur fournir des éléments nécessaires à leur accroissement. Les chaines nombreuses de rochers qui coupent en tous sens ce pays, et qui contribuent à le rendre excessive-ment accidenté, montrent parfois leurs flancs brumâtres et attristants, pendant que leur sommet ne se dépouille jamais de l'épaisse couche de neige qui le cache.

» C'est dans de pareils lieux que vivent d'innombrables colo-nies d'Oiseaux, au nombre desquels on compte trois Espèces d'*Aptenodytes*.

» L'une est connue sous le nom, généralement adopté par les Voyageurs, de *Pingouin Royal* ou *Roi*; la seconde, ayant une partie du bec et les pattes jaunes, une couronne blanche sur la tête, le dos Brun, avec l'extrémité des plumes Bleuâtre et le ventre Blanc, est l'*Aptenodytes papua* (1); la troisième enfin, ressemble en quelque sorte à celle que l'on connait sous le nom de Gorfou Sauteur (*Catarractes chrysocome*, Vieillot) (2). Cependant elle s'en distingue non seulement par une taille plus

---

(1) *Pygoscelys papua.*
(2) Galerie des Oiseaux. Pl. ccxcviii

forte, mais encore par sa huppe, qui est composée de longues
plumes jaunes, implantées de façon à couvrir transversalement
la tête, et non susceptibles de se redresser comme dans le *Cat.
chrysocome*, même lorsque l'Oiseau est excité. Ses pieds sont
Noirs (1).

» Les mœurs, les habitudes de ces Oiseaux, que l'on pourrait
dire amphibies, sont très-curieuses à observer. Ils vivent en
famille, et habitent les mêmes baies; mais ce qu'il y a de fort
remarquable, c'est qu'on ne les voit jamais se mêler; chaque
Espèce occupe tel point qui lui convient le mieux et ne communique pas, ou que très-accidentellement, avec sa voisine. Celle
à aigrette et à pieds jaunes occupe constamment le penchant des
montagnes, ou pour mieux dire, de ces âpres rochers dont j'ai
parlé. Quant au *Pingouin Royal*, il paraît se plaire davantage
dans les plaines, bien que le soir il se retire aussi sur quelque
élévation.

» Ces Oiseaux ne paraissent pas se creuser des terriers comme
le font les autres Espèces Africaines. Leur nid est toujours placé
sur une saillie de rocher et sur le versant des montagnes; quelquefois il est abrité par une grosse touffe de cette herbe dont il
a été question, mais jamais dans un terrier.

» La ponte du *Pingouin Royal* commence aux Crozets, vers
la fin d'Octobre, et paraît durer jusqu'en Janvier. Celle des
deux autres Espèces semble avoir moins de durée; car, vers la
fin de Novembre, tous les Œufs appartenant à celles-ci étaient
déjà couvés : d'un autre côté, les nids que l'on avait pillés res-
tèrent vides les jours suivants; ce qui tendrait à démontrer que,
pour ces Espèces, l'époque des pontes avait cessé. Le *Pingouin
Royal* ne pond jamais plus d'un Œuf dans chaque nid; mais un
fait des plus curieux c'est que, lorsqu'on retire cet Œuf, on est

(1) C'est le *Chrysocoma chrysolopha* du *Conspectus*.

sûr d'en retrouver un autre le lendemain. Cette expérience fut répétée pendant plusieurs jours sur plusieurs nids, ou plutôt sur plusieurs femelles, comme je l'expliquerai ci-après, et le résultat fut toujours le même.

» Il existe une grande différence entre la manière dont la femelle du *Pingouin Royal* couve son Œuf et celle des deux autres Espèces. Au lieu de le placer sur un nid de forme ronde et d'un pied environ de diamètre, artistement construit avec des herbes et de la mousse, elle le porte entre ses jambes ou, pour mieux dire, entre ses cuisses, et dans un repli formé aux dépens de la peau du ventre, en sorte qu'elle ne le quitte jamais. Elle peut même sauter huit à dix pieds sans le laisser choir. Il arrive souvent aussi qu'elle se trouve bousculée, qu'elle roule de roches en roches, sans pour cela abandonner cet Œuf; aussi n'est-ce que fort rarement, et seulement lorsqu'elle est par trop tourmentée, qu'elle le laisse échapper de sa poche incubatrice. Cette poche n'est qu'artificielle, car aussitôt qu'on est parvenu à en extraire l'Œuf, elle disparaît sans laisser trace de son existence.

» L'amour maternel et l'amour conjugal sont développés chez les Oiseaux dont je parle, d'une manière vraiment admirable. Chaque fois que l'on approche d'un nid et que l'on tente de prendre l'Œuf d'une couveuse des deux Espèces à aigrettes et à pieds jaunes, ou bien lorsque, ayant saisi une femelle de *Pingouin-Royal*, on cherche à lui arracher celui qu'elle porte et qu'elle cache avec tant de soin, il faut livrer un véritable combat. Aux cris de colère et de détresse que pousse la femelle, le mâle accourt et tombe sur le ravisseur avec une fureur qui ne cesse qu'avec la mort. Leur bec pointu et tranchant est une arme redoutable qu'ils emploient contre un ennemi. Si l'on se contente de prendre à une femelle son Œuf, et lorsque toutefois on y a réussi, ses cris changent de caractère : ce sont alors de véritables lamentations, et le mâle en fait entendre aussi bien que sa compagne. Ils vont, viennent, cherchent partout autour d'eux, et, ne trouvant rien, ils se placent près du nid, et continuent longtemps encore leurs cris déchirants. Il arrive même que, dans cette circonstance, la femelle du *Pingouin-Royal*, qui vient de perdre le produit qu'elle portait et sur lequel elle était chargée de veiller, est battue durement par son mâle, surtout lorsque cet accident est arrivé en l'absence de celui-ci. Les jeunes éclosent en Janvier et quelquefois plus tard ; ils sont alors couverts d'un duvet brun qui ne tarde pas à faire place à des plumes semblables, ou à peu près, à celles des adultes.

» Comme je l'ai dit, les deux Espèces à aigrettes se construisent des nids sur les pointes des rochers, tandis que le *Pingouin-Royal* pond dans la plaine, sur le sol nu aussi bien que sur la mousse rugueuse qui en couvre une partie. Ce n'est que lorsque les époques de la ponte et de la couvaison sont passées que ces Oiseaux se rassemblent en troupes pour reprendre leur essor habituel ; mais encore à cette époque, il n'y a de réunion qu'entre les individus d'une même Espèce et point entre ceux d'Espèces différentes.

» D'après les débris jonchés sur les plages de ces parages de désolation, il est probable que beaucoup de ces Oiseaux sont victimes des vagues déchaînées qui déferlent sur les brisants, et que lorsqu'une tempête vient à éclater, il y en a un grand nombre de tués et de rejetés sur la grève. C'est ce qui doit arriver surtout à l'époque des pontes, lorsque ces infortunés Oiseaux ne peuvent s'écarter du rivage, ou qu'ils ne le font qu'afin de pourvoir à leur subsistance. Il n'est pas rare cependant, surtout dans toute autre saison que celle des amours, de les trouver à de grandes distances.

» C'est ordinairement le mâle qui prend le soin d'alimenter sa femelle en lui apportant une partie de sa pêche. Si l'on en juge par les restes considérables qui environnent chaque nid, les Oiseaux dont il est question sont d'habiles pêcheurs et de grands destructeurs de Poissons.

» Dans les localités indiquées, le *Pingouin-Royal* paraît le plus commun. On pourrait évaluer à plusieurs millions le nombre qui s'y trouvait, quoique les bandes, à cette époque, ne fussent guère que de trente à quarante individus, et seulement de quinze à vingt pour les deux autres Espèces.

» Dans le *Pingouin-Royal*, la taille paraît seule constituer une différence entre les deux sexes ; elle est plus forte chez le mâle.

» Les OEufs, qui me furent donnés par mon ami le Docteur Obeuf, étaient d'un Blanc sale uniforme, et leur Forme différait beaucoup, car l'un était très-gros, quoique plus pointu d'un bout, tandis que l'autre était plus long et rétréci. Ce dernier avait quatre pouces de long sur huit pouces quatre lignes de circonférence dans son plus grand diamètre. Ces deux OEufs font partie, ainsi qu'une belle variété donnée par la même personne, des Collections que j'ai déposées au Muséum de Paris. » (1)

Ce que cette Note ne nous dit pas, c'est la manière dont s'y prend l'*Aptenodytes* pour soulever, du sol où il le dépose, son OEuf, et le placer dans son repli abdominal. J. Verreaux nous a bien affirmé que c'était à l'aide de son bec. Mais jusque-là nous avons pensé que c'était sans doute au moyen de ses ailes ou *ramerons*, son bec nous paraissant insuffisant pour cette opération laborieuse, par le peu de rapports des proportions de sa bouche ou commissure avec le volume de cet OEuf. Ce serait donc un nouveau mode ou procédé à constater chez les Oiseaux, pour le transport de leur produit Ovarien d'une place à une autre : la Science, comme l'observation, n'ayant encore révélé

(1) *Revue Zoologique*. Août 1847.

ce fait que chez les Engoulevents et chez les Coucous, qui se servent uniquement, dans cette circonstance, de leur bec, dont la commissure est suffisamment ouverte et fendue pour leur permettre la préhension et le transport de leur Œuf au moyen de cet organe.

C'est avec raison que M. de La Fresnaye [1] disait à cette époque : « que ce mode d'incubation si extraordinaire de l'*Aptenodytes patagonica*, outre son grand intérêt comme chose tout-à-fait nouvelle en ce genre, semblait autoriser d'une manière puissante l'isolement de cette Espèce de ses autres congénères » ; opinion qui, après avoir été celle de Cuvier [2] et de Lesson [3], a fini par être unanimement adoptée par la Science, surtout depuis qu'il a été démontré que sous le nom d'*Aptenodytes patagonica* on avait toujours confondu deux Espèces en une seule.

Une autre observation, que nous ne sachions pas avoir encore été faite, en venant donner raison à ce système, nous a livré l'explication d'une particularité Oologique, véritable phénomène propre à l'Œuf de l'un de ces Oiseaux, qui confirme, pour les plus incrédules, la véracité de nos deux Voyageurs.

Car, avant d'avoir eu sous les yeux l'Œuf de l'*Aptenodytes patagonica*, et sur le simple exposé de ses habitudes, que nous venons de relater, il était encore permis de se demander, sans les révoquer le moins du monde en doute, comment, avec un système de ptilose à surface aussi lisse et aussi glissante que l'est celui de cet Oiseau, il pouvait, même au moyen de son repli abdominal, arriver à retenir un Œuf, que sa Forme plus ou moins arrondie, et sa Coquille généralement unie, rendent d'autant plus difficile à porter ainsi? Il suffit de voir son Œuf

(1) *Rev. Zool.* 1847.
(2) *Règne Anim.* 2e édit., p. 550.
(3) *Traité d'Ornithologie*, p. 643.

pour comprendre comment la nature a su pourvoir à tout, dans ce cas particulier.

Cet OEuf, que nous avons possédé, et qu'a parfaitement représenté Thienemann (1), d'après notre exemplaire, est de Forme plutôt Ovoïconique qu'Ovée ; mais avec son gros bout tellement obtus et arrondi qu'il ressemble beaucoup plus à une sphère dont on aurait aminci et comprimé en pointe un des côtés, qu'à toute autre Figure.

Ainsi cet OEuf, dans sa configuration, porte de dix à douze centimètres de longueur sur huit à huit et demi centimètres de largeur.

Ce n'est pas tout : il offre dans toute sa circonférence à la partie la plus large une série de rugosités granulées et vermiculées, ayant une saillie de un à deux millimètres, avec des stries en creux rayonnant régulièrement de son bout le plus aigu , qui en forme le centre dans une longueur de deux ou trois centimètres environ.

Ces apparences sont donc pour le moins extraordinaires, puisque dans toute la Série, c'est le seul sur lequel elles se remarquent. Aussi, pendant longtemps, les avions-nous considérées comme un de ces exemples de Monstruosités Oologiques, dont nous avons eu occasion de parler ; seulement ici avec un caractère beaucoup plus précis et plus régulier.

Mais, du moment que nous avons eu connaissance de cette belle découverte faite par J. Verreaux et le Docteur Obeuf, des bizarres habitudes d'incubation ou plutôt de gestation de l'*Aptenodytes patagonica*, l'explication de cette particularité et de la présence des appendices calcaires de la coquille nous fut subitement acquise et révélée.

Il ne nous fut plus douteux, en effet, que ces appendices

____

(1) Pl. c. fig. 2

n'eussent pour but de faciliter à l'Oiseau la gestation de son OEuf, en en rendant le test moins glissant, et, par suite, plus adhérent à ses plumes, ou au repli abdominal destiné à le recevoir et à le porter. Les mêmes considérations nous confirment dans notre opinion que c'est à l'aide des ailerons bien plus que de son bec que l'Animal enlève et saisit son OEuf, dont les rugosités doivent faciliter merveilleusement cette manœuvre.

Nous insistons d'autant plus sur ce fait, que c'est, en Oologie, le seul et unique exemple d'un OEuf organisé, indépendamment de ses rapports de Forme avec celle de l'Oiseau, en vue des soins extérieurs qu'il a à en recevoir, par suite de ce mode d'incubation externe et mobile.

Ce cas, d'une des plus admirables et des plus providentielles précautions de la Nature, doit certes donner sérieusement à réfléchir aux plus indifférents en matière Oologique, en leur faisant voir dans quelle dépendance intime l'OEuf se trouve de la conformation et des habitudes de l'Oiseau qui l'a pondu.

Nous devons ajouter cependant que les deux OEufs attribués à l'*Aptenodytes patagonica*, déposés par Jules dans la Collection du Muséum d'Histoire Naturelle de Paris, n'offrent aucune des particularités que nous venons de citer, quant aux rugosités du test. La coquille, chez eux, est unie, très-épaise, mais au lieu de rugosités, elle est recouverte d'une couche sédimenteuse calcaire, d'un Blanc-Gris-Verdâtre, qui ne lui est que superposée et adhère aux doigts lorsqu'on y touche. Ce qui nous porte à penser que l'OEuf que nous avons possédé, et ceux de J. Verreaux, ne proviennent pas de la même Espèce, mais bien des deux Espèces si longtemps confondues ensemble sous le nom unique de *Aptenodytes patagonica*. Et nous n'hésitons pas à attribuer les deux OEufs rapportés par le célèbre Voyageur à l'*Aptenodytes Forsterii,* la plus grande des deux, et le nôtre, figuré par Thienemann, à l'*Aptenodytes Pennantii.*

Quelle que soit donc la différence dans la constitution de la Coquille de chacun d'eux, nous dirons, comme M. de la Fresnaye : « qu'il est bien probable que ces deux Espèces, si voisines de taille, de coloration et de forme, réunissent aussi toutes deux ce mode singulier d'incubation [1]. » D'autant plus qu'à la rigueur, la couche sédimenteuse de l'Œuf du *Forsterii* peut tout aussi facilement résister, par son adhérence, au luisant des plumes, que le système de rugosités de celui du *Pennantii*.

Quant à la particularité attribuée par le Docteur Obeuf au *Pingouin Royal* qui, lorsqu'on lui retire son Œuf, en ponderait immédiatement un autre le lendemain, expérience répétée pendant plusieurs jours de suite : la chose a lieu de paraître extraordinaire, en ce sens que pour un Œuf de cette dimension, et pour un Oiseau qui n'en pond qu'un, il est permis de se demander comment la matière calcaire peut avoir le temps de se reproduire avec une telle abondance et une telle facilité.

Le même fait, ou à peu près, nous a été affirmé pour les autres Espèces, telles que presque toutes celles de Genre *Pygoscelis*, dont l'Œuf est généralement Sphérique. Ainsi, lorsqu'on leur a enlevé leur Œuf, on serait sûr, sinon le lendemain, du moins quelques jours après, d'en retrouver un autre, la soustraction même se répétant fréquemment. J. Verreaux a réitéré l'expérience jusqu'à trente fois de suite sur le *Spheniscus demersus* [2]. Seulement ces Œufs iraient toujours en diminuant de grosseur. C'est une explication que nous nous sommes fait donner, dans le temps, par plusieurs Marins dont nous avions reçu des Œufs Sphériques de Sphéniscidés, étonné que nous

[1] *Rev. Zool.* 1847.
[2] C'est un fait important à ajouter à l'énumération des faits analogues que M. Moquin-Tandon vient de citer dans la *Revue Zoologique* d'Octobre 1859.

étions de les voir, dans la même Espèce, diminuer quelquefois de la grosseur d'un OEuf du *Circaëtus Gallicus* à celle de l'*Astur palumbarius!*

Ces OEufs étaient constamment d'un Blanc-Bleuâtre à la surface comme dans leur transparence, et sans taches.

PREMIÈRE TRIBU.

APTÉNODYTIDÉS OU MANCHOTS — *Aptenodytidæ.*

CARACTÈRES OOLOGIQUES :

Forme — Ovoïconique, très-obtuse au gros bout, très-aiguë au petit; l'un et l'autre réunis latéralement par une ligne entièrement droite.

Coquille — à test assez épais, homogène, à pores peu multipliés et visibles à l'œil nu, d'un Blanc légèrement Verdâtre dans sa composition et sa transparence; revêtue d'une couche sédimenteuse très-fine, plus ou moins adhérente au test : *Aptenodytes Forsterii* et *Pennantii*, et *Spheniscus demersus.* Parfois la matière calcaire de celui-ci offrant des superfétations régulièrement disposées en relief autour de la circonférence de l'OEuf, vers le tiers de sa hauteur; et de plus, une série de stries longitudinales en creux, partant de cette ceinture pour se réunir en un faisceau vers la pointe : *Aptenodytes Pennantii.*

Couleur. — Celle de la Coquille, masquée en grande partie par la couche sédimenteuse, qui varie du Blanc pur (*Spheniscus*) au Blanc-Gris-Verdâtre plus ou moins sale (*Aptenodytes*).

DEUXIÈME TRIBU.

EUDYPTIDÉS — *Eudyptidæ.*

CARACTÈRES OOLOGIQUES :

Forme — Sphérique, parfois légèrement Ovalaire ou Ovée.

Coquille — à test assez fort, homogène, à pores très-nombreux et parfaitement visibles; d'un Blanc légèrement Bleuâtre ou Verdâtre dans sa composition et sa transparence; pure de toute espèce de couche sédimenteuse.

Couleur. — Celle de la Coquille, c'est-à-dire, d'un Blanc-Azuré, uniforme, sans taches et sans reflet.

Il est on ne peut plus remarquable, par exemple, de voir que l'exception, que nous venons de signaler, à l'harmonie de la Forme Oologique, dans cet Ordre, est identique et parallèle, pour ainsi dire, non seulement à ce que nous avons signalé dans les Alcidés, mais encore aux caractères Organiques des uns et des autres.

Ainsi, à part les autres différences existant chez les Alcidés et les Uriidés, il en existe une énorme quant au bec. Or la même différence se remarque, pour cet organe, entre les Apténodytidés, les Sphéniscinés et les Eudyptidés.

En un mot, et pour nous faire mieux comprendre, les affinités Oologiques sont en sens inverse des affinités Organiques.

C'est ce qui résulte du tableau comparatif suivant :

Forme de l'OEuf :

Ovoïconique.

Alca impennis, dont le bec est fort et crochu ;
Aptenodytes, dont le bec est, au contraire, grêle et simplement acuminé.

32

Ovée.

Uria, dont le bec représente celui de l'*Aptenodytes ;*
Spheniscus, dont le bec reproduit celui de l'*Alca*.

L'*Eudyptes* se présente, entre les deux, comme Genre de transition, et par son OEuf, de Forme Sphérique, et par son bec intermédiaire entre celui des *Aptenodytes* et *Uria*, et celui des *Alca* et *Spheniscus*.

Ici finit la tâche laborieuse que nous nous sommes, peut-être bien témérairement, imposée.

Nous espérons, d'après ce que nous lui avons entendu dire, et c'est un de nos vœux les plus sincères, que les idées nouvelles du Savant Agassiz, si bon Physiologiste et si profond Observateur, en se dirigeant, dans un intérêt d'Embryologie, sur l'étude du produit Ovarien des Oiseaux, quant aux différentes périodes de développement des parties organiques qu'il renferme, attireront accessoirement son attention, dans le sens de nos travaux sur son Tégument Calcaire.

CONCLUSION.

—

La simplicité et la brièveté que nous nous sommes efforcé
d'apporter à ce Travail, loin d'en exclure l'importance qu'il comporte, ne peuvent, au contraire, ce nous semble, que servir à sa
démonstration, en la rendant plus précise et plus claire.

On a vu, par l'énumération des Ouvrages et des Auteurs que
nous avons cités et analysés, que l'OEuf des Oiseaux a toujours été
l'objet d'observations, et a toujours attiré sur lui la curiosité : Or,
de la Curiosité à la Science, il n'y a qu'un pas; c'est toujours
l'histoire de la Boite de Pandore.

On a appris ensuite, par l'indication et par l'étude des caractères particuliers à l'OEuf, qu'il s'y trouvait effectivement des
règles assez fixes pour servir de Base à toute une série de faits,
ou de propositions Scientifiques.

Enfin, nous avons essayé de traduire ces faits, ces indications
et ces caractères, en les amenant à figurer au nombre des Eléments
sur lesquels s'appuie la Méthode.

C'est un commencement d'exécution, dont nous abandonnons
la suite et le perfectionnement au temps et aux progrès de la
Science.

Nous sommes-nous laissé trop facilement entraîner par les
séductions d'une Théorie si conforme à nos goûts et à nos idées ?
Mais le blâme adressé par quelques-uns aux Théories, empêchait-
il l'illustre Créateur de la *Tératologie* de s'élever dans ses travaux,

en Zoologie, de la synthèse la plus minutieuse des faits aux généralités de la Philosophie la plus haute et la plus saine, et presque toujours avec succès et bonheur? Témoin son *Histoire Naturelle générale des Règnes Organiques :* OEuvre immense, et digne du Nom de son Auteur!

Nous serions-nous fait illusion sur la portée, ou la valeur Scientifique des caractères que revêt, à nos yeux, le produit Ovarien des Oiseaux?

Nous ne le pensons pas davantage; et nous conservons au contraire le ferme espoir que nous avons posé les bases, ou les premiers jalons d'une Branche nouvelle et importante de l'Ornithologie, car si nos propositions sont fondées, il en résulte un horizon plus grand ouvert à l'Enseignement de l'Histoire Naturelle, obligé de compter à l'avenir avec l'Oologie Ornithologique.

C'est ce qu'a parfaitement compris le Membre éminent de l'Institut, dont nous parlons. Le Savant Professeur n'a-t-il pas en effet reconnu lui-même implicitement l'importance, en même temps que l'utilité de l'étude de l'Oologie?

1o En faisant passer sous les yeux des nombreux auditeurs de ses Cours, si bien et si assidûment suivis, les types les plus remarquables ou les plus curieux des OEufs d'Oiseaux;

2o En réservant sa place à cet Embranchement nouveau de l'Ornithologie, dans la première partie imprimée de son Catalogue des Galeries Zoologiques du Muséum d'Histoire Naturelle de Paris (1), Catalogue dont il a le premier donné l'exemple.

3o En faisant appel à notre zèle et à notre concours, pour la rédaction du Catalogue de la Collection Oologique de cet Etablissement, et cela en ces termes bienveillants : « M. des Murs

---

(1) *Catalogue Méthodique de la Collection des Mammifères, de la Collection des Oiseaux, et des Collections annexes du Muséum d'Histoire Naturelle de Paris. 1re partie. Mammifères. Catalogue des Primates. 1851.*

» qui, depuis plusieurs années, *a fait une étude si heureuse*
» *de l'Oologie,* veut bien, de concert avec M. Florent Prévost,
» se charger du *difficile Catalogue des Œufs et des Nids* » (1).
Appel auquel nous avons toujours tenu à honneur de répondre.

Ajouterons-nous que M. Hardy, de Dieppe, bien connu par ses
bonnes et solides observations sur nos Oiseaux d'Europe, et l'un
des plus fervents adeptes de l'Oologie, a bien voulu reconnaître,
en parlant de nos articles publiés en 1842, 1843, 1844 (2), que
nous avions « *su élever à l'état de Science ce qui n'avait été*
» *qu'un objet de stérile curiosité.* » (3)

Enfin, un autre Membre distingué de l'Institut, en quelque
sorte provoqué par nos travaux, M. Moquin-Tandon, faisant trêve
à ses descriptions de détail, au moment même où nous imprimons
ces dernières pages (Décembre 1859), ne paraît-il pas regarder
comme de son devoir de Savant, de traiter et de discuter les mêmes
questions d'Oologie générale que nous venons de soulever et d'ac-
cumuler dans ce Livre? (4)

Le fait nous est donc acquis; et l'Oologie compte désormais
comme Science. Aussi, avons-nous vu avec plaisir que ce projet,
conçu dès 1851, par M. Isid. Geoffroy-Saint-Hilaire, de catalo-
guer la Collection d'Œufs d'Oiseaux du Muséum d'Histoire Naturelle de Paris, ait eu son écho aux Etats-Unis : puisque dès le
mois de mars 1853, l'Académie des Sciences Naturelles de Philadelphie a rédigé, fait imprimer et publier le Catalogue de sa riche
collection Oologique (5).

Maintenant, et après ces exemples, le Contrôle d'un Haut-Lieu
serait-il nécessaire pour assurer cette conquête à l'Oologie, et lui

(1) Introduction au Catalogue, p. 7.
(2) *Revue et Magasin de Zoologie.*
(3)   Id.   ibid.   Août 1857.
(4)   Id.   ibid.   Novembre 1859.
(5) *Proced. of the Acad. of Nat. Sc. of Philadelphia.* 1853.

donner *Droit de Cité* dans le giron des Connaissances Humaines ?
Nous nous adresserions humblement, dans ce cas, à la Science
Académique, ou Officielle, ainsi que l'appelle un docte Rédac-
teur (1), pour la prier de vouloir bien gracieusement accorder son
Exeat ou son *Exequatur*, à une application si sérieuse et si
curieuse à l'Ornithologie, de ce que nous nommons, et de ce que
nous ambitionnons voir nommer : les *Principes de l'Oologie*,
dont nous venons de *Codifier*, pour ainsi dire, les Lois et les For-
mules, en essayant de les constituer en un Corps de Doctrine.

(1) M. Louis Figuier.

NOTES ET OBSERVATIONS.

—

Page **52.** — Ajouter :

Pour initier le Lecteur à l'esprit de suite qui a présidé à nos idées sur l'utilité de l'Oologie, comme Science, et lui faire comprendre que le Livre que nous lui offrons n'a rien d'improvisé, nous croyons devoir lui indiquer par quelles séries successives d'études nous avons préludé avant d'en condenser les éléments et d'en résumer les résultats.

Indépendamment de nos Collections particulières, bien bornées alors de 1826 à 1833, consultant journellement, grâce à la bienveillance de G. Cuvier, et à l'obligeante intervention de M. Isid. Geoffroy-Saint-Hilaire, la Collection Oologique du Muséum d'Histoire Naturelle de Paris, alors en voie de formation, c'est-à-dire, réduite à celle de l'Abbé Manesse et aux quelques OEufs provenant du voyage de Delalande au Cap; nous fîmes le relevé annuel des exemplaires composant cette Collection publique, pour en constater la progression et l'accroissement, ainsi que pour élargir le cercle de nos études (1).

Recueillant les faits, méditant nos observations, nous nous crûmes en mesure, après dix années de ce travail ingrat, de publier le fruit de notre examen général et comparatif.

(1) Ces relevés ont encore aujourd'hui, pour nous, tout l'intérêt du moment : ils nous représentent, de la manière la plus minutieuse et la plus exacte, l'histoire de la formation et des progrès bien lents, mais continus de la Collection Oologique du *Jardin-des-Plantes*, ainsi qu'on le nommait encore à cette époque.

En 1842, dans la cinquième Livraison du *Magasin de Zoologie*, nous publions notre premier Mémoire d'OVOGRAPHIE ORNITHOLOGIQUE, *sur la forme de l'Œuf*, en l'accompagnant d'une planche (la vingt-cinquième des Oiseaux de ce Recueil), indiquant les six figures Oologiques principales que nous croyons avoir reconnues dans le produit Ovarien.

La même année nous publions la première Liste des Œufs de notre Collection, sous le titre de *Ova avium plurimarum*, etc.

En 1843, dans la *Revue Zoologique*, nous publions successivement notre second Mémoire d'OVOGRAPHIE ORNITHOLOGIQUE : *De la Coquille de l'Œuf et de sa nature plus ou moins réfractaire*, en l'accompagnant d'une planche (la trente-sixième des Oiseaux) représentant deux variétés de l'Œuf d'Ani (*Crotophaga*);

Bientôt suivi d'une Notice sur l'Œuf du Guacharo (*Steatornis*) et sur la classification de cet Oiseau d'après son Œuf ;

Puis d'une autre Notice *sur le Genre Ornithologique Rupicole ou Coq de Roche, avec considérations* OOLOGIQUES, accompagnée d'une planche (la trente-septième des Oiseaux) figurant l'Œuf du *Rupicola Peruviana*, alors tout récemment découvert par J. Goudot, de qui nous venions d'en faire l'acquisition ;

Et de notre troisième Mémoire d'OVOGRAPHIE ORNITHOLOGIQUE : *de la couleur des Œufs des Oiseaux, en général, et sur son origine.*

En 1844, dans la troisième livraison de Mars, paraît notre quatrième Mémoire d'OVOGRAPHIE ORNITHOLOGIQUE : *de l'influence de la nourriture sur la Coloration de l'Œuf des Oiseaux.*

Dans la quatrième Livraison d'Avril, notre cinquième Mémoire d'OVOGRAPHIE ORNITHOLOGIQUE : *De l'influence du climat sur la Coloration de l'Œuf des Oiseaux ;*

Dans la cinquième Livraison de Mai, notre sixième Mémoire d'OVOGRAPHIE ORNITHOLOGIQUE : *De la matière Colorante dans l'Œuf des Oiseaux, et de l'influence de l'incubation sur le développement de cette matière à la surface de la Coquille ;*

Enfin , dans la sixième Livraison, de Juin, notre septième et dernier Mémoire d'Ovographie Ornithologique : *Du Rapport qui peut exister entre la forme et la disposition générale des taches à la surface de la Coquille des OEufs Colorés, et le mode de sortie ou d'exclusion de l'OEuf du Cloaque.*

On remarquera que ceux de ces Articles ainsi parus sous le titre d'*Ovographie Ornithologique*, faisaient partie d'un Ouvrage déjà (1842-1843) fort avancé que nous avions l'intention de publier avec cette dénomination ; parce que, en effet, il devait comprendre, outre ces questions de Physiologie Oologique, la description détaillée de toutes les Espèces d'OEufs de notre Collection. A cette époque même étaient déjà prêtes quatre cents et quelques Planches de figures d'OEufs, parfaitement dessinées et peintes d'après nature et de grandeur naturelle, par L. Bévallet, Peintre attaché à l'ancienne Expédition d'Islande, aujourd'hui Préparateur des Collections Zoologiques du Val-de-Grâce ; et par Alph. Prévôt, alors aussi Peintre du Muséum d'Histoire Naturelle de Paris : chaque Planche n'était consacrée qu'à une seule Espèce et à ses variétés, pour la facilité de leur classement. Nous avions de plus quatre-vingts Planches gravées sur cuivre, format grand in-4o, en reproduisant tout autant de celles peintes. Les premières sont dans notre Bibliothèque ; les autres enfouies dans nos magasins. Mais, arrivé à cette période de nos préparatifs, les liaisons qui nous attachèrent bientôt à Thienemann, et les communications qu'il nous confia concernant le même projet, nous firent renoncer au nôtre, et lui livrer nos Collections pour ses études et ses dessins. C'est alors que de descriptif que devait être notre travail, nous en fîmes un travail de pure application. Nous fûmes récompensé plus tard de notre abnégation en recevant de l'excellent Thienemann un exemplaire de son bel Ouvrage, avec cette suscription : *Spectatissimo*

O des Murs in memoriam sui gratissimo animo D. Auctor.

Quoiqu'il en soit, et ceci dit à titre de simple observation, notre dernier Mémoire d'*Ovographie Ornithologique* est immédiatement suivi des Notices que voici :

Considérations OOLOGIQUES *sur la place à assigner au Genre Ornithologique Flamant* (PHŒNICOPTERUS, *Linn.*);

Considérations OOLOGIQUES *sur la Classification du Genre Ornithologique Courlan ou Courliri de Buffon, Pl. Enl. 848,* ARDEA, *Gm.*, SCOLOPAX, *Linn.*, NUMENIUS, *Briss.*, ARAMUS; avec trois Planches (les 46, 47, 48 des Oiseaux) représentant d'abord l'OEuf du Courlan, nouvellement découvert par d'Orbigny, de qui nous venions de le recevoir; et, pour termes de comparaison, ceux de l'*Ardea-Grus* et du *Numenius arcuatus;*

Et *Considérations* OOLOGIQUES *sur le Genre Ornithologique Caurale,* ARDEA HELIAS, également depuis peu découvert par J. Goudot, de qui nous l'avions reçu avec celui du Rupicole du Pérou, accompagnées d'une Planche (la 49e des Oiseaux) représentant l'OEuf de cet Oiseau et celui du *Rallus variegatus* comme terme de comparaison.

Nos travaux, on le voit (sans parler de nos études dans les divers Musées de l'Europe, entre autres dans ceux de Londres et de Leyde), ont donc toujours été continus et progressifs, sans cesser de reposer sur la même conception, et le Livre que nous publions aujourd'hui n'en est que la rectification, le développement et l'application raisonnée au niveau des Notions actuelles en Oologie.

Nous ajouterons aux noms des Collecteurs d'OEufs que nous avons cités ceux de MM. Serveau, de Paris; Cabot, de Boston; et Trudeau, de New-Yorck, avec lesquels nous avons fait de nombreux échanges à la même époque; nous avons même dû, dans le temps, au premier de ces Oologues, le nid d'un Oiseau des États-Unis, dont nous avons oublié l'Espèce, au fond duquel

était placé perpendiculairement l'Œuf qu'un *Molothrus* y avait
furtivement déposé, à l'instar de notre Coucou.

Page 56. — **A la suite du paragraphe relatif à l'Ouvrage de
M. Baedeker, et aux descriptions Oologiques récentes de
M. Moquin-Tandon, ajouter :**

Le vœu que nous exprimions, à cette époque de l'Impression
de notre Travail (Avril 1859), semble devoir être bientôt
rempli. Nous recevons en effet (13 Décembre 1859), le onzième
numéro de la *Revue et Magasin de Zoologie,* dans lequel nous
voyons annoncer, avec plaisir, que, suspendant le cours de ses
descriptions d'Œufs, « l'honorable membre de l'Institut se
» propose de passer en revue tous les points fondamentaux de
» l'*Oologie Ornithologique.* » Ce but étant exactement le même
que celui de notre Ouvrage, nous arriverons, nous l'espérons,
à temps pour lui fournir tous les sujets d'une discussion désirable qu'il commence dans cette même Livraison, discussion qui
ne pourra, en définitive, que tourner au profit de la Science
dont nous inaugurons, avec les bases et les principes, toutes les
inductions que l'Étude sérieuse de l'Histoire Naturelle en doit
retirer.

Nous n'avons donc pas trop présumé de nos forces : et nous
nous rappelons plus vivement encore ce que le Savant Professeur de Botanique nous écrivait à ce sujet en 1843, et dans des
termes beaucoup trop flatteurs : « *Je vous engage de toutes mes*
» *forces,* nous disait-il, à persévérer dans le plan que vous vous
» êtes tracé. Vous SEUL pouvez publier une Oologie universelle.
» Je crois cependant que vous ferez bien d'attendre encore. Vous
» n'avez et ne pouvez avoir de *rival,* et plus vous attendrez,
» plus votre Collection s'augmentera. Personne, dans ce mo-
» ment, au Jardin-des-Plantes, ne s'occupe de cette partie de

» l'Ornithologie. Vous êtes donc, à Paris, le maître et le maître
» absolu. C'est une excellente raison pour attendre. »

On voit que nous avons largement usé et de la sagesse de
l'affectueux conseil, et du bénéfice du temps. Nous espérons
bien n'avoir pas à nous en repentir.

Même page. — Après la Note ou Renvoi, ajouter :

Nous venons enfin de recevoir (Septembre 1859) la première
partie de l'*Oologie de l'Amérique du Nord,* depuis si longtemps
annoncée, puisqu'elle devait paraître dès le mois de Mars dernier,
et nous sommes heureux d'être des premiers à l'annoncer au
Monde Savant de notre Europe. Comme figures et comme exécution, c'est, nous ne craignons pas de le dire, le type de la
perfection en ce genre : l'aspect de l'Œuf, si délicat et si difficile
à rendre pour la multiplicité des formes et des tons de ses maculatures, a été reproduit avec un rare bonheur, et désormais on
ne peut mieux faire, si même il est donné de réussir aussi bien.
Il semblait qu'après les deux dernières publications de Thienemann et de M. Baedeker la représentation des Œufs ne pouvait
plus faire des progrès, quand le beau travail de M. Brewer vient
victorieusement démontrer le contraire. Quoiqu'il en soit, on ne
s'était généralement occupé jusque-là, on l'a vu, que des Œufs
des Oiseaux d'Europe; qui, des provinces Danubiennes ou Ita-
liennes; qui, des Mers Polaires Arctiques; qui, d'Angleterre; qui,
d'Allemagne; qui, de France. Si c'était beaucoup comme œuvre
ou comme entreprise, c'était bien peu pour l'étude et les progrès de la Science Oologique, manquant ainsi des éléments de
comparaison indispensables avec les Œufs des Oiseaux des
autres parties du Monde, qui renferment les types les plus
curieux et les plus instructifs sous ce rapport; et nous sou-
pirions, depuis longtemps, après la publication d'Ouvrages

semblables, pour chacune de ces autres contrées. M. Brewer vient remplir en partie cette lacune, et mettre sous les yeux des Oologistes, avec la réalité et le caractère de la nature, une portion importante des éléments dont nous parlons, en ce qui concerne l'Amérique Septentrionale. C'est un grand pas de fait; et, comme nous l'avons déjà dit, une Ère nouvelle s'ouvre pour l'Oologie Ornithologique, qui ne peut manquer, à une époque prochaine, de prendre rang comme une des branches si nombreuses des Sciences Naturelles; c'est donc le moment d'en asseoir les principes et d'en formuler les Lois, ce que nous essayons de faire.

Tout en adressant nos compliments et nos félicitations à M. Brewer sur ce beau succès, nous serions injuste, nous dirions même ingrat, si nous ne faisions remonter plus haut le juste témoignage de notre satisfaction et de notre reconnaissance au nom des Savants Naturalistes. Les grandes fortunes si intelligemment acquises par les Anglo-Américains, loin de leur monter à la tête, comme il arrive si souvent en Europe, leur montent simplement au cœur; et, loin de fermer leur intelligence aux rayons de la Science, leur inspirent la noble et féconde pensée de la faire progresser. Il en résulte que l'on voit fréquemment chez eux, de simples particuliers en agir, par leurs bienfaits pour elle, avec la même grandeur et la même largesse qu'autrefois un Médicis ou un François Ier, pour les Arts. C'est un de ces exemples qu'a donné, de nos jours, au Monde Savant, M. le Dr T. B. Wilson, si activement et si utilement aidé par son frère, M. Edward Wilson, de Liverpool, par sa fondation et sa création toutes patriotiques du splendide Musée de Philadelphie, dont il a fourni les fonds, et dont il poursuit encore l'entretien et les agrandissements de toutes sortes. C'est un exemple semblable qu'a donné, en 1846, M. Smithson, en fondant, à Washington, l'Institution Scientifique qui a pris son nom de *Smithsonian-Institution*. Le but de cette Institution est non seulement de concourir à la publication des OEuvres jugées véritablement utiles à la Science par un Comité spécial; mais encore de fournir gratuitement les fonds de ces Publications, comme chez nous, le Gouvernement. Les encouragements de cette Société s'étendent même plus loin. Dans sa sollicitude, elle n'hésite pas, de son propre mouvement, à adresser aux travailleurs sérieux, sans qu'ils aient jamais songé à en former la demande, mais dont elle a reconnu les services réels rendus à l'Histoire Naturelle, la longue série de ses Mémoires, de ses Publications et de ses Travaux en tous genres; que ces humbles et modestes travailleurs résident en Amérique, ou qu'ils résident en Europe. C'est ainsi qu'un de nos grands amis, J. Verreaux, dont le nom est inséparable de la Zoologie, et plus spécialement de l'Ornithologie, surtout de l'Afrique, à son grand étonnement et à sa joie la plus vive, a reçu récemment, à raison de son nom et de ses services, toute une cargaison, délicatement affranchie, de grands et de gros Volumes in-4°, au nombre de près de quinze, que lui adressait spontanément et gracieusement la Société Smithsonienne, en l'assurant de la continuation successive de son offrande. Nous citons ce fait, parce qu'il donne la mesure et de la haute portée de l'action tutélaire de cette Institution sur l'avenir de la Science, et de la valeur réelle de l'homme auquel s'adresse un pareil hommage venu de si loin; alors que les Savants de son propre Pays, nous rougissons de le dire, semblent prendre à tâche de le faire oublier et de l'éloigner de tout ce qui pourrait lui valoir les honneurs ou les avantages d'une publicité quelconque. Qu'en dehors de la France en effet, l'on consulte les vrais Savants, notamment de l'Europe, et l'on verra avec quelle unanimité d'éloges ils proclameront le mérite et le savoir de ce Voyageur Naturaliste. Honneur donc à l'Amérique, au Pays qui produit de pareils hommes et de telles institutions! C'est un exemple que nous désirons, beaucoup plus que nous ne l'espérons, voir se répandre en France.

Nous ne ferons qu'un reproche à l'Oologie de M. Brewer, c'est d'être un peu coûteuse pour un grand nombre de bourses : 43 francs, en France, la première Partie composée de cinq Planches représentant l'OEuf d'une cinquantaine d'Espèces d'Oiseaux, en 74 Figures ou variétés (Rapaces et Fissirostres)! Les descriptions sont minuticusement faites, et aucune des variétés rencontrées n'est oubliée. La source de chaque exemplaire figuré est indiquée avec soin; parfois l'Auteur consulte et fait intervenir avec fruit les richesses que renferme en ce genre la belle Collection Oologique de Philadelphie, dont la nôtre a fait jusqu'à présent la plus grande partie des frais. Sans en former l'objet de la moindre récrimination au savant M. Brewer, nous regrettons qu'il n'ait pas trouvé occasion de citer quelques-uns de nos exemplaires qui s'y trouvent, entre autres pour le *Cathartes Aura,* ne fût-ce que comme localité, car il nous venait du Voyage de d'Orbigny dans l'Amérique du Sud. Mais ceci n'est qu'un détail, et son Ouvrage commençant à peine, M. Brewer a tout le temps de faire à notre observation la part qui lui paraîtra convenable dans la suite. Il n'en a pas moins eu une excellente idée en teintant le fond de son papier, pour mieux faire valoir la forme et le relief de ses OEufs ; c'est un exemple qui ne peut manquer d'être suivi par d'autres Iconographes à l'avenir.

Une dernière observation : on sait les difficultés que l'on éprouve dans l'étude des Sciences à fixer et saisir les dates bibliographiques des Ouvrages que l'on consulte ou que l'on veut consulter. On sait aussi les contestations que font naître entre Auteurs les questions de priorité. Le premier soin de celui qui publie un travail sur un sujet quelconque doit donc consister à enlever toute raison d'être et à ces difficultés et à ces contestations. C'est un reproche qui a déjà été fait, en France et en Allemagne, au mode de publication des *Bulletins de la Société Zoologique de Londres*, qui ne paraissent que longtemps après les communications orales qui en font l'objet et la matière. Le reproche devient plus grave et plus sérieux pour l'*Oologie de l'Amérique du Nord*. En effet, M. Brewer annonce bien que son Ouvrage a été accepté *à publication* par la Société Smithsonienne à la date de Février 1856. Mais pourquoi donner sur le titre, comme date de la réalisation de cette publication, l'année 1857, alors que la première Partie n'a fait que paraître en Septembre 1859, c'est-à-dire à deux années de distance ; après avoir été annoncée par les divers organes des presses Américaine et Anglaise, entre autres dans l'*Ibis* de Sclater, en Janvier 1859, pour le mois de Mars suivant, en Avril pour le mois de Mai et en Juillet enfin pour le mois de Septembre qui vient de s'écouler, date réelle et seule vraie de son impression et de sa publication ? Il y a au moins nécessité d'une note rectificative à ajouter dans sa prochaine Livraison, pour détruire toute cause d'erreur et rétablir la vérité des faits. Il n'y aurait pas de raison, si l'on persévérait dans cette voie essentiellement vicieuse, pour que nous ne fussions pas autorisé à dater le *Traité d'Oologie*, que nous sommes en train de publier, de 1857, au lieu de 1859, époque que nous espérons bien ne pas voir dépasser de beaucoup (1).

Page 63. — A la suite du paragraphe relatif à l'OEuf des *Spheniscidæ*, ajouter :

Et aussi à la Forme *Ovoïconique* très-obtuse.

(1) Voir *Revue et Magasin de Zoologie*. Octobre 1859.

Page 64. — A la suite du paragraphe des *Trochilidæ*, ajouter :

Et parfois, dans plusieurs Groupes, la Forme *Cylindrique*.

Page 66. — Après les Impennes, qui terminent le Tableau, ajouter :

(Exceptionnellement *Ovoïconique*).

Page 71. — A la phrase des *Spheniscidæ* ajouter :

En mettant de côté la Forme exceptionnellement *Ovoïconique*.

Page 102. — Ajouter :

Si l'on veut une spécification ou dénomination Latine pour chacune des Monstruosités dont nous venons de parler, on la trouvera dans la liste que nous en donnons ici :

1º *Ovum pyriforme ;*
2º *O — plicatum ;*
3º *O — sinuatum ;*
4º *O — stigmatum,* ou *stigmosum ;*
5º *O — constrictum ;*
6º *O — cornutum,* ou *arcuatum ;*
7º *O — pediculatum ;*
8º *O — prægnatum ;*
9º *O — centeninum ;*
10º *O — in Ovo ;*
11º *O — geminatum ;*
12º *O — bitestaceum ;*
13º *O — granulatum ;*
14º *O — serpentarium.*

Page 141. — Ajouter :

Il en est de même de tous les Ptiloptères ou Sphéniscidés qui couvent accroupis : seulement comme ils couvent presque toujours dans des trous, ou à l'entrée des terriers, leur croupion, forcément relevé, laisse toujours apercevoir, pendant l'acte de l'incubation, la moitié de leur Œuf, en dehors du nid.

Page 157. — Ajouter à la fin du paragraphe 2 :

Un fait qui a quelque analogie, quoique éloignée, avec celui relatif à l'Œuf de Vanneau dont nous venons de parler, est celui-ci :

En ouvrant, ce printemps (1859), le corps d'une femelle d'Epervier commun, *Accipiter nisus*, M. Dubois-Normand, habile Préparateur de Nogent-le-Rotrou, y a trouvé, tout prêt à sortir du cloaque, un Œuf parfaitement formé, à Coquille aussi ferme que si elle s'était durcie au contact de l'air extérieur, d'un Blanc légèrement azuré, comme le Test, chez tous les Rapaces Diurnes, mais entièrement dépourvu de taches. Ce qui prouve qu'il était arrivé à son complet développement, c'est que nous avons extrait de cet Œuf toutes les parties liquides organiques constituantes, telles que *Albumen*, *Vitellus* et Chalazes, etc. Il ne s'y est pourtant retrouvé, comme dans l'Œuf de Vanneau, aucun des principes colorants des taches propres aux Œufs d'Epervier. C'était une vieille femelle.

Page 179. — A la fin du paragraphe 5, ajouter :

A l'appui de l'opinion que nous venons de formuler, et dont nous avons développé les motifs *sur la Coloration de l'Œuf des Oiseaux*, nous ajouterons pour conclusions l'opinion d'un de nos amis, du Docteur Cornay, de Rochefort, l'ingénieux Créateur de l'Adénisation (1), qu'il nous adresse (2), dans une note, en ces termes :

« Que dire de la Coloration des Œufs des Oiseaux ? Quelle en est la cause ? Faut-il admettre, comme un Célèbre Personnage, que ces Êtres intelligents s'en vont chercher quelque part, le long des haies, dans les coins obscurs, quelques matières, pour les peindre, les pointiller, les tacheter, les *hiéroglyphiser ?* les condamnant à l'odeur insupportable de ce travail, eux si sensibles à la pureté de l'air. Il faut avouer que ces Êtres, si partagés par la nature de leurs formes élégantes, de leurs voix mélodieuses, de leurs brillantes couleurs, auraient reçu là une bien pénible besogne après la joyeuse mission de la tendresse et de l'amour.

» Non, la coloration des Œufs ne vient pas de l'extérieur ; elle est interne, et le bec des Oiseaux n'a point besoin de se salir. L'Œuf, dont la Coquille est complexe, est imprégné, dans sa partié calcaire, de sucs tinctoriaux alcalins, différents, suivant la nourriture des espèces, provenant de la sécrétion de la muqueuse de l'Oviducte : la Coquille imprégnée, reçoit, dans le cloaque l'action des acides de l'urine, et la Coloration se produit (3).

» Quant aux taches irrégulières, souvent des résidus de matières colorées qui se trouvent dans les excréments, agissant par places, les fournissent.

» Le mystère de la Coloration des Œufs se trouve donc dans l'action chimique, et la difficulté de l'analyse des différentes Cou-

---

(1) *Principes d'Adénisation*, ou *Traité de l'Ablation des glandes Nido-riennes*. 1859.

(2) Novembre 1859.

(3) Le Docteur Cornay se rencontre ici, de la manière la plus heureuse, avec Naumann et Buhle, puisqu'il ne connaît probablement pas leur travail *sur les Œufs des Oiseaux d'Allemagne*, etc. 1818.

leurs des OEufs, dans l'enduit muqueux peu soluble qui l'unit à la Coquille.

» Ainsi, les Oiseaux ne sont point des peintres ; mais d'élégants architectes qui embellissent nos vergers, et chez lesquels la Nature opère en secret dans l'*Oogénèse*. »

On le voit : si le Docteur Cornay diffère quelque peu avec nous, dans les détails de sa Théorie, il y a accord parfait sur le principe.

Page 207. — A la suite des Rapaces Diurnes, ajouter :

Nous croyons pouvoir compléter ces brèves remarques par les suivantes :

L'OEuf des *Cathartes* et celui du *Neophron* offrent, sinon un ensemble de Caractères, du moins un rapport de Forme qui n'est pas sans valeur, et qui semblerait devoir réunir les deux Genres en un seul, ainsi que l'avait fait Temminck, en les rapprochant de très-près l'un de l'autre. Car rien ne paraît autoriser la séparation qu'en a opérée le Prince Ch. Bonaparte, en mettant entre eux les deux Genres *Gyps* et *Vultur;* si ce n'est le besoin, dans cet ordre d'idées, d'un lien de transition de ceux-ci au Gypaëte.

Mais, l'OEuf du Gypaëte est lui-même un véritable OEuf de Vautour ; et, s'il ne peut être séparé de celui de ce dernier, l'OEuf du *Neophron,* ou Percnoptère, ne saurait être éloigné de celui des Cathartes, dont il tend toujours à se rapprocher. Ainsi, malgré la Forme Ovalaire du plus grand nombre des variétés de l'OEuf du *Neophron* (et nous en possédons onze Exemplaires), on retrouve fréquemment la Forme Ovée allongée, propre à celui des Cathartes, si exceptionnelle dans l'Ordre entier des Rapaces, et si remarquable chez les Espèces de ce Genre exclusivement Américain. Et nous n'hésitons pas à regarder cette dernière Forme comme celle normale de l'OEuf du *Neophron.*

Ce rapprochement. si naturel Oologiquement parlant, est au

surplus nettement indiqué par l'étude comparative du Sternum de ces deux Rapaces ; c'est ce que fait encore mieux ressortir l'excellent travail sur le Sternum des Vulturidés publié par M. Eyton, dans les *Contributions Ornithologiques* de Jardine, en Décembre 1849.

Ici l'Oologie marche donc d'accord avec l'Ostéologie.

Aussi comprenons-nous la composition de la Famille des *Vulturinæ* dans l'Ordre que voici :

> *Gyps ;*
>
> *Vultur ;*
>
> *Gypaëtos ;*
>
> *Cathartes ;*
>
> *Neophron ;*
>
> et *Sarcoramphus.*

Ce qui fait singulièrement coïncider nos idées, résultant de nos observations, avec celles du savant Anatomiste Anglais.

Nous ne quitterons pas cette Famille sans dire que nous avons éprouvé un premier moment de vive satisfaction, en apprenant que l'on venait de découvrir l'OEuf du *Cathartes Californicus.* Mais ce sentiment a été de courte durée, lorsque nous avons vu la description donnée de cet OEuf, que l'on représente comme de *Forme Elliptique, à Coquille Blanche, revétue d'une légère couche calcaire à la manière de l'OEuf des Pélicans.*

La Forme et la Couleur n'ont rien en effet qui nous surprenne. Toutefois nous avons peine à admettre la couche crétacée ou calcaire, qui serait le premier exemple de ce genre dans tout l'Ordre des Rapaces.

Nous craignons fort qu'il n'y ait eu erreur de la part de M. Taylor, de Monterey ; et, jusqu'à preuve contraire, nous doutons de l'authenticité de cet OEuf. N'a-t-on pas plus d'un exemple de nids, ou plutôt d'aires de Pélicans, comme de Cormorans, établis sur des arbres ?

Les Espèces appartenant réellement au Genre *Pandion*, Balbuzard, ont toutes un caractère Oologique commun : qu'elles soient d'Europe ou qu'elles soient d'Amérique, leur OEuf se distinguera constamment par le beau ton violacé ou pourpré de Brun qui en décore la Coquille. Cette identification est frappante dans les deux Espèces d'Europe et de l'Amérique Septentrionale.

C'est dans cette communauté et cette persistance de Caractères Oologiques surtout, que perce le plus l'insuffisance des éléments de spécification, et que se trahit, ou peut s'étudier le mieux, la communauté de source ou d'origine de *Stirps* enfin.

Il en est de même des vrais Eperviers, dont l'OEuf se rapproche toujours, et conserve le type de l'Espèce Européenne, *Accipiter nisus,* qu'il provienne d'Espèces Américaines, telles que les *Ac. nisus, Cooperi,* etc., ou d'Espèces Africaines, comme *Ac. brachydactylus,* que nous avons reçu de Bissao. Et l'on peut affirmer que jamais il ne se trouvera d'OEuf d'Épervier avec l'aspect uniforme Brun-Rougeâtre des *Falconinæ;* ou ce ne serait plus, bien certainement, un Épervier.

Page 230. — A la suite de la description de l'OEuf des Crotophaginés, ou Anis, ajouter :

Ce qui prouve, à part sa destination, que la couche crayeuse qui recouvre entièrement, parfois, et le plus souvent même, l'OEuf des Anis, est tout-à-fait indépendante de la formation de son test calcaire, c'est que, d'abord, cette matière, qui s'enlève facilement, n'existe pas sur tous les OEufs d'une même couvée, et ne revêt pas toujours uniformément la Coquille ; c'est, ensuite, qu'en examinant cette matière attentivement, on aperçoit fort bien qu'elle ne procède pas, comme celle du test, par voie de cristallisation ou de dépôt successif, mais par voie d'épanchement en masse, comme chez les Pélicans et les Grèbes : ce que démontre l'aspect des portions de cette matière qui ne recouvrent sa Coquille que partiellement et en forme de réseau.

Page 231. — A la suite du paragraphe des Crotophaginés, ajouter :

C'est à l'occasion de ce changement de Système du Prince, que nous disions, dans *les Oiseaux de l'Amérique du Sud* (Expédition Castelnau) 1856, et que nous répéterons encore :

« Ce retour à résipiscence, cette réhabilitation tardive de la Science, sont une preuve de plus du danger des partis-pris, et surtout de l'insuffisance du rapport ou de l'analogie des Caractères extérieurs en matière de Classification Méthodique.

« Ce système de cabinet a, Dieu merci, dit son dernier mot, et, de valeur de premier ordre, est descendu avec justice au rang de simple auxiliaire dans les éléments de toute bonne Méthode rationnelle.

» On ne pourra jamais comprendre qu'à cause d'une forme différente de bec, et d'une coloration dissemblable, on ait pu éloigner si longtemps l'un de l'autre le Guira et l'Ani, alors que ces Oiseaux ont les mêmes mœurs, les mêmes habitudes, la même manière de vivre et, par-dessus tout, une analogie complète dans la Forme, la Couleur et la contexture de la Coquille de leurs Œufs ; et que ce mauvais vouloir ait persévéré un demi-siècle, après les observations si précises de d'Azara (1). »

Page 256. — A la suite du paragraphe relatif à la nourriture du Rupicole, ajouter :

Nous avons complété ces détails de mœurs, en 1856, d'après les notes de MM. de Castelnau et Deville, par les suivants :

______

(1) Pages 24 et 25.

« Le Coq de Roche du Pérou, dit le premier de ces Voyageurs, ne vit que dans les rochers et les endroits les plus inaccessibles ; il paraît être assez commun dans toutes les vallées qui s'étendent au Nord et à l'Est de Cuzco, et il se retrouve dans les Yungas de la Paz (1). Le jeune mâle et la femelle ont une livrée brune. Ayant acquis la certitude que ce bel Oiseau existait dans les environs, MM. d'Ozcry et Deville firent plusieurs excursions assez pénibles vers les lieux écartés qu'ils habitent ordinairement, et ils finirent par nous en procurer d'assez nombreux échantillons. On donne, dans ces vallées, à ce Coq de Roche le nom de *Tunqui*. Il se tient sur les arbres élevés et surtout sur diverses espèces de *Cinchona*, dont les fruits forment en grande partie sa nourriture ; il reste immobile pendant la plus grande chaleur du jour, mais il vole avec rapidité vers le soir et le matin de bonne heure ; son cri est éclatant et rauque, ce qui est fréquent chez les Oiseaux ornés d'un plumage magnifique (2).

» A la Barra, je m'en procurai un vivant. C'était un jeune mâle entièrement brun, et n'ayant de jaune qu'à la base du bec ; il avait déjà un commencement de crête et devait prendre sous peu cette magnifique livrée Orange dont il se revêt à la fin de la première année, et qui fait de cet Oiseau un des plus beaux objets de la Création.

» Il aime beaucoup l'eau pure ; il est nécessaire de lui changer la sienne plusieurs fois par jour, et sa nourriture doit être variée ; il aime les Bananes, le pain, le sucre, etc. Ses mouvements sont vifs, et il attaque les animaux qui s'approchent de lui ; il pousse un cri assez fort, et reste constamment perché (3).

» On sait enfin, par M. Schonburgck, que les Rupicoles à

____

(1) Nouvelle exception à la Loi de distribution Géographique, pour les deux versants des Cordillères.

(2) *Histor. du Voy.*, T. IV.

(3)   *Id.*   T. V.

certaines heurés du jour, vers le coucher du soleil, se réunissent
et exécutent ensemble certaines évolutions que l'on ne peut
mieux comparer qu'à des espèces de danses, dans le genre de
ce que l'on voit faire aux Grues; habitudes que les Rupicoles
ont de communes avec les Manakins, notamment le *Tijé* (1). »

Page 262. — A la suite de la description de l'OEuf des *Hirundininæ*, ou Hirondelles, ajouter :

Il résulte de cette distinction Oologique, chez cette Famille des
Hirundininæ, qu'elle pourrait, avec quelque avantage, être élevée
au rang de Tribu. C'est ce qui nous fait de suite aborder la résolution d'en modifier la composition première.

Ainsi donc nous scindons en deux la Tribu même des Hirundinidés, dont la première reprendra le rang et le nom de *Cypselidæ*,
tels que les lui a imposés le Prince Ch. Bonaparte, se composant
d'une seule et unique Famille.

Quant à la Tribu des Hirundinidés, demeurée exclusivement
propre aux Hirondelles, nous la subdiviserons en deux Familles :
la première composée des Genres dont l'OEuf a la Coquille d'un
Blanc pur et sans taches, sous le nom de *Chelidoninæ*, du principal de ces Genres, que nous mettons en tête; et la seconde,
sous le nom de *Hirundininæ*, qui vient ensuite.

Page 281. — A la suite des Certhiidés, ajouter :

Nous n'avons fait figurer le Genre *Tichodroma*, dans la Famille
des Certhiinés, que pour obéir au courant des Méthodes. Pour
nous, en effet, ce Genre, par son OEuf, ne saurait figurer parmi
les autres Genres de cette Famille, et devrait constituer lui-même

(1) *Oiseaux de l'Am. du Sud*. Expéd. de Castelnau, p. 35 et 36.

le type d'une Famille à part, dans la même Tribu des *Certhiidæ*. C'est ce que nous nous décidons à faire dès aujourd'hui, en donnant à cette Famille nouvelle le nom de *Tichodromadinæ*.

Page 284. — A la suite du Chapitre sur les Furnaridés, ajouter:

Tout en signalant, au reste, cette apparente similitude de nidification entre les Fourniers et les Cincles, nous ne nous dissimulons pas que quelques différences de mœurs existent entre eux, notamment pour la ponte en commun, à laquelle les premiers de ces Oiseaux procèdent parfois, si ce n'est toujours, ainsi que cela s'observe chez les Anis ou Crotophagidés.

C'est à l'occasion de cette remarque que le Docteur Lherminier nous écrivait en 1846 :

« L'OEuf de l'Ani vous a fourni le sujet d'une excellente dis-
» sertation sur les conditions de la surface et de la densité de la
» Coquille de l'OEuf dans ses rapports avec la réflexion et
» l'absorption du Calorique. Mais cet Oiseau, qui n'est pour
» moi qu'un Genre de la Famille des Cuculidés, à deux échan-
» crures au bord postérieur du sternum, est-il le seul qui,
» nichant en commun et en plein air, présente ce revêtement
» crétacé de la Coquille parmi les Oiseaux Terrestres? Et ne vous.
» fait-il pas vivement désirer la possession de l'OEuf du Fournier,
» qui se trouve dans des conditions toutes différentes et opposées
» d'incubation, *puisqu'il pond, il est vrai, en commun,* je
» crois, mais dans un nid couvert et parfaitement défendu
» contre les circonstances extérieures?... » (1)

La description qui précède fait voir l'énorme différence qui existe entre l'OEuf de l'Ani et celui du Fournier. Il n'en est pas

---

(1) Lettre de la Pointe-à-Pitre (Guadeloupe), 25 août 1846, et *Rev. et Magas. de Zool*, Juillet 1849.

moins intéressant de constater chez l'OEuf de ce dernier l'absence
de tout poli ou de tout pouvoir réfléchissant dans la contexture
extérieure de sa Coquille.

Page 290. — A la suite du paragraphe relatif au Ménure,
   ajouter :

Nous avouerons que si nous laissons le Ménure dans cette
Tribu des Formicaridés, c'est moins par conviction que pour
obéir à l'habitude et surtout par déférence pour l'opinion
de J. Verreaux : car nos tendances nous porteraient plutôt à
l'enlever aux Passereaux, pour l'implanter dans les Gralles, et,
parmi ceux-ci, dans notre Sous-Ordre des Alectorides. La longueur des ongles de cet Oiseau, le caractère de ses tarses, la nudité
même de la région périophthalmique semblent ne pas devoir l'en
éloigner beaucoup; et, pour en revenir à son OEuf, que nous
n'avons pas encore assez intimement étudié, peut-être, à la rigueur, ses caractères seraient-ils d'accord avec cette manière de
voir, sauf la question du rang à lui assigner.

Page 298. — Après la description de l'OEuf des Sylviparidés,
   ajouter :

Le Genre *Bombycilla* nous paraît beaucoup plus se rapprocher
par ses Caractères Oologiques, de la Tribu des Tanagridés que de
celle des *Sylviparidæ,* dans laquelle nous l'avons placé. Et nous
n'hésitons pas, après de minutieuses études comparatives, à le
retirer de cette dernière pour le transporter, comme type d'une
quatrième Famille, dans les premiers, sous le nom de *Bombycil-
linæ,* prenant rang après les *Phytotominæ,* que nous y introduisons également.

Peut-être les principes de Zoologie Géographique, sans en avoir
aucunement à souffrir, pourront-ils s'en croire quelque peu lésés,

puisque la conséquence de ce changement serait d'introduire dans la grande coupe des Tanagridés, considérée jusqu'à ce jour comme exclusivement Américaine, un Genre renfermant une Espèce de l'Ancien Continent (Europe et Asie Orientale, Japon). Mais la compensation à cette exception se trouve dans la présence en Amérique d'une des trois Espèces connues, le *Bombycilla Carolinensis*. Les principes dont nous parlons n'auront donc pas plus à souffrir de cette transposition que de celle qu'a faite le Prince Ch. Bonaparte, en plaçant ce Genre dans sa Famille cosmopolite des *Ampelidæ*, et surtout dans sa Sous-Famille aussi exclusivement Américaine de ses *Ampelinæ*.

Page 300. — A la suite des Parinés, ajouter :

Nous avons oublié de dire que c'était avec la même réserve que nous maintenions dans nos *Parinæ*, proprement dits, le Genre si remarquable, Ornithologiquement parlant, *Panurus*, créé par Koch pour la jolie Mésange à moustaches, dont l'OEuf est tout autant exceptionnel parmi ceux de ses congénères.

Aussi nos réflexions nous amènent-elles à ajouter à nos *Paridæ* une troisième Famille, retirant des *Parinæ* ce dernier Genre, dont nous en faisons le type sous le nom de *Panurinæ*, qui devra prendre rang avant les vraies Mésanges.

Page 314. — A la suite de l'Article sur le *Céphaloptère*, ajouter :

Les réflexions sévères que nous attire, de la part de l'*Ibis* du mois d'Octobre 1859, notre Article, assez incorrect du reste sur l'assimilation des deux Céphaloptères, inséré dans la *Revue de Zoologie* du mois de Mai précédent, qui n'était qu'un extrait ou souvenir de celui ci-dessus, nous obligent à joindre à ce dernier les observations suivantes :

Nous ajouterons donc, quant aux Lois de Distribution Géographique, qui, selon quelques Zoologistes, n'admettraient pas de migration d'Espèces d'un versant à l'autre des Cordillères; que nous avons eu depuis longtemps occasion d'y signaler plus d'une exception.

Ainsi, une semblable assimilation d'Espèces s'étant présentée, dans nos études et sous notre plume, à l'occasion des *Capito Peruvianus*, *Erythrocephalus*, *Cayanensis* et *Amazonicus*, nous disions déjà, dans la *Revue de Zoologie* d'avril 1849 :

« *La question de Distribution Géographique ne saurait, ce*
» *nous semble, être un obstacle ou un argument à cette propo-*
» *sition.*

» En effet, nous avons fait voir que la variété de Levail-
» lant, attribuée par lui au *Capito erythrocephalus*, n'est autre
» que le *C. Peruvianus*. Or, les quatre individus de cette variété
» envoyés à l'illustre Voyageur lui sont venus de la Guyane. En
» outre, les individus de notre Espèce intermédiaire ont été re-
» cueillis par Deville, dans l'Expédition de M. de Castelnau, à
» Santa-Maria et Ega, villages sur les rives droite et gauche du
» Haut-Amazone, c'est-à-dire, dans un endroit intermédiaire,
» entre la Guyane, le Pérou et le Brésil.

» Enfin, les individus de l'espèce connue sous le nom de
» *C. Peruvianus*, proviennent tous du Pérou et du Chili; d'où
» il faudra conclure que l'une et l'autre Espèces existent indis-
» tinctement et au Pérou et à la Guyane, et même dans une
» région intermédiaire.

» *Dès lors aussi tomberait cette règle, ou pour mieux dire,*
» *ce préjugé reçu en Zoologie, que l'Ornithologie de la*
» *Guyane est entièrement distincte de celle des Côtes de*
» *l'Océan Pacifique, et par conséquent du Pérou. De nom-*
» *breuses exceptions ont déjà fait brèche à ce principe quelque*
» *peu erroné; et l'on peut prédire que des exceptions encore*

» *plus nombreuses viendront avec le temps la réduire à néant,*
» *la diffusion spécifique des types zoologiques étant à notre*
» *sens, beaucoup plus étendue qu'on ne paraît le croire.* »

Or, l'assimilation que nous avons essayé de faire pour les deux Espèces de Céphaloptères est exactement la même : seulement notre Article incriminé a conclu uniquement au point de vue de la question de zône isotherme, que nous constatons être la même en-deçà comme au-delà des Cordillères, sans entrer dans l'examen de la question de Distribution Géographique. D'où il suit que cet Article, s'il a été jugé ou apprécié d'après sa lettre, ne l'a été nullement d'après son esprit.

Page 315. — A la suite de la description de l'OEuf des Tanagridés, ajouter :

Nous dirons pourtant que le *Phytotome*, par ses Caractères Oologiques, est, pour nous, un véritable Tanagridé, et que nous ne saurions le distinguer de cette Tribu, dont nous en faisons, aujourd'hui même, le type d'une Famille, sous le nom de *Phytotominæ*, prenant rang immédiatement après les Euphoniinés. Nous ne voyons d'ailleurs, sous le rapport physiologique de ce Genre, rien de plus extraordinaire, dans la denticulation de ses mandibules, que ce qui s'observe chez plusieurs Espèces d'Euphones, que ce caractère exceptionnel n'a cependant pas fait rejeter des Tanagridés, avec lesquels elles resteront toujours.

Page 321. — Au sujet des *Garrulinæ*, et à la suite, ajouter :

Les divers petits Groupes que l'on a fait entrer dans la Famille des *Garrulinæ* (Tribu des *Garrulidæ* du Prince Ch. Bonaparte) sembleraient pouvoir se distinguer génériquement les uns des autres, mais en d'autres Coupes, sous le rapport Oologique.

Ainsi l'OEuf du Genre *Garrulus* a son caractère bien distinct de celui du Genre *Pica;* l'OEuf du *Cyanocitta* s'en distingue encore plus par son ton généralement d'un Rouge-Brique carminé, avec des taches nébuleuses de même couleur plus foncées, témoin celui du *Cyanocitta melanocyanea* (Hartlaub) (1). Cet OEuf a en outre cela de particulier qu'il rappelle l'aspect de l'OEuf des Melliphages. Mais les *Perisoreus Canadensis*, *Cyanogarrulus cristatus* et *Cyanopica cyanea* sont de vrais *Garruli*, et rien, dans le caractère de leur OEuf, ne vient appuyer les distinctions Génériques que l'on en a faites.

Page 323. — A la fin des Corvidés, ajouter :

C'est d'après ces remarques Oologiques, que nous lui avons communiquées, que le Prince Ch. Bonaparte s'est décidé (2) à faire du *Corvus Capensis* le type d'un Genre sous le nom de *Trypanocorax*. Les mêmes motifs nous font élever ce même Genre au rang d'une Famille, que nous appellerons de son nom *Trypanocoracinæ;* reliant ainsi les Corvidés à ceux des Garrulinés dont l'OEuf tombe dans les mêmes tons Brun-Rougeâtre ou Rosacé. C'est donc une Famille de plus à ajouter à la Tribu des Corvidés et qui se placera entre les *Garrulinæ* et les *Corvinæ*.

Page 332. — A la fin des Plocéidés, ajouter :

D'après les distinctions Oologiques que nous venons de constater dans les *Ploceinæ*, il en résulte que les diverses Familles qui en composent la Tribu devraient y être groupées de la manière suivante, que nous adoptons définitivement dans notre *Systema :*

(1) *The Ibis*, 1859, pl. v.
(2) *Notes Ornithologiques sur les Collections Delattre*. 1854.

1° *Ploceinæ,*

2° *Plocepasserinæ,*

que nous créons pour grouper le Genre *Passer,* et qui se compose des deux Genres *Plocepasser* et *Passer,* lesquels se
confondent presque, par leur Œuf, avec la Famille suivante des
Viduinæ, notamment avec l'Œuf de deux de ses Genres : *Pentheria* et *Steganura;*

3° *Viduinæ,*

4° *Estreldinæ.*

Une remarque, qu'il n'est pas indifférent de signaler, c'est
que, pour la Forme, la Dimension et la Coloration, l'Œuf de
Pentheria représente exactement celui du *Passer domesticus,*
peut-être un peu moins gros, et l'Œuf de *Steganura* celui du
Passer montanus.

Page 336. — A la suite de *Gallinacei,* ajouter :

PREMIER SOUS-ORDRE,

GALLIPÈDES.

(Gallipedes).

Page 344. — A la suite des Gallidés, ajouter :

L'Œuf de la Poule de Cochinchine atteint même assez souvent
un ton presque Rougeâtre, tant en est foncée la Couleur Nankin.

Le Muséum d'Histoire Naturelle de Paris possède, sous le nom
de Poule de Cochinchine, un Œuf de Forme Ovale allongée, un
peu plus petit, sous cette Forme, que ne le sont d'ordinaire
ceux de cette Espèce ; à Coquille assez mince, uniformément
teintée de Brun-Rouge, procédant par une espèce de grivelé
très fin, exactement semblable pour le ton à l'Œuf du Faucon.

Nous venons de dire : *sous le nom* de Poule de Cochinchine ; parce que à côté, au-dessous de ce nom écrit, il n'est pas impossible de retrouver la trace d'un autre nom à demi effacé, celui de Pintade. Ce qui est certain, c'est que le ton Rougeâtre de cet OEuf est celui qui se remarque fréquemment sur l'OEuf de la Pintade domestique, lorsqu'il arrive au Rouge-Orange : il n'y a d'autre différence que celle de la Forme et de la finesse du test dont la ponctulation minuscule des pores donne à l'ensemble de sa Coloration l'aspect de grivelure dont nous venons de parler.

Cet OEuf a été donné par M. Fraser-Walter, en 1855.

Idem. — A la suite des Phasianidés, ajouter :

Nous possédons un OEuf de Dindon qui présente, dans sa Coquille, une anomalie singulière. Cette Coquille, avec tous les caractères, du reste, d'une constitution normale, offre une cristallisation granulée calcaire à la superficie de chacune des taches Ocracées ordinaires qui distinguent l'OEuf de ce Gallinacé ; en sorte que ces taches, au lieu d'être unies et confondues avec la surface du test, se trouvent, par le fait de cette cristallisation, secondaire, toutes en relief ; et loin de participer au luisant de la Coquille, sont mates, rugueuses comme une râpe et sans reflet. On voit enfin que cette matière calcaire est de seconde formation, puisqu'elle revêt la même teinte que celle des taches ou, pour mieux dire, s'en trouve pénétrée. Ce qui est remarquable, c'est que ces cristaux sont comme micacés, scintillants comme du verre.

C'est le premier exemple que nous ayons encore rencontré de ce genre, qui pourrait figurer dans l'énumération que nous avons faite des cas de Monstruosité *en plus*.

Page 345. — **A** la suite des Pintades, ajouter :

Un fait tout nouveau semblerait donner raison au rapprochement intime que nous avons opéré du Paon et de la Pintade, tout en les plaçant l'un et l'autre dans deux Groupes différents, le Paon, à la fin de notre premier Sous-Ordre des Gallipèdes, et la Pintade en tête de notre deuxième Sous-Ordre des Coureurs (Ordre des Gallinacés).

Nous avons été admis récemment (Novembre 1859) par l'affectueuse obligeance de M. Isid. Geoffroy-Saint-Hilaire, à voir et à examiner la peinture, faite d'après nature et de grandeur naturelle, d'un hybride né du croisement d'un Paon et d'une Pintade. Ce cas, le premier encore acquis à la Science, s'est présenté dans le Jardin Zoologique de Bruxelles, d'où le Savant Professeur en a reçu la communication ainsi que le dessin dont nous parlons.

Cet hybride, qui paraît presque adulte, est d'un Brun-fauve Grisâtre, écaillé et flammêché de Brun foncé ou ferrugineux ; la tête, privée de son aigrette, et le cou seul sont d'un noirâtre uniforme, et les plumes de ces parties pourraient peut-être, dans l'original, offrir quelques traces de reflets plus ou moins métalliques, ce que nous n'osons affirmer : les rectrices fort courtes paraissent pendantes et molles.

Le port de l'Oiseau est bien celui du Paon ; mais avec un ensemble de formes plus lourdes et plus massives, en un mot moins sveltes et moins élégantes ; mais avec une tendance marquée vers la courbe bombée et la voussure si prononcée, des épaules au croupion, chez la Pintade.

Nous n'entrerons pas, par discrétion, dans plus de détails descriptifs à ce sujet, qui doit, nous n'en doutons pas, faire la matière d'un Mémoire que le célèbre Membre de l'Institut (du moins l'espérons-nous) ne manquera pas de publier. Et si nous en parlons dans ces Notes, c'est avec la conviction que cette publication précédera de beaucoup celle de notre Livre.

Mais nous avons trouvé dans ce phénomène une espèce de consécration si saisissante et si providentielle, oserions-nous dire, de notre Système, que nous n'avons pu résister au désir de la mentionner à l'appui.

En effet, d'une Espèce à une autre dans le même Genre, voire même d'un Genre à un autre dans une même Famille, les exemples de croisement ne sont pas fort rares; mais ce qui l'est beaucoup plus, c'est de voir ce fait se produire d'une Tribu à une autre Tribu.

Lors donc que les indices Oologiques que nous avons fait connaître viennent conclure au rapprochement de la Pintade et du Paon d'une manière beaucoup plus immédiate que ne le pratiquent la plupart des Méthodes; il est au moins curieux et intéressant de voir la Nature s'empresser de nous fournir la preuve de l'existence de ces rapports, à peine entrevus jusque-là, et confirmer nos inductions.

Page 354. — A la suite des Tinamidés, ajouter :

L'OEuf des Tinamous est la contre-partie, dans les Coureurs-Échassiers, par son caractère de poli et de luisant exagéré, de ce qu'est celui des Crotophaginés ou Anis parmi les Passereaux, par le caractère de la couche sédimenteuse ou crétacée, calcaire, qui en recouvre la Coquille.

Ce vernis, chez l'OEuf des Tinamous, est le maximum du caractère réfléchissant, dans l'Ordre de ces Oiseaux, comme l'est celui des Pics et des Martins-Pêcheurs dans le grand Ordre des Passereaux.

Page 360. — A la suite des Struthions, ajouter :

Les mêmes raisons qui nous empêchent de parler des *Dinor-nithinœ* et des *Epiornithinœ* nous recommandent tout autant de nous taire au sujet des *Didinœ*, dont le Dronte est le type, mais qui, pour nous, représente tout autre chose que ce que l'on en a fait jusqu'à ce jour. Car malgré les importants travaux et les savantes dissertations dont il a été l'objet, notamment de la part de MM. Strickland et Melleville (1), il ne nous est pas possible de n'y point voir tous les caractères d'un Rapace Marcheur.

On ne fait pas assez attention, en effet, lorsque l'on étudie les vénérables débris que le temps nous a laissés de cet Oiseau, que la rétraction de la peau, par suite de la dessiccation des chairs et des muscles qui la soutenaient, toute forme a, pour ainsi dire, disparu. Ainsi, que l'on rétablisse hypothétiquement la courbure de la portion supérieure de la cire qui unit le front à la partie cornée du bec; que l'on rétablisse, en les remplissant de leurs portions charnues, papillaires et graisseuses, les plis de la peau encadrant la face, surtout en les retirant un peu en arrière du front; que l'on implante ensuite quelques poils et quelques plumes raides sur le surplus de la peau garnissant le sommet et le derrière de la tête, et non pas, comme on a l'habitude de le faire, de petites plumes crêpues soigneusement peignées et alignées qui rendent la face difforme et contre nature, et l'on a de suite devant soi une véritable tête de *Cathartes*, avec la mandibule supérieure renflée vers sa courbure et un bec crochu et fortement acéré. Du reste, mêmes narines et mêmes régions dénudées de la face. L'inspection des pieds, loin de détruire ces apparences et ce raisonnement, vient au contraire les confirmer. Les doigts ont le même nombre de scutelles que chez le *Sarco-ramphus* et le *Cathartes*, et le tarse est exactement écussonné

(1) *The* Dodo *and its Kindred. London*, 1848.

comme celui de ces Oiseaux ; les pieds enfin portent des ongles
mousses ou obtus qui ne sont pas le moins du monde exclusifs
des autres caractères propres aux Rapaces Marcheurs (*Rapaces
Rasores*).

Ce sentiment pourra paraître paradoxal et suranné, après les
magnifiques travaux de MM. Strickland et Melleville. Mais, quand
il n'aurait pour résultat que de remettre de rechef au jour un
élément, selon nous, trop légèrement rejeté, dans les différents
contrôles auxquels on a soumis le *Didus ;* que de Blainville et
MM. de la Fresnaye, Gray et Owen ont seuls cherché à comparer
avec l'Ordre des Rapaces, près desquels, avec raison ils le
rangent, et de le sortir des *Columbæ* ou des *Struthiones,* dans
lesquels se sont toujours exclusivement, et comme de parti pris,
renfermés les Savants qui s'en sont occupés ; que nous nous féli-
citerions d'avoir émis, pour ce qu'elle vaut, une opinion qui n'a
contre elle, après tout, que son air d'étrangeté, et le tort de
venir après, sinon une discussion close, au moins après l'affaire
jugée ; surtout depuis la découverte du *Didunculus strigirostris*
qui n'offre avec le *Didus* que quelques rapports éloignés, et
encore pour le bec seulement.

Nous faisons peu de cas, en définitive, des vieux dessins du
temps. La manière seule dont la forme et les plumes de la queue
y sont tracées n'indique-t-elle pas, non seulement une main
inexpérimentée en face de la nature, mais l'absence de tout
modèle, et un simple dessin de convention, tel qu'en font les
enfants et ceux qui en ignorent les premiers éléments ? Car, ne
connaissant, en fait d'Oiseaux, que nos Coqs et Poules de basses-
cours, si on leur demande de dessiner un Oiseau, on est certain
à l'avance, quel que soit le type demandé, Aigle, Perroquet ou
Passereau, de le voir terminé par ce bouquet de plumes empa-
nachées, que nous appellerions volontiers *le Panache classique,*
dans l'enfance de l'Art.

Nous venons de parler avec intention du *Didunculus strigirostris;* parce que nous ne saurions le considérer comme appartenant, ni de près ni de loin, à l'Ordre des *Columbœ,* où le place le Prince Ch. Bonaparte, en le faisant précéder, il est vrai, de son Ordre des *Inepti,* composé des *Dididœ.* Nous n'avons d'hésitation, quant à nous, pour la place de ce curieux Genre dans la Série, qu'entre notre Sous-Ordre des *Cursores,* dans nos *Gallinacés,* Tribu des *Perdicidœ,* et notre Sous-Ordre des *Alectorides,* dans nos *Grallœ,* Tribu des *Megapodidœ.* Ce qui nous rapproche beaucoup plus, par conséquent, du système du Docteur Reichenbach que d'aucun autre : sauf la question de Classement des Mégapodes qui nous divise profondément tous deux. L'OEuf seul de cet Oiseau, lorsqu'on l'aura découvert, pourra trancher la question d'une manière irréfragable. Jusquelà nous nous abstiendrons de tout jugement. Telle est la cause de notre silence sur le *Didunculus.*

Page 385. — A la suite de la description du Sternum du Caurale, ajouter :

Nous nous empressons, en terminant cette Notice, de réparer une omission involontaire dont nous font un devoir, et notre amitié pour le Docteur Lherminier et notre reconnaissance pour les nombreuses et importantes communications que nous en avons reçues, au sujet des Genres Ornithologiques les plus curieux de l'Amérique du Sud.

C'est ainsi qu'entre autres il nous adressa de la Guadeloupe, en 1847, sur le Caurale, les détails anatomiques suivants, que nous reproduisons malgré la différence des inductions qu'il en tire d'avec les nôtres :

« ... Si la position du Caurale, nous écrivait-il, est moins bien

déterminée, c'est uniquement, comme vous l'observez fort bien,
parce qu'il constitue un Genre de transition.

» Ses trois os de l'épaule sont exactement conformés comme
dans les Grues ; son sternum ressemble plus à celui des Grues,
malgré quelques différences, qu'à celui des Hérons.

» La longueur comparative de l'intestin et du tarse est :

dans les Gallinules :: 4, 5 : 1.
—   Caurales   :: 2, 6 : 1.
—   Hérons   :: 3, 2 : 1.

» Dans le Caurale, la *langue* est longue, mince, mais non
pénicillée ; *l'œsophage* est plus dilaté à ses deux extrémités qu'à
sa partie moyenne ; le *ventricule succenturié* est formé de quatre
groupes de cryptes muqueux serrés ; le *gésier,* musculeux, renfermait des débris de Crustacés, de Coquilles fluviatiles univalves,
du gravier ; deux *cœcums* courts et étroits naissants à 12 centimètres 1/2 au-dessus de l'anus.

» Ainsi donc la simplicité du canal digestif rapproche le
Caurale des Hérons ; la conformation de son appareil sternal le
lie aux Grues, et la Forme, ainsi que la Coloration de l'Œuf, le
confondent avec les Râles.

» Tiraillé de la sorte dans tous les sens, le Caurale n'est
cependant ni un Râle, ni une Grue, ni un Héron ; mais une sorte
de compromis constituant un Genre distinct qui, ne pouvant
s'interposer absolument entre les Râles et les Grues, doit nécessairement se loger entre les Grues et les Hérons.

» Telle est aussi la place qui lui est assignée par Illiger,
Cuvier, Latreille, et qu'en dernière analyse je lui laisse aussi.

» Je ne puis terminer sans payer un juste tribut à l'aimable
caractère de ce charmant Oiseau. Je l'ai possédé plusieurs fois
vivant, et j'ai toujours admiré son tendre attachement pour tous
les membres de ma Famille, son ardente sollicitude quand il
veillait auprès d'un enfant endormi ; son courage quand il se

jetait tête baissée sur des Chats et des Chiens dix fois plus gros que lui ; sa grâce dans ses manéges de coquetterie, son adresse à poursuivre et saisir sa proie. C'est, avec l'Agami, le plus curieux Oiseau par le développement de son instinct sociable, et à tous ces titres, il mériterait assurément bien mieux d'être admis dans l'intelligente compagnie des Grues que dans la triste et sauvage Tribu des Hérons.

» Les Français l'appellent Gobe-Mouches, Paon des Roses, Paon des Palétuviers ; les Espagnols et les Portugais, *Pavon.* » (1)

Ne serait-ce que pour cette description de mœurs si intéressante et dont l'équivalent ne se retrouve nulle part, que nous aurions regretté de ne l'avoir pas rappelée, avec d'autant plus de raison que nous l'avons complètement oubliée déjà en traitant des Oiseaux de l'Amérique du Sud de M. de Castelnau.

On voit que, quelque peu divergente que soit l'opinion du Docteur Lherminier de la nôtre, concernant la place du Caurale, cette divergence n'est pas si grande qu'elle doive infirmer beaucoup notre manière de voir, surtout quand on remarque le mode de nourriture de cet Oiseau, si semblable à celui des Râles.

Page 387. — A la suite des Rallinés , ajouter :

La coupe générique dont nous parlons pour les *Rallus Baillonii* , *R. Lewinii*, etc., a été établie par le Prince Ch. Bonaparte, qui a fait de l'une de ces Espèces le type du Genre *Lewinia*, et conservé l'autre, à l'instar de Reichenbach, comme type du Genre *Zapornia*. Pour nous, ne voyant aucune raison de les éloigner l'un de l'autre autant que l'a fait cet illustre Savant, et nous déterminant par leurs caractères Oologiques, nous les réunissons sous une seule et même rubrique et

(1) Nous avons publié en son entier la Lettre dont sont extraits ces détails dans la *Revue et Magasin de Zoologie* de Juillet 1849.

dans une Famille spéciale à laquelle nous donnons le nom de *Zaporniinæ*.

Page 394. — A la suite des Ocydromadinés, ajouter :

Cette similitude de caractères Oologiques entre l'OEuf des Rallinés et celui des Ocydromadinés est d'autant plus remarquable que ces deux Familles diffèrent par un caractère essentiel de mœurs, quant au mode de se nourrir.

Ainsi, l'on sait, d'après Forster et M. P. Earl, reproduits par MM. Gray et de la Fresnaye (1), « que l'Ocydrome Austral, qui est le *Gallirallus* de ce dernier, habite l'Ile Australe de la Nouvelle-Zélande; qu'il y est très-nombreux à la Baie-Obscure, où il est répandu sur toutes les rives maritimes, et même sur les plus petits îlots, et, ce qui est fort surprenant, que ses ailes sont si courtes qu'il n'essaie jamais de voler et ne peut non plus nager, à cause de l'absence de toute espèce de palmures à ses pieds, ce qui rend fort difficile à concevoir comment il a pu parvenir dans toutes ces îles. Il se retire, le jour dans des cavités, sous des racines d'arbres, et quand la chaleur a cessé, il retourne sur le rivage pour y chercher différentes espèces de Vers et de petits Animaux marins, dont il se nourrit. Il court avec rapidité, grattant la terre à la manière des Gallinacés, pour y chercher sa nourriture, et pousse des cris fréquents la nuit et par le temps pluvieux; sa chair est savoureuse, surtout quand on a enlevé la peau » (Forster).

On sait encore, d'après M. Gray (2), « que M. P. Earl a remarqué que ces Oiseaux, qui portent le nom de Weka, se trouvent également dans les deux îles de la Nouvelle-Zélande, qu'on les rencontre ordinairement dans les plaines, dans les

(1) *Rev. et Mag de Zool.* Sept. 1849.
(2) Voyage de l'*Erebus and Terror* Zool.

hautes herbes ou les halliers de buissons peu élevés, d'où ils peuvent s'élancer facilement sur les petits Oiseaux perchés près du sol. M. Earl rapporta vivant chez lui un de ces Oiseaux qu'il avait pris dans l'Ile du Sud : un petit Oiseau vivant fut le plus grand régal qu'il pût lui offrir. Ces Oiseaux se nourrissent aussi de baies. Le crépuscule ou le clair de lune sont les moments les plus favorables pour les découvrir. Leur nichée est ordinairement de trois à cinq petits, qui suivent leurs parents jusqu'à ce qu'ils aient presque atteint leur grosseur. Avant cette époque, ils sont d'une couleur approchant de celle du sable. Les Colons les désignent sous le nom de *Poules des bois*. »

Ces descriptions de mœurs présentent, comme le dit fort bien M. de la Fresnaye (1) un fait des plus bizarres en Ornithologie, c'est-à-dire une Espèce de gros Râle devenu, pour ainsi dire, Carnassier et se nourrissant en partie de petits Oiseaux.

C'est une preuve de plus de la nullité de l'influence de la nourriture quant à la Coloration du test du Produit Ovarien chez les Oiseaux.

Page 415. A la fin du chapitre des Mégapodes, ajouter :

Que disons-nous? cet essai, déjà indiqué depuis longtemps, mais à titre de rapprochement ou de comparaison seulement, par plusieurs Savants, a été reproduit avec succès au courant de la plume et de son imagination, par l'un des deux grands Ecrivains que nous venons de citer.

Ainsi, Toussenel, l'Auteur inimitable de l'*Ornithologie passionnelle*, en traitant son Ordre des Vélocipèdes, rappelle cette remarque :

« Il y a, en effet, les Vélocipèdes des sables et des steppes, des prés, des rochers, des abîmes, comme il y a le Ruminant

(1) *Rev. et Mag. de Zool.* Sept. 1849.

de tout cela. Il y a l'Autruche, comme il y a le Chameau ; l'Outarde , comme l'Antilope ; la Poule , comme la Vache ; la Perdrix, le Faisan , le Coq de Bruyère, comme la Gazelle, le Chevreuil, le Daim , le Cerf ; la Bartavelle et le Lagopède , comme le Moufflon , le Bouquetin, le Chamois. (1) »

Même page. — A la suite du paragraphe relatif aux *Mesitidæ*, ajouter :

Malgré la place assez éloignée des vrais Rallidés, que nous assignons à la Mésite, rangée, il est vrai, sous la même rubrique que ceux-ci, et avec les Mégapodes, dans lesquels les classe également le Docteur Reichenback ; nous ne serions pas étonné que l'Œuf de cet introuvable Genre Madécasse , de même que le mode de vivre de l'Oiseau , une fois découverts et connus, ne nous révélassent dans la Mésite un véritable Rallidé. Elle en a pour nous les caractères, par le bec, par les pattes, dont le tarse est dénudé au-dessus de l'articulation , scutellé en avant et en arrière , comme cela s'observe chez les *Zapornia ;* il n'est pas jusqu'à sa ptilose qui ne soit, en assez grande partie, semblable à celle des Espèces de ce Genre , et de presque tous les Rallidés en général.

Page 422. — A la suite de l'opinion des divers Ornithologistes qui ont parlé du Courlan, ajouter :

Le même sentiment de justice et de reconnaissance qui nous a fait réparer l'omission que nous avions faite des notions et de l'opinion du Docteur Lherminier au sujet du Caurale, nous force à revenir sur un oubli pareil dont nous nous sommes rendu

(1) *Ornithologie Passionnelle*. T. I, p. 358.

coupable envers ce savant Ornithologiste dans notre article sur le Courlan ; oubli d'autant plus grave et d'autant moins excusable que nous n'avons même pas cité son nom qui est une autorité en pareille matière, autorité supérieure à toutes celles que nous avons discutées, parce que le Docteur a vu et examiné l'Oiseau par lui-même et sur les lieux.

Voici donc ce qu'il nous en écrivait de Pointe-à-Pître (Guadeloupe) à la date du 25 Août 1846, à propos de nos divers Mémoires d'Oologie :

« En vous bornant aux seules affinités déduites de l'Œuf, vous êtes arrivé à classer le Caurale entre les Hérons et les Râles, le Courlan entre les Grues et les Hérons.

» Les résultats que j'ai obtenus de mon Système diffèrent un peu des vôtres.

» En 1826 je ne connaissais point ces Oiseaux anatomiquement, et en annonçant *à priori* leur place respective je suis tombé juste, au moins pour le Courlan.

» En 1832 j'ai eu occasion de les étudier sur six individus reçus particulièrement de Porto-Rico, des parties basses du Vénézuéla et du Para.

» Voici ce que je relève dans quelques notes échappées de mon naufrage . (1)

» Le Courlan est une véritable Grue, comme le prouvent les détails anatomiques suivants : *Sternum* étroit, très-allongé, entièrement plein ; crête haute et bien développée ; os coracoïde égalant en longueur la moitié du sternum, d'ailleurs large à sa

---

(1) M. Lherminier fait allusion ici au terrible et désastreux tremblement de terre qui eut lieu à la Guadeloupe en 1844 et détruisit toutes ses collections, fruit de près de trente années de travaux après avoir gravement compromis sa santé et même son existence, dont il ne dut la conservation qu'au dévoûment surhumain d'un fidèle esclave, ou plutôt serviteur.

base et fort; clavicule forte et courbée en V; scapulums longs, recourbés et terminés en pointe; six côtes.

» Longueur du canal intestinal comparé à celle du tarse : moyenne :: 3 : 1. — Celle de la Grue suivant Cuvier :: 2,9.. : 1.

» *Langue* longue, mince, pénicillée ou frangée à son extrémité, non extensible; *œsophage* très-dilatable, mais sans *jabot*; *estomac* représentant une cornue à deux tubulures renflées, formées successivement : 1o par le *ventricule succenturié*, caractérisé par un anneau de follicules gros, piriformes, serrés et comme imbriqués; 2o par une panse large, à parois muqueuses très-épaisses, à tissu propre, mince; 3o enfin par un *gésier* charnu et doublé d'une fibreuse résistante. Ces trois cavités étaient remplies de Mollusques gastéropodes nus, comme des Limaces, de Coquilles, de fragments de bois carié et d'une pâte fine et tenace. Intestin long, égal, surmonté de deux longs cœcums en massue, à six centimètres de l'anus. *Foie* bilobé, à lobes égaux. Trachée-artère : elle est formée d'anneaux serrés et osseux jusqu'à la bifurcation des bronches, où ils s'écartent, s'aplatissent et deviennent cartilagineux. Dans les mâles adultes, la trachée forme au devant de la clavicule une anse ou circonvolution sigmoïde avant de pénétrer dans la poitrine.

» La longueur et l'étroitesse du sternum, ses dimensions supérieures à celles de l'os coracoïde, la triple dilatation de l'estomac et enfin l'anse de la tranchée, sont tous des caractères qui appartiennent aux Grues.

» Le Courlan s'appelle à Porto-Rico *Carao*, en Espagnol; *Poule-jolie*, en Français. Il vit par paires, n'est pas très-sauvage, perche, gratte comme la Perdrix, et est bon à manger. Son cri s'entend de fort loin et répète son nom Espagnol; il se plaît dans les bois clairs, les savanes, sur le bord des eaux, et varie beaucoup de taille. L'un de ceux qui me furent adressés avait été tué posé sur un arbre, au détour d'une rivière.

» Ce n'est donc point entre les Grues et les Hérons que je placerais les Courlans, mais bien avec les Grues et à leur tête, faisant immédiatement suite aux Gallinulles, et particulièrement aux Râles, avec lesquels le Prince de Neuwied, Illiger, Spix, Lichtenstein et Al. d'Orbigny lui trouvent tant de rapports.

» Dans l'Espèce, il me suffit de remonter jusqu'aux Pigeons. A partir de ce groupe *Columba*, mes coupes correspondantes à des Genres Linnéens se succèdent dans l'ordre suivant : *Pterocles, Sasa* ou *Dysodes* ou *Opisthocomus* : *Gallus* et ses nombreux Sous-Genres ; *Tinamus, Turnix, Gallinula* ou *Fulica* et ses divisions ; *Grus, Ardea,* etc., etc.

» Eh bien ! anatomiquement, les Gallinules et les Grues se suivent si naturellement, qu'il est impossible de trouver entre eux la moindre solution de continuité. Jugez-en du reste, par les pièces que je mets sous vos yeux... » (1)

Certes, l'importance de ces documents anatomiques, les seuls que possède encore la Science, prouve que la reproduction n'en était pas indifférente.

Quant au Système du Docteur Lherminier, pour le classement du Courlan, c'est un système mixte entre celui de Cuvier et celui d'Illiger, Spix, Litchtenstein, d'Orbigny et Reichenbach.

Nous n'en sommes pas moins fondé à dire que cette description du Sternum du Courlan, conforme à l'inspection que nous en avons faite nous-même, vient fournir un argument de plus à l'appui de notre Système de Classification Oologique de ce Genre : car nous n'avons jamais séparé l'étude de l'Oologie de celle de

---

(1) M. Lherminier avait joint en effet à la lettre dont est extrait ce qui précède, une caisse contenant, outre un fragment de nid, et un Œuf de Guacharo, avec les semences des fruits dont il se nourrit, le squelette du Courlan et celui du Caurale, que nous avons donnés depuis à M. Delaberge, qui lui-même les a déposés au Muséum d'Histoire Naturelle de Paris.

Voir du reste *Revue et Magas de Zool.* Juillet 1849.

l'Anatomie des Oiseaux. Or, cette pièce Ostéologique, chez le Courlan, offre au plus haut degré, pour nous, sauf sa forme plus allongée, tous les caractères du Sternum des Grues, et fort peu des caractères du Sternum des Râles.

Page 485. — En rappelant l'espèce de consécration qu'avait reçue, de divers Ornithologistes, notre manière de traiter et d'envisager l'Oologie, nous avons oublié de mentionner le jugement, bien précieux pour nous, qu'en a porté lui-même, dès 1846, le Docteur Lherminier, dans les termes suivants :

« J'étais loin de m'attendre, nous écrivait-il, quand vous
» publiiez vos premières observations sur les Formes de l'Œuf
» des Oiseaux, sur les variétés et les causes de sa Coloration, sur
» les différents états de sa surface. etc., etc., *que vous en vien-*
» *driez sitôt aux applications les plus intéressantes et les mieux*
» *motivées à la Classification.*

» *Vous êtes devenu une puissance avec laquelle il faudra*
» *dorénavant compter ; et je ne veux pas être le dernier à vous*
» *rendre hommage.*

» Vos dernières communications, à propos de l'Œuf du Gua-
» charo, du Rupicole, de l'Ani, du Caurale et du Courlan, ont
» particulièrement excité mon attention et avec d'autant plus de
» raison *que vous arrivez, à peu de chose près, aux mêmes*
» *déductions que celles que j'ai obtenues depuis longtemps de*
» *l'étude des Appareils locomoteur et digestif.* » (1)

_____

(1) Lettre de Pointe-à-Pitre (Guadeloupe), 25 Août 1846. Voir *Revue et Magasin de Zoologie* de Juillet 1849.

Page 489. — Après le paragraphe relalif à la sixième Livraison de Juin, ajouter :

Plus tard et en dernier lieu, dans la *Revue et Magasin de Zoologie* de Septembre 1849, nous publiions : Notice et Considérations Oologiques sur le Genre Ornithologique Poule-Sultane, *Fulica-Porphyrio* (L.)

CLASSIS AVIUM.

SYSTEMA OOLOGICUM.

Auctore O. DES MURS

Janvier 1860.

Les diverses modifications que nous avons apportées dans le cours de l'Impression de notre Travail à notre premier projet de *Systema Oologicum,* nous forcent à le publier d'une manière plus complète.

Ordo I. RAPACES.

Sub-Ordo. 1. RAPACES.
      1. Tribus. — Vulturidæ.
            1. Familia. — Vulturinæ.
                1. Genus. — *Gyps.*
                2. G. — *Vultur.*
                3. G. — *Gypaëtos.*
                4. G. — *Cathartes.*
                5. G. — *Neophron.*
                6. G. — *Sarcoramphus.*

S.-O. . . . 2. STRIGIDÆ.

Ordo II. ZYGODACTYLI.

Sub-Ordo. 1. PSEUDO-ZYGODACTYLI.
      1. Tribus. — Musophagidæ.

S.-O. . . . 2. PREHENSORES.
      1. Tribus. — Psittacidæ.

S.-O. . . . 3. SCANSORES.
      1. Tribus. — Picidæ.

S.-O. . . . 4. INSESSORES.

  1. Tribus. — CUCULIDÆ.

     1. FAMILIA. — Indicatorinæ.
     2. F. —   Leptosomatinæ.
     3. F. —   Cuculinæ.
     4. F. —   Coccyzinæ.
     5. F. —   Saurotherinæ.
     6. F. —   Phœnicophaïnæ.
     7. F. —   Centropodinæ.
     8. F. —   Crotophaginæ.
     9. F. —   Scythropinæ.

  2. Tribus. — RAMPHASTIDÆ.
  3. Tr. — TROGONIDÆ.
  4. Tr. — BUCCONIDÆ.
  5. Tr. — CAPITONIDÆ.
  6. Tr. — GALBULIDÆ.

Ordo III. PASSERES.

SUB-ORDO. 1. SYNDACTYLI.

  1. *Cohors.* — *Longirostri.*

    1. Tribus. — ALCEDINIDÆ.
    2. Tr. — MEROPIDÆ.
    3. Tr. — MOMOTIDÆ.
    4. Tr. — BUCEROTIDÆ.
    5. Tr. — **Upupidæ.**

  2. *Cohors.* — *Latirostri.*

    6. Tr. — CORACIADÆ.
    7. Tr. — EURYLAIMIDÆ.
    8. Tr. — TODIDÆ.
    9. Tr. — PIPRIDÆ.

SUB-ORDO. 2. DEODACTYLI.

  1. *Cohors.* — *Fissirostri.*

    1. Tribus. — CAPRIMULGIDÆ.

      1. FAMILIA. — Podarginæ.
      2. F. — Caprimulginæ.
      3. F. — Nyctibiinæ
      4. F. — Steatornithinæ.

2. Tribus. — CYPSELIDÆ.
3. Tr.   —   HIRUNDINIDÆ.

    1. FAMILIA. — **CHELIDONINÆ.**
    2. F.   —   Hirundininæ.

2. *Cohors.* — *Tenuirostri.*

1. SECTIO. — Ætherei.

4. Tribus. — TROCHILIDÆ.

2. SECTIO. — Suspensi.

1. Stirps. — Penicillati.

5. Tribus. — NECTARINIIDÆ.

    1. FAMILIA. — Drepanitinæ.
    2. F.   —   Nectariniinæ.
    3. F.   —   Cœrebinæ.

        1. Genus. — *Diglossa.*
        2. G.   —   *Cœreba.*
        3. G.   —   *Certhiola.*
        4. G.   —   *Dacnis.*
        5. G.   —   *Conirostrum.*

6. Tribus. — MELLIPHAGIDÆ.
7. Tribus. — NEOMORPHIDÆ.

        1. Genus. — *Philepitta.*
        2. G.   —   *Philesturnus.*
        3. G.   —   *Callœas.*
        4. G.   —   *Neomorpha.*

8. Tribus. — PARADISEIDÆ.

    1. FAMILIA. — Paradiseinæ.
    2. F.   —   Epimachinæ.
    3. F.   —   Sericulinæ.
    4. F.   —   Paradigallinæ.

2. Stirps. — Cartilaginei.

9. Tribus. — IRRISORIDÆ.

    1. FAMILIA. — Falculianæ.
    2. F.   —   Arachnotherinæ.
    3. F.   —   Irrisorinæ.

3. Sectio. — Scansores.
   10. Tribus. — Certhiidæ.
         1. Familia — Dendrocolaptinæ.
         2. F. —   Certhiinæ.
         3. F. —   **Tichodromadinæ.**
         4. F. —   Sittinæ.

4. Sectio. — Arborei.
   11. Tribus. — Anabatidæ.
         1. Familia. — Anabatinæ.
         2. F. —   Synallaxinæ.

5. Sectio. — Insessores.
   12. Tribus. — Furnariidæ.
         1. Familia. — Furnariinæ.
         2. F. —   **CINCLINÆ.**
   13. Tribus. — Alaudidæ.
         1. Familia. — Certhilaudinæ.
         2. F. —   Alaudinæ.
         3. F. —   Anthinæ.

3. *Cohors.* — *Dentirostri.*
  1. Sectio. — Insessores.
   14. Tribus. — Formicariidæ.
         1. Familia. — Atelornithinæ.
         2. F. —   Formicariinæ.
         3. F. —   Sittinæ.
         4. F. —   Ornythorycinæ.
         5. F. —   Megalonycinæ.
   15. Tribus. — Menuridæ.
   16. Tribus. — Turdidæ.
         1. Familia. — Thamnophilinæ.
         2. F. —   Agriornithinæ.
         3. F. —   Picnonotinæ.
         4. F. —   Turdinæ.
             1. Genus. — **Iliacus.**
             2. G. —   *Turdus.*
             3. G. —   *Merula.*
             4. G. —   *Mimus.*
         5. Familia. — Saxicolinæ.

2. Sectio. — Suspensi.

    17. Tribus. — Timaliidæ.

        1. Familia. — Pomathorinæ.

        2. F. —   Timaliinæ.

    18. Tribus. — Sylviparidæ.

        1. Familia. — Sylviparinæ.

        2. F. —   Pardalotinæ.

        3. F. —   Falcunculinæ.

    19. Tribus. — Paridæ.

        1. Familia. — **PANURINÆ**.

        2. F. —   Parinæ.

        3. F. —   Ficedulinæ.

            1. Genus. — *Trichas*.

            2. G. —   *Mniotilla*.

            3. G. —   *Ægythina*.

            4. G. —   *Ficedula*.

            5. G. —   *Hylophilus*.

            6. G. —   *Campylorhynchus*.

        4. Familia. — Troglodytinæ.

    20. Tribus. — Sylviidæ.

        1. Familia. — Tryothorinæ.

        2. F. —   Calamoherpinæ.

        3. F. —   Sylviinæ.

3. Sectio. — Arborei.

    1. Stirps. — Depressirostri.

    21. Tribus. — Muscicapidæ.

    22. Tribus. — Tyrannidæ.

    23. Tribus. — Ampelidæ.

        1. Familia. — Gymnoderinæ.

        2. F. —   Ampelinæ.

    2. Stirps. — Compressirostri.

    24. Tribus. — Tanagridæ.

        1. Familia. — Euphoniinæ.

        2. F. —   **PHITOTOMINÆ**.

        3. F. —   **BOMBYCILLINÆ**.

        4. F. —   Tanagrinæ.

25. Tribus. — ORIOLIDÆ.
26. Tr. —   LANIIDÆ.

    1. FAMILIA. — Campephaginæ.
    2. F. —   Laniinæ.
    3. F. —   Cracticinæ.

4. *Cohors.* — *Conirostri.*

    27. Tribus. — CORVIDÆ.

        1. FAMILIA. — Temnurinæ.
        2. F. —   Ptilonorhynchinæ.
        3. F. —   Garrulinæ.
        4. F. —   **TRYPANOCORACINÆ.**
        5. F. —   Corvinæ.
        6. F. —   Fregilinæ.

    28. Tribus. — STURNIDÆ.

        1. FAMILIA. — Graculinæ.
        2. F. —   Buphaginæ.
        3. P. —   Lamprotornithinæ.
        4. F. —   Sturninæ.

    29. Tribus. — ICTERIDÆ.

        1. FAMILIA. — Quiscalinæ.
        2. F. —   Molothrinæ.
        3. F. —   Sturnellinæ.
        4. F. —   Agelaïnæ.
        5. F. --   Icterinæ.
        6. F. —   Cassicinæ.

    30. Tribus. — PLOCEIDÆ.

        1. FAMILIA. — Ploceinæ.
        2. F. —   **PLOCEPASSERINÆ.**
            1. Genus. — *Plocepasser.*
            2. G. —   **Passer.**
        3. F. —   Viduinæ.
        4. F. —   Estreldinæ.

31. Tribus. — **Emberizidæ.**
32. Tr. —   FRINGILLIDÆ.

Ordo IV. COLUMBÆ.

1. Tribus. — COLUMBIDÆ.

Ordo V. GALLINACEI.

SUB-ORDO 1. GALLIPEDES.

1. Tribus. — **Verruliidæ.**

2. Tr. — GALLIDÆ.

1. FAMILIA. — Gallinæ.

3. Tr. — PHASIANIDÆ.

1. FAMILIA. — Phasianinæ.

2. F. — Polyplectroninæ.

3. F. — Lophophorinæ.

4. F. — **GALLOPAVONINÆ.**

4. Tr. — **Pavonidæ.**

1. FAMILIA. — Pavoninæ.

SUB-ORDO 2. CURSORES.

1. Tribus. — PERDICIDÆ.

1. FAMILIA. — **MELEAGRIDINÆ.**

2. F. — Francolinæ.

3. F. — Odontophorinæ.

4. F. — Perdicinæ.

2. Tribus. — TETRAONIDÆ.

1. FAMILIA. — Tetraoninæ.

2. F. — Pteroclinæ.

SUB-ORDO 3. **STRUTHIONIGRALLI.**

1. Tribus. — TINAMIDÆ.

2. Tr. — OTIDIDÆ.

3. Tr. — **Œdicnemidæ.**

4. Tr. — **Cursoriidæ.**

5. Tr. — TURNICIDÆ.

Ordo VI. STRUTHIONES.

1. Tribus. — STRUTHIONIDÆ.

2. Tr. — CASUARIIDÆ.

3. Tr. — **Apterigidæ.**

Ordo VII. GRALLÆ.

Sub-Ordo 1. **ÆGYALITES.**

     1. Tribus. — CARÍAMIDÆ.
     2. Tr. — **Thinocoridæ.**
     3. Tr. — CHARADRIIDÆ.
     4. Tr. — GLAREOLIDÆ.
     5. Tr. — HŒMATOPODIDÆ.
     6. Tr. — RECURVIROSTRIDÆ.
     7. Tr. — SCOLOPACIDÆ.
     8. Tr. — PHALAROPODIDÆ.

Sub-Ordo 2. **ALECTORIDES.**

     1. Tribus. — PARRIDÆ.

        1. FAMILIA. — Parrinæ.
        2. F. — **ZAPORNIINÆ.**

     2. Tr. — **Eurypigidæ.**
     3. Tr. — RALLIDÆ.

        1. FAMILIA. — Rallinæ.
        2. F. — Fulicinæ.
        3. F. — Ocydromadinæ.

     4. Tr. — **Opisthocomidæ.**
     5. Tr. — **Penelopidæ.**
     6. Tr. — **Cracidæ.**
     7. Tr. — **Megapodiidæ.**
     8. Tr. — **Mesitidæ.**
     9. Tr. — PALAMEDEIDÆ.
    10. Tr. — CHIONIDÆ.

Sub-Ordo 3. HERODIONES.

     1. Tribus. — PSOPHIIDÆ.
     2. Tr. — GRUIDÆ.
     3. Tr. — **Aramidæ.**
     4. Tr. — CICONIIDÆ.
     5. Tr. — DROMADIDÆ.
     6. Tr. — CANCROMIDÆ.
     7. Tr. — ARDEIDÆ.

8. Tribus. — Tantalidæ.

    1. Familia. — **FALCINELLINÆ**·
    2. F. — Ibinæ.
    3. F. — Tantalinæ.

9. Tr. — Plataleidæ.
10. Tr. — **Balœnicepidæ.**

Sub-Ordo 4. HYGROBATÆ.

1. Tribus. — Phœnicopteridæ.

Ordo VIII. NATATORES.

Sub-Ordo 1. TOTIPALMI.

1. Tribus. — Pelecanidæ.
2. Tr. — Tachypetidæ.
3. Tr. — Sulidæ.
4. Tr. — Plotidæ.
5. Tr. — Phalacrocoracidæ.

Sub-Ordo 2. BRACHYPTERI.

1. Tribus. — Podicepidæ.

Sub-Ordo 3. LAMELLIROSTRI.

1. Tribus. — Cycnidæ.
2. Tr. — Anseridæ.
3. Tr. — Anatidæ.
4. Tr. — Mergidæ.
5. Tr. — Fuligulidæ.

    1. Familia. — Fuligulinæ.
    2. F. — **ERYSMATURINÆ.**

Sub-Ordo 4. LONGIPENNES.

1. Tribus. — Procellariidæ

    1. Familia. — Diomedeinæ.
    2. F. — Procellariinæ.

2. Tr. — Phaetonidæ.
3. Tr. — Laridæ.

Sub-Ordo 5. URINATORES.

1. Tribus. — **Colymbidæ.**

2. Tr. — ALCIDÆ.

Ordo IX. PTILOPTERI.

1. Tribus. — APTENODYTIDÆ.

1. FAMILIA. — **APTENODYTINÆ.**

2. F. — **SPHENISCINÆ.**

2. Tr. — EUDYPTIDÆ.

CATALOGUE

DES OISEAUX D'EUROPE.

Nous terminerons en donnant le Catalogue des Oiseaux que nous admettons, d'accord avec J. Verreaux, comme d'Europe, pour fixer les Collecteurs, qui se bornent aux OEufs de ces Oiseaux, sur les Espèces qu'ils auront à y admettre.

RAPACES.

ACCIPITRES.

Gyps fulvus. (Gray) Gmelin.
G. — occidentalis. Bonaparte.
Vultur Nubicus. H. Smith.
V.— monachus. Linnée.
Neophron percnopterus. (Savigny) Linnée.
Gypaëtus barbatus. (Bonaparte) Linnée.
G. — occidentalis. Schlegel.
Aquila chrysaëtos. (Vieillot) Linnée.
A.— heliaca. Savigny.
A.— nœvia. Brisson.
A.— nœvioides. Cuvier.
A.— Bonelli. (Cuvier) Temminck.
Haliaëtus pennatus. (Kaup) Gmelin.
H. — albicilla. (Savigny) Linnée.
Pandion haliaëtus. (Savigny) Linnée.
Circaëtus Gallicus. (Vieillot) Gmelin.
Archibuteo lagopus. (Gray) Brünnich.
Buteo cinereus. (Vieillot) Linnée.
B.— Martini. Hardy.
Pernis apivorus. (Cuvier) Linnée.

Milvus regalis. Brisson.
M.— niger. Brisson.
M.— Ægyptius. Gray.
Elanus melanopterus. (Leach) Daudin.
Falco communis. Gmelin.
F.— anatum. Bonaparte.
F.— candicans. Gmelin.
F.— Islandicus. Brünnich.
F.— gyrfalco. Schlegel.
F.— sacer. Schlegel.
F.— lanarius. Schegel.
Hypotriorchis Eleonoræ. (Gray) Guénée.
H. — subbuteo. (Boié) Linnée.
H. — œsalon. (Bonaparte) Gmelin.
Erythropus vespertinus. (Bonaparte) Linnée.
Tinnunculus alaudarius. (Bonaparte) Linnée.
T. — cenchris. (Naumann) Bonaparte.
Astur palumbarius. (Bechstein) Linnée.
Accipiter nisus. (Pallas) Linnée.
A. — nisus major de Tarragon. (*Stirps*).
Micronisus niger. (Bonaparte) Vieillot.
Circus æruginosus. (Bonaparte) Linnée.
Strigiceps cyaneus. (Bonaparte) Linnée.
S. — cinerascens. (Bonaparte) Montagu.
S. — Swainsonii. (Bonaparte) Smith.

STRIGIDÉS.

Surnia ulula. (Bonaparte) Linnée.
Nyctea nivea. (Bonaparte) Daudin.
Glaucidium passerinum. (Boié) Linnée.
Athene noctua. (Bonaparte) Retzius.
Scops Zorca. (Swainson) Gmelin.
Ascalaphia Savignyi. (Geoffroy) Audouin.
Bubo Atheniensis. (Linnée) Aldrovande.
B.— Sibiricus. Eversmann.
Otus vulgaris. (Flemming) Linnée.
Brachyotus palustris. (Bonaparte) Gmelin.
Syrnium aluco. (Bonaparte) Linnée.
Ptynx Uralensis. (Bonaparte) Pallas.
Ulula cinerea. (Bonaparte) Gmelin.
Nyctale funerea. (Bonaparte) Linnée.
Strix flammea. Linnée.

ZYGODACTYLES.

Oxylophus glandarius. (Bonaparte) Linnée.
Cuculus canorus. Linnée.
Yunx torquilla. Linnée.
Gecinus viridis. (Boié) Linnée.
G. — canus. (Boié) Linnée.
Dryocopus Martius. (Boié) Linnée.
Picus major. Linnée.
P.— medius. Linnée.
P.— minor. Linnée.
P.— leuconotus. Bechstein.
Apternus tridactylus. (Swainson) Linnée.

PASSEREAUX.

Alcedo ispida. Linnée.
Merops apiaster. Linnée.
M.— Ægyptius. Forskhal.
Upupa epops. Linnée.
Coracias garrula. Linnée.
Caprimulgus Europœus. Linnée.
C. — ruficollis. Temminck.
Cypselus melba. Linnée.
C. — apus. (Bonaparte) Linnée.
Hirundo rustica. Linnée.
H. — Cahirica. Lichtenstein.
Cecropis rufula. (Bonaparte) Temminck.
Cotyle rupestris. (Boié) Scopoli.
C.— riparia. (Boié) Linnée.
Chelidon urbica. (Boié) Linnée.
Certhia familaris. Linnée.
C. — Nattererii. Bonaparte.
Thichodroma muraria. (Bonaparte) Linnée.
Sitta Europea. Linnée.
S.— cœsia. Meyer et Wolf.
S.— Syriaca. Ehremberg.
Cinclus aquaticus. (Bechstein) Linnée.
C. — melanogaster. Temminck.
C. — leucogaster. Eversmann.
Certhilauda desertorum. (Bonaparte) Stanley.
C. — Duponti. (Bonaparte) Vieillot.

Melanocorypha calandra. (Boié) Linnée.
M. — *Tatarica*. (Bonaparte) Pallas.
M. — *leucoptera*. (Bonaparte) Pallas.
Alauda calandrella. Bonelli.
A. — *arvensis*. Linnée.
A. — *cantarella*. Bonaparte.
A. — *arborea*. Linnée.
Galerida cristata. (Boié) Linnée.
Otocoris alpestris. (Bonaparte) Linnée.
Corydalla Richardi. (Bonaparte) Vieillot.
Agrodroma campestris. (Bonaparte) Brisson.
Anthus spiholetta. (Bonaparte) Linnée.
A. — *obscurus*. (Degland) Gmelin.
A. — *pratensis*. (Bechstein) Linnée.
A. — *cervinus*. (Keysserling et Blasius) Pallas.
A. — *arboreus*. Bechstein.
Budytes flava. (Cuvier) Linnée.
B. — *cinereo-capilla*. (Bonaparte) Savigny.
B. — *nigri-capilla*. Bonaparte.
B. — *Rayi* Bonaparte.
B. — *citreola*. (Bonaparte) Pallas.
Pallenura sulphurea. (Bonaparte) Bechstein.
Motacilla alba. Linnée.
M. — *Yarelli*. Gould.
Ixos obscurus. (Bonaparte) Temminck.
Oreocincla aurea. (Bonaparte) Hollandre.
Iliacus illas. (Nobis) Gessner.
I. — *musicus*. (Nobis) Linnée.
Turdus viscivorus. Linnée.
T. — *pilaris*. Linnée.
T. — *dubius*. Bechstein.
T. — *atrigularis*. Temminck.
T. — *obscurus*. Gmelin.
T. — *Sibiricus*. Gmelin.
T. — *Torquatus*. Linnée.
T. — *merula*. Linnée.
Locustella Rayi. Gould.
Calamoherpe turdoïdes. (Boié) Linnée.
C. — *arundinacea*. (Boié) Gmelin.
C. — *palustris*. (Boié) Bechstein.
C. — *scita*. (Bonaparte) Eversman.
Ædon galactodes. (Boié) Temminck.
Æ. — *familiaris*. (Gray) Ménétriés.

Cisticola Schœnicola. (Bonaparte) Temminck.

Calamodyta phragmitis. (Bonaparte) Bechstein.

C. — *aquatica*. (Degland) Latham.

C. — *lanceolata*. (Gray) Temminck.

C. — *melanopogon*. (Bonaparte) Temminck.

Cettia sericea. (Bonaparte) de la Marmora.

Lusciniopsis Savi. Bonaparte.

L. — *fluviatilis*. (Bonaparte) Meyer.

Hippolaïs olivetorum. (Selys de Lonchamps) Strickland.

H. — *elaïca*. (Bonaparte) Lindermeyer.

H. — *pallida*. Gerbes.

H. — *salicaria*. Bonaparte.

H. — *polyglotta*. (Degland) Vieillot.

Phyllopneuste sibilatrix. (Bonaparte) Bechstein.

P. — *trochilus*. (Bonaparte) Linnée.

P. — *rufa*. (Bonaparte) Latham.

P. — *Bonelli*. (Bonaparte) Vieillot.

P. — *Eversmani*. Bonaparte.

Regulus cristatus. (Ray) Linnée.

R — *ignicapillus*. (Lichstenstein) Brehm.

Reguloïdes proregulus. (Blyth) Pallas.

Pyrrophthalma melanocephala. (Bonaparte) Gmelin.

P. — *Sarda*. (Bonaparte) de la Marmora.

Sylvia curruca. Latham.

S.— *cinerea*. (Bonaparte) Linnée.

S.— *conspicillata*. De la Marmora.

S.— *Subalpina*. Bonelli.

Curruca atricapilla. (Bonaparte) Linnée.

C. — *Ruppellii*. (Bonaparte) Temminck.

C. — *hortensis*. (Bonaparte) Gmelin.

C. — *orphœa*. (Boié) Temminck.

Adophonœus risorius. (Kanp) Bechstein.

Iduna salicaria. (Keysserling et Blasius) Pallas.

Philomela luscinia. (Bonaparte) Linnée.

P. — *major*. (Swainson) Brisson.

Calliope Kamtschatkiensis. (Bonaparte) Gmelin.

Rubecula familiaris. (Blyth) Linnée.

Cyanecula Suecica. (Blyth) Linnée.

C. — *cœrulecula*. (Bonaparte) Pallas.

Ruticilla phœnicura. (Bonaparte) Linnée.

R. —] *tithys*. (Bonaparte) Scopoli.

R. — *erythrogastra*. (Bonaparte) Guldenstadt.

R. — *aurorea*. (Bonaparte) Pallas.

Ruticilla erythronota. (Gray) Eversman.
Petrocincla saxatilis. (Bonaparte) Linnée.
Petrocossypha cyanea. (Bonaparte) Linnée.
Dromolœa leucura. (Bonaparte) Gmelin.
Saxicola œnanthe. (Bonaparte) Linnée.
S. —   saltator. Ménétriés.
S. —   stapazina. Koch.
S. —   albicollis. (Bonaparte) Vieillot.
S. —   leucomela. (Bonaparte) Pallas.
Pratincola rubetra. (Bonaparte) Linnée.
P. —   rubicola. (Koch) Linnée.
Accentor Alpinus. (Bechstein) Gmelin.
A. —   modularis. (Cuvier) Linnée.
A. —   montanellus. (Bonaparte) Pallas.
A. —   Temminckii. Brandt.
A. —   Altaïcus. Brandt.
Muscicapa atricapilla. Linnée.
M. —   collaris. Bechstein.
Butalis grisola. (Bonaparte) Linnée.
Erythrosterna parva. (Bonaparte) Bechstein.
Ampelis garrulus. Linnée.
Telephonus cucullatus. (Gray) Temminck.
Enneoctonus rufus. (Boié) Brisson.
Lanius excubitor. Linnée.
L. — meridionalis. Temminck.
L. — minor. Gmelin.
Leucometopon Nubicus. (Bonaparte) Linnée.
Perisoreus infaustus. (Bonaparte) Linnée.
Garrulus glandarius. (Linnée) Brisson.
G. —   melanocephalus. Bonelli.
G. —   Krymiki. Keleniezenko.
Cyanopica Cooki. (Bonaparte) Cook.
Pica caudata. Ray.
Nucifraga caryocatactes. (Linnée) Brisson.
Lycos monedula. (Boié) Linnée.
Corvus frugilegus. Linnée.
C. — corone. Linnée.
C. — cornix. Linnée.
C. — corax. Linnée.
Pyrrocorax Alpinus. Vieillot.
Fregilus graculus. Cuvier.
Sturnus vulgaris. Linnée.
S. —   unicolor. De la Marmora.

Pastor roseus. Wagler.
Plectrophanes nivalis. Meyer.
P. — *Lapponica*. Selby.
Cynchramus miliaria. Bonaparte.
Schœnicola arundinacea. Bonaparte.
S. — *intermedia*. Bonaparte.
S. — *pyrrhuloïdes*. Bonaparte
Emberiza Provincialis. Gmelin.
E. — *lesbia*. Gmelin.
E. — *fucata*. Pallas.
E. — *pusilla*. Pallas.
E. — *chrysophrys*. Pallas.
E. — *citrinella*. Linnée.
E. — *hortulana*. Linnée.
E. — *cirlus*. Linnée.
E. — *cia*. Linnée.
E. — *pythiornis*. Pallas.
E. — *rustica*. Pallas.
Fringillaria cœsia. Gray.
F. — *striolata*. Gray.
Euspiza melanocephala. Bonaparte.
E. — *aureola*. (Bonaparte) Pallas.
E. — *dolichonia*. Bonaparte.
E. — *luteola*. Blyth.
Coccothraustes coccothraustes. (Bonaparte) Brisson.
Fringilla montifringilla. Linnée.
F. — *cœlebs*. Linnée.
Passer montana. (Bonaparte) Linnée.
P. — *domesticus*. (Leach) Linnée.
P. — *Italiæ*. (Bonaparte) Vieillot.
P. — *salicicola*. (Bonaparte) Vieillot.
Petronia stulta. (Bonaparte) Gmelin.
Chlorospiza chloris (Bonaparte) Linnée.
Chrysomitris spinus. (Boié) Linnée.
Carduelis elegans. (Stephen) Linnée.
Citrinella Alpina. (Bonaparte) Scopoli.
Serinus meridionalis. (Bonaparte) Linnée.
S. — *pusillus*. (Braudt) Pallas.
Pyrrhula coccinea. (Selys de Lonchamps) Linnée.
P. — *rubicilla*. Pallas.
Loxia pytyopsittacus. Bechstein.
L. — *curvirostra*. Linnée.
L. — *rubrifasciata*. Brehm.

Loxia bifasciata. (Bonaparte) Brehm.
Corythus enucleator. (Cuvier) Linnée.
Uragus Sibiricus. (Keysserling et Blasius) Pallas.
Carpodacus roseus. (Kaup) Pallas.
C. —   erythrinus (Bonaparte) Pallas.
Erythrospiza gytaginea. (Bonaparte) Lichstenstein.
Leucosticte brunueinucha. (Bonaparte) Braudt.
L. —   griseonucha. (Bonaparte) Braudt.
L. —   arctous. (Bonaparte) Pallas.
L. —   Brandtii. Bonaparte.
Moutifringilla nivalis. (Brehm) Linnée.
Linota cannabina. (Bonaparte) Linnée.
L. — montium. (Bonaparte) Gmelin.
Acanthys rufcscens. (Bonaparte) Vieillot.
A. —   linaria. (Keysserling et Blasius) Linnée.
A. —   Holbollii. Brehm.
A. —   canescens. (Bonaparte) Gould.

PIGEONS.

Palumbus torquatus. (Leach) Linnée.
Columba livia. Brisson.
C. —   rupestris Bonaparte.
C. —   œnas. Linnée.

GALLINACÉS.

Turtur rupicola. (Bonaparte) Pallas.
T.—   aurita. (Bonaparte) Linnée.
T.—   Senegalensis. (Bonaparte) Brisson.
Phasianus Colchicus. Linnée.
Pterocles arenarius. Pallas.
Pteroclurus alchata. (Bonaparte) Pallas.
Syrrhaptes paradoxus. Illiger.
Tetrao urogallus. Linnée.
Lyrurus tetrix. (Swainson) Linnée.
Bonasia Betulina (Bonaparte) Scopoli.
Lagopus Scoticus. (Gray) Latham.
L. —   albus. (Bonaparte) Linnée.
L. —   Islandorum. Faber.
L. —   mutus. Leach.
L. —   Reinhardi. Brehm.
Tetraogallus Caspius. (Gray) Gmelin.
T. —   Altaïcus. Gebler.

Francolinus vulgaris. Stephen.
Caccabis rubra. ('Kanp) Brisson.
C. —   petrosa. (Bonaparte) Latham.
Perdix saxatilis. (Bonaparte) Bechstein.
Starna perdix. (Bonaparte) Linnée.
Coturnix communis. (Bonaparte) Bonnaterre.
Otis tarda. Linnée.
Tetrax campestris. (Bonaparte) Leach.
Hubara undulata. (Bonaparte) Jacquin.
H. — Macqueni. (Bonaparte) Gray.
OEdicnemus crepitans. Temminck.
Cursorius Gallicus. (Bonaparte) Gmelin.
Turnix Africana. (Bonaparte) des Fontaines.

GRALLES.

Squatarola Helvetica. Cuvier.
Pluvialis apricarius. (Brisson) Linnée.
Morinellus Sibiricus. (Bonaparte) Gmelin.
M. —   caspius. (Bonaparte) Pallas.
Cirrepidesmus pyrrhothorax. (Bonaparte) Temminck.
Charadrius hiaticula. Linnée.
C. —   curonicus. Beseke.
C. —   cantianus. Latham.
Haplopterus spinosus. (Bonaparte) Latham.
Vanellus cristatus. Meyer.
Chettusia gregaria. (Bonaparte) Pallas.
Glareola pratincola (Bonaparte) Linnée.
G. — Normanni. (Bonaparte) Fischer.
Strepsilas interpres. (Illiger) Linnée.
Hœmatopus ostralegus. Linnée.
Himantopus candidus. (Bonaparte) Bonnaterre.
Recurvirostra avocetta. Linnée.
Machetes pugnax. (Cuvier) Linnée.
Calidris arenaria. (Illiger) Linnée.
Limnicola pygmœa. Kook.
Tringa canutus. Linnée.
T. — maritima. Brunnich.
Ancylocheilus subarcuatus. (Kaup) Guldensted.
Pelidna cinclus. (Cuvier) Linnée.
P. — maculata. (Bonaparte) Vieillot.
Actodromus minutus. (Kaup) Leisler.
A. —   Temminckii. (Kaup) Leisler.

Catoptrophorus semipalmatus. (Bonaparte) Linnée.
Glottis canescens. (Wilson) Gmelin.
Totanus stagnatilis. Bechstein.
Erythroscelus fuscus. (Kaup) Linnée.
Gambetta calidris. (Kaup) Linnée.
Helodromos ochropus. (Kaup) Linnée.
Rhyncophilus glareola. (Kaup) Linnée.
Actitis macularia. (Illiger) Linnée.
A.— hypoleucos. (Bonaparte) Linnée.
Actiturus Bartramius. (Bonaparte) Wilson.
Limosa œgocephala. (Bonaparte) Linnée.
L. — Lapponica. (Bonaparte) Linnée.
Terekia cinerea. (Bonaparte) Guldenstedt.
Numenius arcuatus. (Leach) Linnée.
N. — phœopus. (Leach) Linnée.
N. — melanorhynchus. Bonaparte.
N. — tenuirostris. Vieillot.
Phalaropus fulicarius. (Bonaparte) Linnée.
Lobipes hyperboreus. (Cuvier) Linnée.
Scolopax rusticola. Linnée.
Gallinago major. (Bonaparte) Gmelin.
G. — scolopacinus. Bonaparte.
G. — Brehmi. (Bonaparte) Kaup.
G. — Sabinii. (Bonaparte) Vigors.
G. — caspia. J. Verreaux.
Limnocryptes gallinula. (Kaup) Linnée.
Macrorhamphus griseus. (Lench) Gmelin.
Rallus aquaticus. Linnée.
R.— cœrulesceus. Gmelin.
Porzana maruetta. (Vieillot) Brisson.
Zapornia pygmœa. (Leach) Neumann.
Z. — Pallasii. Leach.
Crex pratensis. Bechstein.
Porphyrio Veterum. (Bonaparte) Gmelin.
Gallinula chloropus. (Bonaparte) Linnée.
Lupha cristata. (Reichenbach) Gmelin.
Fulica atra. Linnée.
Grus cinerea. Bechstein.
Antigone leucogeranos. (Reichenbach) Pallas.
Anthropoïdes virgo. (Vieillot) Linnée.
Ciconia alba. (Linnée) Belon.
Melanopelargus niger. (Reichenbach) Belon.
Dromas ardeola. Paykull.

Ardea cinerea. Linnée.
A. — atricollis. Wagler.
A. — purpurea. Linnée.
Egretta alba. (Bonaparte) Linnée.
Garzetta egretta. (Kaup) Brisson.
Bubulcus Ibis. (Hasselquitz) Pucheran.
Buphus comatus. (Boié) Pallas.
Ardetta gutturalis. (Gray) Smith.
Ardeola minuta. (Bonaparte) Linnée.
Botaurus stellaris. (Stephen) Linnée.
B. — lentiginosus. Montagu.
Nycticorax griseus. (Stephen) Linnée.
Falcinellus igneus. (Bonaparte) Gmelin.
Platalea leucorodia. Linnée.
Phœnicopterus roseus. Pallas.

NAGEURS.

Pelecanus crispus. Bruch.
P. — onocrotalus. Linnée.
P. — minor. Ruppell.
Sula Bassana. (Bonaparte) Linnée.
S. — Lefebvrii. Baldamus.
Phalacrocorax carbo. (Dennont) Linnée.
Graculus cristatus. (Gray) Faber.
Haliœus pygmœus. (Illiger) Pallas.
Podiceps cristatus. Linnée.
P. — subcristatus. Jacquin.
P. — auritus. Linnée.
P. — Slavus. Bonaparte.
Tachybaptes minor. (Reichenbach) Linnée.
Cycnus olor. Linnée.
Olor Cycnus. (Wagler) Linnée.
O. — minor. (Bonaparte) Pallas.
Chen hyperborea. (Brehm) Pallas.
Anser arvensis. Brehm.
A. — segetum. (Bonaparte) Gmelin.
A. — cinereus. (Bonaparte) Meyer.
A. — Bruchii. Brehm.
A. — albifrons. (Bonaparte) Gmelin.
A. — minutus. Neumann.
Chloephaga canagica. (Eyton) Stewart.
Bernicla leucopsis. (Bonaparte) Bechstein.

Bernicla branta. (Brünnich) Pallas.
B. —   ruficollis. (Bonaparte) Pallas.
Chenalopex Ægyptiaca. (Stephen) Gmelin.
Casarca rutila. (Bonaparte) Pallas.
Tadorna Bellonii. (Leach) Ray.
Anás boschas. Linnée.
Chaulelasmus streperus. (Gray) Linnée.
Rhyncaspis clypeata. (Leach) Linnée.
Pterocyanea querquedula. (Bonaparte) Linnée.
Querquedula crecca. (Stephen) Linnée.
Eunetta formosa. (Bonaparte) Georgi.
Marmaronetta angustirostris. (Reychenbach) Ménétriés.
Daphila acuta. (Leach) Linnée.
Mareca penelope. (Stephen) Linnée.
Somateria mollissima. (Leach) Linnée.
S. —   nigra. Gray.
S. —   spectabilis. (Leach) Linnée.
Stellaria dispar. (Bonaparte) Sparmann.
Pelionetta perspicillata. (Kaup) Linnée.
Melanetta fusca. (Boié) Linnée.
M. —   Deglandi. Bonaparte.
Oidemia nigra. (Flemming) Linnée.
Fuligula cristata. (Stephen) Gray.
Marila frenata. (Reichenbach) Eparmann.
Nyroca leucophthalma. (Flemming) Guldensted.
Aythia ferina. (Boié) Linnée.
Callichen rufina. (Boié). Pallas.
Harelda glacialis. (Leach) Linnée.
Clangula glaucion. (Flemming) Linnée.
C. —   Islandica. (Flemming) Gmelin.
Histrionicus torquatus. (Lesson) Brünnich.
Erysmatura leucocephala (Bonaparte) Scopoli.
Merganser castor. (Bonaparte) Linnée.
Mergus serrátor. Linnée
Mergulus albellus. (Bonaparte) Linnée.
Fulmarus glacialis. (Stephen) Linnée.
Thalassidroma Leachii. (Vigors) Temminck.
Procellaria pelagica. Linnée.
Oceanites Wilsonii. (Keysserling et Blasius) Bonaparte.
Nectris fuliginosus. Keysserling et Blasius.
Puffinus Kuhlii. (Boié) Temminck.
P. —   major. (Bonaparte) Faber.
P. —   Anglorum. Temminck.

Puffinus Barrowi. Bonelli.
P. — obscurus. (Audubou) Gmelin.
P. — Yelkouan. (Bonaparte) Acerbi.
Stercorarius cataractes. (Gray) Linnée.
Lestris pomarinus. Meyer et Wolf.
L. — parasiticus. (Illiger) Linnée.
L. — coprotheres. Brünnich.
L. — cephus Keysserling et Blasius.
Dominicanus marinus (Bruch) Linnée.
Leucus glaucus. (Bonaparte) Brünnich.
L.— arcticus. (Bonaparte) Mac-Gillevry.
L.— leucopterus. (Bonaparte) Faber.
Laroïdes argentatus. (Bruch) Brünnich.
L. — argentaceus. (Bonaparte) Brehm.
L. — Michaellisii. (Bonaparte) Bruch.
L. — leucophœus. (Bonaparte) Lichtenstein.
Clupeilarus fuscus. (Bonaparte) Linnée.
C. — cachinnans. (Bonaparte) Pallas.
Gavina Audouini. (Bonaparte) Payrandeau.
Larus canus. Linnée.
L.— hibernus. Gmelin
L.— niveus. Pallas.
Rissa tridactyla. (Bonaparte) Linnée.
Gelastes Lambruschini. Bonaparte.
G. — columbinus. (Bonaparte) Golowactsch.
Pagophyla eburnea. (Kaup) Gmelin.
P. — nivea. (Bonaparte) Brehm.
Rhodostethia rosea. (Bonaparte) Mac-Gillevry.
Icthyaetus Pallasii. (Kaup) Pallas.
Gavia melanocephala. (Bonaparte) Natteres.
G.— ridibunda. (Bonaparte) Linnée.
G.— capistrata. (Bonaparte) Temminck.
G.— Bonapartii. (Bonaparte) Swainson.
Hydrocolœus minutus. (Kaup) Pallas.
Xema Subinii. Leach.
Sylochelidon Caspia. (Bonaparte) Pallas.
Haliplana fuliginosa. (Wagler) Gmelin.
Gelochelidon Anglica. (Brehm) Montagu.
Thalasseus cantiacus. (Boié) Gmelin.
Sterna paradisea. Brünnich.
S.— hirundo. Linné.
S.— fluviatilis. Naumann.
Sternula minuta. (Boié) Linnée.

Hydrochelidon fissipes. (Boié) Linnée.
H. — *nigra.* (Boié) Linnée.
H. — *hybrida.* (Bonaparte) Pallas.
Anous stolidus. (Leach) Linnée.
Colymbus glacialis. Linnée.
C. — *arcticus.* Linnée.
C. — *septentrionalis.* Linnée.
Pinguinus impennis. (Bonnaterre) Linnée.
Alca torda. Linnée.
Mormon arctica. (Illiger) Linnée. –
M. — *corniculata.* (Bonaparte) Kittlitz.
Ciceronia nodirostris. (Reichenbach) Bonaparte.
Thyloramphus pygmœus. (Brandt) Gmelin.
Phalerys psittacula. (Bonaparte) Pallas.
Uria troïle. (Brisson) Linnée.
U. — *Reingwia.* Brünnich.
U. — *arra.* Pallas.
U. — *grylle.* Linnée.
Synthliboramphus antiquus. (Brandt) Latham.
Mergellus alle. (Linnée) Ray.

LISTE ALPHABÉTIQUE

DES NOMS PROPRES

D'AUTEURS, DE VOYAGEURS, ETC., CITÉS.

A — Pages.

Agassiz (le Docteur). 482
Albert-le-Grand. 87, 113
Aldrovande 1, 83, 299
Aquapendente (Fabricius d'). . . 39, 93, 148
Aristote. . VIII, 112, 113, 114, 115, 116, 117, 168, 347
Aubert (le père). 91
Aublet. 404
Aucapitaine (le Baron H.). . . . 90
Audouin 53
Audubon 227
Avicenne 113
Azara (d'). 164, 230, 408, 503

B

Baedeker. 55, 491, 492
Baillon 50, 53
Baracé (de) 53
Barrère 248, 250
Bartholin *(Bartholinus)* 87, 91, 98
Bechstein. 244
Bécœur 51
Behr 88
Belon. 1, 113
Berge 48, 86, 93, 116, 124, 174
Berneaud (Thiébault de). . . . 46, 55
Bévallet (père) 51
L. Bévallet 489
Bigot de Préaméneu 51
Blainville (de) . . XIV, 68, 69, 119, 168, 209, 211,
245, 439, 541, 452, 453, 517

554   LISTE ALPHABÉTIQUE

Blyth 218, 221
Boié 225
Bomare (Valmont de). 18, 82, 93, 183, 378, 390, 419
Bonaparte (S. A. le Prince Charles). v, xi, 5, 71, 72,
   118, 120, 124, 144, 186, 192, 194, 205, 206, 230,
   243, 245, 258, 261, 270, 274, 276, 277, 282, 284,
   285, 287, 293, 295, 296, 302, 305, 321, 324, 326,
   332, 357, 339, 342, 345, 354, 359. 368, 369, 375,
   382, 387, 388, 420, 433, 436, 440, 443, 444, 445,
   456, 459, 461, 462, 465, 469, 500, 508, 510, 511,
   518, 520
Bonnaterre (l'Abbé). 28, 59
Bonnet 61
Boulez (Madame), de l'Aulnay . . 77
Bourcier 266
Bourrit (le Pasteur). 52
Brewer 35, 492, 493, 495
Brisson 270, 420, 439, 441, 444
Buffon. 16, 61, 73, 86, 89, 98, 138, 158, 161, 169,
   179, 180, 181, 182, 183, 184, 248, 249, 255, 299,
   311, 330, 331, 377, 378, 389, 390, 403, 405, 419,
   438, 459
Buhle. 36, 39, 98, 104, 105, 110, 116, 121, 124, 146,
   148, 158, 161, 164, 167, 174, 222, 366, 499
Buquet 51

C

Cabot (Sir), de Boston. 490
Canino (le Prince de) 388, 391, 392
Cardan 87, 113, 114
Carus. 123, 148, 153, 154, 156
Cassini. 89
Castelnau (le Comte de). 306, 308, 314, 503, 509, 520
Columelle. 113, 347
Cornay (le Docteur). . . . . xiv, 498, 499, 500
Crescent (Crescentius). 113
Crespon (de Nîmes). 52, 393
Cuvier (Georges). vii, 51, 267, 268, 285, 288, 308,
   378, 422, 440, 449, 451, 463, 476, 487, 519, 520

D

Darwin 283
Daudin 34, 183, 185, 285

Degland 52, 220
Delaberge. 526
Delalande. 51, 487
De la Motte (d'Abbeville) 53, 81
De la Peyronie 98
Delattre (A.) 511
Delessert (le Baron Benjamin) . . 51
Des Murs (O.) . . . 90, 192, 252, 284, 483, 489
Deville (Emile) . . . 384, 395, 402, 503, 504, 509
Deyrolles 51
Dubois-Normand, de Nogent-le-Rotrou. 498
Dufresne 77
Duméril (père). 96, 150, 168, 257, 439,
440, 441, 442, 444
Dumont Sainte-Croix 52, 53
Dupont (les frères) 51

E

Earl (P.) 521, 522
Escalles (Marcorel, Baron d'). . . 99
Eschscholtz 370
Esholt *(Esholtius)* 88
Evans. 51
Eyton. 371, 501

F.

Faber 111
Fabvier 388, 393
Figuier (L.). 486
Flemming 357, 595
Flourens 158
Forster 521
Fourcroy 121, 164
Fournier 170
Fraser (le Capitaine) 514
Fraser-Walter 513
Fresnaye (le Baron de la). XVII, 53, 58, 71, 209, 243,
277, 283, 326, 327, 356, 370, 386, 387, 397, 445,
449, 455, 462, 464, 476, 479, 517, 522

G.

Gahreliep. 80
Garmann *(Garmannus)*. 76, 81

Garnot   283
Gay (Claude) 284, 460
Geoffroy-St-Hilaire (Etienne). VII, 51, 71, 113, 117
Geoffroy-St-Hilaire (Isidore). XIV, XV, 144, 162, 168,
   194, 209, 258, 268, 276, 422, 439, 485, 487, 514
Gerbe (Z.) 76, 113, 140, 154, 155, 168,
              186, 188, 220, 221, 391
Gerbes *(Gerbesius)*   76
Gessner   1
Gili   59
Gmelin 138, 420
Gockel *(Gockelius)*   85
Goudot (Justin). 51, 249, 251, 255, 377, 384, 408, 488
Gould (John). 51, 53, 231, 266, 274,
              278, 290, 371, 435
Graves.   35
Gray (R.). 274, 277, 310, 339. 379, 381, 397, 420,
    439, 440, 441, 442, 443, 444, 456, 517
Guérin-Méneville   89
Guetius   88
Guettard 18, 45, 62, 73, 75, 81, 84,
         89, 135, 146, 149, 299
Guiton (le Docteur).   XV
Gunther 11, 115, 146, 167

H.

Hagendorn   85
Hallen.   11
Hardy (de Dieppe) 78, 80, 82, 109, 317,
            332, 361, 485
Hartlaub   511
Harvey. 85, 87, 98
Hautessier   261
Helving   5
Hermann (A. L.)   280
Hewitson (Will.) 46, 56, 218
Hugel (le Baron)   45
Humboldt (le Baron de)   261

I.

Illiger. 258, 378, 420, 440, 519, 526

J.

Jardine (S. Wil.) 55, 305, 339, 501
John 168
Jonston. 1
Jourdan (le Docteur). 148
Jung *(Jungius)*. 87
Jussieu 30

K.

Klaussen (de Rio-Janeiro) . . . 51
Klein 8, 62
Koch 503

L.

Lacépède (le Comte de) . . . . VII, 439
Lachmund *(Lachmundius)* . . . 88
Langl. *(Langlius)* 61
Lapierre (le Professeur). XVII, 30, {62, 67, 83, 113,
            146, 174, 175, 176, 184, 185, 186, 285
Latham. 328, 378, 420, 439
Latreille 253, 258, 305, 378, 440, 519
Leclerc (Oscar) 55
Lefebvre (Auguste) 55
Lefebvre (le Lieutenant Théophile). 210
Lesson . 53, 223, 255, 258, 261, 277, 278, 283, 288,
            308, 322, 378, 382, 398, 410, 420, 440, 476
Leste 15
Levaillant. 53, 218, 223, 271, 318, 322, 357, 393, 509
Lewin 29
Lherminier (le Docteur), de la Gua-
    deloupe. XIV, 55, 68, 69, 119, 209, 211, 214, 256,
    261, 269, 385, 397, 398, 399, 400, 403, 404, 406,
    451, 452, 453, 466, 506, 518, 520, 522, 524, 526,
    527.
Lichtenstein 322, 420, 526
Linck 16
Linnée. . . VII, 268, 346, 378, 404, 420, 440, 441
Liwingston (le Docteur David). . . 238, 241
Lobo (le Père) 215
Loche (le Capitaine) 287
Lorcau (Madame) 239

M

Malan (le Révérend 55
Malherbe 393
Malpighi 61
Manesse (l'Abbé). 24, 84, 121, 122, 123, 148, 149,
    150, 153, 154, 157, 170, 172, 174, 285, 487
Marcilly (Henri) 81
Mariette. 429, 430
Marsigli (le Comte de) 1
Martin (de Londres) 192
Mauduyt. 25, 45, 248, 290
Melleville 516, 517
Ménétriés 250
Meyen 283
Meyer 50
Michelet. 414
Montbeillard (Guéneau de) . . . 244, 264
Moquin-Tandon. 44, 52, 60, 73, 80, 81, 85, 91, 95,
    101, 104, 110, 127, 136, 139, 158, 161, 165, 221,
    245, 284, 300, 326, 327, 329, 479, 485, 491
Morogues (le Baron de) 89, 91
Muller 29
Müller (John) 263
Müller (Sal.) 53, 223
Mulsent 266

N

Naumann 36, 39, 499
Nesle (le Marquis de) 390, 394
Neuwied (S. A. le Prince Max. Wied de). 422, 526
Nitzsch XIV
Nozemann 11
Nuttall 225
Nymphus 112

O

Obeuf (le Docteur). 470, 475, 477, 479
Orbigny (Alcide d'). . . . 50, 51, 53, 409, 421,
            490, 495, 526
Oudart 278
Ozery (d') 504
Owen (le Docteur R.). 361, 364

P

Pakman. 272
Pardzudaky (père). 51
Pareyss (de Vienne) 51
Parmentier. 60, 85, 96, 97
Pelletan (le Docteur). 51
Pennant. 135
Pernetty. . . . .
Perrache (Gustave), d'Abbeville. . 55
Perrot (père) 51
Petherick (John) 434
Petit. 89
Petit (le Docteur). . . . . .
Plaza (le Père). . . . . . .
Pline VII
Polisius. 102
Pompone (le Curé de) 135
Poncel (de Buenos-Ayres) . . .
Portland (la Duchesse de) . . . 29
Prévost (Alphonse). 376, 489
Prévost (Florent). 51, 77, 113, 117, 118, 243, 440, 485
Purkinje. 123, 135

R

Ramon de la Sagra 50, 421
Ray 1, 244
Réaumur (de). 10, 61, 81, 89, 135, 149
Reichenbach. 339, 382, 397, 422, 518, 520, 525, 526
Reisel (Reiselius). 85
Reyger 8
Rommel-Cleyer (Rommelius-Cleyerus). 81, 83, 84
Roulin (le Docteur) 261
Roux (Polydore) 45
Rozier (l'Abbé) 91
Rüppell. 210, 328

S.

Sacc 160
Salerne 243, 244
Samson (Docteur) 88
Saussure (de) 325
Schaeffer 381, 439

Schindel (le Conseiller)   11
Sching (le Docteur). 39, 45, 135
Schlegel. 52, 267, 337, 342
Schmiedel (le Conseiller Aulique) .   16
Schonburgck   504
Schraderius . . . .
Schults   51
Schwenkfeld   5
Sclater (Philip Lutlen). . . . 55, 290, 305, 313
Scopoli.   439
Seger (*Segerius*)   85
Sepp   11
Serveau 430, 490
Shaw.   157
Simon   51
Sikes (le Major)   328
Smith (le Docteur) 52, 323, 328, 329
Smithson, de Washington   493
Sonnini (de Manoncourt) . . . 23, 255, 391, 403
Sparmann   215
Spix 419, 420, 526
Stendal   35
Steller . . . 5, 62, 108, 113, 117, 134, 164, 167
Strickland 516, 517
Susemith   51
Swainson 270, 278, 328

T

Taczanowski   299
Taleyrand (le Prince de)   398
Taylor (de Monterey)   501
Temminck. 52, 165, 221, 258, 306, 337,
                 378, 390, 422, 439, 500
Thienemann (le Docteur). 40, 45, 52, 53, 123, 140,
   148, 168, 173, 177, 213, 224, 280, 298, 323, 353,
   358, 368, 373, 376, 385, 393, 394, 416, 461, 467,
   470, 477, 489
Toussenel . . . . . . , XIV, 71, 407, 414, 522
Tromendorf   121
Trudeau (le Docteur) de New-Yorck.   490
Tyzenhauz (le Comte de)   53

V.

Vauquelin. 95, 96, 98, 121
Velsch (*Velschius*) 88
Verreaux (Edouard) 53, 322, 434
Verreaux (Jules). 53, 192, 215, 223, 224, 251, 234,
   237, 258, 241, 260, 267, 271, 272, 274, 277, 278,
   279, 288, 322, 357, 342, 409, 434, 438, 459, 470,
   473, 477, 478, 479, 507
Verreaux (père) 51
Vieillot. . 52, 176, 227, 230, 276, 278, 288, 365,
        378, 390, 397, 420, 440, 471
Vigors. 321, 420
Virey 60, 96, 150

W

Wagler 359, 376, 422
Weddell (le Docteur) 384
Wedel *(Wedelius)* 98
Willughby 1
Wilson 37, 53
Wilson (Edward) de Liverpool . . . 495
Wilson (le Docteur T. B.) de Philadelphie. 510, 495

Z

Zinanni (le Comte de) 4
Zorn 11

NOTICE ALPHABÉTIQUE

DES

OUVRAGES CONSULTÉS OU CITÉS.

A.

Pages.

Acta physica Medic, etc. 88
Agri Romani Historia Naturalis. Auctore Gili 59
Agriculturâ (de). Crescentius 115
Analyse du Système général d'Ornithologie, par Temminck. 258
Annales de la Société Linnéenne de Paris . . 44, 60, 73, 80, 81, 91, 95, 101, 156, 137, 158, 165
Annales du Muséum d'Histoire Naturelle de Paris . . . 508
Annales (Nouvelles) du Muséum d'Histoire Naturelle de Paris 261
Annales des Sciences Naturelles 192, 261
Arch. fur Anat. phys. von Müller. 1842 263
Arrangement of the Genus Thamnophilus, by Sclater. 1855 . 291
Ateneo Italiano 397
Atlas des Œufs des Oiseaux d'Europe, par Auguste Lefebvre. 1844 53
Aves Brasilienses. 419

B.

Beagl's Voyage 571
Bechreibund und Abbildung der Eier, und Nester der Vogel et von Schinz. 1818-1830. *Zurich* 39
Birds (the) of Great Bretain by Lewin. London, 1795-1800. 29
Bulletin de la Société Philomatique de Paris 95, 121, 209
Bulletins de la Société Zoologique de Londres 495

C.

Catalogue méthodique de la Collection des Mammifères et Oiseaux du Muséum d'Histoire Naturelle de Paris, par M. Isid. Geoffroy-Saint-Hilaire. 1851. . . . . . . 194, 434.

Classification Ornithologique par Séries, par le Prince
     Ch. Bonaparte. 1853   243
Collection Académique, Française et Étrangère . . .   18, 98
Collection de Nids et d'Œufs de divers Oiseaux tirés du
     cabinet de M. le Conseiller Schindel et de celui de
     l'Auteur (Gunther)   11
Commentaria (Nova) Academiæ Petropolitanæ 113, 164
Comparaison des Œufs des Oiseaux avec leurs Squelettes.   209, 357, 367,
                                                 386, 447, 452, 464
Compléments à Buffon   258
Comptes-Rendus de l'Académie des Sciences de Paris. .   161, 192, 243,
                                                 369, 383
Conspectus Generum Avium, par le Pr. Ch. Bonaparte. 1850.   v, 243, 325, 339,
                                                 369, 469
Conspectus Systematis Ornithologiæ, par le Pr. Ch. Bona-
     parte. 1851 . . . .   118, 192, 261
Contemplation de la Nature, par Bonnet   61
Contribution of the Ornithology 218, 305
Contributions Ornithologiques   501
Cours professés au Muséum d'Histoire Naturelle de Paris,
     par M. Isid. Geoffroy-Saint-Hilaire 379, 422

D.

Danubius Panonico-Mysicus, par Marsigli   2
Description des Œufs et des Nids des Oiseaux qui pondent
     dans la Suisse, dans l'Allemagne et dans les Pays voi-
     sins. 1818-1830, Schintz   39
Dictionnaire des Sciences Naturelles   261
Dictionnaire d'Histoire Naturelle, par Valmont de Bomare.   19, 22, 95, 419
Dictionnaire (Nouveau) d'Histoire Naturelle   60
Dictionnaire (Nouveau) d'Histoire Naturelle appliquée aux
     Arts 32, 60, 85, 96, 97, 176
Dictionnaire pittoresque d'Histoire Naturelle 113, 140, 154
Dodo and its Kindred (the). London, 1848   516

E.

Echo du Monde Savant   398
Eier der Vögel Deutschlands, etc. Naumann et Buhle, 1818.   35, 98, 116
Eier (die) der Europeischen Voegel, von Baedeker. Leipsig,
     1858   53
Eléments des Sciences Naturelles, par Duméril père . .   168
Elementa Zoologica. 1774, par Schœffer . . . .

Encyclopédie d'Histoire Naturelle. 208, 210, 211, 215, 225, 230, 238, 243,
    244, 248, 258, 263, 266, 269, 271, 273, 274, 277, 284, 286, 300, 303,
    326, 330, 337, 347, 382, 391, 395, 443
Encyclopédie (Grande)   83
Encyclopédie Méthodique 23, 248
Encyclopédie (Nouvelle) Méthodique. 28, 59
Exotica Clusii.   138
Exploration dans l'intérieur de l'Afrique Australe, etc., par
    Livingstone. 1849.   258
Essai sur l'Histoire Naturelle de la France Equinoxiale,
    par Barrère   250
Expédition Américaine du Beagle. . . . .
Expédition de M. de Castelnau. Historique du Voyage. .
Expédition d'Islande (Ancienne) . . . .

F.

Fauna Italica   391
Formatione (de) Pulli in Ovo. Londini, 1670, par Malpighi.   61
Fortpflanzungsgeschichte der gesammten Vogel nach den gegen-
    wartigen Standpunkte der Wilseuschaft. Leipsig, 1845-1856,
    von Thienemann 54, 300
Fortpflanzung. Europ. Vogel. Stuttgard, 1840, von Berge. .   48
Fauna Chilena, par Cl. Gay   284

G.

Galeries des Oiseaux, par Vieillot 278, 471
Gammlung von Nestern und Eyern Verschedener Vogel. Nurem-
    berg, 1772, von Gunther.   115
Generatione (de) Animalium. Exercitationes. Lugd. Batav.
    1737, Harvæi. 61, 83, 87
Generatione (de) Animalium. Aristote   60

H.

Histoire de l'Académie des Sciences de Paris   99
Histoire des Monstres. Aldrovande   83
Histoire générale de la Nature. Buffon   61
Histoire Naturelle de Buffon . . .   23, 50, 72, 89, 98, 113, 158, 179,
                                      182, 244, 248, 330, 390, 419
Histoire Naturelle de l'Ile de Cuba   421
Histoire Naturelle des Oiseaux des Pays-Bas. Nozemann
    et Sepp. 1770. . . . .   11, 86
Histoire Naturelle des Oiseaux d'Afrique, par Levaillant.   271, 319, 542
Histoire Naturelle des Pigeons.   338

566

Histoire Naturelle des Sucriers, par Levaillant. . . . 271
Histoire Naturelle générale des Règnes Organiques, par
  Is. Geoffroy-Saint-Hilaire 484
Histoire physiologique des Œufs 36
Historia Animalium. Aristote. 112
Hortus Saturgianus. 1740. Helving 6

I.

Ibis (the) Magazine ot general Ornithology . . . 48, 218, 305, 313, 435,
  496, 508, 511
Illustrations of British Birds and their Eggs. by Meyer. 1841-
  1849 50

J.

Journal de Physique, de Chimie et d'Histoire Naturelle . 245, 455
Journal des Connaissances utiles 114
Journal (new) Philosophical. Edimburg 291

L.

List of Genera. 382

M.

Magasin de Zoologie de la Société Cuviérienne. VIII, 55, 66, 68, 120, 250,
  250, 243, 247, 252, 254, 256, 257, 350, 374, 379, 382, 384, 418, 485,
  488.
Magazine (New-Philosophical). Edimburgh. 455
Manuel de l'Amateur des Oiseaux de volière, par Bechs-
  tein. 244
Manuel des Oiseaux d'Europe. 1820. Temminck . . .
Manuel d'Ornithologie. 1821. Temminck 165, 422
Manual of the Ornithology of the Unit. St. and of Canada.
  1832. by Nuttall 227
Mémoire sur l'Oologie, ou sur les Œufs des Animaux. . 44
Mémoires de la Société Linnéenne de Paris. 2, 11, 269
Mémoires d'une Société célèbre 91
Mémoires sur différentes parties des Sciences et des Arts.
  1783. Guettard 19, 81, 89, 149
Miscellanea Naturæ Curiosorum. . . . 76, 80, 81, 83, 84, 82, 87, 88, 98
Monographie des Myiothérinés. Ménétriés 250

N.

Nature (de la) des Oiseaux. Belon 115
Nederlandsch Vogelen. Amsterdam, 1770, *von Nozemann et Sepp*. 11
Nester (die) und Eier der Vogel. Stuttgard, 1843, Anonyme. 53

Notes et Considérations Oologiques sur la place à assigner au Genre Ornithologique Flamant (*Phœnicopterus*). . .

Notes et Observations sur la ponte des Oiseaux qui se trouvent à l'Ouest de la France. Lapierre (Ed. de Buffon par Sonnini) . . . .   XVII, 85

Notes Manuscrites de Zoologie Tasmanienne et Australienne, par J. Verreaux.   289

Notes Ornithologiques sur la Collection Delattre. 1854, par le Prince Ch. Bonaparte 293, 511

Notice et Considérations Oologiques sur le Genre Ornithologique Caurale (*Ardea hélias*). . . . .

Notice et Considérations Oologiques sur la Classification du Genre Ornithologique Courlan ou Courliri (*Aranus*).

Notice et Considérations Oologiques sur le Genre Ornithologique Poule-Sultane (*Fulica Porphyrio*, L.)   528

Notice et Considérations Oologiques sur le Genre Ornithologique Rupicole ou Coq de Roche . . . .

O.

Observationes de Generatione Animalium, et Ovo incubato. 1674, Harvey   61

Œufs des Oiseaux d'Allemagne et des Pays voisins. 1818, Naumann et Buhle   36

Oiseaux (description des) de l'Allemagne, avec leurs Nids et leurs Œufs. Nuremberg, 1795-1800, Muller . . .

Oiseaux de la Grande-Bretagne, avec leurs Œufs. 1795-1800, Lewin   29

Oiseaux de l'Amérique Septentrionale. Vieillot   227

Oiseaux de l'Amérique du Sud (Expédition de Castelnau), par O. des Murs 306, 503, 505, 520

Oiseaux du Chili. Meyen   283

Oologie de l'Amérique du Nord. 492, 496

Oologie Européenne (manuscrite), par l'abbé Manesse, 1800. . . . .   27, 85, 121, 148

Oology (*British*), *by W. Hewitson. Newcastl*, 1832 . . .   43

Oology North-American, etc., by Brewer. 1859.   56

Opera Alberti Magni   87

Opera Avicenne   113

Ornithologia Powsezchna. Tyzenhautz   52

Ornithological Biography by Audubou.   217

Ornithologie Britannique.   35

Ornithologie de l'Amérique Septentrionole, par Wilson .   53

Ornithologie de l'Ile de Cuba, par d'Orbigny   51

Ornithologie Européenne, de Degland. 1849   220
Ornithologie Passionnelle 522, 525
Ornithologie Provençale, de Poly-Roux   45
Ornithologie de Salerne   244
*Ova Avium plurimarum, Auctore O. des Murs, e Societate
    Cuvierianá, Parisiis, collecta.* 1842 . . . .
Ovarium Britannicum. by Georges Graves. London, 1816 .   35
Ovographie Ornithologique, par O. des Murs. 1842 . .   488

P.

Planches Enluminées de Temminck   306
Principes d'Adénisation, par le Docteur Cornay, de
    Rochefort. 1859   499
Procedings Zoological Society of London 310, 361, 435
Pterylographie (System der). Halle, 1840. Nitzsch . . .   XIV

R.

Recherches sur l'Appareil Sternal des Oiseaux. 1828.
    Lherminier.   209
Règne Animal. G. Cuvier. . . . .   IX, 252, 420, 449, 476
Reproduction des Oiseaux (sur la), par Berge. Stuttgard,
    1840-1841.   174
Rerum (de) Varietate. Cardan. 87, 113
Revue et Magasin de la Société Cuviérienne.   xv, 7, 9, 55, 82, 89, 95, 109,
                284, 299, 306, 326, 362, 384, 399, 406, 485, 491, 496
Revue et Magasin de Zoologie. 506, 508, 509, 520, 521, 522, 526, 527, 528
Revue Zoologique de la Société Cuviérienne.   VIII, 54, 55, 68, 148, 157,
    161, 164, 170, 209, 252, 260, 261, 277, 357, 378, 383, 384, 388, 394,
    457, 464, 475, 476, 479, 488.

S.

*Sammlung von Nestern und Eyern Verschiedener Vogel.
    Nuremberg*. 1772.   11
Smithsonian Institution.   493
Société Smithsonienne   493
Société Zoologique de Londres   364
Symbolæ ad Ovi Avium historiam ante incubationem. Leipsick,
    1830. *Purkinje*   123
Systema Naturæ. Linnée   138
Systema Oologicum (Classis Avium), ab O. des Murs . . .   195, 336
Systematic (A.) Catalogue of the Eggs of British Birds. 1848.
    R. Malan   55

T.

Tératologie par M. Isid. Geoffroy-Saint-Hilaire   483
Traité élémentaire d'Anatomie comparée. 1835. Carus. .   123, 148
Traité d'Oologie.   496
Traité d'Ornithologie. 1800. Daudin. 34, 183
Traité d'Ornithologie. 1830. Lesson 255, 261, 288, 476
Traité sur la manière d'empailler et de conserver les
    Animaux. Abbé Manesse   27

U.

Uova (delle) e dei Nidi degli Uccelli. Venezia. 1735. Zinanni.   4

V.

Voyage aux Régions Equinoxiales du Nouveau Continent,
    de Humbold   26
Voyage dans l'Amérique Méridionale et au Paraguay,
    d'Azara. 164, 230
Voyage dans l'Amérique du Sud, etc., par le comte de
    Castelnau 395, 405
Voyage de la *Coquille*   283
Voyage du *Beagle*   283
Voyage de l'*Erebus and Terror*   521
Voyage en Abyssinie, par le Capitaine Th. Lefebvre . .   210

Z.

Zoologia Arctica. Pennant   33
Zoologie Analytique. 1806. Duméril père   257
Zoologie de la *Coquille*   310
Zoologie Tasmanienne et Australienne mss.   289

TABLE ALPHABÉTIQUE GÉNÉRALE.

	A.	**Pages.**
Abba-Gumba		245
Abou-Makoub		435
Abyssinie		210
Abyssins		245
Académie des Sciences de Paris		89
Académie des Sciences Naturelles de Philadelphie		485
Académie de Berlin		263
Acanthys		334
A. — linaria		219
Acanthyza		300
A. — chrysorrhœa		224
Acanthyzes		301
Accentor		294
A. — modularis		219
Accipiter brachydactylus		502
A. — Cooperi		502
A. — nisus		498, 502
Accipitres		68, 205
A. — Diurnes		118, 143, 145
Acridotheres		324
A. — cristatella		324
A. — tristis		324
Adénisation		499
Ægyalites		364, 429
Ægotheles		260
Ægythina		300
Afrique		185, 216, 470
A. — Australe		238

Afrique Orientale	245
A. — Septentrionale	287
Agami (et Agamis)	417, 520
Agelaïnœ	324
Agelaïus	326
Agriornithinœ	291
Aigle de Jupiter	x
Aigle (et Aigles)	206, 517
Alauda	287
Alaudidœ	185, 264
Alaudidés	284, 285, 465
Alaudinœ	243, 286, 287
Alaudinés	286
Albatros	459
Alca	166, 467, 482
A. — alle	467
A. — arctica	467
A. — cirrhata	467
A. — impennis	468, 481
A. — psittacula	467
A. — torda	112, 467
Alcedo	353
Alcedinidœ	64, 243
Alcédinidés	128, 236, 247
Alcedininœ	237
Alcidœ	65, 71, 186, 466, 467
Alcidés	128, 460, 467, 469, 481
Alcinœ	468
Alcinés	468, 469
Alcyons	182
Alectores	410
Alectorides	94, 129, 193, 375, 443, 507, 518
Alectorides	120, 365, 375
Algérie	287
Allemagne	39, 148
Alouette	40, 185, 284
Alphabet Chinois	468
Altrices	337, 443, 445
Amadina	332
Amarillo de pena	255
Amazone (Haut)	306, 307, 385, 509
Amérique Equatoriale	251
A. — du Centre	131

Amérique du Sud 131, 164, 518
A. — Septentrionale. . . . 292
Amitus 296
Ampelidæ 304, 305, 508
Ampelinæ 305, 508
Ampelis 258
Amsterdam. 11
Anabates puncticollis 282
Anabatidæ 281
Anabatidés. 281
Anabatinæ 281
Anabatoïdes 282
Ananas. 404
Anas. 94
A.— domestica 457
A.— leucocephala 458
A.— leucophthalma . . . . .
Anastomus 42i
Anatidæ 64, 443, 456
Anatidé (et Anatidés). . . . 138, 147, 436, 440,
441, 444
Andes Equatoriales 313
Andropadus importunus 216, 291
Anglure. 150
Anhingas 65, 70, 129, 137, 448
Animaux Terrestres 26
Aninga (Vég.) . . . .
Ani (et Anis). . . . 129, 131, 132, 229, 230, 488,
502, 503, 506, 515, 527
Anisodactyles 119
Anonacea 255
Anser. 81
A.— albifons 457, 458
Anseres 145, 445, 459, 462
Anseridæ. 430, 456
Anseridés 105
Anthinæ. 286, 287
Anthinés 286
Anthropoïdes virgo 417
Anthus 285
A — cervinæ 219
A.— pratensis. 219
Anthochœra. 275

Antigone torquata . . . . 417, 424 .
Antilles (Iles). 51
Antilope (et Antilopes). 523
Aptenodytes 146, 471, 481, 482
A. — *demersa* 470
A. — *Forsteri* 470, 478, 479, 480
A. — *papua* 471
A. — *Patachonica* 470, 476, 478
A. — *Pennantii* 470, 478, 479, 480
Aptenodytidæ 470, 480
Aptenodytidés 480, 481
Aptenodytinæ 470
Aptenodytinés . . . .
Apterygidæ 359, 364
Aptérygidés. 364
Apteryx 360, 364
Apronack (rivière d') 249
Aquilidæ. 206
Arabes 435
Arabie 287
Aramidæ 418
Aramidés 418
Aramus 380, 489
A.— *scolopaceus* 50
Arachnides 253
Arachnotherinæ 279
Araignée 273
Archipels. 388
Ardea 420, 489, 526
A.— *Geranos* 425
A.— *gigantea* 421
A.— *Grus* 420, 489
A.— *Helias* 418, 420, 489
A.— *Ralloïdes* 380
A.— *Scolopacea* 420
A.— *stellaris* 421
Ardéidés 420, 421, 426, 434
Ardeidæ 426, 444
Ardeola 439
Ardéole 426
Ardiacées 408
Argala 417
Argus 344

Arolies 408
Arremon. . . . .
Artamidæ. 305
Artaminæ 305
Artamus albovittatus 305
Arum arborescens. 404, 403
Asie 185, 216
A.— Occidentale 287
Asilo 8
Astrapia carunculata 278
Astrapies 277
Astur palumbarius 480
Asturinæ. 206
Attagis 371
Atelornithinæ. 289
Atrichia. 296
Australie 53, 273, 278, 279
Autours 206
Autruche 14, 17, 20, 26, 37, 64, 77, 93,
94, 132, 138, 459, 523
A. — d'Afrique 161
Aves marinæ stolidæ 8
Avocette et Avocettes . . . 65, 373, 440, 441, 462

B.

Bacbakiri 157, 320
Baie-obscure 521
Balænicepidæ. 431
Balæniceps 431
Balbusard 96, 502
Balearica pavonina 417
Balénicépidés 431
Baléniceps 431, 433, 434, 435
Bananes 504
Banhinia 239
Barbus 135
Barges 65, 42, 366
Barita. 320, 322
Barra (la) 504
Bartavelle 523
Bécasseaux 42, 366
Bécasses 37, 65, 120, 366, 374, 419
Bécassines 126, 127, 366

Bécassines à bec court. 570
Bec-croisé 147
B.— faux Perroquet 147
Bec-de-fer 337
Becs-Fins 167
Bengale 221
Bengalis 163, 332
Bergeronnette brune 218
B.   —   grise 219
Bergeronnettes 186, 286, 289
Bissao 502
Bled 471
Bolivie 307
Bologne 1
Bombay 45
Bombycilla 298, 507
B.   —   Carolinensis 508
Bombycillina 507
Bonasa 350
Boston 490
Botanique 30
Bouquetin 523
Bouvreuil 219, 328
Bouvrons 334
Brachyptères 445, 449, 461
Brachypteri 445, 449, 465
Brachypteryx 324
B.   —   capistrata 296
Brésil 51, 166, 384, 509
Brésiliens 404
Bretagne (Grande) 50
Brèves 289
Bruant 38, 189, 219, 221, 328
B.— Proyer 80
Bucconidæ 305
Bucconidés 214, 215, 236
Bucerotidæ 237, 243
Bucerotidés 237, 247
Bucorvus Abyssinicus 245
Bufflo-River 241
Buphaginæ 323
Busard 206
Butor 421

C.

Cabinets d'Histoire Naturelle. . . . 141
Caccabis 349
Cacomante 225
Cacomantis 225
Caille. 93, 95, 124, 349
C.— commune. 166
Caïmans . . . .
Calamoherpe. 302
C. — *arundinacea* et *arundinaceus*. 219, 302
C. — *palustris*. 302
C. — *turdoïdes* 295, 302
Calamoherpinæ 293, 295, 302
Calamoherpinés. 295, 302
Calaos 193, 237, 343
Calice (Bot.). 31
Callœas cinerea 275
Campephaginæ 316, 320
Campéphaginés. 316
Campylorhynchus 300
Canard (et Canards). 18, 42, 64, 130, 138, 185, 456
C. — domestique. . . . 81, 82, 91, 92, 94, 457
C. — de Barbarie. 84
C. — à longues jambes 440
C. — coureur. 451
C. — marcheur 451
C. — Nyroca 135
C. — plongeur 450
Canaris 115
Cancroma. 433
Cancromidæ 426, 431
Cancromidés. 426
Canna-Braba (Lac de). . . . .
Cannepettière 355
Canori. 258
Cap de Bonne-Espérance. 51, 166, 216, 241, 322, 487
Capito Amazonicus 509
C. — *Cayanensis* 509
C. — *Erythrocephalus* 509
C. — *Peruvianus* 509
Capitonidæ 503
Capitonidés 235

Caprimulgidæ. 64, 119, 259, 260
Caprimulgidés 258, 259, 260
Caprimulginæ. 259, 260
Caprimulginés 261
Caracara (et Caracaras) 194, 205, 401
Carao 525
Cardinales 165
Cardinalis. 534
Cardinaux. 165
Carduelis. 95
Cariamas. 65, 366, 569
Cariamidæ 65, 364. 366, 568, 575
Carina moschata. 84
Caroline (la). 146
Carpodacus 147, 334
Carpornis. 305
Casoar (et Casoars). 16, 26, 37, 64, 93, 94, 152, 158,
179, 360, 562, 457, 458
C. — à casaque 181
Cassicans. 316
Cassicinæ. 324
Cassicus 326
Castagneux 455
Casuaridæ 559, 562
Casuaridés 129, 562
Casuarinas 272
Catarractes chrysocome. 471, 472
Cathartes. 65, 501
Cathartes 500, 516
C. — *aura* 495
C. — *Californicus* 501
Cathartinés 206
Caurale (et Caurales) . . 193, 377, 385, 418, 518,
519, 526, 527
Cayenne 249, 584
Cegano (et *Ceganos*) 400, 405
Centropodinæ. 215
Centropodinés 215, 228
Centropus. 235
Céphaloptère. 193, 506, 508, 508, 510
Cephalopterus. 305
C. — *glabricollis* 510
C. — *ornatus* 310

Cephalopterus penduliger 506, 513
Cereopsis 457, 458
Cerf . : 523
Ceriornis 345
Certhia 268
C. — *Costæ* 281
C. — *familiaris* 147, 281
Certhiidæ 280, 505
Certhiidés 147, 268, 280, 505
Certhiinés 280, 505
Certhiola 273, 274
Certhilauda 285
Certhilaudinæ 286, 287
Certhilaudinés 286
Cétacées 192, 469
Cettia 302
C. — *Sericea* 302
Chalcitte 223
Chalcites auratus 223
C. — *lucidus* . . . 223, 224, 225, 231, 232, 233
Chamois 523
Champagne 151
Chantilly (Cabinet de) 82
Charadriidæ 65, 365, 366, 371
Charadriidés 143, 147, 369, 371
Charadrius 366
C. — *vociferus* 371
Chardonneret 28, 95, 528
Chasmarhynchus 505
Chats 248, 520
Chélidons 128
Chelidon urbica 264
Chelidoninæ 505
Chéloniens 72
Chenalopex 430
Cheval 244
Chevaliers 65, 120, 366
Chevreuil 523
Chien (et Chiens) 244, 520
Chili 284, 306, 370, 460, 509
Chimborazo 166
Chionidæ 375
Chionis 363

Chlorospiza 334
C. — *chloris* 219
Choucas 93
C. — commun. 135
Chouette (et Chouettes) 186, 211
C. — de Minerve x
Chrysococcyx 223
Chrysocoma chrysolopha. 472
Chrysomitris 334
Chrysomus 325, 326
Ciconia 439
Ciconiœ 443
Ciconiidœ. 417, 426, 444
Ciconiidés 426, 434
Cigales 279
Cigognes 426
Cinchona 504
Cincle (et Cincles) 5, 193, 283, 284, 506
Cinclinœ. 282
Cinclinés 283
Cinclocerthia. 245
Cinclodes 238, 284
C. — *Antarcticus* 284
C. — *nigrofumosus* 284
C. — *Patagonicus* 283
Cincloramphus 291, 297
Cinclus 283
C. — *aquaticus* 283
Circaëtus 206
C. — *Gallicus* 480
Circinœ 206
Citrinella. 334
Climacteris 278, 279, 281
C. — *picummus* 281
C. — *rufus* 281
C. — *scandens* 281
Coccoborus 334
Coccothraustes vulgaris. . . . 335
Coccyzinœ 230
Coccyzinés 224, 228
Coccyzus. 228
C. — *Americanus* . . . 228, 231
C. — *Dominicus* 228

Cœreba 273, 274
Çœrebinœ 270
Cœrebinés 270, 273
Colibri (et Colibris) 14, 183, 269, 450
Coliidœ 397
Colious 398
Colius 163, 349
Collections Zoologiques du Val-de-
 Grâce 489
Col-nud 310
Colombars 335
Colombe de Cypris X
C. — muscadivore 273
C. — Oricou 338
Colombés 335
Colombi-Caille 339
Colombidés 69, 132, 335
Colombi-Gallines 336, 335
Columba 526
C. — auricularis 338
C. — domestica 343
C. — Hottentota 339
C. — livia 343
C. — Temminckii 339
C. — Turtur 95
Columbœ 443, 456, 517, 518
Columbidœ 64, 165, 335
Colymbidœ 65, 70, 466
Colymbidés 466
Colymbinœ 466
Colymbus 51, 446
Combayma (Rivière de) !. . . 253
Conception (Ville de la) . . . 370
Condor 459
Conirostre (et Conirostres) . . 257, 273
Conirostrum 273
Conures 212
Copiapo 370
Coq 96, 96, 97
C. — ancien 253
C. — de bruyères 523
C. — de roche 184, 247 418, 488
C. — de roche, du Pérou . . 504

Coq de rochers 251
C. — des bois 251
C. — des montagnes 253
C. — domestique 253
Coq (et Coqs) 114, 517
Coquilles 525
C. — fluviatiles univalves . . 519
Coraciadæ 246
Coraciadés 246, 247
Coracias 355
Coracina 250, 305
Coracine 258
Corbeau . . . 16, 31, 179, 180, 181, 218, 321
C. — à bec culminé . . . 321
C. — Levaillant 322
C. — noir 166
C. — resplendissant . . . 221
Corcorax 275
C. — melanorhynchus . . . 321
Cordillères 504, 510
Cordillère des Andes . . . . .
C. — Centrale . . . . .
Cormorans . . 7, 42, 65, 70, 130, 131, 133, 137,
189, 446, 447, 448
Corneille noire 16, 179, 181, 184
Corneilles 42
Corolle (Bot.) 31
Corvidæ 320, 321
Corvidés 277, 321, 511
Corvinæ 321, 322, 511
Corvus Capensis 322, 511
C. — corax 166
C. — culminatus 217
C. — splendens 217
Coryphée 218
Cotinga 258, 504
Coturnix 349, 462
Cotyle riparia 264
Coucal 228
Coucou (et Coucous) . 14, 40, 193, 214, 215, 216,
217, 219, 476, 491
C. — à gros bec 221
C. — chanteur 219, 220, 224

Coucou d'Europe 58, 121
C. — de l'Inde 533
Coulicou 225, 228
C. — Américain 225
Coureurs 65, 346, 514
C. — Echassiers 515
Courlan (et Courlans), . . 30, 418, 489, 523, 524,
                                    525, 526, 527
Courliri. 418, 489
Courlis 42, 65, 185, 366, 418
Couronaye (Montagne du) . . . 249
Couroucous. 63, 163, 165, 214, 234
Courrevîtes 64, 355, 358
Cracidæ. 375, 411
Cracidés 411
Cracticinæ 316, 320, 322
Cracticinés. 316
Crapaud-Volant 16, 31, 180
Crateropus 297
Craspedœnas 539
Creadion. 275, 276
Crocodiles 432
Crotophaga 488
Crotophagidæ 131
Crotophagidés 129, 306
Crotophaginæ 215, 230
Crotophaginés. 215, 229, 302, 303, 515
Crozets (Iles des). 471, 472
Crustacés 283, 464, 519
Cuba (Ile de). 50
Cubla 216
Cuculidés. 147, 214, 506
Cuculinæ. 215
Cuculinés 215, 217
Cuculus 219
C. — *canorus*. 40, 219
Curruca 303
C. — *atricapilla*. 79, 93, 219
C. — *hortensis* 93, 219
C. — *Rupellii*. 302
Cursores. 120, 336, 346, 355, 518
Cursoriidæ 64, 346, 352, 358
Cursorius bicinctus. 358

Cuzco 504
Cyanocitta 511
C. — melanocyanea 511
Cyanogarrulus cristatus 511
Cyanopica cyanea 511
Cycnidœ 456
Cygne (et Cygnes) . . . 64, 129, 138, 456, 459
C. — de Léda x
Cynchramus miliarius 80
Cypris x
Cypselidœ 505
Cypselinœ 264
Cypsélinés 262
Cysticola 302

D.

Dacnis 273
Dacnis 273
Daceloninœ 236
Daim 523
Danube 2
Dattes 211
Dentirostres 258
D. — marcheurs 286
D. — percheurs 304
D. — percheurs à bec comprimé . 304, 314
D. — percheurs à bec déprimé . . 304
D. — suspenseurs 294
Dentirostri arborei 304
D. — arborei compressirostri . 304, 314
D. — arborei depressirostri . . 304
D. — insessores 289
D. — suspensi 294
Dendrocolaptinés 280
Déodactyles conirostres 321
D. — dentirostres 289
Deodactyli 259
D. — fissirostri 259
D. — tenuirostri 265
Dicée 270, 272
D. — à bec d'Hirondelle . . . 272
Dicoeum 270, 272
D. — hirundinaceum 272

Dididæ 518
Didinæ 516
Didus 517
Didunculus 518
D. — strigirostris 517, 518
Diglossa 273
Dieppe 52, 109
Dinde 28, 157, 344
Dindon (et Dindons) 18, 65, 77, 344, 515
Dinornithidæ 560, 364
Dinornithinæ 516
Dioch 329
Diomedea exulans 459
Diomedeinæ 459
Diomédéinés 459
Diptères 279
Dodo 516
Donacobius 297
Draine 93
Drepanitinæ 270
Drépanitinés 270
Dresde 51
Dromas 462
Dromadidæ 426
Dromolaea 294
Dronte 137, 516
Dryocopus 320
D. — Martius 455
Duc (moyen) 93
Dysodes 597, 526

E.

Echasse (et Echasses) 108, 366, 462
Echassier (et Echassiers) . 66, 108, 128, 144, 145,
            170, 386, 435, 438, 439, 440, 442, 463
E. — grands-voiliers à pieds
            palmés 464
E. — marins 386, 464
Echenilleurs 316
Ecriture Chinoise 467
E. — Japonaise 467
Edolio-Geai 218
E. — noir 218

586   TABLE ALPHABÉTIQUE GÉNÉRALE.

Effarvatte	293
Effraye	53, 119, 207, 211
Ega	509
Egypte	45, 113, 429
Egyptiens	x, 429
Eider	82, 457
Emberiza	219
Emberizidæ	332
Embérizidés	332
Emberizinæ	315
Embryon (Bot.)	30
Engoulevents	31, 64, 260, 476
Enicures	288
Enicurus Leschenaultii	288
Eperonniers	344
Epervier (et Eperviers)	41, 502
E. — commun	498
Epimaquinés	277
Epiornithidæ	360
Epiornithinæ	516
Erysmatura	457, 458
E. — *ferruginea*	457
E. — *mersa*	458
Erythrospiza	344
Estreldinæ	331, 332, 512
Etats-Unis	485
Etourneau	31, 37, 38
E. — de la Louisiane	147
Eucalyptus	273, 279
Eudocimus ruber	428
Eudynamis	217, 221, 352
E. — *niger*	217
E. — *orientalis*	217
Eudyptidæ	470, 481
Eudyptidés	481
Eudyptula minor	470
Eupetes	288
Eupetinæ	283, 288
Euphones (et Euphones)	510
Euphonia	314
Euphoniinæ	314
Euphoniinés	510
Euplectes	331, 332

Euplectinæ 331
Eupodotis 355
Euphorbes 210
Eurylaimidés 246
Eurypiga 382, 418
Eurypigidæ 375, 377
Eurypigidés 377
Eurypiginæ 385
Eurystomus 353

F.

Faisan (et Faisans) . . . 65, 93, 132, 166, 185,
189, 344, 525
Faisan argenté 77, 147, 184
F. — à collier 79, 184
F. — blanc de la Chine . . 78
F. — commun ou vulgaire . . . 18, 28, 184
F. — des Indes 28
F. — doré 147, 184
Falcinelles 428
Falcinellinæ 428
Falcinellinés 428
Falcinellus 427
F. — igneus 415
Falco 167
Falconeæ 205
Falconidæ 206
Falconidés 147
Falconinæ 205, 502
Falconinés 205
Falcunculinæ 298
Falcunculinés 298
Falcunculus leucogaster 298
Falculianæ 279
Faucheur 255
Faucon 512
Fauvette (et Fauvettes) 93, 293, 303
F. — à tête noire 73, 95, 219
F. — babillarde 219
F. — citrin 218
F. — de jardins 221
F. — de roseaux 193, 219
F. — ordinaire 219

Fauvette rousse 93
F. — rousse-tête 218
Ficedula 300
Ficedulinæ 300
Ficédulinés 300
Figura ovalis 12
Fissirotres 261, 495
Flamant (et Flamants) 126, 127, 129, 435, 436, 437,
        438, 440, 441, 444, 456, 462, 489
Flûteur. 322
Forme Cylindrique. 63, 64, 66, 70, 80
F. — Ellipso-Conique 71
F. — Ellipsoïdale. 71
F. — Ellipso-Sphérique. . . . 120
F. — Elliptique. 63, 65, 66, 67, 69, 70, 71, 80, 117
F. — Ovalaire 63, 65, 66, 68, 69, 80, 117
F. — Ovale. 40
F. — Ovée 41, 63, 64, 66, 80, 117
F. — Ovoïconique. 63, 64, 65, 66, 67,
        71, 80, 108, 117
F. — Sphérique . . 63, 66, 68, 69, 71, 80, 117
F. — Transitoire. 41
F. — Ventrue 41
Formicaridæ 289
Formicaridés. 289, 507
Formicarinæ 289
Fou (et Fous) 65, 446, 447, 448
Foudi. 329
Foulque 93, 94, 135, 385, 588
Fourmis 340, 404
Fournier (et Fourniers) . . . 17, 193, 283, 506
Français. 405
François Ier . . . .
Francolinæ. 346, 348
Francolins 348
Frégatte (et Frégattes). . . . 65, 128, 441, 447
Fregilinæ 321
Fregilus 322
Fringilla coelebs 81, 166, 167
F. — *serinus* 159
Fringillidæ 167, 327, 332, 333, 462
Fringillidés 171, 327, 333
Friquet 329

Frugivores   397
Fucus   465
F.— giganteus   283
Fulica 93, 526
F.— porphyrio 390, 528
Fuliceæ   387
Fulicidés   459
Fulicinæ 387, 388, 409
Fulicinés   388
Fuligulidæ.   456
Fuligulidés . . . .
Furnariidæ 243, 282
Furnariidés 282, 506
Furnariinæ 243, 282
Furnariinés   283
Furnarius   283

G.

Galbulidés 214, 235, 236
Galerida   287
Galerie Anatomique du Muséum de
  Paris   383
Galeries Zoologiques du Muséum
  d'Histoire Naturelle de Paris . .   484
Gallidæ 65, 336, 343
Gallidés 128, 182, 185, 343, 512
Galliformes   397
Gallinacei. 75, 336, 343, 512
Gallinacé (et Gallinacés) .   5, 41, 42, 66, 105, 125,
  126, 127, 128, 144, 145, 167, 185, 192, 193, 254,
  336, 343, 402, 462, 463, 513, 514, 518, 521.
Gallinæ   343
Gallineæ   387
Gallinula 378, 526
Gallinule (et Gallinules) 519, 526
Gallipèdes 65, 336, 512, 514
Gallipedes.   512
Gallinago   566
Gallirallus.   521
Gallo antico   254
G.— de montana.   254
Gallopavo 83, 93, 346, 411
Gallopavoninæ   344

Gallus 526
G. — Bankiva 344
G. — Benthami 344
G. — furcatus 182, 344
G. — lunulatus 344
G. — Sonneratii 344
Gand 8
Gangas 189
Garance 38, 158, 159, 160
Garrulidæ 510
Garrulidés 276
Garrulinæ 321, 322, 510, 511
Garrulinés 511
Garrulus 511
G. — glandarius 219
Gaviæ 145, 445, 462
Gazelle 523
Geai 219
Genève 52
Geophilus carunculatus 339
Géosittes 286
Glaréoles 65, 366, 373
Glareolidæ 65, 366, 373
Glaréolidés 373, 439
Glareolinæ 358
Glaucopidæ 276
Glaucopis 276
Gobe-mouches 304, 520
G. — m. — mantelé 218
Goëland (et Goëlands) . . 5, 65, 126, 127, 133, 186,
            461, 462, 463, 464, 465
Goëmonds 283
Goldahnchen . . . .
Gonolek 318
Gorfou 68, 71
G. — sauteur 471
Goura 163, 335
Gourinæ 335
Goyas (Province de) 384, 405
Gracula religiosa 323
Graculinæ 323
Graculus palmipedes 7
Grahams-Twon 241

Grallæ 120, 145, 364, 365, 438, 518
Grallarii 346
Grallatores 438
Gralle (et Gralles) . 128, 170, 186, 193, 353, 365,
                        439, 442, 455, 465, 507
Grallina 288
G. — *cyanoleuca* 288
Gralline 288
Graminées 454, 465
Graucalus 320
Grèbe (et Grèbes) 26, 42, 65, 67, 71, 125, 189, 386,
      446, 447, 449, 450, 452, 453, 454, 455, 502
G. — castagneux 165
G. — huppé 37
Grèbidés 129, 145, 455
Grêce 51
Grecs . . . . x, 118
Grenouilles 432
Grimpereau d'Europe 147, 280
G. — de murailles 279
Grimpeurs 208, 209, 215, 244, 254
Grive (et Grives) 31, 32, 292
G. — Draine 272
G. — vulgaire 219
Groot-vis-River 241
Gros-Becs 167, 257, 258, 328
Grue (et Grues) 258, 417, 418, 434, 443, 466, 505,
               519, 520, 524, 525, 526, 527
G. — cendrée 78
G. — du Bengale 508
Gruidæ 417, 418
Gruidés 417
Grus 526
G. — *antigone* 424
G. — *ardea* 424
G. — *Australasiana* 417
G. — *carunculata* 424
G. — *cinerea* 417, 424
Guacharo . 64, 119, 260, 251, 418, 488, 526, 527
Guadeloupe . . 52, 261, 292, 385, 506, 518, 523
Guanumbi 8
Guatémala 51
Guêpiers . . . 37, 41, 44, 47, 64, 182, 185, 237

Guillemots 7, 65, 71, 105, 108, 125, 127, 130,
                            133, 166, 171, 189, 468
Guira. 230, 231, 503
Gui-guits 270, 273
Guyane 377, 509
Gymnocephalus. 305
Gymnodère 311
Gymnoderinæ 305
Gymnoderus 305, 311
Gypaète 137, 500
Gypaëtos 501
Gypogeranidæ 119
Gypogeranus 108, 206
Gyps 500, 501

H.

Haliaetus 206
Hanneton 91, 245
Harle (et Harles) . . . 44, 440, 446, 447, 456
Havane. 51
Helias phalenoïdes 278
Herodiones 145, 365, 416, 443
Hérodion (et Hérodions) . . 416, 420, 435, 436,
                            437, 443
Héron (et Hérons). 44, 386, 418, 519, 520, 524, 526
H.— petit 38
H.— tacheté 185
Herse flavigastra 265
Heterornis 324
H. —   *Malabaricus* 324
Hibous. 13, 37, 41, 47, 116, 185, 186
Hierococcyx. 225
Himantopus. 108, 366
Hirondelles. . . 37, 264, 269, 305, 450, 463, 505
H. —   de mer 126, 133, 186
Hirundinidæ 264
Hirundinidés 128, 255, 264, 505
Hirundininæ 264, 505
Hirundo rustica. 265
Hoazin. . . . : 193, 393, 401, 404, 405, 406
Hocco (et Hoccos) . . 129, 132, 138, 411, 457, 458
H.— mituporanga 93, 94

Hœmatopodidœ 65, 366, 373
Hœmatopodidés. 373
Hœmatops. 275
Houbara 355
Huisne (Rivière d'). 454
Huitriers 65, 366, 373
Huppes 186, 193, 242
Hydrophasianus 376
Hygrobatœ 365, 436, 443
Hygrobate (et Hygrobates) . . . 435, 446, 444
Hylophilus. 300
H. — *cyanoleucus* 300
Hymalaïa. 45
Hyphantornis 331, 462
Hyppogée 429
Hyppolaïs. 147
H. — *Elaïca* 303
H. — *icterina* 303
H. — *olivetorum* 303
H. — *polyglotta* 303
H. — *salicaria* 303

I.

Ibijanx 260
Ibinœ 427, 428
Ibinés 428
Ibis 434
Ibis religiosa 428
Ibis sacré. XI
Icteri 325
Icteridœ 324, 462
Ictéridés 147, 189, 324, 325
Ictériens 233
Icterinœ 325
Icterus. 462
I. — *gularis.* 325
Iguanes 432
Ile du Sud (l') 522
Iliacus 292
I. — *illas.* 293
I. — *minor* 293
Impennes. 66, 144, 145, 497
Importun. 216

594   TABLE ALPHABÉTIQUE GÉNÉRALE.

Importun du Cap	291
Inde	45
Indicateurs	215, 217
Indicator albirostris	217
I. — major	217
Indicatorinæ	215
Indicatorinés	215
Indiens	404
Inepti	518
Insectes	404
Insectivores	268
Instruction publique (Ministère de l')	430
Irrisor	280
I. — erythrorynchus	280
Irrisoridæ	279
Irrisoridés	269, 279
Irrisorinæ	279
Ixos	288
I. — chrysorrhœus	291
I. — hœmorrhousa	216
I. — Psidii	291

J.

Jacamars	214, 235
Jacanas	64, 120
Japon	508
Jardin des Plantes de Paris	487, 491
Jardin Zoologique de Bruxelles	514
J. — — de Londres	364
Joncs	454
Junon	x
Jupiter	x

K.

Kakatoës	212
Kamichi	368
Kolobény	239
Kolquals	210
Koronés	239
Kurrichaïne	241

L.

Lac des Perles 405, 406
Lagoa das Perolas   405
Lagopède.   523
Lamellirostres . . . 443, 453, 455, 457, 458, 459
Lamellirostri 445, 456
Lamprotornis auratus   323
Lamprotornithinæ   323
Langrayens 258, 305
Laniarii 317, 320, 325, 331, 333
Laniarius 317, 320
L. —   Boulboul   217
L. —   Cubla   216
Lanii   317
Laniidæ . . . 146, 167, 314, 316, 320, 325, 331
Laniidés   316
Laninæ 305, 316
Laniinés   316
Lanius. 219, 258
L. — Bacbakiri.   157
L. — Carolinensis   146
L. — collurio 38, 167
L. — Nubicus   305
Laomedontia carunculata 417, 424
Laridæ 65, 127, 186, 386, 445, 459, 461
Laridés . . 128, 453, 461, 462, 463, 464, 465, 467
Latirostres 246, 258
Latirostri   46
Laulnay   77
Lauriers   408
Laurina   252
Léda   X
Leipseick. 15, 52
Leptoptilos 432, 433, 434
Lestris.   465
Leucophrys pileatus   328
Leyde. 52, 337
Lézards   432
Lewinia   520
Lichens   465
Lille.   52
Limaces.   523

Limosa 374
Linota 334
Linotte (et Linottes) 219, 328
Lisbonne 306
Locustella 302
Lommia 7
Londres 52
Longipennes 64, 459
Longipennes. 445, 453, 459, 466
Longirostres 236
Longirostri 236
Lophophorinœ 344
Lophortyx 349
L. — Californicus 349
Loris. 212
Loriot 171, 177, 316
L.— Prince-Régent 277
Louisiane 147
Loup. 244
Loxia pytiopsittacus 147
L.— socia 328
Luca (Montagne du). 249
Lumme-Grylle 36, 104
Luscinia. 305
Lycos monedula 93

M.

Macareux 110, 125, 127
Macreuse (et Macreuses) 450, 456
Macrocerques 212
Macronus 207
Macronyx 287
Madagascar 275
Maïnates. 323
Malcoha. 228
Maluridœ. 295
Malurus cyaneus 224
Mammifères (Classe des) . . . . V, IX
Manakin (et Manakins). . . . 247, 258, 505
M. — Tijé. 505
Manchots 69, 133, 146, 192
Marabou. 418, 432, 434
Maroni (Fleuve de) 249

Marcheur 243, 244
Maria (Santa)   509
Marouettes.   386
Martinet (et Martinets)   37, 186, 193, 224, 262, 264,
                          269, 298, 299, 450, 463
Martin-pêcheur.   5, 13, 37, 41, 42, 44, 47, 64, 116,
          124, 185, 186, 211, 235, 236, 237, 353, 515
Matto-Grosso (Province de). . .   307
Médicis.   493
Megalonycinæ   289
Megalophonus   287
Megalurus 297, 302
Mégapode (et Mégapodes) . 64, 70, 189, 412, 457,
                          458, 518, 522, 523
Megapodiidæ 64, 375, 397, 412, 518
Megapodiidés 410, 412
Megapodius Cumingii   412
M. —   *Nicobaricus* 412, 413
M. —   *ocellatus*   413
M. —   *rubripes*   413
M. --   *tumulus*   266
Melanocorypha   287
Meleagridæ   347
Méléagride.   347
Meleagridinæ   346
Meleagris 93, 346
Melizophilus Provincialis   302
Melliphaga   275
M. —   *auricomis*   224
M. —   *Australasiana*   224
M. —   *Novæ-Hollandiæ* . . .   224
M. —   *penicillata*   224
M. —   *sericea*   224
Melliphages 268, 279, 511
Melliphagidæ   304
Melliphagidés . 147, 210, 224, 268, 274, 276, 277
Melolontha vulgaris.   91
M. —   *lanigera*.   226
Ménagerie du Muséum de Paris. .   162, 362
Ménure 290, 507
Menuridæ   290
Ménurinés   282
Mergus 41, 440, 466

Mergidæ 456
Mergidés . . . .
Merle 166, 167, 180, 181, 284, 288
M.— à cul d'or 216
M.— émigrant. 166
M.— erratique 227
M.— miauleur. 226
M.— noir et commun. . 16, 85, 166, 167, 184, 219
M — Spréo 266
Merula 293
Mérulidés 147, 255
Meropidæ 64, 237
Méropidés 128, 237, 247
Mésange (et Mésanges) 186, 193, 234, 258, 262, 264,
269, 270, 298, 299, 300, 508
M. — à moustaches 508
M. — grosse Charbonnière . . 219
M. — penduline 37
Mésite (et Mésites) 523
Mesitidæ 375, 523
Messager. 63
Metopidius Africana 376
Meûnier 284
Mexique 325
Milan 37
M.— noir 96
Millouin (et Millouins) 450
Mimus 292, 293
Minerve. x
Mixornis 297
Mogador 166
Moineau 14, 16, 180, 326
M. — domestique 85, 86, 93, 101
Molinero 284
Mollusques 211, 283, 421, 464
M. — Gastéropodes nus . 525
Molothrinæ 324
Molothrus. 233, 326, 491
Momie. 429
Momotidæ 237
Momots. 237
Moncou-Moncoué 404
Mopanès 239

Moqueur 292
Mormon 110
Motacilla 286
M. — alba 219
Motacillidæ 135, 288
Motacillinæ 283, 287, 288
Motacillinés 286
Motteux 22
Mouches 244
Mouettes 42, 116, 127, 133, 462, 463
Moufflou 523
Mousses 471
Mulet 244
Muscicapa hæmorrhousa 216
Muscicapidæ 288, 290, 304, 314
Muscicapinæ 305
Muscisaxicola fluvicola 291
Musée Egyptien du Louvres . . . 430
M. — de Leyde 337, 490
M. — du Mans 84
M. — Impérial de Rio-Janeiro . . 51
M. — de Londres 490
M. — de Philadelphie . . . 247, 280, 409, 424
M. — Néerlandais 52
M. — Zoologique de La Rochelle . 90
Muséum d'Histoire naturelle de Paris 26, 51, 77, 78,
      85, 94, 237, 260, 362, 376, 388, 409,
      460, 475, 478, 485, 487, 489, 512, 526
Musophages 208, 210, 397
Musophagidæ . . . 63, 163, 165, 210, 343, 397
Musophagidés 128, 209, 254
Myzantha 275

N.

Nageurs 193, 386, 438, 463
N. — (Sous-) 386
Namaquois 339
Nandou 161, 162, 361
Natatores 438, 445
Nectarinia 270
Nectariniæ 267
Nectariidæ 269

Nectariniidés 268, 269
Nectariniinæ 270
Nectariniinés 270
Nègres 245, 249
Neomorpha 276
Néomorphidés 275
Neophron 500, 501
New-Yorck 490
Nilaus 320
Nil 429
Nil-Blanc . . . . . .
Nismes . . . : . . . 52
Nogent-le-Rotrou . . . 77, 330, 454, 498
Notherodius Guarauna 422
Nouvelle-Grenade . . 51, 249, 253, 377, 384, 408
N. — Guinée 410
N. — Hollande 51, 288, 294
N. — Zélande 275, 409, 521
Nullipennes 445
Numenius 366, 374, 420, 490
N. — arcuatus 425, 490
N. — Guarauna 420
N. — phœopus 425
Numida 347
Nuremberg . . . . : . 112
Nyctiibinæ 259, 260

O.

Océanie 216
Océan Pacifique 338, 509
Ocotea 252, 253
Ocydrôme Austral . . . . .
Ocydromadinæ 387, 394
Ocydromadinés 394, 521
Ocypterus 258
Odontophorinæ 163, 346, 349
Œdicnème (et Œdicnèmes) . . . 64, 193, 355, 393
Œ. — criard 356
OEdicnemidæ 64, 352, 355
Œdicnémidés 355
OEdicnemus bistriatus 358
OE. — crepitans 358

OEdicnemus grallarius   358
OE. —   maculosus   358
OEnanthe   294
Œuf arrondi   41
Œ.—court   41
Œ.— de Coq 95, 95, 98
Œ.— de Serpent   18
Œ.— oblong   41
Œ.— aigus   115
Œ.— coulants   100
Œ.— globuleux   115
Œ.— hardés 100, 139
Œ.— monstrueux à l'extérieur . .   75
Œ.—   —   à l'intérieur . .   75
Oie (et Oies) 5, 42, 44, 130, 138, 456
O.— commune 64, 81, 85, 88, 90
O.— domestique   155
Oiseau-Mouche . . .   20, 47, 165, 166, 182, 185,
                                      187, 265, 266, 269
O. —   M.—   à brins blancs . .   265
O. —   Taureau   507
O. —   Tisseur   299
O. —   Tisserand   299
Oiseaux (Classe des)   IX
O. —   Aquatiques . .   5, 7, 104, 110, 111, 129,
                                      150, 155, 189
O. —   Arctiques 7, 109
O. —   Chanteurs   104
O. —   d'eau   456
O. —   d'eau douce   8
O. —   de haut vol   69
O. —   de marais   104
O. —   de mer   7
O. —   de mer stupides   8
O. —   de paradis   277
O. —   de proie 5, 67, 69, 104, 450
O. —   de proie Diurnes . . .   5, 51, 181
O. —   de proie Nocturnes . . .   31, 182
O. —   des rivages   51
O. —   des mers Australes . . .   155
O. —   des mers Polaires . . .   117
O. —   Diurnes   207
O. —   Grimpeurs   104

Oiseaux-Mouches 64, 69
O. —   Nageurs 31, 69, 129, 445, 462
O. —   Nocturnes. 186, 209
O. —   Sous-Marins   69
O. —   Terrestres. . . . 129, 152, 189, 462
O. —   Terrestres non Rapaces. .   5
O. —   Terrestres Rapaces. . .   5
Onocrotalus   439
Oogénèse   500
Ophidiens. . . . .
Opisthocome 405, 406
Opisthocomidæ 375, 395
Opisthocomidés.   395
Opisthocominés.   397
Opisthocomus.   526
Oreophasis   348
Oriolie   277
Orioliidæ 314, 315
Orioliidés.   315
Oriolus.   315
O. — *galbula* 171, 177
O. — *larvatus*   217
Ornythonycinæ   289
Orphée   292
Orthotome   187
Orthotomus   302
Ortyx   349
Oryx 329, 332
Otaries.   471
Otidæ 64, 352, 354
Otidés. 128, 354
Otis tarda.   124
O.—*tetrax*   355
Otocoris.   287
O. — *bilopha*.   287
Otus vulgaris.   93
Outarde (et Outardes)64, 126, 127, 132, 345, 354, 523
O. — grande. 124, 185
O. — petite   185
Ova globulosa   10
O.—*ovata*   10
Ovum arcuatum   497
O.— *bitestaceum*   497

Ovum centeninum 92, 497
O.— cornutum   497
O.— constrictum.   497
O.— geminatum   497
O.— granulatum   497
O — in Ovo   497
O.— pediculatum   497
O.— plicatum   497
O.— prægnatum   497
O.— pyriforme   497
O.— serpentarium   497
O.— sinuatum   497
O.— stigmatum.   497
O.— stigmosum.   497
Oxide ferrique   160
Oxilophus glandarius   218
O. — ater   218
Oyapock (Rivière de l') . . . .   249.

P.

Pailles-en-queue   460
Palamedea chavaria. . . . . .
P. — cornuta . . . . . .
Palamedeidæ   376
Palamédéidés   439
Palétuviers   131
Palmipèdes .   66, 68, 69, 105, 131, 144, 145, 167,
            170, 171, 192, 438, 439, 440, 444,
                     462, 463, 469
P. — à longs pieds. . . .   439
P. — à pieds courts . . .   439
P. — marcheur   450
P. — sous-nageurs. . . .   445
Palumbus.   219
Pandion 206, 502
Pandore   485
Panurinæ   508
Panurus   508
Paon (et Paons)   65, 80, 345, 404, 457, 514, 515
P.— de Junon   X
P.— des Palétuviers   520
P.— des Roses. 384, 520
P.— des Roses (petit)   377

Papillons 47, 141
P. — Phalènes   578
Para (le) 404, 406, 524
Paraguay 51, 408
Paradigalle (et Paradigalles) . . .   278
P. — caronculé   277
Paradiseidæ   277
Paradiséidés 258, 269, 277
Paradiséinés   277
Pardalotinæ   298
Pardalotinés   298
Pardalotus   238
Paridæ 298, 299, 200
Paridés 147, 298
Parinæ 298, 299, 300, 308
Parinés 298, 408
Paroaria   334
Paroïdes 299, 300
Parra Indica   376
P. — Jacana   376
P. — Sinensis   376
Parridæ 64, 120, 375
Parridés   439
Parus   238
P. — major   219
Passer 329, 331, 334, 462, 511
P. — domesticus . . .   85, 86, 93, 101, 326
P. — montanus 329, 512
Passereau (et Passereaux) .   5, 31, 32, 64, 66, 128,
      144, 145, 163, 171, 185, 209, 256, 261,
      455, 465, 515, 517.
P. — conirostres   332
P. — déodactyles 259, 261
Passeres   236
Passérigales 397, 410
Passerini   258
Patagonie   370
Pauxi 93, 94, 138, 548
Pavao   384
P. — preto   507
Pavon   520
Pavonidæ 65, 336, 345
Pavonidés   345

Pavoninæ 345
Pays-Bas 11
Paze (la) 507, 504
Pelagici 186
Pélagiques 186
Pelecanidæ 65, 443, 445, 447
Pélécanidés . . 127, 129, 145, 146, 435, 436,
441, 442, 444, 448, 461
Pelecanus 440, 441, 446
P. — *crispus* 448
Pélican (et Pélicans) . 65, 70, 94, 128, 137, 189
435, 440, 446, 447, 502
Pellorneum 296
Penas (las) 252
Pendulinus 325, 326
Pénélopes 64, 129, 138, 406, 410
Penelopidæ 64, 375, 397 410
Pénélopidés. 410
Pentheria 512
P. — *macroura* . . . 311
Pepoaza fluvicola . . . 291
Perdices 124
Perdicidæ . . . 65, 185, 346, 462, 518
Perdicidés 128, 143, 193, 346
Perdicinæ 345, 346, 349
Perdix cinereus 366
Perdrix . . 14, 65, 125, 185, 349, 523, 525
P. — grise 166
Perisoreus Canadensis . . . .
Périsperme (Bot.) 30. 31
Pérou 184, 306, 384, 509
Perroquet (et Perroquets) . 5, 63, 69, 135, 517
P — gris 5, 165, 182, 212
Pétrels 42, 128, 460
Petrocincla 294
Petrocossyphus 294
Petroïca fusca 294
Petronia 334
Phaëton 441
Phaëtonidæ . . . 447, 459, 460
Phaëtonîdés 460
Phaëtornis superciliosus . . . 265
Phalacrocoracidæ 65, 447

Phalacrocoracidés.

Phalacrocorax 441, 446

Phalaropes 65, 366, 374

Phalaropodiidœ 65, 369, 374

Phalaropodiidés 374

Phasianidœ 65, 185, 336, 345

Phasianidés 147, 344, 513

Phasianinœ 344

Phasianus cristatus 405

P. — *nycthemerus* 147

P. — *pictus* 147

Phénicoptère (et Phénicoptères)   126, 435, 436, 442,
443, 444, 436, 489

Phénicoptéridés 129, 435, 439

Phœnicopheinœ 215, 218

Phénicophéinés 215

Phœnicopteridœ 436, 444

Phœnicopterus 439, 539, 489

P. — *erythrœus* 438

Phonigamme de Kéraudren . . . 309

Phibalura 305

Philadelphie 310

Philepitta sericea 275, 276

Philesturnus carunculatus . . . 275, 277

Philippines (Iles) 51

Philomela 503

Philomèle 503

Philosophes quinaires 209

Phoques 192, 469

P. — des Oiseaux 72

Phyllopneuste 94, 300

P. — *trochilus* 219

Phytotome 398, 510

Phytotomidœ 397

Phytotominœ 507, 510

Pic (et Pics)   42, 44, 47, 169, 186, 210, 212, 213,
215, 316, 353, 453, 515

P. — noir ou Pic-Mart. p. . . . .

P. — varié 16, 180, 181, 185

P. — vert 33

Pica 511

P. — *caudata* 93, 95

P. — *Mauritanica* 218

Pichincha 166
Picidés 128, 212, 251, 356, 353
Picus. 169
P.— chrysopterus 217
P.— Nubicus 217
Picnonotinœ. 291, 296
Picolaptes brunneicapillus 280
Pie 51, 57, 93, 95, 218, 219
Pie-Grièche (et Pies-Grièches) . . 5, 51, 167, 219,
258, 291, 316
P.— G.— écorcheur. 167
Pigeon (et Pigeons). 14, 36, 42, 44, 64, 69, 76, 93,
113, 116, 117, 144, 156, 159, 163. 165, 182,
187, 189, 191, 456.
P. — bizet 343
P. — commun 136
P. — domestique 76, 89, 337, 343
P. — ramier. 188
Pingouin (et Pingouins) 65, 67, 68, 69, 71, 103, 108,
110, 125, 127, 130, 133, 166, 171, 189, 467
P. — macroptère 133
P. — royal. 471, 472, 473, 474, 475
P. — roi 471
Pinson 528
P. — commun ou ordinaire. . . 166, 167
Pintade (et Pintades). . 28, 65, 93, 125, 152, 157,
180, 181, 193, 346, 513, 514, 515
P. — domestique 17, 79, 158, 161
P. — sauvage 17, 158, 161
Pipit (et Pipits) 285
P.— des buissons. 219
P.— rousseline 219
Pipridœ 247
Pipridés. 128, 247
Pique-bœufs 323
Pitta cyanura 289
Pittinœ 289
Placenta (Bot.). 31
Platalea. 439, 434
Plataleidœ 431
Plataléidés 431, 434
Platycerques 212
Ploceidœ. 186, 325, 331, 377, 462

Plocéidés 326, 511
Ploceinæ. 327, 331, 332, 511, 512
Plocepasser 328, 511
P. — *mahali* 329
P. — *superciliosus* 329
Plocepasserinæ. 512
Ploceus flavicollis 328
P. — *superciliosus* 329
Plongeon (et Plongeons) . 5, 26, 65, 71, 446, 447,
　　　　　　　449, 450, 452, 453, 466, 467
P. — cat-marin 450, 451
Plongeurs 386, 449, 450, 465
Plotidæ 65, 447
Plotidés 129
Plotus 441
Pluvier (et Pluviers) . . . 40, 65, 355, 366, 571
P. — (petit) 185
Plyctolophes 212
Podarges 260
Podarginæ 259, 260
Podarginés 261
Podicepidæ 65, 71, 449, 466
Podicépidés 449
Podiceps. 41, 446
P. — *cristatus* 37
P. — *minor* 163
Pointe-à-Pitre 506, 526
Poissons 6, 70, 421, 455, 464, 475
Polyborinæ. 205
Polynésie 273
Polyplectroninæ 344
Pomathorinæ 296
Pomathorinés 296
Pomathorins 297
Pomathorinus 271, 296, 324
P. — *superciliosus* 296
P. — *trivirgatus* 296
Porphyrio 409
P. — *antiquorum* 388, 390
Porphyrions 64, 368, 388
Porto-Rico 524, 525
Possession (Ile de la) 471
Possessions Néerlandaises dans l'Inde . . 53

Pouillot 94, 300, 301
P. — chantre   219
Poule (et Poules) 14, 16, 36, 38, 65, 74, 76, 77, 79,
        80, 81, 90, 113, 114, 116, 117,ˢ144, 156,
        157, 159, 161, 169, 182, 343, 517, 523
P.— Africaine   347
P.— Anglaise   78
P.— Brahma-Pootrah 182, 344
P.— de Bruyère 17, 120
P.— de Caux 83, 84, 85, 87, 89, 90, 91
P.— de Cochinchine 182, 344, 512, 515
P.— de Crêvecœur   182
P.— de l'Inde 83, 85, 89, 93
P.— de Numidie   367
P.— Sultane 388, 389, 409, 528
P.— d'eau 5, 64, 378, 386
P.— d'eau (petite) des Indes . .   409
P.— des bois   522
P.— jolie   525
Pratincola   294
Procellaridæ 64, 445, 459
Procellaridés 68, 128, 145, 459, 460, 461
Procellarinæ 459, 460
Procne purpurea   265
Procnias   305
Præcoces 337, 443, 445
Promeropidæ   243
Promeropinæ   270
Promerops   270
P. — Cafer 271, 296
Prusse   5
Psaracolius   326
Pseudo-Zygodactyli 208, 210
Psittaci   144
Psittacidæ 63, 69, 165
Psitttacidés . . . 128, 163, 212, 213, 254, 257
Psittaciens   213
Psittaculus   212
Psittacus Alexandri   257
Psophiidæ   417
Psophiidés   417
Psycotria   252
Ptéroclès 64, 330

43

Pterocles 526
P. — Alchata 251
Pteroclidæ. 64, 353
Pteroclinæ. 350
Ptéroclinés 350
Pteroptochus albicollis 289
Ptilonorhynchinæ. 321
Ptiloris 278
Ptilotis 275, 276
Ptiloturinæ 270
Ptiloturus Cafer 271
Ptiloptères 469, 470, 498
Ptilopteri 71, 145, 192, 469
Pucrasia 344
Punaises 279
Pùt-pùt 242
Pygargue 96
Pygoscelys papua 471
Pymélées 91
Pyrgita 329
Pyrrhocorax 321
Pyrrhocorax 321
Pyrrhula 334
P. — rubicilla 219
Pyrrhulidés 147
Pyrrota 314

Q.

Quadrupèdes 26
Quichna (Langue) 307
Quiscales 324
Quiscalinæ 324
Quiscalus 326

R.

Râle (et Râles).   64, 120, 378, 386, 387, 418, 519,
                        522, 524, 527
R.— Baillon. 94
R.— de genêts 94
Rallecæ. 387
Rallidæ . . 64, 120, 368, 374, 375, 355, 387, 443
Rallidés . . . 128, 193, 385, 409, 418, 439, 525

Rallinæ 409
Rallinés 387, 520, 521
Rallus 439
R. — *ardeoïdes* 420
R. — *Baillonii* 387, 520
R. — *gigas* 421
R. — *Lewinii* 387, 520
R. — *pusillus* 387
R. — *variegatus* 382, 490
R. — *superciliosus* 409
Ramier 219
Ramphastidæ 163, 165
Ramphastidés 214, 234, 236
Ramphocènes 294
Ramphocincles 294, 294
Ramphocinclus 300
Ramphocœnus 300
Rapaces 66, 69, 144, 495, 501, 517
R. — diurnes . 63, 68, 118, 128, 145, 147, 171,
　　　　　　　　204, 206, 498, 500
R. — marcheurs 517
R. — nocturnes . . . 63, 68, 69, 119, 128, 207,
　　　　　　　　209, 211, 261
Rapaces nocturni 207
R. — *rasores* 517
Ravennes 4
Recurvirostra 439
Récurvirostres . . . .
Recurvirostridæ 65, 366, 373
Récurvirostridés 373, 374
Régions intertropicales 131
Regulus 8, 300
Rémiz 299, 300
Renard 244
Reptile (et Reptiles) . . . 97, 404, 421, 432
Républicains 327
Rhynanthée 253
Rhynchæa Capensis 378
Rhynchée du Cap 378
Rhyncops 462, 464
Rhyncops . . . .
Rio-Allegro 307
R.—Araguay 384, 403

Rio Cabaçal 307
R.— Cuyaba 405
R.— de Crisnas 405
R.— Janeiro 51, 307
R.— Paraguay 408
R.— Ucayale (et Ucayala). . . . 307, 384, 406
Rochefort 498
Roi des Cailles 14
Roitelet (et Roitelets) 14, 95, 300
Rollier 33, 44, 47, 246, 353
Rome 388
Roseaux 465
Rossignol de murailles 219, 221
Rouge-gorge 219, 221
Rousserolle 293, 295
Rupicola 248, 257, 418
R. — *crocea* 248
R. — *Peruaná* 248, 249, 250, 251
R. — *Peruviana* 488
Rupicole (et Rupicoles). . 184, 258, 377, 488, 503,
                        504, 505, 527
R. — Coq de roche 250
R. — de Cayenne 254, 255, 256
R. — de la Guyane 257
R. — du Pérou. . . 247, 250, 251, 254, 256
Rudipennes 359
Rubecula familiaris 219
Rusticola 374
R. — *major* 374
Ruticilla 274
R. — *phœnicura* 219, 294
R. — *Thytis* 294

S.

Sacramento (Pampas del) . . . 384
Salangane 6
Salinas 405
Saltator 314, 315
Saltatores 333
Santa-Cruz 370
Sarcoramphus 501, 516
Sasa 193, 398, 401, 403, 526
Satyra 545

Sauriens

Saurotherinæ 215, 228

Saurothérinés 215

Sauvages 249

Savacou (et Savacous) 426, 435

Savannes 131

Saxicola. 294

S. — *œnanthe* 38, 157

S. — *stapazina* 219

Saxicolinæ 293, 302, 305

Saxicolinés. 147, 293

Scarabées 245

Scolopacea Guarauna 420

Scolopacidæ. 63, 120, 366, 374

Scolopacidés 128, 374, 439

Scolopax, ... 366, 378, 420, 439, 490

Scopus 439

Scytalopus 284

Scythropinæ. 215

Scythropinés 215

Scythrops 231

Secrétaire 118, 206

Semipennes. 66

Sénégalis 163, 332

Serapeïum 429

Sericornis 294

Sericulinæ 277

Serin 28, 93, 94, 159, 169

Serinus 334

S.— *Meridionalis*. 93

Serpent (et Serpents). . . . 18, 98, 404

Serpentaire. 119, 206

Serpentarius. 118

Serrirostres. 273

Shevak 272

Siala 294

Sikes 328

Sirlis 285, 286

Sittidés 147

Sittinés 280, 281

Sommateria mollissima. . . . 457

Sorgho 240

Souï-Mangas 267, 269, 270, 279

Souris 244
Sparactes superbus 337
Spatule (et Spatules) 5, 431, 434
Spatulidé (et Spatulidés) 437
Spermophila 234
Spheniscidæ 63, 71, 72, 496, 497
Sphéniscidés . . 69, 127, 129, 186, 470, 479, 498
Spheniscinæ 470
Sphéniscinés 481
Spheniscus . . . . 482.
S. — *demersus* 479, 480
Sphénisques 68, 71
Sphenostoma 297
Sphenurus 296
Spreo bicolor 323
S.— morio 323
Steatornis . . . 64, 119, 260, 261, 262, 418, 488
Steatornithinæ 259, 260
Steganura 512
Stercoraires 462, 464
Sternes 65, 127, 462, 464, 465
Sternidæ 127
Sternidés 128, 146
Sterna cantiaca 465
S.— *erythrorhyncha* 465
S.— *fuliginosa* 465
S.— *minuta* 465
S.— *paradisea* 464
Stipiturus 296
Strigidæ 63, 119
Strigidés . . 145, 209, 212, 213, 234, 261, 262
Strigops 212
Strix 119
Struthio Camelus 161
S. — *Rhea* 161
Struthions 355, 359, 516
Struthiones 145, 359, 364, 517
Struthionidæ 64, 361
Struthionidés 129, 361
Struthionigralles 193, 352, 465
Struthionigralli 336, 352
Sturnella 326
S. — *ludoviciana* 147

Sturnellinæ 524
Sturnidæ 325
Sturnidés 325
Sturninæ 325
Sturnopastor. 324
S. — contra 324
S. — Jalla 324
Sturnus 324
S. — omnicolor 324
S. — vulgaris 268, 324
Subulirostres 257
Sucrier 275
Suisse 39
Sula 441, 446
Sulidæ 65, 447
Sulidés . . . .
Surnicou 223
Surniculus 223
Suspenseurs 269
S. — à langue cartilagineuse. 268
S. — à langue extensible fili-
            forme ou pénicillée. 268
Suspensi cartilaginei. 268
S. — penicillati 268
Swart-Kop (Forêt du) 241
Sycalis. 334
Sycobius 331, 462
Sylvia 303
S. — curruca 219
Sylviidæ 167, 295
Sylviidés 146
Sylviinæ 293, 303
Sylviinés 303
Sylviparidæ. 297, 507
Sylviparidés 193, 297, 507
Sylviparinæ. 297
Sylviparinés 297
Synallaxidæ. 281
Synallaxis humicola. 282
Syndactyles 236, 243, 244
Syndactyli 236

616   TABLE ALPHABÉTIQUE GÉNÉRALE.

T.

Tacco.	228
Taches d'Incubation.	111
Tachypetes	123, 441
Tachypetidœ.	65, 447
Tachypétidés	
Tadorne (et Todornes)	450
Talegalla Lathami	412
Talégalles	64, 70
Tamatia (et Tamatias)	214, 235
Tanagridœ	314, 333
Tanagridés.	314, 507, 508, 510
Tanagrinœ	314
Tangara.	258
Tantales	427, 430
Tantalidœ	427, 443
Tantalidés	427, 434, 436
Tantalinœ	428, 430
Tantalinés	430
Tantalus	439
T. — *Ibis*	430
T. — *loculator*	430
Tarin.	28
Tasmanie	273, 279
Tatare	295
Tatarés	295
Tauro-picho.	307
Tavons.	64, 70
Temnurinœ	321
Ténuirostres	268
T. — aériens ou Voiliers	265
T. — grimpeurs	280
T. — marcheurs.	282, 283
T. — percheurs	281
T. — suspenseurs	268, 269
Tenuirostri	243
T. — *œtherei*	265
T. — *arborei*	281
T. — *insessores.*	282
T. — *scansores.*	280
T. — *suspensi.*	268
Terra caliente	315

Terres-Chaudes. 313
Tetraonidæ 64, 185, 346, 350, 353
Tétraonidés 350
Tetraoninæ 345
Tétraoninés 350
Tetrapteryx paradisea 417
Tétras. 64, 185, 350
Tette-Chêvres 259
Thalassidrômes 460, 461
Thamnophiles 290
Thamnophilinæ 290
Thamnophilinés. 290
Thamnophilus ruficollis 290
T. — *rufiventris* 290
Thinocore (et Thinocores) . 65, 193, 366, 368, 369
T. — de d'Orbigny 369
Thinocoridæ 65, 366, 368
Thinocorinæ 346
Thinocorus Orbignyanus 369
T. — *rumicivorus* 370
Thichodroma. 505
T. — *muralis* 281
Thichodrôme de murailles . . . 280
Tichodromadinæ. 506
Timalia 297
Timaliidæ. 293, 296
Timaliinæ. 291, 296, 297
Timaliinés 297
Tinamidæ. 64, 352, 353, 354
Tinamidés . . . 128, 143, 146, 147, 353, 515
Tinaminæ. 353
Tinamou (et Tinamous) 64, 124, 126, 127, 131, 156,
163, 182, 189, 353, 515
T. — (le Gros). 18
Tinamus 526
Tinnunculeæ 205
Tinnnnculus 166
Tisserins 186, 187, 327
Tocantin 405
Tock à bec rouge 339
Tokus erythrorhynchus 237, 239, 241
T. — *flavirostris* 241
T. — *nasutus* 241

Todidæ. 246
Todidés 246
Todiers 246
Todus margaritaceus 246
T. — margaritaceiventer. 248
Torcols 41, 124, 186, 213
Tortues 72, 432
Totanus 366
Totipalmes 65, 435, 436, 447, 449, 452,
                                  453, 454, 459, 466
Totipalmi 443, 445, 462, 466
Toucans 163, 165, 214, 234
Toucnam-courvi 528
Touraco (et Touracos)   63, 119, 163, 165, 182, 209,
                                     243, 397
T. — à oreillons blancs . . . 210
Tournepierres 371
Tourterelle 76, 91, 219
T. — à collier 78
Traine-buisson 219
Traquet 221
T. — stapazin 219, 221
T. — Tarrier. 137
Trichas 299, 300
Trichoglosses 212
Tringa (et Tringas). 366, 371
Tringa hypoleucos 371
T. — vanellus 151
Trochilidæ . . . 64, 69, 187, 265, 332, 496, 497
Trochylidés 265, 269
Troglodyte (et Troglodytes) . . . 193, 219, 300
T. — Européen 300
Troglodytes Europœus 219
Troglodytidæ. 294, 296
Troglodytinæ. 295, 300
Troglodytinés 300
Troupiales. 147, 233
Trogonidæ 64, 163
Trogonidés 214, 294, 295
Trupialus. 326
Tryothores 193, 294, 295
Tryothorus 300
Trypanocorax. . . . .

Tunqui 504
Turacus leucotis 210
Turdidés 147, 171, 255, 290
Turdinœ 290, 291, 293
Turdinés 291, 293
Turdus 293
T. — *carbonarius* 292
T. — *dentirostris* 292
T. — *felivox* 227, 228, 292
T. — *Herminieri* 292
T. — *Iliacus* 292
T. — *merula* 161, 167, 218, 219, 291
T. — *migratorius* 292
T. — *minor* 292
T. — *musicus* 219, 291
T. — *mustelinus* 292
T. — *pilaris* 292
T. — *solitarius* 292
T. — *Wilsonii* 292
Turnicidœ 64, 352, 358
Turnicidés 358
Turnicinœ 346
Turnix 64, 358, 526
Turtur 219
Tyran (et Tyrans) 258, 304
T. — de la Caroline 146
Tyrannidœ 290, 304, 314

U.

Upucerthia 245, 283
Upupa 242
Upupidœ 242, 243
Upupidés 242
Upupinœ 242
Uragus 354
Uria 112, 166, 467, 468, 482
U. — *grylle* 36, 104, 468, 469
U. — *Lomwia* 467
U. — *Mandtii* 468, 469
U. — *Ringwia* 467
U. — *troile* 467
Uriidés 481

Uriinæ 468
Uriinés 468
Urinatores 192, 445, 449, 453, 465, 466

V.

Val-de-Grâces. . . . . . .
Val-River 241
Valla-Maria. 307
Vallées-Chaudes 307
Vanellus. 366
Vanga 320
Vanneau (et Vanneaux) 37, 156, 366, 498
V. — commun ou huppé . . . 151, 152, 185
Varsovie. . . . .
Vautour (et Vautours). 206, 500
Vélocipèdes. 522
Venezia 45, 51
Vénézuéla 324
Verdier 219, 318
Verrulia. 337, 339, 342, 395
Verruliidæ 336
Verruliidés 336
Verruliinés. 337
Vers. 404, 421
Vertébrés 163
Vestiaires 270
Viduinæ. 331, 332, 512
Vienne 45, 51
Voiliers (Grands) 64, 69, 463
Vultur 500, 501
Vulturidæ 194, 206
Vulturidés 194, 501
Vulturinæ 194, 501
Vulturinés 194

W.

Washington. . . . .
Wéka 521
Worabée 329

X.

Xanthornus 326, 462

Y.

Yphantes. 326
Yungas 307, 504

Z.

Zapornia 520, 525
Zaporniinæ 521
Zonotrichia 334, 462
Zonotrichiæ 334
Zoothera 296
Zostérops 301
Zosterops 300
Zurich 1
Zygodactyles . . . 64, 131, 208, 209, 210, 215
Z. — douteux 208, 210
Z. — faux 208, 210
Z. — grimpeurs 208, 212
Z. — marcheurs 208, 214
Z. — percheurs 208, 214
Zygodactyli 208
Z. — arborei seu insessores . . 208, 214
Z. — prehensores 208, 212
Z. — scansores 208, 212

ERRATA ET OMISSIONS.

Page 54. — Au lieu de : les textes ; lisez : le texte.

Page 84. — Au lieu de : représentent ; lisez : dessinent.

Page 109. — A la fin de la première phrase, ajouter :

Il demeure, bien entendu, lorsque nous nous exprimons ainsi, que ce n'est qu'une façon de parler. Ainsi le terme d'Embryon est équivalent ici, dans notre pensée, à celui de *Fœtus*, au corps organisé, et non à celui de *Cicatricule*, avec lequel malgré l'exemple donné par un Membre distingué de l'Institut, nous ne pourrons jamais nous décider à le confondre, comme expression de la même idée. De même encore, nous ne voulons pas dire que l'influence de l'Embryon s'exerce pendant le développement de ses parties organiques *dans l'Œuf*, puisque *la Forme de ce corps*, ou plutôt de son tégument calcaire *leur est*, comme nous l'avons établi dès les premières pages (1), *providentiellement préexistante*. Les prémisses de notre proposition, de même que ses conclusions, suffisent, et de reste, à nous sauvegarder de toute induction qui tendrait à nous imputer une semblable absurdité.

Nous avons trop de confiance, à cet égard, dans la critique sérieuse et éclairée dont notre Livre pourra être l'objet, pour

(1) Voir p. 67.

nous en préoccuper autrement. La Science, lorsqu'elle discute, et c'est là son plus beau privilége, a ordinairement l'avantage de se tenir dans une sphère assez élevée, pour n'avoir pas besoin de recourir à des arguments d'un esprit aussi étroit.

Page 113. — Au lieu de : se rencontrent plus rarement renfermant ses mâles; lisez : se rencontrant plus rarement, renferment des mâles.

Page 133. — Au lieu de : Pennaut; lisez : Pennant.

Page 170. — A la fin du paragraphe 4 du chapitre III, ajouter :

En examinant la question de savoir par laquelle de ses deux extrémités, aiguë et obtuse, l'OEuf sortait du corps de la femelle chez les Oiseaux, nous nous étions cru fondé, dans le temps (1), d'après quelques-uns des faits que nous avions été à même d'observer au milieu de nos études expérimentales, à admettre que *l'OEuf sortait par son bout obtus* ainsi que vient de le rappeler fort exactement M. Moquin-Tandon (2). Toutefois, la presque unanimité des Auteurs à établir le contraire (MM. Duméril père, le Docteur John, Is. Geoffroy Saint-Hilaire et Gerbes, sans parler de Thienemann et de de Blainville) nous avait fait recourir à de nouvelles expériences, et nous rencontrâmes en effet alors, en grande partie, le fait contraire à celui que nous avions pensé pouvoir établir : c'est-à-dire que c'est *par le bout aigu que sort l'OEuf,* cas offert encore depuis à nos yeux, en 1857, dans le corps d'une femelle de Pie-Grièche Ecorcheur (*Lanius Collurio*), dont l'OEuf figure dans notre Collection.

Si, dès ce temps-là comme après, nous n'avons pas ajouté

(1) 1842-1843.
(2) *Rev. et Mag. de Zool.*, Janvier 1860.

le mot *toujours*, ce n'est pas sans intention, nos travaux ne discontinuant pas; c'était également, avouons-le, parce qu'il nous en coûtait quelque peu de renoncer à une observation basée sur des expériences personnelles, auxquelles nous pensions avoir apporté tout le soin désirable. Aussi bien avons-nous fait, le temps étant venu récompenser notre persévérance et nos efforts; car dans le cours de 1858 et de 1859, et par conséquent au milieu de notre travail, nous avons rencontré plusieurs cas faisant exception et rentrant dans notre première manière de voir, dont, en mettant de côté ceux qui regardent la Poule, l'un chez la femelle d'un Merle commun, l'autre chez une de Serin de volière. Dans les deux cas, la masse colorée des taches distinctives de ces OEufs, tout prêts à sortir du vagin et s'y présentant par leur bout obtus, était reportée vers le bout aigu. Ce qui rentre complètement, en la rendant plus facile, dans l'explication que nous avons donnée de l'inégale répartition de la Couleur à la surface de la Coquille. Il devient évident dès lors que si la couronne de taches, chez les OEufs maculés, se présente plus souvent au gros bout, c'est que le plus ordinairement l'OEuf sort par la pointe, et que si cette couronne ou ceinture se trouve reportée vers la pointe, ce qui est le cas, nous ne dirons pas le plus rare (ce serait trop dire), mais le moins ordinaire, c'est qu'alors l'OEuf est sorti par son bout obtus.

Le fait a été, au surplus, affirmé de la façon la plus claire, la plus nette et la plus positive bien avant nous, puisqu'il y a aujourd'hui trente ans, par Purkinje, qui a fait un si complet et si beau travail sur la formation et les développements de l'OEuf, en ces termes :

« *Situm Ovi*, DUM ADHUC IN UTERO RECENS EST, SEMPER *talem*
» *inveni, ut* PARS ACUTIOR VAGINAM, OBTUSIOR BASIN SPECTARET; *in*
» OVO VERÒ PENITUS FORMATO, *ubi jàm nisum ad partum expertum*
» *est,* NUNC OBTUSO NUNC ACUTO FINE VAGINÆ ORIBUS APPOSITUM *reperi.*

» *Fors tunc sub nisu ad partum Ovum sæpiùs volvitur donec*
» *situm commodum acquirat.* (1) »

Ce qui semble indiquer, en effet, que l'OEuf prêt à sortir chez
l'Oiseau est soumis ou exposé, comme l'enfant chez la femme, à
plusieurs évolutions sur lui-même.

Il en résulte que la conclusion tirée par les divers Auteurs que
nous avons cités à cet égard, pour ou contre, doit être prise et
adoptée non d'une manière générale et absolue, mais relativement seulement à l'époque du développement de l'OEuf et de sa
marche dans l'Oviducte, à laquelle chacun d'eux a fait ses
observations.

Nous réservions cette Notice pour l'insérer dans un autre
Travail devant faire suite à celui-ci, sous le titre de *Oogénèse des
Oiseaux,* que nous nous décidons à lui retirer et auquel nous
renonçons pour le moment, le pensant mieux applicable au
dernier qu'au premier. Mais les *Considérations* de M. Moquin-
Tandon nous l'ont fait sortir prématurément de nos cartons pour
la faire profiter de la publicité et de l'actualité qu'elles reçoivent,
en y apportant un élément nouveau de discussion et par conséquent
un supplément de lumières.

Page 174. — Nous avons établi ; lisez : nous l'avons établi.

Page 197. — Rétablir la Tribu des *Certhiadæ* de la manière
    suivante :

9. Tribus. — CERTHIADÆ.

    1. FAMILIA. — Dendrocolaptinæ.
    2. F.   —   Certhianæ.
    3. F.   —   Tichodromadinæ.
    4. F.   —   Sittinæ.

Page 208. — Au lieu de : Marchants ; lisez : Marcheurs.

____

(1) *Symbola ad Ovi Avium historiam, ante incubationem.*

Page 215. — Après *Indicatorinœ*, ajoutez : 2° *Leptosominœ*.

Page 217. — Après et à la fin de l'article des *Indicatorinœ*, ajoutez :

Nous ne dirons rien de l'OEuf du *Leptosomus* ou Vouroudriou, type des *Leptosominœ*, que nous ne connaissons pas.

Page 228. — A la fin de l'article des Coccyzinés, au lieu de : des OEufs des *Turdus felivox* et *T. migratorius;* lisez : des OEufs du *Turdus felivox*, cette Couleur étant clairsemée de taches d'un Brun rougeâtre dans ceux du *Turdus migratorius*.

Page 229. — Au lieu de : Algue marine ; lisez : Aigue-marine.

Page 230.   —   Mynthérinés ; lisez : Myothérinés.

Page 244. — En note, au lieu de : *Anat.;* lisez : *Amat.*

Page 246. — Au lieu de : *Margaritacenus ;* lisez : *Margaritaceus.*

Page 258.   —   depuis nous, etc.; lisez : depuis que nous.

Page 259. — Au lieu de : aigu ; lisez : aigue.

Page 261.   —   Oiseeu ; lisez : Oiseau.

Page 269.   —   Nectarinidés ; lisez : Nectariinidés.

Page 273.   —   *Méliphagidés ;* lisez : *Meliphagidœ.*

    Id.   —   auquel ; lisez : auxquels.

Page 281.   —   *Anabatidœ ;* lisez : Anabatidés.

Page 283. — En note, au lieu de : Meyer ; lisez : Meyen.

Page 289. — A la suite de la dernière phrase relative aux *Pittinœ* (ou Brèves) , ajouter :

Après tout ce que nous avons dit précédemment de la Forme de l'OEuf et de ses rapports intimes et indestructibles par toute autre espèce de raisonnements que les nôtres, avec la forme du Sternum et de ses annexes, et finalement avec la forme générale de l'Oiseau, nous ne croyons pas qu'il soit possible d'y revenir avec quelque succès, encore moins d'infirmer notre proposition *en principe*. On nous opposera bien quelques exceptions plus ou moins spécieuses, telles que celles qu'a formulées le trop modeste M. Hardy, de Dieppe (1). Mais nous ne croyons pas qu'elles suffisent à motiver une indécision aussi formelle que celle dans laquelle se retranche le savoir de M. Moquin-Tandon. Le fait est manifeste; la relation existe, de l'aveu même du docte Membre de l'Institut : que la cause directe et réelle soit, après cela, plus ou moins facile à établir, *à priori*, comme question d'Epigénèse ou autre, peu importe ce semble. En s'arrêtant à une méthode pareille, dans les Sciences, et en enchaînant ainsi toute Théorie à sa naissance, on risquerait fort de leur poser une barrière à jamais infranchissable. C'est en aidant, au contraire, la Théorie ou l'esprit de Système modéré, dans ceux des faits (surtout quand ils sont nombreux) sur lesquels s'appuie l'une ou l'autre, que l'on peut faire progresser toute Science.

Il faut pourtant s'entendre quant à la portée des objections et à leur justesse. Ainsi, M. Moquin-Tandon, au sujet des rapports de la Forme Oologique avec la Forme Zoologique, ne fait aucune objection bien sérieuse; il doute, n'émet aucune opinion personnelle et se borne à reproduire les objections énoncées par d'autres Oologistes : de ce nombre est M. Hardy.

M. Hardy, lui, nous oppose entre autres, les exemples de l'Outarde ou du Pluvier, de l'Ibis et du Courlis, qui, dit-il : « ont, » dans l'ensemble général de leurs formes, d'autant plus de rap- » ports que leurs OEufs en ont moins. »

____

(1) *Revue et Magas. de Zool.*, 1857, page 253 et suiv.

Nous croyons avoir suffisamment répondu à cette objection dans cette Troisième Partie de notre Travail, en nous occupant de l'OEuf des Outardes et de celui des Pluviers, notamment de l'OEdicnème : nous jugeons donc inutile d'y revenir. Les différences et les rapports Ostéologiques qui existent entre les uns et les autres, et qui se reproduisent en partie, mais dans les détails seulement, sur l'ensemble de la forme générale de l'Oiseau, doivent nous dispenser d'y revenir.

Nous ne manquerions pas, au surplus, sur ce terrain, d'objections presque destructives de l'ingénieuse proposition de M. Hardy, que nous désirerions bien lui voir développer plus au long : « que la position de l'Oiseau dans le repos ou dans l'action » détermine avant tout la Forme de son OEuf. »

Pour n'en citer qu'une seule, nous opposerions les Brèves ou *Pittæ*, que nous venons de nommer, dont les formes sont trapues, il est vrai, mais dont les mœurs et les habitudes, soit *dans le repos*, soit *dans l'action*, sont toujours les mêmes, c'est-à-dire s'exerçant sur la ligne plane et horizontale, et presque toujours au niveau du sol. Or, quelle est la Forme constante de leur OEuf? la Forme *Globulaire* ou *Sphérique*, la pointe en étant parfois à peine indiquée, comme dans l'OEuf des *Strigidæ*.

Page 291. — Au lieu de : *Ixosa ;* lisez : *Ixos*.

Page 296.　　—　　　Pomathorinus ; lisez : Pomathorins.

Page 302.　　—　　　*Cymnocephalus ;* lisez : *Gymnocephalus*.

Page 304. — A la fin des *Sylviadæ*, ajouter :

Il est une Famille de charmants Oiseaux dont nous avons oublié de parler et qui devait faire la quatrième de nos Sylviadés ; c'est celle des Malurinés, qui lie parfaitement cette Tribu à celle des Muscicapidés : car les Mérions peuvent, à la rigueur, être considérés comme de vrais Gobe-Mouches humicoles.

Ils se rencontrent en effet, généralement, d'après les observations de J. Verreaux, dans les ravins, les lieux humides et dans les marais, se perchant de temps à autre sur la sommité des buissons ou la tige des graminées (qu'ils parcourent à la manière des Triothores et des Calamoherpes); faisant indistinctement leurs nids, ou sur ces mêmes graminées, ou sur des arbres et arbustes à peu de hauteur de terre.

Ce Voyageur en a rapporté un, du Malure à longue queue, qui était d'environ quatorze centimètres de hauteur sur neuf de largeur; l'ouverture s'en trouvait en haut et semblait protégée par les branches qui en cachaient l'entrée : il était composé d'herbes sèches, de feuilles mortes, de racines fines; et l'intérieur, qui était d'environ cinq centimètres de profondeur, se trouvait garni de substances moëlleuses; on y remarquait, entre autres, une assez grande quantité de plumes de Poule, de Kakatoës, de Strix, etc. Ce nid se trouvait à environ un mètre trente-trois centimètres (quatre pieds) d'élévation de terre, et assez bien caché dans une touffe ou dans un buissson de l'Espèce d'arbuste appelée *Thee-tree*.

Un autre nid avait une apparence toute différente : il était mélangé de débris d'écorces d'Eucalyptus, de mousse et de divers débris d'autres plantes; il n'était guère qu'à un mètre de terre, très-bien caché dans un buisson épais.

Enfin, le même Voyageur a trouvé un nid de Mérion bleu dans un citronnier, à la sommité de cet arbuste, à près de un mètre soixante-six centimètres (cinq pieds) du sol; et il était à peine caché par quelques feuilles. Il se trouvait attaché à une branche par le côté et soutenu par des feuilles en-dessous, et son ouverture se trouvait à la partie supérieure, mais un peu de côté : sa forme était à peu près ovalaire. Il était composé de débris d'Eucalyptus, de quelques racines fines et de graminées à l'intérieur;

l'intérieur contenait quelques plumes; mais il était si clair, qu'il était facile de voir le jour au travers (1).

Nous avions composé cette famille, dans le temps (1852), des Genres suivants, dont un seul, le dernier, nous est connu par son OEuf :

> *Zoothera*, Vigors ;
> *Pomathorinus*, Horsfield ;
> *Pellorneum*, Swainson ;
> *Atrichia*, Gould ;
> *Sphenura*, Litchtenstein ;
> *Stipiturus*, Lesson ;
> *Amytis*, Lesson ;
> et *Malurus*, Vieillot.

De ces huit Genres, nous retranchons aujourd'hui les deux premiers : le *Pomathorinus*, parce que le caractère de son OEuf, ainsi que nous l'avons vu, de même que ses habitudes, ne permettent pas de l'y laisser; et le *Zoothera*, par l'un des mêmes motifs, ses caractères Oologiques nous en étant complétement inconnus.

Pour ce qui est des six autres, quoique nous n'ayons étudié que l'OEuf du dernier, nous n'hésitons pas, quant à présent, à les réunir, sous le rapport de la communauté des mœurs, qui n'offrent entre chacun d'eux presque aucune différence.

CARACTÈRES OOLOGIQUES :

Forme — allongée et presque Elliptique, ou d'un Ovalaire aux deux extrémités également arrondies.

Coquille. — d'un grain très-fin, Blanc intérieurement, mat et presque sans reflet.

(1) Voir *Encyclopédie d'Histoire Naturelle*, Oiseaux, T. IV p. 85.

Couleur — presque toujours d'un Blanc pur, recouvert, surtout à l'un des bouts, de quelques points d'un ton de Brique plus ou moins rosé; souvent aussi sans aucune tache; et parfois d'un Blanc légèrement Verdâtre avec les mêmes taches plus foncées, comme chez quelques Traquets.

Sous ce rapport, cette Famille, encore peu élucidée dans ses caractères Oologiques, mérite une nouvelle étude pour en bien préciser la place dans la Série.

Page 332. — Au lieu de : à retirer les *Euplectes,* etc.; lisez : à enlever.....; et au lieu de : de la Famille des *Viduinæ*, lisez : à la Famille des.....

Page 334. — Dans les *Fringillidæ* et la suite du groupement des Genres Américains, ajouter :

Notre Pinson d'Ardennes, *Fringilla montifringilla*, est, par son Œuf, un véritable *Zonotrichia*, et sous le rapport de la Forme globulaire, et sous celui de ses maculatures. Si l'on rapproche ces caractères similaires de ceux que présentent, à certains points de vue, la forme, les habitudes et même le système de ptilose de l'Oiseau, on verra que c'est dans ce Genre qu'il doit être placé, et non en tête du Genre *Fringilla* et à côté du *Cœlebs,* avec lequel il n'a aucun point de contact, que l'habitude de la dénomination Française, essentiellement vicieuse et surtout d'une Classification Méthodique exclusivement Européenne, presque toujours fautive.

Page 335. — Au lieu de : Columbés et Columbidés; lisez : Colombés et Colombidés.

Page 359. — Au lieu de : du précédent; lisez : des précédents.

Page 360.   —   Siècle; lisez : Siècles.

Page 366.   —   *Hœmatoprodidæ ;* lisez : *Hœmatopodidæ.*

Page 368. — Au lieu de : Empêchèrent l'impression ; lisez : retardèrent un moment l'impression ; car notre notice a paru dans la *Revue et Magasin de Zoologie* de Septembre 1849.

Page 420. — Au lieu de : torse ; lisez : tarse.

Page 414. — A la suite de : n'est-il pas remarquable, etc.; lisez : soit du calorique émané des rayons solaires mis en contact avec le sable qui les cache (comme pour le *Megapodius tumulus*, de Gould, à la Nouvelle-Hollande, et tous les vrais Mégapodes), soit du calorique dégagé de la fermentation lente et progressive des Graminées qui les recouvrent (comme pour le *Talegalla Lathami*).

Page 428. — Au lieu de : *Eucydomus ;* lisez : *Eudocimus.*

Page 441. — Au lieu de : Membranes natalaires ; lisez : Membranes natatoires.

Page 448. — Au lieu de : le sédiment calcaire, accessoire qui, etc.; lisez : le sédiment calcaire accessoire, qui.

Page 456. — A la suite de l'article sur les Grèbes, ajouter :

Au sujet de ces singuliers Œufs de Grèbe castagneux dont nous avons parlé, si remarquables par leur luisant et leur poli, J. Verreaux nous a fait part d'une observation qui a trop d'intérêt pour que nous ne la fassions pas connaître.

Il prétend que cet aspect luisant n'est dû qu'au frottement indéfiniment prolongé qu'a dû lui faire subir la femelle, par une incubation d'autant plus laborieuse, que souvent elle dépasse de beaucoup le temps prescrit par la nature, dans cette opération, aux diverses Espèces ; et cela pour n'arriver à aucun résultat possible d'éclosion, ces Œufs, dans ce cas, étant presque toujours privés de germes, et dès-lors stériles.

Il nous a affirmé que le même fait s'était présenté plusieurs fois à lui, dans son long séjour au Cap de Bonne-Espérance, pour la même Espèce, qui y est encore plus commune qu'en Europe, et que la preuve lui en a toujours été démontrée par l'ouverture de plusieurs de ces Œufs.

Ainsi se trouverait expliqué ce poli, qui n'est alors que l'effet du frottement de l'Œuf longtemps roulé sur lui-même par la couveuse, dans son impatience d'en voir sortir le fruit animé si vainement attendu ; ce frottement faisant non seulement disparaître à la longue, par l'usure, toutes les protubérances calcaires qui recouvrent la Coquille de l'Œuf des Grèbes, mais encore rendent la surface de celle-ci accessible au reflet ou rayonnement de la lumière.

Page 456. — Au lieu de : *Cygnidœ ;* lisez : *Cycnidœ.*

Page 460. — Au lieu de : TROISIÈME TRIBU, lisez : DEU-XIÈME TRIBU.

Page 462. — Au lieu de : pour les Genres *Sycobius* et *Hyphan-tornis ;* chez les *Fringillidœ,* pour les Genres *Passer* et *Zono-trichia ;* lisez : pour les Genres *Sycobius, Hyphantornis* et *Passeri* chez les *Fringillidœ,* pour le Genre *Zonotrichia.*

Page 466. — Avant les Caractères Oologiques des *Colymbidœ,* ajouter :

Toutefois, en dehors de ces considérations Ostéologiques et comme leur raison d'être, nous pensons qu'il ne sera pas sans intérêt de rappeler à cet égard quelles sont les mœurs, générale-ment mal connues parce que la chose n'est ni sans difficulté ni sans danger, des Oiseaux de cette petite Tribu. Nous les emprun-terons à un Auteur Anglais doué du même instinct d'observation et du même talent de description qu'Audubon (1) :

(1) *Fraser's Magazine.*

« Les Naturalistes, dit Shirley, ont longtemps discuté sur la manière dont s'y prend le *Colymbus septentrionalis* pour plonger. Dans sa description des Iles Shetland, Dunn dit : « S'enfonçant graduellement sous la surface de l'eau, sans s'y précipiter en avant, la tête du *Colymbus* est la dernière partie de l'Oiseau qui disparaisse. » D'autres Auteurs ont soutenu qu'il plongeait comme tous les autres Oiseaux aquatiques. Ma propre observation m'a conduit à croire qu'il y avait du vrai dans l'une et l'autre de ces opinions, la vérité se trouvant être ici, comme il arrive souvent, entre les deux extrêmes. Lorsque le Plongeon cherche sa nourriture, c'est sa tête qui certainement disparait la première ; d'autres fois, comme vous pouvez aisément le vérifier en le guettant lorsqu'il a fini son repas de l'après-midi, il plonge effectivement comme Dunn nous le dit. Avant d'acquérir la force d'impulsion nécessaire pour effectuer une descente, le Cormoran et les Canards ont besoin de soulever partiellement leur corps en dehors de l'eau ; le Plongeon, au contraire, ne fait aucun effort et disparaît silencieusement comme si une main invisible le tirait en bas ; aucun autre Oiseau aquatique ne plonge avec la même facilité, et c'est ce qui démontre la grande force de ces Oiseaux. »

C'est, ajouterons-nous, ce qui explique la différence si bien constatée par Lherminier entre le Sternum des Plongeons et celui des Grèbes.

« De tous ces Oiseaux de mer, continue notre Auteur, sans même en excepter le grand Cygne sauvage, le Plongeon est le plus beau et le plus puissant. Le Plongeon Arctique est l'Aigle de l'Océan. Intrépide navigateur, il est aussi le plus prudent et le plus vigilant des Oiseaux ; même en pleine mer et quoique aucun bâtiment ne soit en vue, il est perpétuellement en alerte. A l'instant où il vient de plonger et s'apprête à déguster la proie qu'il a saisie, il jette encore de tous les côtés un regard de suspicion. Lorsqu'il désire rester invisible, il peut nager presque sous le niveau de la vague, son arrière-train entièrement submergé, son cou tendu horizontalement, comme couché à fleur d'eau. Mais pour mieux observer son adresse et sa hardiesse de nageur, il faut l'observer pendant une brise d'Est : aucune embarcation, aucune créature vivante ne sont visibles à l'horizon; les Mouettes elles-mêmes ont été balayées par le vent et dispersées sur les marécages de l'intérieur des terres; un navigateur seul n'a pas eu peur du grain : c'est notre Plongeon. Prenez votre télescope et voyez comme ce téméraire enfant des flots nage contre le vent, fend la vague, secoue l'écume et vient affronter les brisants autour des récifs (1). »

Ces mœurs et ce procédé tout particulier d'immersion unique et spécial aux Plongeons viennent évidemment, nous le répétons, donner sa raison d'être à la dissemblance Ostéologique signalée entre eux et les Grèbes.

Mais cette singularité n'est rien encore en comparaison de leur mode d'incubation.

Pontopiddan rapporte en effet, sur la croyance qui a cours dans les Régions Arctiques, que les Plongeons ne peuvent jamais quitter l'eau, que l'Espèce appelée *Imbrim* dans le pays, notre *Colymbus septentrionalis*, « ne descend jamais à terre que pendant la semaine avant Noël, d'où le quatrième Dimanche de l'Avent s'appelle le Dimanche de l'Imbrim. »

On se demande avec de telles habitudes, si elles sont exactes, comment il est possible à cet Oiseau de couver ses Œufs.

La croyance vulgaire conséquente avec elle-même, et Ponto-piddan à sa suite, répond que la nature a pourvu à tout par un procédé d'incubation particulier attribué à cet Oiseau.

« Sous leurs ailes, dit cet Auteur, dans leur corps même, ils ont deux jolis trous assez profonds et assez larges pour qu'on

---

(1) *Revue Britannique*, 1857.

puisse y introduire le poing. Dans chacun de ces trous ils cachent un OEuf et les couvent ainsi commodément jusqu'à ce qu'il en sorte des poussins parfaits. » (1)

Nous avouons, quoique révoqués en doute depuis longtemps par beaucoup de Naturalistes, notamment par M. Nuttall, que nous avons eu occasion de citer en 1852 (2), que ces détails de mœurs tenteraient singulièrement notre imagination, et que nous n'oserions beaucoup hésiter à y ajouter foi. Car la rencontre, fort rare du reste, qui a été faite du nid du Plongeon, soit par Audubon (3), soit par tout autre observateur, peut ne concerner que des cas exceptionnels ; de même que l'établissement de ce nid au milieu des joncs ou des glaïeuls, peut n'être dû qu'à des circonstances étrangères aux véritables habitudes de l'Oiseau, peut-être enfin le mode d'incubation varie-t-il, ainsi que chez bien d'autres Oiseaux, selon la nécessité des lieux ou l'exigence des éléments.

Cet exemple d'une incubation qu'on peut appeler externe, puisqu'elle aurait lieu en dehors de toute espèce de nidification et de support matériel, n'est pas en effet le seul dont nous ayons connaissance. Et tout en concédant qu'il n'existe pas, dans la conformation musculaire du Plongeon, de trous proprement dits, comme l'exprime Pontopiddan, nous ne contestons pas qu'il soit possible à l'Oiseau, à l'aide d'un repli de sa peau axillaire, de retenir ses OEufs sous ses ailes.

Seulement, il ressort de ce fait, une fois admis, que contrairement à ce qui a lieu pour tous les Nageurs, et par une exception toute particulière, la femelle du Plongeon jouirait de la faculté de couver ses OEufs en les portant sur elle-même, sans être arrêtée dans cet acte, ni par les besoins de la locomotion, ni par les nécessités de la natation.

(1) *Revue Britannique*, 1857.
(2) *Encyclop. d'Hist. Nat. Ois.* T. VII.
(3) *American Ornitological Biographi.* T. III.

Page 476. — Après le second paragraphe, ajouter :

Nous n'avons pas besoin de faire ressortir l'espèce d'analogie qui existe entre ce mode d'incubation de l'*Aptenodytes Patagonica* et celui que nous avons signalé plus haut pour le *Colymbus Septentrionalis*. Nous ajouterons même que l'un est en quelque sorte la confirmation de l'autre.

Page 505. — Au lieu de : ont de communes ; lisez : ont communes.

Page 510.   —   que nous constatons ; lisez : que nous constations.

Page 546.   —   *Brunueinucha ;* lisez : *Brunneinucha.*

Page 547.   —   Kanp ; lisez : Kaup.

Page 548.   —   Lench ; lisez : Leach.

Page 560.   —   Sching ; lisez : Schinz.

Page 561. — Ajouter à la liste des Noms Propres ou d'Auteurs :

    Boissoneau ;

    Buchillot ;

    Chesnon, principal du collége de Bayeux ;

    Huppé, aide naturaliste au Muséum d'Histoire naturelle ;

    et Vèze (Baron de) ;

Avec lesquels nous avons, dans un temps, été en communications et en échanges suivis d'OEufs d'Oiseaux.

TABLE

PAR ORDRE DES MATIÈRES.

———

	Pages.
Dédicace.	V
Préface	VII
Introduction	IX

PREMIÈRE PARTIE.

TABLEAU BIBLIOGRAPHIQUE RAISONNÉ ET HISTORIQUE
DES PROGRÈS DE L'OOLOGIE 1

DEUXIÈME PARTIE.

DÉTERMINATION DES CARACTÈRES OOLOGIQUES.

Chapitre Iᵉʳ. — § 1. Définition de l'Œuf chez les Oiseaux en général.	59
§ 2. De la Forme de l'Œuf et des modifications qu'elle éprouve.	62
Monstruosité de Forme	75
Exemples de Monstruosité de Forme due à une lésion intérieure.	76
Exemples de Monstruosité de Forme due à la faiblesse de constitution de l'Ovaire et de ses annexes, ou Monstruosité pédiculaire	80
Exemples de Monstruosité de Forme due au contact d'objets extérieurs.	83
Monstruosité en plus ou par addition.	84
Exemples du premier genre	
Exemples du second genre.	86
Monstruosité en moins ou par défaut.	92

§ 3. De la disproportion existant entre les Œufs de certaines Familles Ornithologiques de Palmipèdes relativement aux dimensions des Oiseaux qui les pondent, et les Œufs d'autres Familles non Palmipèdes, et de la raison de cette disproportion 102

CHAPITRE II. — De la Coquille de l'Œuf et de sa nature selon les diverses Familles. 120

CHAPITRE III. — § 1. De la Couleur des Œufs des Oiseaux en général. 140

§ 2. De l'origine de la Couleur des Œufs des Oiseaux. . . 148

§ 3. De l'influence de la nourriture sur la Coloration de l'Œuf des Oiseaux. 157

§ 4. De l'influence du climat sur la Coloration de l'Œuf des Oiseaux. 164

§ 5. De la matière Colorante dans l'Œuf des Oiseaux, et de l'influence de l'incubation sur le développement de cette matière à la surface de la Coquille 170

§ 6. Des rapports prétendus de la Couleur des Œufs avec celle du plumage des Oiseaux, et de l'influence de la lumière sur la Coloration de la Coquille. 179

TROISIÈME PARTIE.

APPLICATION DES CARACTÈRES OOLOGIQUES A LA MÉTHODE DE CLASSIFICATION DES OISEAUX. 191

Classis Avium Systema Oologicum. 1859. 195

Conclusion. 483

Notes et Observations. 487

Classis Avium Systema Oologicum (emendatum). 1860. 529

Catalogue des Oiseaux d'Europe. 539

Liste alphabétique des Noms propres d'Auteurs, etc.. cités. 553

Notice alphabétique des Ouvrages cités ou consultés. . . 563

Table alphabétique générale 571

Errata et Omissions 623

Table par ordre des Matières. 639

FIN.

Nogent-le-Rotrou, imprimerie de A. GOUVERNEUR.